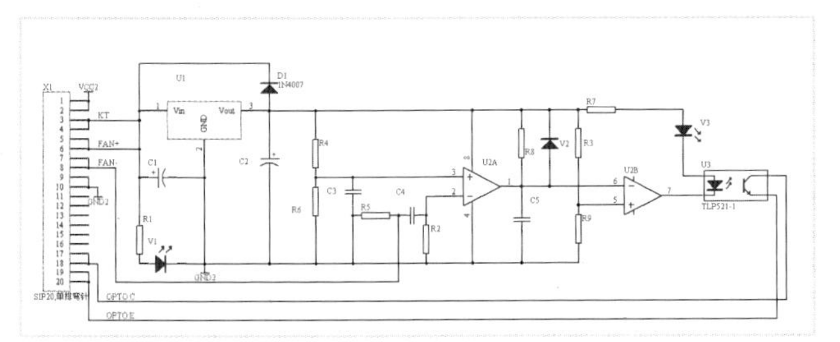

恒电位仪风扇工作电路原理图

恒电位仪滤波器的电路原理图

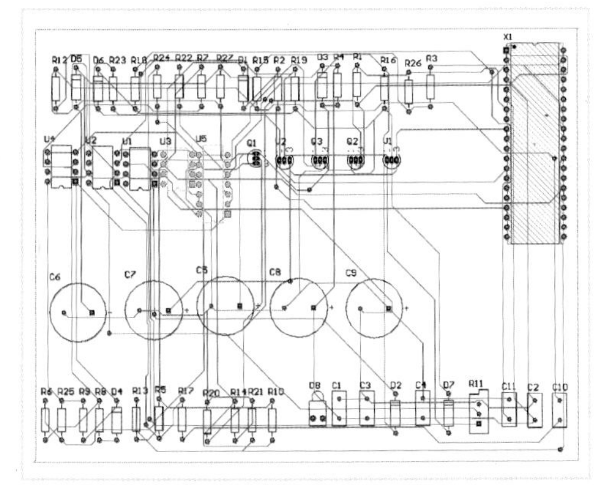

恒电位仪功率电路印制电路板电路图

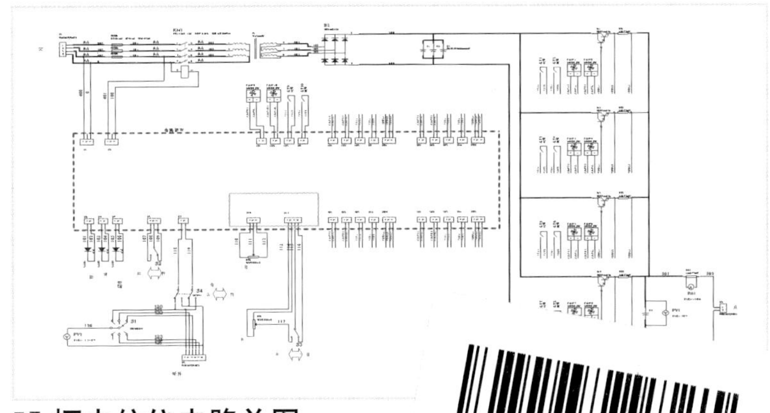

恒电位仪电路总图

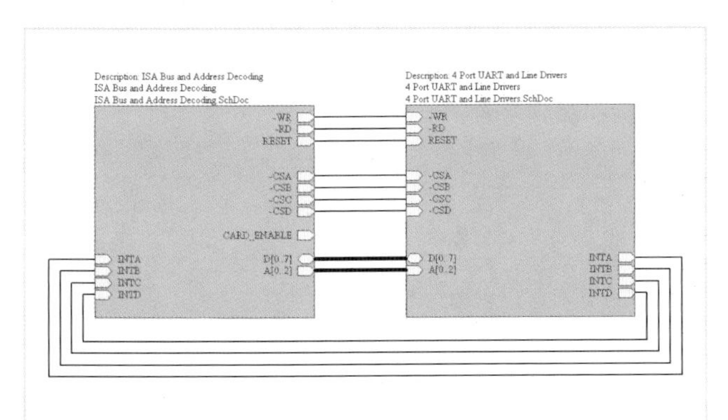

“Top”电路图

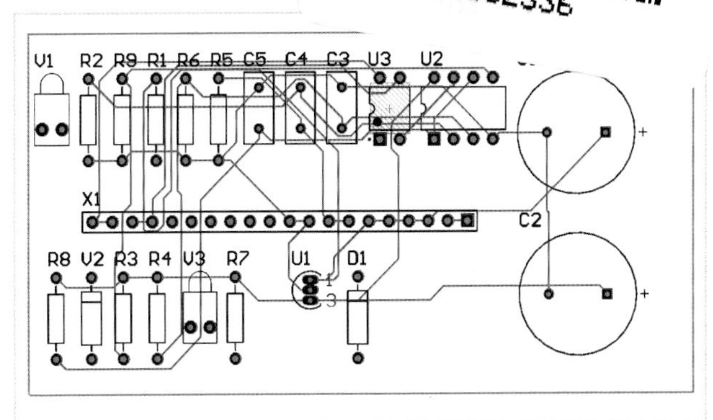

恒电位仪风扇工作电路印制电路板电路图

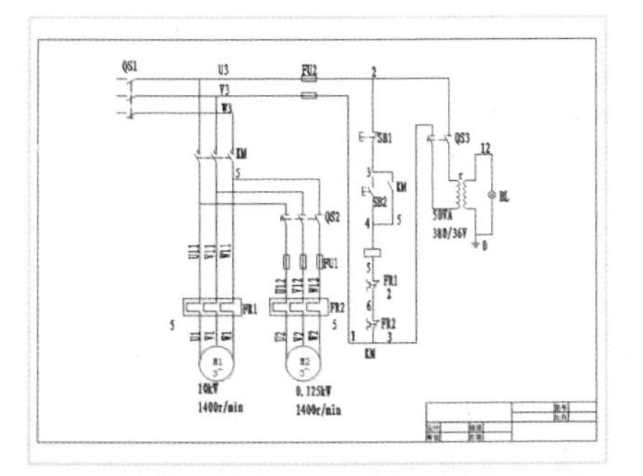

C630车床电气原理图

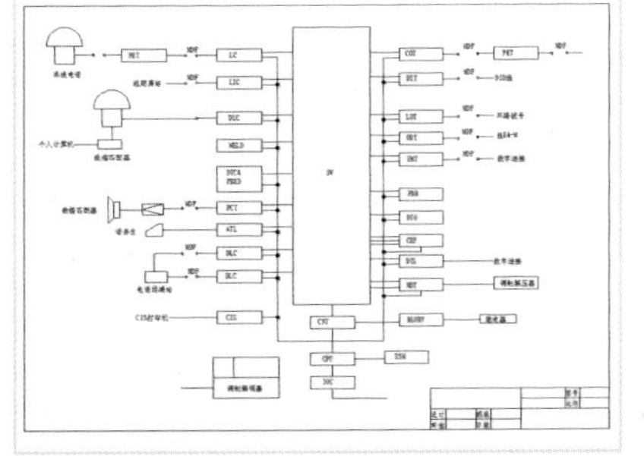

程控交换机系统图

单片机采样线路图

本书部分实例

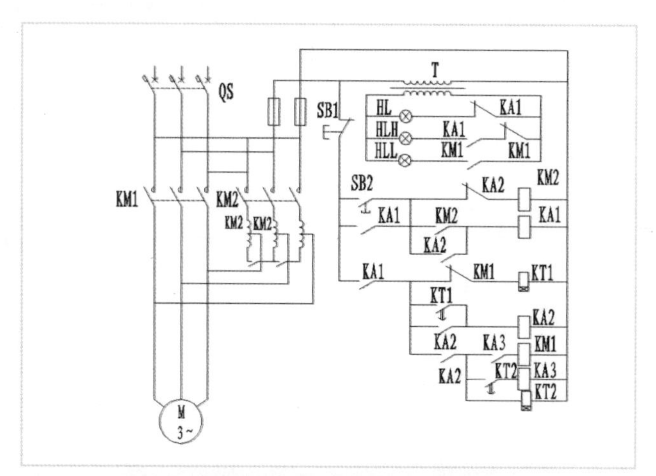

电动机自耦降压启动控制电路图

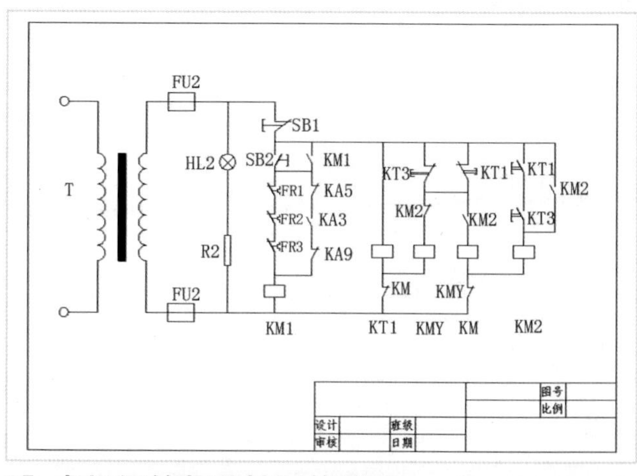

电机组的起动控制线路图

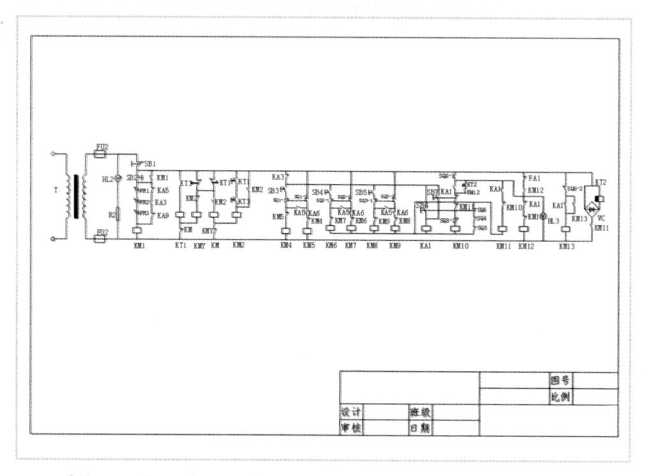

横梁升降控制线路图

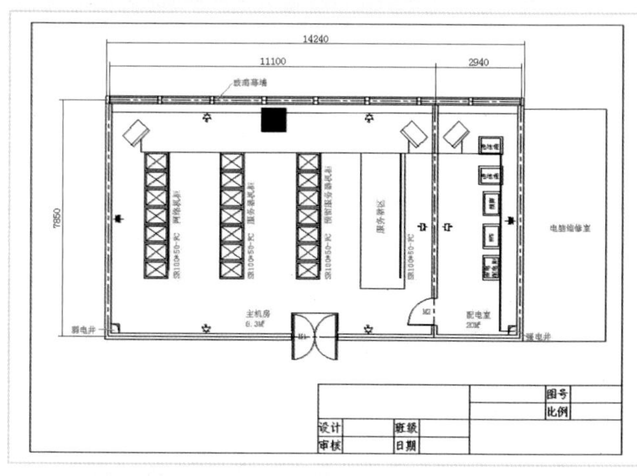

机房强电布置平面图

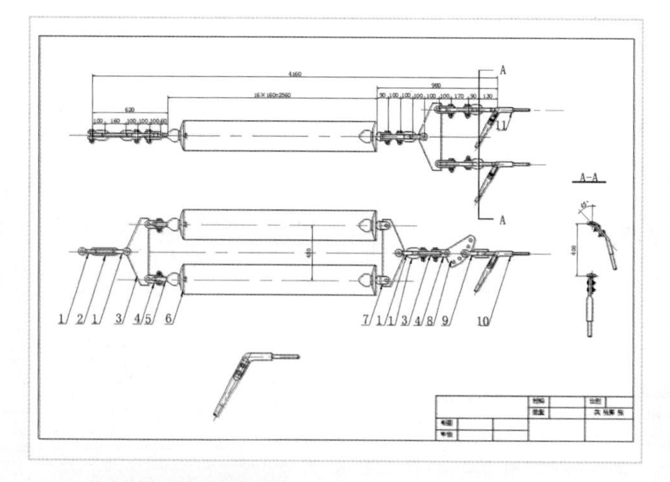

绝缘端子装配图

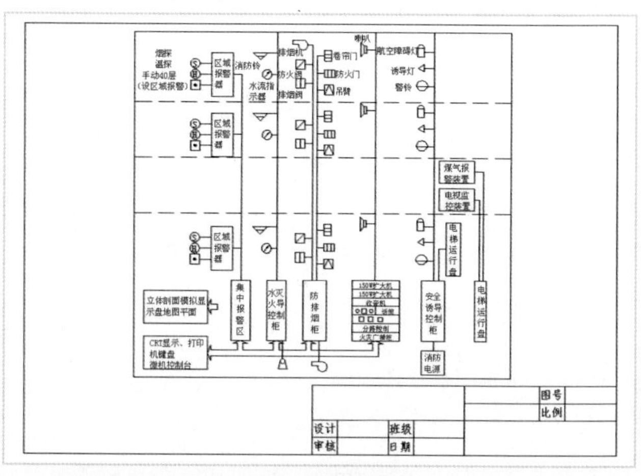

某建筑物消防安全系统图

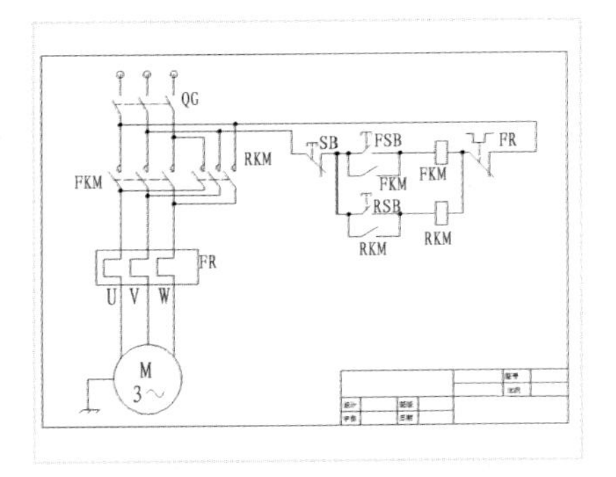

三相异步电动机控制电路图

手动串联电阻起动控制电路图

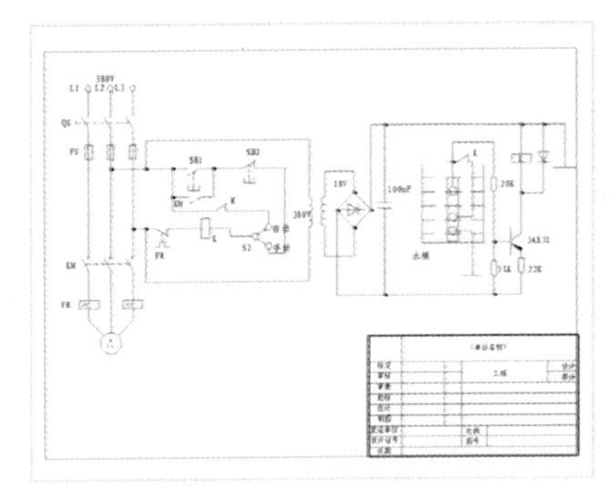

水位控制电路图

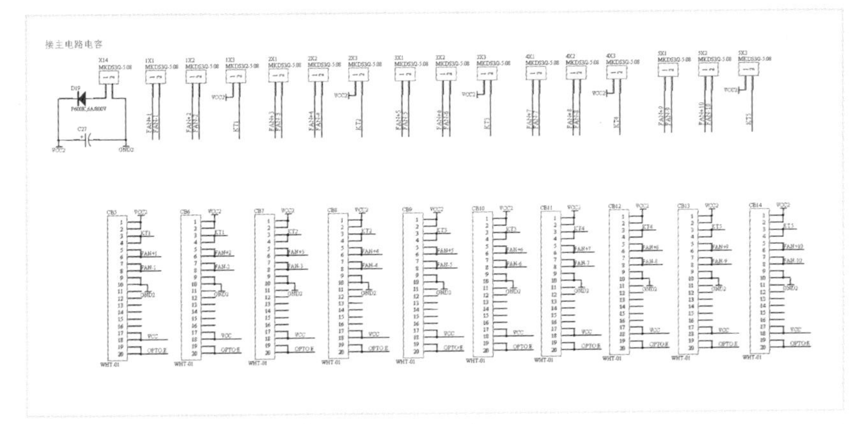

恒电位仪控制电路原理图1部分

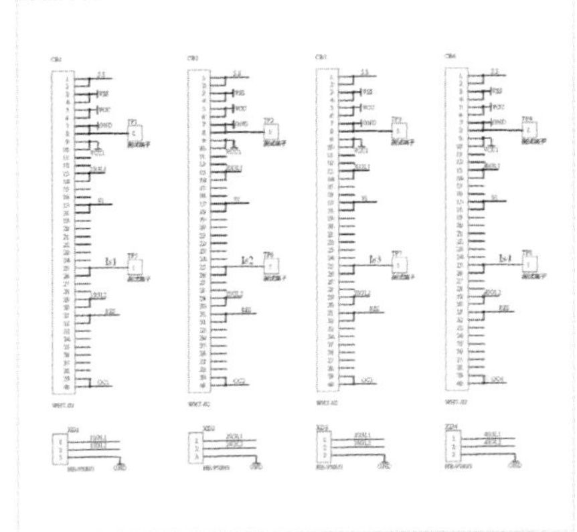

恒电位仪控制电路原理图2部分

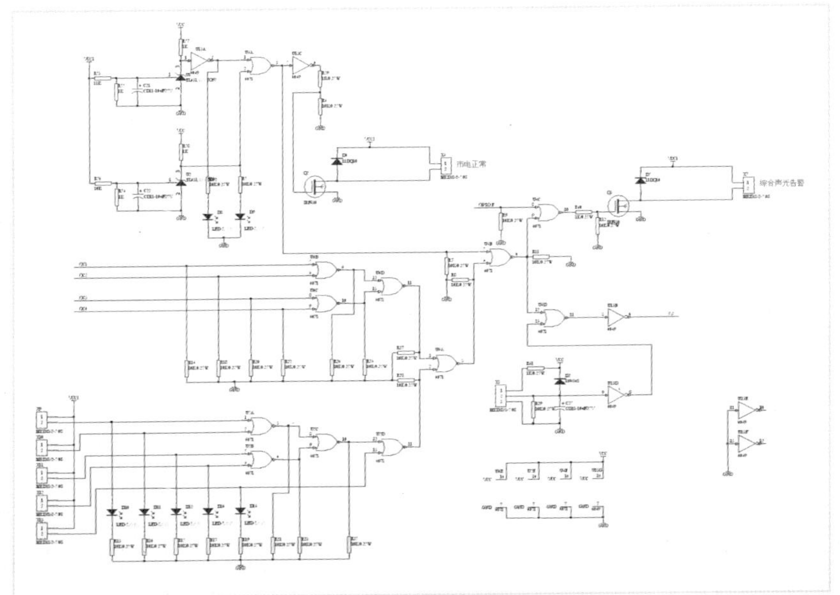

恒电位仪市电检验及报警电路

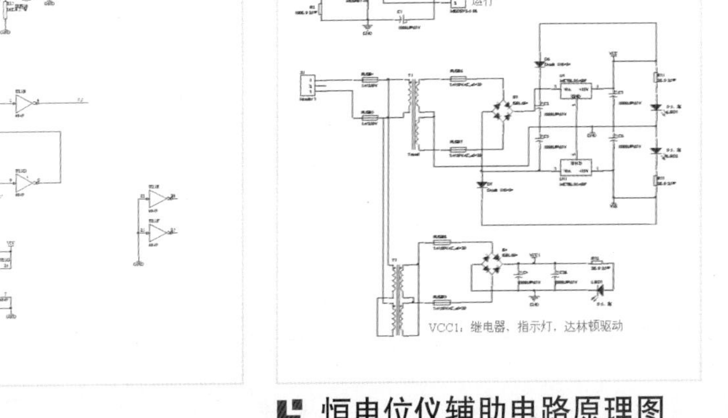

恒电位仪辅助电路原理图

本书部分实例

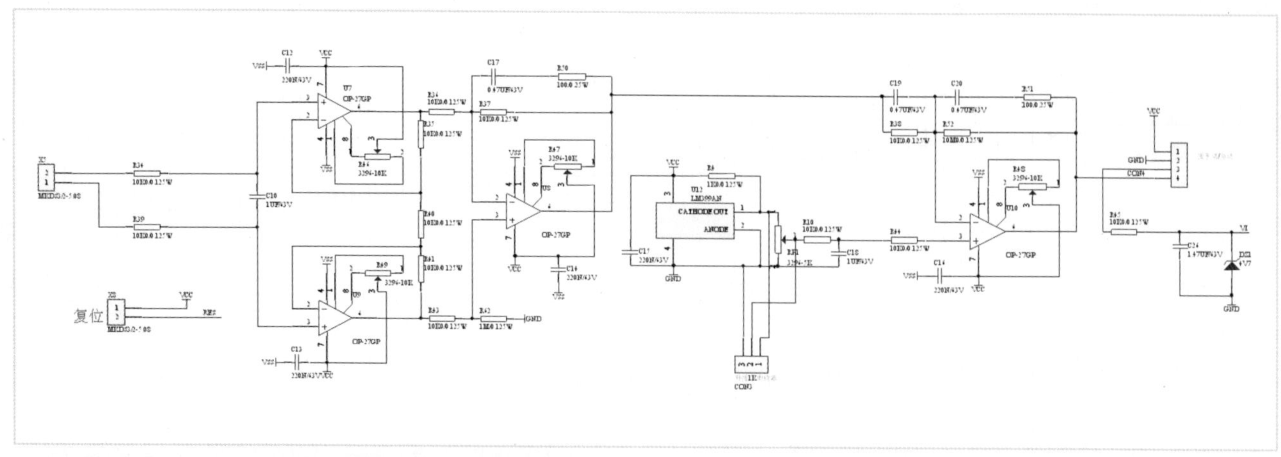

恒电位仪参比电极电压采样和放大电路

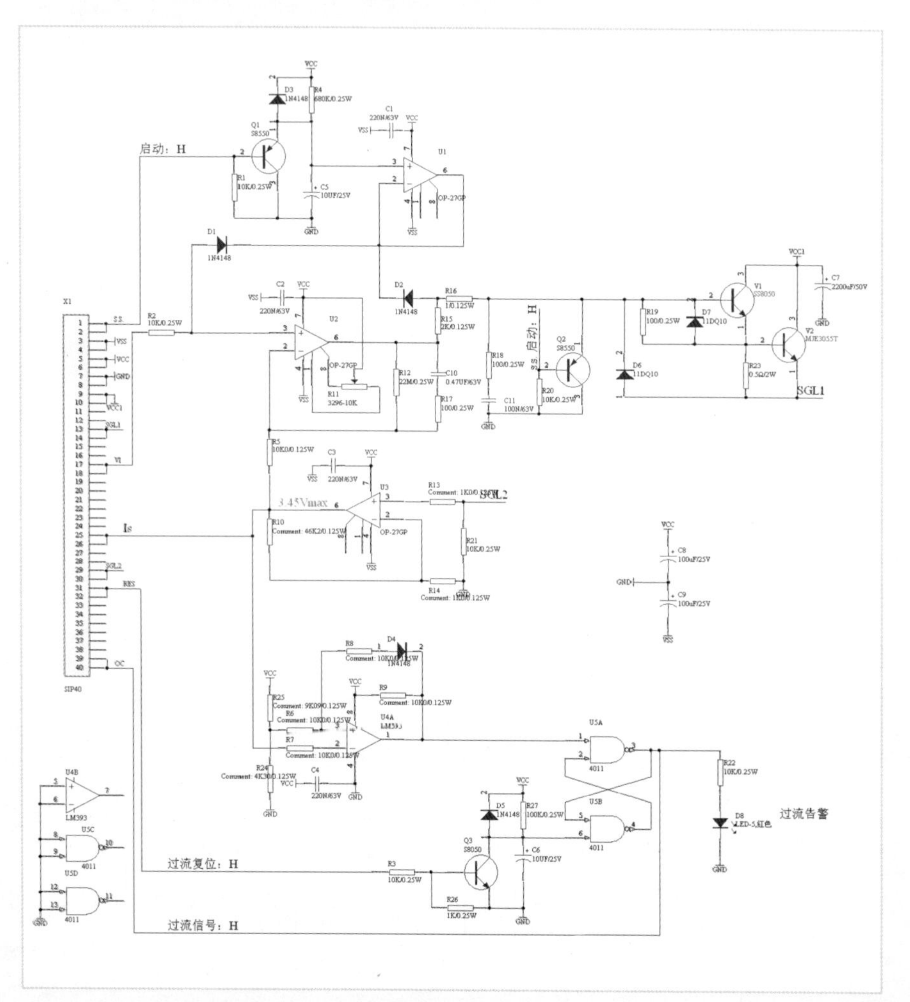

恒电位仪功率模块电路原理图

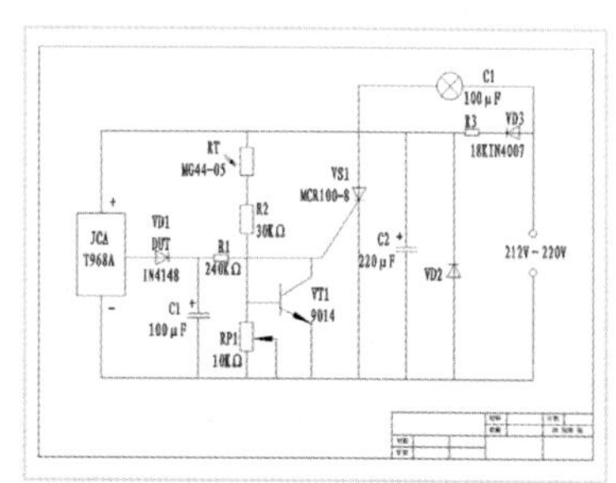

照明灯延时关断线路图

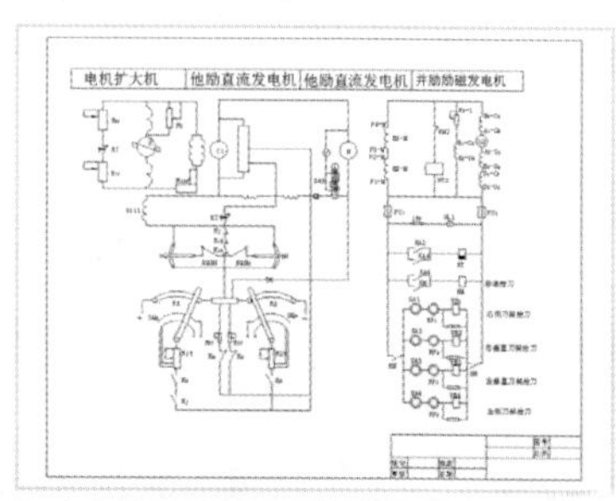

主拖动系统图

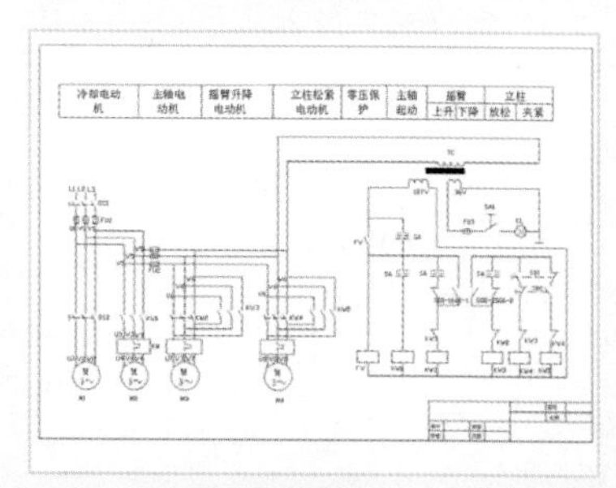

钻床电气设计

Best Design
Digital communications, the digital era

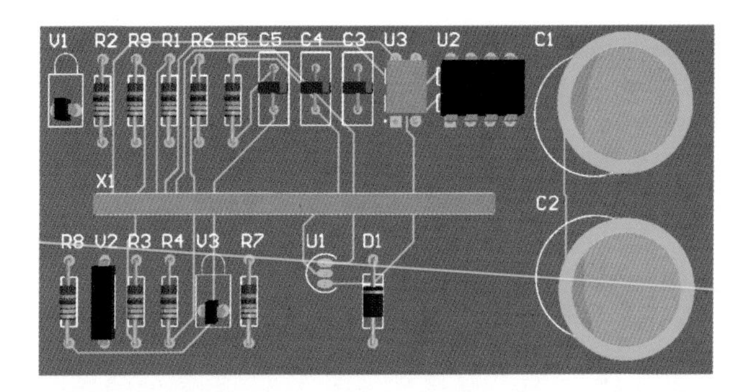
V1 R2 R9 R1 R6 R5 C5 C4 C3 U3 U2 C1
X1
C2
R8 V2 R3 R4 V3 R7 U1 D1

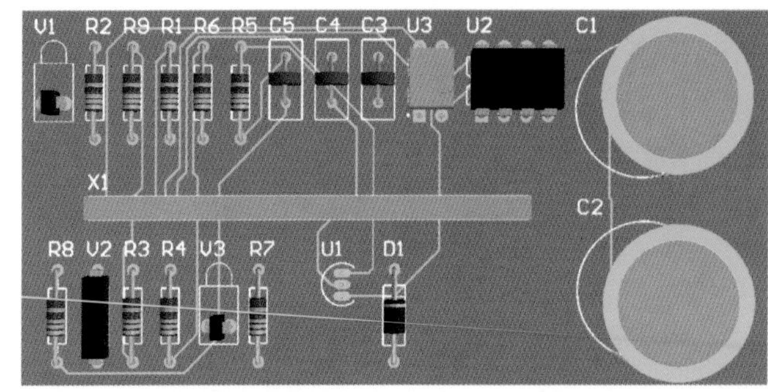
V1 R2 R9 R1 R6 R5 C5 C4 C3 U3 U2 C1
X1
C2
R8 V2 R3 R4 V3 R7 U1 D1

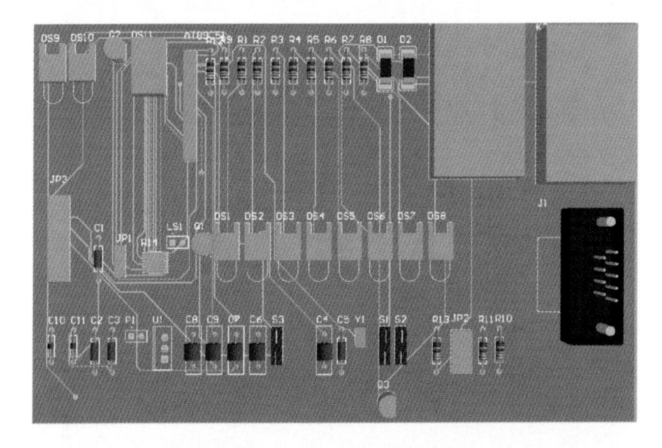

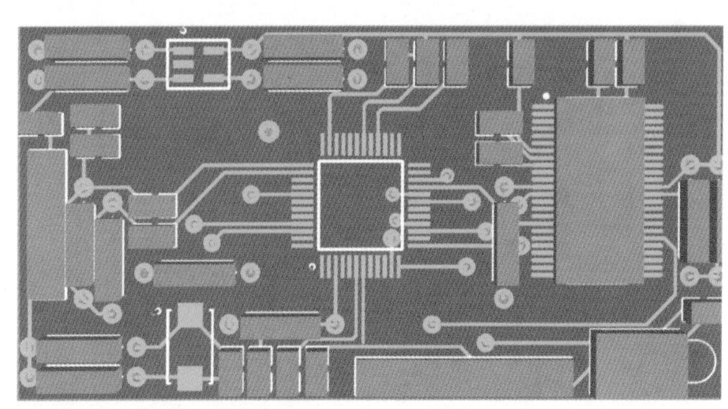

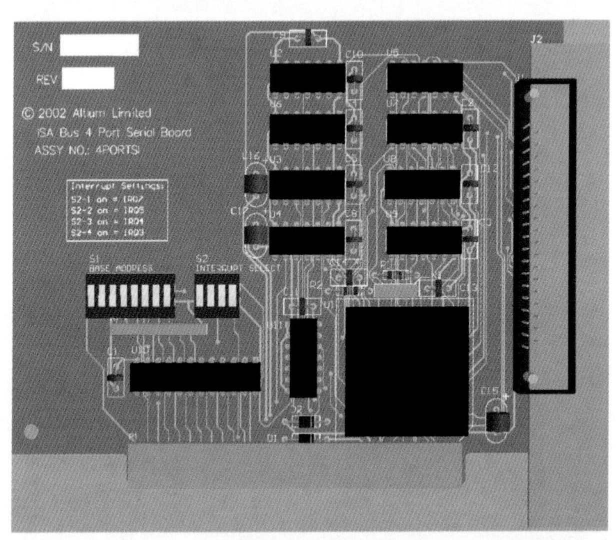
S/N
REV
© 2002 Altium Limited
ISA Bus 4 Port Serial Board
ASSY NO.: 4PORTSI

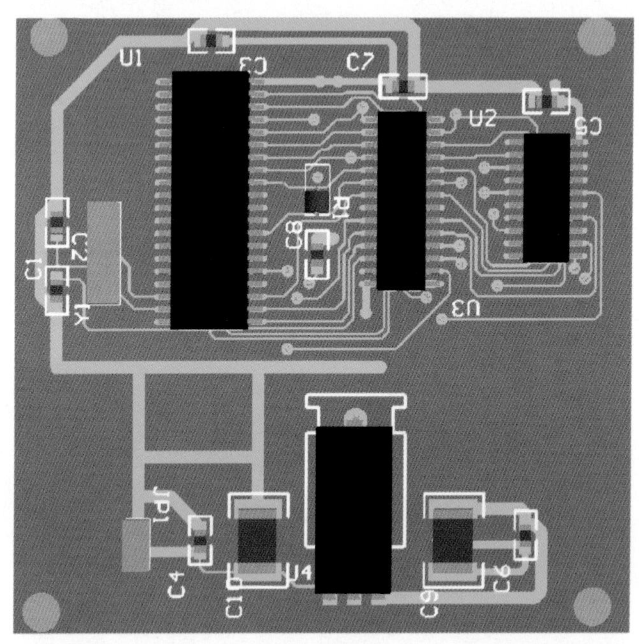
U1
C7
U2
C2
C1
R1
C8
U3
JP1
C4
C10
U4
C9

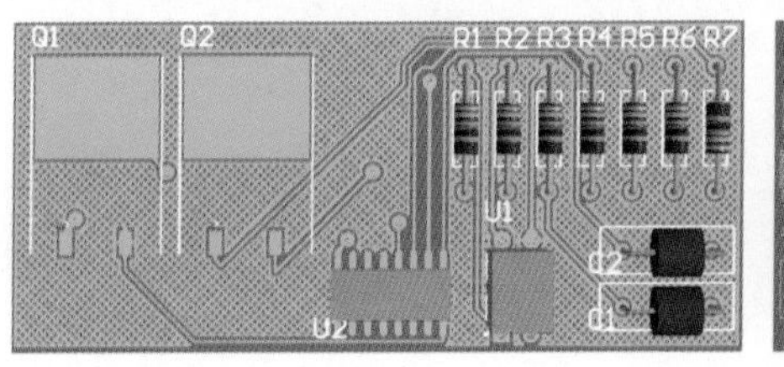
Q1 Q2
R1 R2 R3 R4 R5 R6 R7
U1
Q2
Q1
U2

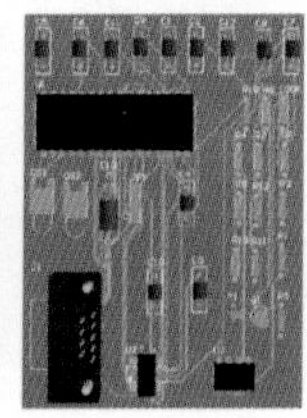

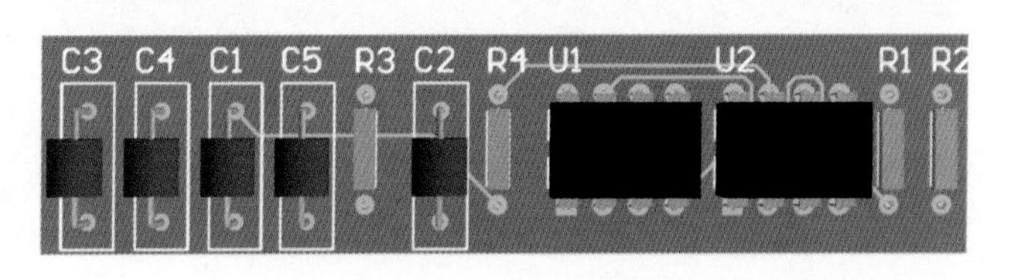
C3 C4 C1 C5 R3 C2 R4 U1 U2 R1 R2

Best Design
Digital communications, the digital era

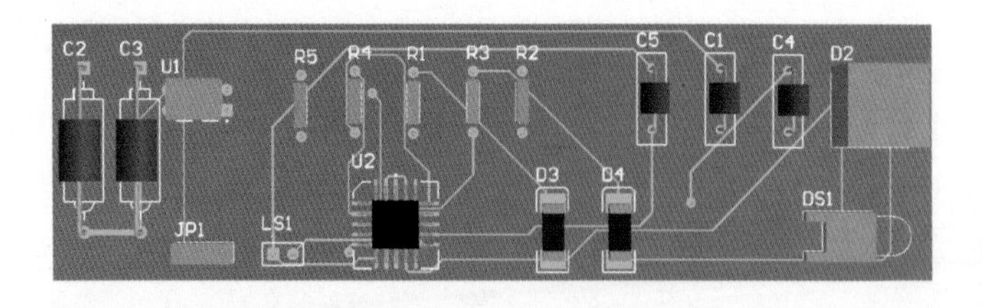
C2
C3
U1
R5
R4
R1
R3
R2
C5
C1
C4
D2
U2
D3
D4
DS1
JP1
LS1

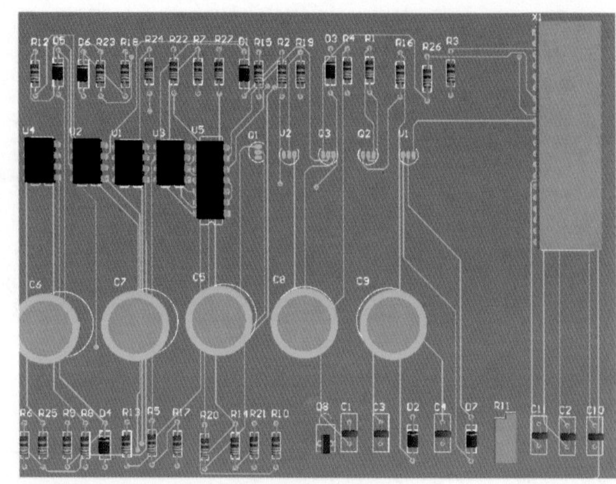

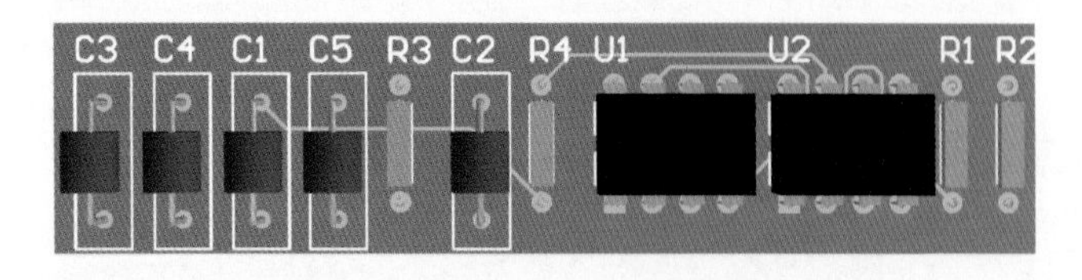
C3
C4
C1
C5
R3
C2
R4
U1
U2
R1
R2

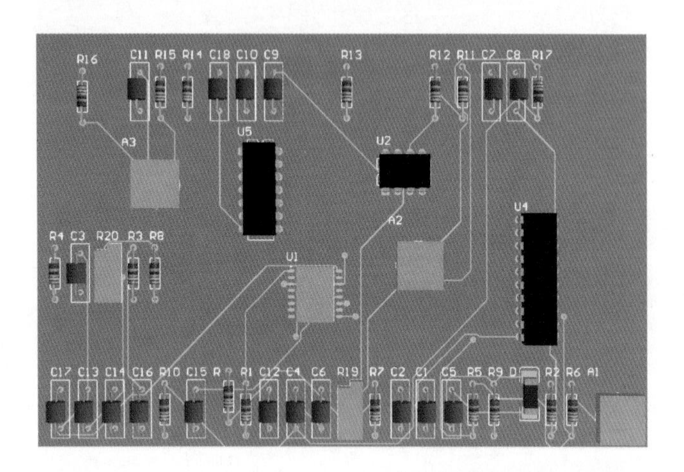

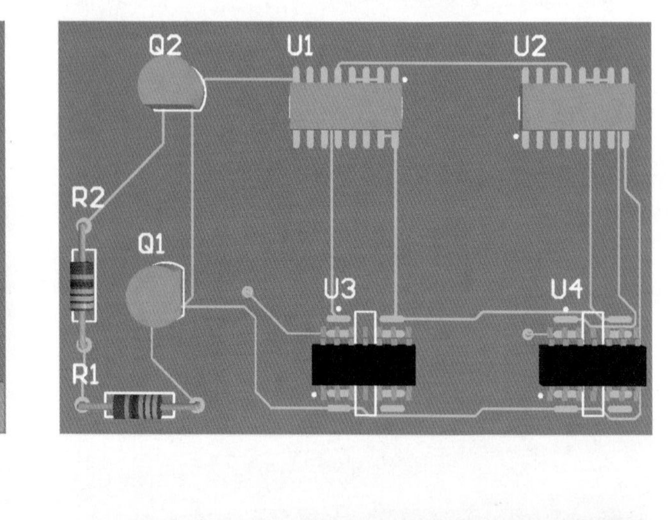
Q2
U1
U2
R2
Q1
U3
U4
R1

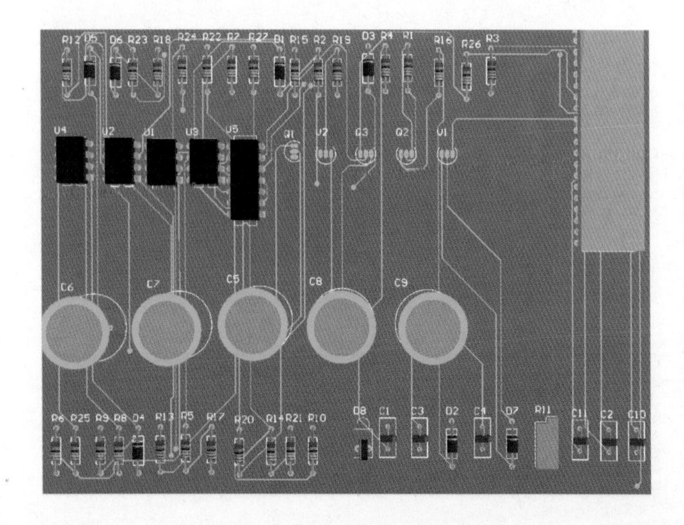

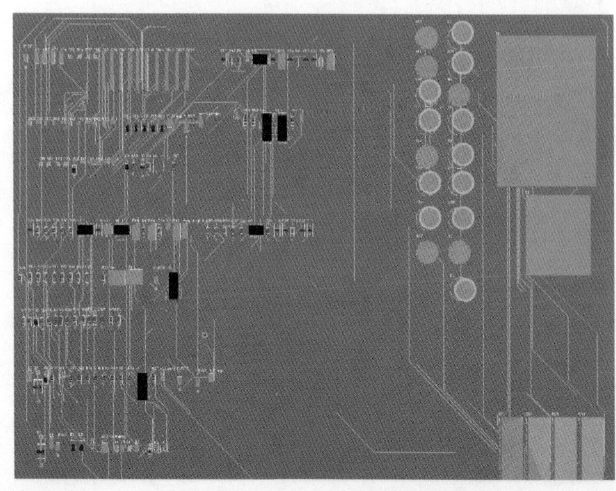

AutoCAD 2012中文版电气设计从入门到精通

56集（段）高清多媒体教学视频+176个中小型实例实践+7大电气工程综合案例

CAD/CAM/CAE技术联盟 编著

清华大学出版社

北 京

内容简介

《AutoCAD 2012中文版电气设计从入门到精通》主要介绍了AutoCAD 2012在电气设计中的应用方法与技巧。全书共分2篇15章，其中基础知识篇分别介绍了电气图制图规则和表示方法，AutoCAD 2012入门，二维绘图命令，基本绘图工具，文本、表格与尺寸标注，编辑命令，图块及其属性，设计中心与工具选项板等知识；设计实例篇分别介绍了电力电气工程图设计、电子线路图设计、控制电气工程图设计、通信工程图设计、机械电气设计、建筑电气设计等实例及龙门刨床电气设计综合实例。在介绍的过程中注意由浅入深、从易到难，各章节既相对独立，又前后关联，并在讲解中及时给出总结和相关提示，帮助读者及时、快捷地掌握所学知识。全书解说翔实，图文并茂，语言简洁，思路清晰。

本书适合入门级读者学习使用，也适合有一定基础的读者参考使用，还可用作职业培训、职业教育的教材。

本书除利用传统的纸面讲解外，随书还配送了多功能学习光盘。光盘具体内容如下：

1．56段大型高清多媒体教学视频（动画演示）

2．4套AutoCAD绘图技巧、快捷命令速查手册等辅助学习资料

3．6套大型图纸设计方案及长达19小时同步教学视频

4．全书实例的源文件和素材

图书在版编目（CIP）数据

AutoCAD 2012中文版电气设计从入门到精通/CAD/CAM/CAE技术联盟编著．—北京：清华大学出版社，2012.6（2014.5重印）

（清华社“视频大讲堂”大系CAD/CAM/CAE技术视频大讲堂）

ISBN 978-7-302-27698-2

I. ①A… II. ①C… III. ①电气设备-计算机辅助设计-AutoCAD软件 IV. ①TM02-39

中国版本图书馆CIP数据核字（2011）第276273号

责任编辑：赵洛育
封面设计：李志伟
版式设计：文森时代
责任校对：姜 彦
责任印制：何 芊

出版发行：清华大学出版社
网 址：http://www.tup.com.cn，http://www.wqbook.com
地 址：北京清华大学学研大厦A座 邮 编：100084
社 总 机：010-62770175 邮 购：010-62786544
投稿与读者服务：010-62776969，c-service@tup.tsinghua.edu.cn
质 量 反 馈：010-62772015，zhiliang@tup.tsinghua.edu.cn
印 刷 者：北京密云胶印厂
装 订 者：三河市新茂装订有限公司
经 销：全国新华书店
开 本：203mm×260mm 印 张：28.5 插 页：4 字 数：823千字
（附DVD1张）
版 次：2012年6月第1版 印 次：2014年5月第4次印刷
印 数：9001～10500
定 价：59.80元

产品编号：044103-01

前　言

在当今的计算机工程界，恐怕没有一款软件比 AutoCAD 更具有知名度和普适性了。它是美国 Autodesk 公司推出的集二维绘图、三维设计、参数化设计、协同设计及通用数据库管理和互联网通信功能为一体的计算机辅助绘图软件包。AutoCAD 自 1982 年推出以来，从初期的 1.0 版本，经多次版本更新和性能完善，现已发展到 AutoCAD 2012。它不仅在机械、电子、建筑、室内装潢、家具、园林和市政工程等工程设计领域得到了广泛的应用，而且在地理、气象、航海等特殊图形的绘制，甚至乐谱、灯光和广告等领域也得到了广泛的应用，目前已成为计算机 CAD 系统中应用最为广泛的图形软件之一。同时，AutoCAD 也是一个最具有开放性的工程设计开发平台，其开放性的源代码可以供各个行业进行广泛的二次开发，目前国内一些著名的二次开发软件，比如 CAXA 系列、天正系列等无不是在 AutoCAD 基础上进行本土化开发的产品。

近年来，世界范围内涌现了诸如 UG、Pro/ENGINEER、SolidWorks 等一些其他 CAD 软件，这些后起之秀虽然在不同的方面有很多优秀而实用的功能，但是 AutoCAD 毕竟历经风雨考验，以其开放性的平台和简单易行的操作方法，早已被工程设计人员所认可，成为工程界公认的规范和标准。

一、编写目的

鉴于 AutoCAD 强大的功能和深厚的工程应用底蕴，我们力图开发一套全方位介绍 AutoCAD 在各个工程行业应用实际情况的书籍。具体就每本书而言，我们不求事无巨细地将 AutoCAD 知识点全面讲解清楚，而是针对本专业或本行业需要，利用 AutoCAD 大体知识脉络作为线索，以实例作为“抓手”，帮助读者掌握利用 AutoCAD 进行本行业工程设计的基本技能和技巧。

二、本书特点

☑　**专业性强**

本书的编者都是高校多年从事计算机图形教学研究的一线人员，拥有多年的计算机辅助电气设计领域的工作和教学经验。本书是他们总结多年的设计经验以及教学的心得体会，精心编著而成，力求全面、细致地展现 AutoCAD 2012 在电气设计各个应用领域的功能和使用方法。

☑　**实例丰富**

本书中引用的机械电气、电力电气、电子线路、控制电气、建筑电气和通信工程等电气设计案例，经过作者精心的提炼和改编，不仅能保证读者学会知识点，而且通过大量典型、实用实例的演练，能够帮助读者找到一条学习 AutoCAD 电气设计的捷径。

☑　**涵盖面广**

本书在有限的篇幅内，包罗了 AutoCAD 各种常用的功能及其在电气设计中的实际应用，涵盖了电力电气、电子线路、控制电气、通信工程、机械电气、建筑电气等全方位的知识。“秀才不出屋，能知天下事”，只要本书在手，就能够做到 AutoCAD 电气设计知识全精通。

☑　突出技能提升

本书从全面提升电气设计与 AutoCAD 应用能力的角度出发，结合具体的案例来讲解如何利用 AutoCAD 2012 进行电气工程设计，真正让读者懂得计算机辅助电气设计，从而独立地完成各种电气工程设计，帮助读者掌握实际的操作技能。

三、本书光盘

1. 56 段大型高清多媒体教学视频（动画演示）

为了方便读者学习，本书对大多数实例，专门制作了 50 多段多媒体图像、语音视频录像（动画演示），读者可以先看视频，像看电影一样轻松愉悦地学习本书内容。

2. 4 套 AutoCAD 绘图技巧、快捷命令速查手册等辅助学习资料

本书赠送了 AutoCAD 绘图技巧大全、快捷命令速查手册、常用工具按钮速查手册、AutoCAD 2012 常用快捷键速查手册等多种电子文档，方便读者使用。

3. 6 套大型图纸设计方案及长达 19 小时同步教学视频

为了帮助读者拓展视野，本光盘特意赠送多套设计图纸集，图纸源文件，视频教学录像（动画演示），总长 19 个小时。

4. 全书实例的源文件和素材

本书附带了很多实例，光盘中包含实例和练习实例的源文件和素材，读者可以安装 AutoCAD 2012 软件，打开并使用它们。

四、本书服务

有关本书的最新信息、疑难问题、图书勘误等内容，我们将及时发布到网站上，请读者朋友登录 www.thjd.com.cn，找到该书后留言，我们会逐一答复。

五、作者团队

本书由 CAD/CAM/CAE 技术联盟主编。赵志超、张辉、赵黎黎、朱玉莲、徐声杰、张琪、卢园、杨雪静、孟培、闫聪聪、万金环等参与了具体章节的编写或为本书的出版提供了必要的帮助，对他们的付出表示真诚的感谢。

由于时间仓促，加之作者水平有限，疏漏之处在所难免，欢迎读者提出宝贵的批评意见。

编　者

目　录

Contents

第Ⅰ篇　基础知识篇

Note

Note

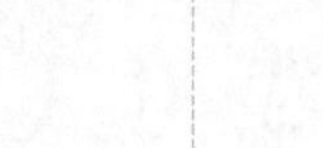

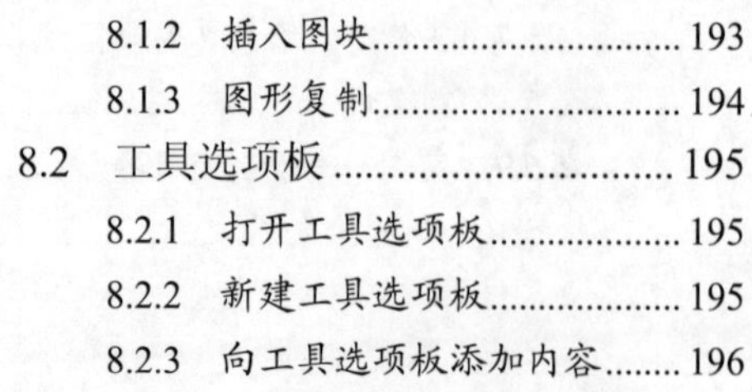

第Ⅱ篇 设计实例篇

Note

▶▶第1篇

基础知识篇

本篇主要介绍AutoCAD 2012中文版和电气设计的基础知识，包括基本操作、常用命令、辅助功能及电气工程图概述等内容。此外，本篇还将对AutoCAD应用于电气设计的一些基本功能进行简单介绍，为后面的具体设计做准备。

电气图制图规则和表示方法

AutoCAD 电气设计是计算机辅助设计与电气设计结合的交叉学科。本章将介绍电气工程制图的有关基础知识，包括电气图的分类、特点以及电气图 CAD 制图的相关规则，并对电气图的基本表示方法和连接线的表示方法加以说明。

- ☑ 电气图的分类及特点
- ☑ 电气图 CAD 制图规则
- ☑ 电气图基本表示方法
- ☑ 电气图中连接线的表示方法
- ☑ 电气图符号的构成和分类

任务驱动&项目案例

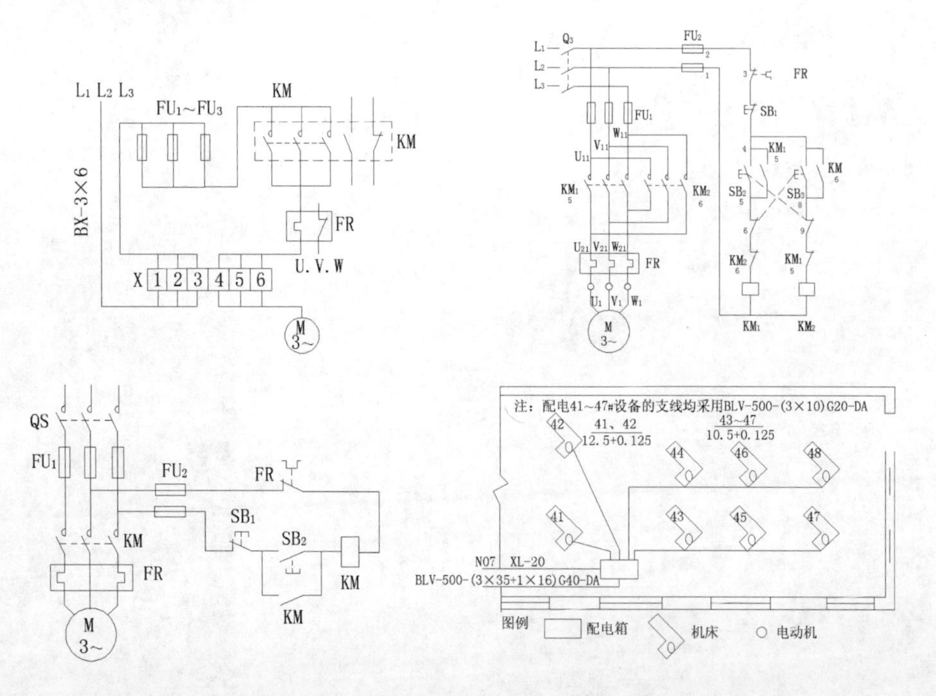

Note

1.1 电气图的分类及特点

对于用电设备来说，电气图主要是指主电路图和控制电路图；对于供配电设备来说，电气图主要是指一次回路和二次回路的电路图。但要表示清楚一项电气工程或一种电气设备的功能、用途、工作原理、安装和使用方法等，仅有这两种图是远远不够的。电气图的种类很多，下面分别介绍常用的几种。

1.1.1 电气图的分类

根据各电气图所表示的电气设备、工程内容及表达形式的不同，电气图通常分为以下几类。

1. 系统图或框图

系统图或框图就是用符号或带注释的线框概略表示系统或分系统的基本组成、相互关系及其主要特征的一种简图。例如，电动机的主电路图（如图 1-1 所示）就表示了它的供电关系，其供电过程是由电源 L1、L2、L3 三相→熔断器 FU→接触器 KM→热继电器 FR→电动机。又如，某供电系统图（如图 1-2 所示）表示该变电所把 10kV 电压通过变压器变换为 380V 电压，经断路器 QF 和母线后，通过 FU1、FU2、FU3 分别供给 3 条支路。系统图或框图常用来表示整个工程或其中某一项目的供电方式和电能输送关系，也可表示某一装置或设备各主要组成部分的关系。

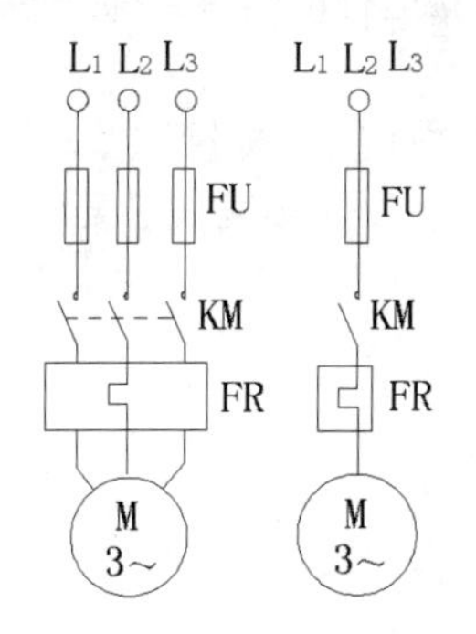

图 1-1 电动机供电系统图

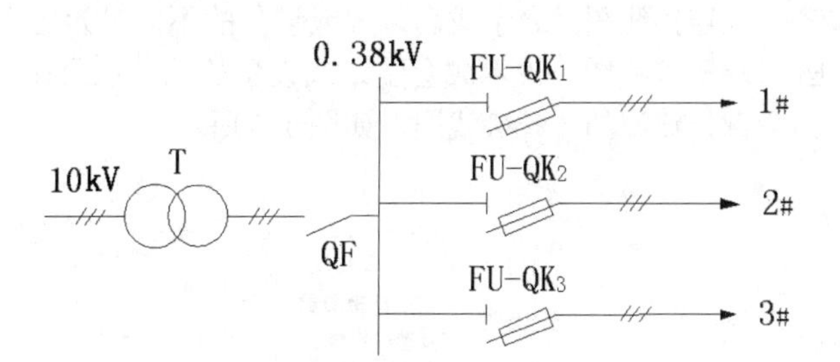

图 1-2 某变电所供电系统图

2. 电路图

电路图就是按工作顺序用图形符号从上而下、从左到右排列，详细表示电路、设备或成套装置的全部组成和连接关系，而不考虑其实际位置的一种简图。其目的是便于深入理解设备的工作原理、分析和计算电路特性及参数，所以这种图又称为电气原理图或原理接线图。例如，在磁力启动器电路图中（如图 1-3 所示），当按下启动按钮 SB2 时，接触器 KM 的线圈将得电，其常开主触点闭合，使电动机得电，启动运行；另一个辅助常开触点闭合，进行自锁。当按下停止按钮 SB1 或热继电器 FR 动作时，KM 线圈失电，常开主触点断开，电动机停止。可见它表示了电动机的操作控制原理。

3. 接线图

接线图是一种简图或表格，主要用于表示电气装置内部元件之间及其外部其他装置之间的

连接关系，便于制作、安装及维修人员接线和检查。如图 1-4 所示为磁力启动器控制电动机的主电路接线图，它清楚地表示了各元件之间的实际位置和连接关系：电源（L1、L2、L3）由 BX-3×6 的导线接至端子排 X 的 1、2、3 号，然后通过熔断器 FU1～FU3 接至交流接触器 KM 的主触点，再经过继电器的发热元件接到端子排的 4、5、6 号，最后用导线接入电动机的 U、V、W 端子。

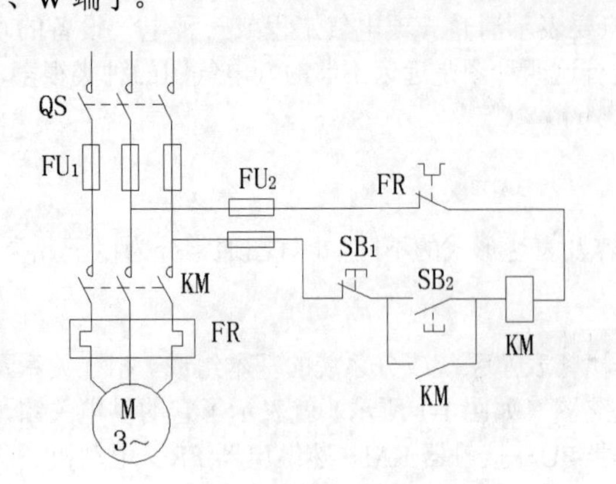

图 1-3　磁力启动器电路图

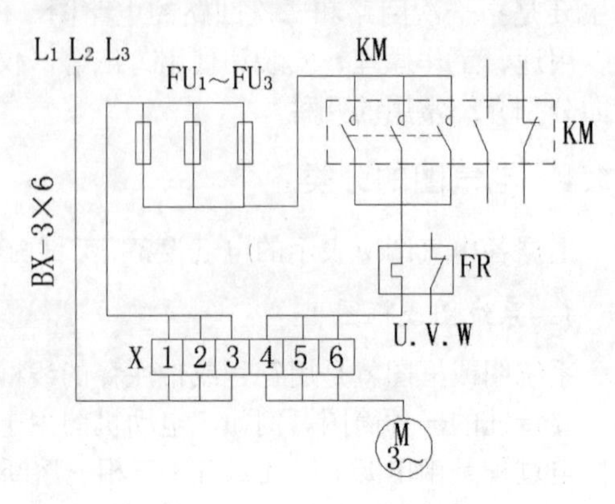

图 1-4　磁力起动器接线图

当一个装置比较复杂时，接线图又可分解为以下几种。

☑　单元接线图：表示成套装置或设备中一个结构单元内的各元件之间的连接关系的一种接线图。这里的“结构单元”是指在各种情况下可独立运行的组件或某种组合体，如电动机、开关柜等。

☑　互连接线图：表示成套装置或设备的不同单元之间连接关系的一种接线图。

☑　端子接线图：表示成套装置或设备的端子以及接在端子上外部接线（必要时包括内部接线）的一种接线图，如图 1-5 所示。

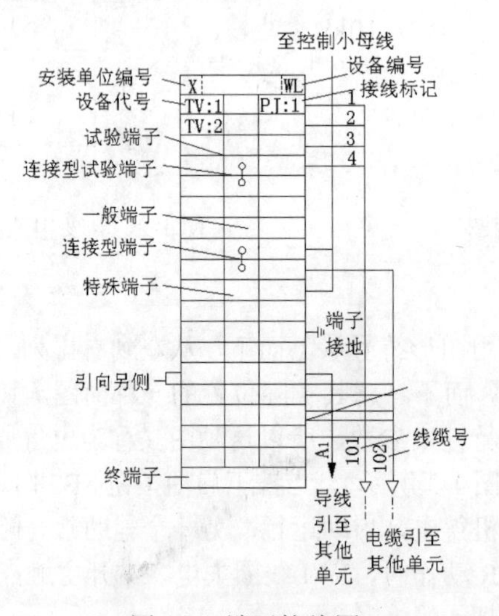

图 1-5　端子接线图

☑　电线电缆配置图：表示电线电缆两端位置，必要时还包括电线电缆功能、特性和路径等信息的一种接线图。

Note

4. 电气平面图

电气平面图是表示电气工程项目的电气设备、装置和线路的平面布置图，一般是在建筑平面图的基础上绘制出来的。常见的电气平面图有供电线路平面图、变配电所平面图、电力平面图、照明平面图、弱电系统平面图、防雷与接地平面图等。如图1-6所示是某车间的动力电气平面图，它表示了各车床的具体平面位置和供电线路。

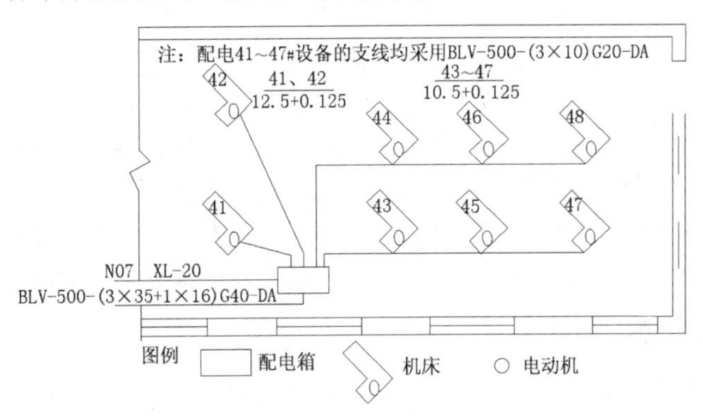

图1-6　某车间动气电气平面图

5. 设备布置图

设备布置图主要用于表示各种设备和装置的布置形式、安装方式以及相互之间的尺寸关系，通常由平面图、主面图、断面图、剖面图等组成。这种图按三视图原理绘制，与一般机械图没有大的区别。

6. 设备元件和材料表

设备元件和材料表是一种把成套设备、装置中各组成部分和相应数据集中在一起列成的表格，用来表示各组成部分的名称、型号、规格和数量等，便于读图者阅读，了解各元器件在装置中的作用和功能，从而读懂装置的工作原理。设备元件和材料表是电气图的重要组成部分，它可置于图中的某一位置，也可单列一页（视元器件材料多少而定）。为了方便书写，通常是从下而上排序。如表1-1所示是某开关柜上的设备表。

表1-1　设备元件表

符　号	名　称	型　号	数　量
ISA-351D	微机保护装置	=220V	1
KS	自动加热除湿控制器	KS-3-2	1
SA	跳、合闸控制开关	LW-Z-1a，4，6a，20/F8	1
QC	主令开关	LS1-2	1
QF	自动空气开关	GM31-2PR3，0A	1
FU1-2	熔断器	AM1 16/6A	2
FU3	熔断器	AM1 16/2A	1
1-2DJR	加热器	DJR-75-220V	2
HLT	手车开关状态指示器	MGZ-91-1-220V	1
HLQ	断路器状态指示器	MGZ-91-1-220V	1
HL	信号灯	AD11-25/41-5G-220V	1
M	储能电动机		1

Note

7. 产品使用说明书上的电气图

生产厂家往往随产品使用说明书附上电气图，供用户了解该产品的组成、工作过程及注意事项，以达到正确使用、维护和检修的目的。

8. 其他电气图

除了上述一些较为常用的主要电气图外，在实际电气工程中还存在多种形式的其他电气图。例如，对于较为复杂的成套装置或设备，为了便于制造，通常还会有局部的大样图、印刷电路板图等；而若为了装置的技术保密，往往只给出装置或系统的功能图、流程图、逻辑图等。从中不难看出，电气图种类很多，但这并不意味着所有的电气设备或装置都应具备这些图纸。根据表达的对象、目的和用途不同，所需图的种类和数量也不一样。对于简单的装置，可把电路图和接线图合二为一；对于复杂装置或设备，则应分解为几个系统，每个系统都包括以上各种类型图。总之，电气图作为一种工程语言，在表达清楚的前提下，越简单越好。

1.1.2 电气图的特点

与其他工程图不同，电气图主要用于表示系统或装置中的电气关系，具有其独特的一面。其主要特点介绍如下。

1. 清楚

电气图是用图形符号、连线或简化外形来表示系统或设备中各组成部分之间相互电气关系及其连接关系的一种图。如某一变电所电气图（如图1-7所示），表示该变电所将10kV电压变换为380V电压，分配给4条支路，用文字符号表示，并给出了变电所各设备的名称、功能和电流方向及各设备连接关系和相互位置关系，但没有给出具体位置和尺寸。

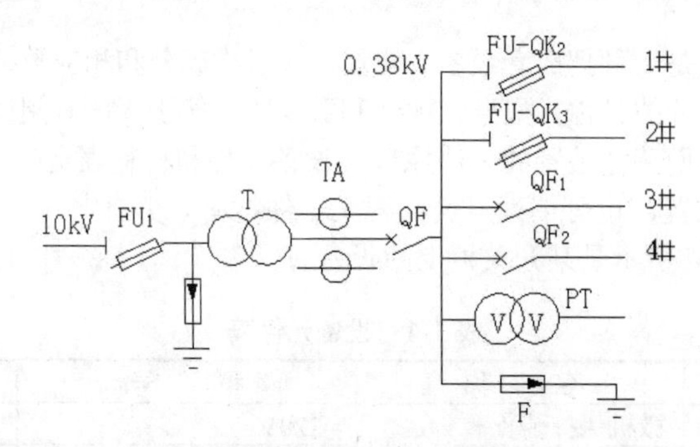

图1-7 变电所电气图

2. 简洁

电气图是采用电气元器件或设备的图形符号、文字符号和连线来表示的，没有必要画出电气元器件的外形结构，所以对于系统构成、功能及电气接线等，通常都采用图形符号、文字符号来表示。

3. 独特性

电气图主要是表示成套装置或设备中各元器件之间的电气连接关系，不论是说明电气设备工作原理的电路图、供电关系的电气系统图，还是表明安装位置和接线关系的平面图和连线图等，都表达了各元器件之间的连接关系，如图1-1～图1-4所示。

Note

4. 布局有序

电气图的布局依据其所要表达的内容而定。电路图、系统图是按功能布局，只考虑便于看出元件之间的功能关系，而不考虑元器件的实际位置，故要突出设备的工作原理和操作过程，按照元器件动作顺序和功能作用，从上而下、从左到右布局；而对于接线图、平面布置图，则要考虑元器件的实际位置，所以应按位置布局，如图 1-4 和图 1-6 所示。

5. 多样性

对系统的元件和连接线描述方法不同，构成了电气图的多样性。例如，元件可采用集中表示法、半集中表示法和分开表示法，连线可采用多线表示法、单线表示法和混合表示法。同时，一个电气系统中各种电气设备和装置之间，从不同角度、不同侧面考虑，存在着不同的关系。例如，在图 1-1 所示的某电动机供电系统图中，就存在着以下几种不同的关系。

（1）电能是通过 FU、KM、FR 送到电动机 M，它们之间存在着能量传递关系，如图 1-8 所示。

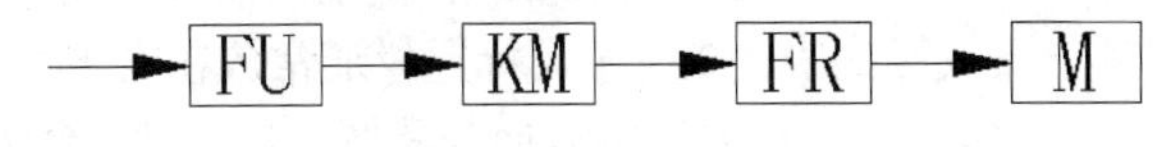

图 1-8　能量传递关系

（2）从逻辑关系上，只有当 FU、KM、FR 都正常时，M 才能得到电能，所以它们之间存在“与”的关系：M=FU · KM · FR。即只有 FU 正常为“1”、KM 合上为“1”、FR 没有烧断为“1”时，M 才能为“1”，表示可得到电能，其逻辑图如图 1-9 所示。

（3）从保护角度考虑，FU 用于短路保护，即当电路电流突然增大发生短路时，FU 烧断，使电动机失电。因此，它们之间就存在着信息传递关系：“电流”输入 FU，FU 输出“烧断”或“不烧断”，取决于电流的大小，可用图 1-10 表示。

图 1-9　逻辑图

图 1-10　FU 的信息传递图

1.2　电气图 CAD 制图规则

电气图是一种特殊的专业技术图，除了必须遵守《电气技术用文件的编制》(GB 6988)、《电气简图用图形符号》(GB 4728)、《电气技术中的项目代号》(GB 5094-85)等标准外，还要严格遵照执行机械制图、建筑制图等方面的有关规定。由于相关标准或规则很多，这里只能简单地介绍一些与电气图制图有关的规则和标准。

1.2.1　图纸格式和幅面尺寸

1. 图纸格式

电气图的格式与机械图、建筑图基本相同，通常由边框线、图框线、标题栏、会签栏组成，如图 1-11 所示。

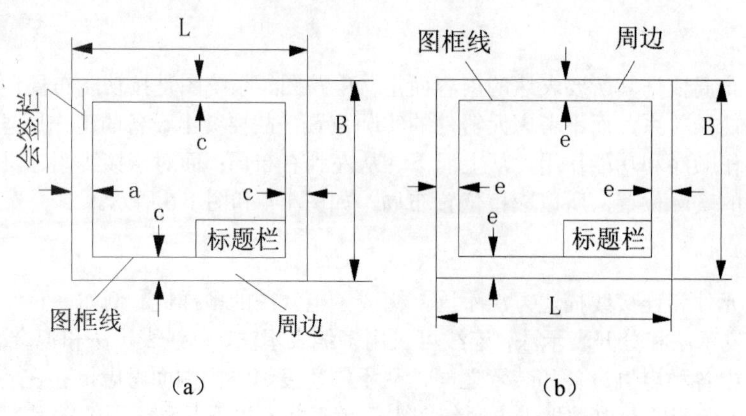

图 1-11　电气图图纸格式

图中的标题栏相当于一个设备的铭牌，标示着这张图纸的名称，图号张次，制图者、审核者等有关人员的签名，其一般式样如表 1-2 所示。标题栏通常放在右下角位置，也可放在其他位置，但必须在本张图纸上，而且标题栏的文字方向与看图方向一致。会签栏是留给相关的水、暖、建筑、工艺等专业设计人员会审图纸时签名用的。

表 1-2　标题栏一般格式

××电力勘察设计院				××区域10kV开闭及出线电缆工程		施工图
所长		校核		10kV配电装备电缆联系及屏顶小母线布置图		
主任工程师		设计				
专业组长		CAD制图				
项目负责人		会签				
日期	年 月 日	比例		图号	B812S-D01-14	

2. 幅面尺寸

由边框线围成的图面称为图纸的幅面。幅面大小共分 5 类，即 A0～A4，其尺寸如表 1-3 所示，根据需要可对 A3、A4 号图加长，加长幅面尺寸如表 1-4 所示。

表 1-3　基本幅面尺寸　　单位：mm

幅面代号	A0	A1	A2	A3	A4
宽×长（B×L）	841×1189	594×841	420×594	297×420	210×297
留装订边边宽（c）	10	10	10	5	5
不留装订边边宽（e）	20	20	10	10	10
装订侧边宽（a）	25				

表 1-4　加长幅面尺寸　　单位：mm

序号	代号	尺寸
1	A3×3	420×891
2	A3×4	420×1189
3	A4×3	297×630
4	A4×4	297×841
5	A4×5	297×1051

当表 1-3 和表 1-4 所列幅面系列还不能满足需要时，则可按 GB 4457.1 的规定，选用其他加长幅面的图纸。

1.2.2　图幅分区

为了确定图上内容的位置及其他用途，应对一些幅面较大、内容复杂的电气图进行分区。图幅分区的方法是将图纸相互垂直的两边各自加以等分，分区数为偶数，每一分区的长度为 25～75mm。分区线采用细实线，每个分区内竖边方向用大写英文字母编号，横边方向用阿拉伯数字编号，编号顺序应由标题栏相对的左上角开始。

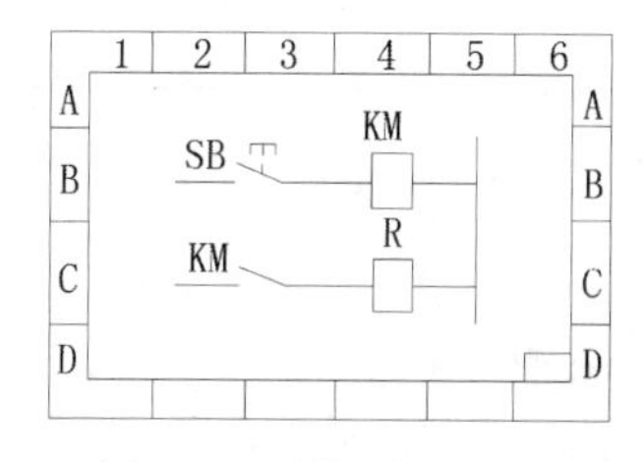

图 1-12　图幅分区示例

图幅分区后，相当于建立了一个坐标，分区代号用该区域的字母和数字表示，字母在前，数字在后，如 B3、C4，也可用行（如 A、B）或列（如 1、2）表示。这样，在说明设备工作元件时，就可让读图者很方便地找出所指元件。

例如，在图 1-12 中，将图幅分成 4 行（A～D）6 列（1～6）。图幅内所绘制的元件 KM、SB、R 在图上的位置被唯一地确定下来了，其位置代号列于表 1-5 中。

表 1-5　图上元件的位置代号

序　　号	元 件 名 称	符　　号	行　　号	列　　号	区　　号
1	继电器线圈	KM	B	4	B4
2	继电器触点	KM	C	2	C2
3	开关（按钮）	SB	B	2	B2
4	电阻器	R	C	4	C4

1.2.3　图线、字体及其他图

1. 图线

图中所用的各种线条称为图线。机械制图规定了 8 种基本图线，即粗实线、细实线、波浪线、双折线、虚线、细点划线、粗点划线和双点划线，并分别用代号 A、B、C、D、F、G、J 和 K 表示，如表 1-6 所示。

表 1-6　图线及应用

序号	图线名称	图线型式	代号	图线宽度（mm）	一般应用
1	粗实线	━━━━━	A	b=0.5～2	可见轮廓线、可见过渡线
2	细实线	─────	B	约b/3	尺寸线和尺寸界线、剖面线、重合剖面轮廓线、引出线、分界线及范围线、弯折线、辅助线、不连续的同一表面的连线、成规律分布的相同要素的连线
3	波浪线	〜〜〜	C	约b/3	断裂处的边界线、视图与剖视的分线
4	双折线	─╱╲─╱╲─	D	约b/3	断裂处的边界线
5	虚线	— — — —	F	约b/3	不可见轮廓线、不可见过渡线
6	细点划线	——— - ———	G	约b/3	轴线、对称中心线、轨迹线、节圆及节线

Note

续表

序号	图线名称	图线型式	代号	图线宽度（mm）	一般应用
7	粗点划线	———·———	J	b	有特殊要求的线或表面的表示线
8	双点划线	——··———	K	约b/3	相邻辅助零件的轮廓线、极限位置的轮廓线、坯料轮廓线或毛坯图中制成品的轮廓线、假想投影轮廓线、试验或工艺用结构（成品上不存在）的轮廓线、中断线

2. 字体

图中的文字，如汉字、字母和数字，是图的重要组成部分，也是读图的重要内容。按照GB/T 14691—1993《技术制图　字体》的规定，汉字采用长仿宋体，字母、数字可用直体、斜体；字体的号数，即字体高度（单位为mm），分为20、14、10、7、5、3.5和2.5共7种，字体的宽度约等于字体高度的2/3（数字和字母的笔画宽度约为字体高度的1/10）。因汉字笔画较多，所以不宜用2.5号字。

3. 箭头和指引线

电气图中有两种形式的箭头：开口箭头（如图1-13（a）所示）表示电气连接上能量或信号的流向；实心箭头（如图1-13（b）所示）表示力、运动、可变性方向。

指引线用于指示注释的对象，其末端指向被注释处，并在某一末端加注以下标记（如图1-14所示）：若指在轮廓线内，用一黑点表示，如图1-14（a）所示；若指在轮廓线上，用一箭头表示，如图1-14（b）所示；若指在电气线路上，用一短线表示，如图1-14（c）所示。

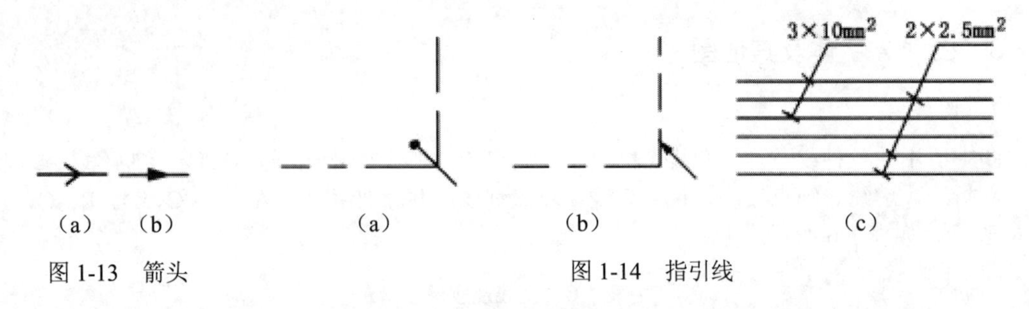

图1-13　箭头　　　　图1-14　指引线

4. 围框

当需要在图上显示其中的一部分所表示的是功能单元、结构单元或项目组（电器组、继电器装置）时，可以用点划线围框表示。为了图面清楚，围框的形状可以是不规则的。例如，在图1-15中有两个继电器，每个继电器分别有3对触点，用一个围框表示这两个继电器（KM1、KM2）的作用关系会更加清楚，且具有互锁和自锁功能。

当用围框表示一个单元时，若在围框内给出了可在其他图纸或文件上查阅更详细资料的标记，则其内的电路等可用简化形式表示或省略。如果在表示一个单元的围框内含有不属于该单元的元件符号，则必须对这些符号加双点划线围框并加代号或注解。例如，图1-16的-A单元内包含有熔断器FU、按钮SB、接触器KM和功能单元-B等，它们在一个框内。而-B单元在功能上与-A单元有关，但不装在-A单元内，所以用双点划线围起来，并且加了注释，表明-B单元在图1-16（a）中给出了详细资料（这里将其内部连接线省略）。在此应注意的是，在采用

围框表示时，围框线不应与元件符号相交。

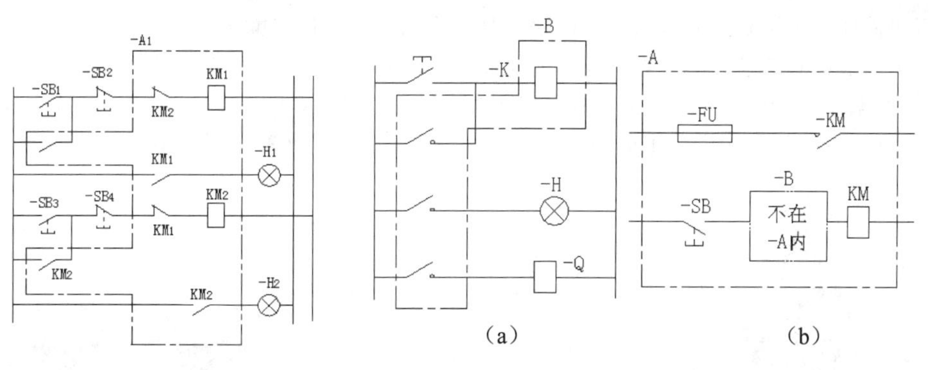

图 1-15　围框示例图　　　　图 1-16　含双点划线围框

5. 比例

图上所画图形符号的大小与物体实际大小的比值称为比例。大部分的电气线路图都是不按比例绘制的，但位置平面图等则需按比例绘制或部分按比例绘制。这样在平面图上测出两点距离，就可按比例值计算出两者间的实际距离（如线的长度、设备间距等），这对于导线的放线及设备机座、控制设备等的安装都十分方便。

电气图采用的比例一般为 1∶10、1∶20、1∶50、1∶100、1∶200 和 1∶500。

6. 尺寸标准

有时，在一些电气图上会标注相关尺寸数据，作为电气工程施工和构件加工的重要依据。

尺寸由尺寸线、尺寸界线、尺寸起止点（实心箭头和 45° 斜短划线）、尺寸数字 4 个要素组成，如图 1-17 所示。

图纸上的尺寸通常以毫米（mm）为单位，除特殊情况外，图上一般不另标注单位。

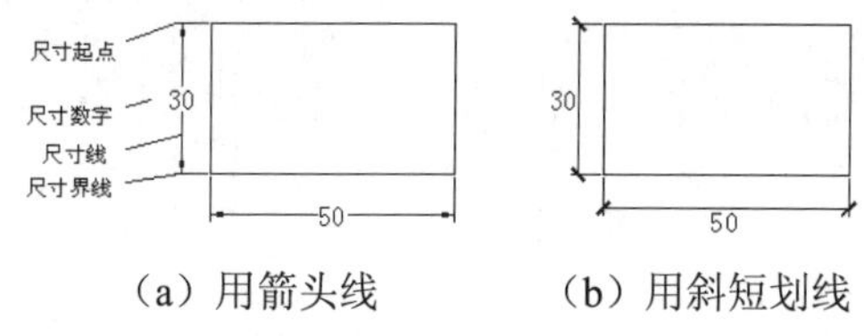

（a）用箭头线　　（b）用斜短划线

图 1-17　尺寸标注示例

7. 建筑物电气平面图专用标志

在电力、电气照明平面布置和线路敷设等建筑电气平面图上，往往画有一些专用的标志，以提示建筑物的位置、方向、风向、标高、高程、结构等。这些标志功能与电气设备安装、线路敷设有着密切的关系，了解这些标志的含义，对阅读电气图十分有用。

（1）方位

建筑电气平面图一般按“上北下南，左西右东”表示建筑物的方位，但在许多情况下，都是用方位标记表示其朝向。方位标记如图 1-18 所示，其箭头方向表示正北方向（N）。

（2）风向频率标记

风向频率标记是根据这一地区多年统计出的各方向刮风次数的平均百分值，并按一定比例绘制而成的，如图 1-19 所示。它像一朵玫瑰花，故又称为风向玫瑰图。其中实线表示全年的风向频率，虚线表示夏季（6～8 月）的风向频率。由图可见，该地区常年以西北风为主，夏季以西北风和东南风为主。

（3）标高

标高分为绝对标高和相对标高。绝对标高又称海拔高度，在我国是以青岛市外黄海平面作

Note

为零点来确定标高尺寸的；相对标高是选定某一参考面或参考点为零点而确定的高度尺寸。建筑电气平面图均采用相对标高，一般以室外某一平面或某层楼平面为零点来确定标高。这一标高又称为安装标高或敷设标高，其符号及标高尺寸示例如图 1-20 所示。其中图 1-20（a）所示标高用于室内平面图和剖面图上，标注的数字表示高出室内平面某一确定的参考点 2.5m，图 1-20（b）所示标高用于总平面图上的室外地面，其数字表示高出地面 6.1m。

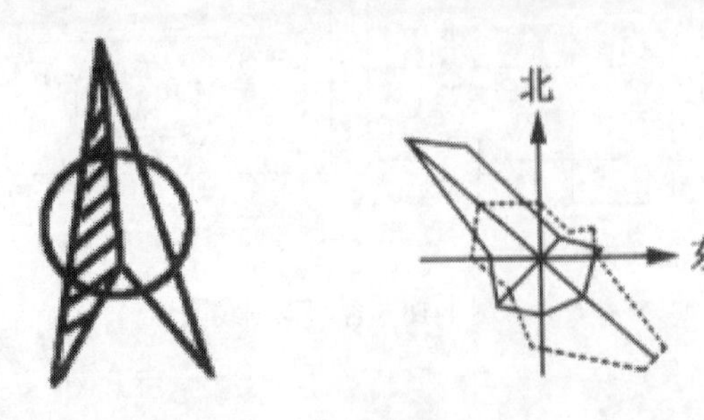

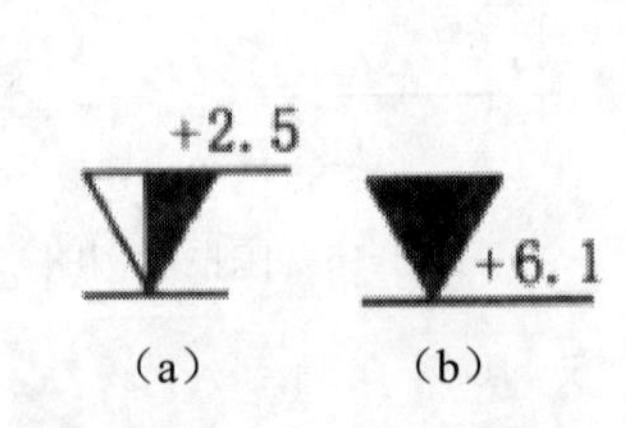

图 1-18　方位标记　　图 1-19　风向频率标记　　图 1-20　安装标高示例图

（4）建筑物定位轴线

定位轴线一般都是根据载重墙、柱、梁等主要载重构件的位置所画的轴线。定位轴线编号的方法是：水平方向，从左到右用数字编号；垂直方向，由下而上用字母（易造成混淆的 I、O、Z 不用）编号，数字和字母分别用点划线引出，如图 1-21 所示，其轴线分别为 A、B、C 和 1、2、3、4、5。

有了定位轴线，就可确定图上所画的设备位置，计算出电气管线长度，便于下料和施工。

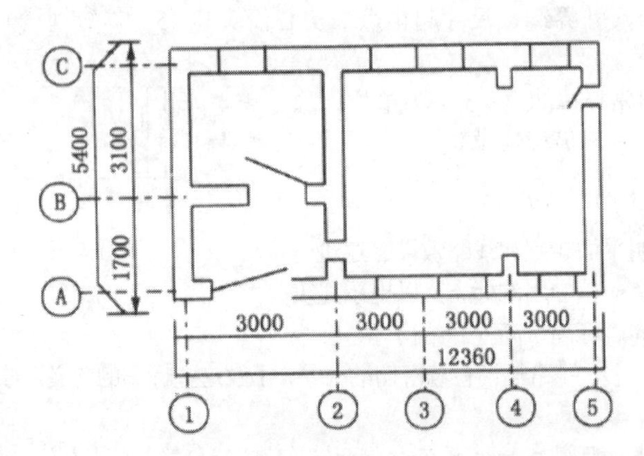

图 1-21　定位轴线标注方法示例

8. 注释、详图

（1）注释

用图形符号表达不清楚或不便表达的地方，可在图上加注释。注释可采用两种方式：一是直接放在所要说明的对象附近；二是加标记，将注释放在另外的位置或另一页。当图中出现多个注释时，应把这些注释按编号顺序放在图纸边框附近。如果是多张图纸，一般性注释放在第一张图上，其他注释则放在与其内容相关的图上。注释方法可采用文字、图形、表格等多种形式，其目的就是把设计对象表达清楚。

（2）详图

详图实质上是用图形来注释。这相当于机械制图的剖面图，就是把电气装置中某些零部件和连接点等结构、做法及安装工艺要求放大并详细表示出来。至于详图的位置，可放在要详细表示对象的图上，也可放在另一张图上，但必须要用一标志将它们联系起来。标注在总图上的标志称为详图索引标志，标注在详图位置上的标志称为详图标志。例如，11 号图上 1 号详图在 18 号图上，则在 11 号图上的索引标志为“1/18”，在 18 号图上的标注为“1/11”，即采用相对标注法。

Note

1.2.4　电气图布局方法

图的布局应从有利于对图的理解出发，做到布局突出图的本意、结构合理、排列均匀、图面清晰、便于读图。

1. 图线布局

电气图的图线一般用于表示导线、信号通路、连接线等，要求用直线，即横竖直，尽可能减少交叉和弯折。图线的布局方法有两种。

（1）水平布局

水平布局是将元件和设备按行布置，使其连接线处于水平位置，如图 1-22 所示。

（2）垂直布局

垂直布局是将元件和设备按列布置，使其连接线处于竖直位置，如图 1-23 所示。

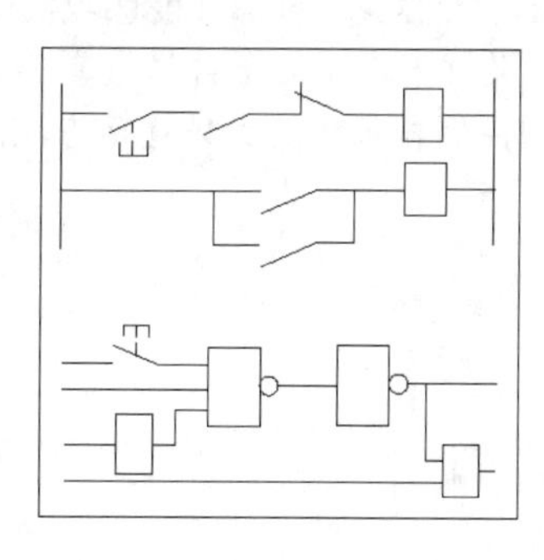

图 1-22　图线水平布局示例

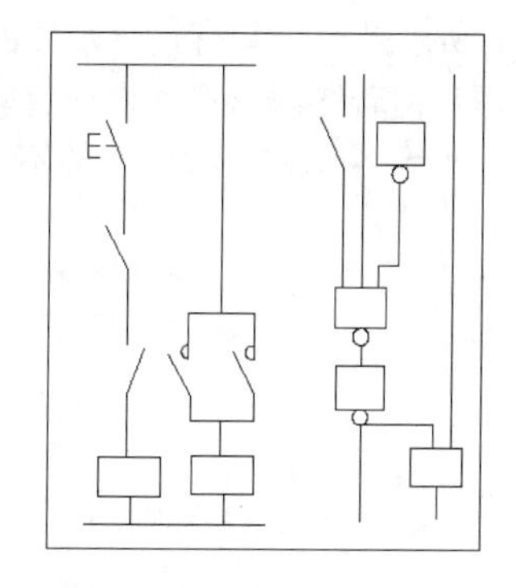

图 1-23　图线垂直布局示例

2. 元件布局

元件在电路中的排列一般是按因果关系和动作顺序从左到右、自上而下布置，看图时也要按这一排列规律来分析。如图 1-24 所示是水平布局，从左向右分析，SB1、FR、KM 都处于常闭状态，KT 线圈才能得电。经延时后，KT 的常开触点闭合，KM 得电。不按这一规律来分析，就不易看懂这个电路图的动作过程。

如果是在接线图或布置图等电气图中，则要按实际元件位置来布局，这样便于看出各元件间的相对位置和导线走向。例如，图 1-25 是某两个单元的接线图，它表示了两个单元的相对位置和导线走向。

Note

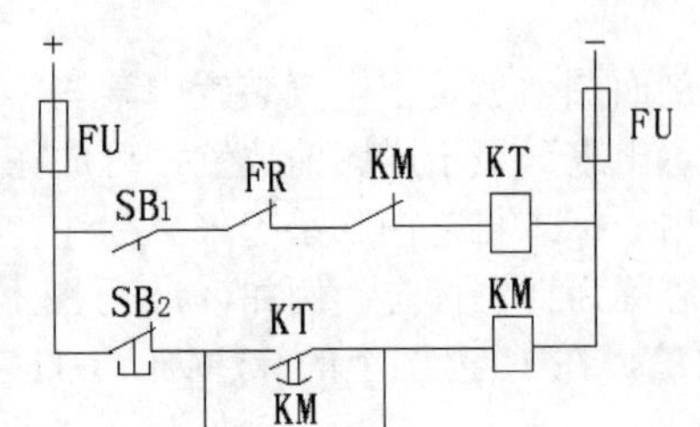

图 1-24　水平布局示例

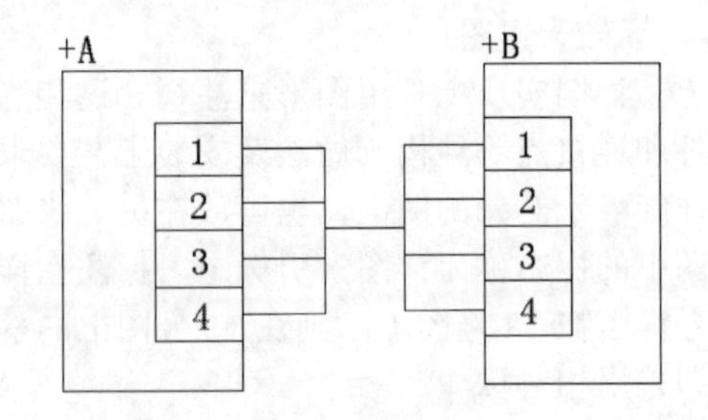

图 1-25　两单元按位置布局示例

1.3　电气图基本表示方法

电气图可以通过线路、电气元件以及元器件触头和工作状态来表示。

1.3.1　线路表示方法

线路的表示方法通常有多线表示法、单线表示法和混合表示法 3 种。

1. 多线表示法

在图中，电气设备的每根连接线或导线各用一条图线表示，这种方法便称为多线表示法。如图 1-26 所示是一个具有正、反转的电动机主电路图，采用多线表示法能比较清楚地表明电路工作原理，但若图线太多，对于比较复杂的设备，交叉就多，反而不容易看懂图。多线表示法一般用于表示各相或各线内容的不对称及要详细表示各相和各线的具体连接方法的场合。

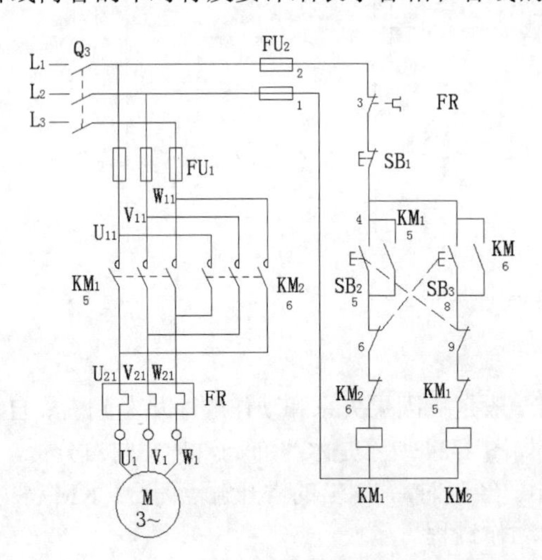

图 1-26　多线表示法示例图

2. 单线表示法

在图中，电气设备的两根或两根以上的连接线或导线，只用一根线表示的方法称为单线表示法。如图 1-27 所示为用单线表示的具有正、反转的电动机主电路图。这种表示法主要适用于三相电路或各线基本对称的电路图中。对于不对称的部分在图中注释，例如图 1-27 中热继电器是两相的，图中标注了“2”。

3. 混合表示法

在一个图中，一部分采用单线表示法，另一部分采用多线表示法，称为混合表示法。如图 1-28 所示，为了表示三相绕组的连接情况，该图用了多线表示法；为了说明两相热继电器，也用了多线表示法；其余的断路器 QF、熔断器 FU、接触器 KM1 都是三相对称，采用单线表示法。这种表示法具有单线表示法简洁、精练的优点，又有多线表示法描述精确、充分的优点。

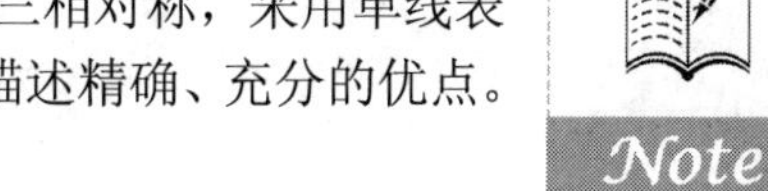

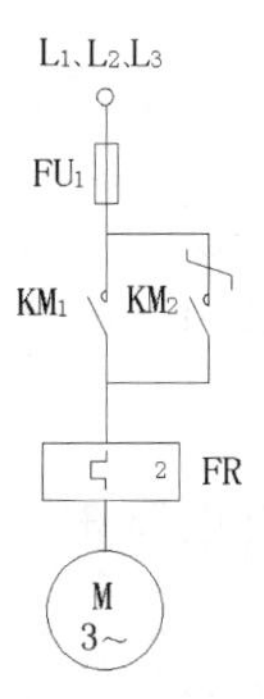
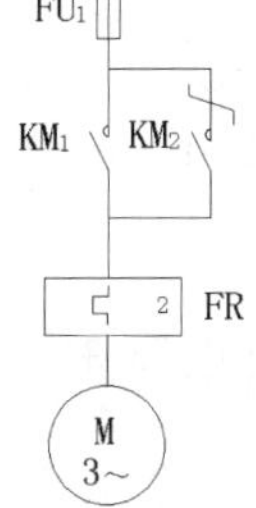

图 1-27　单线表示法示例图

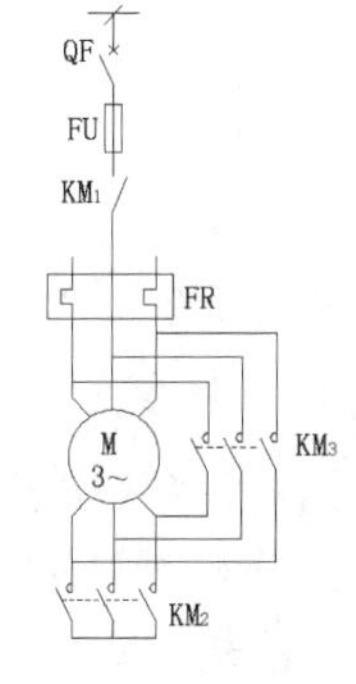

图 1-28　混合表示法示例图

1.3.2　电气元件表示方法

电气元件在电气图中通常采用图形符号来表示，绘出其电气连接，在符号旁标注项目代号（文字符号），必要时还会标注有关的技术数据。

在电气图中表示一个元件完整件图形符号的方法有集中表示法、半集中表示法和分开表示法。

1. 集中表示法

把设备或成套装置中的一个项目各组成部分的图形符号在简图上绘制在一起的方法，称为集中表示法。在集中表示法中，各组成部分用机械连接线（虚线）连接起来，连接线必须是一条直线。可见这种表示法只适用于简单的电路图。如图 1-29 所示是两个项目，继电器 KA 有一个线圈和一对触点，接触器 KM 有一个线圈和 3 对触头，它们分别用机械连接线联系起来，各自构成一体。

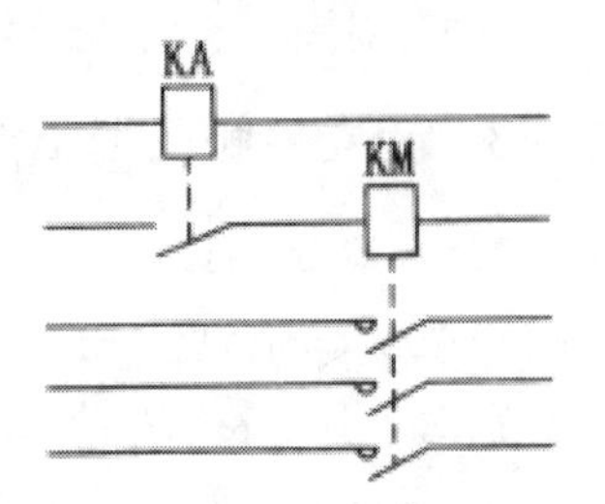

图 1-29　集中表示法示例

2. 半集中表示法

把一个项目中某些部分的图形符号在简图中分开布置，并用机械连接符号把它们连接起来，称为半集中表示法。如在图 1-30 中，KM 具有一个线圈、3 对主触头和一对辅助触头，表达清楚。在半集中表示法中，机械连接线可以弯折、分支和交叉。

3. 分开表示法

把一个项目中某些部分的图形符号在简图中分开布置，并使用项目代号（文字符号）表示它们之间关系的方法，称为分开表示法，也称为展开法。若图 1-30 采用分开表示法，则如图 1-31 所示。可见分开表示法只要把半集中表示法中的机械连接线去掉，在同一个项目图形符号上标注同样的项目代号即可。这样图中的点划线减少，图面更简洁，但是在看图时，要寻找各组成部分比较困难，必须综观全局图，把同一项目的图形符号在图中全部找出，否则在看

Note

图时就可能会遗漏。为了看清元件、器件和设备各组成部分，便于寻找其在图中的位置，分开表示法可与半集中表示法结合起来，或者采用插图、表格表示各部分的位置。

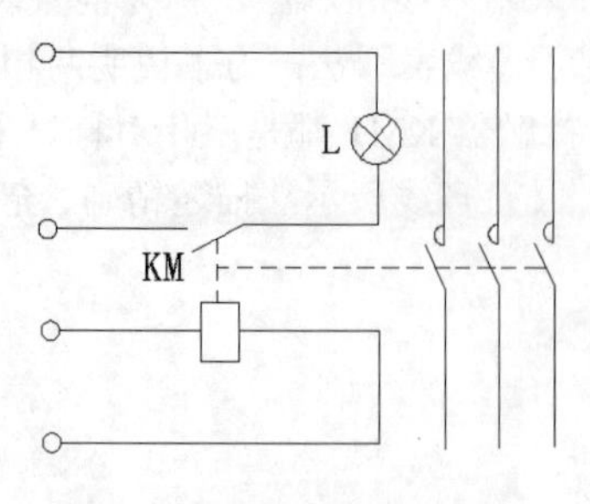

图 1-30　半集中表示法示例

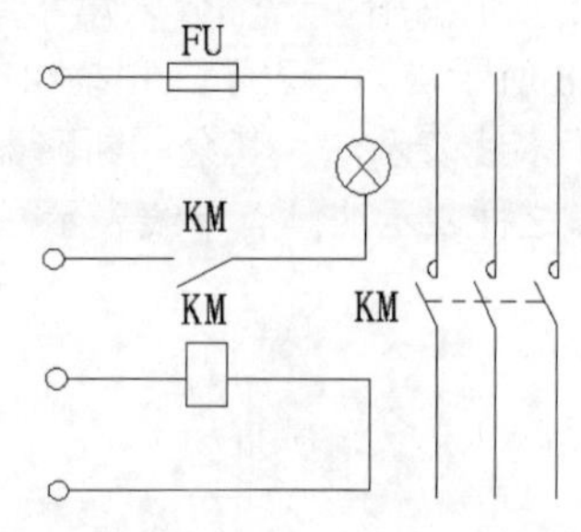

图 1-31　分开表示法示例

4. 项目代号的标注方法

采用集中表示法和半集中表示法绘制的元件，其项目代号只在图形符号旁标出并与机械连接线对齐，如图 1-29 和图 1-30 中的 KM。

采用分开表示法绘制的元件，其项目代号应在项目的每一部分自身符号旁标注，如图 1-31 所示。必要时，对同一项目的同类部件（如各辅助开关、各触点）可加注序号。

标注项目代号时应注意：

（1）项目代号的标注位置尽量靠近图形符号。

（2）图线水平布局的图，项目代号应标注在符号上方；图线垂直布局的图，项目代号标注在符号的左方。

（3）项目代号中的端子代号应标注在端子或端子位置的旁边。

（4）对围框的项目代号应标注在其上方或右方。

1.3.3　元器件触头和工作状态表示方法

1. 电器触头位置

电器触头的位置在同一电路中，当它们加电和受力作用后，各触点符号的动作方向应取向一致；对于分开表示法绘制的图，触头位置可以灵活运用，没有严格规定。

2. 元器件工作状态的表示方法

在电气图中，元器件和设备的可动部分通常应表示在非激励或不工作的状态或位置。例如：

（1）继电器和接触器在非激励的状态，图中的触头状态是非受电下的状态。

（2）断路器、负荷开关和隔离开关在断开位置。

（3）带零位的手动控制开关在零位置，不带零位的手动控制开关在图中规定位置。

（4）机械操作开关（如行程开关）在非工作的状态或位置（即搁置）时的情况，及机械操作开关在工作位置的对应关系，一般表示在触点符号的附近或另附说明。

（5）温度继电器、压力继电器都处于常温和常压（一个大气压）状态。

（6）事故、备用、报警等开关或继电器的触点应该表示在设备正常使用的位置，如有特定位置，应在图中另加说明。

（7）多重开闭器件的各组成部分必须表示在相互一致的位置上，而不管电路的工作状态。

3. 元器件技术数据的标注

电路中的元器件的技术数据（如型号、规格、整定值、额定值等）一般标在图形符号的附近。对于图线水平布局图，尽可能标在图形符号下方；对于图线垂直布局图，则标在项目代号的右方；对于像继电器、仪表、集成块等方框符号或简化外形符号，则可标在方框内，如图 1-32 所示。

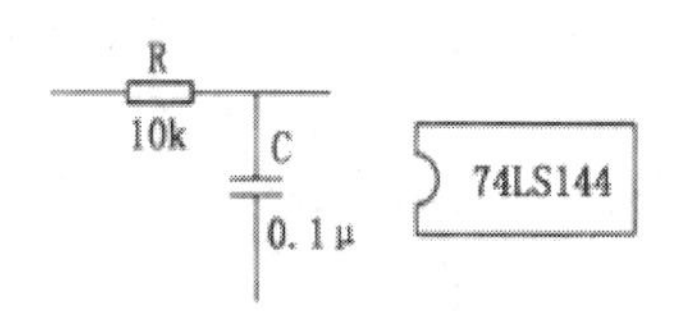

图 1-32 元器件技术数据的标注

1.4 电气图中连接线的表示方法

在电气线路图中，各元件之间都采用导线连接，起到传输电能、传递信息的作用，所以读者应了解连接线的表示方法。

1.4.1 连接线的一般表示法

1. 导线一般表示法

一般的图线就可表示单根导线。对于多根导线，可以分别画出，也可以只画一根图线，但需加标志。若导线少于 4 根，可用短划线数量代表根数；若多于 4 根，可在短划线旁加数字表示，如图 1-33（a）所示。表示导线特征的方法是：在横线上面标出电流种类、配电系统、频率和电压等；在横线下面标出电路的导线数乘以每根导线截面积（mm^2），当导线的截面不同时，可用“+”将其分开，如图 1-33（b）所示。

要表示导线的型号、截面、安装方法等，可采用短划指引线，加标导线属性和敷设方法，如图 1-33（c）所示。该图表示导线的型号为 BLV（铝芯塑料绝缘线），其中 3 根截面积为 $25mm^2$，1 根截面积为 $16mm^2$；敷设方法为穿入塑料管（VG），塑料管管径为 40mm，沿地板暗敷。

要表示电路相序的变换、极性的反向、导线的交换等，可采用交换号表示，如图 1-33（d）所示。

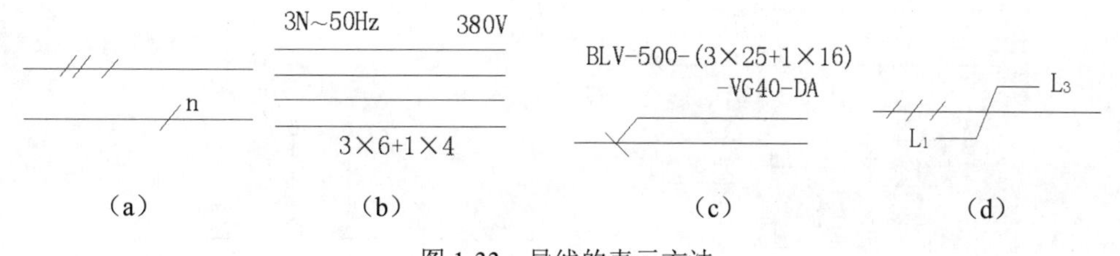

图 1-33 导线的表示方法

2. 图线的粗细

一般而言，电源主电路、一次电路、主信号通路等采用粗线表示；控制回路、二次回路等采用细线表示。

3. 连接线分组和标记

为了方便看图，对多根平行连接线，应按功能分组。若不能按功能分组，可任意分组，但

每组不多于3条，组间距应大于线间距。

为了便于看出连接线的功能或去向，可在连接线上方或连接线中断处做信号名标记或其他标记，如图1-34所示。

4. 导线连接点的表示

导线的连接点有“T”形连接点和多线的“十”形连接点之分。对于“T”形连接点可加实心圆点，也可不加实心圆点，如图1-35（a）所示；对于“十”形连接点，必须加实心圆点，如图1-35（b）所示；而交叉不连接的，不能加实心圆点，如图1-35（c）所示。

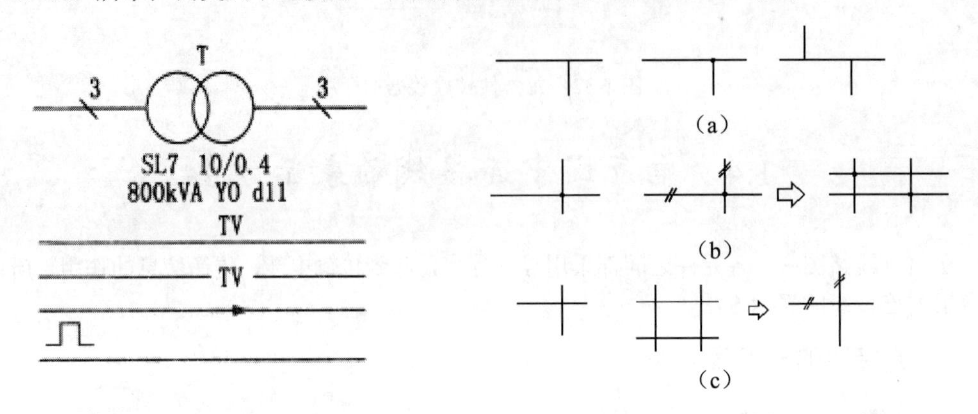

图1-34　连接线标记示例　　　　图1-35　导线连接点表示例图

1.4.2　连接线的连续表示法和中断表示法

1. 连续表示法及其标志

连接线可用多线或单线表示。为了避免线条太多，以保持图面的清晰，对于多条去向相同的连接线，常采用单线表示法，如图1-36所示。

当导线汇入用单线表示的一组平行连接线时，在汇入处应折向导线走向，而且每根导线两端应采用相同的标记，如图1-37所示。

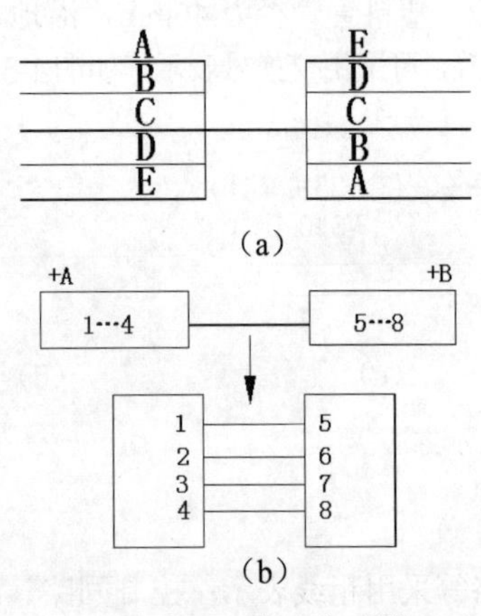

图1-36　连续表示法

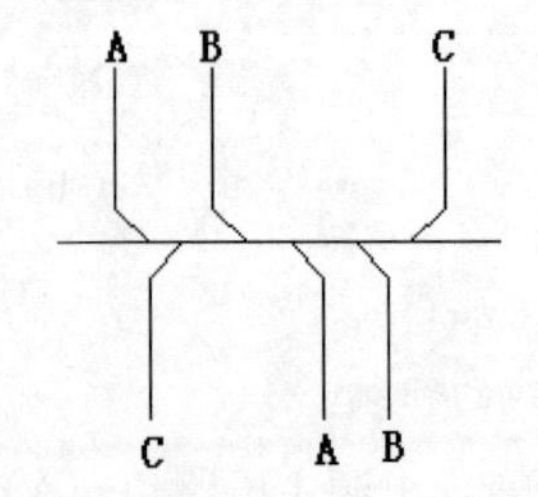

图1-37　汇入导线表示法

2. 中断表示法及其标志

为了简化线路图或使多张图采用相同的连接表示，连接线一般采用中断表示法。

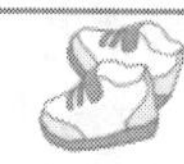

在同一张图中，中断处的两端应给出相同的标记，并给出连接线去向的箭头，如图 1-38 中的 G 标记。对于不同张的图，应在中断处采用相对标记法，即中断处标记名相同，并标注“图序号/图区位置”。如图 1-38 中的 L 标记，在第 20 号图纸上标有“L3/C4”，它表示 L 中断处与第 3 号图纸的 C 行 4 列处的 L 断点连接；而在第 3 号图纸上标有“L20/A4”，它表示 L 中断处与第 20 号图纸的 A 行 4 列处的 L 断点相连。

对于接线图，中断表示法的标注采用相对标注法，即在本元件的出线端标注去连接的对方元件的端子号。如图 1-39 所示，PJ 元件的 1 号端子与 CT 元件的 2 号端子相连接，而 PJ 元件的 2 号端子与 CT 元件的 1 号端子相连接。

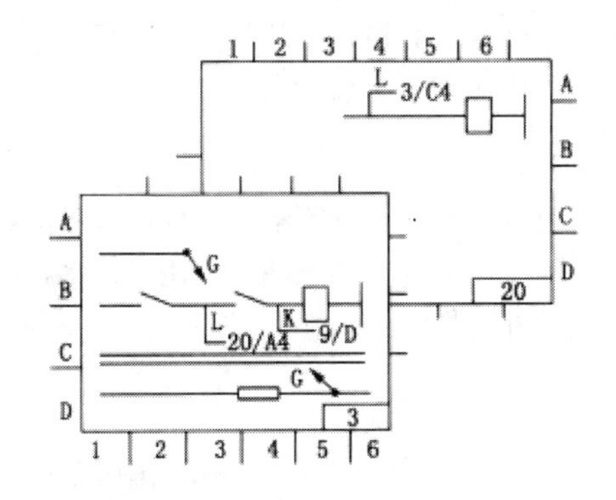

图 1-38　中断表示法及其标志

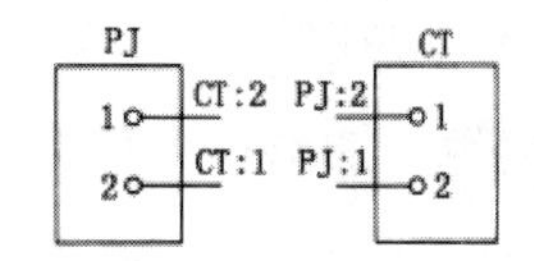

图 1-39　中断表示法的相对标注

1.5　电气图形符号的构成和分类

按简图形式绘制的电气工程图中，元件、设备、线路及其安装方法等都是借用图形符号、文字符号和项目代号来表达的。分析电气工程图，首先要明了这些符号的形式、内容、含义以及它们之间的相互关系。

1.5.1　电气图形符号的构成

电气图形符号包括一般符号、符号要素、限定符号和方框符号。

1. 一般符号

一般符号是用来表示一类产品或此类产品特征的简单符号，如电阻、电容、电感等，如图 1-40 所示。

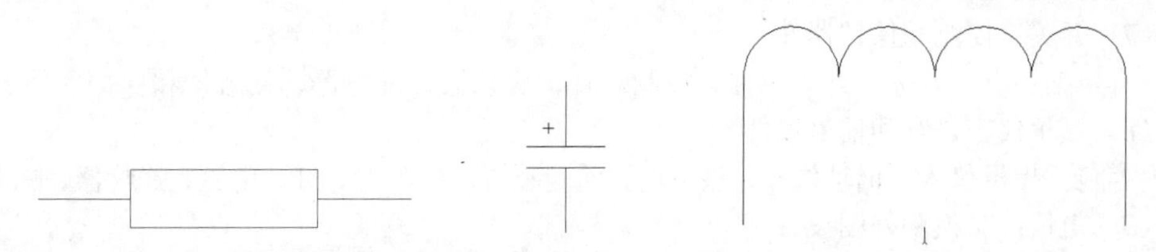

图 1-40　电阻、电容、电感符号

Note

2. 符号要素

符号要素是一种具有确定意义的简单图形，必须同其他图形组合起来，构成一个设备或概念的完整符号。例如，真空二极管是由外壳、阴极、阳极和灯丝 4 个符号要素组成的。符号要素一般不能单独使用，只有按照一定方式组合起来才能构成完整的符号。符号要素的不同组合可以构成不同的符号。

3. 限定符号

一种用以提供附加信息的、加在其他符号上的符号，称为限定符号。限定符号一般不代表独立的设备、器件和元件，仅用来说明某些特征、功能和作用等。限定符号一般不单独使用，一般符号加上不同的限定符号，可得到不同的专用符号。例如，在开关的一般符号上加不同的限定符号可分别得到隔离开关、断路器、接触器、按钮开关、转换开关。

4. 方框符号

方框符号用以表示元件、设备等的组合及其功能，是一种既不给出元件、设备的细节，也不考虑所有这些连接的一种简单图形符号。方框符号在系统图和框图中使用得最多，读者可在第 5 章中见到详细的设计实例。另外，电路图中的外购件、不可修理件也可用方框符号表示。

1.5.2 电气图形符号的分类

新的《电气简图用图形符号》（GB/T 4728.1—2005）采用中华人民共和国国家标准，在国际上具有通用性，有利于对外技术交流。《电气简图用图形符号》共分 13 部分，介绍如下。

（1）一般要求

内容包括本标准内容提要、名词术语、符号的绘制、编号使用及其他规定。

（2）符号要素、限定符号和其他常用符号

内容包括轮廓和外壳、电流和电压的种类、可变性、力或运动的方向、流动方向、材料的类型、效应或相关性、辐射、信号波形、机械控制、操作件和操作方法、非电量控制、接地、接机壳和等电位、理想电路元件等。

（3）导体和连接件

内容包括电线、屏蔽或绞合导线、同轴电缆、端子与导线连接、插头和插座、电缆终端头等。

（4）基本无源元件

内容包括电阻器、电容器、铁氧体磁心、压电晶体、驻极体等。

（5）半导体管和电子管

如二极管、三极管、晶闸管、电子管等。

（6）电能的发生与转换

内容包括绕组、发电机、变压器等。

（7）开关、控制和保护器件

内容包括触点、开关、开关装置、控制装置、启动器、继电器、接触器和保护器件等。

（8）测量仪表、灯和信号器件

内容包括指示仪表、记录仪表、热电偶、遥测装置、传感器、灯、电铃、蜂鸣器、喇叭等。

（9）电信：交换和外围设备

内容包括交换系统、选择器、电话机、电报和数据处理设备、传真机等。

（10）电信：传输

内容包括通信电路、天线、波导管器件、信号发生器、激光器、调制器、解调器、光纤传输线路等。

（11）建筑安装平面布置图

内容包括发电站、变电所、网络、音响和电视的分配系统、建筑用设备、露天设备。

（12）二进制逻辑元件

内容包括计算器、存储器等。

（13）模拟元件

内容包括放大器、函数器、电子开关等。

Note

第 2 章

AutoCAD 2012 入门

本章将循序渐进地介绍 AutoCAD 2012 绘图的基本知识，帮助了解操作界面的基本布局，掌握如何设置图形的系统参数，熟悉文件管理方法，学会各种基本输入操作方式，熟练进行图层设置、应用各种绘图辅助工具等，为进入系统学习准备必要的前提知识。

☑ 绘图环境与操作界面
☑ 文件管理
☑ 基本输入操作
☑ 缩放与平移

任务驱动&项目案例

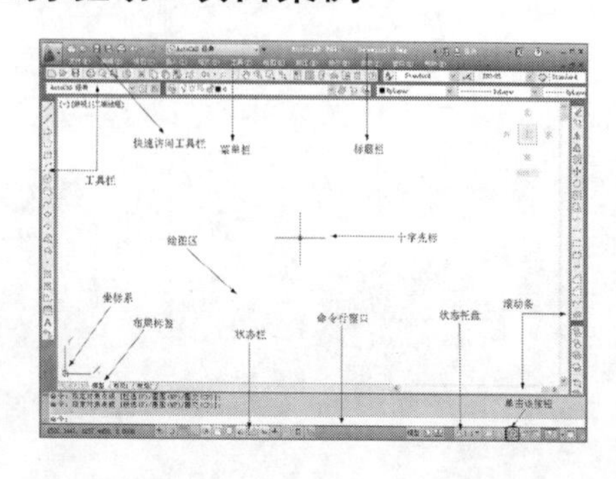

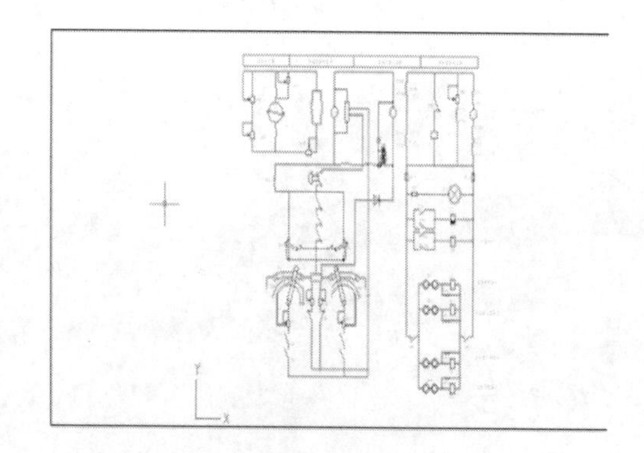

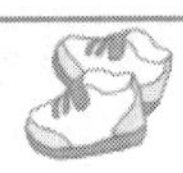

2.1 绘图环境与操作界面

本节主要介绍初始绘图环境、操作界面和绘图系统的设置。

2.1.1 操作界面简介

AutoCAD 的操作界面是 AutoCAD 显示、编辑图形的区域，一个完整的 AutoCAD 的操作界面如图 2-1 所示，包括标题栏、绘图区、十字光标、菜单栏、工具栏、坐标系图标、命令行窗口、状态栏、布局标签、滚动条、快速访问工具栏、功能区、交互信息工具栏和状态托盘等。

1. 标题栏

在 AutoCAD 2012 中文版绘图窗口的最上端是标题栏。在标题栏中，显示了系统当前正在运行的应用程序（AutoCAD 2012）和用户正在使用的图形文件。第一次启动 AutoCAD 时，在 AutoCAD 2012 绘图窗口的标题栏中将显示 AutoCAD 2012 在启动时创建并打开的图形文件的名称 Drawing1.dwg，如图 2-1 所示。

2. 快速访问工具栏和交互信息工具栏

（1）快速访问工具栏

快速访问工具栏包括“新建”、“打开”、“保存”、“另存为”、“放弃”、“重做”和“打印”等几个最常用的工具。用户也可以单击本工具栏后面的下拉按钮设置需要的常用工具。

（2）交互信息工具栏

交互信息工具栏包括“搜索”、“Autodesk Online 服务”、“交换”和“帮助”等几个常用的数据交互访问工具。

3. 菜单栏

在 AutoCAD 绘图窗口标题栏的下方是 AutoCAD 的菜单栏。同其他 Windows 程序一样，AutoCAD 2012 的菜单也是下拉形式的，并在菜单中包含子菜单。AutoCAD 2012 的菜单栏中包含 12 个菜单：“文件”、“编辑”、“视图”、“插入”、“格式”、“工具”、“绘图”、“标注”、“修改”、“参数”、“窗口”和“帮助”，这些菜单几乎包含了 AutoCAD 2012 的所有绘图命令，后面的章节将围绕这些菜单展开讲述，具体内容在此从略。

4. 功能区

包括“常用”、“插入”、“注释”、“参数化”、“视图”、“管理”、“输出”、“插件”和“联机”9 个功能区，每个功能区集成了相关的操作工具，方便用户的使用。用户可以单击功能区选项后面的按钮控制功能的展开与收缩。

功能区的执行方式为：

☑ 命令行：输入 RIBBON（或 RIBBONCLOSE）命令

☑ 菜单：选择“工具”→“选项板”→“功能区”命令

5. 绘图区和十字光标

绘图区是指在标题栏下方的大片空白区域，是用户使用 AutoCAD 2012 绘制图形的区域，用户完成一幅设计图的主要工作都是在绘图区域中完成的。

Note

在绘图区域中，还有一个作用类似光标的十字线，其交点反映了光标在当前坐标系中的位置。在AutoCAD 2012中，将该十字线称为光标，AutoCAD通过光标显示当前点的位置。十字线的方向与当前用户坐标系的X轴、Y轴方向平行，十字线的长度系统预设为屏幕大小的5%，如图2-1所示。

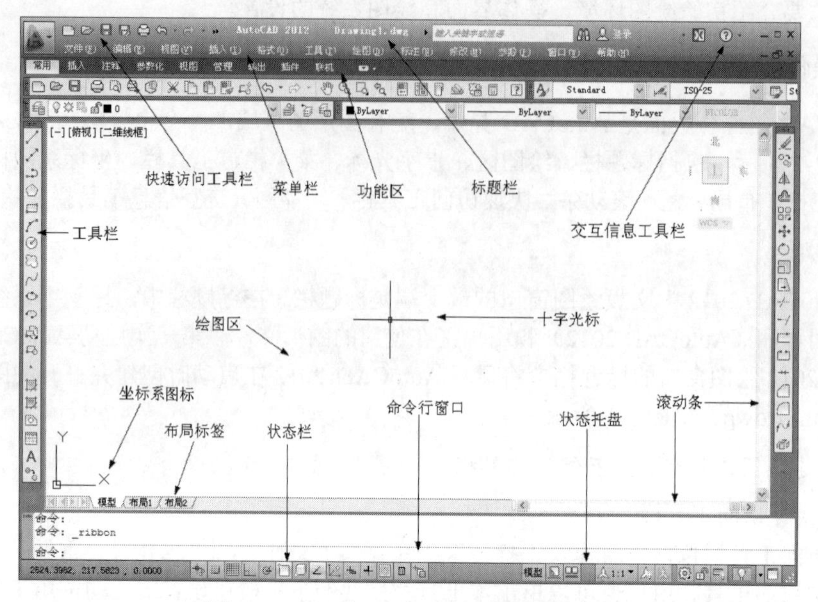

图2-1 AutoCAD 2012中文版操作界面

6. 工具栏

工具栏是一组图标型工具的集合，把光标移动到某个图标，稍停片刻即在该图标一侧显示相应的工具提示，同时在状态栏中显示对应的说明和命令名。此时，单击图标也可以启动相应命令。

在默认情况下，可以见到绘图区顶部的"标准"工具栏、"图层"工具栏、"特性"工具栏以及"样式"工具栏（如图2-2所示）和位于绘图区左侧的"绘制"工具栏、右侧的"修改"工具栏和"绘图次序"工具栏（如图2-3所示）。

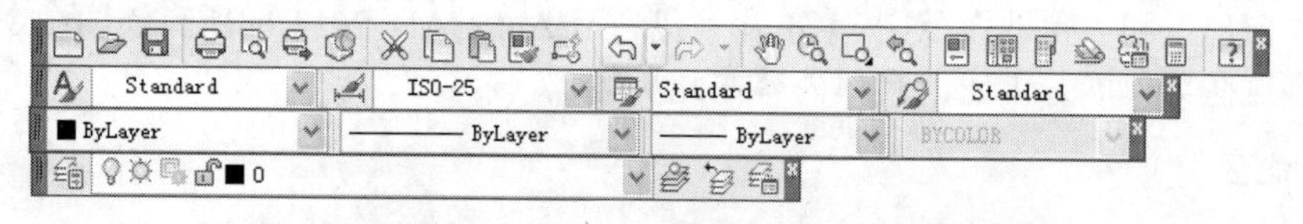

图2-2 "标准"、"样式"、"特性"和"图层"工具栏

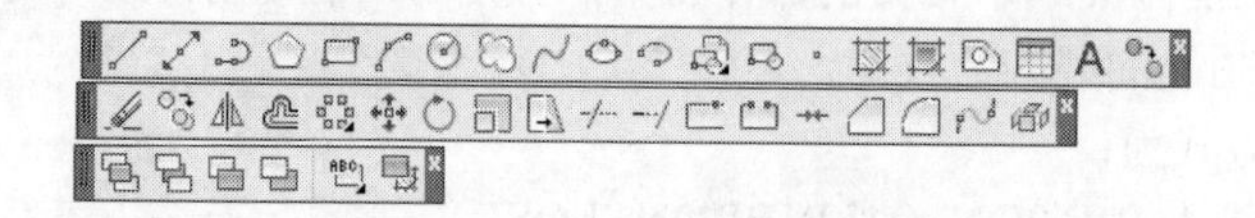

图2-3 "绘制"、"修改"和"绘图次序"工具栏

7. 命令行窗口

命令行窗口是输入命令名和显示命令提示的区域，默认的命令行窗口布置在绘图区下方，包括若干文本行。对命令行窗口，有以下几点需要说明。

（1）移动拆分条，可以扩大与缩小命令窗口。

（2）可以拖动命令行窗口，布置在屏幕上的其他位置。默认情况下布置在图形窗口下方。

（3）对当前命令行窗口中输入的内容，可以按 F2 键用文本编辑的方法进行编辑，如图 2-4 所示。AutoCAD 文本窗口和命令行窗口相似，可以显示当前 AutoCAD 进程中命令的输入和执行过程，在执行 AutoCAD 的某些命令时，会自动切换到文本窗口，列出有关信息。

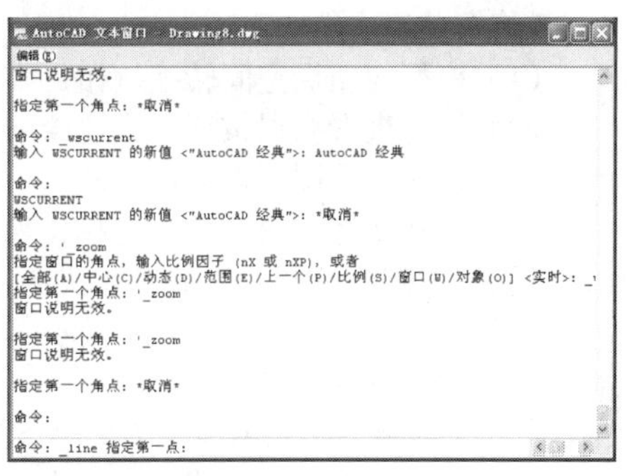

图 2-4 文本窗口

Note

（4）AutoCAD 通过命令行窗口反馈各种信息，包括出错信息。因此，用户要时刻关注在命令行窗口中出现的信息。

8. 布局标签

AutoCAD 2012 系统默认设定一个模型空间布局标签和“布局 1”、“布局 2”两个图纸空间布局标签。在这里有两个概念需要解释一下。

（1）布局

布局是系统为绘图设置的一种环境，包括图纸大小、尺寸单位、角度设定、数值精确度等，在系统预设的 3 个标签中，这些环境变量都按默认设置。用户可根据实际需要改变这些变量的值。比如，默认的尺寸单位是公制的毫米，如果绘制的图形的单位是英制的英寸，就可以改变尺寸单位环境变量的设置，具体方法在后面章节介绍，在此暂且从略。用户也可以根据需要设置符合自己要求的新标签，具体方法也在后面章节介绍。

（2）模型

AutoCAD 的空间分模型空间和图纸空间。模型空间是通常绘图的环境，而在图纸空间中，用户可以创建叫做“浮动视口”的区域，以不同视图显示所绘图形。用户可以在图纸空间中调整浮动视口并决定所包含视图的缩放比例。如果选择图纸空间，则可打印多个视图，用户可以打印任意布局的视图。在后面的章节中，将专门详细地讲解有关模型空间与图纸空间的有关知识，请注意学习体会。

AutoCAD 2012 系统默认打开模型空间，用户可以通过单击选择需要的布局。

9. 状态栏

状态栏在屏幕的底部，左端显示绘图区中光标定位点的 X、Y、Z 坐标，在右侧依次有“推断约束”、“捕捉模式”、“栅格显示”、“正交模式”、“极轴追踪”、“对象捕捉”、“三维对象捕捉”、“对象捕捉追踪”、“允许/禁止动态 UCS”、“动态输入”、“显示/隐藏线宽”、“显示/隐藏透明度”、“快捷特性”和“选择循环”14 个功能开关按钮，如图 2-1 所示。单击这些开关按钮，可以实现相应功能的开关。

10. 状态托盘

状态托盘包括一些常见的显示工具和注释工具，包括模型空间与布局空间转换工具，如图 2-5 所示，通过这些按钮可以控制图形或绘图区的状态。

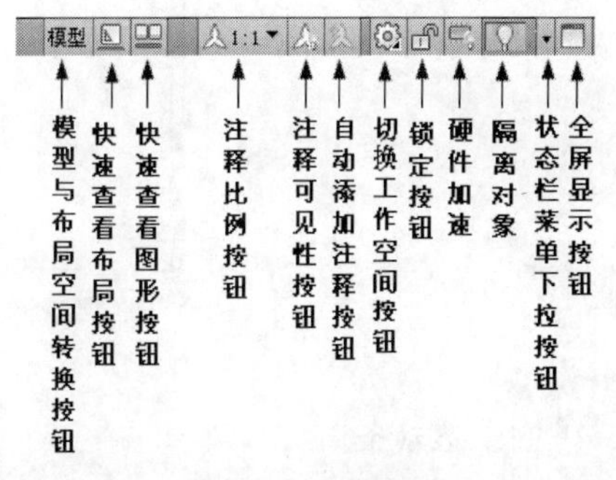

图 2-5 状态托盘

Note

各按钮功能介绍如下。

（1）模型与布局空间转换按钮：在模型空间与布局空间之间进行转换。

（2）快速查看布局按钮：快速查看当前图形在布局空间的布局。

（3）快速查看图形按钮：快速查看当前图形在模型空间的图形位置。

（4）注释比例按钮：单击注释比例右下角的下拉按钮可弹出注释比例列表，如图 2-6 所示，可以根据需要选择适当的注释比例。

（5）注释可见性按钮：当图标亮显时表示显示所有比例的注释性对象；当图标变暗时表示仅显示当前比例的注释性对象。

（6）自动添加注释按钮：注释比例更改时，自动将比例添加到注释对象。

（7）切换工作空间按钮：进行工作空间转换。

（8）锁定按钮：控制是否锁定工具栏或图形窗口在图形界面上的位置。

（9）硬件加速按钮：设定图形卡的驱动程序以及硬件加速的选项。

（10）隔离对象按钮：当选择隔离对象时，在当前视图中显示选定对象。所有其他对象都暂时隐藏；当选择隐藏对象时，在当前视图中暂时隐藏选定对象，所有其他对象都可见。

（11）状态栏菜单下拉按钮：单击该下拉按钮，将弹出如图 2-7 所示的菜单，可以选择打开或锁定相关选项位置。

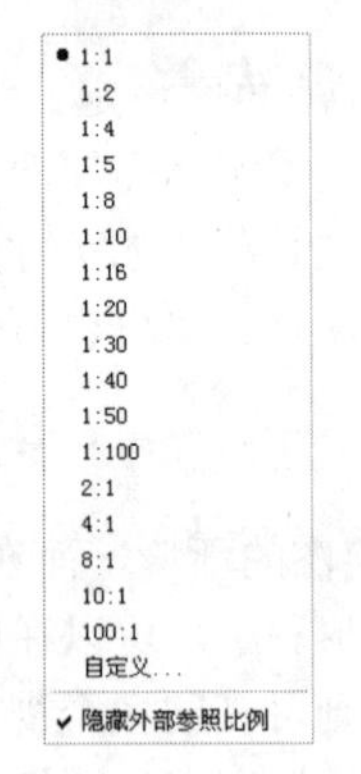

图 2-6　注释比例列表

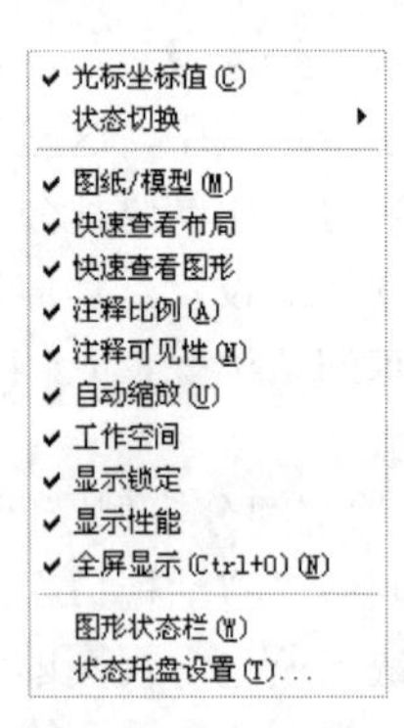

图 2-7　下拉菜单

（12）全屏显示按钮：单击该按钮可以清除操作界面中的标题栏、工具栏和选项板等界面元素，使 AutoCAD 的绘图窗口全屏显示，如图 2-8 所示。

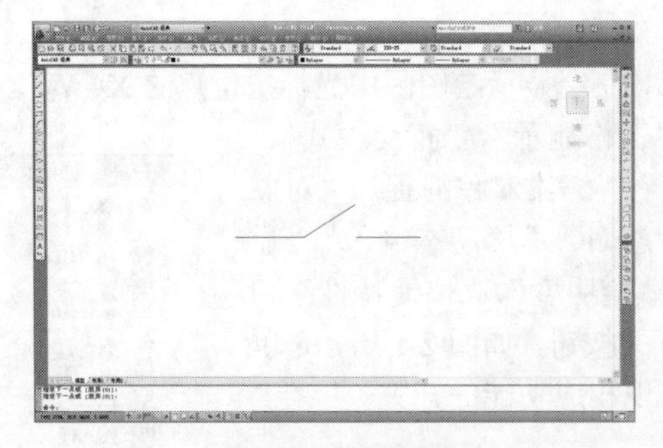

图 2-8　全屏显示

11. 滚动条

在 AutoCAD 的绘图窗口中，在窗口的下方和右侧还提供了用来浏览图形的水平和竖直方向的滚动条。单击或拖动滚动条中的滚动块，可以在绘图窗口中按水平或竖直两个方向浏览图形。

12. 坐标系图标

在绘图区的左下角，有一个图标，称之为坐标系图标。该图标体现了当前绘图所用的坐标系形式，其作用为点的坐标确定一个参照系。

2.1.2 初始绘图环境设置

进入 AutoCAD 2012 绘图环境后，需要首先设置绘图单位，其具体步骤如下。

1. 执行方式

☑ 命令行：输入 DDUNITS（或 UNITS）命令
☑ 菜单：选择“格式”→“单位”命令

2. 操作格式

执行上述操作后，系统打开“图形单位”对话框，如图 2-9 所示。该对话框用于定义单位和角度格式。

3. 选项说明

（1）“长度”与“角度”选项组

指定测量的长度与角度的当前单位及当前单位的精度。

（2）“插入时的缩放单位”下拉列表框

控制使用工具选项板（如设计中心或 i-drop）拖入当前图形的块的测量单位。

如果块或图形创建时使用的单位与该选项指定的单位不同，则在插入这些块或图形时，将对其按比例缩放。插入比例是源块或图形使用的单位与目标图形使用的单位之比。如果插入块时不按指定单位缩放，可选择“无单位”选项。

（3）输出样例

显示用当前单位和角度设置的例子。

（4）光源

控制当前图形中光度控制光源的强度测量单位。

（5）“方向”按钮

单击该按钮，系统显示“方向控制”对话框，如图 2-10 所示，可进行方向控制设置。

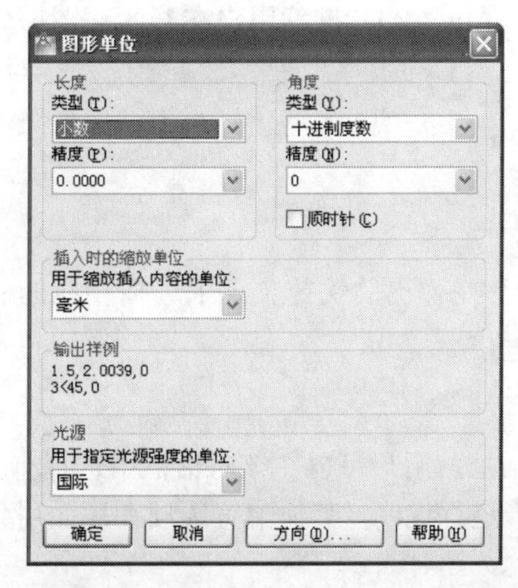

图 2-9 “图形单位”对话框

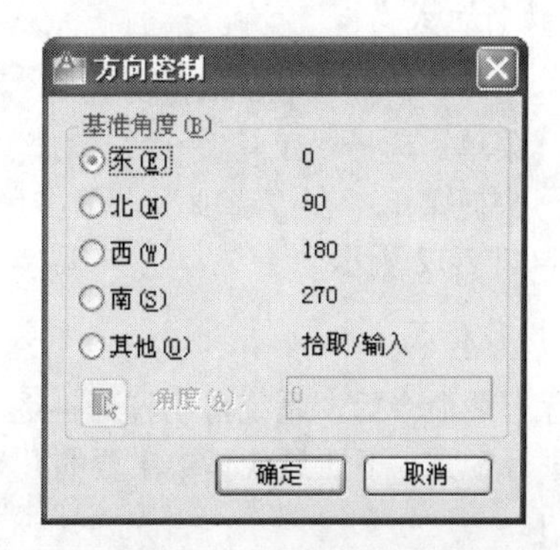

图 2-10 “方向控制”对话框

Note

设置完绘图单位后，进行绘图边界的设置，其具体步骤如下。

1. 执行方式

☑ 命令行：输入 LIMITS 命令

☑ 菜单：选择“格式”→“图形界限”命令

2. 操作格式

在命令行输入命令，与菜单执行功能相同，命令行提示如下。

```
命令: LIMITS↙
重新设置模型空间界限:
指定左下角点或 [开(ON)/关(OFF)] <0.0000,0.0000>:（输入图形边界左下角的坐标后回车）
指定右上角点 <12.0000,9.0000>:（输入图形边界右上角的坐标后回车）
```

3. 选项说明

（1）开（ON）

使绘图边界有效。系统将在绘图边界以外拾取的点视为无效。

（2）关（OFF）

使绘图边界无效。用户可以在绘图边界以外拾取点或实体。

（3）动态输入角点坐标

可以直接在屏幕上输入角点坐标，输入横坐标值后，按“,”键，接着输入纵坐标值，如图 2-11 所示。也可以在光标位置直接按下鼠标左键确定角点位置。

图 2-11　动态输入

2.1.3　配置绘图系统

由于每台计算机所使用的显示器、输入设备和输出设备的类型不同，用户喜好的风格及计算机的目录设置也不同，所以每台计算机都是独特的。一般来讲，使用 AutoCAD 2012 的默认配置就可以绘图，但为了使用户提高绘图的效率，AutoCAD 推荐用户在开始作图前先进行必要的配置。

1. 执行方式

☑ 命令行：输入 preferences 命令

☑ 菜单：选择“工具”→“选项”命令

☑ 快捷菜单：在“选项”上单击鼠标右键，在弹出的快捷菜单中选择相应的命令，如图 2-12 所示

2. 操作格式

执行上述命令后，系统自动打开“选项”对话框，用户可以在该对话框中选择有关选项，对系统进行配置。下面只就其中主要的几个选项卡进行说明，其他配置选项在后面用到时再作具体说明。

“选项”对话框中的“系统”选项卡用来设置 AutoCAD 系统的有关特性，如图 2-13 所示。

Note

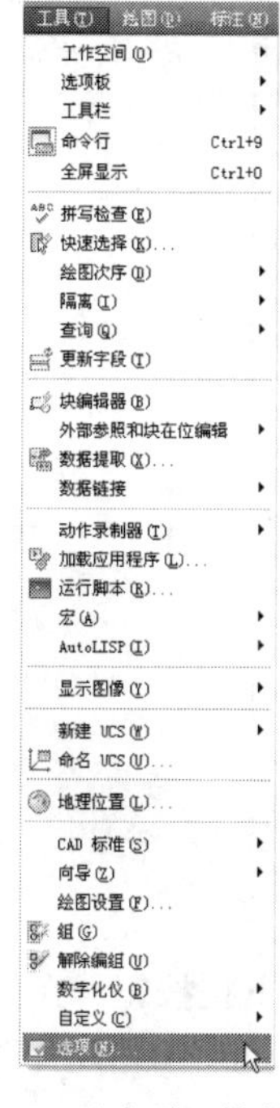

图2-12 “选项”快捷菜单

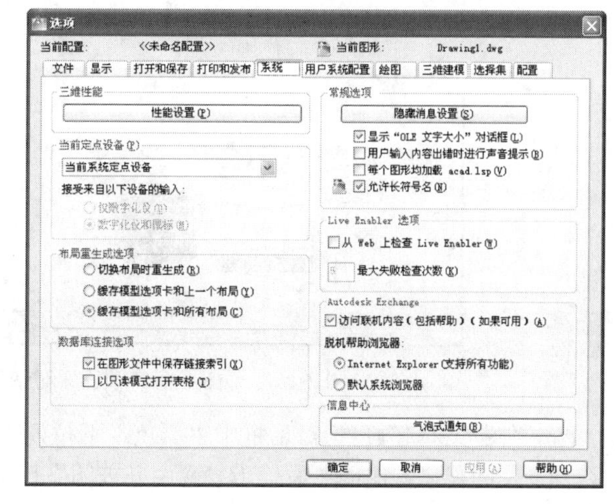

图2-13 “系统”选项卡

“选项”对话框中的“显示”选项卡用于控制AutoCAD窗口的外观，如图2-14所示。该选项卡可设定屏幕菜单、屏幕颜色、光标大小、滚动条显示与否、固定命令行窗口中文字行数、AutoCAD的版面布局设置、各实体的显示分辨率以及AutoCAD运行时的其他各项性能参数等。有关选项的设置读者可参照“帮助”文件学习。

在默认情况下，AutoCAD 2012的绘图窗口是白色背景、黑色线条，有时需要修改绘图窗口颜色。修改绘图窗口颜色的步骤如下。

（1）在绘图窗口中选择“工具”→“选项”命令，将弹出“选项”对话框。选择“显示”选项卡，如图2-14所示。单击“窗口元素”选项组中的“颜色”按钮，将打开图2-15所示的“图形窗口颜色”对话框。

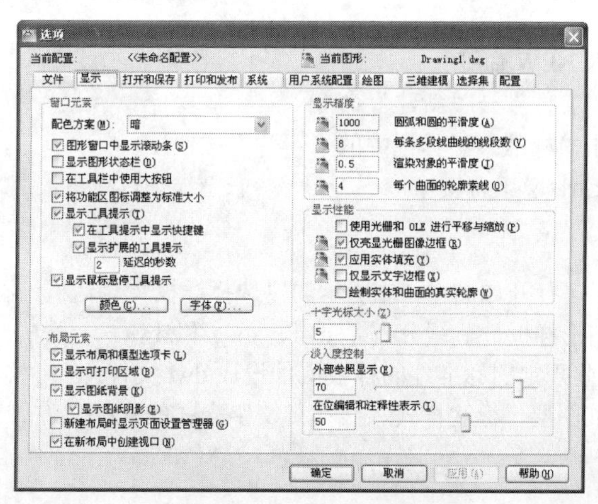

图2-14 “显示”选项卡

Note

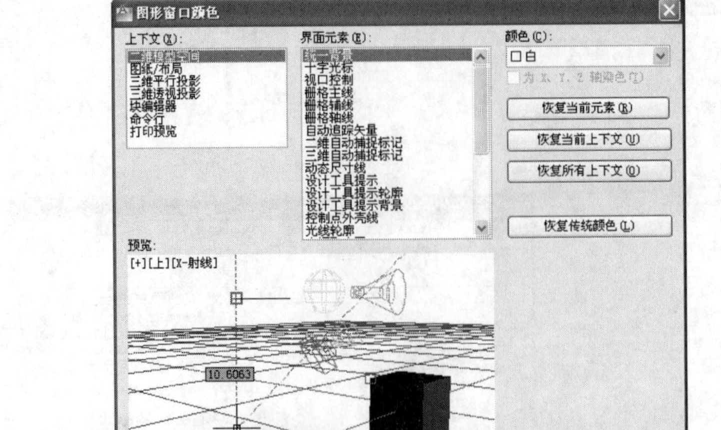

图 2-15 “图形窗口颜色”对话框

（2）单击“图形窗口颜色”对话框中“颜色”下拉列表框右侧的下拉按钮，在打开的下拉列表中选择需要的窗口颜色，然后单击“应用并关闭”按钮，此时 AutoCAD 2012 的绘图窗口背景色即为所选颜色。

2.2 文件管理

本节将介绍有关文件管理的一些基本操作方法，包括新建文件、打开已有文件、保存文件、删除文件等，这些都是进行 AutoCAD 2012 操作最基础的知识。另外，在本节中，也将介绍涉及文件管理操作的 AutoCAD 2012 新增知识。

2.2.1 新建文件

1. 执行方式

☑ 命令行：输入 NEW 命令

☑ 菜单：选择“文件”→“新建”命令

☑ 工具栏：单击“标准”工具栏中的“新建”按钮

☑ 快捷键：按 Ctrl+N 组合键

2. 操作格式

执行上述命令后，可打开如图 2-16 所示的“选择样板”对话框，在“文件类型”下拉列表框中有 3 种格式的图形样板，后缀分别是.dwt、.dwg 和.dws。一般情况下，.dwt 文件是标准的样板文件，通常将一些规定的标准性的样板文件设成.dwt 文件；.dwg 文件是普通的样板文件；而.dws 文件是包含标准图层、标注样式、线型和文字样式的样板文件。

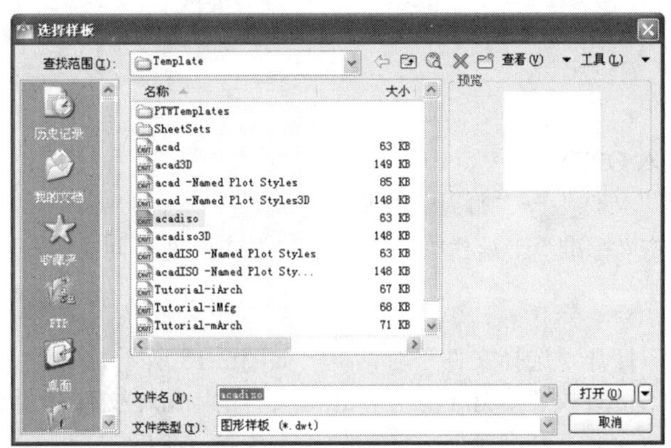

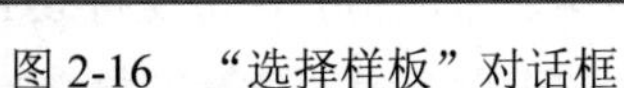

图 2-16 “选择样板”对话框

AutoCAD 还有一种快速创建图形功能，该功能是开始创建新图形的最快捷方法。

1. 执行方式

☑ 命令行：输入 QNEW 命令

☑ 工具栏：单击快速访问工具栏中的“新建”按钮

2. 操作格式

执行上述命令后，系统立即从所选的图形样板创建新图形，而不显示任何对话框或提示。在运行快速创建图形功能之前必须进行如下对系统变量的设置。

（1）将 FILEDIA 系统变量设置为 1；将 STARTUP 系统变量设置为 0。方法如下。

```
命令: FILEDIA↙
输入 FILEDIA 的新值 <1>:↙
命令: STARTUP↙
输入 STARTUP 的新值 <0>:↙
```

其余系统变量的设置过程与此类似，以后将不再赘述。

（2）选择菜单栏中的“工具”→“选项”命令，选择默认图形样板文件。具体方法是：在“文件”选项卡下单击标记为“样板设置”的节点，然后选择需要的样板文件路径，如图 2-17 所示。

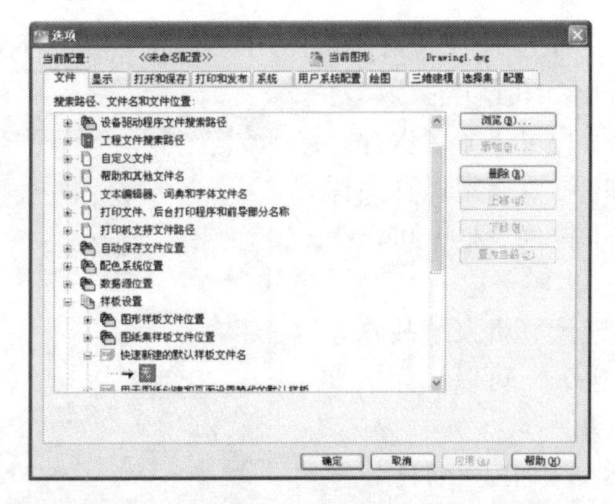

图 2-17 “选项”对话框的“文件”选项卡

Note

2.2.2 打开文件

1. 执行方式

☑ 命令行：输入OPEN命令

☑ 菜单：选择“文件”→“打开”命令

☑ 工具栏：单击“标准”工具栏中的“打开”或快速访问工具栏中的“打开”按钮

2. 操作格式

执行上述命令后，打开“选择文件”对话框（如图2-18所示），在“文件类型”下拉列表框中可选择.dwg文件、.dwt文件、.dxf文件和.dws文件等。.dxf文件是用文本形式存储的图形文件，能够被其他程序读取，许多第三方应用软件都支持.dxf格式。

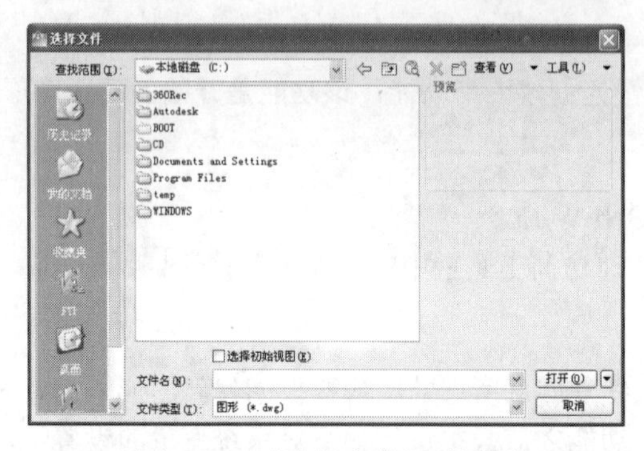

图2-18 “选择文件”对话框

2.2.3 保存文件

1. 执行方式

☑ 命令行：输入QSAVE（或SAVE）命令

☑ 菜单：选择“文件”→“保存”命令

☑ 工具栏：单击“标准”工具栏中的“保存”按钮或快速访问工具栏中的“保存”按钮

2. 操作格式

执行上述命令后，若文件已命名，则AutoCAD自动保存；若文件未命名（即为默认名drawing1.dwg），则系统打开“图形另存为”对话框（如图2-19所示），用户可以命名保存。在“保存于”下拉列表框中可以指定保存文件的路径；在“文件类型”下拉列表框中可以指定保存文件的类型。

图2-19 “图形另存为”对话框

为了防止因意外操作或计算机系统故障导致正在绘制的图形文件的丢失，可以按如下步骤对当前图形文件设置自动保存。

（1）利用系统变量SAVEFILEPATH设置所有自动保存文件的位置，如“C:\HU\”。

（2）利用系统变量SAVEFILE存储自动保

存文件名。该系统变量储存的文件名文件是只读文件，用户可以从中查询自动保存的文件名。

（3）利用系统变量 SAVETIME 指定在使用“自动保存”功能时多长时间保存一次图形。

Note

2.2.4 另存为

1. 执行方式

☑ 命令行：输入 SAVEAS 命令

☑ 菜单：选择“文件”→“另存为”命令

2. 操作格式

执行上述命令后，打开“图形另存为”对话框（如图 2-19 所示），AutoCAD 用另存名保存，并更改当前图形名称。

2.2.5 退出

1. 执行方式

☑ 命令行：输入 QUIT 或 EXIT 命令

☑ 菜单：选择“文件”→“退出”命令

☑ 按钮：单击 AutoCAD 操作界面右上角的“关闭”按钮

2. 操作格式

```
命令:QUIT↙（或 EXIT↙）
```

执行上述命令后，若用户对图形所做的修改尚未保存，则会出现如图 2-20 所示的系统警告对话框。单击“是”按钮系统将保存文件，然后退出；单击“否”按钮系统将不保存文件。若用户对图形所做的修改已经保存，则直接退出。

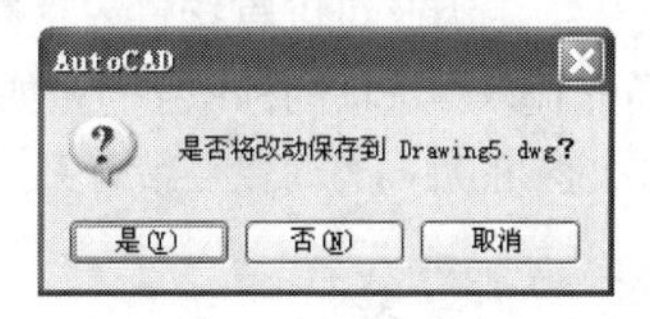

图 2-20 系统警告对话框

2.2.6 图形修复

1. 执行方式

☑ 命令行：输入 DRAWINGRECOVERY 命令

☑ 菜单：选择“文件”→“图形实用工具”→“图形修复管理器”命令

2. 操作格式

```
命令:DRAWINGRECOVERY↙
```

执行上述命令后，系统打开“图形修复管理器”面板，如图 2-21 所示，打开“备份文件”列表中的文件，可以重新保存，从而进行修复。

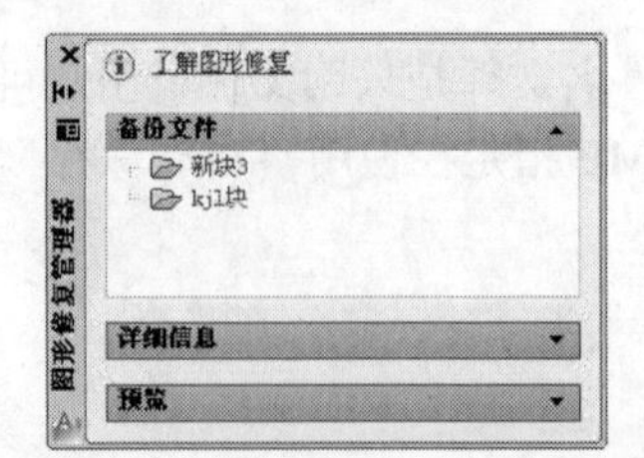

图 2-21 “图形修复管理器”面板

2.3 基本输入操作

在 AutoCAD 中，有一些基本的输入操作方法，这些基本方法是进行 AutoCAD 绘图的必备知识基础，也是深入学习 AutoCAD 功能的前提。

2.3.1 命令输入方式

AutoCAD 交互绘图必须输入必要的指令和参数。有多种 AutoCAD 命令输入方式（以画直线为例）。

1. 在命令窗口输入命令名

命令字符可不区分大小写。例如，命令：LINE↙。执行命令时，在命令行提示中经常会出现命令选项，如输入绘制直线命令“LINE”后，命令行中的提示如下。

```
命令: LINE↙
指定第一点:（在屏幕上指定一点或输入一个点的坐标）
指定下一点或 [放弃(U)]:
```

选项中不带括号的提示为默认选项，因此可以直接输入直线段的起点坐标或在屏幕上指定一点，如果要选择其他选项，则应该首先输入该选项的标识字符，如“放弃”选项的标识字符“U”，然后按系统提示输入数据即可。在命令选项的后面有时候还带有尖括号，尖括号内的数值为默认数值。

2. 在命令窗口输入命令缩写字

常用命令缩写字如 L（Line）、C（Circle）、A（Arc）、Z（Zoom）、R（Redraw）、M（More）、CO（Copy）、PL（Pline）、E（Erase）等。

3. 选择“绘图”菜单中的“直线”选项

选择该选项后，在状态栏中可以看到对应的命令说明及命令名。

4. 单击工具栏中的对应图标

单击该图标后在状态栏中也可以看到对应的命令说明及命令名。

5. 在命令行打开右键快捷菜单

如果在前面刚使用过要输入的命令，可以在命令行打开右键快捷菜单，在“最近的输入”子菜单中选择需要的命令，如图 2-22 所示。“最近的输入”子菜单中储存最近使用的命令，

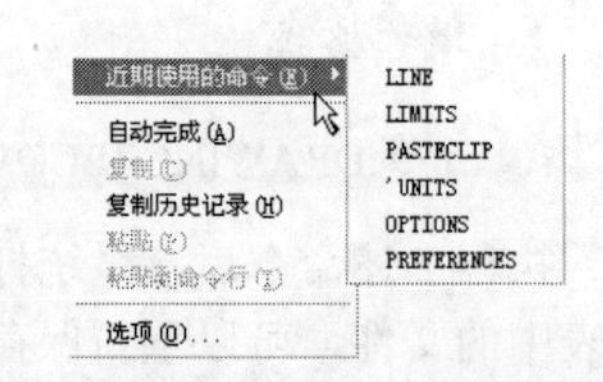

图 2-22 命令行右键快捷菜单

如果经常重复使用某几个操作的命令，这种方法就比较快速简捷。

6. 在绘图区右击

如果用户要重复使用上次使用的命令，可以直接在绘图区右击鼠标，系统立即重复执行上次使用的命令，这种方法适用于重复执行某个命令的情况。

Note

2.3.2 命令的重复、撤销、重做

1. 命令的重复

在命令行窗口中按 Enter 键可重复调用上一个命令，不管上一个命令是完成了还是被取消了。

2. 命令的撤销

在命令执行的任何时刻都可以取消和终止命令的执行。

执行方式如下：

☑ 命令行：输入 UNDO 命令
☑ 菜单：选择“编辑”→“放弃”命令
☑ 快捷键：按 Esc 键

3. 命令的重做

已被撤销的命令还可以恢复重做。要恢复撤销的最后一个命令，执行方式如下：

☑ 命令行：输入 REDO 命令
☑ 菜单：选择“编辑”→“重做”命令

该命令可以一次执行多重放弃和重做操作。单击 UNDO 或 REDO 列表箭头，可以选择要放弃或重做的操作，如图 2-23 所示。

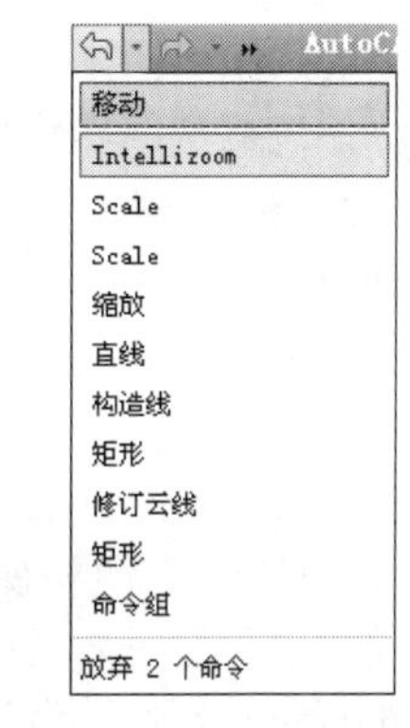

图 2-23 多重放弃或重做

2.3.3 透明命令

在 AutoCAD 2012 中有些命令不仅可以直接在命令行中使用，而且还可以在其他命令的执行过程中插入并执行，待该命令执行完毕后，系统继续执行原命令，这种命令称为透明命令。透明命令一般为修改图形设置或打开辅助绘图工具的命令。

2.3.2 节所述 3 种命令的执行方式同样适用于透明命令的执行。如：

```
命令: ARC↙
指定圆弧的起点或 [圆心(C)]: 'ZOOM↙（透明使用显示缩放命令 ZOOM）
>>（执行 ZOOM 命令）
正在恢复执行 ARC 命令。
指定圆弧的起点或 [圆心(C)]:（继续执行原命令）
```

2.3.4 按键定义

在 AutoCAD 2012 中，除了可以通过在命令行窗口输入命令、单击工具栏图标或选择菜单命令来完成相应操作外，还可以使用键盘上的一组功能键或快捷键快速实现指定功能，如按 F1 键可调用 AutoCAD 帮助对话框。

系统使用 AutoCAD 传统标准（Windows 之前）或 Microsoft Windows 标准解释快捷键。有些功能键或快捷键在 AutoCAD 的菜单中已经指出，如“粘贴”命令的快捷键为 Ctrl+V，只要用户在使用的过程中多加留意，就会熟练掌握。

2.3.5 命令执行方式

Note

有的命令有两种执行方式，通过对话框或通过命令行窗口输入命令。如指定使用命令行窗口方式，可以在命令名前加短划线表示，如“-LAYER”表示用命令行方式执行“图层”命令。而如果在命令行中输入“LAYER”，系统则会自动打开“图层特性管理器”对话框。

另外，有些命令同时存在命令行、菜单和工具栏 3 种执行方式，这时如果选择菜单或工具栏方式，命令行会显示该命令，并在前面加一下划线，如通过菜单或工具栏方式执行“直线”命令时，命令行会显示“_line”，命令的执行过程和结果与命令行方式相同。

2.3.6 坐标系与数据的输入方法

1. 坐标系

AutoCAD 采用两种坐标系：世界坐标系（WCS）与用户坐标系。用户刚进入 AutoCAD 时的坐标系统就是世界坐标系，该坐标系统是固定的坐标系统，也是坐标系统中的基准，绘制图形时多数情况下都是在这个坐标系统下进行的。

其执行方式如下：

☑ 命令行：输入 UCS 命令

☑ 菜单：选择“工具”→“UCS”命令

☑ 工具栏：单击“标准”工具栏中的“坐标系”按钮

AutoCAD 有两种视图显示方式：模型空间和图纸空间。模型空间是指单一视图显示法，通常使用这种显示方式；图纸空间是指在绘图区域创建图形的多视图，用户可以对其中每一个视图进行单独操作。默认情况下，当前 UCS 与 WCS 重合。如图 2-24（a）所示为模型空间下的 UCS 坐标系图标，通常放在绘图区左下角处；如当前 UCS 和 WCS 重合，则出现一个“W”字，如图 2-24（b）所示；也可以指定坐标系图标放在当前 UCS 的实际坐标原点位置，此时出现一个“十”字，如图 2-24（c）所示。图 2-24（d）所示为图纸空间下的坐标系图标。

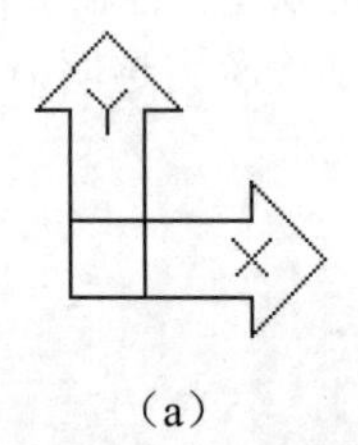

（a）

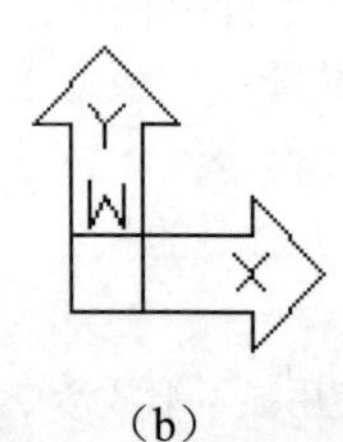

（b）

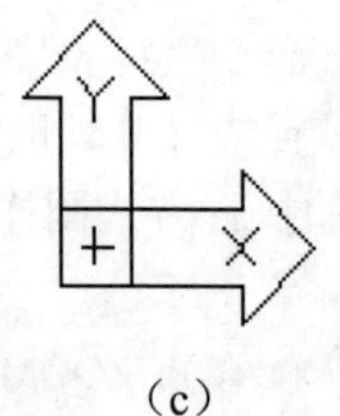

（c）

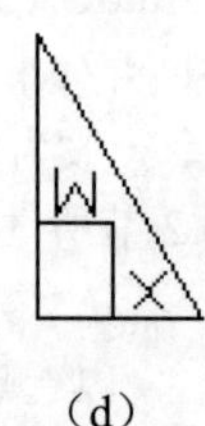

（d）

图 2-24 坐标系图标

2. 数据输入方法

在 AutoCAD 2012 中，点的坐标可以用直角坐标、极坐标、球面坐标和柱面坐标表示，每一种坐标又分别具有两种坐标输入方式：绝对坐标和相对坐标。其中，直角坐标和极坐标最为常用，下面主要介绍一下它们的输入。

（1）直角坐标法

用点的 X、Y 坐标值表示的坐标。例如，在命令行中输入点的坐标提示下，输入“15，18”，则表示输入了一个 X、Y 的坐标值分别为 15、18 的点，此为绝对坐标输入方式，表示该点的

坐标是相对于当前坐标原点的坐标值，如图 2-25（a）所示。如果输入“@10，20”，则为相对坐标输入方式，表示该点的坐标是相对于前一点的坐标值，如图 2-25（b）所示。

（2）极坐标法

用长度和角度表示的坐标，只能用来表示二维点的坐标。

在绝对坐标输入方式下，表示为“长度<角度”，如“25<50”，其中，长度为该点到坐标原点的距离，角度为该点至原点的连线与 X 轴正向的夹角，如图 2-25（c）所示。

在相对坐标输入方式下，表示为“@长度<角度”，如“@25<45”，其中,长度为该点到前一点的距离，角度为该点至前一点的连线与 X 轴正向的夹角，如图 2-25（d）所示。

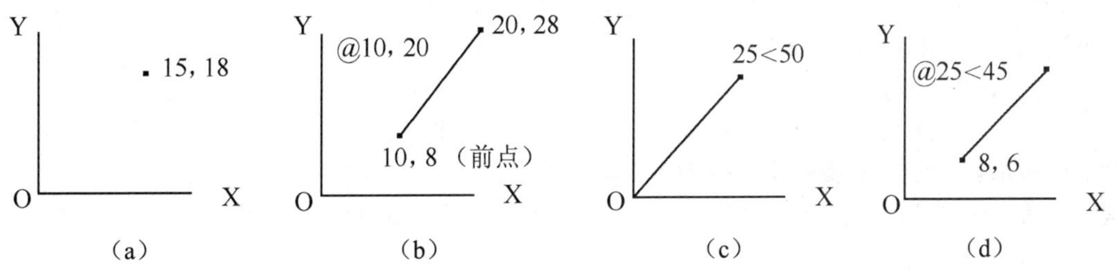

图 2-25 数据输入方法

3. 动态数据输入

单击状态栏中的 DYN 按钮，系统将打开动态输入功能，可以在屏幕上动态地输入某些参数数据，例如，绘制直线时，在光标附近会动态地显示“指定第一点”以及后面的坐标框，当前显示的是光标所在位置，可以输入数据，两个数据之间以逗号隔开，如图 2-26 所示。指定第一点后，系统动态显示直线的角度，同时要求输入线段长度值，如图 2-27 所示，其输入效果与“@长度<角度”方式相同。

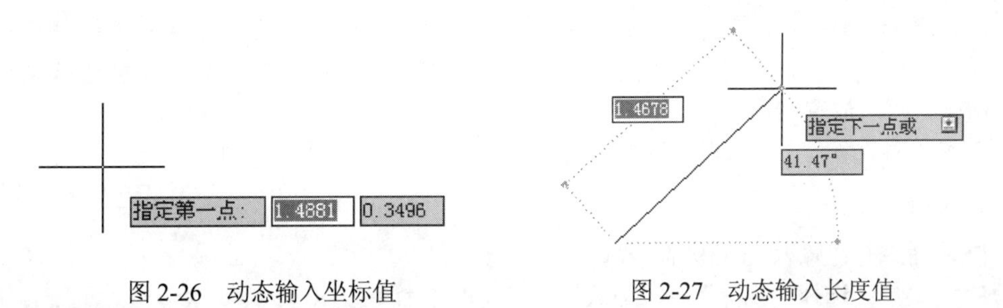

图 2-26 动态输入坐标值　　　　图 2-27 动态输入长度值

下面分别讲述一下点与距离值的输入方法。

（1）点的输入

绘图过程中，常需要输入点的位置，AutoCAD 提供了如下几种输入点的方式。

① 用键盘直接在命令窗口中输入点的坐标：直角坐标有两种输入方式：“x，y”（点的绝对坐标值，如“100，50”）和“@ x，y”（相对于上一点的相对坐标值，如“@ 50，-30”）。坐标值均相对于当前的用户坐标系。

极坐标的输入方式为“长度<角度”（其中，长度为点到坐标原点的距离，角度为原点至该点连线与 X 轴的正向夹角，如“20<45”）或“@长度<角度”（相对于上一点的相对极坐标，如“@50<-30”）。

② 用鼠标等定标设备移动光标，在屏幕上单击，直接取点。

Note

③ 用目标捕捉方式捕捉屏幕上已有图形的特殊点（如端点、中点、中心点、插入点、交点、切点、垂足点等，详见第4章）。

④ 直接距离输入：先用光标拖拉出橡筋线确定方向，然后用键盘输入距离。这样有利于准确控制对象的长度等参数，如要绘制一条10毫米长的线段，方法如下。

```
命令:LINE ↙
指定第一点:（在屏幕上指定一点）
指定下一点或 [放弃(U)]:
```

这时在屏幕上移动鼠标光标指明线段的方向，但不要单击确认，如图2-28所示，然后在命令行输入10，这样就在指定方向上准确地绘制了长度为10毫米的线段。

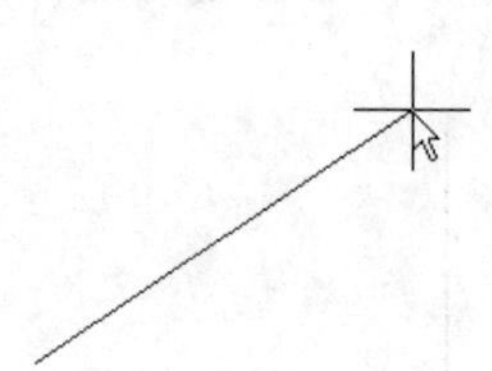
图2-28　绘制直线

（2）距离值的输入

在AutoCAD命令中，有时需要提供高度、宽度、半径、长度等距离值。AutoCAD提供了两种输入距离值的方式：一种是用键盘在命令行窗口中直接输入数值；另一种是在屏幕上拾取两点，以两点的距离值定出所需数值。

2.4　缩放与平移

改变视图最一般的方法就是利用缩放和平移命令。用它们可以在绘图区域放大或缩小图像显示，或者改变观察位置。

2.4.1　实时缩放

AutoCAD 2012为交互式的缩放和平移提供了可能。有了实时缩放，用户就可以通过垂直向上或向下移动光标来放大或缩小图形。利用实时平移（将在2.4.3节介绍），能通过移动光标和单击确认重新放置图形。

在实时缩放命令下，可以通过垂直向上或向下移动光标来放大或缩小图形。

1. 执行方式

☑ 命令行：输入ZOOM命令
☑ 菜单：选择“视图”→“缩放”→“实时”命令
☑ 工具栏：单击“标准”工具栏中的“实时缩放”按钮

2. 操作步骤

按住选择钮垂直向上或向下移动。从图形的中点向顶端垂直地移动光标就可以放大图形一倍，向底部垂直地移动光标就可以缩小图形一倍。

2.4.2　动态缩放

动态缩放会在当前视区中根据选择不同而进行不同的缩放或平移显示。

1. 执行方式

☑ 命令行：输入ZOOM命令

☑ 菜单：选择“视图”→“缩放”→“动态”命令
☑ 工具栏：单击“标准”→“缩放”下拉工具栏中的“动态缩放”按钮

2. 操作步骤

```
命令: ZOOM↙
指定窗口角点，输入比例因子 (nX 或 nXP)，或[全部(A)/中心点(C)/动态(D)/范围(E)/上一个(P)/比例(S)/窗口(W)] <实时>: D↙
```

执行上述命令后，系统弹出一个图框。选取动态缩放前的画面呈绿色点线。如果要动态缩放的图形显示范围与选取动态缩放前的范围相同，则此框与白线重合而不可见。重生成区域的四周有一个蓝色虚线框，用以标记虚拟屏幕。

这时，如果线框中有一个×出现，如图 2-29（a）所示，就可以拖动线框将其平移到另外一个区域。如果要放大图形到不同的放大倍数，按下选择钮，×就会变成一个箭头，如图 2-29（b）所示，这时左右拖动边界线就可以重新确定视区的大小。缩放后的图形如图 2-29（c）所示。

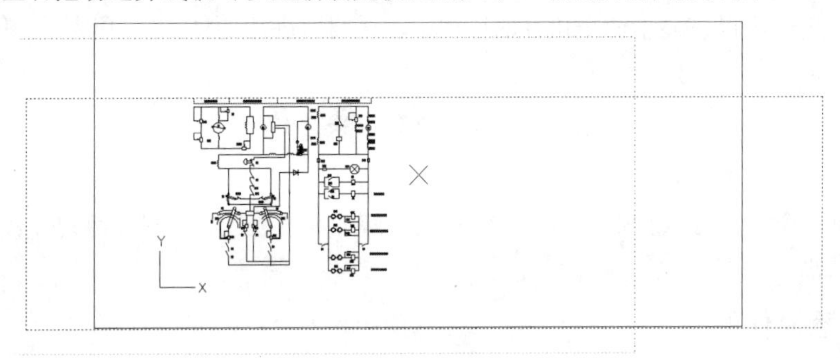

（a）带×的线框

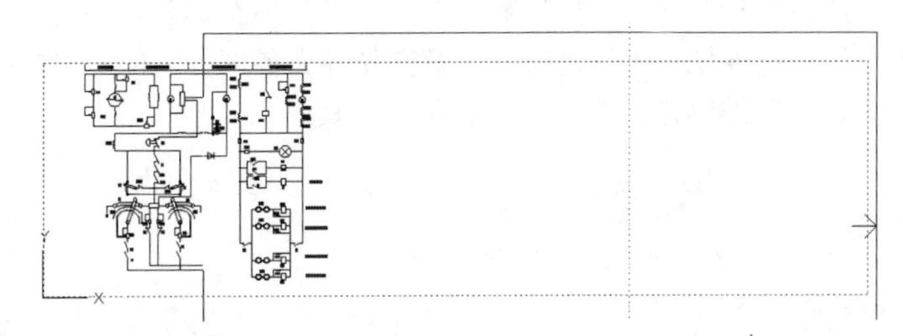

（b）带箭头的线框

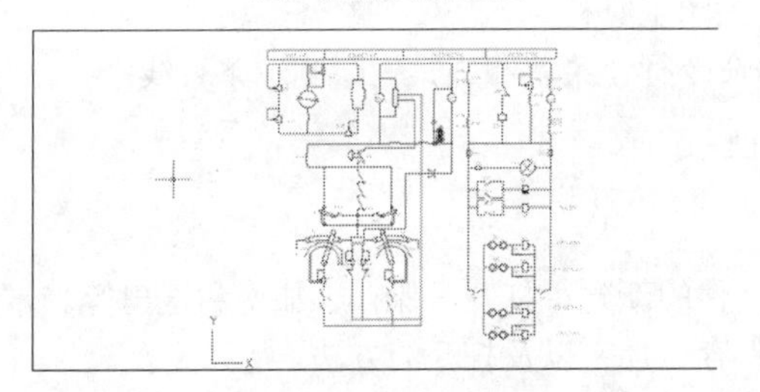

（c）缩放后的图形

图 2-29 动态缩放

另外，还有放大、缩小、窗口缩放、比例缩放、中心缩放、全部缩放、对象缩放、缩放上一个和最大图形范围缩放操作，其操作方法与动态缩放类似，不再赘述。

2.4.3 实时平移

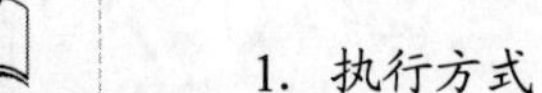

1. 执行方式

☑ 命令行：输入PAN命令

☑ 菜单：选择“视图”→“平移”→“实时”按钮

☑ 工具栏：单击“标准”工具栏中的“实时平移”按钮

2. 操作步骤

执行上述命令后，移动手形光标就可平移图形。当移动到图形的边沿时，光标呈三角形显示。

另外，为显示控制命令设置了一个右键快捷菜单，如图2-30所示。在该菜单中，用户可以在显示命令执行的过程中，透明地进行切换。

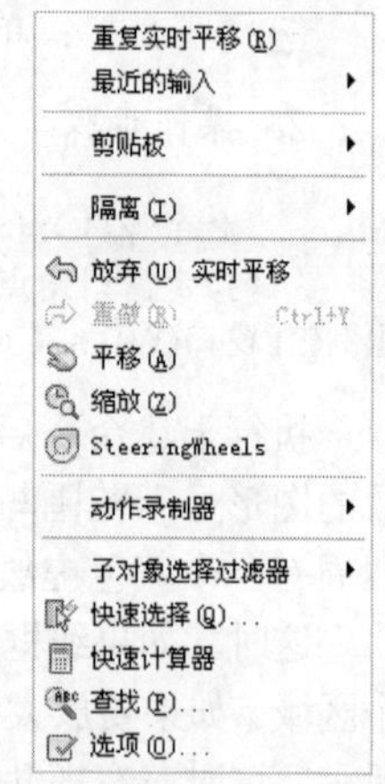

图2-30 右键快捷菜单

2.5 上机操作

通过前面的学习，可以对本章知识有大体的了解，本节通过3个操作练习使读者进一步掌握本章知识要点。

实践1 熟悉操作界面

目的要求

操作界面是用户绘制图形的平台，操作界面的各个部分都有其独特的功能，熟悉操作界面有助于用户方便快捷地进行绘图。本练习要求了解操作界面各部分功能，掌握改变绘图窗口颜色和光标大小的方法，能够熟练地打开、移动、关闭工具栏。

操作提示

（1）启动AutoCAD 2012，进入绘图界面。

（2）调整操作界面大小。

（3）设置绘图窗口颜色与光标大小。

（4）打开、移动、关闭工具栏。

（5）尝试分别利用命令行、菜单和工具栏绘制一条直线。

实践2 管理图形文件

目的要求

图形文件管理包括文件的新建、打开、保存、加密和退出等。本练习要求熟练掌握DWG文件的赋名保存、自动保存、加密以及打开的方法。

操作提示

（1）启动AutoCAD 2012，进入绘图界面。

（2）打开一幅已经保存过的图形。

（3）进行自动保存设置。

（4）进行加密设置。

（5）将图形以新的名称保存。

（6）尝试在图形上绘制任意图线。

（7）退出该图形。

（8）尝试重新打开按新名保存的原图形。

实践3　数据输入

目的要求

AutoCAD 2012人机交互的最基本内容就是数据输入。本实验要求灵活、熟练地掌握各种数据输入方法。

操作提示

（1）在命令行输入LINE命令。

（2）输入起点的直角坐标方式下的绝对坐标值。

（3）输入下一点的直角坐标方式下的相对坐标值。

（4）输入下一点的极坐标方式下的绝对坐标值。

（5）输入下一点的极坐标方式下的相对坐标值。

（6）用鼠标直接指定下一点的位置。

（7）按下状态栏中的“正交”按钮，用鼠标拉出下一点的方向，在命令行输入一个数值。

（8）按下状态栏中的DYN按钮，拖动鼠标，系统会动态显示角度，拖动到选定角度后，在长度文本框输入长度值。

（9）按Enter键结束绘制线段的操作。

第3章

二维绘图命令

二维图形是指在二维平面空间绘制的图形，AutoCAD 提供了大量的绘图工具，可以帮助用户完成二维图形的绘制。AutoCAD 提供了许多二维绘图命令，利用这些命令可以快速方便地完成某些图形的绘制。本章内容主要包括点、直线、圆和圆弧、椭圆和椭圆弧、平面图形、图案填充、多段线、样条曲线和多线的绘制与编辑。

- ☑ 直线类和圆类图形命令
- ☑ 图案填充
- ☑ 平面图形命令
- ☑ 多段线与样条曲线

任务驱动&项目案例

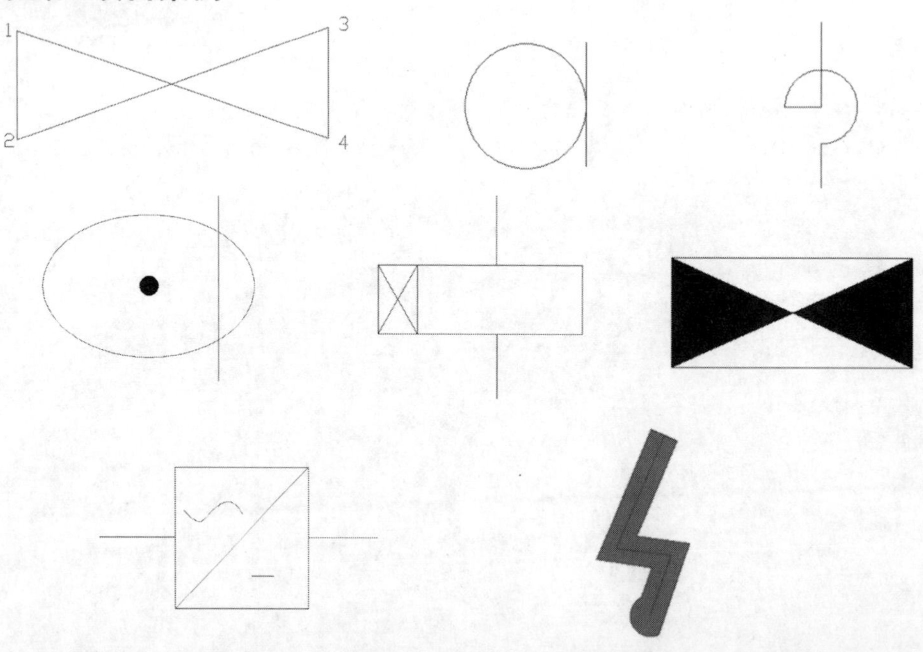

3.1　直线类命令

Note

直线类命令包括“直线”、“射线”和“构造线”等命令，这几个命令是 AutoCAD 中最简单的绘图命令。

3.1.1　点

1. 执行方式

☑ 命令行：输入 POINT 命令

☑ 菜单：选择“绘图”→“点”→“单点”或“多点”命令

☑ 工具栏：单击“绘图”工具栏中的“点”按钮

2. 操作步骤

命令行提示与操作如下。

```
命令: POINT↙
指定点:（指定点所在的位置）
```

3. 选项说明

（1）通过菜单方法操作时（如图 3-1 所示），选择“单点”命令表示只输入一个点，选择“多点”命令表示可输入多个点。

（2）可以打开状态栏中的“对象捕捉”开关设置点捕捉模式，帮助用户拾取点。

（3）点在图形中的表示样式共有 20 种。可通过命令 DDPTYPE 或拾取菜单（“格式”→“点样式”），打开“点样式”对话框来设置，如图 3-2 所示。

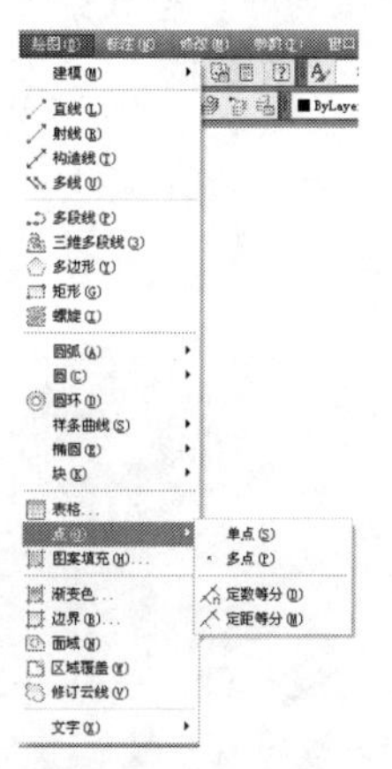

图 3-1　“点”子菜单

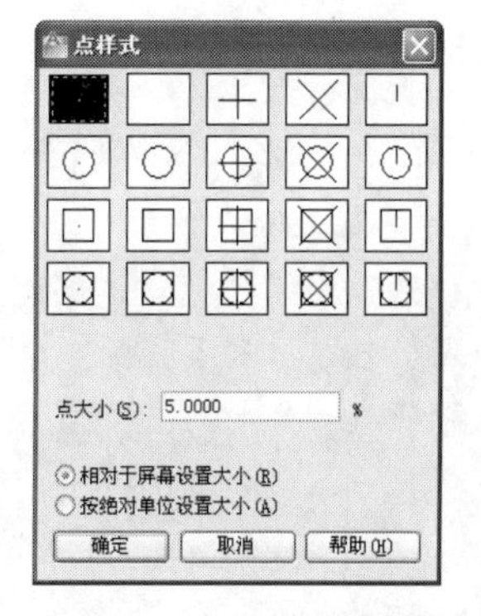

图 3-2　“点样式”对话框

3.1.2　直线

1. 执行方式

☑ 命令行：输入 LINE 命令

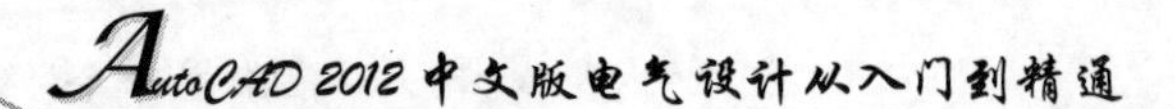

☑ 菜单：选择“绘图”→“直线”命令

☑ 工具栏：单击“绘图”工具栏中的“直线”按钮

2. 操作步骤

Note

命令行提示与操作如下。

命令: LINE↙
指定第一点:（输入直线段的起点，用鼠标指定点或者给定点的坐标）
指定下一点或 [放弃(U)]: （输入直线段的端点，也可以用鼠标指定一定角度后，直接输入直线的长度）
指定下一点或 [放弃(U)]: （输入下一直线段的端点，输入选项“U”表示放弃前面的输入；单击鼠标右键或按<Enter>键，结束命令）
指定下一点或 [闭合(C)/放弃(U)]: （输入下一直线段的端点，或输入选项“C”使图形闭合，结束命令）

3. 选项说明

（1）若采用按 Enter 键响应“指定第一点:”提示，系统会把上次绘线（或弧）的终点作为本次操作的起始点。特别地，若上次操作为绘制圆弧，按 Enter 键响应后绘出通过圆弧终点的与该圆弧相切的直线段，该线段的长度由鼠标在屏幕上指定的一点与切点之间线段的长度确定。

（2）在“指定下一点:”提示下，用户可以指定多个端点，从而绘出多条直线段。但是，每一段直线是一个独立的对象，可以进行单独的编辑操作。

（3）绘制两条以上直线段后，若采用输入选项“C”响应“指定下一点:”提示，系统会自动链接起始点和最后一个端点，从而绘出封闭的图形。

（4）若采用输入选项“U”响应提示，则擦除最近一次绘制的直线段。

（5）若设置正交方式（按下状态栏中“正交”按钮），只能绘制水平直线或垂直直线段。

（6）若设置动态数据输入方式（按下状态栏中 DYN 按钮），则可以动态输入坐标或长度值。后文中将要介绍的命令同样可以设置动态数据输入方式，效果与非动态数据输入方式类似。除了特别需要，以后不再强调，而只按非动态数据输入方式输入相关数据。

3.1.3 实例——绘制阀符号

本实例利用直线命令绘制连续线段，从而绘制出阀符号，绘制流程如图 3-3 所示。

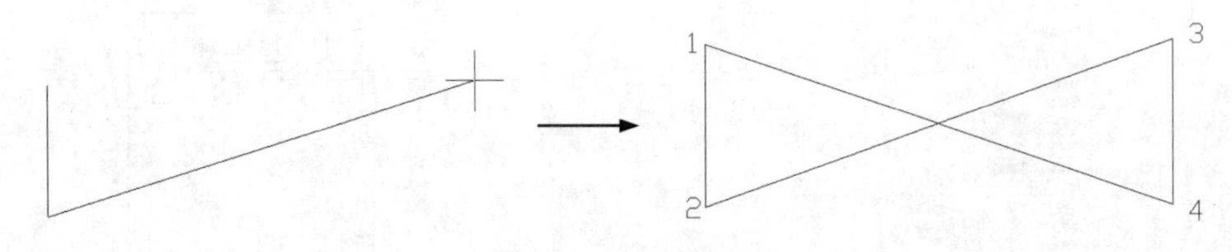

图 3-3 绘制阀符号

操作步骤

参见光盘

光盘\动画演示\第 3 章\绘制阀符号.avi

单击“绘图”工具栏中的“直线”按钮，在屏幕上指定一点（即顶点 1 的位置）后，根据系统提示，指定阀的各个顶点，命令行提示如下。

Note

命令: _line
指定第一点:（在屏幕上指定一点）
指定下一点或 [放弃(U)]:（垂直向下在屏幕上大约位置指定点 2）
指定下一点或 [放弃(U)]: （在屏幕上大约位置指定点 3，使点 3 大约与点 1 等高，如图 3-4 所示）
指定下一点或 [闭合(C)/放弃(U)]: （垂直向下在屏幕上大约位置指定点 4，使点 4 大约与点 2 等高）
指定下一点或 [闭合(C)/放弃(U)]: C↙（系统自动封闭连续直线并结束命令）

结果如图 3-5 所示。

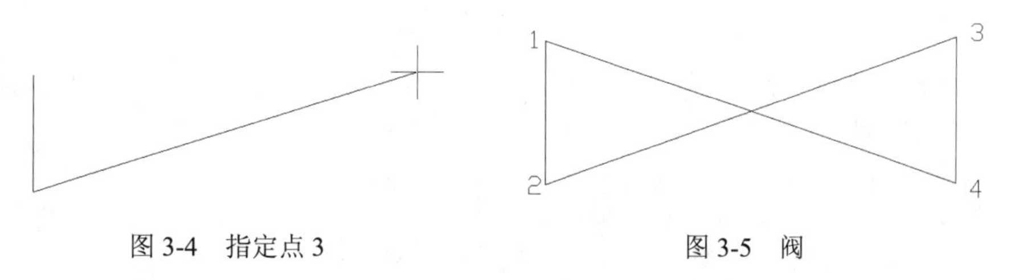

图 3-4　指定点 3　　　　图 3-5　阀

3.2　圆类图形命令

圆类命令主要包括“圆”、“圆弧”、“椭圆”、“椭圆弧”以及“圆环”等命令，这几个命令是 AutoCAD 中最简单的曲线命令。

3.2.1　圆

1. 执行方式

☑ 命令行：输入 CIRCLE 命令
☑ 菜单：选择“绘图”→“圆”命令
☑ 工具栏：单击“绘图”工具栏中的“圆”按钮

2. 操作步骤

命令行提示与操作如下。

命令: CIRCLE↙
指定圆的圆心或 [三点(3P)/两点(2P)/相切、相切、半径(T)]: （指定圆心）
指定圆的半径或 [直径(D)]:（直接输入半径数值或用鼠标指定半径长度）
指定圆的直径 <默认值>: （输入直径数值或用鼠标指定直径长度）

3. 选项说明

（1）三点(3P)：用指定圆周上三点的方法画圆。

（2）两点(2P)：指定直径的两端点画圆。

（3）相切、相切、半径(T)：按先指定两个相切对象，后给出半径的方法画圆。如图 3-6 所示给出了以“相切、相切、半径”方式绘制圆的各种情形（其中加黑的圆为最后绘制的圆）。

Note

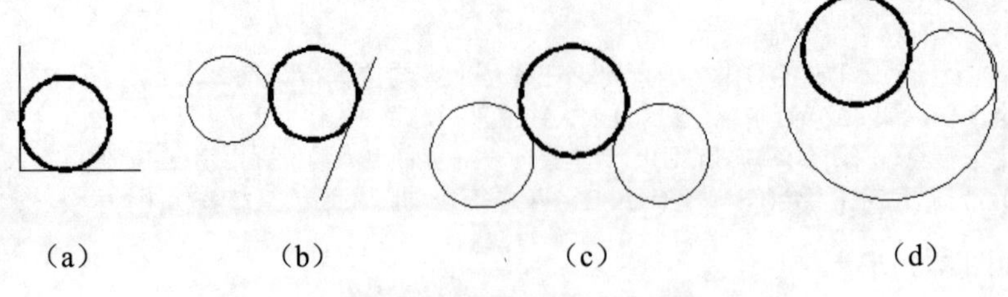

图 3-6　圆与另外两个对象相切的各种情形

（4）选择菜单栏中的“绘图”→“圆”命令，菜单中多了一种“相切、相切、相切”方法，当选择此方式时（如图 3-7 所示），系统提示：

```
指定圆上的第一个点: _tan 到:（指定相切的第一个圆弧）
指定圆上的第二个点: _tan 到:（指定相切的第二个圆弧）
指定圆上的第三个点: _tan 到:（指定相切的第三个圆弧）
```

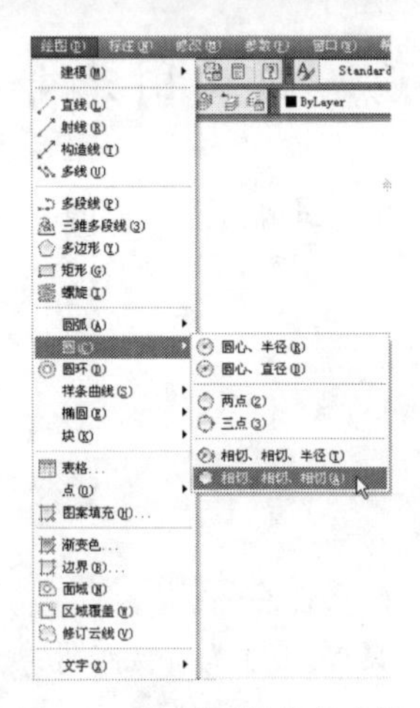

图 3-7　绘制圆的菜单方法

3.2.2　实例——绘制传声器符号

本实例利用“直线”、“圆”命令绘制相切圆，从而绘制出传声器符号，绘制流程如图 3-8 所示。

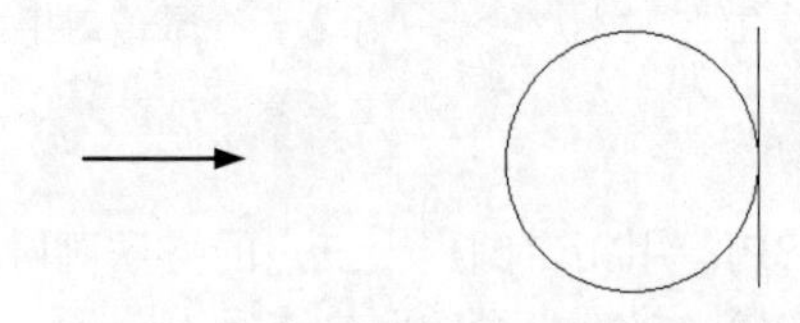

图 3-8　绘制传声器符号

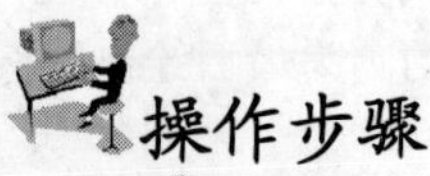

光盘\动画演示\第 3 章\绘制传声器符号.avi

Note

（1）单击“绘图”工具栏中的“直线”按钮，命令行提示与操作如下。

命令: _line
指定第一点:（在屏幕适当位置指定一点）
指定下一点或 [放弃(U)]:（垂直向下在适当位置指定一点）
指定下一点或 [放弃(U)]: ↙（按 Enter 键，完成直线绘制）

结果如图 3-9 所示。

（2）单击“绘图”工具栏中的“圆”按钮，命令行提示。

命令: _circle
指定圆的圆心或 [三点(3P)/两点(2P)/相切、相切、半径(T)]:（在直线左边中间适当位置指定一点）
指定圆的半径或 [直径(D)]:（在直线上大约与圆心垂直的位置指定一点，如图 3-10 所示）

图 3-9　绘制直线

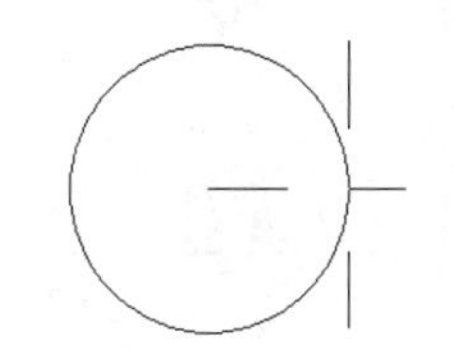

图 3-10　指定半径

绘制结果如图 3-11 所示。

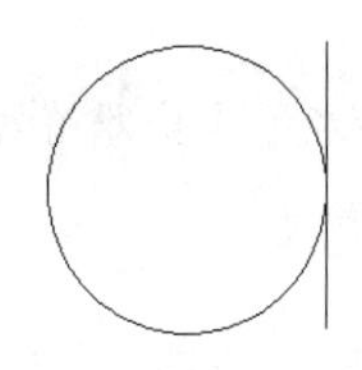

图 3-11　传声器

注意

对于圆心的选择，除了直接输入圆心坐标（150,200）之外，还可以利用圆心与中心线的对应关系，利用对象捕捉的方法。单击状态栏中的“对象捕捉”按钮，命令行中会提示“命令: <对象捕捉 开>”。

3.2.3　圆弧

1. 执行方式

☑ 命令行：输入 ARC（缩写名：A）命令
☑ 菜单：选择“绘图”→“弧”命令
☑ 工具栏：单击“绘图”工具栏中的“圆弧”按钮

2. 操作步骤

命令行提示与操作如下。

命令: ARC↙
指定圆弧的起点或 [圆心(C)]:（指定起点）
指定圆弧的第二点或 [圆心(C)/端点(E)]:（指定第二点）
指定圆弧的端点:（指定端点）

Note

3. 选项说明

（1）用命令行方式画圆弧时，可以根据系统提示选择不同的选项，具体功能和使用“绘制”菜单“圆弧”子菜单中提供的 11 种方式相似。这 11 种方式如图 3-12 所示。

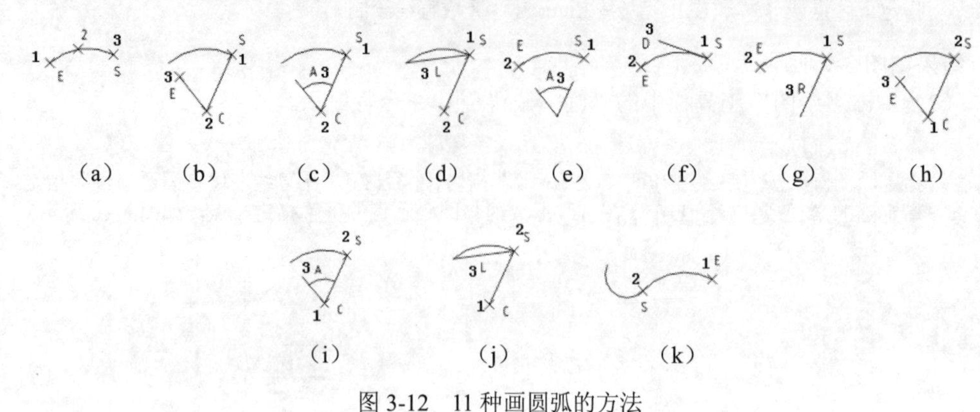

图 3-12　11 种画圆弧的方法

（2）需要强调的是“继续”方式，绘制的圆弧与上一线段或圆弧相切，因此继续画圆弧时，只需提供端点即可。

3.2.4　实例——绘制电抗器符号

本实例利用“直线”、“圆弧”命令绘制电抗器符号，绘制流程如图 3-13 所示。

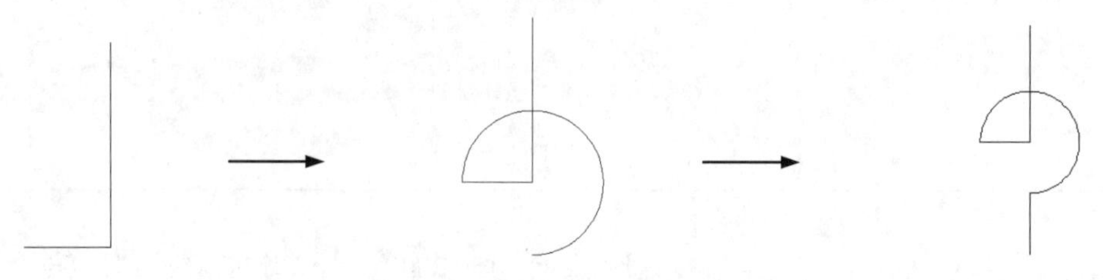

图 3-13　绘制电抗器符号

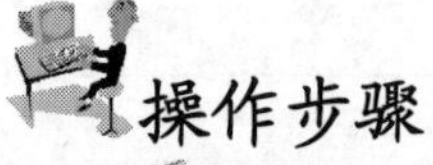

操作步骤

光盘\动画演示\第 3 章\绘制电抗器符号.avi

（1）单击“绘图”工具栏中的“直线”按钮，绘制垂直相交的适当长度的一条水平直线与一条竖直直线，如图 3-14 所示。

（2）单击“绘图”工具栏中的“圆弧”按钮，绘制圆头部分圆弧，命令行提示与操作如下。

```
命令: _arc
指定圆弧的起点或 [圆心(C)]: （打开“对象捕捉”开关，指定起点为水平线左端点）
指定圆弧的第二个点或 [圆心(C)/端点(E)]: c↙
指定圆弧的圆心: （指定圆心为水平线右端点）
指定圆弧的端点或 [角度(A)/弦长(L)]: a↙
指定包含角: -270↙
```

结果如图 3-15 所示。

注意

绘制圆弧时，注意圆弧的曲率是遵循逆时针方向的，所以在采用指定圆弧两个端点和半径模式时，需要注意端点的指定顺序，否则有可能导致圆弧的凹凸形状与预期的相反。

（3）单击“绘图”工具栏中的“直线”按钮，绘制一条适当长度的竖直直线，直线起点为圆弧的下端点。最终结果如图 3-16 所示。

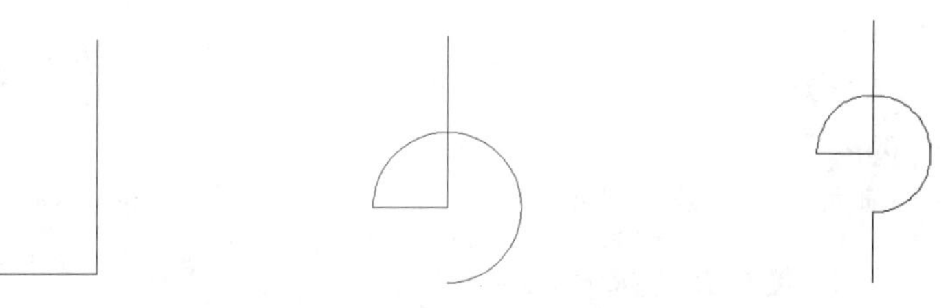

图 3-14　绘制垂直相交直线　　图 3-15　绘制圆弧　　图 3-16　电抗器符号

3.2.5　圆环

1．执行方式

☑　命令行：输入 DONUT 命令

☑　菜单：选择“绘图”→“圆环”命令

2．操作步骤

命令行提示与操作如下。

```
命令: DONUT↙
指定圆环的内径 <默认值>:（指定圆环内径）
指定圆环的外径 <默认值>:（指定圆环外径）
指定圆环的中心点或 <退出>:（指定圆环的中心点）
指定圆环的中心点或 <退出>:（继续指定圆环的中心点，则继续绘制相同内外径的圆环。用 Enter 键、空格键或鼠标右键结束命令，如图 3-17（a）所示）。
```

3．选项说明

（1）若指定内径为零，则画出实心填充圆（如图 3-17（b）所示）。

（2）用命令 FILL 可以控制圆环是否填充，具体方法是：

```
命令: FILL↙
输入模式 [开(ON)/关(OFF)] <开>:（选择 ON 表示填充，选择 OFF 表示不填充，如图 3-17（c）所示）
```

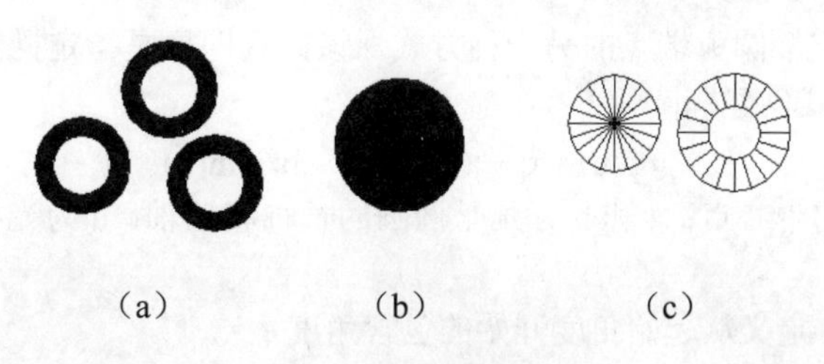

（a）　　（b）　　（c）

图 3-17　绘制圆环

Note

3.2.6 椭圆与椭圆弧

1. 执行方式

☑ 命令行：输入 ELLIPSE 命令

☑ 菜单：选择“绘图”→“椭圆”→“圆弧”命令

☑ 工具栏：单击“绘图”工具栏中的“椭圆”按钮“椭圆弧”按钮

2. 操作步骤

命令行提示与操作如下。

```
命令: ELLIPSE↙
指定椭圆的轴端点或 [圆弧(A)/中心点(C)]:（指定轴端点 1，如图 3-18（a）所示）
指定轴的另一个端点:（指定轴端点 2，如图 3-18（a）所示）
指定另一条半轴长度或 [旋转(R)]:
```

3. 选项说明

（1）指定椭圆的轴端点

根据两个端点定义椭圆的第一条轴。第一条轴的角度确定了整个椭圆的角度。第一条轴既可定义椭圆的长轴，也可定义其短轴。

（2）旋转(R)

通过绕第一条轴旋转圆来创建椭圆。相当于将一个圆绕椭圆轴翻转一个角度后的投影视图。

（3）中心点(C)

通过指定的中心点创建椭圆。

（4）圆弧(A)

该选项用于创建一段椭圆弧，与单击工具栏中的“椭圆弧”按钮功能相同。其中第一条轴的角度确定了椭圆弧的角度。第一条轴既可定义椭圆弧长轴也可定义椭圆弧短轴。选择该项，系统继续提示：

```
指定椭圆弧的轴端点或 [中心点(C)]:（指定端点或输入 C）
指定轴的另一个端点:（指定另一端点）
指定另一条半轴长度或 [旋转(R)]:（指定另一条半轴长度或输入 R）
指定起始角度或 [参数(P)]:（指定起始角度或输入 P）
指定终止角度或 [参数(P)/包含角度(I)]:
```

其中各选项含义如下：

① 角度：指定椭圆弧端点的两种方式之一，光标与椭圆中心点连线的夹角为椭圆弧端点位置的角度，如图 3-18（b）所示。

② 参数(P)：指定椭圆弧端点的另一种方式，该方式同样是指定椭圆弧端点的角度，但通过以下矢量参数方程式创建椭圆弧：

$$p(u) = c + a^* \cos(u) + b^* \sin(u)$$

其中，c 是椭圆的中心点；a 和 b 分别是椭圆的长轴和短轴；u 为光标与椭圆中心点连线的夹角。

③ 包含角度(I)：定义从起始角度开始的包含角度。

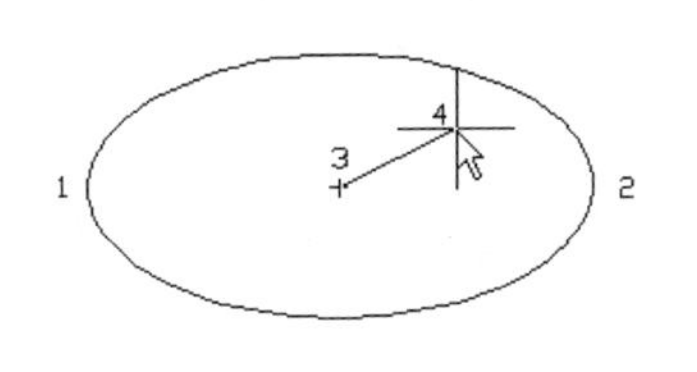

（a）椭圆

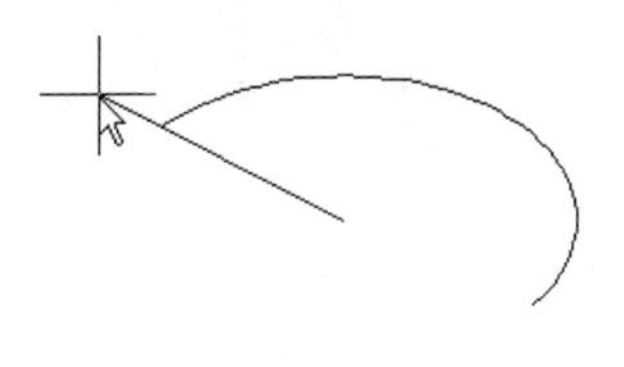

（b）椭圆弧

图 3-18　椭圆和椭圆弧

3.2.7　实例——绘制感应式仪表符号

本实例利用“直线”、“圆弧”、“圆环”命令绘制感应式仪表符号，绘制流程如图 3-19 所示。

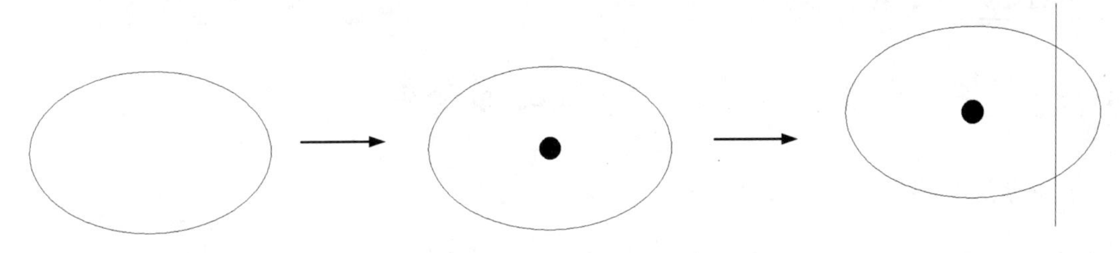

图 3-19　绘制感应式仪表符号

操作步骤

光盘\动画演示\第 3 章\绘制感应式仪表符号.avi

（1）单击“绘图”工具栏中的“圆弧”按钮，命令行提示与操作如下。

```
命令: _ellipse
指定椭圆的轴端点或 [圆弧(A)/中心点(C)]:（适当指定一点为椭圆的轴端点）
指定轴的另一个端点: （在水平方向指定椭圆的另一个轴端点）
指定另一条半轴长度或 [旋转(R)]:（适当指定一点，以确定椭圆另一条半轴的长度）
```

结果如图 3-20 所示。

（2）选择菜单栏中的“绘图”→“圆环”命令，命令行提示与操作如下。

```
命令: _donut
指定圆环的内径 <0．5000>: 0↙
指定圆环的外径 <1．0000>:150↙
指定圆环的中心点或 <退出>:（大约指定椭圆的圆心位置）
指定圆环的中心点或 <退出>:↙
```

结果如图 3-21 所示。

（3）单击“绘图”工具栏中的“直线”按钮，在椭圆偏右位置绘制一条竖直直线，最终结果如图 3-22 所示。

Note

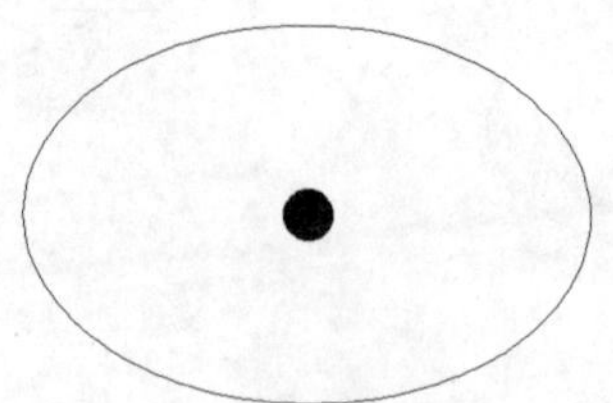

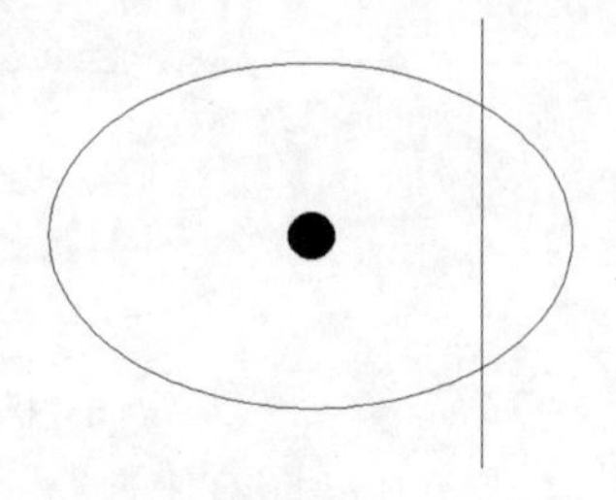

图 3-20　绘制椭圆　　图 3-21　绘制圆环　　图 3-22　感应式仪表符号

注意

在绘制圆环时，可能仅仅一次无法准确确定圆环外径大小以确定圆环与椭圆的相对大小，可以通过多次绘制的方法找到一个相对合适的外径值。

3.3　平面图形命令

简单的平面图形命令包括“矩形”命令和“正多边形”命令。

3.3.1　矩形

1. 执行方式

☑ 命令行：输入 RECTANG（缩写名：REC）命令
☑ 菜单：选择“绘图”→“矩形”命令
☑ 工具栏：单击“绘图”工具栏中的“矩形”按钮

2. 操作步骤

命令行提示与操作如下。

```
命令: RECTANG↙
指定第一个角点或 [倒角(C)/标高(E)/圆角(F)/厚度(T)/宽度(W)]:
指定另一个角点或 [面积(A)/尺寸(D)/旋转(R)]:
```

3. 选项说明

（1）第一个角点

通过指定两个角点确定矩形，如图 3-23（a）所示。

（2）倒角(C)

指定倒角距离，绘制带倒角的矩形（如图 3-23（b）所示），每一个角点的逆时针和顺时针方向的倒角可以相同，也可以不同，其中第一个倒角距离是指角点逆时针方向倒角距离，第二个倒角距离是指角点顺时针方向倒角距离。

（3）标高(E)

指定矩形标高（Z 坐标），即把矩形画在标高为 Z、与 XOY 坐标面平行的平面上，并作为后续矩形的标高值。

（4）圆角(F)

指定圆角半径，绘制带圆角的矩形，如图 3-23（c）所示。

（5）厚度(T)

指定矩形的厚度，如图 3-23（d）所示。

（6）宽度(W)

指定线宽，如图 3-23（e）所示。

Note

图 3-23　绘制矩形

（7）尺寸(D)

使用长和宽创建矩形。第二个指定点将矩形定位在与第一角点相关的 4 个位置之一内。

（8）面积(A)

指定面积和长或宽创建矩形。选择该项，系统提示：

```
输入以当前单位计算的矩形面积 <20.0000>:  （输入面积值）
计算矩形标注时依据 [长度(L)/宽度(W)] <长度>:（按 Enter 键或输入 W）
输入矩形长度 <4.0000>: （指定长度或宽度）
```

指定长度或宽度后，系统自动计算另一个维度后绘制出矩形。如果矩形被倒角或圆角，则长度或宽度计算中会考虑此设置，如图 3-24 所示。

（9）旋转(R)

旋转所绘制的矩形的角度。选择该项，系统提示：

```
指定旋转角度或 [拾取点(P)] <135>:  （指定角度）
指定另一个角点或 [面积(A)/尺寸(D)/旋转(R)]: （指定另一个角点或选择其他选项）
```

指定旋转角度后，系统按指定角度创建矩形，如图 3-25 所示。

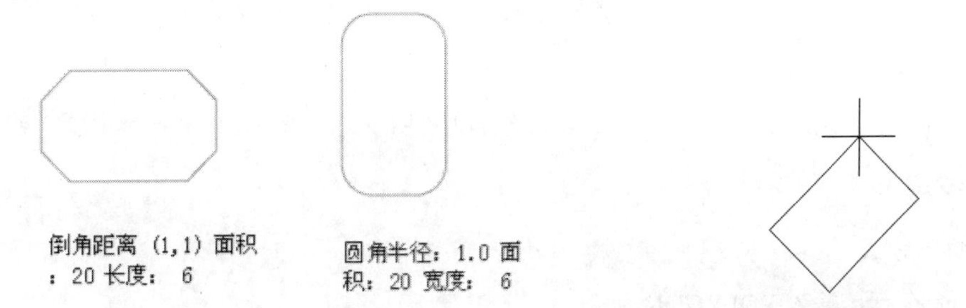

图 3-24　按面积绘制矩形　　　图 3-25　按指定旋转角度创建矩形

3.3.2　实例——绘制缓吸继电器线圈符号

本实例利用“矩形”命令绘制外框，再利用“直线”命令绘制内部图线及外部连接线，绘制流程如图 3-26 所示。

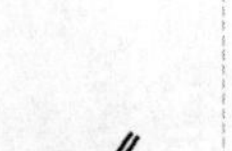

Note

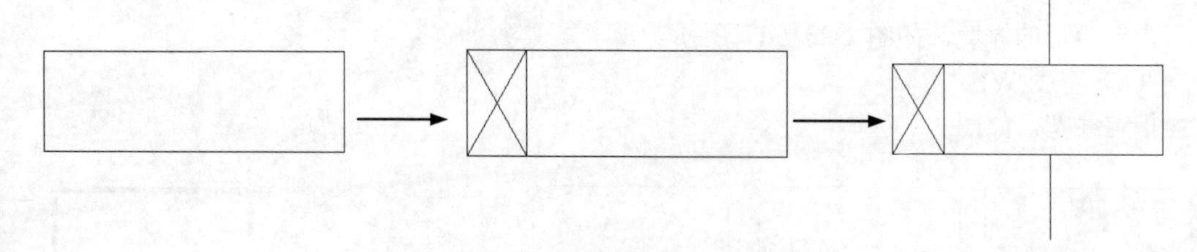

图 3-26　绘制缓吸继电器线圈符号

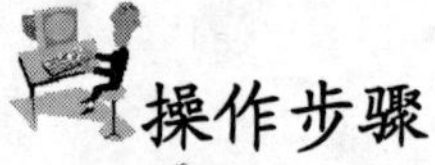

操作步骤

光盘\动画演示\第 3 章\绘制缓吸继电器线圈符号.avi

（1）单击“绘图”工具栏中的“矩形”按钮，绘制外框。命令行提示与操作如下。

命令: RETANG↙
指定第一个角点或 [倒角(C)/标高(E)/圆角(F)/厚度(T)/宽度(W)]:（在屏幕适当位置指定一点）
指定另一个角点或 [面积(A)/尺寸(D)/旋转(R)]: （在屏幕适当位置指定另一点）

绘制结果如图 3-27 所示。

（2）单击“绘图”工具栏中的“直线”按钮，绘制矩形内部图线，尺寸适当确定。结果如图 3-28 所示。

（3）单击“绘图”工具栏中的“直线”按钮，绘制另外的图线，尺寸适当确定。结果如图 3-29 所示。

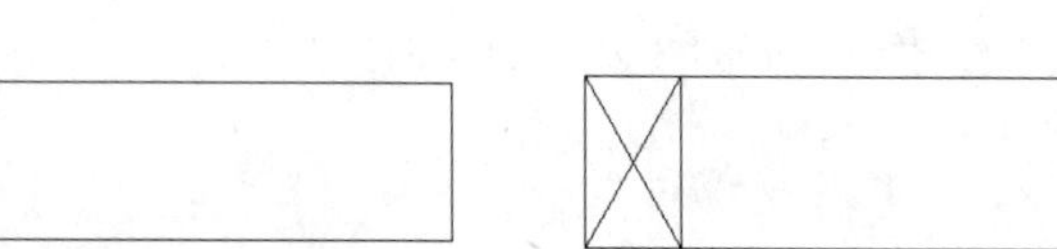

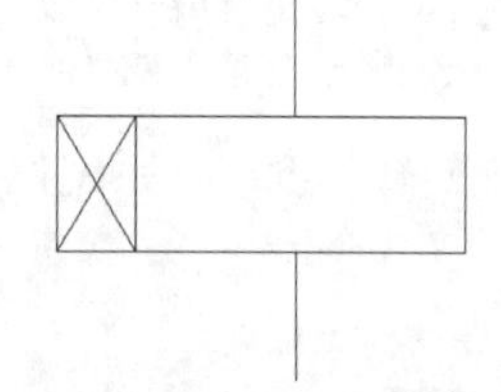

图 3-27　绘制矩形　　图 3-28　绘制内部图线　　图 3-29　缓吸继电器线圈符号

3.3.3　多边形

1. 执行方式

☑　命令行：输入 POLYGON 命令
☑　菜单：选择“绘图”→“多边形”命令
☑　工具栏：单击“绘图”工具栏中的“多边形”按钮

2. 操作步骤

命令行提示与操作如下。

命令: POLYGON↙
输入边的数目 <4>:（指定多边形的边数，默认值为 4）
指定正多边形的中心点或 [边(E)]:（指定中心点）

输入选项 [内接于圆(I)/外切于圆(C)] <I>:（指定内接于圆或外切于圆，I 表示内接，如图 3-30（a）所示；C 表示外切，如图 3-30（b）所示）

指定圆的半径:（指定外接圆或内切圆的半径）

Note

3. 选项说明

如果选择“边”选项，则只要指定多边形的一条边，系统就会按逆时针方向创建该正多边形，如图 3-30（c）所示。

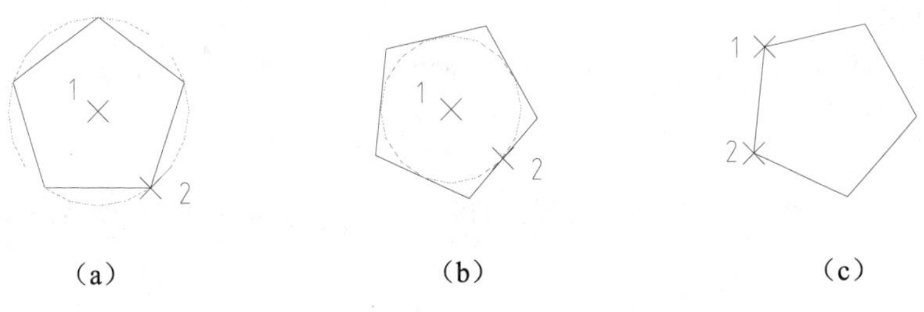

（a）（b）（c）

图 3-30 绘制正多边形

3.4 图案填充

当用户需要用一个重复的图案(pattern)填充一个区域时，可以使用 BHATCH 命令建立一个相关联的填充阴影对象，即所谓的图案填充。

3.4.1 基本概念

1. 图案边界

当进行图案填充时，首先要确定填充图案的边界。定义边界的对象只能是直线、双向射线、单向射线、多义线、样条曲线、圆弧、圆、椭圆、椭圆弧、面域等对象或用这些对象定义的块，而且作为边界的对象在当前屏幕上必须全部可见。

2. 孤岛

在进行图案填充时，把位于总填充域内的封闭区域称为孤岛，如图 3-31 所示。在用 BHATCH 命令填充时，AutoCAD 允许用户以“点取点”的方式确定填充边界，即在希望填充的区域内任意取一点，AutoCAD 会自动确定出填充边界，同时也确定该边界内的岛。如果用户是以“点取对象”的方式确定填充边界的，则必须确切地选取这些岛，有关知识将在 3.4.2 节中介绍。

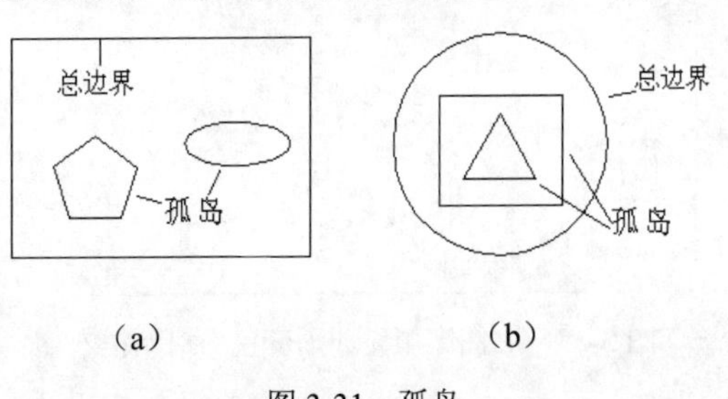

（a）（b）

图 3-31 孤岛

3. 填充方式

在进行图案填充时，需要控制填充的范围，AutoCAD 系统为用户设置了以下 3 种填充方式实现对填充范围的控制。

（1）普通方式

如图 3-32（a）所示，该方式从边界开始，由每条填充线或每个填充符号的两端向里画，遇到内部对象与之相交时，填充线或符号断开，直到遇到下一次相交时再继续画。采用这种方式时，要避免剖面线或符号与内部对象的相交次数为奇数。该方式为系统内部的默认方式。

（2）最外层方式

如图 3-32（b）所示，该方式从边界向里画剖面符号，只要在边界内部与对象相交，剖面符号由此断开，而不再继续画。

（3）忽略方式

如图 3-32（c）所示，该方式忽略边界内的对象，所有内部结构都被剖面符号覆盖。

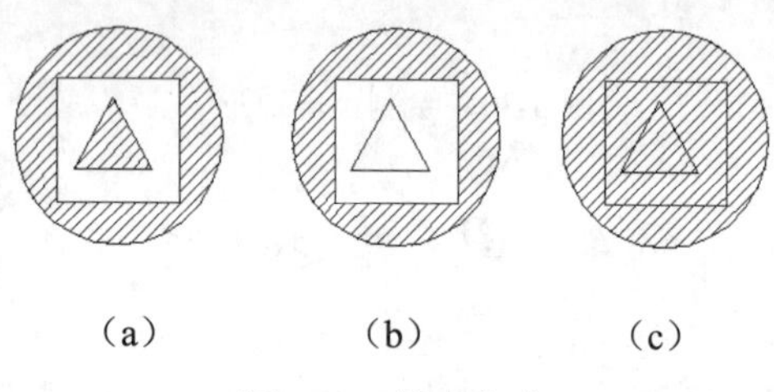

（a）　　（b）　　（c）

图 3-32　填充方式

3.4.2 图案填充的操作

1. 执行方式

☑ 命令行：输入 BHATCH 命令

☑ 菜单：选择“绘图”→“图案填充”命令

☑ 工具栏：单击“绘图”工具栏中的“图案填充”按钮或“渐变色”按钮

2. 操作步骤

执行上述命令后系统弹出如图 3-33 所示的“图案填充和渐变色”对话框。

图 3-33　“图案填充和渐变色”对话框

各选项组和按钮的含义如下。

Note

（1）“图案填充”选项卡

此选项卡下各选项用来确定图案及其参数。其中各选项的含义如下。

① 类型：此下拉列表框用于确定填充图案的类型及图案。单击设置区中的小箭头，弹出一个下拉列表，在该列表中，“用户定义”选项表示用户要临时定义填充图案，与命令行方式中的“U”选项作用一样；“自定义”选项表示选用 ACAD.PAT 图案文件或其他图案文件（.PAT 文件）中的图案填充；“预定义”选项表示用 AutoCAD 标准图案文件（ACAD.PAT 文件）中的图案填充。

② 图案：用于确定标准图案文件中的填充图案。可在弹出的下拉列表中选取填充图案。选取所需要的填充图案后，在“样例”中的图像框内会显示出该图案。只有用户在“类型”下拉列表框中选择了“预定义”选项，此项才以正常亮度显示，即允许用户从自己定义的图案文件中选取填充图案。

如果选择的图案类型是“预定义”，单击“图案”下拉列表框右边的□按钮，会弹出如图 3-34 所示的对话框，该对话框中显示出所选类型所具有的图案，用户可从中确定所需要的图案。

③ 样例：此选项用来给出一个样本图案。在其右面有一方形图像框，显示出当前用户所选用的填充图案。可以单击该图像迅速查看或选取已有的填充图案（如图 3-34 所示）。

④ 自定义图案：此下拉列表框用于从用户定义的图案文件中选取填充图案。只有在“类型”下拉列表框中选择“自定义”选项后，该项才以正常亮度显示，即允许用户从自己定义的图案文件中选取填充图案。

⑤ 角度：此下拉列表框用于确定填充图案时的旋转角度。每种图案在定义时的旋转角度为 0，用户可在“角度”编辑框内输入所希望的旋转角度。

⑥ 比例：此下拉列表框用于确定填充图案的比例值。每种图案在定义时的初始比例为 1，用户可以根据需要放大或缩小，方法是在“比例”编辑框内输入相应的比例值。

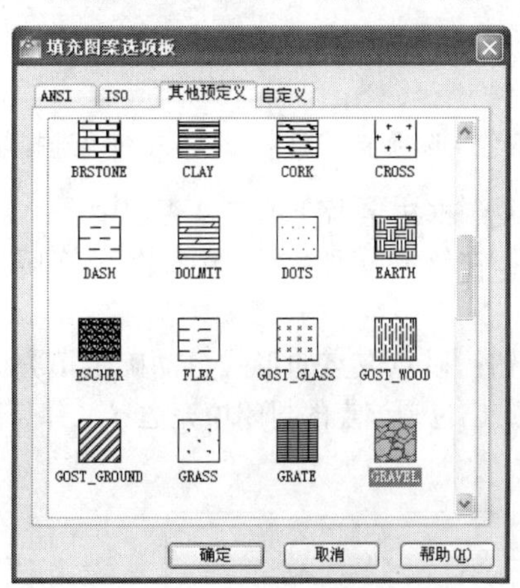

图 3-34　图案列表

⑦ 双向：用于确定用户临时定义的填充线是一组平行线还是相互垂直的两组平行线。只有当在“类型”下拉列表框中选择“用户定义”选项，该项才可以使用。

⑧ 相对于图纸空间：确定是否相对于图纸空间单位确定填充图案的比例值。选择此选项，可以按适合于版面布局的比例方便地显示填充图案。该选项仅仅适用于图形版面编排。

⑨ 间距：指定线之间的间距，在“间距”文本框内输入值即可。只有当在“类型”下拉列表框中选择“用户定义”选项，该项才可以使用。

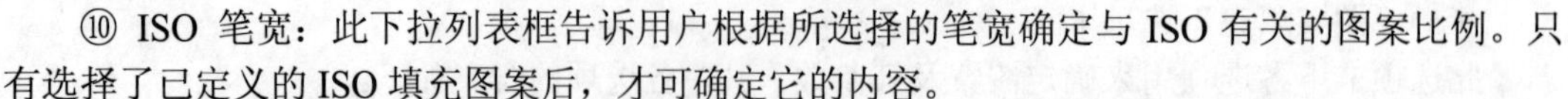

⑩ ISO 笔宽：此下拉列表框告诉用户根据所选择的笔宽确定与 ISO 有关的图案比例。只有选择了已定义的 ISO 填充图案后，才可确定它的内容。

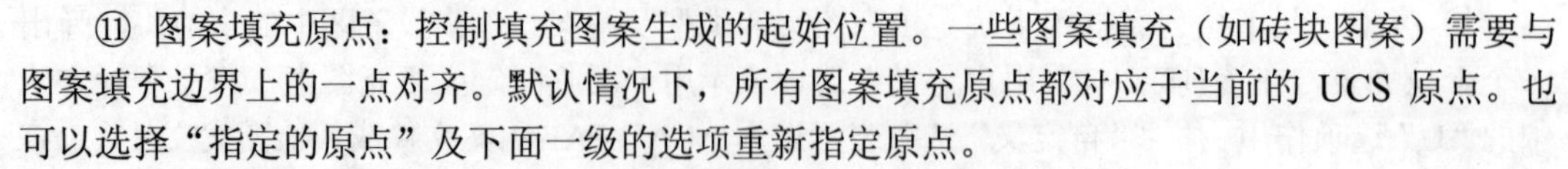

⑪ 图案填充原点：控制填充图案生成的起始位置。一些图案填充（如砖块图案）需要与图案填充边界上的一点对齐。默认情况下，所有图案填充原点都对应于当前的 UCS 原点。也可以选择“指定的原点”及下面一级的选项重新指定原点。

Note

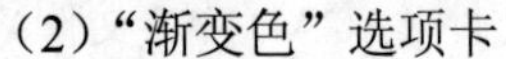

（2）“渐变色”选项卡

渐变色是指从一种颜色到另一种颜色的平滑过渡。渐变色能产生光的效果，可为图形添加视觉效果。“渐变色”选项卡如图 3-35 所示，其中各选项含义如下。

① “单色”单选按钮：应用单色对所选择的对象进行渐变填充。其下面的显示框显示用户所选择的真彩色，单击右边的方形按钮，系统打开“选择颜色”对话框，如图 3-36 所示。

② “双色”单选按钮：应用双色对所选择的对象进行渐变填充。填充颜色将从颜色 1 渐变到颜色 2。颜色 1 和颜色 2 的选取与单色选取类似。

③ “渐变方式”样板：在“渐变色”选项卡的下方有 9 个“渐变方式”样板，分别表示不同的渐变方式，包括线形、球形和抛物线形等方式。

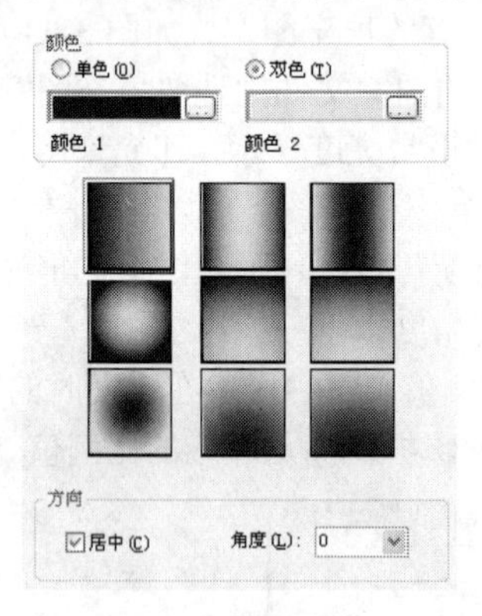

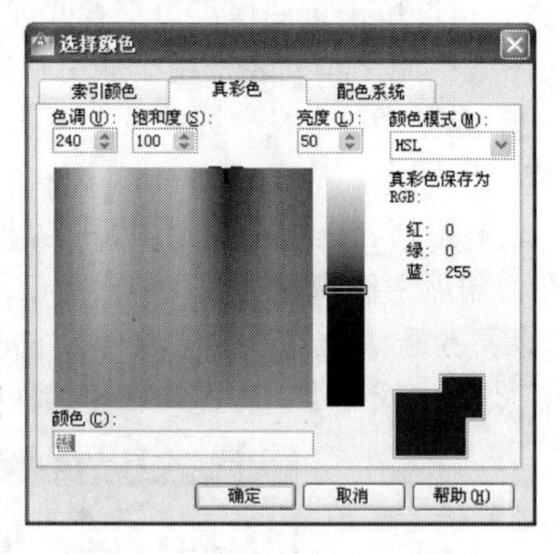

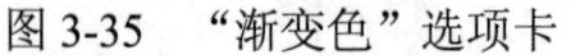

图 3-35 “渐变色”选项卡　　图 3-36 “选择颜色”对话框

④ “居中”复选框：该复选框决定渐变填充是否居中。

⑤ “角度”下拉列表框：在该下拉列表框中选择渐变色倾斜的角度。

（3）“边界”选项组

① “添加：拾取点”按钮：以点取点的形式自动确定填充区域的边界。在填充的区域内任意选取一点，系统会自动确定出包围该点的封闭填充边界，并且高亮度显示，如图 3-37 所示。

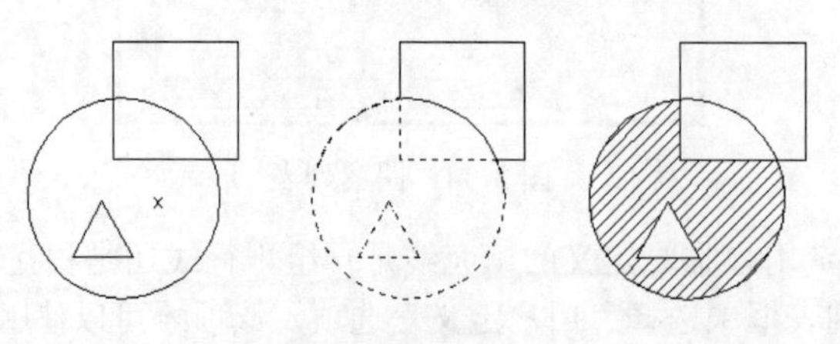

（a）选择一点　（b）填充区域　（c）填充结果

图 3-37 边界确定

② “添加：选择对象”按钮：以选取对象的方式确定填充区域的边界。可以根据需要选

取构成填充区域的边界。同样，被选择的边界也会以高亮度显示，如图 3-38 所示。

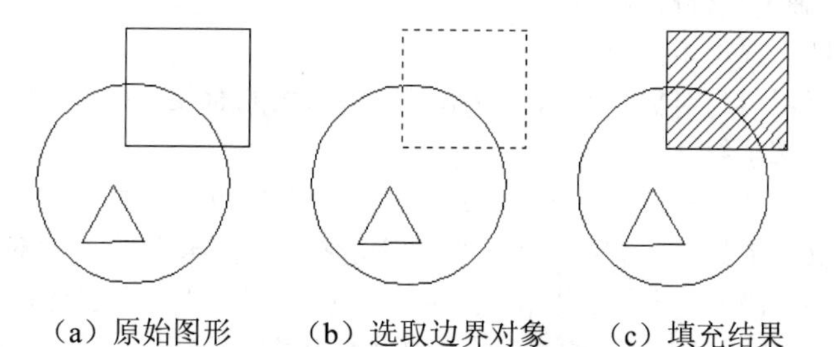

（a）原始图形　　（b）选取边界对象　　（c）填充结果

图 3-38　选取边界对象

③ 删除边界：从边界定义中删除以前添加的任何对象，如图 3-39 所示。

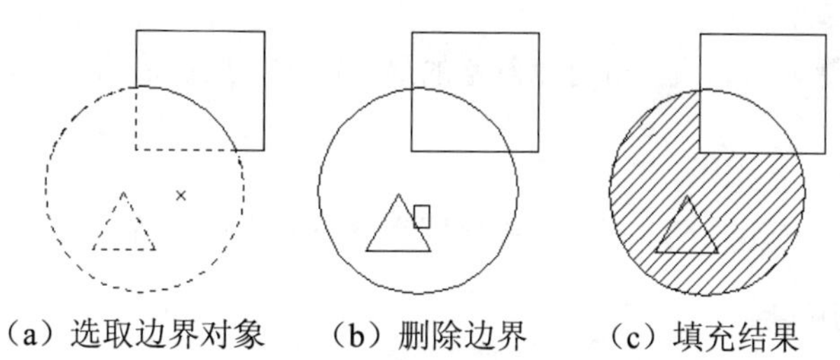

（a）选取边界对象　　（b）删除边界　　（c）填充结果

图 3-39　废除“岛”后的边界

④ 重新创建边界：围绕选定的图案填充或填充对象创建多段线或面域。

⑤ 查看选择集：查看填充区域的边界。单击该按钮，AutoCAD 临时切换到作图屏幕，将所选择的作为填充边界的对象以高亮度方式显示。只有通过“拾取点”按钮或“选择对象”按钮选取了填充边界，“查看选择集”按钮才可以使用。

（4）“选项”选项组

① 关联：此复选框用于确定填充图案与边界的关系。若选中此复选框，那么填充的图案与填充边界保持着关联关系，即图案填充后，当用钳夹（Grips）功能对边界进行拉伸等编辑操作时，AutoCAD 会根据边界的新位置重新生成填充图案。

② 创建独立的图案填充：控制当指定了几个独立的闭合边界时，是创建单个图案填充对象还是创建多个图案填充对象，如图 3-40 所示。

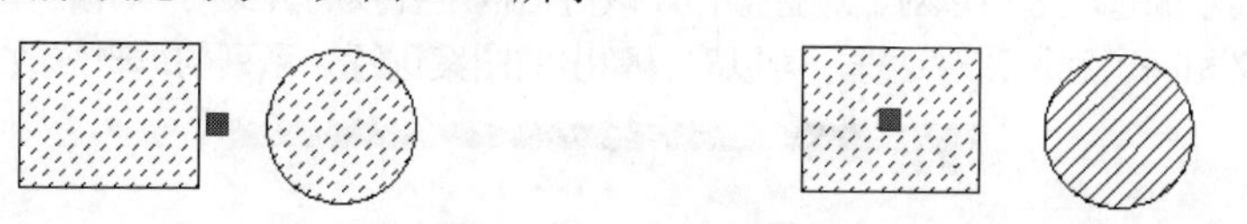

（a）不独立，选中时是一个整体　　（b）独立，选中时不是一个整体

图 3-40　独立与不独立

③ 绘图次序：指定图案填充的绘图顺序。图案填充可以放在所有其他对象之后、所有其他对象之前、图案填充边界之后或图案填充边界之前。

（5）“继承特性”按钮

此按钮的作用是继承特性，即选用图中已有的填充图案作为当前的填充图案。

（6）“孤岛”选项组

① 孤岛显示样式：该选项用于确定图案的填充方式。用户可以从中选取所要的填充方式。

默认的填充方式为“普通”。也可以在右键快捷菜单中选择填充方式。

② 孤岛检测：确定是否检测孤岛。

（7）“边界保留”选项组

指定是否将边界保留为对象，并确定应用于这些对象的对象类型是多段线还是面域。

Note

（8）“边界集”选项组

此选项组用于定义边界集。当单击“添加：拾取点”按钮以根据一指定点的方式确定填充区域时，有两种定义边界集的方式：一种是将包围所指定点的最近的有效对象作为填充边界，即“当前视口”选项，该项是系统的默认方式；另一种方式是用户自己选定一组对象来构造边界，即“现有集合”选项，选定对象通过其上面的“新建”按钮实现，单击该按钮后，AutoCAD临时切换到作图屏幕，并提示用户选取作为构造边界集的对象。此时若选择“现有集合”选项，AutoCAD会根据用户指定的边界集中的对象来构造一封闭边界。

（9）“允许的间隙”选项组

设置将对象用作图案填充边界时可以忽略的最大间隙。默认值为 0，此值指定对象必须封闭区域而没有间隙。

（10）“继承选项”选项组

使用“继承特性”创建图案填充时，控制图案填充原点的位置。

3.4.3 编辑填充的图案

利用 HATCHEDIT 命令可以编辑已经填充的图案。

1. 执行方式

☑ 命令行：输入 HATCHEDIT 命令

☑ 菜单：选择“修改”→“对象”→“图案填充”命令

☑ 工具栏：单击“修改”工具栏中的“编辑图案填充”按钮

2. 操作步骤

执行上述命令后，AutoCAD 会给出下面提示：

```
选择关联填充对象:
```

选取关联填充物体后，系统将弹出如图 3-41 所示的“图案填充编辑”对话框。在该对话框中，只有正常显示的选项才可以对其进行操作。该对话框中各项的含义与“图案填充和渐变色”对话框中各项的含义相同。利用该对话框，可以对已弹出的图案进行一系列的编辑修改。

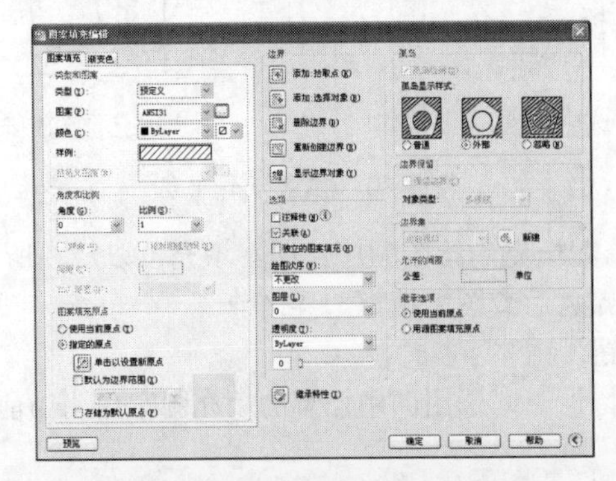

图 3-41 “图案填充编辑”对话框

Note

3.4.4　实例——绘制壁龛交接箱符号

本实例利用“矩形”、“直线”命令绘制图形，再利用“图案填充”命令将图形填充，绘制流程如图 3-42 所示。

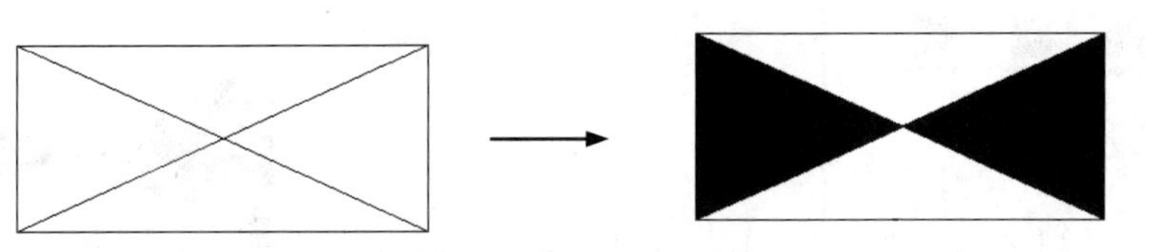

图 3-42　绘制壁龛交接箱符号

操作步骤

参见光盘

光盘\动画演示\第 3 章\绘制壁龛交接箱符号.avi

（1）单击“绘图”工具栏中的“矩形”按钮和“直线”按钮，绘制初步图形，如图 3-43 所示。

（2）单击“绘图”工具栏中的“图案填充”按钮，打开“图案填充和渐变色”对话框，如图 3-44 所示。单击“图案”选项后面的按钮，打开“填充图案选项板”对话框，选择如图 3-45 所示的图案类型，单击“确定”按钮退出。

（3）在“图案填充和渐变色”对话框右侧单击按钮，在填充区域拾取点，拾取后，包围该点的区域就被选取为填充区域，如图 3-46 所示。

（4）按 Enter 键回到“图案填充和渐变色”对话框，单击“确定”按钮完成图案填充，如图 3-47 所示。

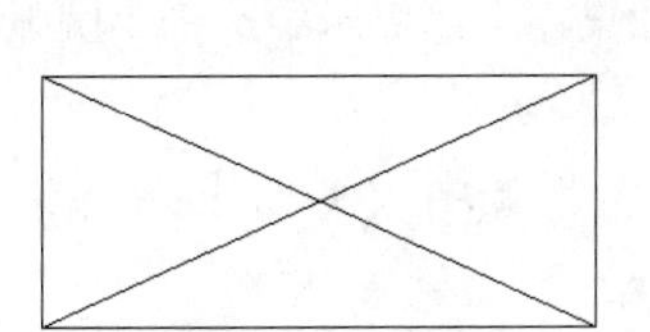

图 3-43　绘制外形

图 3-44　“图案填充和渐变色”对话框

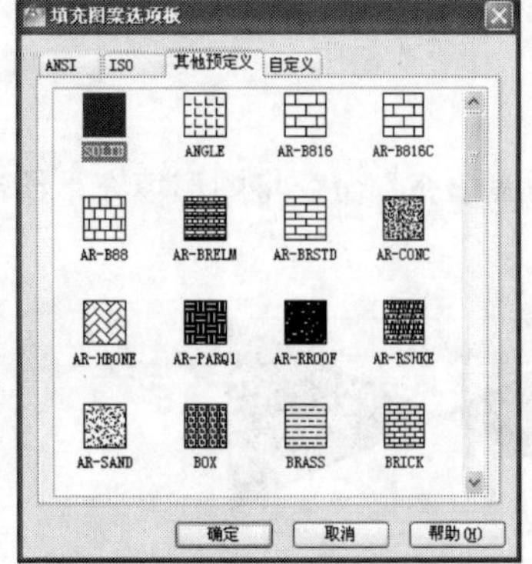

图 3-45 “填充图案选项板”对话框

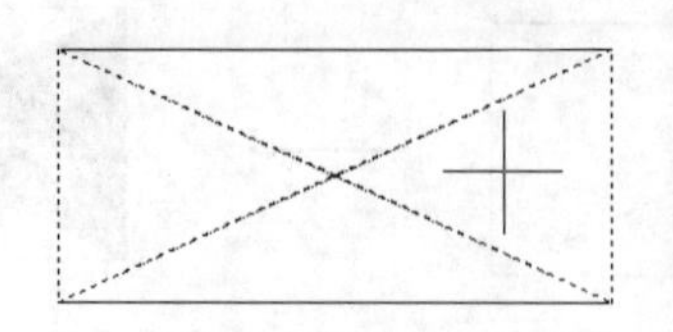

图 3-46 选取区域

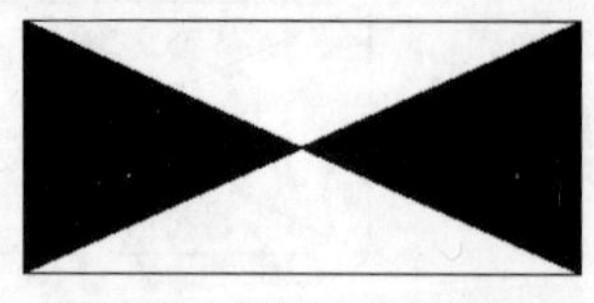

图 3-47 壁龛交接箱符号

3.5 多段线与样条曲线

本节简要讲述多段线和样条曲线的绘制方法。

3.5.1 绘制多段线

多段线是一种由线段和圆弧组合而成的、不同线宽的多线，由于其组合形式多样、线宽变化，弥补了直线或圆弧功能的不足，适合绘制各种复杂的图形轮廓，因而得到广泛的应用。

1. 执行方式

☑ 命令行：输入PLINE（缩写名：PL）命令

☑ 菜单：选择“绘图”→“多段线”命令

☑ 工具栏：单击“绘图”工具栏中的“多段线”按钮

2. 操作步骤

命令行提示与操作如下。

```
命令: PLINE↙
指定起点:（指定多段线的起点）
当前线宽为 0.0000
指定下一个点或 [圆弧(A)/半宽(H)/长度(L)/放弃(U)/宽度(W)]:（指定多段线的下一点）
```

3. 选项说明

多段线主要由连续的不同宽度的线段或圆弧组成，如果在上述提示中选择“圆弧”选项，则命令行提示：

```
指定圆弧的端点或[角度(A)/圆心(CE)/闭合(CL)/方向(D)/半宽(H)/直线(L)/半径(R)/第二个点(S)/放弃(U)/宽度(W)]:
```

绘制圆弧的方法与“圆弧”命令相似。

3.5.2 实例——绘制三极管符号

本实例主要是利用“直线”命令绘制三极管的隔层、基极和集电极部分，然后再利用多段

线命令绘制发射极。绘制流程如图 3-48 所示。

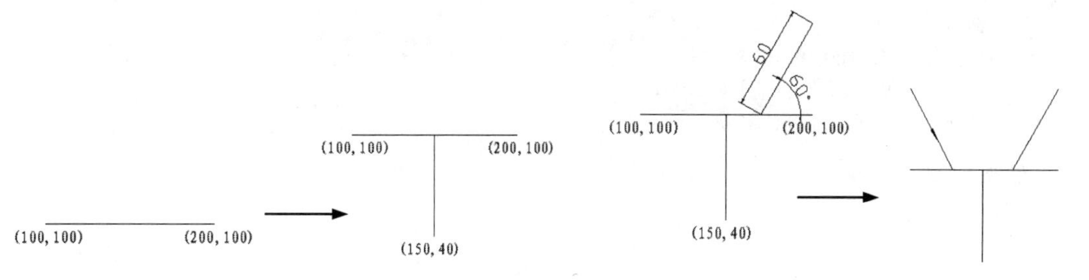

图 3-48　绘制三极管符号

光盘\动画演示\第 3 章\绘制三极管符号.avi

（1）新建文件。选择菜单栏中的“文件”→“新建”命令，或单击“标准”工具栏中的“新建”按钮，或直接在命令行中输入“NEW”并按 Enter 键，系统将弹出如图 3-49 所示的“选择样板”对话框。单击“打开”按钮，系统自动进入绘图窗口。

图 3-49　“选择样板”对话框

（2）绘制直线。单击“绘图”工具栏中的“直线”按钮，绘制隔层、基极和集电极，通常采用两点确定一条直线的方式绘制直线，第一个端点可由光标拾取或者在命令行中输入绝对或相对坐标，第二个端点可按同样的方式输入。其命令行中的提示与操作如下。

```
命令: line↙
指定第一点: 100,100↙
指定下一点或 [放弃(U)]: 200,100↙
指定下一点或 [放弃(U)]: ↙
```

结果如图 3-50 所示。

```
命令: line↙
指定第一点: 150,40↙
指定下一点或 [放弃(U)]: 150,100↙
指定下一点或 [放弃(U)]: ↙
```

结果如图 3-51 所示。

命令: line↙
指定第一点: 160,100↙
指定下一点或 [放弃(U)]: @60<60↙
指定下一点或 [放弃(U)]: ↙

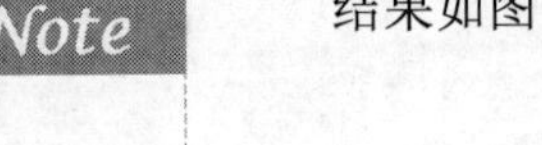

结果如图 3-52 所示。

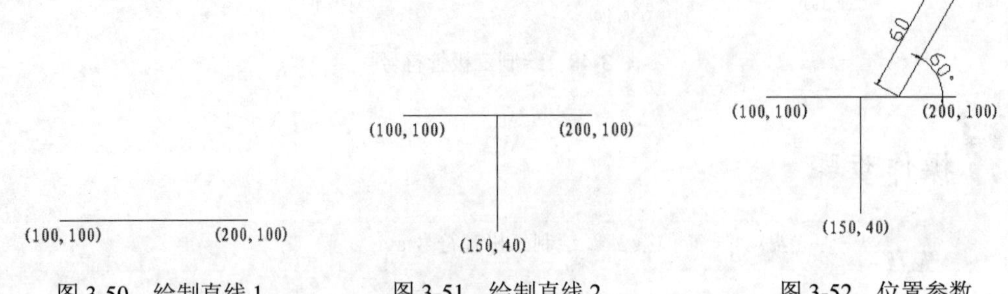

图 3-50　绘制直线 1　　图 3-51　绘制直线 2　　图 3-52　位置参数

注意

“选择样板”对话框的“文件类型”下拉列表中有 3 种格式的图形样板，分别是后缀为.dwt，.dwg 和.dws 的图形样板。

一般情况下，.dwt 文件是标准的样板文件，通常将一些规定的标准性的样板文件设为.dwt 文件；.dwg 文件是普通的样板文件；.dws 文件是包含标准图层、标注样式、线型和文字样式的样板文件。

（3）绘制多段线。单击“绘图”工具栏中的“多段线”按钮，绘制 PNP 三极管的发射极。其命令行中的提示与操作如下。

命令: _pline
指定起点: 130,100↙（指定多段线的起点）
当前线宽为 0.0000 （接受系统默认线宽）
指定下一个点或 [圆弧(A)/半宽(H)/长度(L)/放弃(U)/宽度(W)]: @20<120↙（绘制发射极根部小段直线，长 20mm，与 X 轴正方向成 120°夹角）
指定下一点或 [圆弧(A)/闭合(C)/半宽(H)/长度(L)/放弃(U)/宽度(W)]: w↙
指定起点宽度 <0.0000>: ↙
指定端点宽度 <0.0000>: 1.5↙（修改线宽，起始线宽为默认值，结束线宽为 1.5）
指定下一点或 [圆弧(A)/闭合(C)/半宽(H)/长度(L)/放弃(U)/宽度(W)]: @10<120↙（绘制箭头，长 10mm，与 X 轴正方向成 120°夹角）
指定下一点或 [圆弧(A)/闭合(C)/半宽(H)/长度(L)/放弃(U)/宽度(W)]: w↙
指定起点宽度 <1.5000>: 0↙
指定端点宽度 <0.0000>: ↙（把线宽改成默认值）
指定下一点或 [圆弧(A)/闭合(C)/半宽(H)/长度(L)/放弃(U)/宽度(W)]: @30<120↙（绘制集电极头部小段直线）

绘制完成的 PNP 三极管符号如图 3-53 所示。若是 NPN 三极管符号，绘制结果如图 3-54 所示。

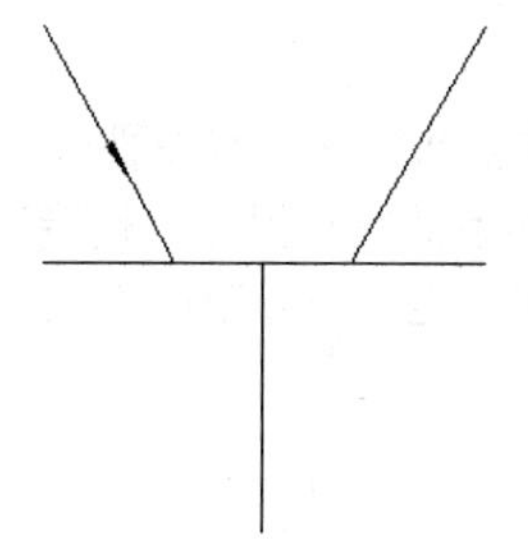

图 3-53　PNP 三极管符号

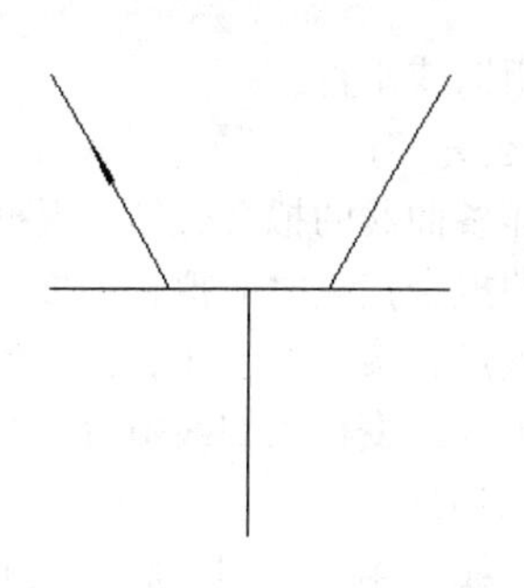

图 3-54　NPN 三极管符号

Note

3.5.3　绘制样条曲线

AutoCAD 使用一种称为非一致有理 B 样条（NURBS）曲线的特殊样条曲线类型。NURBS 曲线在控制点之间产生一条光滑的曲线，如图 3-55 所示。样条曲线可用于创建形状不规则的曲线，如为地理信息系统（GIS）应用或汽车设计绘制轮廓线。

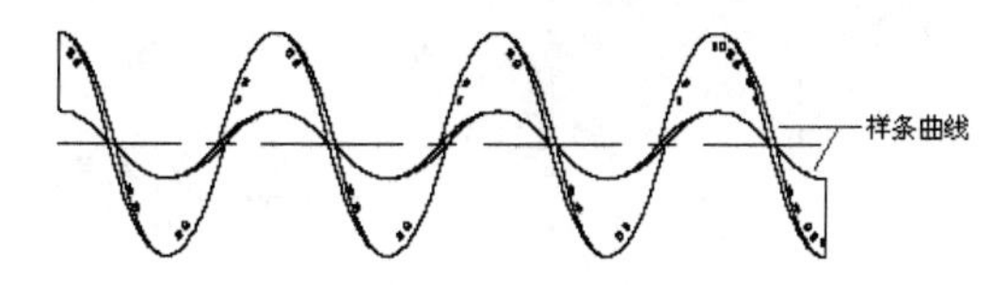

图 3-55　样条曲线

1. 执行方式

☑ 命令行：输入 SPLINE 命令
☑ 菜单：选择“绘图”→“样条曲线”命令
☑ 工具栏：单击“绘图”工具栏中的“样条曲线”按钮

2. 操作步骤

命令行提示操作如下。

```
命令: SPLINE↙
指定第一个点或 [对象(O)]:（指定一点或选择“对象(O)”选项）
指定下一点: （指定一点）
指定下一个点或 [闭合(C)/拟合公差(F)] <起点切向>:
```

3. 选项说明

（1）对象(O)

将二维或三维的二次或三次样条曲线拟合多段线转换为等价的样条曲线，然后（根据 DELOBJ 系统变量的设置）删除该多段线。

（2）闭合(C)

将最后一点定义为与第一点一致，并使它在连接处相切，这样可以闭合样条曲线。选择该项，系统继续提示：

```
指定切向:（指定点或按 Enter 键）
```

用户可以指定一点来定义切向矢量，或者使用“切点”和“垂足”对象捕捉模式使样条曲

线与现有对象相切或垂直。

（3）拟合公差(F)

修改当前样条曲线的拟合公差。根据新公差以现有点重新定义样条曲线。公差表示样条曲线拟合所指定的拟合点集时的拟合精度。公差越小，样条曲线与拟合点越接近。公差为 0，样条曲线将通过该点。输入大于 0 的公差将使样条曲线在指定的公差范围内通过拟合点。在绘制样条曲线时，可以改变样条曲线拟合公差以查看效果。

Note

（4）<起点切向>

定义样条曲线的第一点和最后一点的切向。

如果在样条曲线的两端都指定切向，可以输入一个点或者使用“切点”和“垂足”对象捕捉模式使样条曲线与已有的对象相切或垂直。如果按 Enter 键，AutoCAD 将计算默认切向。

3.5.4 实例——绘制整流器框形符号

本例利用“多边形”命令绘制外框，再利用“直线”、“样条曲线”命令绘制细部结构，绘制流程如图 3-56 所示。

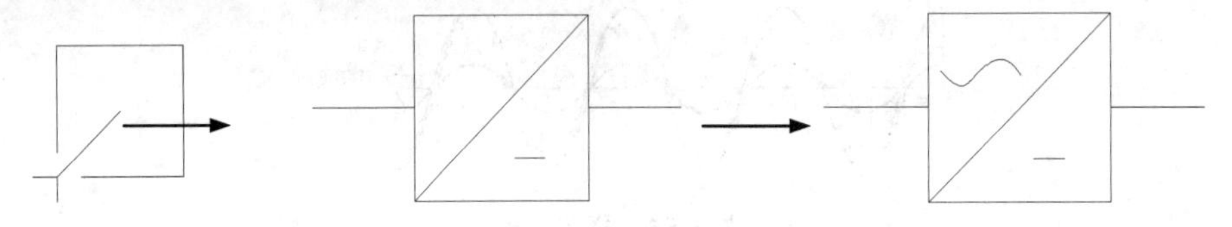

图 3-56 绘制整流器框形符号

操作步骤

参见光盘 光盘\动画演示\第 3 章\绘制整流器框形符号.avi

（1）单击“绘图”工具栏中的“多边形”按钮，命令行提示与操作如下。

```
命令: _polygon
输入边的数目 <4>:↙
指定正多边形的中心点或 [边(E)]:（在绘图屏幕适当位置指定一点）
输入选项 [内接于圆(I)/外切于圆(C)] <I>:↙
指定圆的半径:（适当指定一点作为外接圆半径，使正四边形边大约处于垂直正交位置，如图 3-57 所示）
```

（2）单击“绘图”工具栏中的“直线”按钮，绘制 4 条直线，如图 3-58 所示。

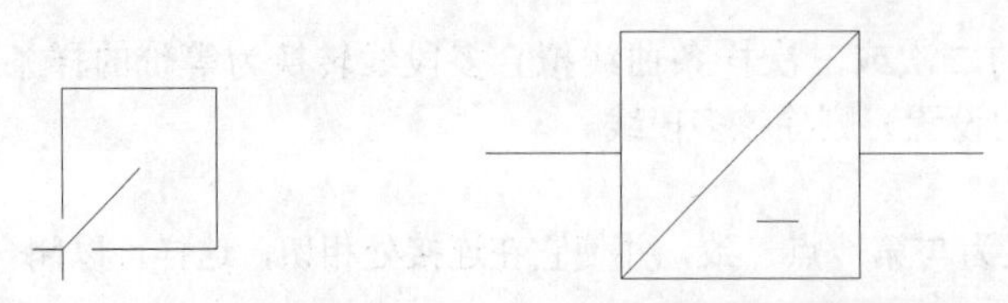

图 3-57 绘制正四边形　　图 3-58 绘制直线

（3）单击“绘图”工具栏中的“样条曲线”按钮，命令行提示与操作如下。

```
命令: _spline
```

指定第一个点或 [对象(O)]:（适当指定一点）
指定下一点:（适当指定一点）
指定下一点或 [闭合(C)/拟合公差(F)] <起点切向>:（适当指定一点）
指定下一点或 [闭合(C)/拟合公差(F)] <起点切向>:（适当指定一点）
指定下一点或 [闭合(C)/拟合公差(F)] <起点切向>:（适当指定一点）
指定下一点或 [闭合(C)/拟合公差(F)] <起点切向>:↙
指定起点切向:↙
指定端点切向:↙

最终结果如图 3-59 所示。

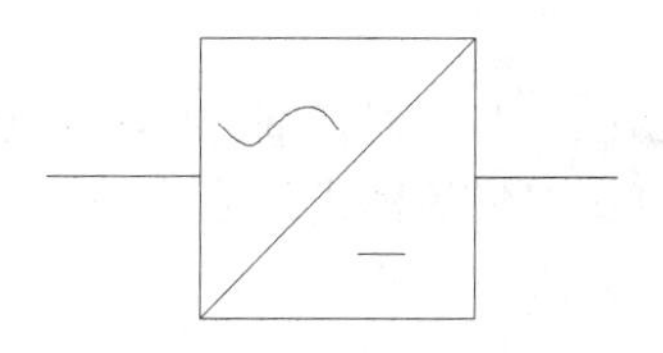

图 3-59 整流器框形符号

3.6 多 线

多线是一种复合线，由连续的直线段复合组成。这种线的一个突出优点是能够提高绘图效率，保证图线之间的统一性。

3.6.1 绘制多线

1. 执行方式

☑ 命令行：输入 MLINE 命令
☑ 菜单：选择“绘图”→“多线”命令

2. 操作步骤

命令行提示与操作如下。

命令:MLINE↙
当前设置:对正 = 上，比例 = 20.00，样式 = STANDARD
指定起点或 [对正(J)/比例(S)/样式(ST)]:（指定起点）
指定下一点:（给定下一点）
指定下一点或 [放弃(U)]:（继续给定下一点绘制线段。输入 U，则放弃前一段的绘制；单击鼠标右键或按 Enter 键，结束命令）
指定下一点或 [闭合(C)/放弃(U)]:（继续给定下一点绘制线段。输入 C，则闭合线段，结束命令）

3. 选项说明

（1）对正(J)

该项用于给定绘制多线的基准。共有 3 种对正类型：“上”、“无”和“下”。其中，“上(T)”表示以多线上侧的线为基准，依此类推。

（2）比例(S)

选择该项，要求用户设置平行线的间距。输入值为 0 时平行线重合，值为负时多线的排列倒置。

（3）样式(ST)

该项用于设置当前使用的多线样式。

3.6.2 编辑多线

Note

1. 执行方式

☑ 命令行：输入MLEDIT命令

☑ 菜单：选择“修改”→“对象”→“多线”命令

2. 操作步骤

调用该命令后，打开“多线编辑工具”对话框，如图3-60所示。

利用该对话框，可以创建或修改多线的模式。对话框中分4列显示了示例图形。其中，第1列管理十字交叉形式的多线；第2列管理T形多线；第3列管理拐角接合点和节点；第4列管理多线被剪切或连接的形式。

单击选择某个示例图形，然后单击“确定”按钮，就可以调用该项编辑功能。

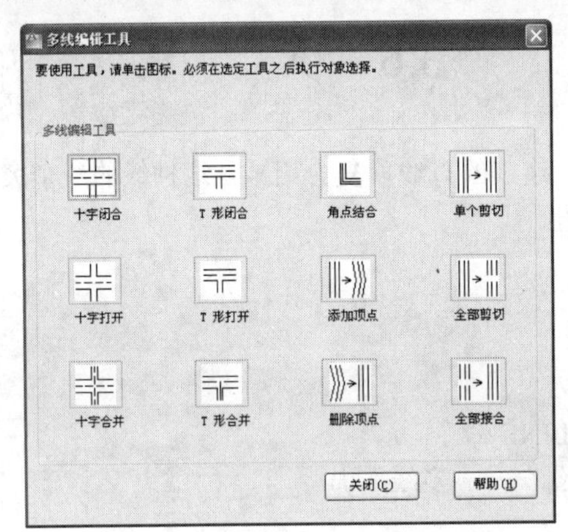

图3-60 “多线编辑工具”对话框

下面以“十字打开”为例介绍多线编辑方法：把选择的两条多线进行打开交叉。选择该选项后，出现如下提示：

```
选择第一条多线:（选择第一条多线）
选择第二条多线:（选择第二条多线）
选择完毕后，第二条多线被第一条多线横断交叉。系统继续提示：
选择第一条多线:
```

可以继续选择多线进行操作。选择“放弃(U)”选项会撤销前次操作。操作过程和执行结果如图3-61所示。

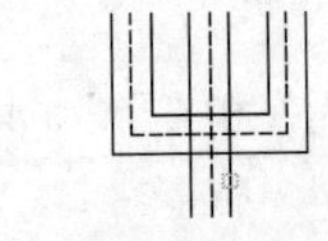

（a）选择第一条多线

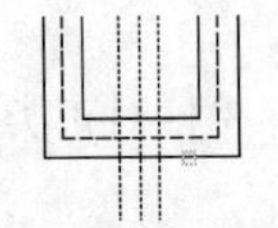

（b）选择第二条多线

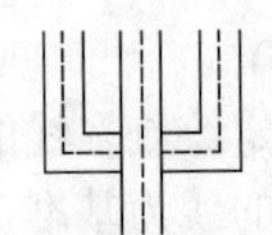

（c）执行结果

图3-61 十字打开

3.6.3 实例——绘制多线

本实例利用多线样式命令打开多线样式对话框，设置参数并绘制一段多线，绘制流程如图3-62所示。

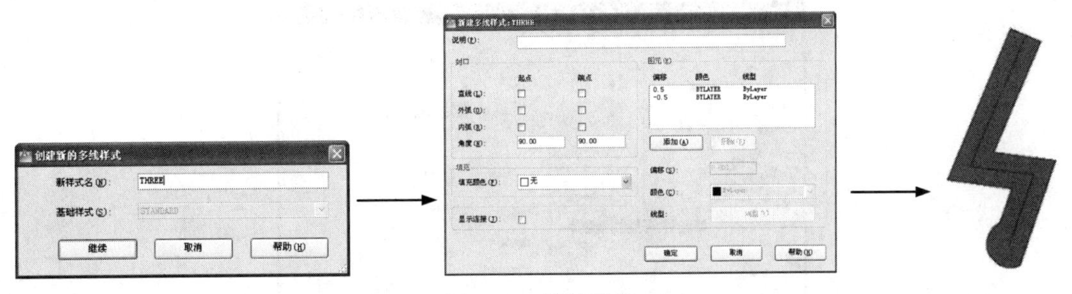

图3-62 绘制多线

操作步骤

参见光盘 光盘\动画演示\第3章\绘制多线.avi

（1）定义的多线样式由3条平行线组成，中心轴线为紫色的中心线，其余两条平行线为黑色实线，相对于中心轴线上、下各偏移0.5。

（2）选择菜单栏中的“格式”→“多线样式”命令，在弹出的如图3-63所示的“多线样式”对话框中单击“新建”按钮，打开“创建新的多线样式”对话框，如图3-64所示。

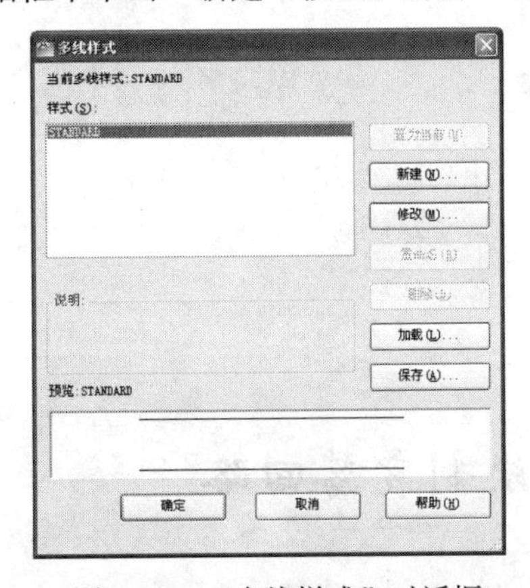

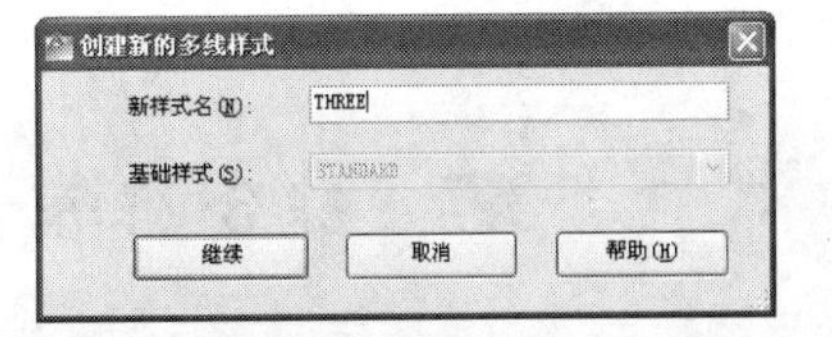

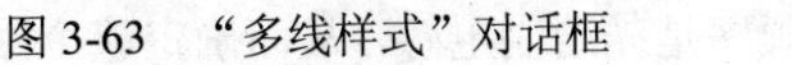

图3-63 “多线样式”对话框　　图3-64 “创建新的多线样式”对话框

（3）在“创建新的多线样式”对话框的“新样式名”文本框中输入THREE，单击“继续”按钮。

（4）打开“新建多线样式：THREE”对话框，如图3-65所示。

（5）在“封口”选项组中可以设置多线起点和端点的特性，包括以直线、外弧还是内弧封口以及封口线段或圆弧的角度。

（6）在“填充颜色”下拉列表框中可以选择多线填充的颜色。

（7）在“元素”选项组中可以设置组成多线的元素的特性。单击“添加”按钮，可以为多线添加元素；反之，单击“删除”按钮，可以为多线删除元素。在“偏移”文本框中可以设置选中的元素的位置偏移值。在“颜色”下拉列表框中可以为选中元素选择颜色。单击“线型”按钮，可以为选中元素设置线型。

Note

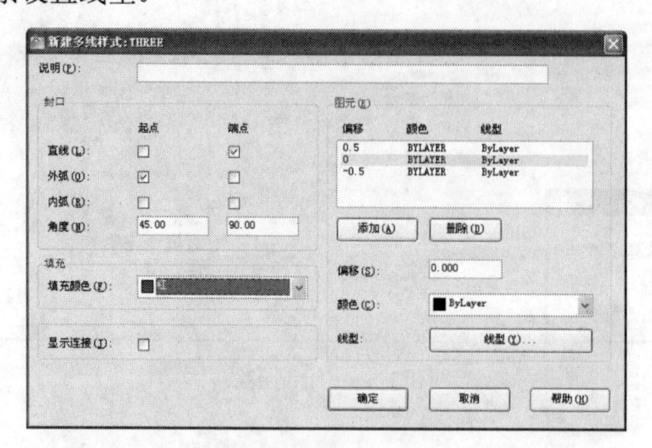

图 3-65 “新建多线样式：THREE”对话框

（8）设置完毕后，单击“确定”按钮，系统返回如图 3-64 所示的“多线样式”对话框，在“样式”列表框中会显示刚设置的多线样式名，选择该样式，单击“置为当前”按钮，可将刚设置的多线样式设置为当前样式，下面的预览框中会显示当前多线样式。

（9）单击“确定”按钮，完成多线样式设置。

（10）选择菜单栏中的“绘图”→“多线”命令，绘制一段多线。结果如图 3-66 所示。

图 3-66 绘制的多线

3.7 综合演练——绘制震荡回路

本实例绘制简单的震荡回路，绘制的大体顺序是先绘制电感，从而确定整个回路以及电气符号的大体尺寸和位置，然后绘制一侧导线，再绘制电容符号，最后绘制剩余导线。绘制过程中要用到“直线”、“圆弧”、“多段线”等命令。绘制流程如图 3-67 所示。

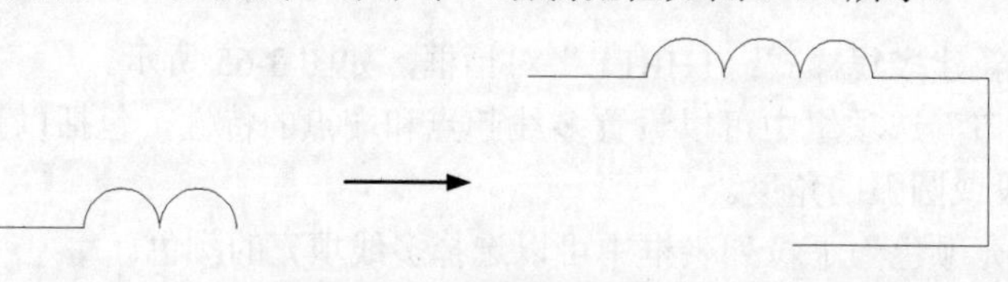

图 3-67 绘制震荡回路

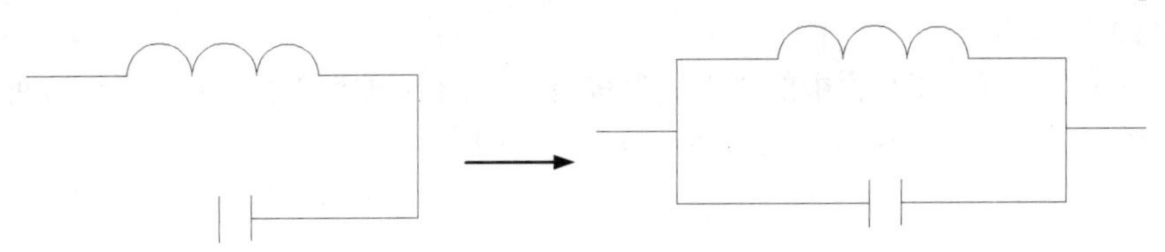

图 3-67　绘制震荡回路（续）

本实例主要学习直线、圆弧、多段线等命令的运用。

操作步骤

参见光盘　光盘\动画演示\第 3 章\绘制震荡回路.avi

（1）单击“绘图”工具栏中的“多段线”按钮，绘制电感符号及其相连导线，命令行提示如下。

```
命令: _pline
指定起点:（适当指定一点）
当前线宽为 0．0000
指定下一个点或 [圆弧(A)/半宽(H)/长度(L)/放弃(U)/宽度(W)]:（水平向右指定一点）
指定下一点或 [圆弧(A)/闭合(C)/半宽(H)/长度(L)/放弃(U)/宽度(W)]: a↙
指定圆弧的端点或 [角度(A)/圆心(CE)/闭合(CL)/方向(D)/半宽(H)/直线(L)/半径(R)/第二个点(S)/放弃(U)/宽度(W)]: a↙
指定包含角: -180↙
指定圆弧的端点或 [圆心(CE)/半径(R)]:（向右与左边直线大约处于水平位置指定一点）
指定圆弧的端点或[角度(A)/圆心(CE)/闭合(CL)/方向(D)/半宽(H)/直线(L)/半径(R)/第二个点(S)/放弃(U)/宽度(W)]: d↙
指定圆弧的起点切向:（竖直向上指定一点）
指定圆弧的端点:（向右与左边直线大约处于水平位置指定一点，使此圆弧与前面圆弧半径大约相等）
指定圆弧的端点或[角度(A)/圆心(CE)/闭合(CL)/方向(D)/半宽(H)/直线(L)/半径(R)/第二个点(S)/放弃(U)/宽度(W)]: ↙
```

结果如图 3-68 所示。

（2）单击“绘图”工具栏中的“圆弧”按钮，完成电感符号绘制，命令行提示如下。

```
命令: _arc
指定圆弧的起点或 [圆心(C)]:（指定多段线终点为起点）
指定圆弧的第二个点或 [圆心(C)/端点(E)]: e↙
指定圆弧的端点:（水平向右指定一点，与第一点距离约与多段线圆弧直径相等）
指定圆弧的圆心或 [角度(A)/方向(D)/半径(R)]: d↙
指定圆弧的起点切向:（竖直向上指定一点）
```

结果如图 3-69 所示。

图 3-68　绘制电感符号及其导线　　　图 3-69　完成电感符号绘制

（3）单击“绘图”工具栏中的“直线”按钮，绘制导线。以圆弧终点为起点绘制正交

直线，如图 3-70 所示。

（4）单击“绘图”工具栏中的“直线”按钮，绘制电容符号。电容符号为两条平行的大约等长竖线，其中点为刚绘制导线端点，如图 3-71 所示。

Note

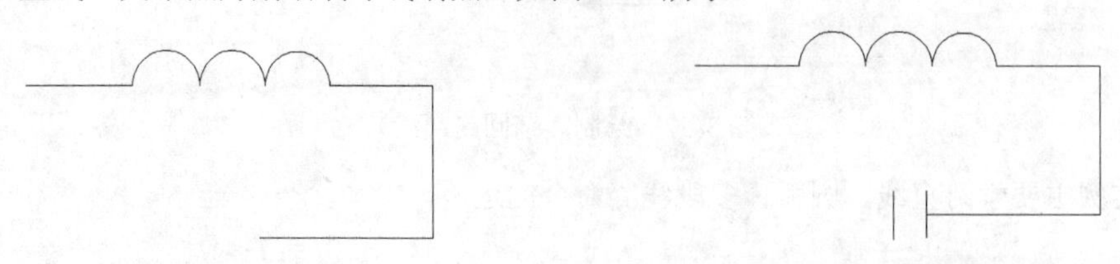

图 3-70　绘制导线　　　　图 3-71　绘制电容符号

（5）单击“绘图”工具栏中的“直线”按钮，绘制连续正交直线，完成其他导线绘制，大致使直线的起点为电容符号左边竖线中点，终点为与电感符号相连导线直线左端点，最终结果如图 3-72 所示。

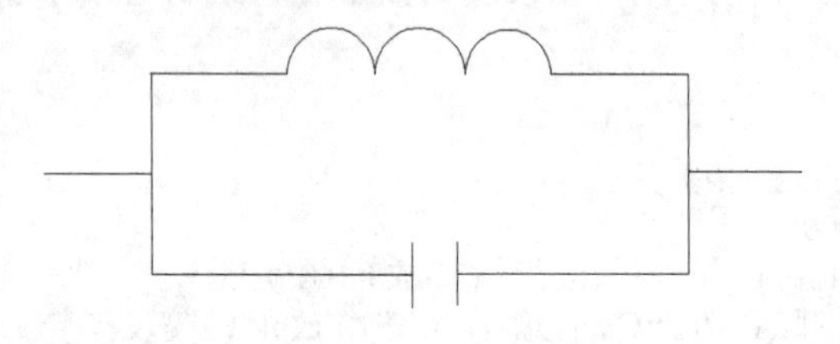

图 3-72　震荡回路

注意

由于所绘制的直线、多段线和圆弧都是首尾相连或要求水平对齐，所以要求读者在指定相应点时要比较细心。刚开始操作起来可能比较困难，在后面章节学习了精确绘图的相关知识后就很简便了。

3.8　上 机 操 作

通过前面的学习，读者对本章知识也有了大体的了解，本节通过 3 个操作练习使读者进一步掌握本章知识要点。

实践 1　绘制自耦变压器符号

绘制如图 3-73 所示的自耦变压器符号。

操作提示

（1）利用“圆”命令绘制中间圆。

（2）利用“直线”命令绘制两条竖直直线。

（3）利用“圆弧”命令绘制连接弧。

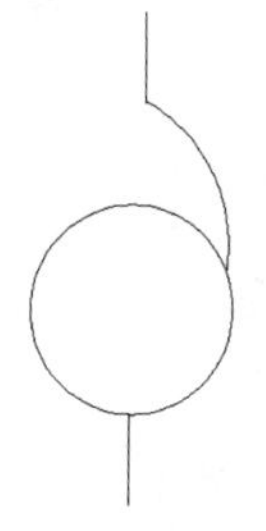

图 3-73　自耦变压器符号

实践 2　绘制暗装开关符号

绘制如图 3-74 所示的暗装开关符号。

（1）利用“圆弧”命令绘制多半个圆弧。

（2）利用“直线”命令绘制水平和竖直直线，其中一条水平直线的两个端点都在圆弧上。

（3）利用“图案填充”命令填充圆弧与水平直线之间的区域。

实践 3　绘制水下线路符号

绘制如图 3-75 所示的水下线路符号。

（1）利用“直线”命令绘制水平导线。

（2）利用“多段线”命令绘制水下示意符号。

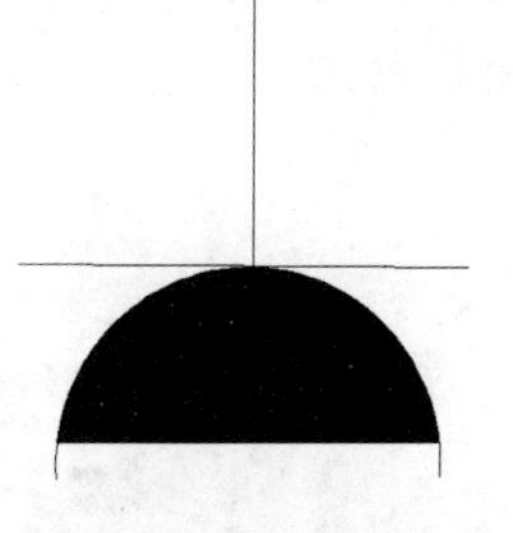

图 3-74　暗装开关符号

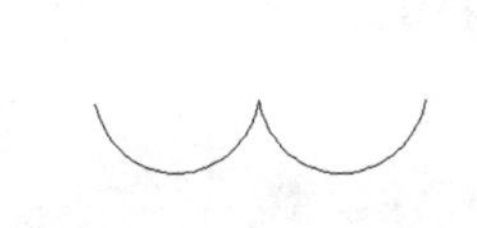

图 3-75　水下线路符号

基本绘图工具

AutoCAD提供了图层工具，用于规定每个图层的颜色和线型，并把具有相同特征的图形对象放在同一图层上绘制，这样绘图时不用分别设置对象的线型和颜色，不仅方便绘图，而且存储图形时只需存储其几何数据和所在图层即可，既节省了存储空间，又可以提高工作效率。为了快捷、准确地绘制图形，AutoCAD还提供了多种必要的和辅助的绘图工具，如工具条、对象选择工具、对象捕捉工具、栅格和正交模式等。利用这些工具，可以方便、迅速、准确地实现图形的绘制和编辑，不仅可提高工作效率，而且能更好地保证图形的质量。

☑ 图层设计
☑ 精确定位工具
☑ 对象捕捉工具
☑ 对象约束

任务驱动&项目案例

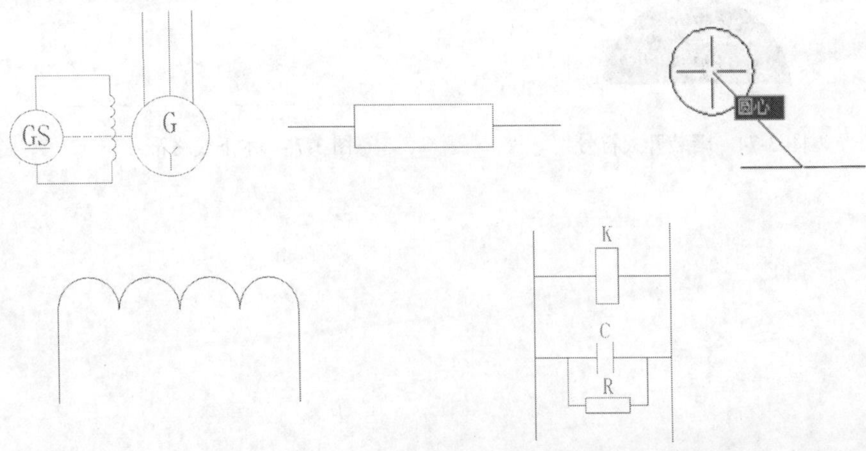

4.1 图层设计

图层的概念类似投影片，可将不同属性的对象分别画在不同的投影片（图层）上，如将图形的主要线段、中心线、尺寸标注等分别画在不同的图层上，每个图层可设定不同的线型、线条颜色，然后把不同的图层堆叠在一起成为一张完整的视图，如此可使视图层次分明有条理，方便图形对象的编辑与管理。一个完整的图形就是它所包含的所有图层上的对象叠加在一起，如图4-1所示。

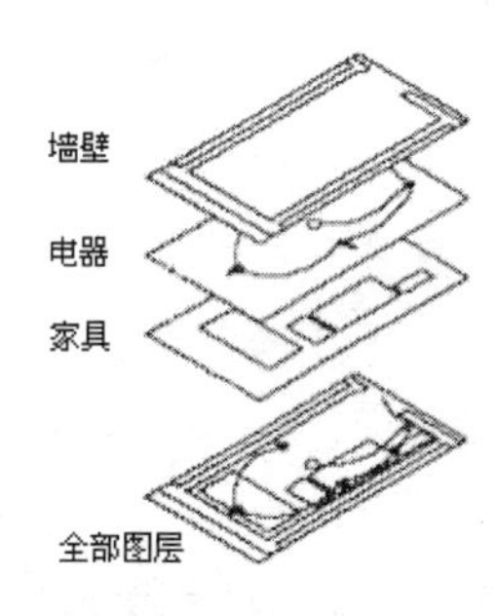

图4-1 图层效果

在用图层功能绘图之前，首先要对图层的各项特性进行设置，包括建立和命名图层，设置当前图层，设置图层的颜色和线型，控制图层是否关闭、是否冻结、是否锁定以及图层删除等。本节主要对图层的这些相关操作进行介绍。

4.1.1 设置图层

AutoCAD 2012提供了详细直观的“图层特性管理器”对话框，用户可以方便地通过对该对话框中的各选项及其二级对话框进行设置，实现建立新图层、设置图层颜色及线型等各种操作。

1. 执行方式

☑ 命令行：输入LAYER命令

☑ 菜单：选择“格式”→“图层”命令

☑ 工具栏：单击“图层”工具栏中的“图层特性管理器”按钮

2. 操作步骤

命令:LAYER↙

系统打开如图4-2所示的“图层特性管理器”对话框。

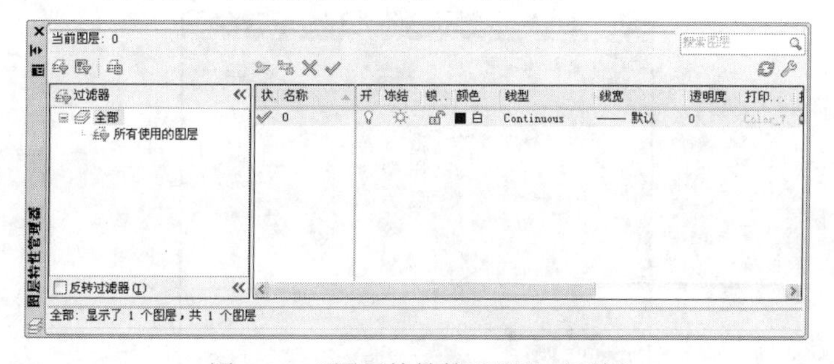

图4-2 “图层特性管理器”对话框

3. 选项说明

（1）“新建特性过滤器”按钮：显示“图层过滤器特性”对话框，如图4-3所示。从中可以基于一个或多个图层特性创建图层过滤器。

Note

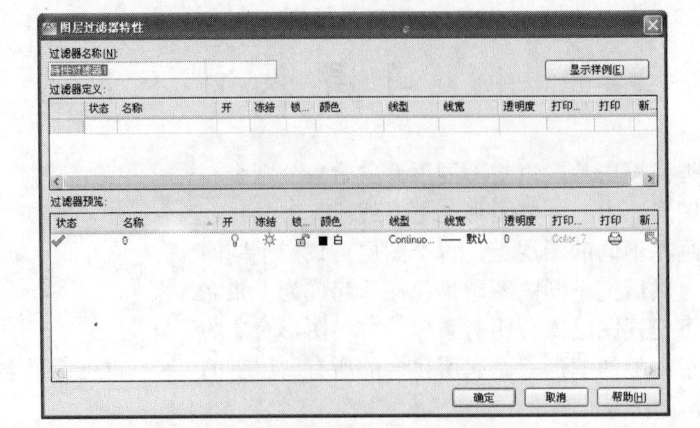

图 4-3 “图层过滤器特性”对话框

（2）“新建组过滤器”按钮：创建一个图层过滤器，其中包含用户选定并添加到该过滤器的图层。

（3）“图层状态管理器”按钮：显示“图层状态管理器”对话框，如图 4-4 所示。从中可以将图层的当前特性设置保存到命名图层状态中，以后可以再恢复这些设置。

（4）“新建图层”按钮：建立新图层。单击此按钮，图层列表中出现一个新的图层名称“图层 1”，用户可使用此名称，也可改名。要想同时产生多个图层，可选中一个图层名后，输入多个名称，各名称之间以逗号分隔。图层的名称可以包含字母、数字、空格和特殊符号，AutoCAD 2012 支持长达 255 个字符的图层名称。新的图层继承了建立新图层时所选中的已有图层的所有特性（颜色、线型、ON/OFF 状态等），如果新建图层时没有图层被选中，则新图层具有默认的设置。

（5）“删除图层”按钮：删除所选图层。在图层列表中选中某一图层，然后单击此按钮，可把该图层删除。

（6）“置为当前”按钮：设置当前图层。在图层列表中选中某一图层，然后单击此按钮，则把该图层设置为当前图层，并在“当前图层”一栏中显示其名称。当前图层的名称存储在系统变量 CLAYER 中。另外，双击图层名也可把该图层设置为当前图层。

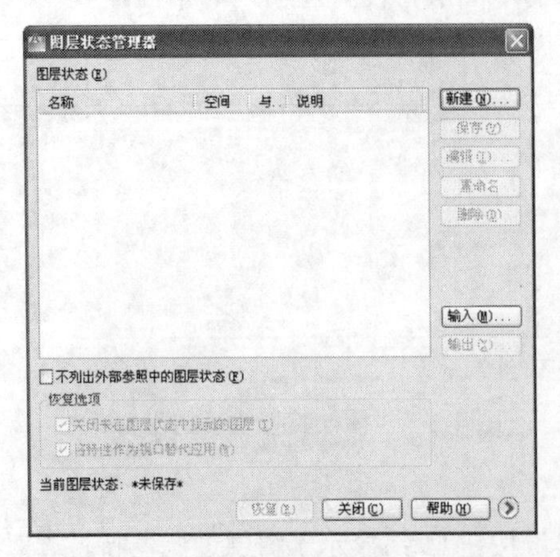

图 4-4 “图层状态管理器”对话框

（7）“搜索图层”文本框：输入字符时，按名称快速过滤图层列表。关闭“图层特性管理

器”对话框时并不保存此过滤器。

（8）“反转过滤器”复选框：选中此复选框，显示所有不满足选定图层特性过滤器中条件的图层。

（9）图层列表区：显示已有的图层及其特性。要修改某一图层的某一特性，单击它所对应的图标即可。右击空白区域，利用快捷菜单可快速选中所有图层。列表区中各列的含义如下：

① 名称：显示满足条件的图层的名称。如果要对某图层进行修改，首先要选中该图层，使其逆反显示。

② 状态转换图标：在“图层特性管理器”对话框的“名称”栏前分别有一列图标，移动指针到图标上单击，可以打开或关闭该图标所代表的功能，或从详细数据区中选中或取消选中关闭（ / ）、锁定（ / ）、在所有视口内冻结（ / ）及不打印（ / ）等项目，各图标功能说明如表 4-1 所示。

表 4-1 各图标功能

图 示	名 称	功 能 说 明
/	打开/关闭	将图层设定为打开或关闭状态，当呈现关闭状态时，该图层上的所有对象将隐藏不显示，只有打开状态的图层会在屏幕上显示或由打印机中打印出来。因此，绘制复杂的视图时，先将不编辑的图层暂时关闭，可降低图形的复杂性。如图4-5（a）和图4-5（b）所示分别表示文字标注图层打开和关闭的情形
/	解冻/冻结	将图层设定为解冻或冻结状态。当图层呈现冻结状态时，该图层上的对象均不会显示在屏幕上或由打印机打出，而且不会执行重生（REGEN）、缩放（ROOM）、平移（PAN）等命令的操作。因此，若将视图中不编辑的图层暂时冻结，可加快执行绘图编辑的速度。而 / （打开/关闭）功能只是单纯将对象隐藏，并不会加快执行速度
/	解锁/锁定	将图层设定为解锁或锁定状态。被锁定的图层，仍然显示在画面上，但不能以编辑命令修改被锁定的对象，只能绘制新的对象，如此可防止重要的图形被修改
/	打印/不打印	设定该图层是否可以打印图形

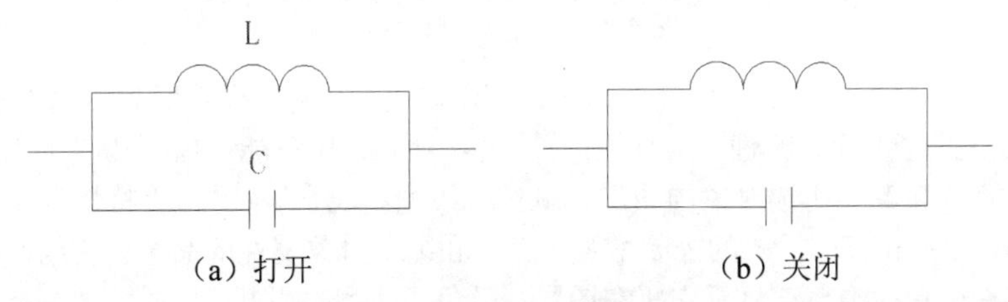

图 4-5 打开或关闭文字标注图层

③ 颜色：显示和改变图层的颜色。如果要改变某一图层的颜色，单击其对应的颜色图标，将打开如图 4-6 所示的“选择颜色”对话框，用户可从中选取需要的颜色。

④ 线型：显示和修改图层的线型。如果要修改某一图层的线型，单击该图层的“线型”选项，可打开“选择线型”对话框，如图 4-7 所示，其中列出了当前可用的线型，用户可从中选取。具体内容下节详细介绍。

⑤ 线宽：显示和修改图层的线宽。如果要修改某一图层的线宽，单击该图层的“线宽”选项，打开“线宽”对话框，如图 4-8 所示，其中列出了 AutoCAD 设定的线宽，用户可从中

Note

选取。其中，“线宽”列表框显示可以选用的线宽值，包括一些绘图中经常用到的线宽，用户可从中选取需要的线宽。“旧的”文本框显示前面赋予图层的线宽。当建立一个新图层时，采用默认线宽（其值为0.01in，即0.25 mm），默认线宽的值由系统变量LWDEFAULT设置。“新的”文本框显示赋予图层的新的线宽。

图4-6 “选择颜色”对话框

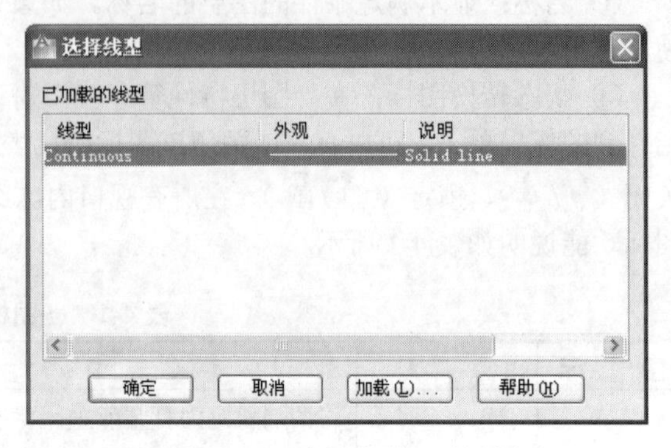

图4-7 “选择线型”对话框

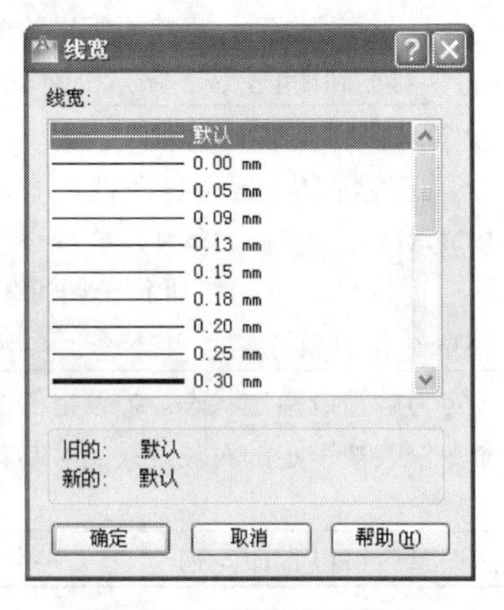

图4-8 “线宽”对话框

⑥ 打印样式：修改图层的打印样式，所谓打印样式是指打印图形时各项属性的设置。

AutoCAD提供了一个“特性”工具栏，如图4-9所示。用户能够控制和使用工具栏中的工具图标快速地查看和改变所选对象的图层、颜色、线型和线宽等特性。“特性”工具栏中的图层颜色、线型、线宽和打印样式的控制增强了查看和编辑对象属性的命令。在绘图屏幕上选择任何对象都将在工具栏中自动显示它所在图层、颜色、线型等属性。

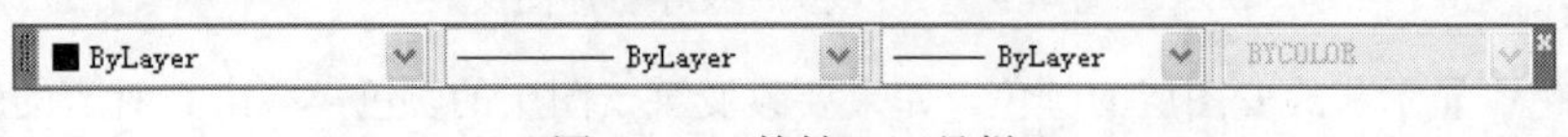

图4-9 “特性”工具栏

下面把“特性”工具栏各部分的功能简单说明一下。

（1）“颜色控制”下拉列表框：单击右侧的下拉按钮，可弹出一下拉列表，用户可从中选择所需颜色，如果选择“选择颜色”选项，AutoCAD将打开“选择颜色”对话框以供选择其他颜色。修改当前颜色之后，不论在哪个图层上绘图都采用这种颜色，但对各个图层的颜色设置没有影响。

（2）“线型控制”下拉列表框：单击右侧的下拉按钮，可弹出一下拉列表，用户可从中选择某一线型使之成为当前线型。修改当前线型之后，不论在哪个图层上绘图都采用这种线型，但对各个图层的线型设置没有影响。

（3）“线宽”下拉列表框：单击右侧的下拉按钮，可弹出一下拉列表，用户可从中选择一个线宽使之成为当前线宽。修改当前线宽之后，不论在哪个图层上绘图都采用这种线宽，但对各个图层的线宽设置没有影响。

Note

（4）“打印类型控制”下拉列表框：单击右侧的下拉按钮，可弹出一下拉列表，用户可从中选择一种打印样式使之成为当前打印样式。

4.1.2　图层的线型

在国家标准中，对机械图样中使用的各种图线的名称、线型、线宽以及在图样中的应用作了规定，如表 4-2 所示，其中常用的图线有粗实线、细实线、虚线和细点划线。图线分为粗、细两种，粗线的宽度 b 应按图样的大小和图形的复杂程度，在 0.5～2mm 之间选择，细线的宽度约为 b/2。根据电气图的需要，一般只使用 4 种图线，如表 4-3 所示。

表 4-2　图线的型式及应用

图线名称	线　型	线　宽	主要用途
粗实线	━━━━━━━	b=0.5~2	可见轮廓线、可见过渡线
细实线	————————	约b/2	尺寸线、尺寸界线、剖面线、引出线、弯折线、牙底线、齿根线、辅助线等
细点划线	——— — ———	约b/2	轴线、对称中心线、齿轮节线等
虚线	—— —— —— ——	约b/2	不可见轮廓线、不可见过渡线
波浪线	～～～～	约b/2	断裂处的边界线、剖视与视图的分界线
双折线	—╲╱—╲╱—╲╱—	约b/2	断裂处的边界线
粗点划线	━━━ ━ ━━━	b	有特殊要求的线或面的表示线
双点划线	——— — — ———	约b/2	相邻辅助零件的轮廓线、极限位置的轮廓线、假想投影的轮廓线

表 4-3　电气图用图线的型式及应用

图线名称	线　型	线　宽	主要用途
实线	————————	约b/2	基本线、简图主要内容用线、可见轮廓线、可见导线
点划线	——— — ———	约b/2	分界线、结构图框线、功能图框线、分组图框线
虚线	—— —— —— ——	约b/2	辅助线、屏蔽线、机械连接线、不可见轮廓线、不可见导线、计划扩展内容用线
双点划线	——— — — ———	约b/2	辅助图框线

按照 4.1.1 节讲述方法打开“图层特性管理器”对话框（如图 4-2 所示），在图层列表的“线型”项下单击线型名，系统打开“选择线型”对话框（如图 4-7 所示），该对话框中选项的含义如下。

（1）“已加载的线型”列表框：显示在当前绘图中加载的线型，可供用户选用，其右侧显示出线型的形式。

（2）“加载”按钮：单击此按钮，打开“加载或重载线型”对话框，如图 4-10 所示，用户可通过此对话框加载线型并将其添加到线型列表中，不过加载的线型必须在线型库（LIN）文件中定义过。标准线型都保存在 acad.lin 文件中。

Note

设置图层线型的方法如下：

命令行：LINETYPE

在命令行输入上述命令后，系统打开“线型管理器”对话框，如图 4-11 所示。该对话框与前面讲述的相关知识相同，不再赘述。

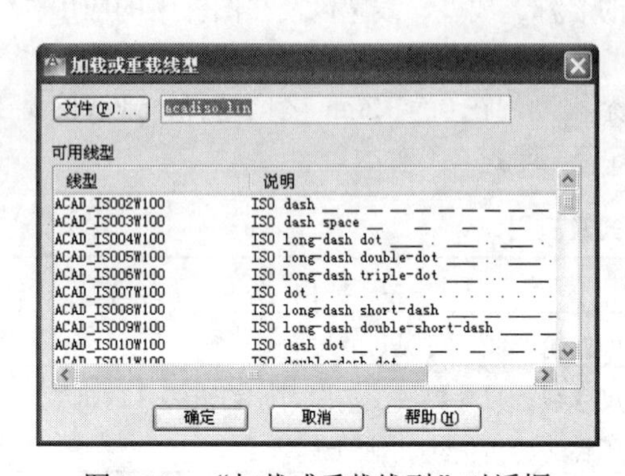

图 4-10 “加载或重载线型”对话框

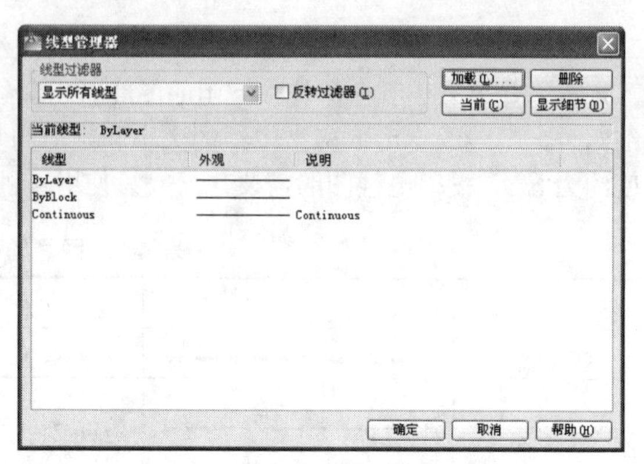

图 4-11 “线型管理器”对话框

4.1.3 颜色的设置

AutoCAD 绘制的图形对象都具有一定的颜色，为使绘制的图形清晰明了，可把同一类的图形对象用相同的颜色绘制，而使不同类的对象具有不同的颜色以示区分。为此，需要适当地对颜色进行设置。AutoCAD 允许用户为图层设置颜色，为新建的图形对象设置当前颜色，还可以改变已有图形对象的颜色。

1. 执行方式

☑ 命令行：输入 COLOR 命令

☑ 菜单：选择“格式”→“颜色”命令

2. 操作步骤

选择相应的菜单命令或在命令行输入 COLOR 命令后按 Enter 键，AutoCAD 打开如图 4-6 所示的“选择颜色”对话框。也可在图层操作中打开此对话框，具体方法 4.1.1 节已讲述。

4.1.4 实例——绘制励磁发电机

本实例利用图层特性管理器创建 3 个图层，再利用“直线”、“圆”、“多段线”等命令在“实线”图层绘制一系列图线，在“虚线”图层绘制线段，最后在“文字”图层标注文字说明，绘制流程如图 4-12 所示。

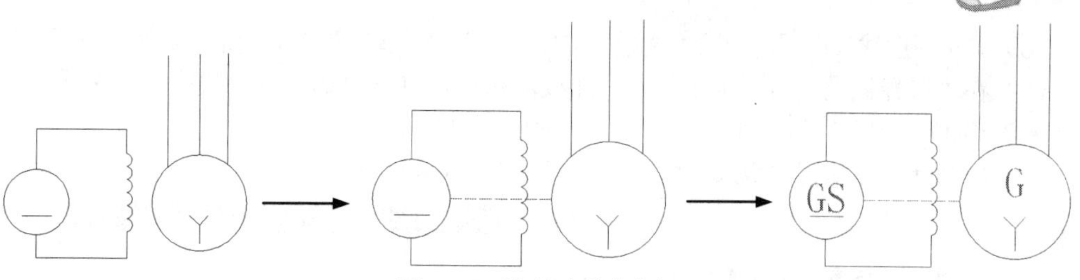

图 4-12　绘制励磁发电机

操作步骤

光盘\动画演示\第 4 章\绘制励磁发电机.avi

（1）单击“图层”工具栏中的“图层特性管理器”图标，打开“图层特性管理器”对话框。

（2）单击“新建”按钮创建一个新图层，将该层的名称由默认的“图层 1”改为“实线”，如图 4-13 所示。

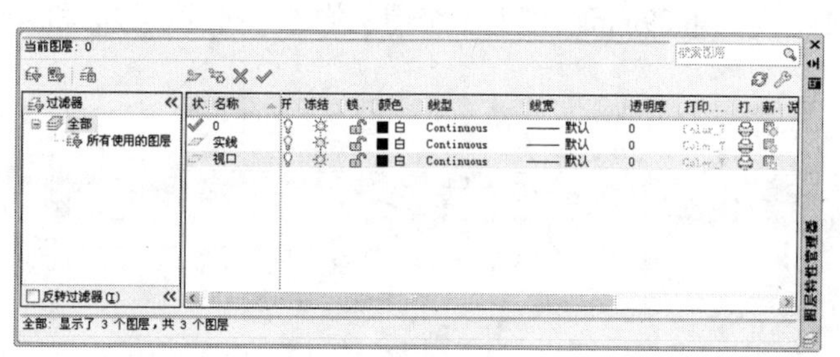

图 4-13　更改图层名

（3）单击“实线”图层对应的“线宽”选项，打开“线宽”对话框，选择 0.09mm 线宽，如图 4-14 所示。确认后退出。

（4）再次单击“新建”按钮创建一个新图层，并命名为“虚线”。

（5）单击“虚线”图层对应的“颜色”选项，打开“选择颜色”对话框，选择蓝色为该层颜色，如图 4-15 所示。确认后返回“图层特性管理器”对话框。

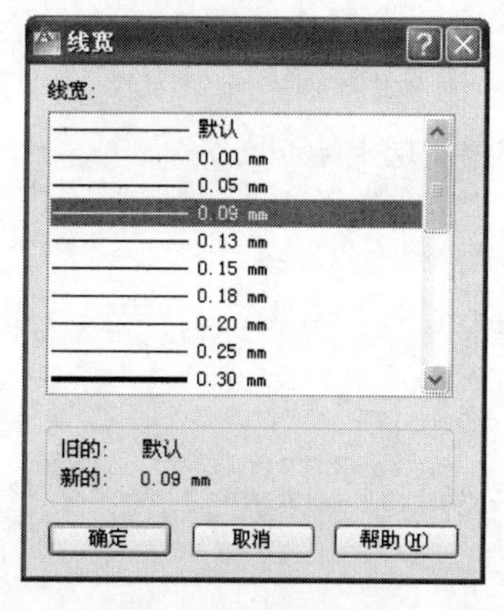

图 4-14　选择线宽

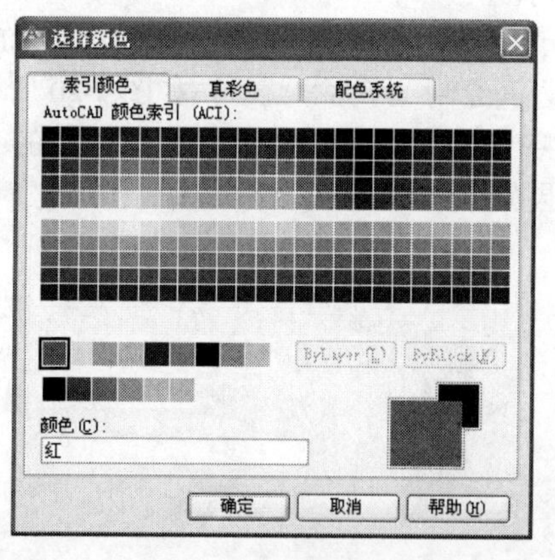

图 4-15　选择颜色

（6）单击“虚线”图层对应的“线型”选项，打开“选择线型”对话框，如图4-16所示。

（7）在“选择线型”对话框中单击“加载”按钮，打开“加载或重载线型”对话框，选择ACAD_ISO02W100线型，如图4-17所示。确认后退出。

（8）用同样的方法将“虚线”图层的线宽设置为0.09mm。

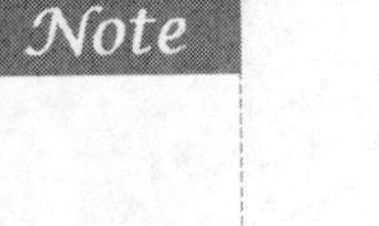

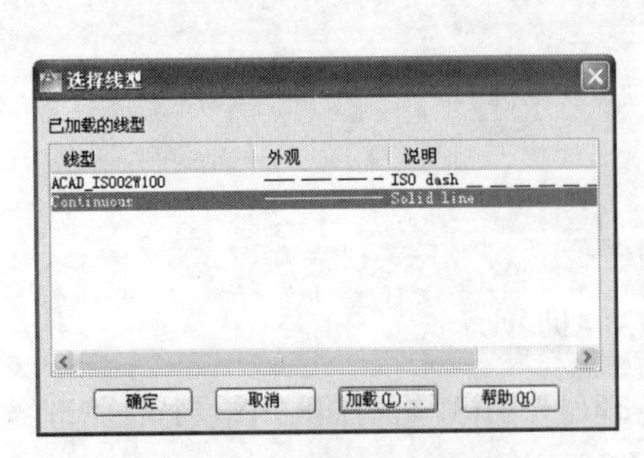

图4-16 “选择线型”对话框

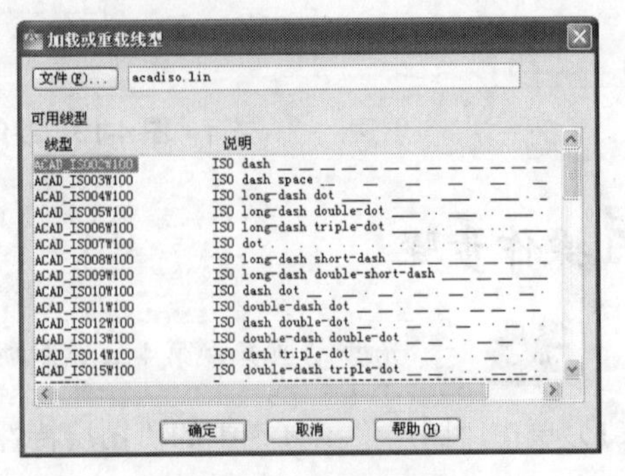

图4-17 加载新线型

（9）用相同的方法再建立新图层，命名为“文字”。将“文字”图层的颜色设置为红色、线型为Continuous、线宽为0.09mm。并让3个图层均处于打开、解冻和解锁状态，各项设置如图4-18所示。

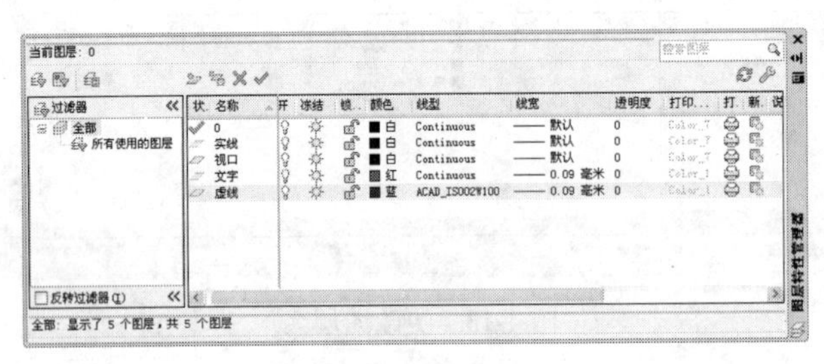

图4-18 设置图层

（10）选中“实线”图层，单击“置为当前”按钮，将其设置为当前层，然后确认关闭“图层特性管理器”对话框。

（11）在当前层“实线”图层上利用“直线”、“圆”、“多段线”等命令绘制一系列图线，如图4-19所示。

（12）单击“图层”工具栏中图层下拉列表的下拉按钮，将“虚线”图层设置为当前层，并在两个圆之间绘制一条水平连线，如图4-20所示。

（13）将当前层设置为“文字”图层，并在“文字”层上绘制文字。

执行结果如图4-21所示。

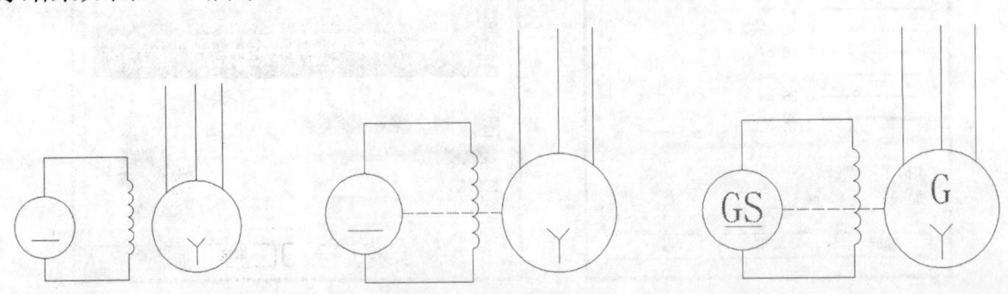

图4-19 绘制实线　　图4-20 绘制虚线　　图4-21 励磁发电机图形

注意

有时绘制出的虚线在计算机屏幕上显示为实线，这是由于显示比例过小所致，放大图形后可以显示出虚线。如果要在当前图形大小下明确显示出虚线，可以单击选择该虚线，使之呈被选中状态，然后双击，打开“特性”工具板，该工具板中包含对象的各种参数，可以将其中的“线形比例”参数设置成比较大的数值，如图 4-22 所示。这样就可以在正常图形显示状态下清晰地看见虚线的细线段和间隔。

“特性”工具板非常方便，读者应注意灵活使用。

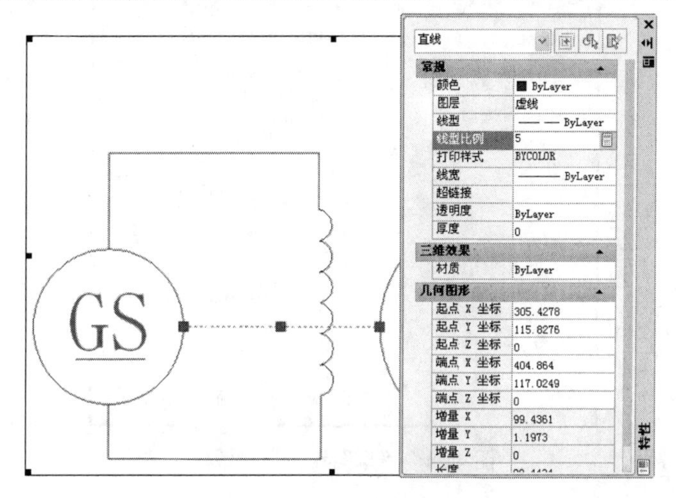

图 4-22　修改虚线参数

4.2　精确定位工具

精确定位工具是指能够帮助用户快速、准确地定位某些特殊点（如端点、中点、圆心等）和特殊位置（如水平位置、垂直位置）的工具，包括“推断约束”、“捕捉模式”、“栅格显示”、“正交模式”、“极轴追踪”、“对象捕捉”、“三维对象捕捉”、“对象捕捉追踪”、“允许/禁止动态UCS”、“动态输入”、“显示/隐藏线宽”、“显示/隐藏透明度”、“快捷特征”和“选择循环”14个功能开关按钮，这些工具主要集中在状态栏上，如图 4-23 所示。

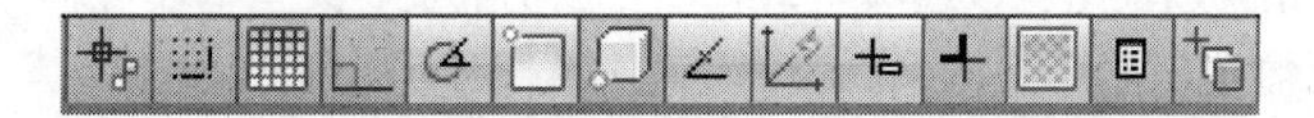

图 4-23　状态栏按钮

4.2.1　捕捉工具

为了准确地在屏幕上捕捉点，AutoCAD 提供了捕捉工具，可以在屏幕上生成一个隐含的栅格（捕捉栅格），该栅格能够捕捉光标，约束它只能落在栅格的某一个节点上，使用户能够高精确度地捕捉和选择该栅格上的点。本节介绍捕捉栅格的参数设置方法。

1. 执行方式

☑　命令行：输入 dsettings 命令

☑ 菜单：选择“工具”→“绘图设置”命令

☑ 状态栏：单击按钮（仅限于打开与关闭）

☑ 快捷键：按F9键（仅限于打开与关闭）

Note

2. 操作步骤

按上述操作打开“草图设置”对话框，选择“捕捉和栅格”选项卡，如图4-24所示。

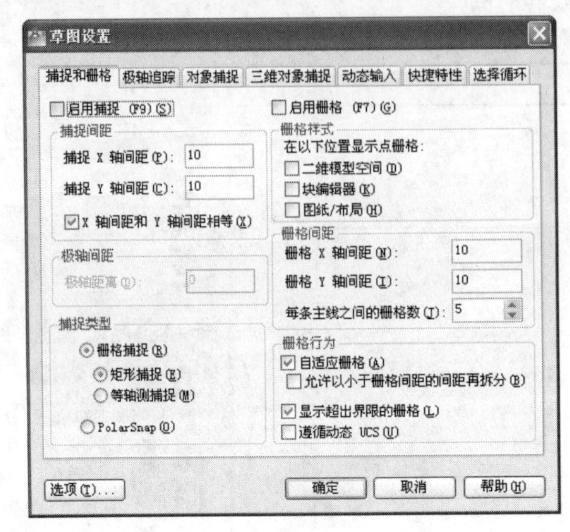

图4-24 “草图设置”对话框

3. 选项说明

“捕捉和栅格”选项卡中捕捉相关选项介绍如下。

（1）“启用捕捉”复选框：控制捕捉功能的开关，与F9快捷键及状态栏中的“捕捉”功能相同。

（2）“捕捉间距”选项组：设置捕捉各参数。其中，“捕捉X轴间距”与“捕捉Y轴间距”选项确定捕捉栅格点在水平和垂直两个方向上的间距。

（3）“捕捉类型”选项组：确定捕捉类型。包括“栅格捕捉”、“矩形捕捉”和“等轴测捕捉”3种方式。“栅格捕捉”是指按正交位置捕捉位置点。在“矩形捕捉”方式下捕捉栅格是标准的矩形，在“等轴测捕捉”方式下捕捉栅格和光标十字线不再互相垂直，而是成绘制等轴测图时的特定角度，这种方式对于绘制等轴测图是十分方便的。

（4）“极轴间距”选项组：该选项组只有在“极轴捕捉”类型下才可用。可在“极轴距离”文本框中输入距离值。

另外，也可以通过命令行命令SNAP设置捕捉有关参数。

4.2.2 栅格工具

用户可以应用显示栅格工具使绘图区域中出现可见的网格，它是一个形象的画图工具，就像传统的坐标纸一样。本节介绍控制栅格的显示及设置栅格参数的方法。

1. 执行方式

☑ 菜单：选择“工具”→“绘图设置”命令

☑ 状态栏：单击按钮（仅限于打开与关闭）

☑ 快捷键：按 F7 键（仅限于打开与关闭）

2. 操作步骤

按上述操作打开“草图设置”对话框，选择“捕捉和栅格”选项卡（如图 4-24 所示）。其中的“启用栅格”复选框控制是否显示栅格；“栅格 X 轴间距”和“栅格 Y 轴间距”文本框用来设置栅格在水平与垂直方向的间距，如果“栅格 X 轴间距”和“栅格 Y 轴间距”设置为 0，则 AutoCAD 会自动将捕捉栅格间距应用于栅格，且其原点和角度总是和捕捉栅格的原点和角度相同。另外，还可通过 GRID 命令在命令行设置栅格间距，在此不再赘述。

Note

4.2.3 正交模式

在用 AutoCAD 绘图的过程中，经常需要绘制水平和垂直直线，但是用鼠标拾取线段的端点时很难保证两个点严格沿水平或垂直方向，为此，AutoCAD 提供了正交功能，当启用正交模式时，画线或移动对象时只能沿水平或垂直方向移动光标，因此只能绘制平行于坐标轴的正交线段。

1. 执行方式

☑ 命令行：输入 ORTHO 命令
☑ 状态栏：单击按钮
☑ 快捷键：按 F8 键

2. 操作步骤

命令行操作与提示如下。

```
命令: ORTHO↙
输入模式 [开(ON)/关(OFF)] <开>: （设置开或关）
```

4.2.4 实例——绘制电阻符号

本实例利用“矩形”、“直线”命令绘制电阻符号，在绘制过程中利用正交、捕捉命令将绘制过程简化，绘制流程如图 4-25 所示。

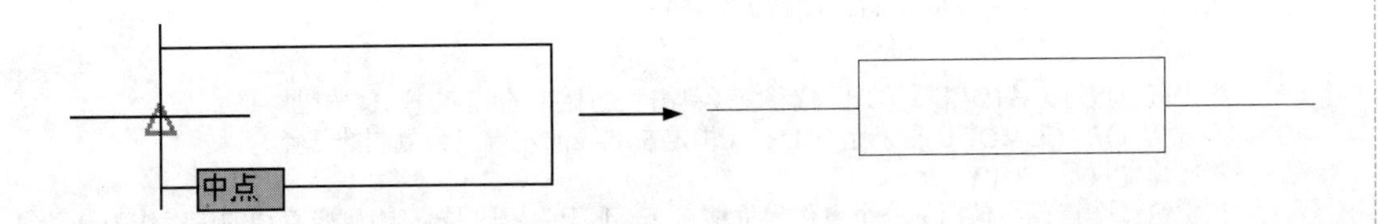

图 4-25 绘制电阻符号

操作步骤

光盘\动画演示\第 4 章\绘制电阻符号.avi

（1）绘制矩形。单击“绘图”工具栏中的“矩形”按钮，用光标在绘图区捕捉第一点，采用相对输入法绘制一个长为 150mm、宽为 50mm 的矩形，如图 4-26 所示。

图 4-26　绘制矩形

Note

（2）绘制左端线。单击“绘图”工具栏中的“直线”按钮，按住 Shift 键并右击，弹出如图 4-27 所示的快捷菜单。选择“中点”命令，捕捉矩形左侧竖直边的中点，如图 4-28 所示，单击状态栏中的“正交模式”按钮，向左拖动鼠标，在目标位置单击，确定左端线段的另外一个端点，完成左端线段的绘制。

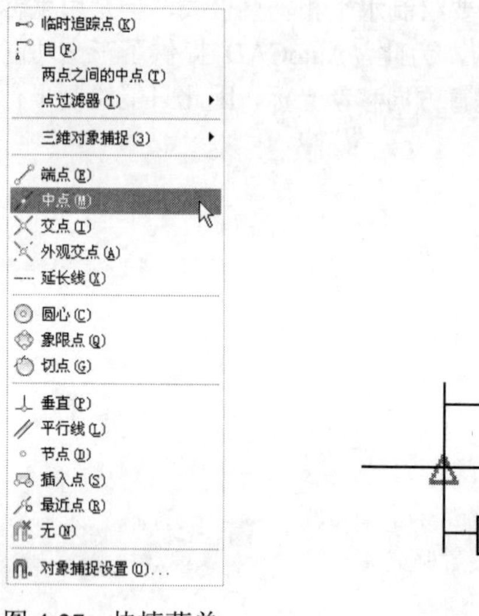

图 4-27　快捷菜单

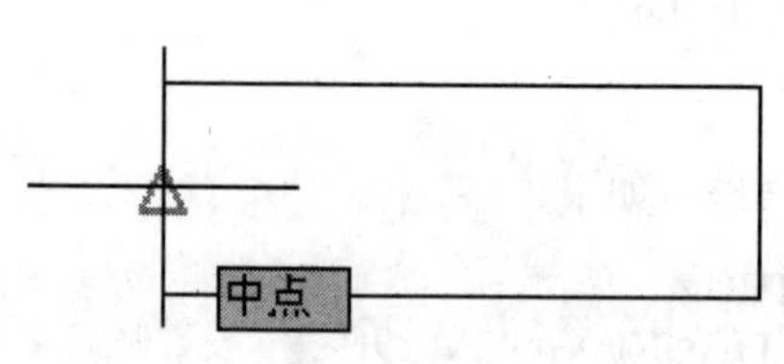

图 4-28　捕捉中点

（3）生成右端线。复制移动左端线，生成右端线，命令行中的提示与操作如下。

命令: COPY↙
选择对象:（选择左端线）
选择对象: ↙（右击或按<Enter>键确认选择）
当前设置:　复制模式 ＝ 多个
指定基点或 [位移(D)/模式(O)] <位移>:（单击状态栏中的“正交模式”按钮）
>>输入 ORTHOMODE 的新值 <1>:（指定左端线的左端点为复制的基点）
正在恢复执行 COPY 命令。
指定第二个点或 <使用第一个点作为位移>: _mid 于 （捕捉矩形右侧竖直边的中点作为移动复制的定位点）

（4）完成以上操作后，电阻符号绘制完毕，结果如图 4-29 所示。

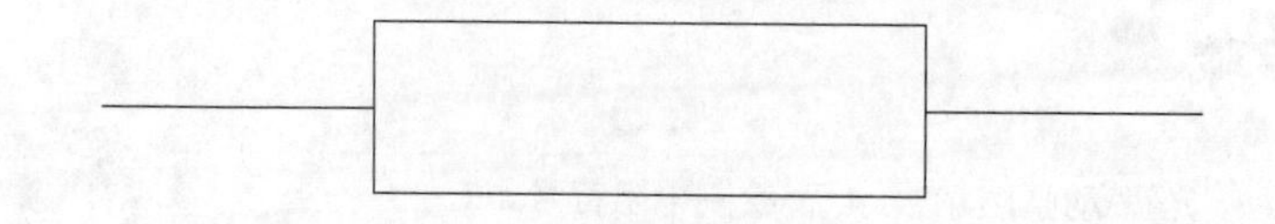

图 4-29　电阻符号

4.3 对象捕捉工具

在利用 AutoCAD 画图时经常要用到一些特殊的点，如圆心、切点、线段或圆弧的端点、中点等，如果用鼠标拾取，要准确地找到这些点是十分困难的。为此，AutoCAD 提供了对象捕捉工具，通过这些工具可轻易找到这些点。

4.3.1 特殊位置点捕捉

在绘制 AutoCAD 图形时，有时需要指定一些特殊位置的点，如圆心、端点、中点、平行线上的点等，可以通过对象捕捉功能来捕捉这些点，如表 4-4 所示。

表 4-4 特殊位置点捕捉

捕 捉 模 式	功 能
临时追踪点	建立临时追踪点
自	建立一个临时参考点，作为指出后继点的基点
两点之间的中点	捕捉两个独立点之间的中点
点过滤器	由坐标选择点
端点	线段或圆弧的端点
中点	线段或圆弧的中点
交点	线、圆弧或圆等的交点
外观交点	图形对象在视图平面上的交点
延长线	指定对象的延伸线
圆心	圆或圆弧的圆心
象限点	距光标最近的圆或圆弧上可见部分的象限点，即圆周上0°、90°、180°、270°位置上的点
切点	最后生成的一个点到选中的圆或圆弧上引切线的切点位置
垂足	在线段、圆、圆弧或它们的延长线上捕捉一个点，使之与最后生成的点的连线与该线段、圆或圆弧正交
平行线	绘制与指定对象平行的图形对象
节点	捕捉用POINT或DIVIDE等命令生成的点
插入点	文本对象和图块的插入点
最近点	离拾取点最近的线段、圆、圆弧等对象上的点
无	关闭对象捕捉模式
对象捕捉设置	设置对象捕捉

AutoCAD 提供了命令行、工具栏和右键快捷菜单 3 种执行特殊点对象捕捉的方法。

1. 命令方式

绘图时，当在命令行中提示输入一点时，输入相应特殊位置点命令，如表 4-3 所示，然后根据提示操作即可。

2. 工具栏方式

使用如图 4-30 所示的“对象捕捉”工具栏可以使用户更方便地实现捕捉点的目的。当命

令行提示输入一点时，单击“对象捕捉”工具栏中相应的按钮，当把鼠标光标放在某一图标上时，会显示出该图标功能的提示，然后根据提示操作即可。

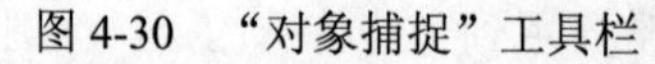

图 4-30 “对象捕捉”工具栏

Note

3. 快捷菜单方式

快捷菜单可通过同时按下 Shift 键和鼠标右键来激活，菜单中列出了 AutoCAD 提供的对象捕捉模式，如图 4-31 所示。操作方法与工具栏相似，只要在 AutoCAD 提示输入点时选择快捷菜单中相应的命令，然后按提示操作即可。

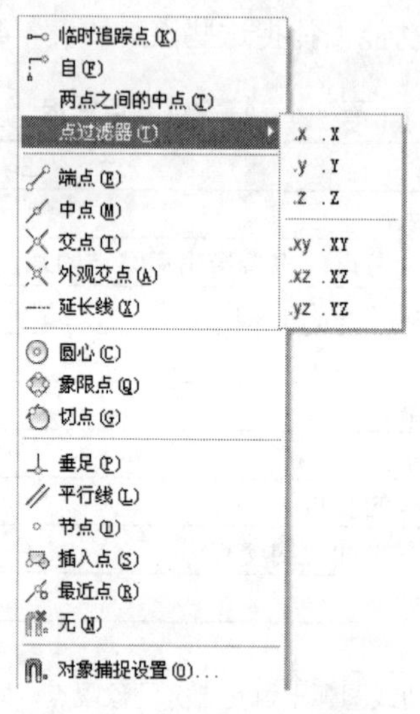

图 4-31 对象捕捉快捷菜单

4.3.2 实例——通过线段的中点到圆的圆心画一条线段

本实例利用“直线”命令在图形中以捕捉中点与圆心来绘制连接线，绘制流程如图 4-32 所示。

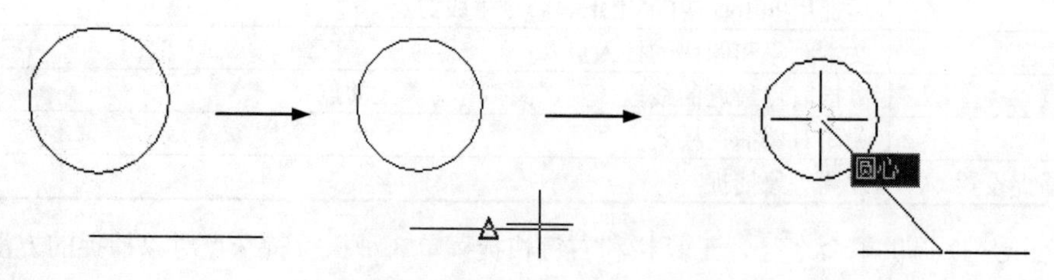

图 4-32 通过线段的中点到圆的圆心画一条线段

操作步骤

参见光盘

光盘\动画演示\第 4 章\通过线段的中点到圆的圆心画一条线段.avi

Note

命令行提示与操作如下。

命令: LINE↙
指定第一点: MID↙
于：（把十字光标放在线段上，如图 4-33 所示，在线段的中点处出现一个三角形的中点捕捉标记，单击拾取该点）
指定下一点或 [放弃(U)]:CEN↙
于：（把十字光标放在圆上，如图 4-34 所示，在圆心处出现一个圆形的圆心捕捉标记，单击拾取该点）
指定下一点或 [放弃(U)]: ↙

结果如图 4-35 所示。

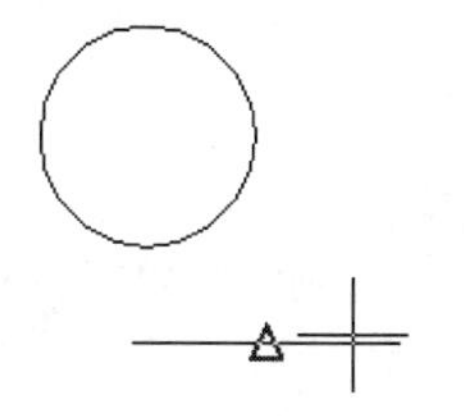

图 4-33　选取直线中线

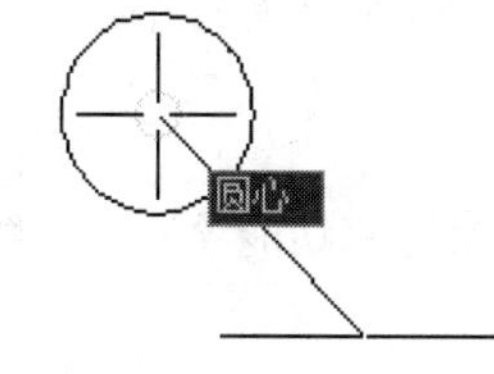

图 4-34　选取圆心

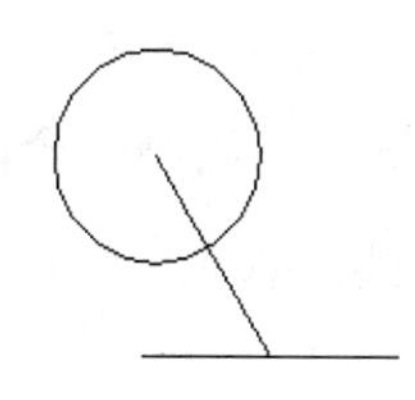

图 4-35　利用对象捕捉工具绘制线

4.3.3　设置对象捕捉

在用 AutoCAD 绘图之前，可以根据需要事先设置运行一些对象捕捉模式，绘图时 AutoCAD 能自动捕捉这些特殊点，从而加快绘图速度，提高绘图质量。

1. 执行方式

☑ 命令行：输入 DDOSNAP 命令
☑ 菜单：选择“工具”→“草图设置”命令
☑ 工具栏：单击“对象捕捉”工具栏中的“对象捕捉设置”按钮
☑ 状态栏：单击“对象捕捉”按钮（功能仅限于打开与关闭）
☑ 快捷键：按 F3 键（功能仅限于打开与关闭）
☑ 快捷菜单：选择“对象捕捉设置”命令（如图 4-31 所示）

2. 操作步骤

命令:DDOSNAP↙

系统打开“草图设置”对话框，在该对话框中选择“对象捕捉”选项卡，如图 4-36 所示，从中可以对对象捕捉方式进行设置。

3. 选项说明

（1）“启用对象捕捉”复选框：打开或关闭对象捕捉方式。当选中此复选框时，在“对象捕捉模式”选项组中选中的捕捉模式处于激活状态。

（2）“启用对象捕捉追踪”复选框：打开或关闭自动追踪功能。

（3）“对象捕捉模式”选项组：列出各种捕捉模式的单选按钮，选中则该模式被激活。单击“全部清除”按钮，则所有模式均被清除。单击“全部选择”按钮，则所有模式均被选中。

另外，在对话框的左下角有一个“选项”按钮，单击该按钮可打开“选项”对话框的“草图”选项卡，利用该对话框可决定捕捉模式的各项设置。

Note

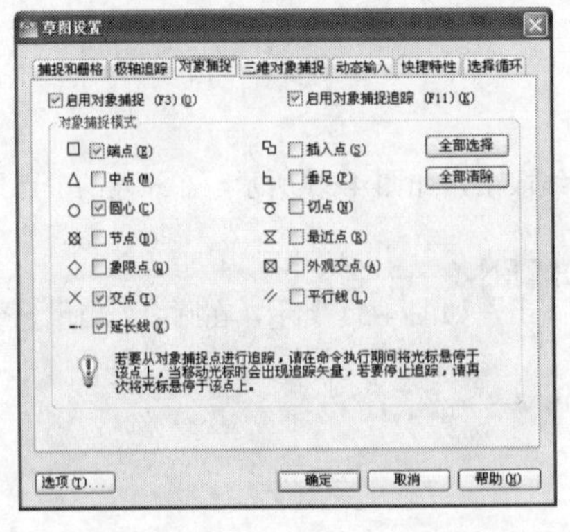

图 4-36　“草图设置”对话框“对象捕捉”选项卡

4.3.4　实例——绘制动合触点符号

本实例利用“圆弧”、“直线”命令结合对象追踪功能绘制动合触点符号，绘制流程如图 4-37 所示。

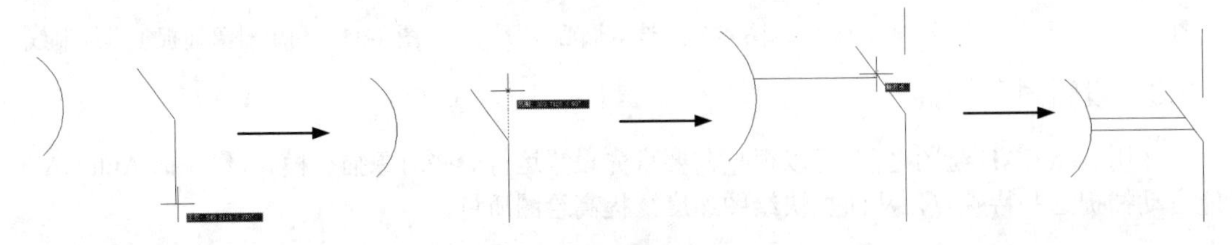

图 4-37　绘制动合触点符号

操作步骤

参见光盘　光盘\动画演示\第 4 章\绘制动合触点符号.avi

（1）按下状态栏中的“对象捕捉”按钮，在该按钮上单击鼠标右键，打开快捷菜单，如图 4-38 所示，选择“设置”命令，打开“草图设置”对话框，单击“全部选择”按钮，将所有特殊位置点设置为可捕捉状态，如图 4-39 所示。

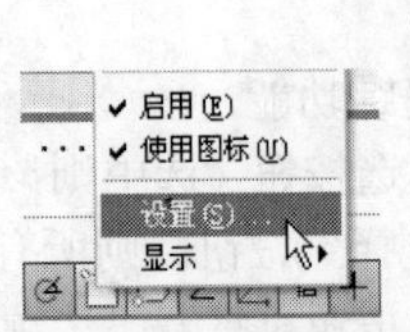

图 4-38　快捷菜单

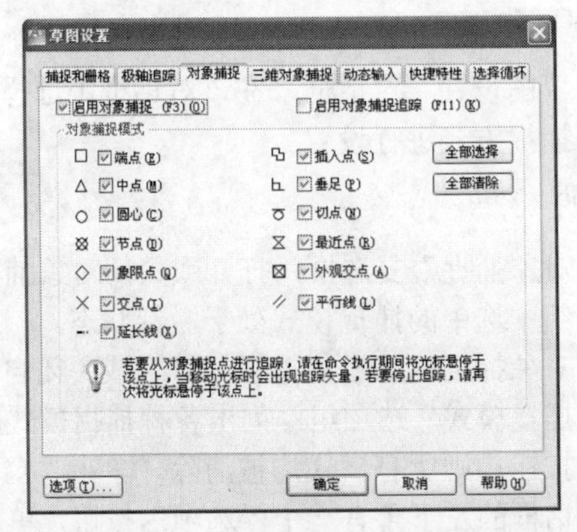

图 4-39　“草图设置”对话框

（2）单击“绘图”工具栏中的“圆弧”按钮，绘制一个适当大小的圆弧。

（3）单击“绘图”工具栏中的“直线”按钮，在绘制的圆弧右边绘制连续线段，在绘制完一段斜线后，按下状态栏的“正交”按钮，这样就能保证接下来绘制的部分线段是正交的，绘制完直线后的图形如图4-40所示。

Note

注意

正交、对象捕捉等命令是透明命令，可以在其他命令执行过程中操作，而不中断原命令操作。

（4）单击“绘图”工具栏中的“直线”按钮，同时单击状态栏中的“对象追踪”按钮，将鼠标光标放在刚绘制的竖线的起始端点附近，然后往上移动鼠标，这时，系统显示一条追踪线，如图4-41所示，表示目前鼠标光标位置处于竖直直线的延长线上。

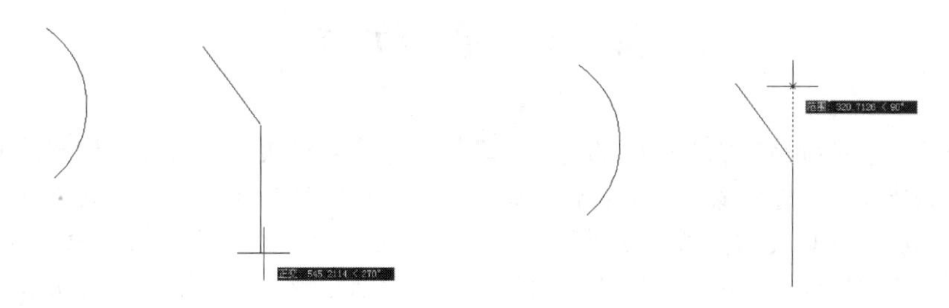

图4-40　绘制连续直线　　　　图4-41　显示追踪线

（5）在合适的位置单击，确定直线的起点，再向上移动鼠标，指定竖直直线的终点。

（6）再次单击“绘图”工具栏中的“直线”按钮，将鼠标光标移动到圆弧附近适当位置，系统会显示离鼠标光标最近的特殊位置点，单击，系统将自动捕捉到该特殊位置点为直线的起点，如图4-42所示。

（7）水平移动鼠标光标到斜线附近，这时，系统也会自动显示斜线上离鼠标光标位置最近的特殊位置点，单击，系统自动捕捉该点为直线的终点，如图4-43所示。

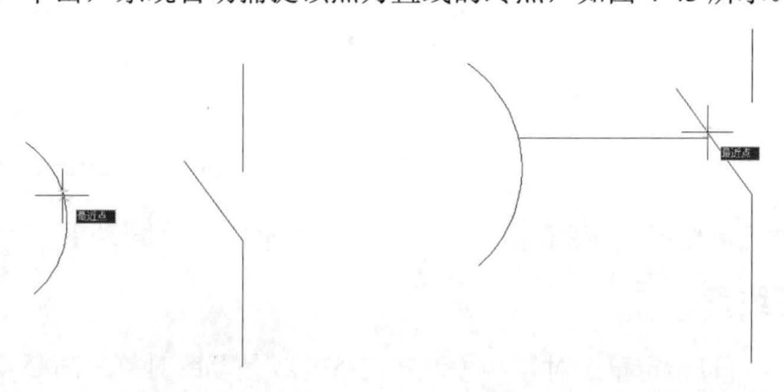

图4-42　捕捉直线起点　　　　图4-43　捕捉直线终点

注意

上面绘制水平直线的过程中，同时单击“正交”按钮和“对象捕捉”按钮，但有时系统不能同时满足既保证直线正交又同时保证直线的端点为特殊位置点。这时，系统优先满足对象捕捉条件，即保证直线的端点是圆弧和斜线上的特殊位置点，而不能保证一定是正交直线，如图4-44所示。

解决这个问题的一个小技巧是先放大图形，再捕捉特殊位置点，这样往往能找到能够满足直线正交的特殊位置点作为直线的端点。

Note

（8）以同样方法绘制第二条水平线，最终结果如图 4-45 所示。

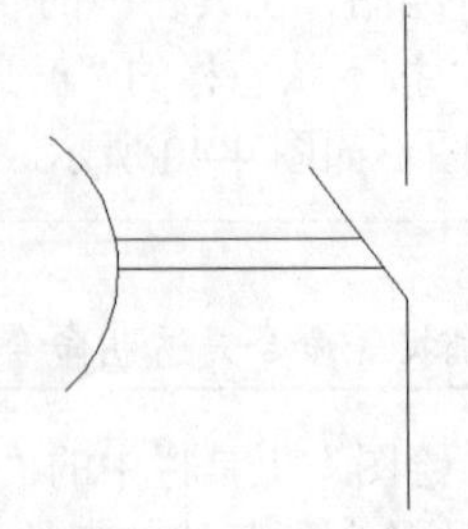

图 4-44　直线不正交　　　　图 4-45　动合触点符号

4.4　对 象 约 束

约束能够用于精确地控制草图中的对象。草图约束有两种类型：尺寸约束和几何约束。

几何约束建立起草图对象的几何特性（如要求某一直线具有固定长度）或是两个或更多草图对象的关系类型（如要求两条直线垂直或平行，或是几个弧具有相同的半径）。在图形区，用户可以使用“参数化”选项卡内的“全部显示”、“全部隐藏”或“显示”选项来显示有关信息，并显示代表这些约束的直观标记（如图 4-46 所示的水平标记 和共线标记 ）。

尺寸约束建立起草图对象的大小（如直线的长度、圆弧的半径等）或是两个对象之间的关系（如两点之间的距离）。如图 4-47 所示为一带有尺寸约束的示例。本节重点讲述几何约束的相关功能。

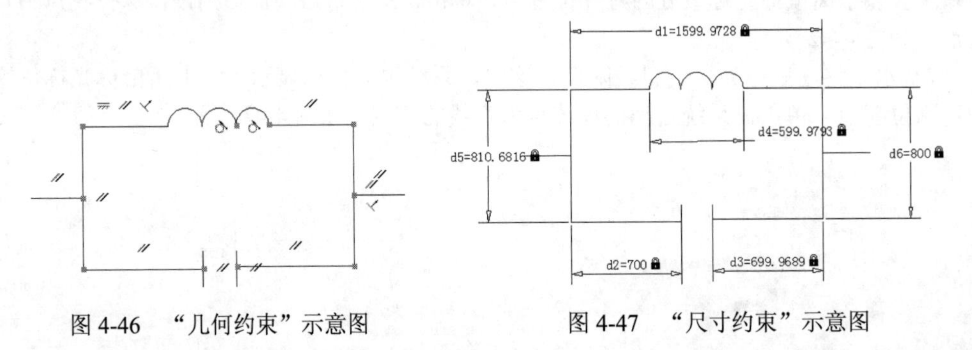

图 4-46　“几何约束”示意图　　　　图 4-47　“尺寸约束”示意图

4.4.1　建立几何约束

使用几何约束，可以指定草图对象必须遵守的条件或是草图对象之间必须维持的关系。几何约束面板及工具栏（面板在“参数化”选项卡内的“几何”面板中）如图 4-48 所示，其主要几何约束选项功能如表 4-5 所示。

图 4-48　“几何约束”面板及工具栏

表 4-5　特殊位置点捕捉

约束模式	功　能
重合	约束两个点使其重合，或者约束一个点使其位于曲线（或曲线的延长线）上。可以使对象上的约束点与某个对象重合，也可以使其与另一对象上的约束点重合
共线	使两条或多条直线段沿同一直线方向
同心	将两个圆弧、圆或椭圆约束到同一个中心点。结果与将重合约束应用于曲线的中心点所产生的结果相同
固定	将几何约束应用于一对对象时，选择对象的顺序以及选择每个对象的点可能会影响对象彼此间的放置方式
平行	使选定的直线位于彼此平行的位置。平行约束在两个对象之间应用
垂直	使选定的直线位于彼此垂直的位置。垂直约束在两个对象之间应用
水平	使直线或点对位于与当前坐标系的 X 轴平行的位置。默认选择类型为对象
竖直	使直线或点对位于与当前坐标系的 Y 轴平行的位置
相切	将两条曲线约束为保持彼此相切或其延长线保持彼此相切。相切约束在两个对象之间应用
平滑	将样条曲线约束为连续，并与其他样条曲线、直线、圆弧或多段线保持G2连续性
对称	使选定对象受对称约束，相对于选定直线对称
相等	将选定圆弧和圆的尺寸重新调整为半径相同，或将选定直线的尺寸重新调整为长度相同

绘图中可指定二维对象或对象上的点之间的几何约束。之后编辑受约束的几何图形时，将保留约束。因此，通过使用几何约束，可以在图形中包括设计要求。

4.4.2　几何约束设置

在用 AutoCAD 绘图时，可以控制约束栏的显示，使用“约束设置”对话框（如图 4-49 所示），可控制约束栏中显示或隐藏的几何约束类型。可单独或全局显示/隐藏几何约束和约束栏。可执行以下操作：

☑　显示（或隐藏）所有的几何约束
☑　显示（或隐藏）指定类型的几何约束
☑　显示（或隐藏）所有与选定对象相关的几何约束

1. 执行方式

☑　命令行：输入 CONSTRAINTSETTINGS 命令
☑　菜单：选择“参数”→“约束设置”命令
☑　功能区：选择“参数化”→“几何”→“几何约束设置”选项
☑　工具栏：单击“参数化”工具栏中的“约束设置”按钮
☑　快捷命令：CSETTINGS

2. 操作步骤

```
命令: CONSTRAINTSETTINGS↙
```

系统打开“约束设置”对话框，在该对话框中选择“几何”选项卡，如图 4-49 所示。利用此对话框可以控制约束栏中约束类型的显示。

Note

3. 选项说明

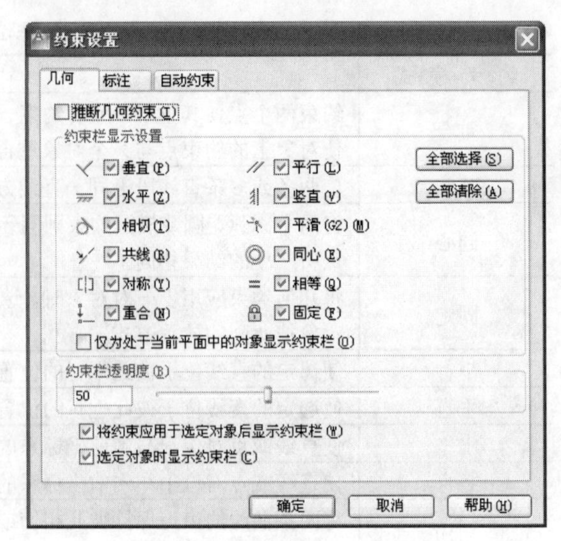

图 4-49 “约束设置”对话框

（1）“约束栏显示设置”选项组：此选项组控制图形编辑器中是否为对象显示约束栏或约束点标记。例如，可以为水平约束和竖直约束隐藏约束栏的显示。

（2）“全部选择”按钮：选择几何约束类型。

（3）“全部清除”按钮：清除选定的几何约束类型。

（4）“仅为处于当前平面中的对象显示约束栏”复选框：选中此复选框，仅为当前平面上受几何约束的对象显示约束栏。

（5）“约束栏透明度”选项组：设置图形中约束栏的透明度。

（6）“将约束应用于选定对象后显示约束栏”复选框：手动应用约束后或使用 AUTOCONSTRAIN 命令时显示相关约束栏。

4.4.3 实例——绘制电感符号

本实例利用“圆弧”、“直线”命令分别绘制一段相切圆弧和两段直线，再利用“相切”约束命令使直线与圆弧相切，绘制流程如图 4-50 所示。

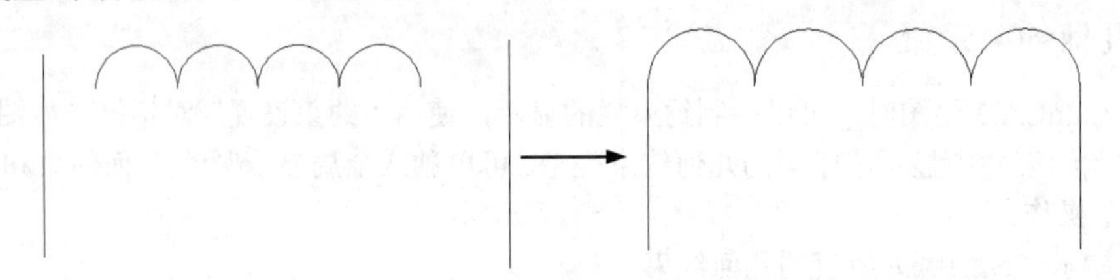

图 4-50 绘制电感符号

操作步骤

参见光盘 光盘\动画演示\第 4 章\绘制电感符号.avi

（1）绘制绕线组。单击“绘图”工具栏中的“圆弧”按钮，绘制半径为 10mm 的半圆弧。单击“修改”工具栏中的“复制”按钮，将圆弧进行复制，如图 4-51 所示。

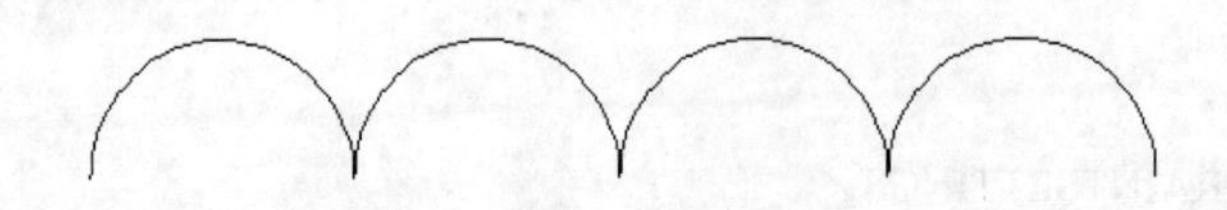

图 4-51 复制圆弧

命令行中的提示与操作如下。

命令: _arc
指定圆弧的起点或 [圆心(C)]:（指定一点作为圆弧起点）
指定圆弧的第二个点或 [圆心(C)/端点(E)]: e↙（采用端点方式绘制圆弧）
指定圆弧的端点: @-20,0↙（指定圆弧的第二个端点，采用相对方式输入点的坐标值）
指定圆弧的圆心或 [角度(A)/方向(D)/半径(R)]: r↙
指定圆弧的半径: 10↙（指定圆弧半径）
命令: _copy　（复制圆弧）
选择对象: 找到 1 个
选择对象: ↙
当前设置:　复制模式 = 多个
指定基点或 [位移(D)/模式(O)] <位移>:
指定第二个点或 <使用第一个点作为位移>:（选择圆弧的一个端点作为基点，另一端点作为复制放置点）
指定第二个点或 [退出(E)/放弃(U)] <退出>:（复制第二段圆弧）
指定第二个点或 [退出(E)/放弃(U)] <退出>:（复制第三段圆弧）
指定第二个点或 [退出(E)/放弃(U)] <退出>:（复制第四段圆弧）

（2）绘制引线。单击状态栏中的“正交模式”按钮，然后单击“绘图”工具栏中的“直线”按钮，绘制竖直向下的电感两端引线，如图 4-52 所示。

（3）相切对象。单击“几何约束”工具栏中的“相切”按钮，选择需要约束的对象，使直线与圆弧相切，命令行中的提示与操作如下。

命令: _GeomConstraint
输入约束类型
[水平(H)/竖直(V)/垂直(P)/平行(PA)/相切(T)/平滑(SM)/重合(C)/同心(CON)/共线(COL)/对称(S)/相等(E)/固定(F)]<相切>:_Tangent
选择第一个对象:（选择最左端圆弧）
选择第二个对象:（选择左侧竖直直线）

采用同样的方式建立右侧直线和圆弧的相切关系。单击“修改”工具栏中的“修剪”按钮，将多余的线条修剪掉。结果如图 4-53 所示。

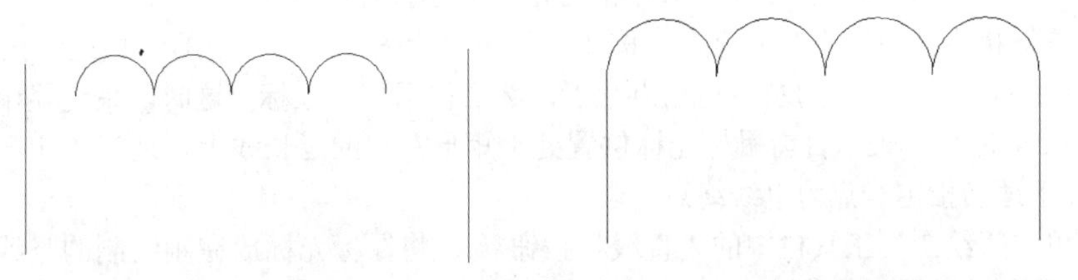

图 4-52　绘制引线　　　　图 4-53　电感符号

4.5　综合演练——绘制简单电路布局图

本例通过图层特性管理器创建两个图层后，利用“矩形”、“直线”等一些基础的绘图命令绘制图形，再利用多行文字命令进行标注。绘制流程如图 4-54 所示。

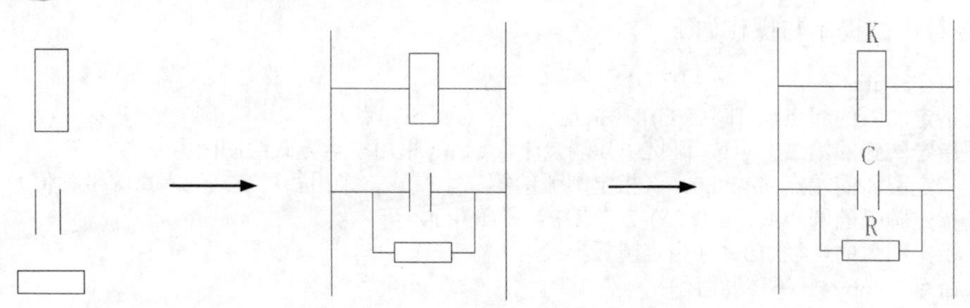

图 4-54　绘制简单电路布局图

光盘\动画演示\第 4 章\绘制简单电路布局图.avi

（1）单击“图层”工具栏中的“图层特性管理器”按钮，设置两个图层：“实线”层和“文字”层，其具体设置如图 4-55 所示。

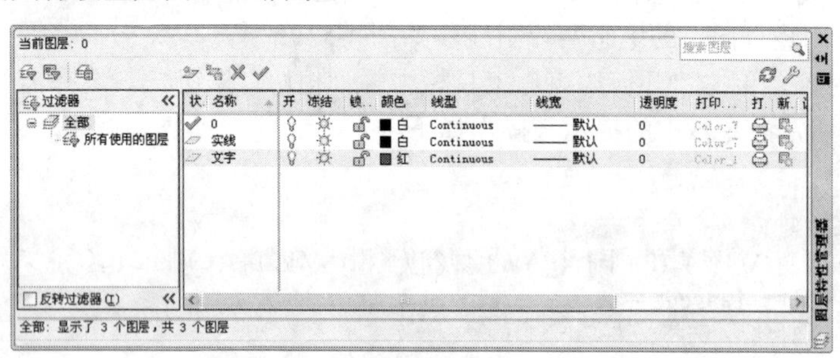

图 4-55　设置图层

（2）将“实线”层设置为当前层，按下状态栏中的“正交”按钮，单击“绘图”工具栏中的“矩形”按钮，绘制一个适当大小的矩形，表示操作器件符号。

（3）按下状态栏中的“对象追踪”按钮。单击“绘图”工具栏中的“直线”按钮，将鼠标光标放在刚绘制的矩形的左下角端点附近，然后往下移动鼠标，这时，系统显示一条追踪线，如图 4-56 所示，表示目前鼠标光标位置处于矩形左边的延长线上，适当指定一点为直线起点，再往下适当指定一点为直线终点。

（4）单击“绘图”工具栏中的“直线”按钮，将鼠标光标放在刚绘制的竖线的上端点附近，然后往右移动鼠标，这时，系统显示一条追踪线，如图 4-57 所示，表示目前鼠标光标位置处于竖线的上端点同一水平线上，适当指定一点为直线起点。

（5）将鼠标光标放在刚绘制的竖线的下端点附近，然后往右移动鼠标，这时，系统也显示一条追踪线，如图 4-58 所示，表示目前鼠标光标位置处于竖线的下端点同一水平线上，在刚绘制直线的起点大约正下方指定一点为直线终点，单击，这样系统就捕捉到直线的终点，使该直线竖直，同时起点和终点与前面绘制的竖线的起点和终点在同一水平线上。这样，就完成了电容符号的绘制。

（6）单击“绘图”工具栏中的“矩形”按钮，在电容符号下适当位置绘制一个矩形，表示电阻符号，如图 4-59 所示。

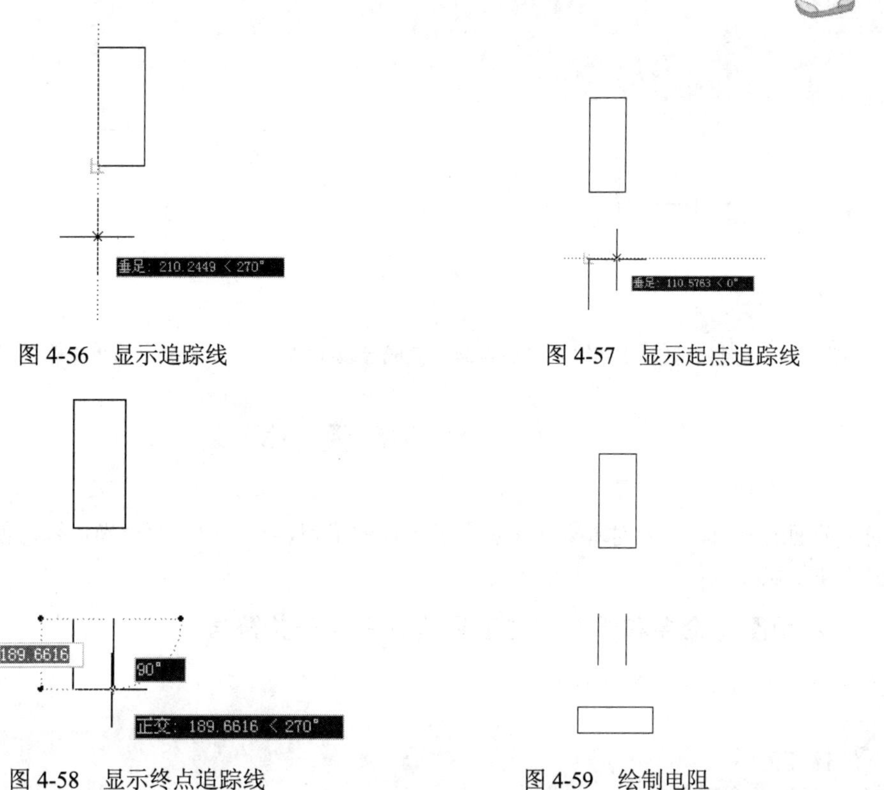

图 4-56　显示追踪线　　图 4-57　显示起点追踪线

图 4-58　显示终点追踪线　　图 4-59　绘制电阻

（7）单击“绘图”工具栏中的“直线”按钮，在绘制的电气符号两侧绘制两条适当长度的竖直直线，表示导线主线，如图 4-60 所示。

（8）按下状态栏中的“对象捕捉”按钮，并将所有特殊位置点设置为可捕捉点。

（9）左边中点为直线起点，如图 4-61 所示。捕捉左边导线主线上一点为直线终点，如图 4-62 所示。

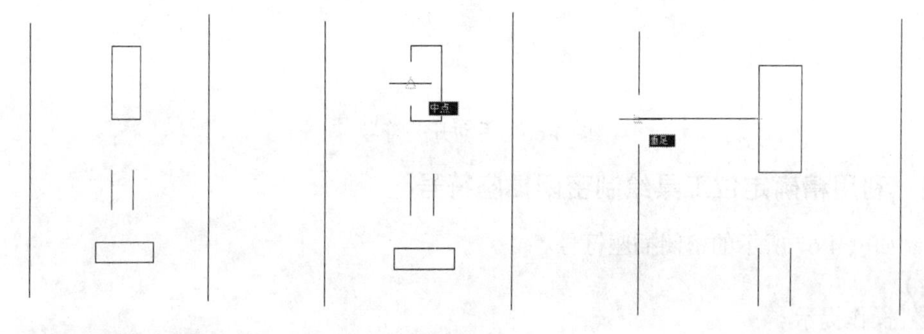

图 4-60　绘制导线主线　　图 4-61　捕捉直线起点　　图 4-62　捕捉直线终点

（10）以同样的方法，利用“直线”命令绘制操作器件和电容的连接导线以及电阻的连接导线，注意捕捉电阻导线的起点为电阻符号矩形左边的中点，终点为电容连线上的垂足，如图 4-63 所示。完成的导线绘制如图 4-64 所示。

（11）将当前图层设置为“文字”层，绘制文字，最终结果如图 4-65 所示。

Note

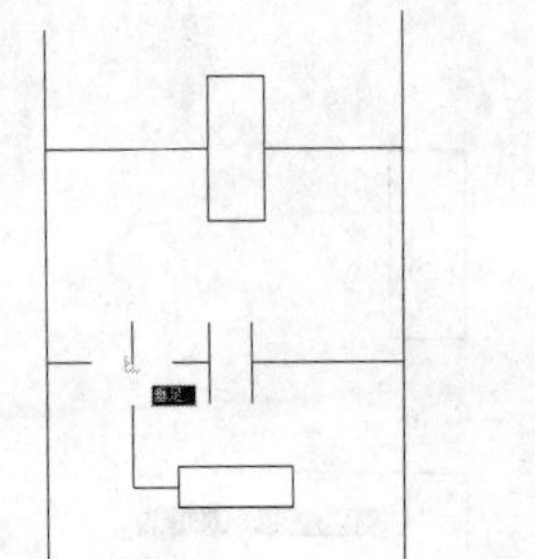

图 4-63　绘制电阻导线连线

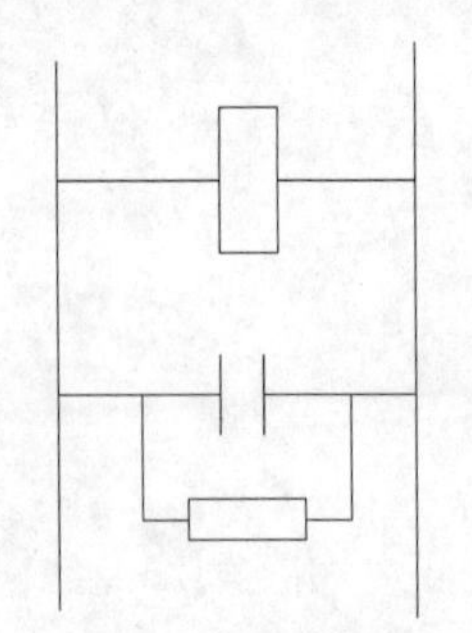

图 4-64　完成导线绘制

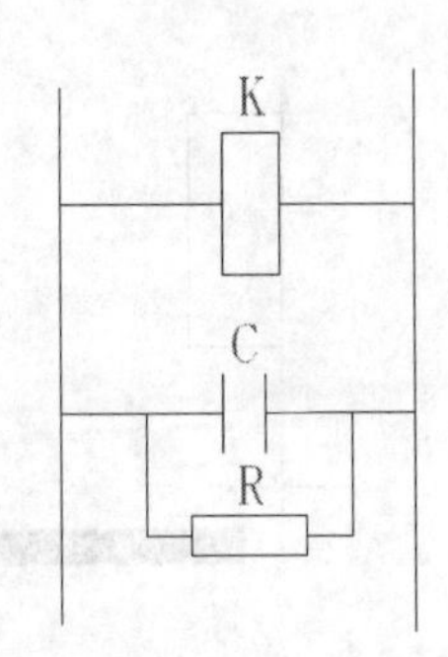

图 4-65　简单电路布局

4.6 上机操作

通过前面的学习，读者对本章知识也有了大体的了解，本节通过两个操作练习使读者进一步掌握本章知识要点。

实践 1　利用图层命令和精确定位工具绘制手动开关符号

绘制如图 4-66 所示的手动开关符号。

操作提示

（1）设置两个新图层。

（2）利用精确定位工具配合绘制各图线。

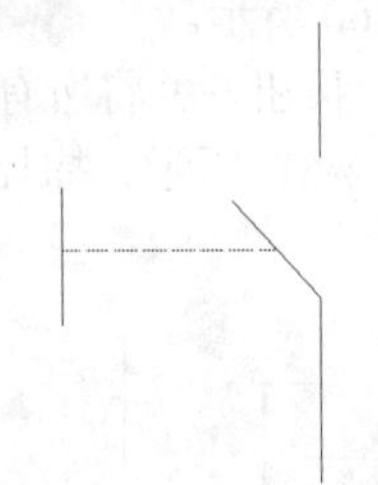

图 4-66　手动开关符号

实践 2　利用精确定位工具绘制密闭插座符号

绘制如图 4-67 所示的密闭插座符号。

操作提示

利用精确定位工具绘制各图线。

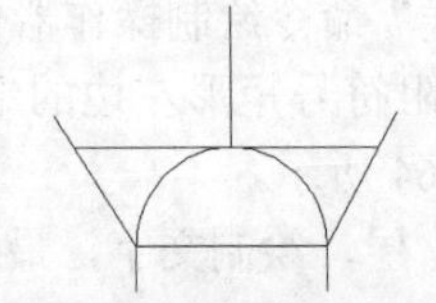

图 4-67　密闭插座符号

文本、表格与尺寸标注

文字注释是图形中很重要的一部分内容。在进行各种设计时，通常不仅要绘制出图形，还要在其中标注一些文字，如技术要求、注释说明等，对图形对象加以解释。AutoCAD 提供了多种输入文字的方法，本章将介绍文本标注和编辑功能。另外，表格在 AutoCAD 图形中也有大量的应用，如明细表、参数表和标题栏等，AutoCAD 的表格功能使得绘制表格变得十分方便、快捷。尺寸标注是绘图过程中相当重要的一个环节。由于图形的主要作用是表达物体的形状，而物体各部分的真实大小和各部分之间的确切位置只能通过尺寸标注来表达，因此没有正确的尺寸标注，绘制出的图纸对于加工、制造也就没有什么意义。AutoCAD 2012 提供了方便、准确的尺寸标注功能。

- ☑ 文本标注
- ☑ 表格
- ☑ 尺寸样式
- ☑ 标注尺寸
- ☑ 引线标注

任务驱动&项目案例

3N50Hz, 380V

3*120+1*50

5.1 文字样式

Note

AutoCAD 2012 提供了“文字样式”对话框，通过该对话框可方便、直观地设置需要的文字样式，或是对已有样式进行修改。

1. 执行方式

☑ 命令行：输入 STYLE 或 DDSTYLE 命令

☑ 菜单：选择“格式”→“文字样式”命令

☑ 工具栏：单击“文字”工具栏中的“文字样式”按钮

2. 操作步骤

执行上述任一操作，打开“文字样式”对话框，如图 5-1 所示。

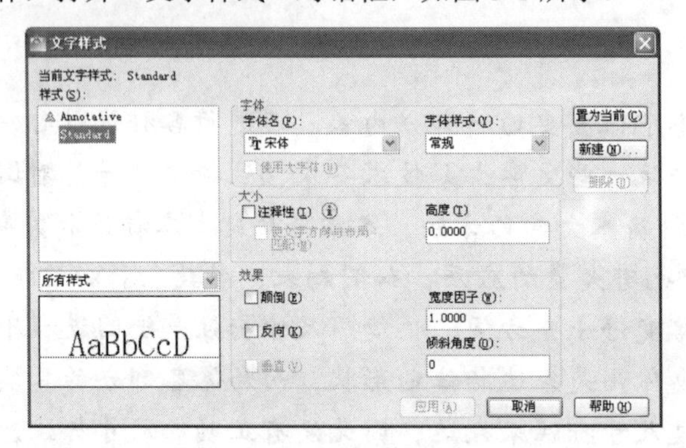

图 5-1 “文字样式”对话框

3. 选项说明

（1）“样式”选项组

该选项组主要用于展示创建的新样式名或对已有样式名进行相关操作。单击“新建”按钮，打开如图 5-2 所示的“新建文字样式”对话框，在其中可以为新建的样式命名。从“样式”列表框中选中要改名的文字样式，单击鼠标右键，在弹出的快捷菜单中选择“重命名”命令（如图 5-3 所示），可以为所选文字样式指定新的名称。

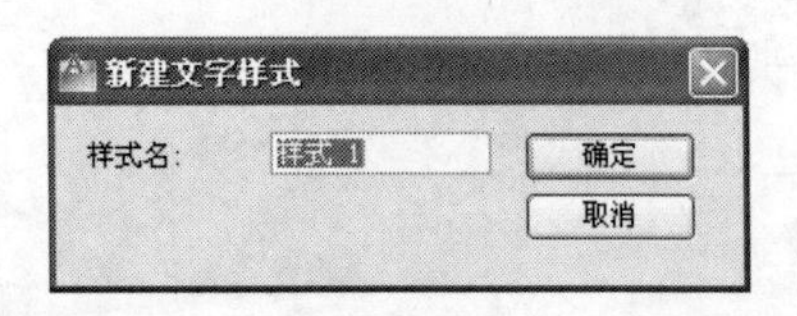

图 5-2 “新建文字样式”对话框

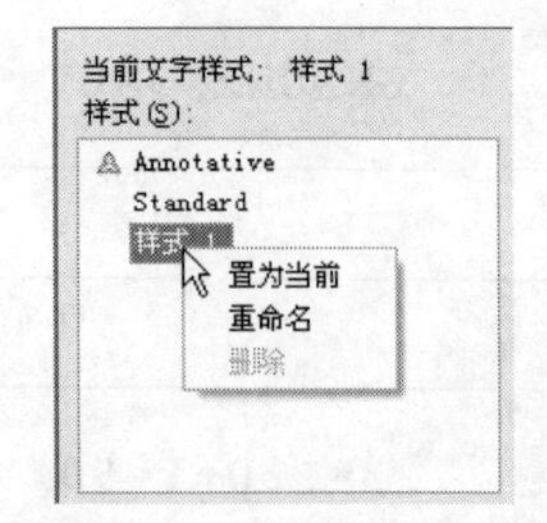

图 5-3 在快捷菜单中选择“重命名”命令

（2）“字体”选项组

在 AutoCAD 中，除了其固有的 SHX 字体外，还可以使用 TrueType 字体（如宋体、楷体、italic 等）。一种字体可以设置不同的效果，从而被多种文字样式使用，如图 5-4 所示就是同一

Note

种字体（宋体）的不同样式。

“字体”选项组用来确定文字样式使用的字体文件、字体风格及字高等。如果在“高度”文本框中输入一个数值，则它将作为创建文字时的固定字高，在用 TEXT 命令输入文字时，AutoCAD 不再提示输入字高参数；如果在此文本框中设置字高为 0，AutoCAD 则会在每一次创建文字时提示输入字高。所以，如果不想固定字高就可以将其设置为 0。

电气设计
电气设计
电气设计
电气设计
电　气　设　计
电气设计
电气设计

图 5-4　同一字体的不同样式

（3）“大小”选项组

① “注释性”复选框：指定文字为注释性文字。

② “使文字方向与布局匹配”复选框：指定图纸空间视口中的文字方向与布局方向匹配。如果取消选中“注释性”复选框，则该选项不可用。

③ “高度”文本框：设置文字高度。如果输入 0.0，则每次用该样式输入文字时，文字默认值为 0.2 高度。

（4）“效果”选项组

该选项组用于设置字体的特殊效果。

① “颠倒”复选框：选中此复选框，表示将文字倒置标注，如图 5-5（a）所示。

② “反向”复选框：确定是否将文字反向标注，如图 5-5（b）所示。

③ “垂直”复选框：确定文本是水平标注还是垂直标注。选中此复选框时为垂直标注，否则为水平标注，如图 5-6 所示。

ABCDEFGHIJKLMN　　ABCDEFGHIJKLMN

（a）　　（b）

图 5-5　文字倒置标注与反向标注

abcd
a
b
c
d

图 5-6　垂直标注文字

④ “宽度因子”文本框：设置宽度系数，确定文本字符的宽高比。当比例系数为 1 时，表示将按字体文件中定义的宽高比标注文字。当此系数小于 1 时字会变窄，反之变宽。

⑤ “倾斜角度”文本框：用于确定文字的倾斜角度。角度为 0 时不倾斜，为正时向右倾斜，为负时向左倾斜。

5.2　文本标注

在制图过程中文字传递了很多设计信息，它可能是一个很长、很复杂的说明，也可能是一个简短的文字信息。当需要标注的文本不太长时，可以利用 TEXT 命令创建单行文本；当需要标注很长、很复杂的文字信息时，可以用 MTEXT 命令创建多行文本。

Note

5.2.1 单行文本标注

1. 执行方式

☑ 命令行：输入 TEXT 或 DTEXT 命令

☑ 菜单：选择“绘图”→“文字”→“单行文字”命令

☑ 工具栏：单击“文字”工具栏中的“单行文字”按钮AI

2. 操作步骤

命令行中的提示与操作如下。

```
命令: TEXT↙
当前文字样式: Standard 当前文字高度: 0.2000 注释性: 否
指定文字的起点或 [对正(J)/样式(S)]:
```

注意

只有当前文本样式中设置的字符高度为 0 时，在 AutoCAD 中执行 TEXT 命令才会出现要求用户确定字符高度的提示。

AutoCAD 允许将文本行倾斜排列，如图 5-7 所示为倾斜角度分别是 0º、45º 和−45º 时的排列效果。在“指定文字的旋转角度<0>:”提示下输入文本行的倾斜角度或在屏幕上拉出一条直线来指定倾斜角度。

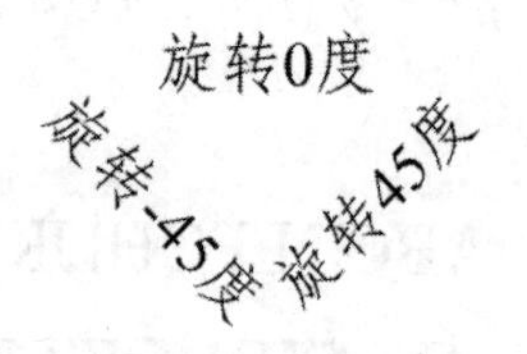

图 5-7 文本行倾斜排列的效果

3. 选项说明

（1）指定文字的起点

在此提示下直接在作图屏幕上单击一点作为文本的起始点，AutoCAD 提示：

```
指定高度 <0.2000>:（确定字符的高度）
指定文字的旋转角度 <0>:（确定文本行的倾斜角度）
```

在此提示下输入一行文本后按 Enter 键，可继续输入文本，待全部输入完成后在此提示下直接按 Enter 键，则退出 TEXT 命令。可见，由 TEXT 命令也可创建多行文本，只是这种多行文本每一行是一个对象，因此不能对多行文本同时进行操作，但可以单独修改每一单行的文字样式、字高、旋转角度和对齐方式等。

（2）对正(J)

在上面的提示下输入 J，用来确定文本的对齐方式，对齐方式决定文本的哪一部分与所选的插入点对齐。执行此选项，AutoCAD 提示：

```
输入选项 [对齐(A)/调整(F)/中心(C)/中间(M)/右(R)/左上(TL)/中上(TC)/右上(TR)/左中(ML)/正中(MC)/右中(MR)/左下(BL)/中下(BC)/右下(BR)]:
```

在此提示下选择一个选项作为文本的对齐方式。当文本串水平排列时，AutoCAD 为标注文本串定义了如图 5-8 所示的顶线、中线、基线和底线，各种对齐方式如图 5-9 所示，图中大写字母对应上述提示中的各命令。

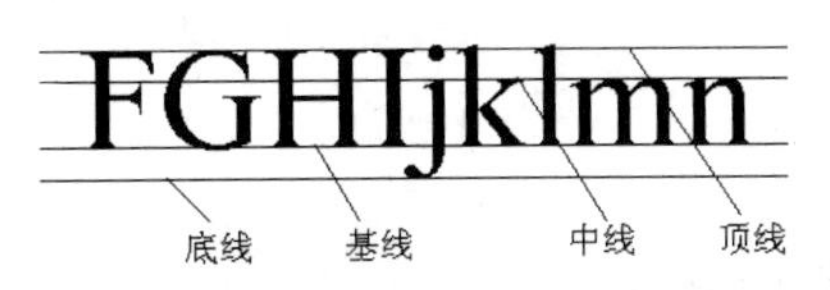

图 5-8　文本行的底线、基线、中线和顶线

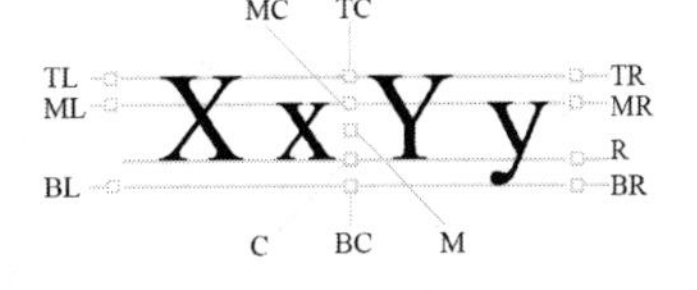

图 5-9　文本的对齐方式

下面以“对齐”为例进行简要说明。

选择此选项，要求用户指定文本行基线的起始点与终止点的位置，AutoCAD 提示：

```
指定文字基线的第一个端点:（指定文本行基线的起点位置）
指定文字基线的第二个端点:（指定文本行基线的终点位置）
```

执行结果：所输入的文本字符均匀地分布于指定的两点之间，如果两点间的连线不水平，则文本行倾斜放置，倾斜角度由两点间的连线与 X 轴夹角确定；字高、字宽根据两点间的距离、字符的多少以及文字样式中设置的宽度系数自动确定。指定了两点之后，每行输入的字符越多，字宽和字高越小。

其他选项与“对齐”类似，在此不再赘述。

实际绘图时，有时需要标注一些特殊字符，如直径符号、上划线或下划线、温度符号等。由于这些符号不能直接从键盘上输入，AutoCAD 提供了一些控制码，用来实现这些要求。控制码用两个百分号（%%）加一个字符构成，常用的控制码如表 5-1 所示。

表 5-1　AutoCAD 常用控制码

符　号	功　能	符　号	功　能
%%O	上划线	\u+0278	电相角
%%U	下划线	\u+E101	流线
%%D	“度”符号	\u+2261	恒等于
%%P	正负符号	\u+E102	界碑线
%%C	直径符号	\u+2260	不相等
%%%	百分号%	\u+2126	欧姆
\u+2248	几乎相等	\u+03A9	欧米加
\u+2220	角度	\u+214A	地界线
\u+E100	边界线	\u+2082	下标2
\u+2104	中心线	\u+00B2	平方
\u+0394	差值		

其中，%%O 和%%U 分别是上划线和下划线的开关，第一次出现此符号时开始画上划线和下划线，第二次出现此符号时上划线和下划线终止。例如，在“输入文字:”提示后输入“I want to %%U go to Beijing%%U”，则得到如图 5-10（a）所示的文本行；输入“50%%D+%%C75%%P12”，则得到如图 5-10（b）所示的文本行。

用 TEXT 命令可以创建一个或若干个单行文本，也就是说用此命令可以标注多行文本。在

“输入文字:”提示下输入一行文本后按Enter键，可继续输入第二行文本，依次类推，直到文本全部输入完，再在此提示下直接按Enter键，结束文本输入命令。每一次按Enter键就结束一个单行文本的输入，每一个单行文本都是一个对象，可以单独修改其文本样式、字高、旋转角度和对齐方式等。

I want to go to Beijing

（a）

50°+Ø75±12

（b）

图5-10　文本行

用TEXT命令创建文本时，在命令行中输入的文字将同时显示在屏幕上，而且在创建过程中可以随时改变文本的位置，只要将光标移到新的位置并单击，则当前行结束，随后输入的文本将出现在新的位置上。用这种方法可以把多行文本标注到屏幕的任何地方。

5.2.2　多行文本标注

1. 执行方式

☑　命令行：输入MTEXT命令

☑　菜单：选择“绘图”→“文字”→“多行文字”命令

☑　工具栏：单击“绘图”工具栏中的“多行文字”按钮A或“文字”工具栏中的“多行文字”按钮A

2. 操作步骤

```
命令: MTEXT↙
当前文字样式:“Standard”　当前文字高度: 1.9122 注释性: 否
指定第一角点:(指定矩形框的第一个角点)
指定对角点或 [高度(H)/对正(J)/行距(L)/旋转(R)/样式(S)/宽度(W) /栏(C)]:
```

3. 选项说明

（1）指定对角点

直接在屏幕上选取一点作为矩形框的第二个角点，AutoCAD以这两个点为对角点形成一个矩形区域，其宽度作为将来要标注的多行文本的宽度，而且第一个点作为第一行文本顶线的起点。响应后AutoCAD打开如图5-11所示的多行文字编辑器，可利用此编辑器输入多行文本并对其格式进行设置。

（2）对正(J)

确定所标注文本的对齐方式。选择此选项，AutoCAD提示：

```
输入对正方式 [左上(TL)/中上(TC)/右上(TR)/左中(ML)/正中(MC)/右中(MR)/左下(BL)/中下(BC)/右下(BR)] <左上(TL)>:
```

这些对齐方式与TEXT命令中的各对齐方式相同，不再重复。选取一种对齐方式后按Enter键，AutoCAD回到上一级提示。

（3）行距(L)

确定多行文本的行间距。这里所说的行间距是指相邻两文本行的基线之间的垂直距离。选

择此选项，AutoCAD 提示：

输入行距类型 [至少(A)/精确(E)] <至少(A)>:

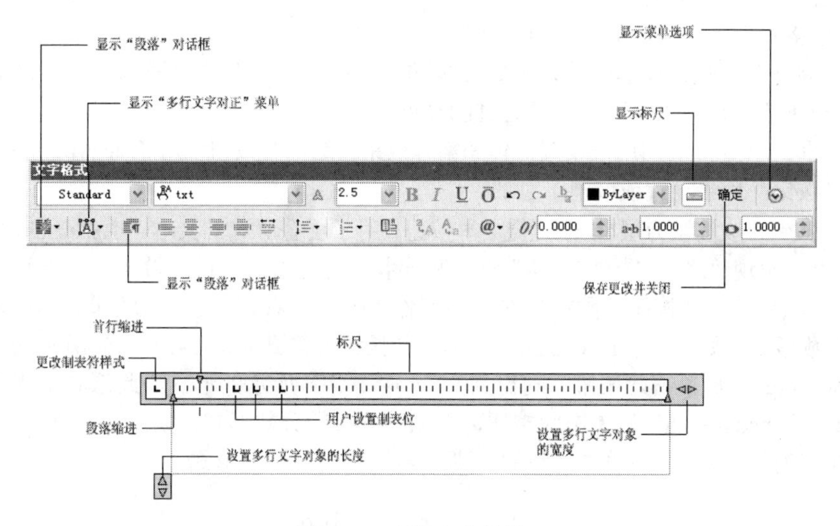

图 5-11　多行文字编辑器

在此提示下有两种方式确定行间距：“至少”方式和“精确”方式。“至少”方式下，AutoCAD 根据每行文本中最大的字符自动调整行间距；“精确”方式下，AutoCAD 给多行文本赋予一个固定的行间距。可以直接输入一个确切的间距值，也可以以“nx”的形式输入。其中 n 是一个具体数，表示行间距设置为单行文本高度的 n 倍，而单行文本高度是本行文本字符高度的 1.66 倍。

（4）旋转(R)

确定文本行的倾斜角度。执行此选项，AutoCAD 提示：

指定旋转角度 <0>:（输入倾斜角度）

输入角度值后按 Enter 键，AutoCAD 返回到“指定对角点或 [高度(H)/对正(J)/行距(L)/旋转(R)/样式(S)/宽度(W)]:”提示。

（5）样式(S)

确定当前的文字样式。

（6）宽度(W)

指定多行文本的宽度。可在屏幕上选取一点，将其与前面确定的第一个角点组成的矩形框的宽度作为多行文本的宽度；也可以输入一个数值，精确设置多行文本的宽度。

在创建多行文本时，只要给定了文本行的起始点和宽度，AutoCAD 就会打开如图 5-11 所示的多行文字编辑器。该编辑器包含一个“文字格式”工具栏和一个右键快捷菜单。用户可以在其中输入和编辑多行文本，包括设置字高、文字样式以及倾斜角度等。

该编辑器与 Microsoft 的 Word 编辑器界面类似，事实上两者在某些功能上也趋于一致。这样既增强了多行文字编辑功能，又使用户更熟悉和方便，效果很好。

（1）“文字格式”工具栏

“文字格式”工具栏用来控制文本的显示特性。可以在输入文本之前设置文本的特性，也可以改变已输入文本的特性。要改变已有文本的显示特性，首先应选中要修改的文本。选择文本有以下 3 种方法：

① 将光标定位到文本开始处，按住鼠标左键拖动到文本末尾。

② 单击某一个字，则该字被选中。

③ 三击鼠标则选中全部内容。

“文字格式”工具栏中部分选项的功能介绍如下。

Note

① “高度”下拉列表框：用来确定文本的字符高度。可在文本编辑框中直接输入新的字符高度，也可从下拉列表中选择已设定过的高度。

② **B**和 *I* 按钮：分别用来设置黑体和斜体效果。这两个按钮只对 TrueType 字体有效。

③ U按钮：用于设置或取消下划线。

④ $\frac{b}{a}$ 按钮：该按钮为层叠/非层叠文本按钮，用于层叠所选的文本，也就是创建分数形式。当文本中某处出现“/”或“^”或“#”这 3 种层叠符号之一时，可层叠文本。方法是选中需层叠的文字，然后单击此按钮，则符号左边文字作为分子，右边文字作为分母。AutoCAD 提供了 3 种分数形式，如选中“abcd/efgh”后单击此按钮，得到如图 5-12（a）所示的分数形式；选中“abcd^efgh”后单击此按钮，则得到如图 5-12（b）所示的形式，此形式多用于标注极限偏差；选中“abcd # efgh”后单击此按钮，则创建斜排的分数形式，如图 5-12（c）所示。如果选中已经层叠的文本对象后单击此按钮，则文本恢复到非层叠形式。

$\frac{\text{abcd}}{\text{efgh}}$　　$\begin{matrix}\text{abcd}\\ \text{efgh}\end{matrix}$　　abcd/efgh

（a）　　（b）　　（c）

图 5-12　文本层叠

⑤ “倾斜角度”微调框0/：设置文字的倾斜角度。

⑥ “符号”按钮@：用于输入各种符号。单击该按钮右侧的下拉按钮，在打开的符号列表（如图 5-13 所示）中可以选择所需符号输入到文本中。

⑦ “插入字段”按钮：插入一些常用或预设字段。单击该按钮，打开“字段”对话框（如图 5-14 所示），用户可以从中选择字段插入到标注文本中。

度数(D)	%%d
正/负(P)	%%p
直径(I)	%%c
几乎相等	\U+2248
角度	\U+2220
边界线	\U+E100
中心线	\U+2104
差值	\U+0394
电相角	\U+0278
流线	\U+E101
恒等于	\U+2261
初始长度	\U+E200
界碑线	\U+E102
不相等	\U+2260
欧姆	\U+2126
欧米加	\U+03A9
地界线	\U+214A
下标 2	\U+2082
平方	\U+00B2
立方	\U+00B3
不间断空格(S)	Ctrl+Shift+Space
其他(O)...	

图 5-13 符号列表

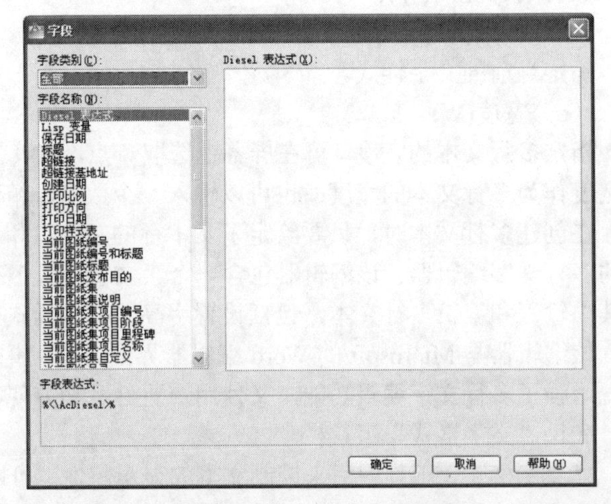

图 5-14　“字段”对话框

⑧ “追踪”微调框：增大或减小选定字符之间的距离。1.0 设置是常规间距，设置为大于 1.0 可增大间距，设置为小于 1.0 可减小间距。

⑨ “宽度比例”微调框：扩展或收缩选定字符。1.0 设置代表此字体中字母的常规宽度。可以增大该宽度或减小该宽度。

Note

⑩ “栏”按钮：单击该按钮右侧的下拉按钮，在弹出的下拉列表中提供 3 个选项，即“不分栏”、“静态栏”和“动态栏”。

⑪ “多行文字对齐”按钮：单击该按钮右侧的下拉按钮，在弹出的“多行文字对正”下拉列表中提供了 9 种对齐方式供用户选用。其中，“左上”为默认设置。

（2）右键快捷菜单

在多行文字绘制区域单击鼠标右键，系统打开右键快捷菜单，如图 5-15 所示，部分命令的功能介绍如下。

① 插入字段：选择该命令，打开“字段”对话框，如图 5-14 所示。字段是包含说明的文字，这些说明用于显示可能会在图形生命周期中更改的数据。字段文字所使用的文字样式与其插入到的文字对象所使用的样式相同。默认情况下，字段用不会打印的浅灰色背景显示（FIELDDISPLAY 系统变量）。

② 符号：在光标位置插入列出的符号或不间断空格。此外也可以手动插入符号。

③ 输入文字：选择该命令，打开“选择文件”对话框，如图 5-16 所示。在该对话框中，用户选择任意 ASCII 或 RTF 格式的文件。输入的文字将保留原始字符格式和样式特性，但可以在多行文字编辑器中编辑和格式化输入的文字。选择要输入的文本文件后，可以在文字编辑框中替换选定的文字或全部文字，或在文字边界内将插入的文字附加到选定的文字中。输入文字的文件必须小于 256KB。

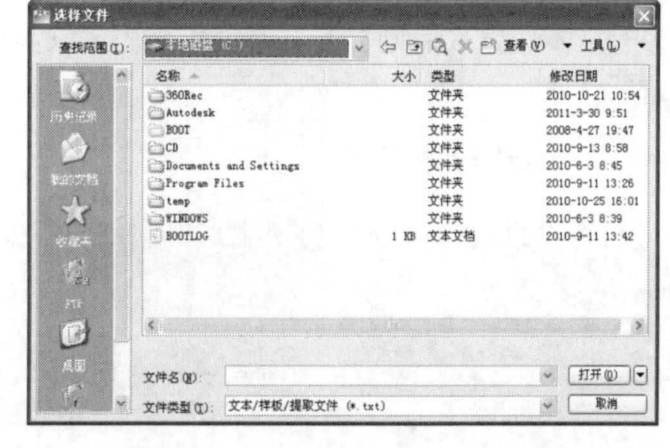

图 5-15　右键快捷菜单　　　　图 5-16　“选择文件”对话框

④ 查找和替换：选择该命令，打开“查找和替换”对话框，如图 5-17 所示。在该对话框中可以进行替换操作，其操作方式与 Word 编辑器中替换操作类似，在此不再赘述。

⑤ 改变大小写：改变选定文字的大小写。可以选择“大写”或“小写”。

⑥ 自动大写：将所有新输入的文字转换成大写，但不影响已有的文字。要改变已有文字的大小写，可选择文字后右击，在弹出的快捷菜单中选择“改变大小写”命令。

⑦ 字符集：显示代码页菜单，从中选择一个代码页并将其应用到选定的文字。

⑧ 合并段落：将选定的段落合并为一段并用空格替换每段的回车符。

⑨ 删除格式：清除选定文字的粗体、斜体或下划线格式。

⑩ 背景遮罩：用设定的背景对标注的文字进行遮罩。选择该命令，系统打开“背景遮罩”对话框，如图 5-18 所示。

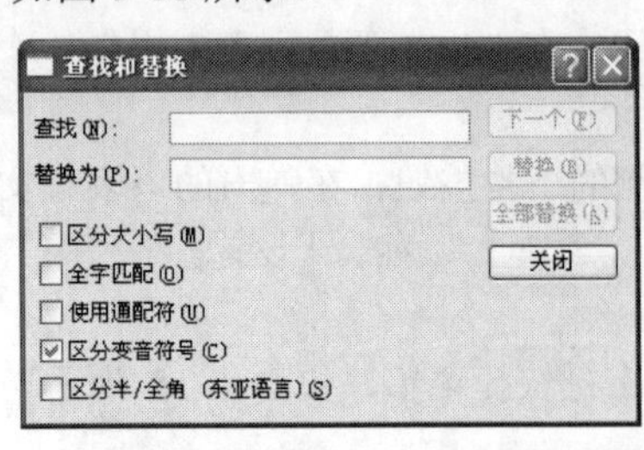

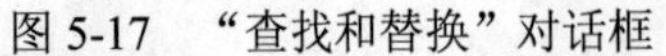
图 5-17 “查找和替换”对话框

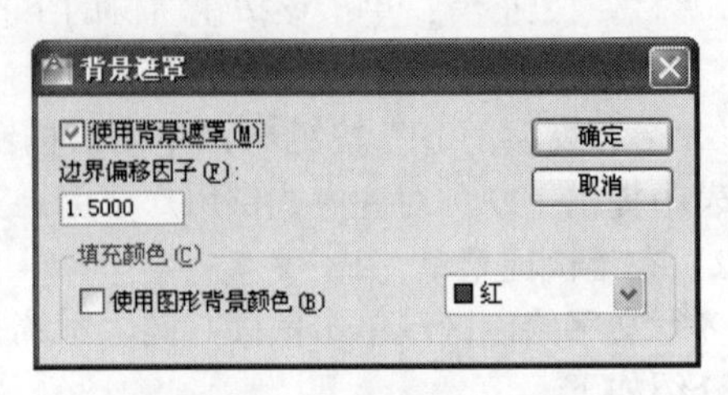

图 5-18 “背景遮罩”对话框

5.2.3 文本编辑

1. 执行方式

☑ 命令行：输入 DDEDIT 命令

☑ 菜单：选择“修改”→“对象”→“文字”→“编辑”按钮

☑ 工具栏：单击“文字”工具栏中的“编辑”按钮

☑ 快捷菜单：选择“编辑多行文字”或“编辑文字”命令

2. 操作步骤

命令: DDEDIT↙
选择注释对象或 [放弃(U)]:

选择想要修改的文本，同时光标变为拾取框。用拾取框单击对象，如果选取的文本是用 TEXT 命令创建的单行文本，则亮显该文本，此时可对其进行修改；如果选取的文本是用 MTEXT 命令创建的多行文本，选取后则打开多行文字编辑器（见图 5-11），可根据前面的介绍对各项设置或内容进行修改。

5.2.4 实例——绘制导线符号

本实例将利用“直线”命令绘制导线，再利用多行文字命令进行文本标注，绘制流程如图 5-19 所示。

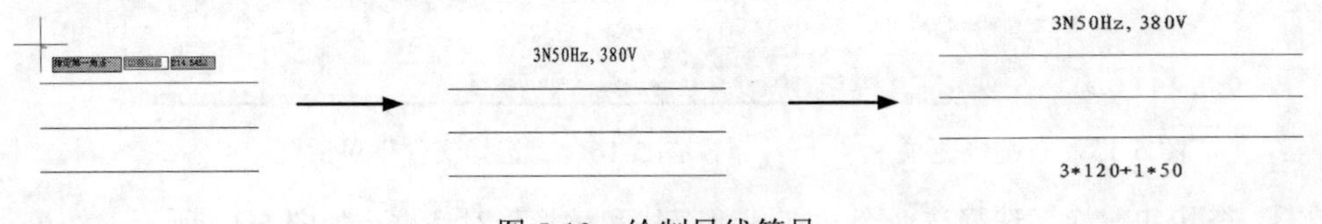

图 5-19 绘制导线符号

操作步骤

参见光盘

光盘\动画演示\第 5 章\绘制导线符号.avi

（1）绘制 3 条平行直线。单击“绘图”工具栏中的“直线”按钮，按命令行中的提示进行操作。

```
命令: _line 指定第一点: 100,100　（输入第一点坐标）
指定下一点或 [放弃(U)]: @200,0
```

以同样方法，在其上面位置再绘制两条直线，坐标分别为（100,140）、（@200,0）和（100,180）、（@200,0）。

（2）单击“绘图”工具栏中的“多行文字”按钮，为导线添加文字说明。首先在模式设置栏开启“对象捕捉”和“对象跟踪”，然后移动鼠标光标至导线左端点的正上方处，系统提示如图 5-20 所示，单击确定第一个对角点。

（3）向右下方移动鼠标光标至导线右端点的正上方，系统提示如图 5-21 所示，单击确定第二个对角点，在 3 条平行导线的上方拖拽出矩形框。

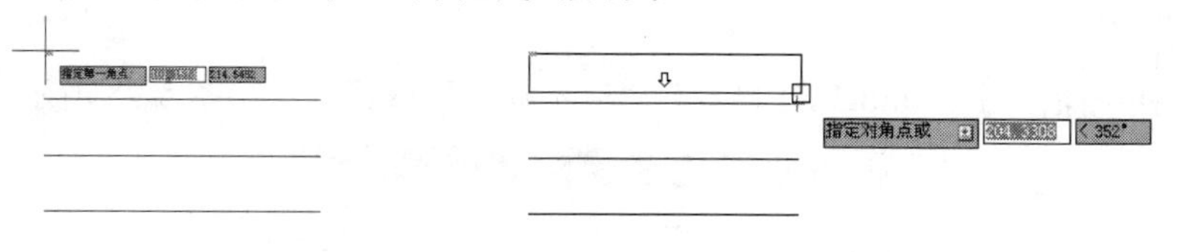

图 5-20　确定第一个对角点　　　　图 5-21　确定第二个对角点

（4）确定文字编辑区域后，系统弹出如图 5-22 所示的多行文字编辑器。在其中将文本字体设置为“T 仿宋_GB2312”，大小为 10 号字，居中对齐，其他默认。然后，在下方光标闪烁处输入要求的文字“3N50Hz,380V”。

图 5-22　多行文字编辑器

（5）输入文字后，单击“文字格式”工具栏中的“确定”按钮，第一行文字编辑完成，效果如图 5-23 所示。

（6）单击“绘图”工具栏中的“多行文字”按钮，按步骤（2）～（4）在导线的下方拖拽出文字编辑用的矩形框，并输入要求的文字“3*120+1*50”。至此导线符号绘制完毕，如图 5-24 所示。

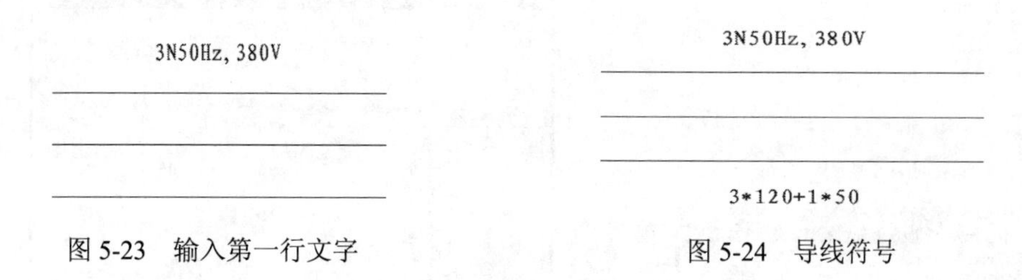

图 5-23　输入第一行文字　　　　图 5-24　导线符号

5.3　表　　格

使用 AutoCAD 提供的“表格”功能，创建表格将变得非常容易，用户可以直接插入设置好样式的表格，而不用绘制由单独的图线组成的栅格。

5.3.1 定义表格样式

Note

表格样式是用来控制表格基本形状和间距的一组设置。与文字样式一样，所有 AutoCAD 图形中的表格都有和其相对应的表格样式。当插入表格对象时，AutoCAD 使用当前设置的表格样式。模板文件 ACAD.DWT 和 ACADISO.DWT 中定义了名为 Standard 的默认表格样式。

1. 执行方式

☑ 命令行：输入 TABLESTYLE 命令
☑ 菜单：选择“格式”→“表格样式”命令
☑ 工具栏：单击“样式”工具栏中的“表格样式”按钮

2. 操作步骤

执行上述任一操作后，AutoCAD 将打开“表格样式”对话框，如图 5-25 所示。

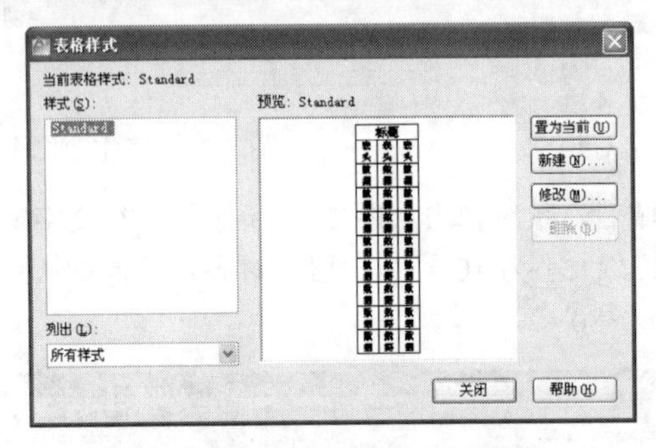

图 5-25 “表格样式”对话框

3. 选项说明

1)“新建”按钮

单击该按钮，系统打开“创建新的表格样式”对话框，如图 5-26 所示。输入新的表格样式名后，单击“继续”按钮，将打开“新建表格样式”对话框（如图 5-27 所示），从中可以定义新的表格样式。

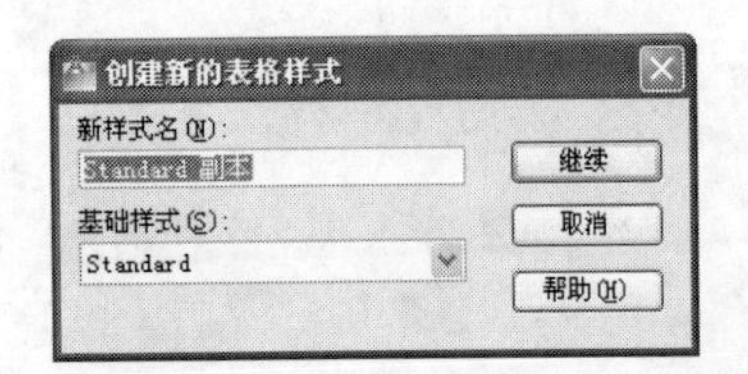

图 5-26 “创建新的表格样式”对话框

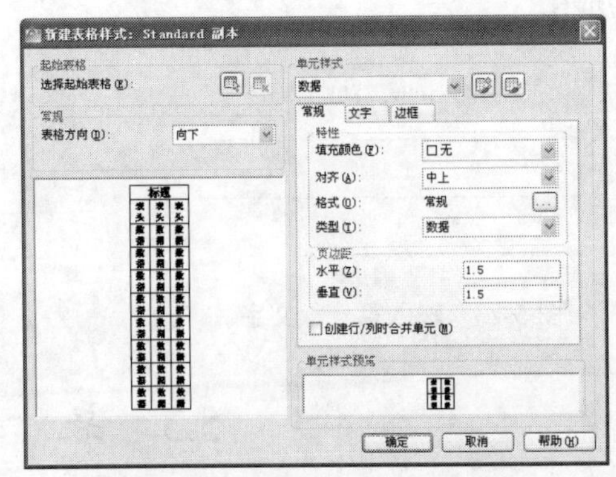

图 5-27 “新建表格样式”对话框

“新建表格样式”对话框中有 3 个选项卡：“常规”、“文字”和“边框”，分别控制表格中

数据、表头和标题的有关参数，如图 5-28 所示。

（1）“常规”选项卡

① “特性”选项组

☑ 填充颜色：指定填充颜色。

☑ 对齐：为单元内容指定一种对齐方式。

☑ 格式：设置表格中各行的数据类型和格式。

☑ 类型：将单元样式指定为标签或数据，在包含起始表格的表格样式中插入默认文字时使用。此外，也可用于在工具选项板上创建表格工具的情况。

标题		
表头	表头	表头
数据	数据	数据
数据	数据	数据
数据	数据	数据
数据	数据	数据
数据	数据	数据
数据	数据	数据
数据	数据	数据

标题　表头　数据

图 5-28　表格样式

② “页边距”选项组

☑ 水平：设置单元中的文字或块与左右单元边界之间的距离。

☑ 垂直：设置单元中的文字或块与上下单元边界之间的距离。

③ 创建行/列时合并单元：将使用当前单元样式创建的所有新行或列合并到一个单元中。

（2）“文字”选项卡

① 文字样式：指定文字样式。

② 文字高度：指定文字高度。

③ 文字颜色：指定文字颜色。

④ 文字角度：设置文字角度。

（3）“边框”选项卡

① 线宽：设置要用于显示边界的线宽。

② 线型：通过单击边框按钮设置线型，以应用于指定边框。

③ 颜色：指定颜色以应用于显示的边界。

④ 双线：指定选定的边框为双线型。

2）“修改”按钮

对当前表格样式进行修改，方法与新建表格样式相同。

5.3.2 创建表格

在设置好表格样式后，用户可以利用 TABLE 命令创建表格。

1. 执行方式

☑ 命令行：输入 TABLE 命令

☑ 菜单：选择“绘图”→“表格”命令

☑ 工具栏：单击“绘图”工具栏中的“表格”按钮

2. 操作步骤

执行上述任一操作后，AutoCAD 将打开“插入表格”对话框，如图 5-29 所示。

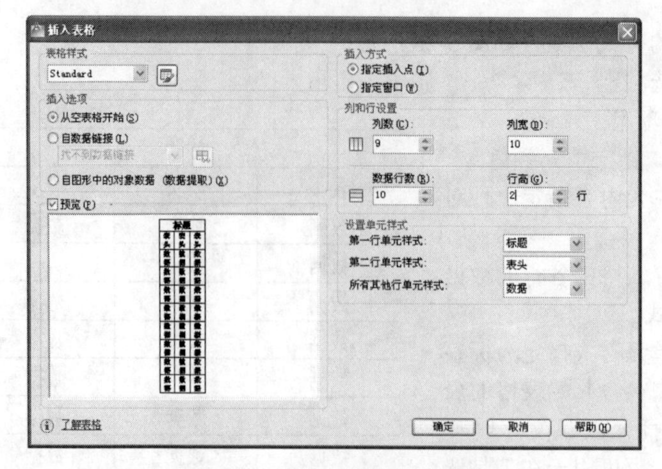

图 5-29 “插入表格”对话框

Note

3. 选项说明

（1）“表格样式”选项组

可以在“表格样式”下拉列表框中选择一种表格样式，也可以单击后面的按钮新建或修改表格样式。

（2）“插入方式”选项组

① “指定插入点”单选按钮

指定表格左上角的位置。可以使用定点设备，也可以在命令行中输入坐标值。如果表格样式将表的方向设置为由下而上读取，则插入点位于表的左下角。

② “指定窗口”单选按钮

指定表格的大小和位置。可以使用定点设备，也可以在命令行中输入坐标值。选中此单选按钮时，行数、列数、列宽和行高取决于窗口的大小以及列和行的设置。

（3）“列和行设置”选项组

指定列和行的数目以及列宽与行高。

注意

一个单位行高的高度为文字高度与垂直边距的和。列宽设置必须不小于文字宽度与水平边距的和，如果列宽小于此值，则实际列宽以文字宽度与水平边距的和为准。

在“插入表格”对话框中进行相应的设置后，单击“确定”按钮，系统在指定的插入点或绘图窗口自动插入一个空表格，并显示多行文字编辑器，用户可以逐行逐列输入相应的文字或数据，如图 5-30 所示。

图 5-30 空表格和多行文字编辑器

5.3.3 表格文字编辑

1. 执行方式

☑ 命令行：输入 TABLEDIT 命令

☑ 快捷菜单：选定表和一个或多个单元后右击，在弹出的快捷菜单中选择“编辑文字”命令，如图 5-31 所示

☑ 定点设备：在表单元内双击

2. 操作步骤

```
命令: TABLEDIT↙
```

系统打开多行文字编辑器，用户可以对指定单元格中的文字进行编辑。

在 AutoCAD 2012 中，可以在表格中插入简单的公式，用于计算总计、计数和平均值，以及定义简单的算术表达式。要在选定的单元格中插入公式，可单击鼠标右键，在弹出的快捷菜单中选择“插入点”/“公式”命令，如图 5-32 所示。也可以使用多行文字编辑器来输入公式。选择一个公式项后，系统提示：

☑ 选择表单元范围的第一个角点：（在表格内指定一点）

☑ 选择表单元范围的第二个角点：（在表格内指定另一点）

指定单元范围后，系统将对此范围内单元格的数值按指定公式进行计算，给出最终计算值。

图 5-31 快捷菜单

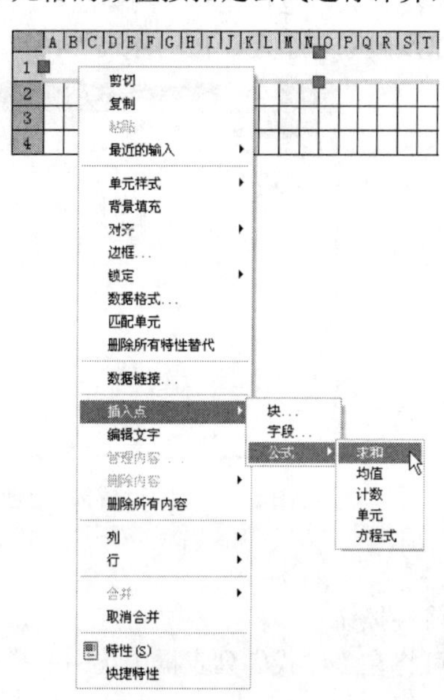

图 5-32 插入公式

5.4 尺寸样式

组成尺寸标注的尺寸界线、尺寸线、尺寸文本及箭头等可以采用多种多样的形式。在标注一个几何对象的尺寸时，其尺寸标注以什么形态出现，取决于当前所采用的尺寸标注样式。标

注样式决定了尺寸标注的形式，包括尺寸线、尺寸界线、箭头和中心标记的形式，以及尺寸文本的位置、特性等。在AutoCAD 2012中，用户可以利用“标注样式管理器”对话框方便地设置自己需要的尺寸标注样式。下面介绍如何定制尺寸标注样式。

Note

5.4.1 新建或修改尺寸样式

在进行尺寸标注之前，要建立尺寸标注的样式。如果用户不建立尺寸样式而直接进行标注，系统将使用默认的名为Standard的样式。用户如果认为使用的标注样式有某些设置不合适，也可以修改标注样式。

1. 执行方式

☑ 命令行：输入DIMSTYLE命令

☑ 菜单：选择“格式”→“标注样式或标注”→“标注样式”命令

☑ 工具栏：单击“标注”工具栏中的“标注样式”按钮

2. 操作步骤

```
命令: DIMSTYLE↙
```

AutoCAD打开“标注样式管理器”对话框，如图5-33所示。利用此对话框可方便、直观地设置和浏览尺寸标注样式，包括建立新的标注样式、修改已存在的样式、设置当前尺寸标注样式、样式重命名以及删除一个已存在的样式等。

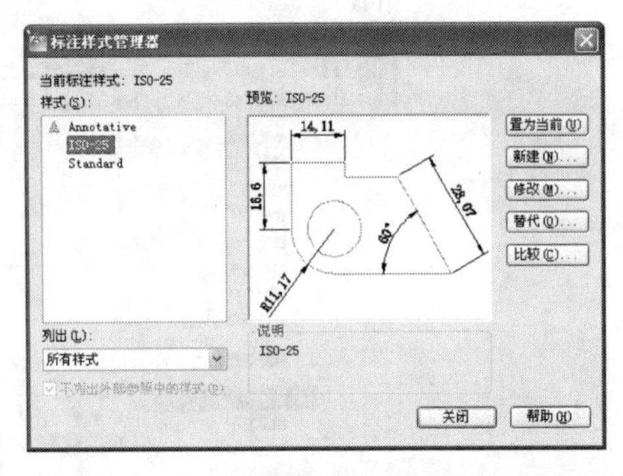

图5-33 “标注样式管理器”对话框

3. 选项说明

（1）“置为当前”按钮

单击此按钮，可将在“样式”列表框中选中的样式设置为当前样式。

（2）“新建”按钮

定义一个新的尺寸标注样式。单击此按钮，打开“创建新标注样式”对话框（如图5-34所示），从中可创建一个新的尺寸标注样式。下面介绍其中各选项的功能。

①“新样式名”文本框

给新的尺寸标注样式命名。

②“基础样式”下拉列表框

选取创建新样式所基于的标注样式。单击右侧的下拉按钮，出现当前已有的样式列表，从中选取一个作为定义新样式的基础，即新的样式是在该样式的基础上修改一些特性得到的。

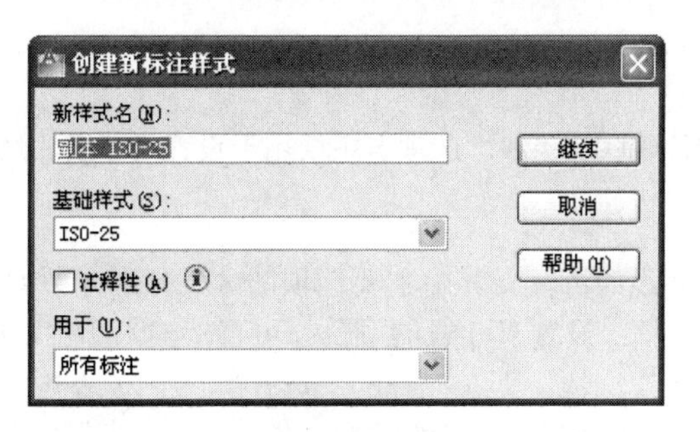

图 5-34　“创建新标注样式”对话框

③ “用于”下拉列表框

指定新样式应用的尺寸类型。单击右侧的下拉按钮，出现尺寸类型列表。如果新建样式应用于所有尺寸，则选择“所有标注”选项；如果新建样式只应用于特定的尺寸标注（如只在标注直径时使用此样式），则选取相应的尺寸类型。

④ “继续”按钮

各选项设置好以后，单击“继续”按钮，打开“新建标注样式”对话框（如图 5-35 所示），从中可对新样式的各项特性进行设置。该对话框中各部分的含义和功能将在后面介绍。

（3）“修改”按钮

修改一个已存在的尺寸标注样式。单击此按钮，将弹出“修改标注样式”对话框。该对话框中的各选项与“新建标注样式”对话框中完全相同，用户可以在此对已有标注样式进行修改。

（4）“替代”按钮

设置临时覆盖尺寸标注样式。单击此按钮，打开“替代当前样式”对话框。该对话框中的各选项与“新建标注样式”对话框中完全相同，用户可改变相关选项的设置覆盖原来的设置，但这种修改只对指定的尺寸标注起作用，而不影响当前尺寸变量的设置。

（5）“比较”按钮

比较两个尺寸标注样式在参数上的区别，或浏览一个尺寸标注样式的参数设置。单击此按钮，打开“比较标注样式”对话框，如图 5-36 所示。可以把比较结果复制到剪贴板上，然后再粘贴到其他的 Windows 应用软件上。

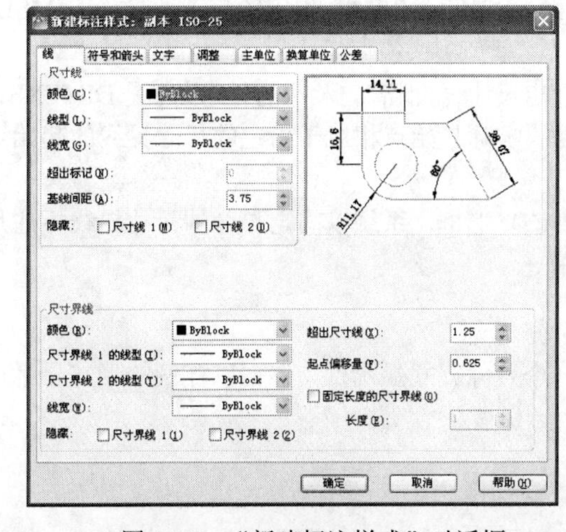

图 5-35　“新建标注样式”对话框

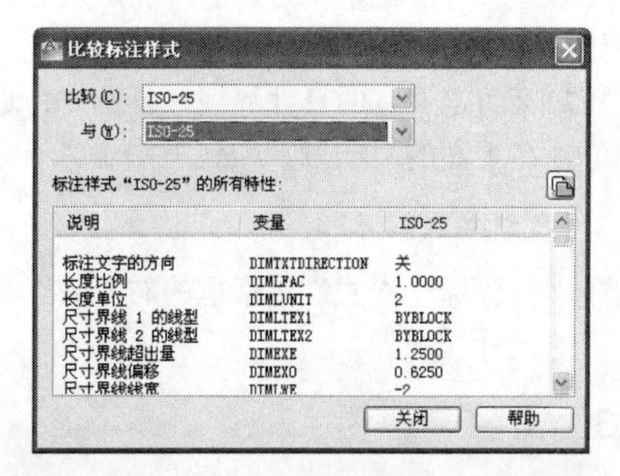

图 5-36　“比较标注样式”对话框

Note

5.4.2 线

在“新建标注样式”对话框中，“线”选项卡主要用于设置尺寸线、尺寸界线的形式和特性。

1. “尺寸线”选项组

该选项组用于设置尺寸线的特性。其中主要选项的含义分别介绍如下。

（1）“颜色”下拉列表框：设置尺寸线的颜色。可直接输入颜色名称，也可从下拉列表中选择。如果选择“选择颜色”选项，则在打开的“选择颜色”对话框中可选择其他颜色。

（2）“线型”下拉列表框：设置尺寸线的线型。在该下拉列表框中列出了几种线型的名称，用户可从中选择任一所需线型。如果没有所需要的线型，可以选择“其他”选项，加载所需线型。

（3）“线宽”下拉列表框：设置尺寸线的线宽。在该下拉列表框中列出了各种线宽的名称和宽度，用户可从中选择任一所需线宽。AutoCAD 把设置值保存在 DIMLWD 变量中。

（4）“超出标记”微调框：当尺寸箭头设置为短斜线、短波浪线等，或尺寸线上无箭头时，可利用此微调框设置尺寸线超出尺寸界线的距离。其相应的尺寸变量是 DIMDLE。

（5）“基线间距”微调框：设置以基线方式标注尺寸时，相邻两尺寸线之间的距离。相应的尺寸变量是 DIMDLI。

（6）“隐藏”复选框组：确定是否隐藏尺寸线及相应的箭头。选中“尺寸线 1”复选框表示隐藏第一段尺寸线，选中“尺寸线 2”复选框表示隐藏第二段尺寸线。相应的尺寸变量为 DIMSD1 和 DIMSD2。

2. “尺寸界线”选项组

该选项组用于确定尺寸界线的形式。其中主要选项的含义分别介绍如下。

（1）“颜色”下拉列表框：设置尺寸界线的颜色。

（2）“尺寸界线 1/2 的线型”下拉列表框：设置尺寸界线的线型。下拉列表中列出了几种线型的名称，用户可从中选择任一所需线型。如果没有所需要的线型，可以选择“其他”选项，加载所需线型。

（3）“线宽”下拉列表框：设置尺寸界线的线宽，AutoCAD 把其值保存在 DIMLWE 变量中。

（4）“隐藏”复选框组：确定是否隐藏尺寸界线。选中“尺寸界线 1”复选框表示隐藏第一段尺寸界线，选中“尺寸界线 2”复选框表示隐藏第二段尺寸界线。相应的尺寸变量为 DIMSE1 和 DIMSE2。

（5）“超出尺寸线”微调框：确定尺寸界线超出尺寸线的距离，相应的尺寸变量是 DIMEXE。

（6）“起点偏移量”微调框：确定尺寸界线的实际起始点相对于指定的尺寸界线的起始点的偏移量，相应的尺寸变量是 DIMEXO。

（7）“固定长度的尺寸界线”复选框：选中该复选框，系统以固定长度的尺寸界线标注尺寸。可以在下面的“长度”微调框中输入长度值。

3. 尺寸样式显示框

在“新建标注样式”对话框的右上方，是一个尺寸样式显示框，该框以样例的形式显示用户设置的尺寸样式。

5.4.3 文字

在“新建标注样式”对话框中，“文字”选项卡主要用于设置尺寸文本的外观、位置

Note

和对齐方式等，如图5-37所示。

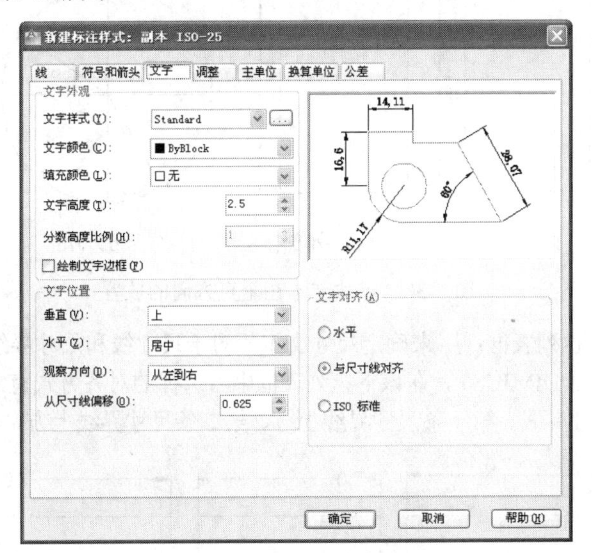

图 5-37　“文字”选项卡

1. “文字外观”选项组

（1）“文字样式”下拉列表框：设置当前尺寸文本采用的文字样式。可在此下拉列表框中选择一种样式，也可单击右侧的...按钮，打开“文字样式”对话框，以创建新的文字样式或对已有的文字样式进行修改。AutoCAD 将当前文字样式保存在 DIMTXSTY 系统变量中。

（2）“文字颜色”下拉列表框：设置尺寸文本的颜色，其操作方法与设置尺寸线颜色的方法相同。与其对应的尺寸变量是 DIMCLRT。

（3）“填充颜色”下拉列表框：设置尺寸文本的背景颜色。

（4）“文字高度”微调框：设置尺寸文本的字高，相应的尺寸变量是 DIMTXT。如果选用的文字样式中已设置了具体的字高（不是 0），则此处的设置无效；如果文字样式中设置的字高为 0，才以此处的设置为准。

（5）“分数高度比例”微调框：确定尺寸文本的比例系数，相应的尺寸变量是 DIMTFAC。

（6）“绘制文字边框”复选框：选中此复选框，AutoCAD 将在尺寸文本的周围加上边框。

2. “文字位置”选项组

（1）“垂直”下拉列表框：用来确定尺寸文本相对于尺寸线在垂直方向的对齐方式，相应的尺寸变量是 DIMTAD。在该下拉列表框中可选择的对齐方式有以下 5 种。

① 居中：将尺寸文本放在尺寸线的中间，此时 DIMTAD=0。

② 上：将尺寸文本放在尺寸线的上方，此时 DIMTAD=1。

③ 外部：将尺寸文本放在远离第一条尺寸界线起点的位置，即和所标注的对象分列于尺寸线的两侧，此时 DIMTAD=2。

④ JIS：使尺寸文本的放置符合 JIS（日本工业标准）规则，此时 DIMTAD=3。

⑤ 下：将尺寸文本放在尺寸线的下方，此时 DIMTAD=4。

上面这几种文本布置方式如图 5-38 所示。

Note

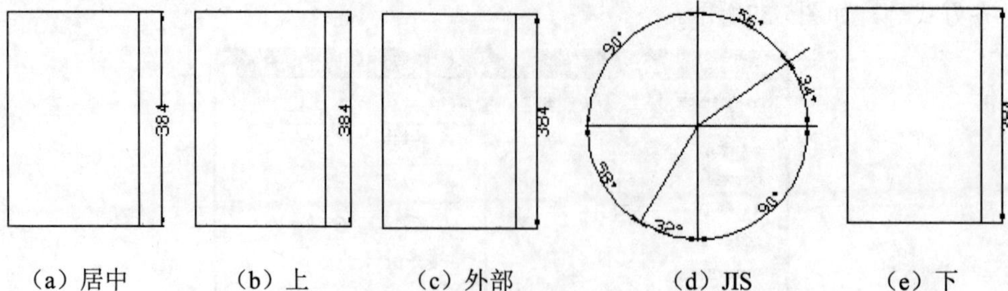

（a）居中　　（b）上　　（c）外部　　（d）JIS　　（e）下

图 5-38　尺寸文本在垂直方向的放置

（2）“水平”下拉列表框：用来确定尺寸文本相对于尺寸线和尺寸界线在水平方向的对齐方式，相应的尺寸变量是DIMJUST。在该下拉列表框中可选择的对齐方式有5种，即居中、第一条尺寸界线、第二条尺寸界线、第一条尺寸界线上方、第二条尺寸界线上方，其效果如图5-39所示。

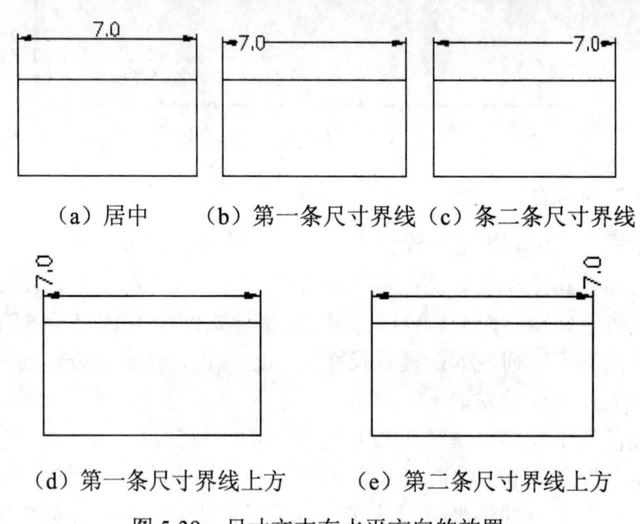

（a）居中　　（b）第一条尺寸界线（c）条二条尺寸界线

（d）第一条尺寸界线上方　　（e）第二条尺寸界线上方

图 5-39　尺寸文本在水平方向的放置

（3）“观察方向”下拉列表框：用来确定尺寸文本相对于尺寸线和尺寸界线在水平方向的查看方式。在该下拉列表框中可选择的查看方式有 2 种，即从左到右、从右到左，其效果如图5-40所示。

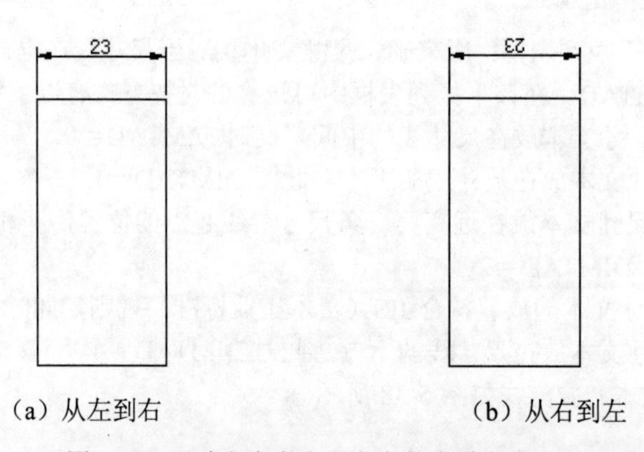

（a）从左到右　　（b）从右到左

图 5-40　尺寸文本在水平方向的查看方式

（4）“从尺寸线偏移”微调框：当尺寸文本放在断开的尺寸线中间时，此微调框用来设置尺寸文本与尺寸线之间的距离（尺寸文本间隙）。该值保存在尺寸变量DIMGAP中。

3. “文字对齐”选项组

用来控制尺寸文本排列的方向。当尺寸文本在尺寸界线之内时，与其对应的尺寸变量是DIMTIH；当尺寸文本在尺寸界线之外时，与其对应的尺寸变量是DIMTOH。

（1）“水平”单选按钮：尺寸文本沿水平方向放置。不论标注什么方向的尺寸，尺寸文本总保持水平。

（2）“与尺寸线对齐”单选按钮：尺寸文本沿尺寸线方向放置。

（3）“ISO标准”单选按钮：当尺寸文本在尺寸界线之间时，沿尺寸线方向放置；在尺寸界线之外时，沿水平方向放置。

5.5 标注尺寸

正确地进行尺寸标注是绘图过程中非常重要的一个环节。AutoCAD 2012提供了多种方便、快捷的尺寸标注方法，可通过命令行来实现，也可利用菜单或工具栏等来完成。本节重点介绍如何对各种类型的尺寸进行标注。

5.5.1 线性标注

1. 执行方式

☑ 命令行：输入DIMLINEAR命令（缩写名DIMLIN）

☑ 菜单：选择“标注”→“线性”按钮

☑ 工具栏：单击“标注”工具栏中的“线性”按钮

2. 操作步骤

```
命令: DIMLIN↙
指定第一条尺寸界线原点或 <选择对象>:
```

3. 选项说明

在此提示下有两种选择，直接按Enter键选择要标注的对象或确定尺寸界线的起始点。

（1）直接按Enter键

光标变为拾取框，并且在命令行提示：

```
选择标注对象:
```

用拾取框选择选中要标注尺寸的线段，AutoCAD提示：

```
指定尺寸线位置或[多行文字(M)/文字(T)/角度(A)/水平(H)/垂直(V)/旋转(R)]:
```

各项的含义如下。

① 指定尺寸线位置：确定尺寸线的位置。用户可移动鼠标光标选择合适的尺寸线位置，然后按Enter键或单击，AutoCAD将自动测量所标注线段的长度并标注出相应的尺寸。

② 多行文字(M)：用多行文字编辑器确定尺寸文本。

③ 文字(T)：在命令行提示下输入或编辑尺寸文本。选择此选项后，AutoCAD 提示：

```
输入标注文字 <默认值>:
```

Note

其中的“默认值”是 AutoCAD 自动测量得到的被标注线段的长度，直接按 Enter 键即可采用此长度值，也可输入其他数值代替默认值。当尺寸文本中包含默认值时，可使用尖括号“<>”表示。

④ 角度(A)：确定尺寸文本的倾斜角度。

⑤ 水平(H)：水平标注尺寸，不论标注什么方向的线段，尺寸线均水平放置。

⑥ 垂直(V)：垂直标注尺寸，不论被标注线段沿什么方向，尺寸线总保持垂直。

⑦ 旋转(R)：输入尺寸线旋转的角度值，旋转标注尺寸。

（2）指定第一条尺寸界线原点

指定第一条与第二条尺寸界线的起始点。

5.5.2 对齐标注

1. 执行方式

☑ 命令行：输入 DIMALIGNED 命令

☑ 菜单：选择“标注”→“对齐”命令

☑ 工具栏：单击“标注”工具栏中的“对齐”按钮

2. 操作步骤

```
命令: DIMALIGNED↙
指定第一条尺寸界线原点或 <选择对象>:
```

这种命令标注的尺寸线与所标注轮廓线平行，标注的是起始点到终点之间的距离尺寸。

5.5.3 基线标注

基线标注用于产生一系列基于同一条尺寸界线的尺寸标注，适用于长度尺寸标注、角度标注和坐标标注等。在使用基线标注方式之前，应该先标注出一个相关的尺寸。

1. 执行方式

☑ 命令行：输入 DIMBASELINE 命令

☑ 菜单：选择“标注”→“基线”命令

☑ 工具栏：单击“标注”工具栏中的“基线”按钮

2. 操作步骤

```
命令: DIMBASELINE↙
指定第二条尺寸界线原点或 [放弃(U)/选择(S)] <选择>:
```

3. 选项说明

（1）指定第二条尺寸界线原点

直接确定另一个尺寸的第二条尺寸界线的起点，AutoCAD 以上次标注的尺寸为基准标注出相应尺寸。

（2）<选择>

在上述提示下直接按 Enter 键，AutoCAD 提示：

```
选择基准标注:（选取作为基准的尺寸标注）
```

5.5.4　连续标注

Note

连续标注又叫尺寸链标注，用于产生一系列连续的尺寸标注，后一个尺寸标注均把前一个标注的第二条尺寸界线作为其第一条尺寸界线，适用于长度尺寸标注、角度标注和坐标标注等。在使用连续标注方式之前，应该先标注出一个相关的尺寸。

1. 执行方式

☑　命令行：输入 DIMCONTINUE 命令

☑　菜单：选择“标注”→“连续”命令

☑　工具栏：单击“标注”工具栏中的“继续”按钮

2. 操作步骤

```
命令: DIMCONTINUE↙
指定第二条尺寸界线原点或 [放弃(U)/选择(S)] <选择>:
```

上述提示下的各选项与基线标注中完全相同，不再赘述。

连续标注的效果如图 5-41 所示。

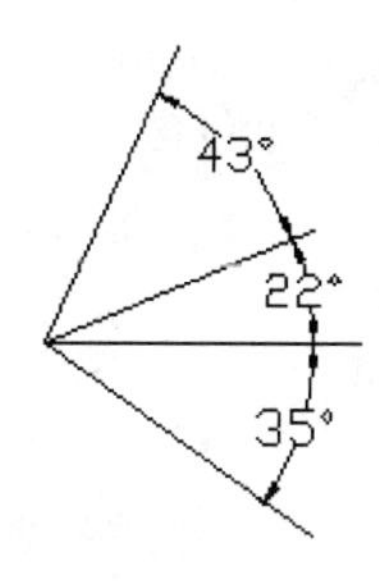

图 5-41　连续标注

5.6　引线标注

利用 AutoCAD 提供的引线标注功能，不仅可以标注特定的尺寸，如圆角、倒角等，还可以在图中添加多行旁注、说明。在引线标注中，指引线可以是折线，也可以是曲线；指引线端部可以有箭头，也可以没有箭头。

1. 执行方式

命令行：输入 QLEADER 命令

2. 操作步骤

```
命令: QLEADER↙
指定第一个引线点或 [设置(S)] <设置>:
```

3. 选项说明

（1）指定第一个引线点

在上面的提示下确定一点作为指引线的第一点，AutoCAD 提示：

```
指定下一点:（输入指引线的第二点）
指定下一点:（输入指引线的第三点）
```

AutoCAD 提示用户输入的点的数目由“引线设置”对话框（如图 5-42 所示）确定。输入完指引线的点后 AutoCAD 提示：

```
指定文字宽度 <0.0000>:（输入多行文本的宽度）
输入注释文字的第一行 <多行文字(M)>:
```

此时，有两种命令输入选择。

① 输入注释文字的第一行

在命令行中输入第一行文本，系统继续提示：

```
输入注释文字的下一行:（输入另一行文本）
输入注释文字的下一行:（输入另一行文本或按 Enter 键）
```

② <多行文字(M)>

打开多行文字编辑器，输入、编辑多行文字。输入完全部注释文本后，在此提示下直接按 Enter 键，AutoCAD 结束 QLEADER 命令并把多行文本标注在指引线的末端附近。

（2）<设置>

在上面的提示下直接按 Enter 键或输入 S，AutoCAD 将打开如图 5-42 所示的“引线设置”对话框，允许对引线标注进行设置。该对话框包含“注释”、“引线和箭头”、“附着”3 个选项卡，下面分别进行介绍。

① “注释”选项卡（如图 5-42 所示）

用于设置引线标注中注释文本的类型、多行文本的格式并确定注释文本是否多次使用。

② “引线和箭头”选项卡（如图 5-43 所示）

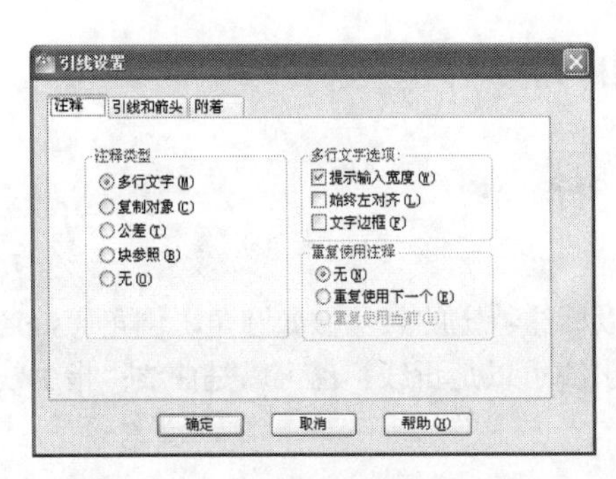

图 5-42 “引线设置”对话框

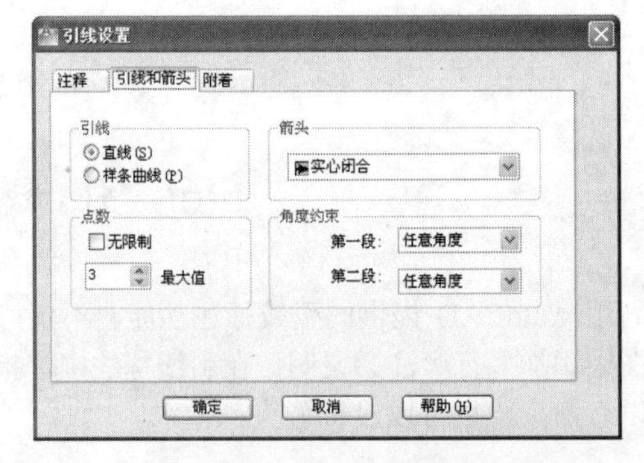

图 5-43 “引线和箭头”选项卡

用于设置引线标注中指引线和箭头的形式。其中，“点数”选项组用于设置执行 QLEADER 命令时 AutoCAD 提示用户输入的点的数目。例如，设置点数为 3，执行 QLEADER 命令时当用户在提示下指定 3 个点后，AutoCAD 自动提示用户输入注释文本。注意，设置的点数要比用户希望的指引线的段数多 1。可利用微调框进行设置。如果选中“无限制”复选框，AutoCAD

会一直提示用户输入点直到连续两次按 Enter 键为止。“角度约束”选项组用于设置第一段和第二段指引线的角度约束。

③ “附着”选项卡（如图 5-44 所示）

用于设置注释文本和指引线的相对位置。如果最后一段指引线指向右边，AutoCAD 自动把注释文本放在右侧；如果最后一段指引线指向左边，AutoCAD 自动把注释文本放在左侧。利用该选项卡中左侧和右侧的单选按钮，可分别设置位于左侧和右侧的注释文本与最后一段指引线的相对位置。二者可相同，也可不同。

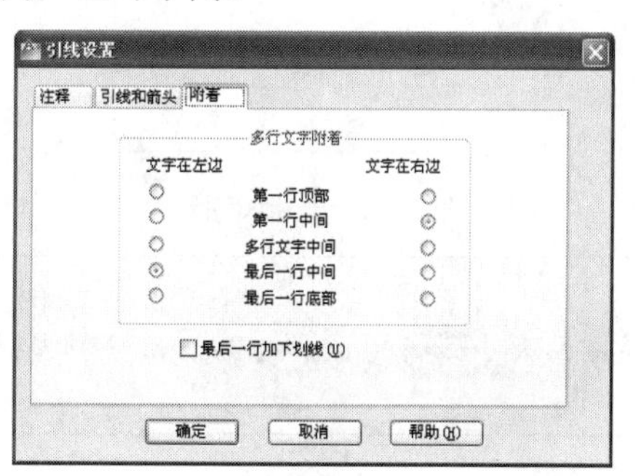

图 5-44　“附着”选项卡

5.7　综合演练——绘制电气 A3 样板图

在创建前应先设置图幅，然后利用“矩形”命令绘制图框，再利用“表格”命令绘制标题栏，最后利用多行文字命令输入文字并调整。绘制流程如图 5-45 所示。

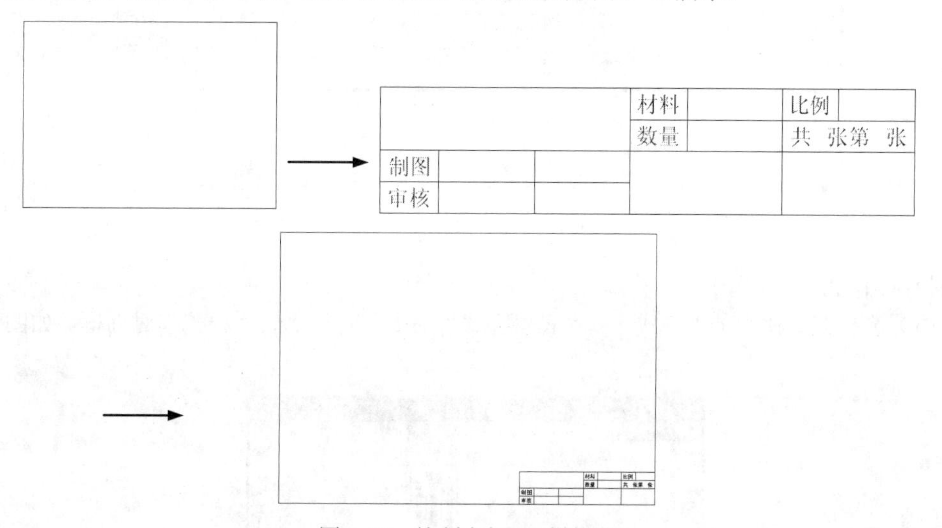

图 5-45　绘制电气 A3 样板图

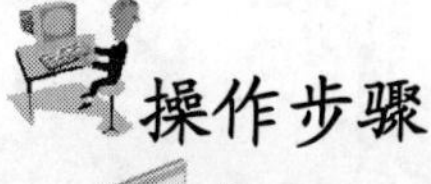

光盘\动画演示\第 5 章\绘制电气 A3 样板图.avi

Note

1. 绘制图框

单击“绘图”工具栏中的“矩形”按钮，绘制一个矩形，指定矩形两个角点的坐标分别为（25,10）和（410,287），如图 5-46 所示。

图 5-46　绘制矩形

注意

国家标准规定 A3 图纸的幅面大小是 420mm×297mm，这里留出了带装订边的图框到纸面边界的距离。

2. 绘制标题栏

标题栏结构如图 5-47 所示。由于分隔线并不整齐，所以可以先绘制一个 28×4（每个单元格的尺寸是 5×8）的标准表格，然后在此基础上编辑合并单元格形成图 5-47 所示形式。

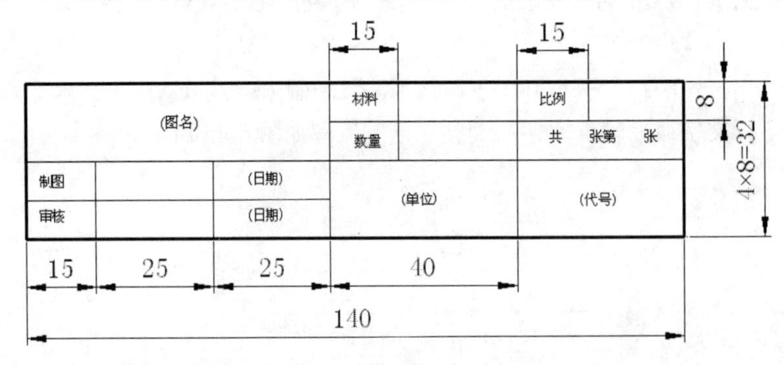

图 5-47　标题栏示意图

具体操作如下：

（1）选择菜单栏中的“格式”→“表格样式”命令，打开“表格样式”对话框，如图 5-48 所示。

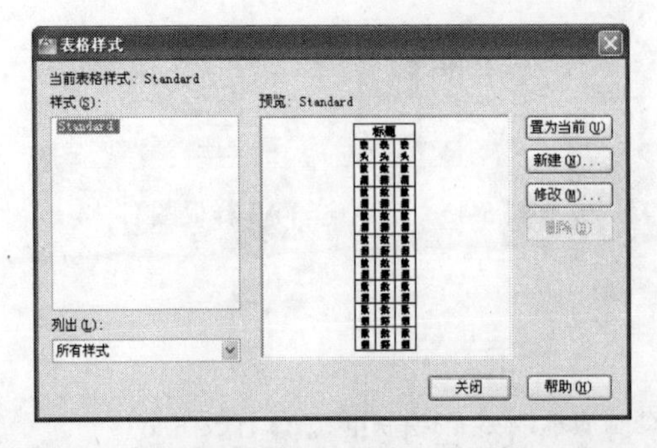

图 5-48　“表格样式”对话框

（2）单击“修改”按钮，打开“修改表格样式”对话框，在“单元样式”下拉列表框中选择“数据”选项，在下面的“文字”选项卡中将文字高度设置为 3，如图 5-49 所示。然后选择“常规”选项卡，将“页边距”选项组中的“水平”和“垂直”都设置成 1，如图 5-50 所示。

Note

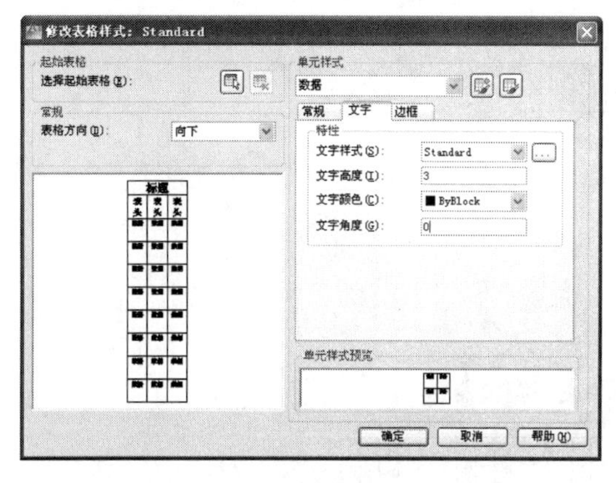

图 5-49　“修改表格样式”对话框

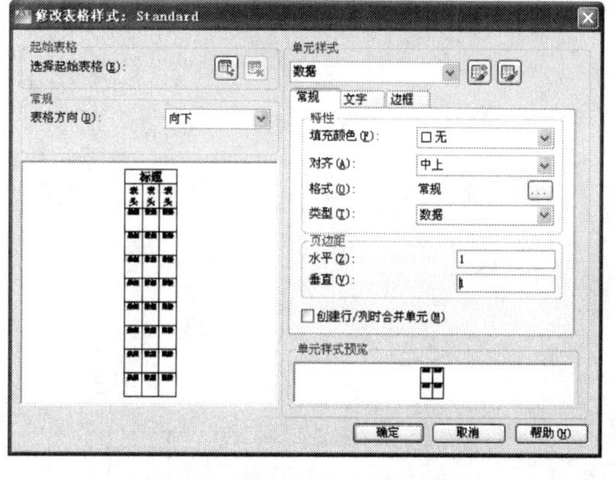

图 5-50　设置“常规”选项卡

注意

表格的行高=文字高度＋2×垂直页边距，此处设置为 3＋2×1=5。

（3）系统回到“表格样式”对话框，单击“关闭”按钮退出。

（4）选择菜单栏中的“绘图”→“表格”命令，打开“插入表格”对话框。在“列和行设置”选项组中将“列数”设置为 28，将“列宽”设置为 20，将“数据行数”设置为 2（加上标题行和表头行共 4 行），将“行高”设置为 1 行（即为 10）；在“设置单元样式”选项组中将“第一行单元样式”、“第二行单元样式”和“所有其他行单元样式”都设置为“数据”，如图 5-51 所示。

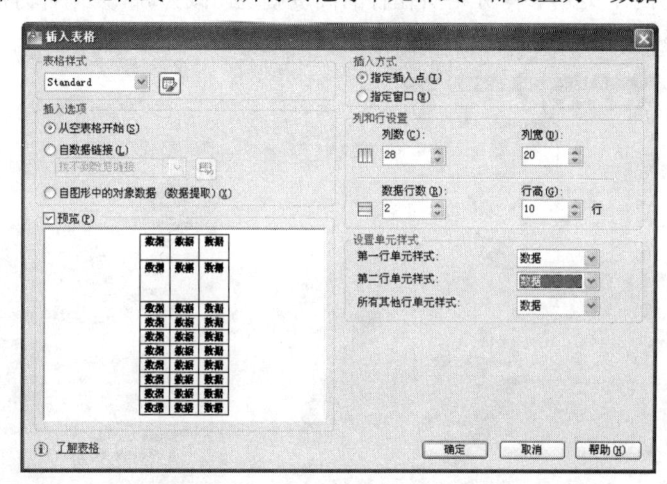

图 5-51　“插入表格”对话框

（5）在图框线右下角附近指定表格位置，系统生成表格，同时打开多行文字编辑器，如图 5-52 所示。直接按 Enter 键，不输入文字，生成的表格如图 5-53 所示。

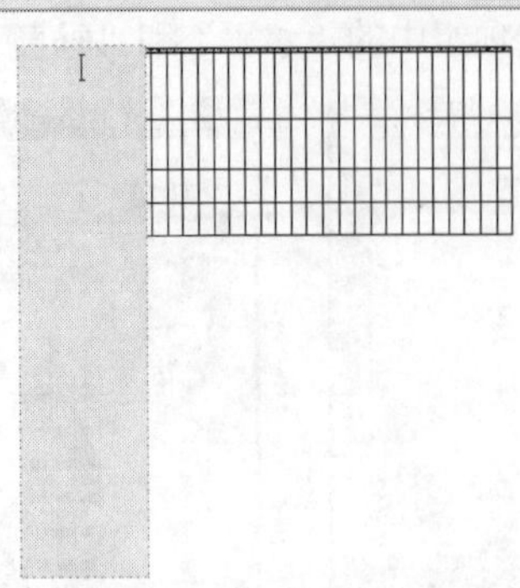

图 5-52　表格和文字编辑器

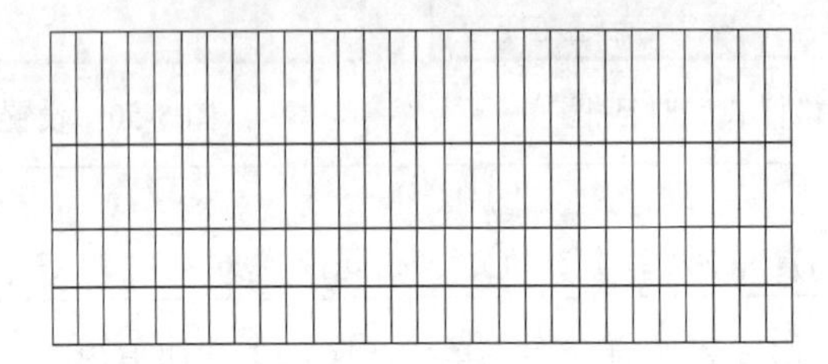

图 5-53　生成表格

（6）单击表格中的一个单元格，系统显示其编辑夹点。单击鼠标右键，在打开的快捷菜单中选择“特性”命令，如图 5-54 所示。在打开的“特性”对话框中，将“单元高度”设置为 8，如图 5-55 所示，这样该单元格所在行的高度就统一改为 8。以同样方法将其他行的高度设置为 8，如图 5-56 所示。

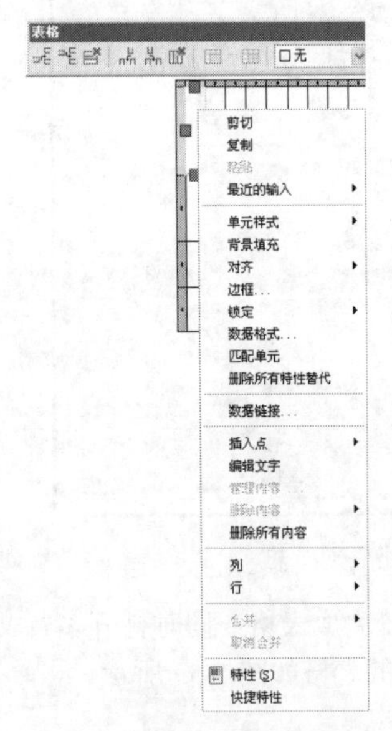

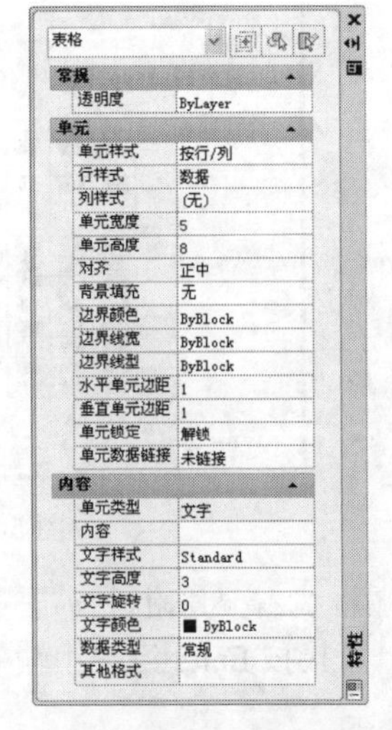

图 5-54　快捷菜单

图 5-55　“特性”对话框

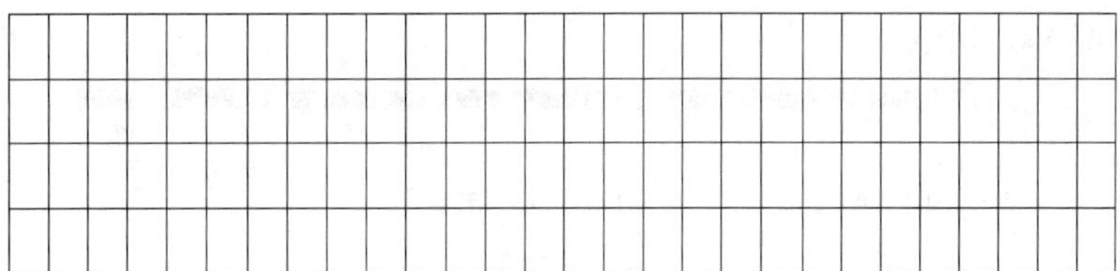

图 5-56　修改表格高度

Note

（7）选择 A1 单元格，按住 Shift 键，同时选择右边的 12 个单元格以及下面的 13 个单元格，单击鼠标右键，在弹出的快捷菜单中选择“合并”→“全部”命令（如图 5-57 所示），将这些单元格合并，结果如图 5-58 所示。

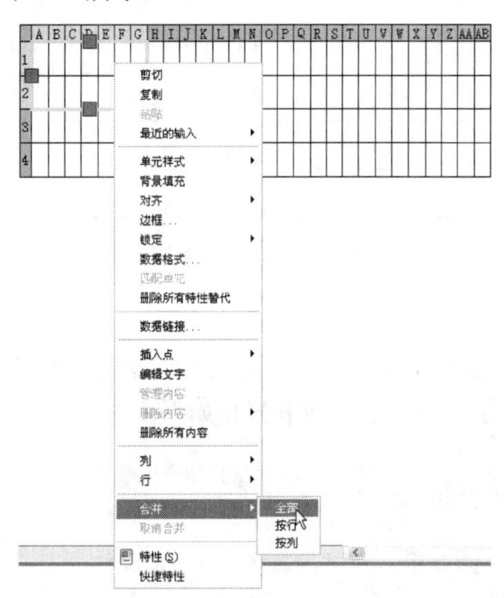

图 5-57　快捷菜单

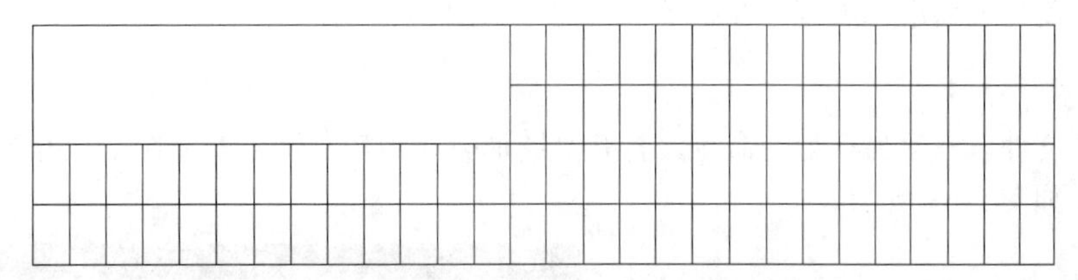

图 5-58　合并单元格

（8）以同样的方法合并其他单元格，结果如图 5-59 所示。

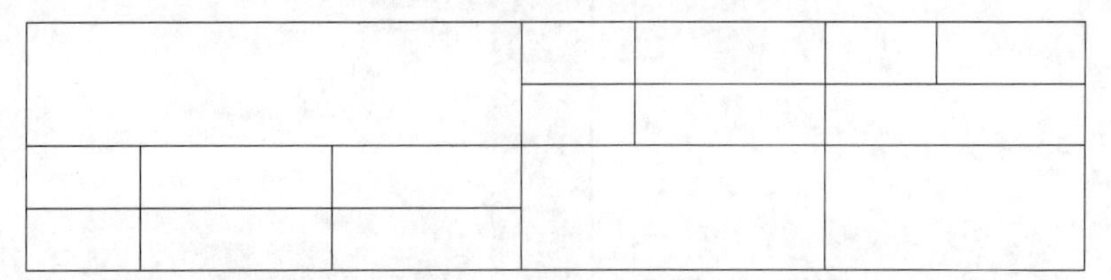

图 5-59　完成表格绘制

（9）在单元格中三击鼠标左键，打开文字编辑器。在单元格中输入文字，并将文字大小

设置为 4，如图 5-60 所示。

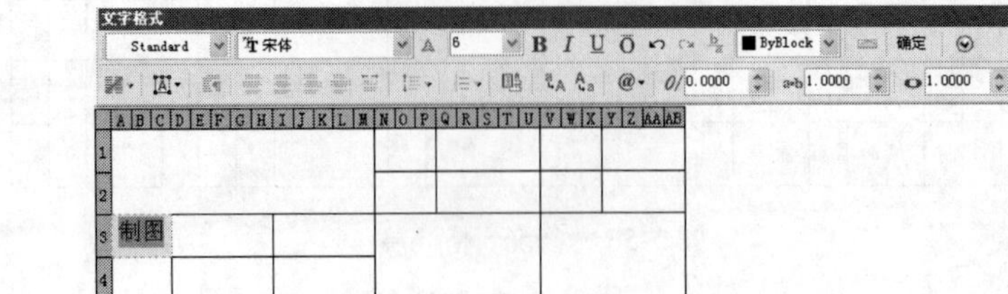

图 5-60　输入文字

（10）以同样的方法输入其他单元格文字，结果如图 5-61 所示。

			材料		比例	
			数量		共　张第　张	
制图						
审核						

图 5-61　完成标题栏文字输入

3. 移动标题栏

刚生成的标题栏无法准确确定与图框的相对位置，需要进行移动。这里，先调用“移动”命令（将在第 6 章详细讲述），命令行提示和操作如下。

```
命令: move↙
选择对象: （选择刚绘制的表格）
选择对象: ↙
指定基点或 [位移(D)] <位移>: （捕捉表格的右下角点）
指定第二个点或 <使用第一个点作为位移>:（捕捉图框的右下角点）
```

这样，就将表格准确放置在图框的右下角，如图 5-62 所示。

4. 保存样板图

选择“文件”→“另存为”命令，打开“图形另存为”对话框，将图形保存为 DWG 格式文件即可，如图 5-63 所示。

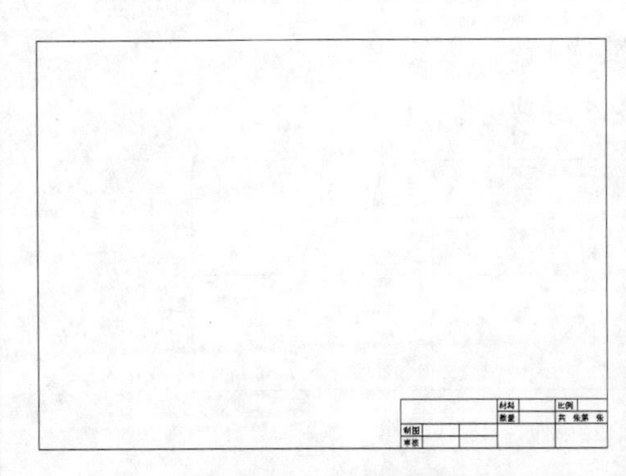

图 5-62　移动表格

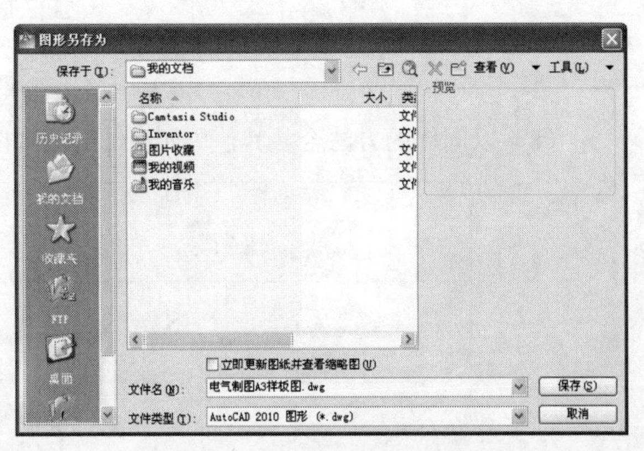

图 5-63　“图形另存为”对话框

5.8　上 机 操 作

通过前面的学习，相信对本章知识已有了一个大体的了解，本节将通过两个操作练习帮助读者进一步掌握本章的知识要点。

实践 1　绘制三相电机简图

绘制如图 5-64 所示的三相电机简图。

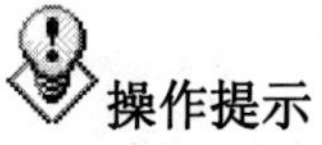

(1) 利用“图层”命令设置两个图层。
(2) 利用“直线”命令和“圆”命令绘制各部分。
(3) 利用“多行文字”命令标注文字。

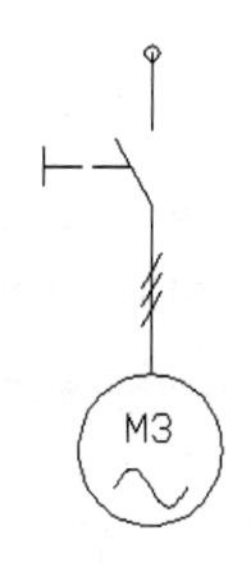

图 5-64　三相电机简图

实践 2　绘制 A3 幅面标题栏

绘制如图 5-65 所示的 A3 幅面标题栏。

(1) 设置表格样式。
(2) 插入空表格并调整列宽。
(3) 输入文字和数据。

单位徽标	（单位名称）					
核定			工程			设计
审核						部分
审查			（图名）			
校核						
设计						
制图						
发证单位			比例		日期	
设计证号			图号			
15	25	10	15	20	15	20
120						

（左侧尺寸：15；8×6=48；63）

图 5-65　A3 幅面的标题栏

编辑命令

二维图形编辑操作配合绘图命令的使用可以进一步完成复杂图形对象的绘制工作，并可使用户合理安排和组织图形，保证作图准确，减少重复，因此，对编辑命令的熟练掌握和使用有助于提高设计和绘图的效率。本章主要介绍复制类命令、改变位置类命令、删除及恢复类命令、改变几何特性类命令和对象编辑命令等知识。

- ☑ 删除及恢复类命令
- ☑ 改变位置和几何特性类命令
- ☑ 复制类命令
- ☑ 对象编辑命令

任务驱动&项目案例

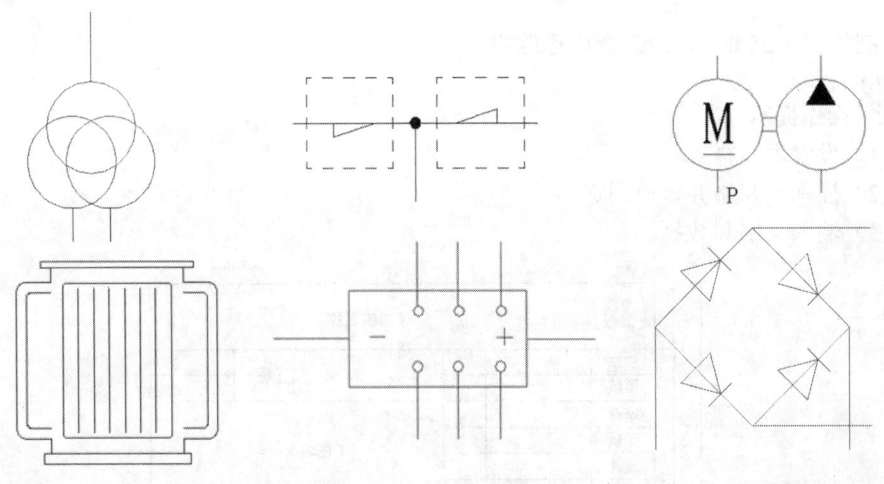

6.1 选择对象

AutoCAD 2012 提供两种途径编辑图形：

（1）先执行编辑命令，然后选择要编辑的对象。

（2）先选择要编辑的对象，然后执行编辑命令。

这两种途径的执行效果是相同的。但选择对象是进行编辑的前提。AutoCAD 2012 提供了多种对象选择方法，如点取方法、用选择窗口选择对象、用选择线选择对象、用对话框选择对象等。AutoCAD 2012 可以把选择的多个对象组成整体，如选择集和对象组，进行整体编辑与修改。

选择集可以仅由一个图形对象构成，也可以是一个复杂的对象组，如位于某一特定层上具有某种特定颜色的一组对象。选择集的构造可以在调用编辑命令之前或之后。

AutoCAD 2012 提供以下几种方法构造选择集：

（1）先选择一个编辑命令，然后选择对象，按 Enter 键结束操作。

（2）使用 SELECT 命令。在命令提示行中输入 SELECT，然后根据选择选项，出现提示选择对象，按 Enter 键结束。

（3）用点取设备选择对象，然后调用编辑命令。

（4）定义对象组。

无论使用哪种方法，AutoCAD 2012 都将提示用户选择对象，并且光标的形状由十字光标变为拾取框。此时，可以用下面介绍的方法选择对象。

下面结合 SELECT 命令说明选择对象的方法。

SELECT 命令可以单独使用，也可以在执行其他编辑命令时被自动调用。此时屏幕提示：

```
选择对象:
```

等待用户以某种方式选择对象作为回答。AutoCAD 2012 提供了多种选择方式，可以输入“？”查看这些选择方式。选择该选项后，出现如下提示：

```
需要点或窗口(W)/上一个(L)/窗交(C)/框(BOX)/全部(ALL)/栏选(F)/圈围(WP)/圈交(CP)/编组(G)/添加(A)/删除(R)/多个(M)/前一个(P)/放弃(U)/自动(AU)/单个(SI)/子对象/对象选择对象:
```

部分选项含义如下：

（1）窗口(W)：用由两个对角顶点确定的矩形窗口选取位于其范围内部的所有图形，与边界相交的对象不会被选中。指定对角顶点时应该按照从左向右的顺序，如图 6-1 所示。

（2）窗交(C)：该方式与“窗口”方式类似，区别在于，它不但选择矩形窗口内部的对象，也选中与矩形窗口边界相交的对象，如图 6-2 所示。

（3）框(BOX)：使用时，系统根据用户在屏幕上给出的两个对角点的位置而自动引用“窗口”或“窗交”选择方式。若从左向右指定对角点，为“窗口”方式；反之，为“窗交”方式。

（4）栏选(F)：用户临时绘制一些直线，这些直线不必构成封闭图形，凡是与这些直线相交的对象均被选中。执行结果如图 6-3 所示。

Note

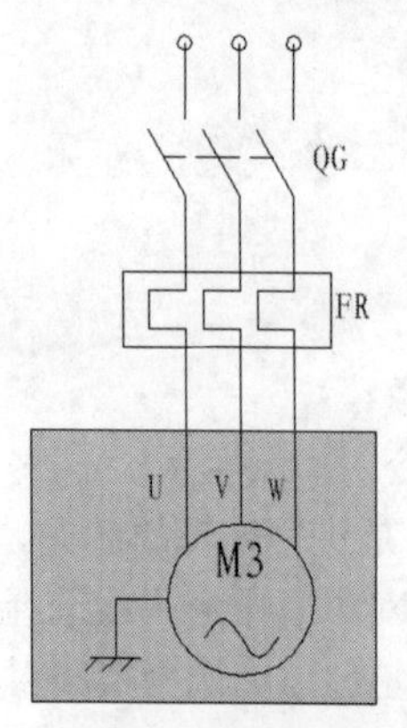

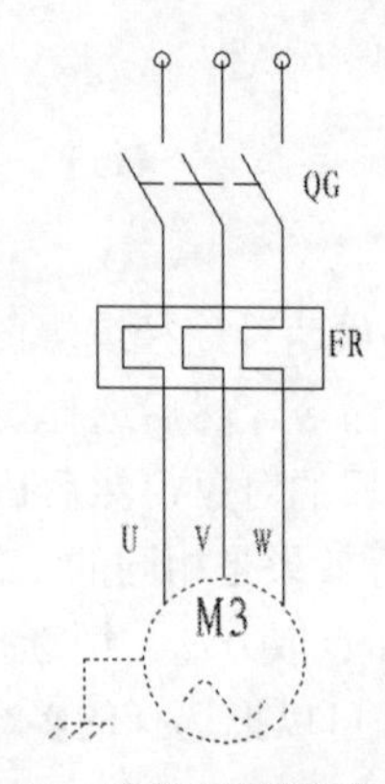

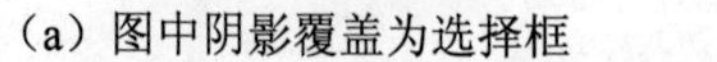
（a）图中阴影覆盖为选择框　　（b）选择后的图形

图 6-1　“窗口”对象选择方式

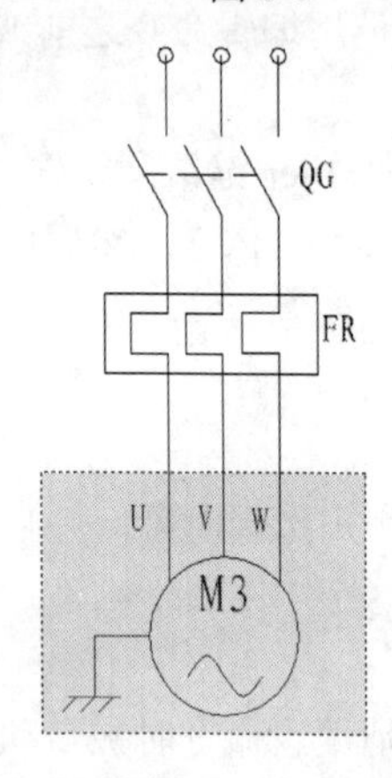

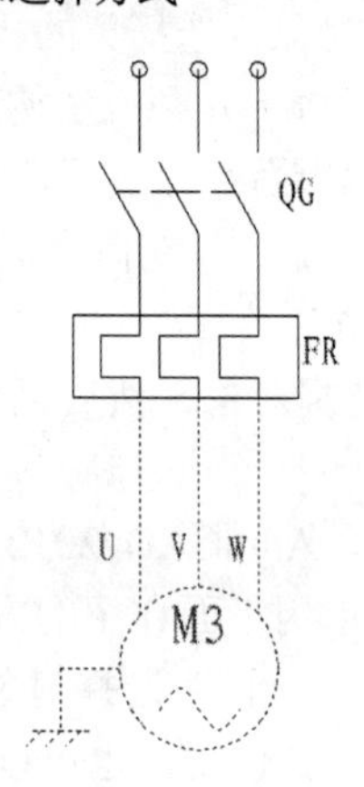

（a）图中阴影为选择框　　（b）选择后的图形

图 6-2　“窗交”对象选择方式

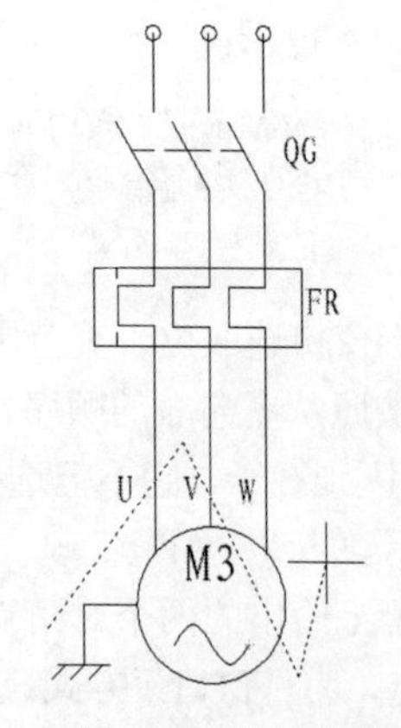

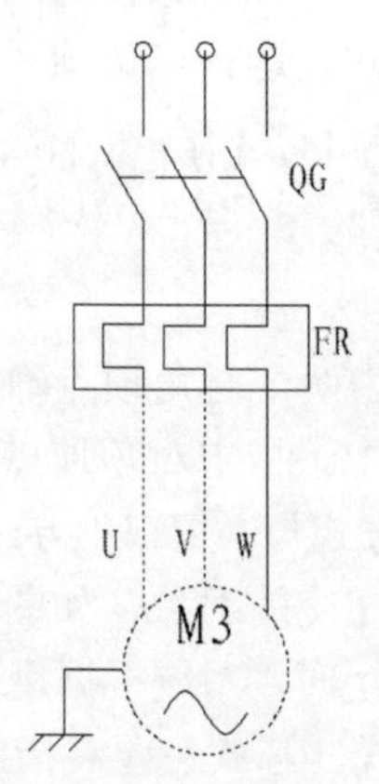

（a）图中虚线为选择栏　　（b）选择后的图形

图 6-3　“栏选”对象选择方式

（5）圈围(WP)：使用一个不规则的多边形来选择对象。根据提示，用户顺次输入构成多

边形所有顶点的坐标，直到最后按 Enter 键作出空回答结束操作，系统将自动连接第一个顶点与最后一个顶点形成封闭的多边形。凡是被多边形围住的对象均被选中（不包括边界）。执行结果如图 6-4 所示。

（6）添加(A)：添加下一个对象到选择集。也可用于从移走模式（Remove）到选择模式的切换。

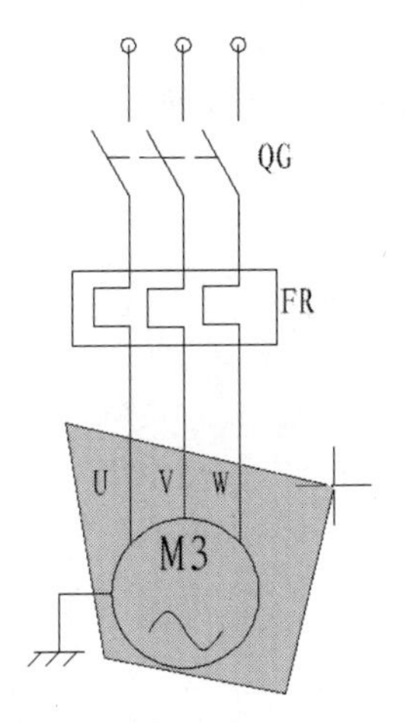

（a）图中十字线所拉出多边形为选择框

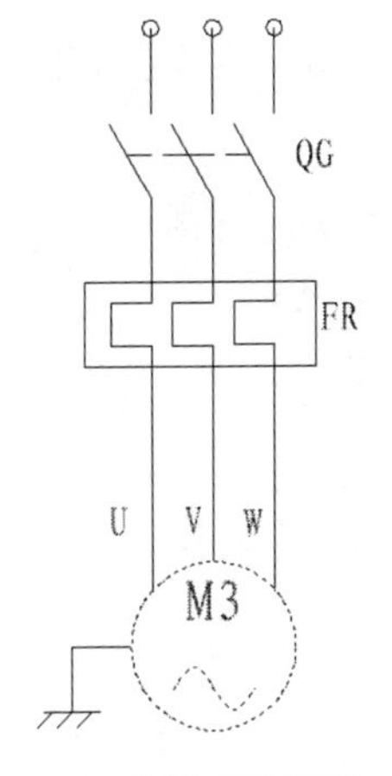

（b）选择后的图形

图 6-4　“圈围”对象选择方式

6.2　删除及恢复类命令

这一类命令主要用于删除图形的某部分或对已被删除的部分进行恢复，包括删除、回退、重做、清除等命令。

6.2.1　删除命令

如果所绘制的图形不符合要求或不小心错绘了图形，可以使用删除命令 ERASE 将其删除。

1. 执行方式

☑ 命令行：输入 ERASE 命令
☑ 菜单：选择“修改”→“删除”命令
☑ 快捷菜单：选择要删除的对象，在绘图区域右击，从打开的快捷菜单中选择“删除”命令
☑ 工具栏：单击“修改”工具栏中的“删除”按钮

2. 操作步骤

可以先选择对象后调用删除命令，也可以先调用删除命令然后再选择对象。选择对象时可以使用前面介绍的对象选择的各种方法。

当选择多个对象时，多个对象都被删除；若选择的对象属于某个对象组，则该对象组的所有对象都被删除。

Note

注意

绘图过程中，如果出现了绘制错误或者不满意绘制的图形而需要删除，可以单击“标准”工具栏中的↶按钮，也可以按 Delete 键。提示：“_erase:”，单击要删除的图形，单击右键即可。删除命令可以一次删除一个或多个图形，如果删除错误，可以利用↶来补救。

6.2.2 恢复命令

若不小心误删除了图形，可以使用恢复命令 OOPS 恢复误删除的对象。

1. 执行方式

☑ 命令行：输入 OOPS 或 U 命令
☑ 工具栏：单击“标准”工具栏中的“放弃”按钮↶
☑ 快捷键：按 Ctrl+Z 键

2. 操作步骤

在命令窗口的提示行中输入 OOPS，按 Enter 键。

6.2.3 清除命令

此命令与删除命令功能完全相同。

1. 执行方式

☑ 菜单：选择“修改”→“清除”命令
☑ 快捷键：按 Delete 键

2. 操作步骤

用菜单或快捷键输入上述命令后，系统提示：

```
选择对象:（选择要清除的对象，按 Enter 键执行清除命令）
```

6.3 复制类命令

本节详细介绍 AutoCAD 2012 的复制类命令。利用这些编辑功能，可以方便地编辑绘制的图形。

6.3.1 复制命令

1. 执行方式

☑ 命令行：输入 COPY 命令
☑ 菜单：选择“修改”→“复制”命令
☑ 工具栏：单击“修改”工具栏中的“复制”按钮
☑ 快捷菜单：选择要复制的对象，在绘图区域右击，从打开的快捷菜单中选择“复制”命令

Note

2. 操作步骤

命令: COPY↙
选择对象:（选择要复制的对象）

用前面介绍的对象选择方法选择一个或多个对象，按 Enter 键结束选择操作。系统继续提示：

指定基点或 [位移(D)/模式(O)] <位移>:（指定基点或位移）

3. 选项说明

（1）指定基点

指定一个坐标点后，AutoCAD 2012 把该点作为复制对象的基点，并提示：

指定位移的第二点或 <用第一点作位移>:

指定第二个点后，系统将根据这两点确定的位移矢量把选择的对象复制到第二点处。如果此时直接按 Enter 键，即选择默认的“用第一点作位移”，则第一个点被当作相对于 X、Y、Z 的位移。例如，如果指定基点为（2,3）并在下一个提示下按 Enter 键，则该对象从它当前的位置开始在 X 方向上移动 2 个单位，在 Y 方向上移动 3 个单位。复制完成后，系统会继续提示：

指定位移的第二点:

这时，可以不断指定新的第二点，从而实现多重复制。

（2）位移

直接输入位移值，表示以选择对象时的拾取点为基准，以拾取点坐标为移动方向纵横比移动指定位移后确定的点为基点。例如，选择对象时拾取点坐标为（2,3），输入位移为 5，则表示以点（2,3）为基准，沿纵横比为 3∶2 的方向移动 5 个单位所确定的点为基点。

（3）模式

控制是否自动重复该命令。该设置由 COPYMODE 系统变量控制。

6.3.2 实例——绘制三相变压器符号

本实例利用“圆”、“直线”命令绘制一侧的图形，再利用“复制”命令创建另一侧的图形，最后利用“直线”命令将图形补充完整，绘制流程如图 6-5 所示。

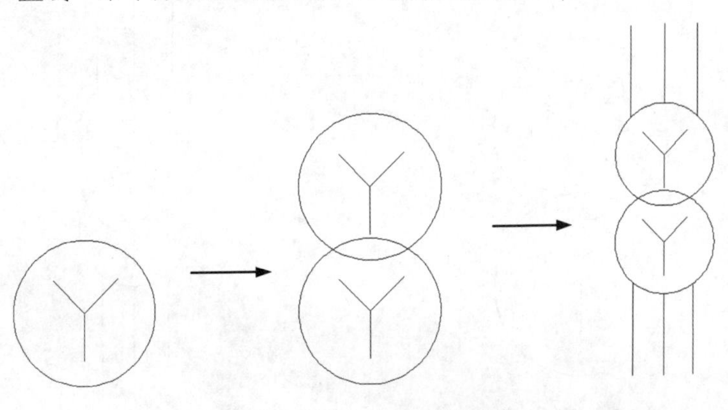

图 6-5　绘制三相变压器符号

操作步骤

Note

参见光盘 光盘\动画演示\第 6 章\绘制三相变压器符号.avi

（1）单击“绘图”工具栏中的“圆”按钮和“直线”按钮，绘制一个圆和 3 条共端点的直线，尺寸适当指定。利用“对象捕捉”功能捕捉 3 条直线的共同端点为圆心，如图 6-6 所示。

（2）单击“修改”工具栏中的“复制”按钮，命令行操作如下。

```
命令: _copy
选择对象: （选择刚绘制的图形）
选择对象: ↙
当前设置:  复制模式 = 多个
指定基点或 [位移(D)/模式(O)] <位移>: 指定第二个点或 <使用第一个点作为位移>:（适当指定一点）
指定第二个点或 [阵列(A)] <使用第一个点作为位移>:（在正下方适当位置指定一点，如图 6-7 所示）
指定第二个点或 [阵列(A)/退出(E)/放弃(U)] <退出>:↙
```

结果如图 6-8 所示。

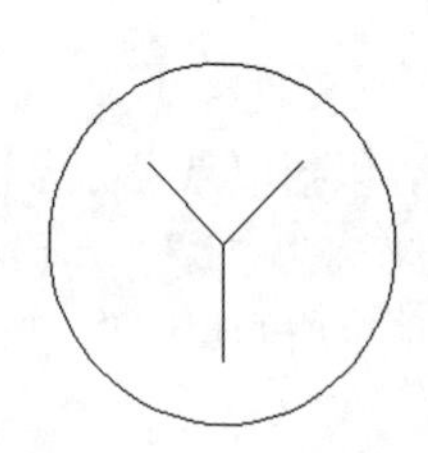

图 6-6　绘制圆和直线

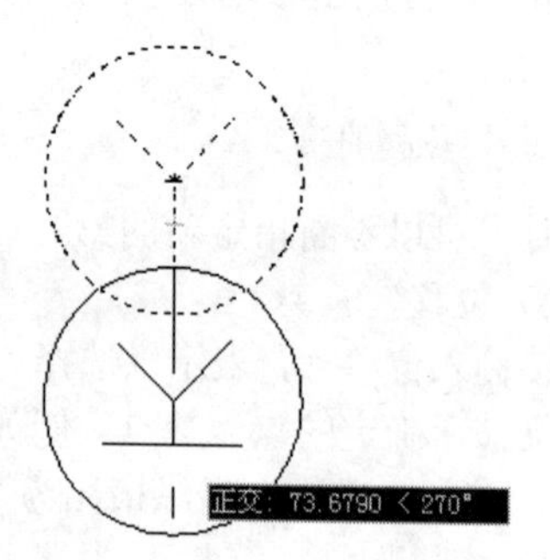

图 6-7　指定第二点

（3）结合“正交”和“对象捕捉”功能，单击“绘图”工具栏中的“直线”按钮，绘制 6 条竖直直线。最终结果如图 6-9 所示。

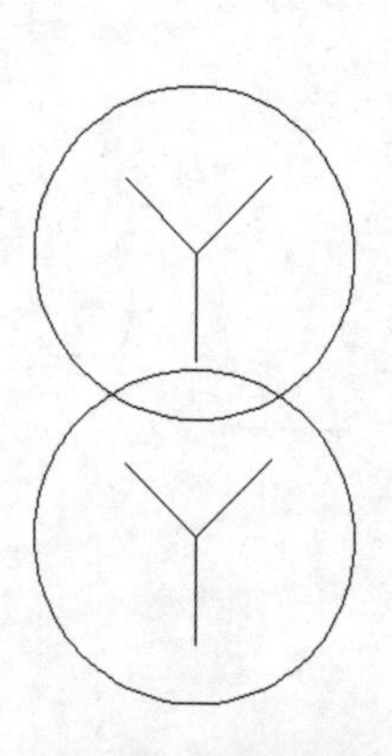

图 6-8　复制对象

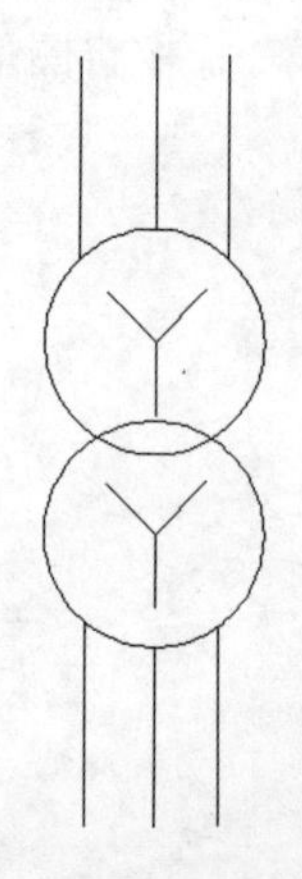

图 6-9　三相变压器符号

6.3.3　镜像命令

镜像对象是指把选择的对象围绕一条镜像线作对称复制。镜像操作完成后，可以保留原对象，也可以将其删除。

1. 执行方式

☑　命令行：选择 MIRROR 命令
☑　菜单：选择“修改”→“镜像”命令
☑　工具栏：单击“修改”工具栏中的“镜像”按钮

2. 操作步骤

```
命令: MIRROR↙
选择对象: （选择要镜像的对象）
指定镜像线的第一点: （指定镜像线的第一个点）
指定镜像线的第二点:（指定镜像线的第二个点）
要删除源对象吗？[是(Y)/否(N)] <N>:（确定是否删除原对象）
```

这两点确定一条镜像线，被选择的对象以该线为对称轴进行镜像。包含该线的镜像平面与用户坐标系统的 XY 平面垂直，即镜像操作工作在与用户坐标系统的 XY 平面平行的平面上。

6.3.4　实例——绘制二极管符号

本实例利用“直线”命令绘制一侧的图形，再利用镜像命令创建另一侧的图形，以此完成二极管符号的绘制，绘制流程图如图 6-10 所示。

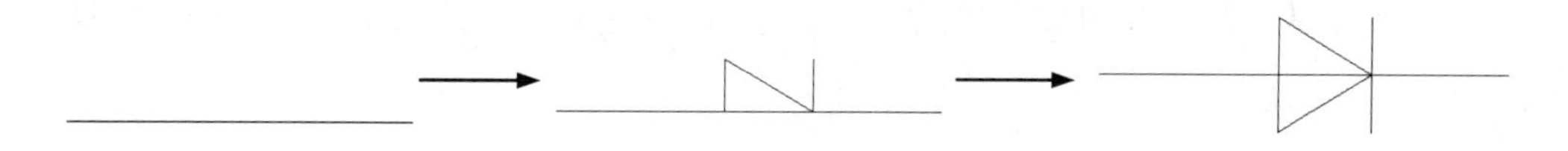

图 6-10　绘制二极管符号

操作步骤

参见光盘　光盘\动画演示\第 6 章\绘制二极管符号.avi

（1）绘制直线。单击“绘图”工具栏中的“直线”按钮，采用相对或者绝对输入方式，绘制一条起点为（100,100），长度为 150mm 的直线，如图 6-11 所示。

图 6-11　直线效果

（2）绘制多段线。单击“绘图”工具栏中的“多段线”按钮，绘制二极管的上半部分。命令行中的提示与操作如下。

```
命令: _pline
指定起点: 200,120↙（指定多段线起点在直线段的左上方，输入其绝对坐标为（200,120））
当前线宽为 0.0000　（按 Enter 键默认系统线宽）
指定下一个点或 [圆弧(A)/半宽(H)/长度(L)/放弃(U)/宽度(W)]: _per 到（按住 Shift 键并右击，在
```

```
弹出的快捷菜单中选择“垂足”命令，捕捉刚指定的起点到水平直线的垂足）
        指定下一点或 [圆弧(A)/闭合(C)/半宽(H)/长度(L)/放弃(U)/宽度(W)]: @40<150↙（用极坐标输入法，绘制长度为 40，与 X 轴正方向成 150°夹角的直线）
        指定下一点或 [圆弧(A)/闭合(C)/半宽(H)/长度(L)/放弃(U)/宽度(W)]: _per 到（捕捉到水平直线的垂足）
```

Note

绘制的多段线效果如图 6-12 所示。

（3）镜像图形。单击“修改”工具栏中的“镜像”按钮，将绘制的多段线以水平直线为轴进行镜像，生成二极管符号。命令行中的提示与操作如下。

```
命令: _mirror
选择对象: （选择刚绘制的多段线）
选择对象: ↙
指定镜像线的第一点: (捕捉直线上任意一点）
指定镜像线的第二点: (捕捉直线上任意一点）
要删除源对象吗？[是(Y)/否(N)] <N>: ↙
```

结果如图 6-13 所示。

图 6-12　多段线效果　　　　图 6-13　二极管符号

6.3.5　偏移命令

偏移对象是指保持选择的对象的形状，在不同的位置以不同的尺寸大小新建一个对象。

1. 执行方式

- ☑ 命令行：输入 OFFSET 命令
- ☑ 菜单：选择“修改”→“偏移”命令
- ☑ 工具条：单击“修改”工具栏中的“偏移”按钮

2. 操作步骤

```
命令: OFFSET↙
当前设置: 删除源=否　图层=源　OFFSETGAPTYPE=0
指定偏移距离或 [通过(T)/删除(E)/图层(L)] <通过>: (指定距离值）
选择要偏移的对象，或 [退出(E)/放弃(U)] <退出>: (选择要偏移的对象。按 Enter 键结束操作）
指定要偏移的那一侧上的点，或 [退出(E)/多个(M)/放弃(U)] <退出>: (指定偏移方向）
选择要偏移的对象，或 [退出(E)/放弃(U)] <退出>:
```

3. 选项说明

（1）指定偏移距离

输入一个距离值，或直接按 Enter 键使用当前的距离值，系统把该距离值作为偏移距离，如图 6-14（a）所示。

（2）通过(T)

指定偏移的通过点。选择该选项后出现如下提示：

```
选择要偏移的对象或 <退出>: (选择要偏移的对象。按 Enter 键会结束操作）
```

指定通过点:（指定偏移对象的一个通过点）

操作完毕后，系统根据指定的通过点绘出偏移对象，如图 6-14（b）所示。

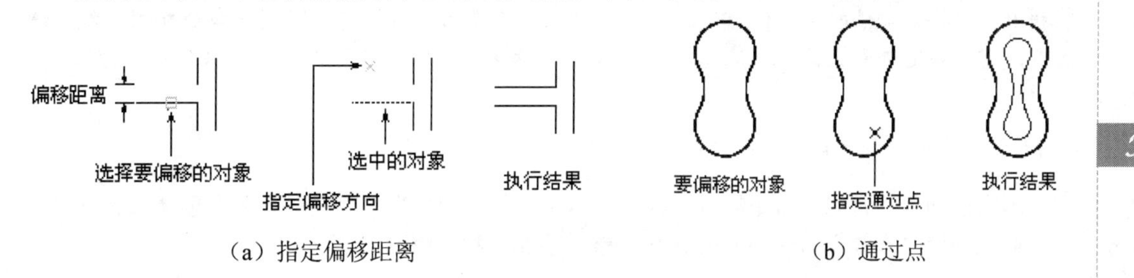

（a）指定偏移距离　　（b）通过点

图 6-14　偏移选项说明（一）

（3）删除(E)

偏移源对象后将其删除，如图 6-14（a）所示。选择该项，系统提示：

要在偏移后删除源对象吗？ [是(Y)/否(N)] <当前>:（输入 Y 或 N）

（4）图层(L)

确定将偏移对象创建在当前图层上还是源对象所在的图层上，这样就可以在不同图层上偏移对象。选择该项，系统提示：

输入偏移对象的图层选项 [当前(C)/源(S)] <当前>:（输入选项）

如果偏移对象的图层选择为当前层，则偏移对象的图层特性与当前图层相同，如图 6-15（b）所示。

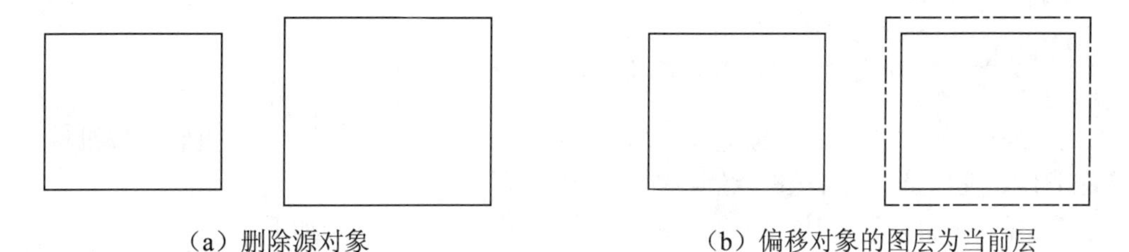

（a）删除源对象　　（b）偏移对象的图层为当前层

图 6-15　偏移选项说明（二）

（5）多个(M)

使用当前偏移距离重复进行偏移操作，并接受附加的通过点，如图 6-16 所示。

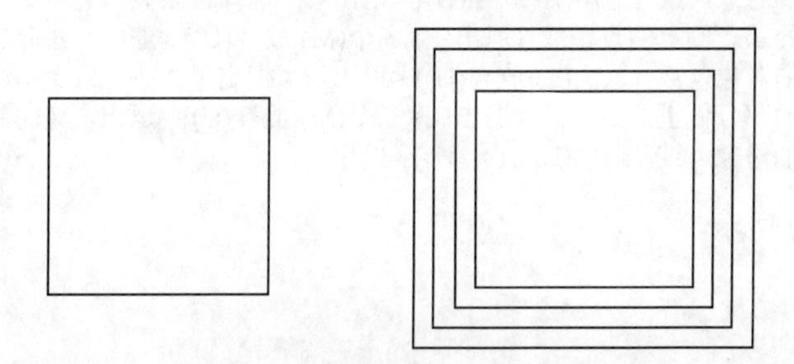

图 6-16　偏移选项说明（三）

Note

注意

可以使用“偏移”命令对指定的直线、圆弧、圆等对象作定距离偏移复制。在实际应用中，常利用“偏移”命令的特性创建平行线或等距离分布图形，效果与“阵列”命令相同。默认情况下，需要指定偏移距离，再选择要偏移复制的对象，然后指定偏移方向，以复制出对象。

6.3.6 实例——绘制手动三级开关符号

本实例利用“直线”命令绘制一级开关，再利用“偏移”、“复制”命令创建二、三级开关，最后利用“直线”命令将开关补充完整，绘制流程如图 6-17 所示。

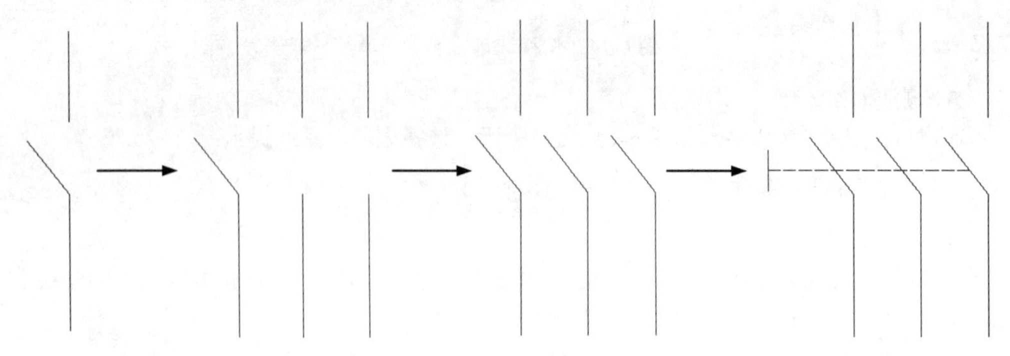

图 6-17 绘制手动三级开关符号

操作步骤

参见光盘 光盘\动画演示\第 6 章\绘制手动三级开关符号.avi

（1）结合“正交”和“对象追踪”功能，单击“绘图”工具栏中的“直线”按钮，绘制 3 条直线，完成第一级开关的绘制，如图 6-18 所示。

（2）单击“修改”工具栏中的“偏移 ”按钮，命令行操作如下。

```
命令: _offset
当前设置: 删除源=否  图层=源  OFFSETGAPTYPE=0
指定偏移距离或 [通过(T)/删除(E)/图层(L)] <通过>:（在适当位置指定一点，如图 6-19 中点 1）
指定第二点:（水平向右适当距离指定一点，如图 6-19 中点 2）
选择要偏移的对象，或 [退出(E)/放弃(U)] <退出>:（选择一条竖直直线）
指定要偏移的那一侧上的点，或 [退出(E)/多个(M)/放弃(U)] <退出>:（向右指定一点）
选择要偏移的对象，或 [退出(E)/放弃(U)] <退出>:（指定另一条竖线）
指定要偏移的那一侧上的点，或 [退出(E)/多个(M)/放弃(U)] <退出>:（向右指定一点）
选择要偏移的对象，或 [退出(E)/放弃(U)] <退出>:↙
```

结果如图 6-20 所示。

图 6-18 绘制直线　　　　图 6-19 指定偏移距离　　　　图 6-20 偏移结果

注意

偏移是将对象按指定的距离沿对象的垂直或法向方向进行复制，在本实例中，如果采用上面设置相同的距离将斜线进行偏移，就会得到如图 6-21 所示的结果，与我们设想的结果不一样，这是初学者应该注意的地方。

（3）单击“修改”工具栏中的“偏移 ”按钮，绘制第三级开关的竖线，具体操作方法与上面相同，只是在系统提示：

```
指定偏移距离或 [通过(T)/删除(E)/图层(L)] <190.4771>:
```

直接按 Enter 键，接受上一次偏移指定的偏移距离为本次偏移的默认距离，结果如图 6-22 所示。

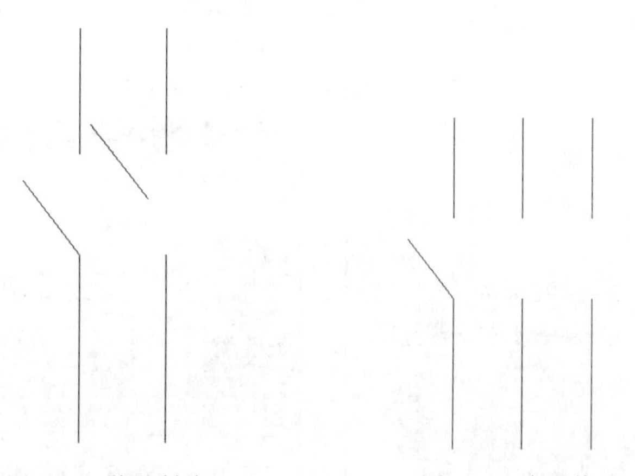

图 6-21 偏移斜线　　　　图 6-22 完成偏移

（4）单击“修改”工具栏中的“复制”按钮，复制斜线，捕捉基点和目标点分别为对应的竖线端点，结果如图 6-23 所示。

（5）单击“绘图”工具栏中的“直线”按钮，结合“对象捕捉”功能绘制一条竖直线和一条水平线，结果如图 6-24 所示。

Note

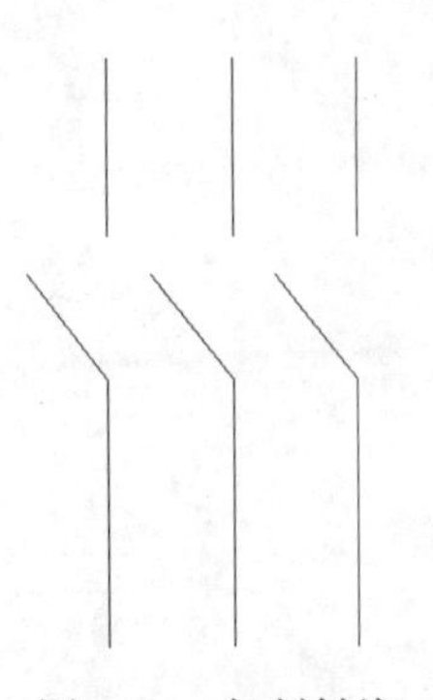

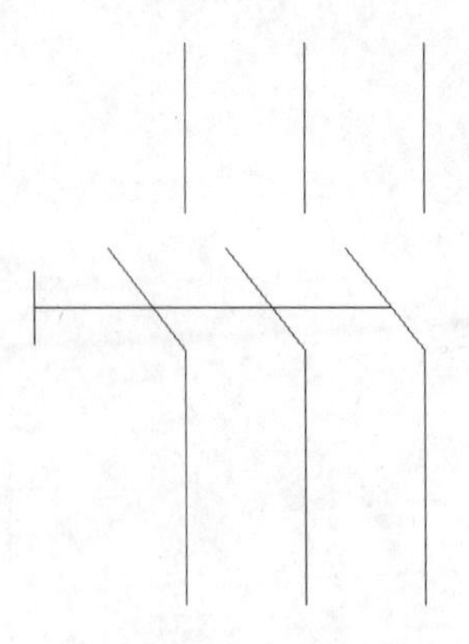

图 6-23　复制斜线　　　　图 6-24　绘制直线

下面将水平直线的图线由实线改为虚线。

（6）单击“图层”工具栏中的“图层特性管理器”按钮，打开“图层特性管理器”对话框，如图 6-25 所示，双击 0 层右侧的 Continuous 线型，打开“选择线型”对话框，如图 6-26 所示，单击“加载”按钮，打开“加载或重载线型”对话框，选择其中的 ACAD_ISO02W100 线型，如图 6-27 所示，单击“确定”按钮，回到“选择线型”对话框，再次单击“确定”按钮，回到“图层特性管理器”对话框，最后单击“确定”按钮退出。

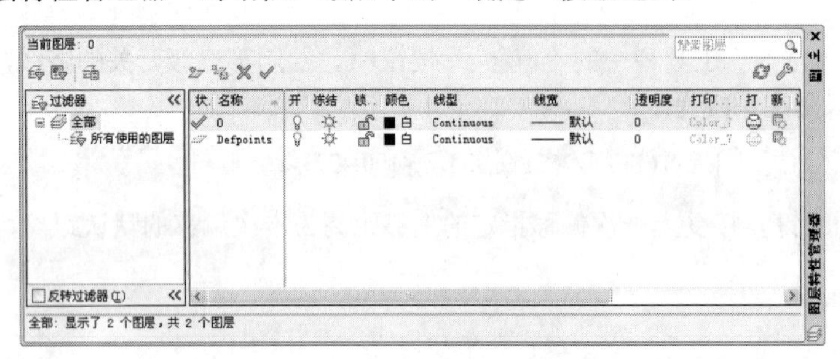

图 6-25　“图层特性管理器”对话框

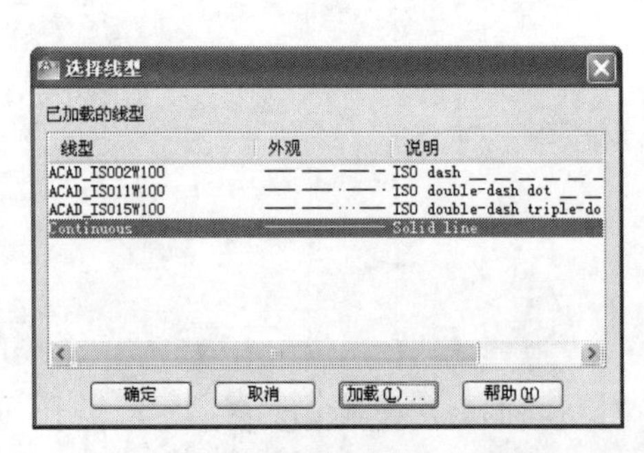

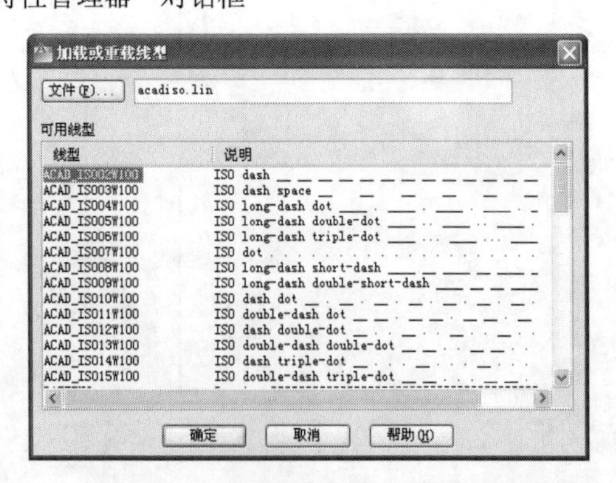

图 6-26　“选择线型”对话框　　　　图 6-27　“加载或重载线型”对话框

（7）选择上面绘制的水平直线，单击鼠标右键，选择“特性”命令，打开“特性”工具板，在“线型”下拉列表框中选择刚加载的 ACAD_ISO02W100 线型，在“线型比例”文本框中将线型比例改为 3，如图 6-28 所示，关闭“特性”工具板，可以看到水平直线的线型已经改为虚线，最终结果如图 6-29 所示。

Note

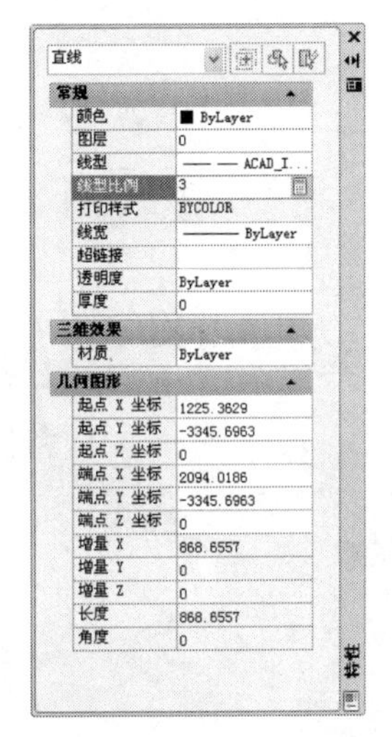

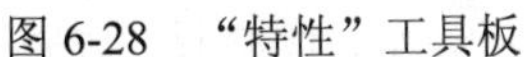
图 6-28 “特性”工具板

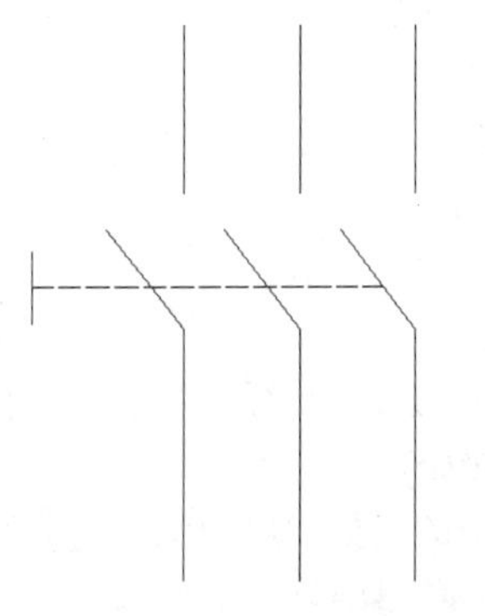
图 6-29 手动三级开关

6.3.7 阵列命令

建立阵列是指多重复制选择的对象并把这些副本按矩形或环形排列。把副本按矩形排列称为建立矩形阵列，把副本按环形排列称为建立极阵列。建立极阵列时，应该控制复制对象的次数和对象是否被旋转；建立矩形阵列时，应该控制行和列的数量以及对象副本之间的距离。

AutoCAD 2012 提供 ARRAY 命令建立阵列。用该命令可以建立矩形阵列、极阵列（环形）和旋转的矩形阵列。

1. 执行方式

☑ 命令行：输入 ARRAY 命令

☑ 菜单：选择“修改”→“阵列”→“矩形阵列”→“路径阵列”→“环形阵列”命令

☑ 工具栏：单击“修改”工具栏中的“矩形阵列”按钮、“路径阵列”按钮或“环形阵列”按钮

2. 操作步骤

```
命令：ARRAY↙
```

输入上述命令后，系统打开“阵列”对话框。

3. 选项说明

（1）方向(O)

控制选定对象是否将相对于路径的起始方向重定向（旋转），然后再移动到路径的起点。

（2）表达式(E)

使用数学公式或方程式获取值。

（3）基点(B)

指定阵列的基点。

（4）关键点(K)

对于关联阵列，在源对象上指定有效的约束点（或关键点）以用作基点。如果编辑生成的阵列的源对象，阵列的基点保持与源对象的关键点重合。

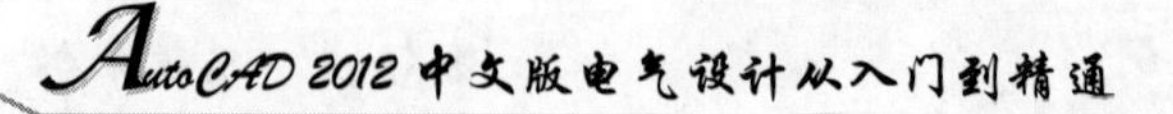

Note

（5）定数等分(D)

沿整个路径长度平均定数等分项目。

（6）全部(T)

指定第一个和最后一个项目之间的总距离。

（7）关联(AS)

指定是否在阵列中创建项目作为关联阵列对象，或作为独立对象。

（8）项目(I)

编辑阵列中的项目数。

（9）行数(R)

指定阵列中的行数和行间距以及它们之间的增量标高。

（10）层级(L)

指定阵列中的层数和层间距。

（11）对齐项目(A)

指定是否对齐每个项目以与路径的方向相切。对齐相对于第一个项目的方向（“方向”选项）。

（12）Z方向(Z)

控制是否保持项目的原始Z方向或沿三维路径自然倾斜项目。

（13）退出(X)

退出命令。

注意

阵列在平面作图时有两种方式，可以在矩形或环形（圆形）阵列中创建对象的副本。对于矩形阵列，可以控制行和列的数目以及它们之间的距离。对于环形阵列，可以控制对象副本的数目并决定是否旋转副本。

6.3.8 实例——绘制三相绕组变压器符号

本实例主要是首先利用“圆”命令绘制一个圆，然后利用阵列命令将所绘的圆进行阵列，添加三相线后做成块。绘制流程如图6-30所示。

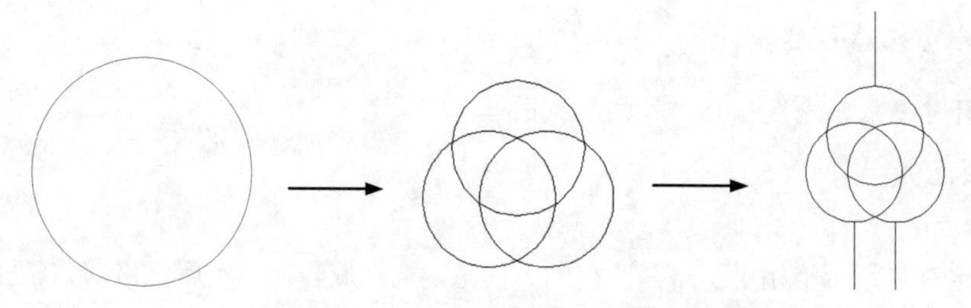

图6-30 绘制三相绕组变压器符号

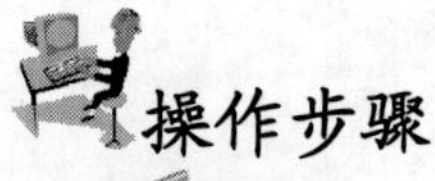

操作步骤

参见光盘

光盘\动画演示\第6章\绘制三相绕组变压器符号.avi

（1）单击“绘图”工具栏中的“圆”按钮，绘制一个圆心在（100,100），半径为 10 的圆，命令行操作如下。

```
命令: CIRCLE↙
指定圆的圆心或 [三点(3P)/两点(2P)/相切、相切、半径(T)]:100,100↙
指定圆的半径或 [直径(D)]:10↙
```

结果如图 6-31 所示。

（2）阵列圆。单击“修改”工具栏中的“环形阵列”按钮，阵列上步绘制的圆，输入中心点坐标（100,95），设置“项目总数”为 3、“填充角度”为 360，阵列后的效果如图 6-32 所示。

图 6-31 绘制圆

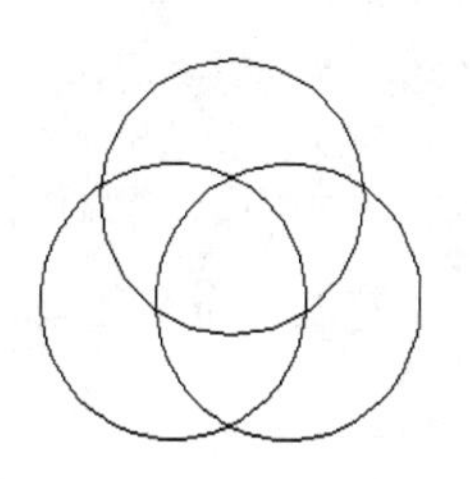

图 6-32 阵列效果图

（3）单击“绘图”工具栏中的“直线”按钮，捕捉第一个圆与竖直线交点作为直线起点，捕捉过程如图 6-33 所示。向上绘制长度为 15 的直线，绘制完成的效果图如图 6-34 所示。

（4）单击“修改”工具栏中的“复制”按钮，完成另外两条引线的绘制，三相绕组变压器的符号如图 6-35 所示。

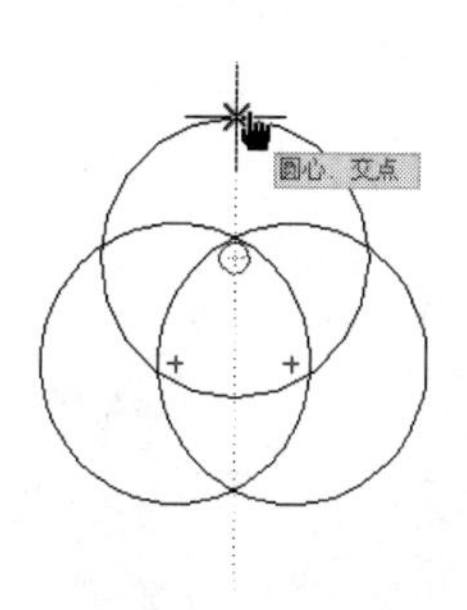

图 6-33 捕捉过程

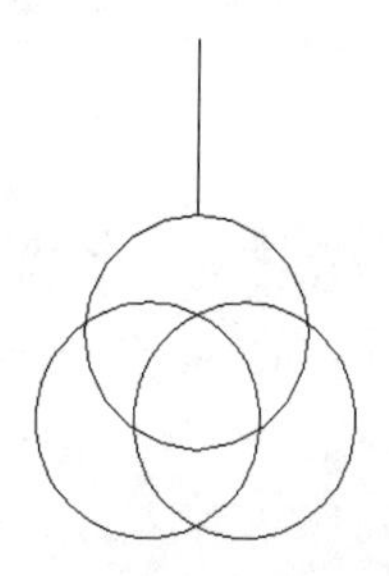

图 6-34 绘制直线

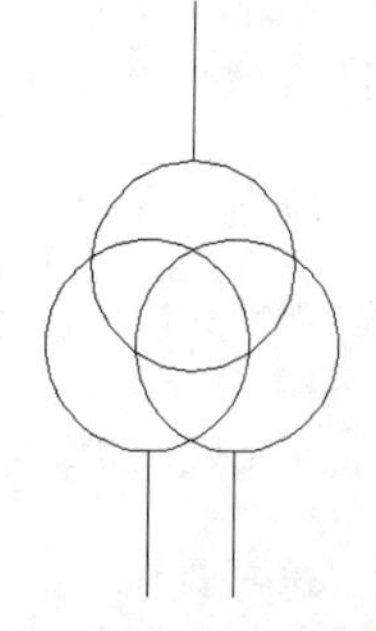

图 6-35 三相绕组变压器符号

6.4 改变位置类命令

这一类编辑命令的功能是按照指定要求改变当前图形或图形的某部分的位置，主要包括移动、旋转和缩放等命令。

6.4.1 移动命令

1. 执行方式

☑ 命令行：输入 MOVE 命令

☑ 菜单：选择“修改”→“移动”命令
☑ 快捷菜单：选择要复制的对象，在绘图区域右击，从打开的快捷菜单中选择“移动”命令
☑ 工具栏：单击“修改”工具栏中的“移动”按钮

Note

2. 操作步骤

```
命令:MOVE↙
选择对象:（选择对象）
```

用前面介绍的对象选择方法选择要移动的对象，按 Enter 键结束选择。系统继续提示：

```
指定基点或位移:（指定基点或移至点）
指定基点或 [位移(D)] <位移>:（指定基点或位移）
指定第二个点或 <使用第一个点作为位移>:
```

命令选项功能与“复制”命令类似。

6.4.2 旋转命令

1. 执行方式

☑ 命令行：输入 ROTATE 命令
☑ 菜单：选择“修改”→“旋转”命令
☑ 快捷菜单：选择要旋转的对象，在绘图区域右击，从打开的快捷菜单中选择“旋转”命令
☑ 工具栏：单击“修改”工具栏中的“旋转”按钮

2. 操作步骤

```
命令:ROTATE↙
UCS 当前的正角方向:  ANGDIR=逆时针  ANGBASE=0
选择对象:（选择要旋转的对象）
指定基点:（指定旋转的基点。在对象内部指定一个坐标点）
指定旋转角度，或 [复制(C)/参照(R)] <0>:（指定旋转角度或其他选项）
```

3. 选项说明

（1）复制(C)

选择该选项，旋转对象的同时保留原对象，如图 6-36 所示。

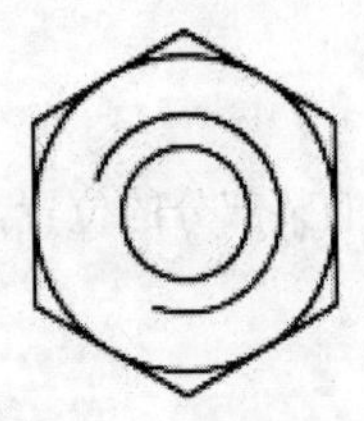

（a）旋转前

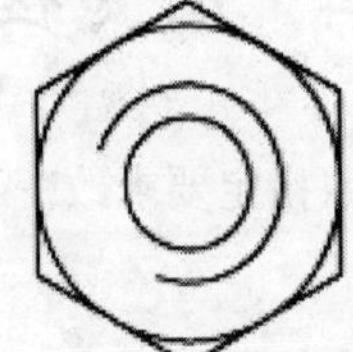

（b）旋转后

图 6-36 复制旋转

（2）参照(R)

采用“参照”方式旋转对象时，系统提示：

指定参照角 <0>:（指定要参考的角度，默认值为 0）
指定新角度:（输入旋转后的角度值）

操作完毕后，对象被旋转至指定的角度位置。

注意

可以用拖动鼠标的方法旋转对象。选择对象并指定基点后，从基点到当前光标位置会出现一条连线，移动鼠标选择的对象会动态地随着该连线与水平方向的夹角的变化而旋转，按 Enter 键可确认旋转操作，如图 6-37 所示。

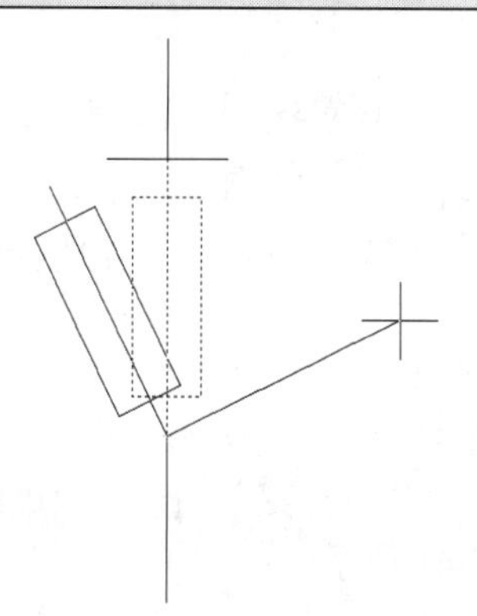

图 6-37　拖动鼠标旋转对象

6.4.3　实例——绘制电极探头符号

本实例主要是利用“直线”和“移动”等命令绘制探头的一部分，然后进行旋转复制绘制另一半，最后添加填充。绘制流程如图 6-38 所示。

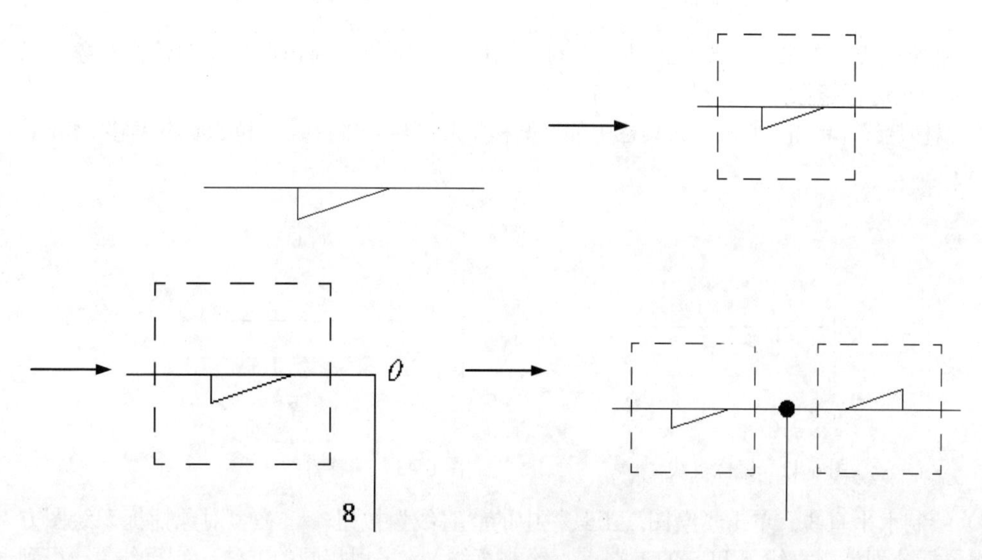

图 6-38　绘制电极探头符号

操作步骤

参见光盘　光盘\动画演示\第6章\绘制电极探头符号.avi

Note

（1）绘制三角形。单击“绘图”工具栏中的“直线”按钮，分别绘制直线1{(0,0)，(33,0)}、直线2{(10,0)，(10,-4)}、直线3{(10,-4)，(21,0)}，这3条直线构成一个直角三角形，如图6-39所示。

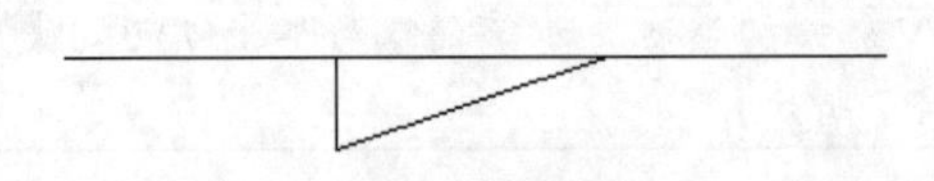

图6-39　绘制直线

（2）绘制竖直直线。单击“绘图”工具栏中的“直线”按钮，开启“对象捕捉”和“正交模式”，捕捉直线1的左端点，以其为起点，向上绘制长度为12mm的直线4，如图6-40所示。

（3）移动直线。单击“修改”工具栏中的“移动”按钮，将直线4向右平移3.5mm。

（4）修改直线线型。新建一个名为“虚线层”的图层，线型为虚线。选中直线4，单击“图层”工具栏中的下拉按钮，在弹出的下拉菜单中选择“虚线层”选项，将其图层属性设置为“虚线层”，更改后的效果如图6-41所示。

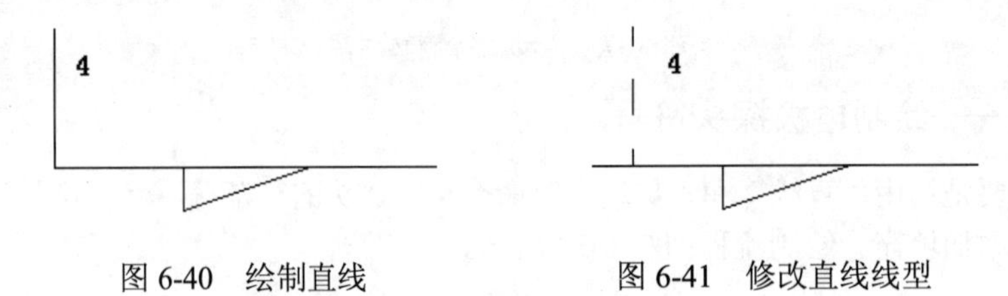

图6-40　绘制直线　　图6-41　修改直线线型

（5）镜像直线。单击“修改”工具栏中的“镜像”按钮，选择直线4为镜像对象，以直线1为镜像线进行镜像操作，得到直线5，如图6-42所示。

（6）偏移直线。单击“修改”工具栏中的“偏移”按钮，将直线4和5向右偏移24mm，如图6-43所示。

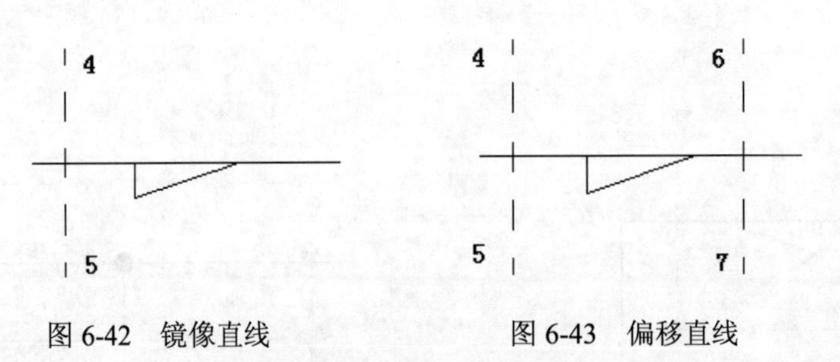

图6-42　镜像直线　　图6-43　偏移直线

（7）绘制水平直线。单击“绘图”工具栏中的“直线”按钮，在“对象捕捉”绘图方式下，用鼠标分别捕捉直线4和6的上端点，绘制直线8。采用相同的方法绘制直线9，得到两条水平直线。

（8）更改图层属性。选中直线 8 和 9，单击“图层”工具栏中的下拉按钮，在弹出的下拉菜单中选择“虚线层”选项，将其图层属性设置为“虚线层”，如图 6-44 所示。

（9）绘制竖直直线。返回实线层，单击“绘图”工具栏中的“直线”按钮，开启“对象捕捉”和“正交模式”，捕捉直线 1 的右端点，以其为起点向下绘制一条长度为 20mm 的竖直直线，如图 6-45 所示。

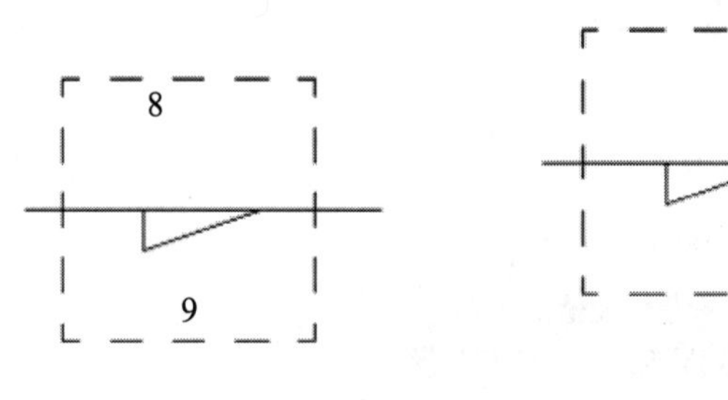

图 6-44　更改图层属性　　　　图 6-45　绘制竖直直线

（10）旋转图形。单击“修改”工具栏中的“旋转”按钮，选择直线 10 以左的图形作为旋转对象，选择 *O* 点作为旋转基点，进行旋转操作。命令行中的提示与操作如下。

```
命令: _rotate
UCS 当前的正角方向:  ANGDIR=逆时针   ANGBASE=0
选择对象: 指定对角点: 找到 9 个 （用矩形框选择旋转对象）↙
指定基点:（选择 O 点）↙
指定旋转角度，或 [复制(C)/参照(R)] <180>: c↙
旋转一组选定对象。
指定旋转角度，或 [复制(C)/参照(R)] <180>: 180↙
```

旋转结果如图 6-46 所示。

（11）绘制圆。单击“绘图”工具栏中的“圆”按钮，捕捉 *O* 点作为圆心，绘制一个半径为 1.5mm 的圆。

（12）填充圆。选择菜单栏中的“绘图”→“图案填充”命令，弹出“图案填充和渐变色”对话框，选择 SOLID 图案，其他选项保持系统默认设置。选择步骤（1）中绘制的圆作为填充边界，填充结果如图 6-47 所示。至此，电极探头符号绘制完成。

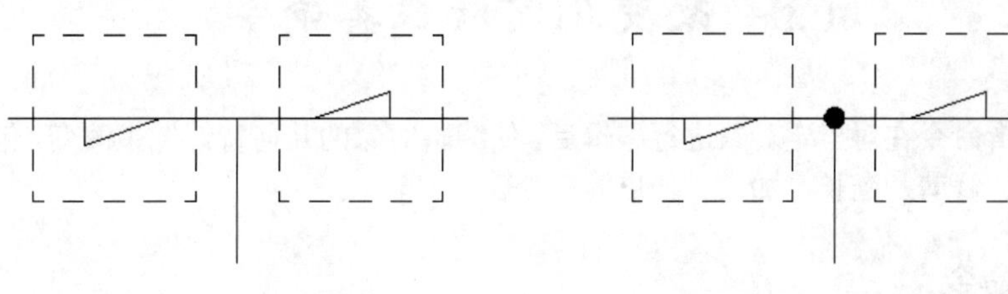

图 6-46　旋转图形　　　　图 6-47　填充圆

6.4.4　缩放命令

1. 执行方式

☑　命令行：输入 SCALE 命令

☑　菜单：选择“修改”→“缩放”命令

Note

☑ 快捷菜单：选择要缩放的对象，在绘图区域右击，从打开的快捷菜单中选择“缩放”命令

☑ 工具栏：单击“修改”工具栏中的“缩放”按钮

2. 操作步骤

```
命令: SCALE↙
选择对象:（选择要缩放的对象）
指定基点:（指定缩放操作的基点）
指定比例因子或 [参照(R)]:
```

3. 选项说明

（1）采用参考方向缩放对象时，系统提示：

```
指定参照长度 <1>:（指定参考长度值）
指定新的长度或 [点(P)] <1.0000>:（指定新长度值）
```

若新长度值大于参考长度值，则放大对象；否则，缩小对象。操作完毕后，系统以指定的基点按指定的比例因子缩放对象。如果选择“点(P)”选项，则指定两点来定义新的长度。

（2）可以用拖动鼠标的方法缩放对象。选择对象并指定基点后，从基点到当前光标位置会出现一条连线，线段的长度即为比例大小。移动鼠标选择的对象会动态地随着该连线长度的变化而缩放，按 Enter 键可确认缩放操作。

（3）选择“复制(C)”选项时，可以复制缩放对象，即缩放对象时保留原对象，如图 6-48 所示。

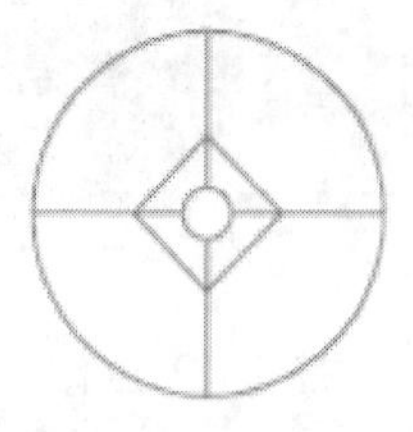
（a）缩放前

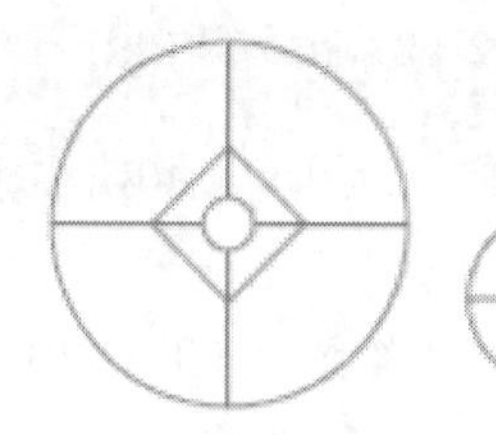
（b）缩放后

图 6-48　复制缩放

6.5　改变几何特性类命令

这一类编辑命令在对指定对象进行编辑后，使编辑对象的几何特性发生改变，包括倒斜角、倒圆角、断开、修剪、延长、加长、伸展等命令。

6.5.1　修剪命令

1. 执行方式

☑ 命令行：输入 TRIM 命令

☑ 菜单：选择“修改”→“修剪”命令

☑ 工具栏：单击“修改”工具栏中的“修剪”按钮

Note

2. 操作步骤

命令: TRIM↙
当前设置:投影=UCS，边=无
选择剪切边......
选择对象或 <全部选择>:（选择用作修剪边界的对象）

按 Enter 键结束对象选择，系统提示：

选择要修剪的对象，或按住 Shift 键选择要延伸的对象，或[栏选(F)/窗交(C)/投影(P)/边(E)/删除(R)/放弃(U)]:

3. 选项说明

（1）在选择对象时，如果按住 Shift 键，系统就自动将“修剪”命令转换成“延伸”命令，“延伸”命令将在 6.5.3 节介绍。

（2）选择“边”选项时，可以选择对象的修剪方式，包括延伸和不延伸两种。

① 延伸(E)：延伸边界进行修剪。在此方式下，如果剪切边没有与要修剪的对象相交，系统会延伸剪切边直至与对象相交，然后再修剪，如图 6-49 所示。

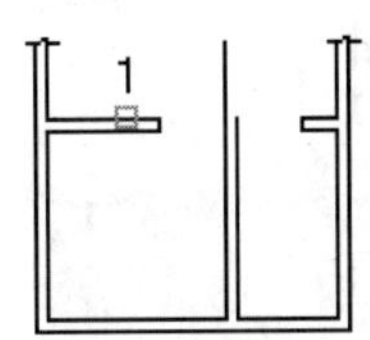

（a）选择剪切边

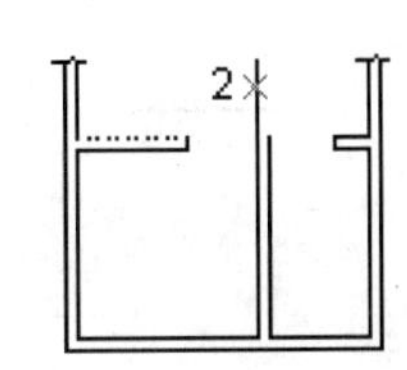

（b）选择要修剪的对象

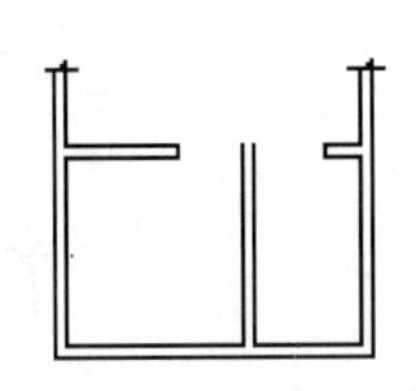

（c）修剪后的结果

图 6-49 延伸方式修剪对象

② 不延伸(N)：不延伸边界修剪对象，只修剪与剪切边相交的对象。

（3）选择“栏选(F)”选项时，系统以栏选的方式选择被修剪对象，如图 6-50 所示。

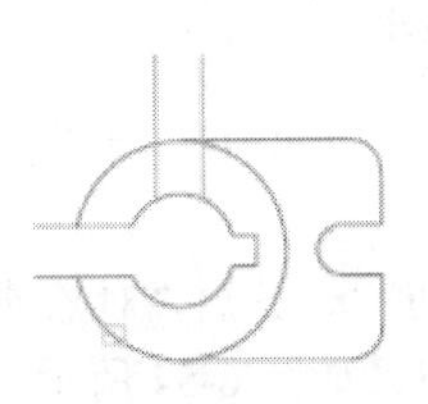

（a）选定剪切边

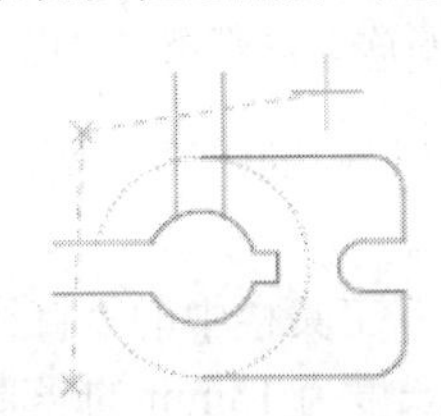

（b）使用栏选选定的要修剪的对象

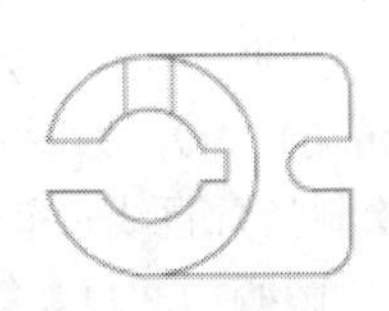

（c）结果

图 6-50 栏选修剪对象

（4）选择“窗交(C)”选项时，系统以窗交的方式选择被修剪对象，如图 6-51 所示。

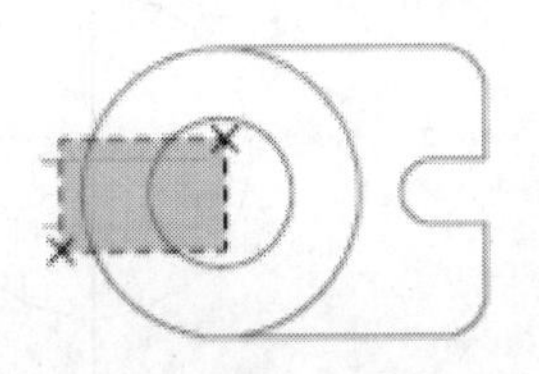

（a）使用窗交选择选定的边

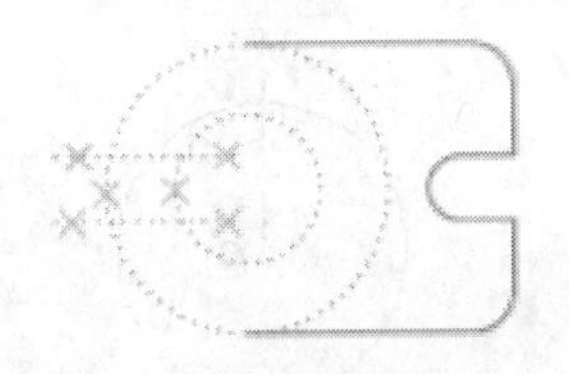

（b）选定要修剪的对象

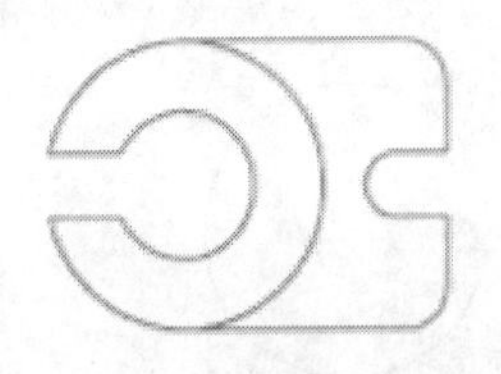

（c）结果

图 6-51 窗交选择修剪对象

Note

（5）被选择的对象可以互为边界和被修剪对象，此时系统会在选择的对象中自动判断边界。

6.5.2 实例——绘制带燃油泵电机符号

本实例利用“圆”、“直线”命令绘制一个圆与通过圆心的直线并将绘制后的图形复制，再利用“直线”、“偏移”、“剪切”等命令绘制连接处，而后利用“直线”命令创建三角形，最后利用“图案填充”命令将三角形填充并利用“多行文字”命令进行文字标注，绘制流程如图 6-52 所示。

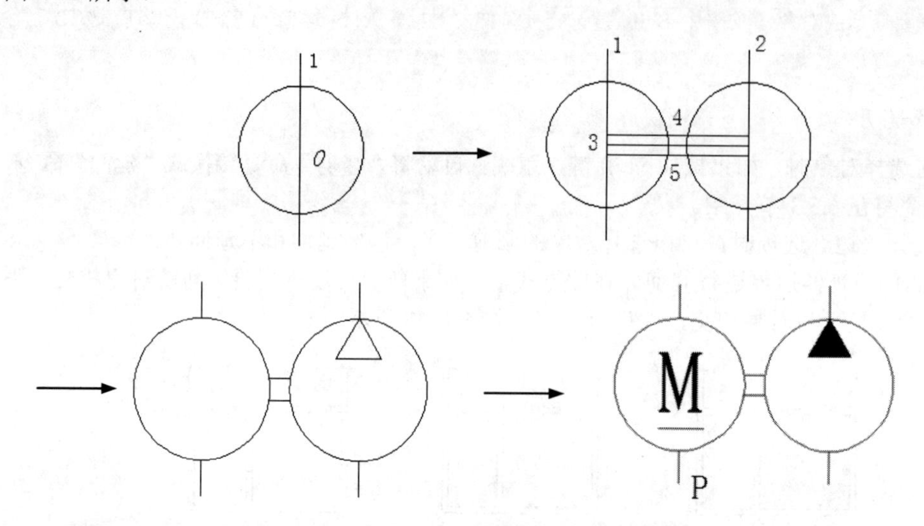

图 6-52 绘制带燃油泵电机符号

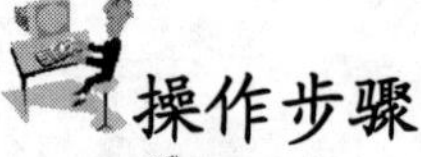

操作步骤

参见光盘

光盘\动画演示\第 6 章\绘制带燃油泵电机符号.avi

（1）绘制圆。单击“绘图”工具栏中的“圆”按钮，以（200,50）为圆心，绘制一个半径为 10mm 的圆 *O*，如图 6-53 所示。

（2）绘制竖直直线。单击“绘图”工具栏中的“直线”按钮，开启“对象捕捉”和“正交模式”，以圆心为起点，绘制一条长度为 15mm 的竖直直线 1，如图 6-54 所示。

（3）拉长直线。单击“修改”工具栏中的“拉长”按钮，将直线 1 向下拉长 15mm，结果如图 6-55 所示。

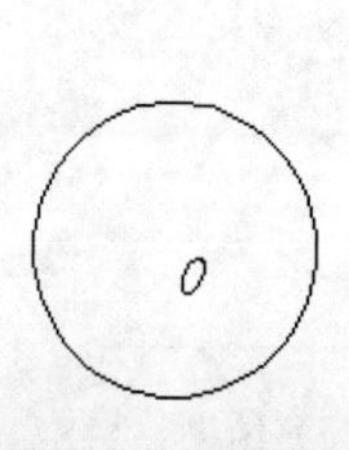

图 6-53 绘制圆

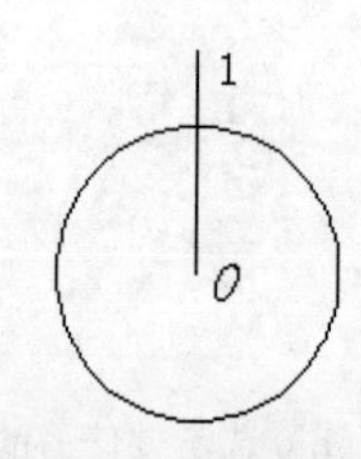

图 6-54 绘制竖直直线

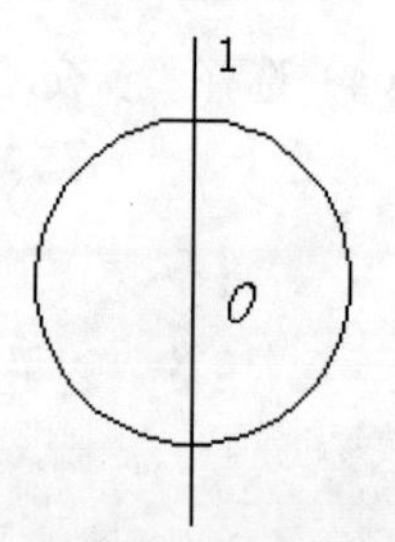

图 6-55 拉长直线

（4）复制图形。单击“修改”工具栏中的“复制”按钮，将前面绘制的圆 O 与直线 1 复制一份，并向右平移 24mm，如图 6-56 所示。

（5）绘制水平直线。单击“绘图”工具栏中的“直线”按钮，开启“对象捕捉”模式，捕捉两圆的圆心，绘制水平直线 3，如图 6-57 所示。

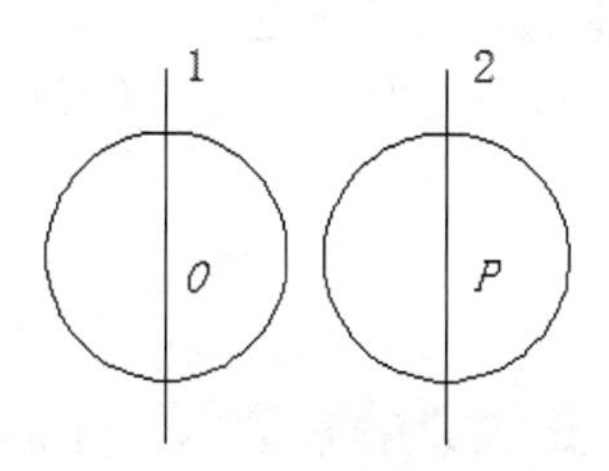

图 6-56 复制图形

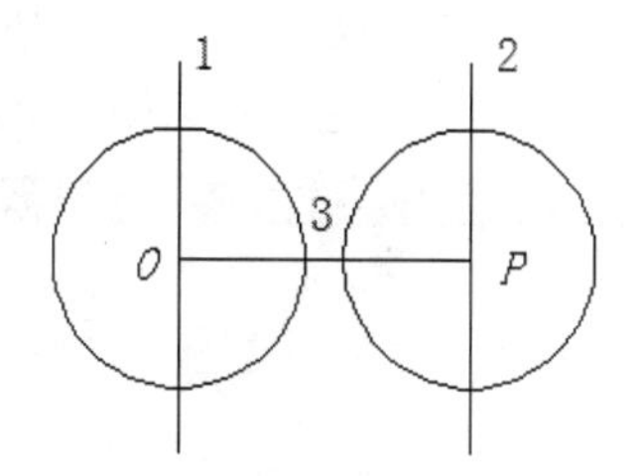

图 6-57 绘制水平直线

（6）偏移直线。单击“修改”工具栏中的“偏移”按钮，将直线 3 分别向上和向下偏移 1.5mm，生成直线 4 和直线 5，如图 6-58 所示。

（7）删除直线。单击“修改”工具栏中的“删除”按钮，删除直线 3；或者选中直线 3，然后按 Delete 键将其删除。

（8）修剪图形。单击“修改”工具栏中的“修剪”按钮，以圆弧为剪切边，对直线进行修剪，命令行操作如下。

命令: _trim
当前设置:投影=UCS，边=无
选择剪切边…...
选择对象或 <全部选择>: （选择两个圆）
选择对象: ↙
选择要修剪的对象，或按住 Shift 键选择要延伸的对象，或[栏选(F)/窗交(C)/投影(P)/边(E)/删除(R)/放弃(U)]:（选择水平直线在圆里的部分）
……
选择要修剪的对象，或按住 Shift 键选择要延伸的对象，或 [栏选(F)/窗交(C)/投影(P)/边(E)/删除(R)/放弃(U)]: （继续选择水平直线在圆里的部分）
选择要修剪的对象，或按住 Shift 键选择要延伸的对象，或 [栏选(F)/窗交(C)/投影(P)/边(E)/删除(R)/放弃(U)]: ↙

修剪结果如图 6-59 所示。

（9）绘制三角形。调用“正多边形”命令，以直线 2 的下端点为上顶点，绘制一个边长为 6.5mm 的等边三角形，如图 6-60 所示。“正多边形”命令是按指定的边数、中心和一边的两端点绘制正多边形。

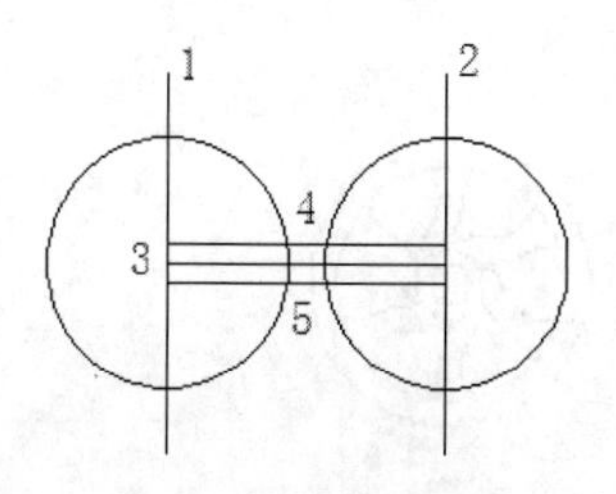

图 6-58 偏移直线

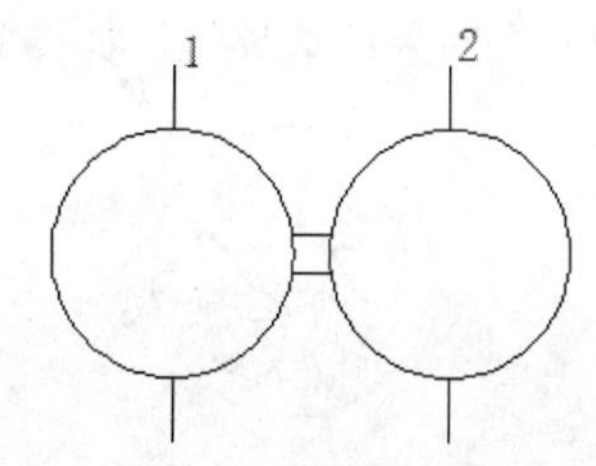

图 6-59 修剪图形

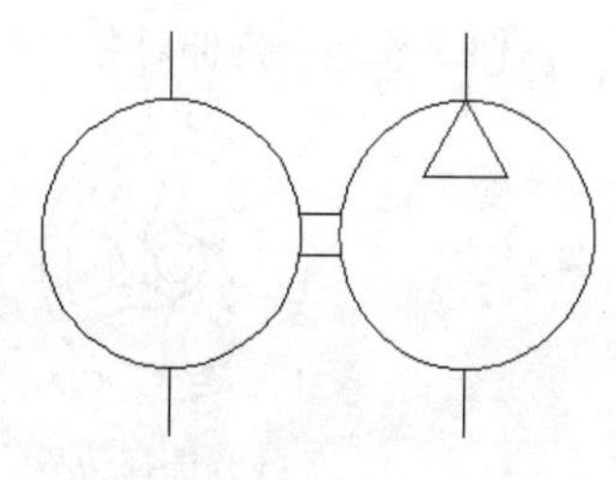

图 6-60 绘制三角形

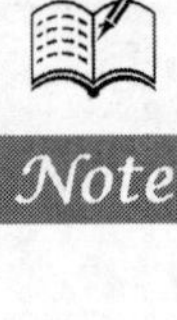

（10）图案填充。选择菜单栏中的“绘图”→“图案填充”命令，弹出“图案填充和渐变色”对话框，如图 6-61 所示。单击“图案”下拉列表框右侧的…按钮，弹出“填充图案选项板”对话框，如图 6-62 所示。在“其他预定义”选项卡中选择 SOLID 图案，单击“确定”按钮，返回“图案填充和渐变色”对话框，其他选项采用系统默认设置。单击“添加:选择对象”按钮，返回绘图窗口进行选择。依次选择三角形的 3 条边作为填充边界，按 Enter 键再次返回“图案填充和渐变色”对话框，单击“确定”按钮，完成三角形的填充，如图 6-63 所示。

图 6-61 “图案填充和渐变色”对话框

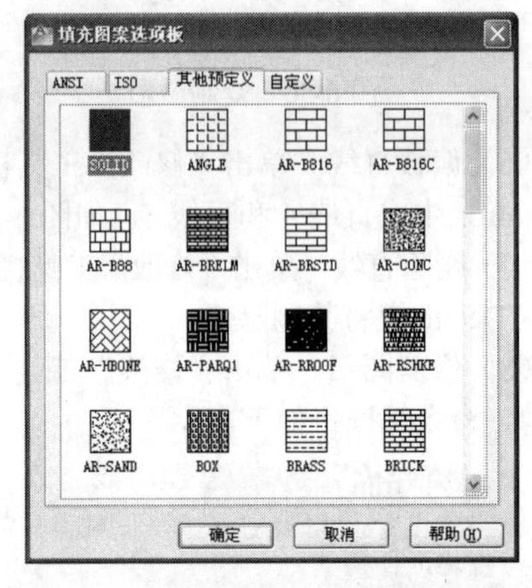

图 6-62 “填充图案选项板”对话框

（11）添加文字。选择菜单栏中的“绘图”→“文字”→“多行文字”命令，在圆 O 的中心输入文字 M，并在“文字格式”工具栏中单击“下划线”按钮U，为文字添加下划线，设置文字高度为 12，并在圆 O 下方输入文字 P，如图 6-64 所示，完成带燃油泵电机符号的绘制。

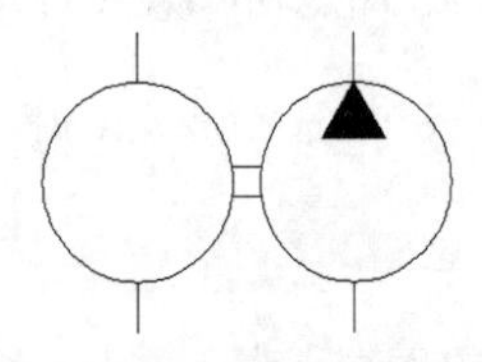

图 6-63 图案填充

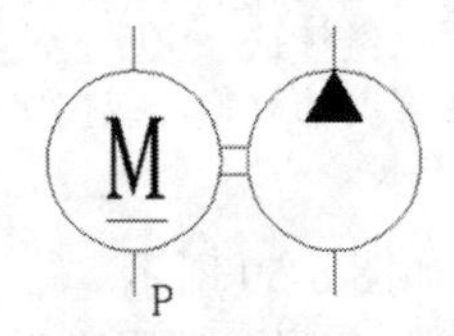

图 6-64 添加文字

6.5.3 延伸命令

延伸对象是指延伸对象直至另一个对象的边界线，如图 6-65 所示。

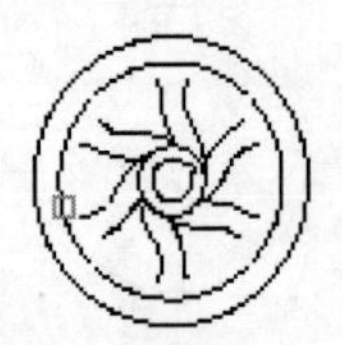

（a）选择边界

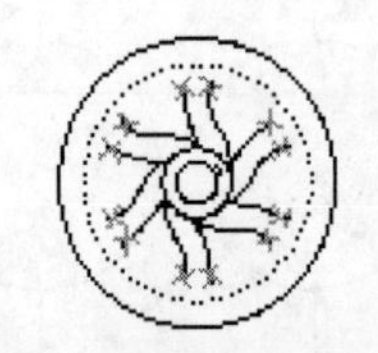

（b）选择要延伸的对象

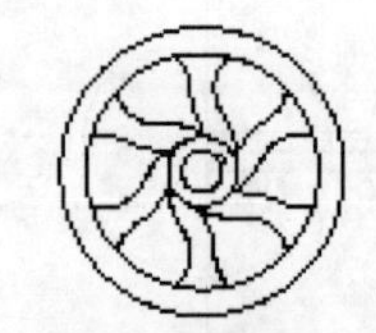

（c）执行结果

图 6-65 延伸对象

1. 执行方式

☑ 命令行：输入 EXTEND 命令
☑ 菜单：选择“修改”→“延伸”命令
☑ 工具栏：单击“修改”工具栏中的“延伸”按钮

2. 操作步骤

```
命令: EXTEND↙
当前设置:投影=UCS，边=无
选择边界的边…...
选择对象或 <全部选择>:（选择边界对象）
```

此时可以选择对象来定义边界。若直接按 Enter 键，则选择所有对象作为可能的边界对象。

系统规定可以用作边界对象的对象有：直线段、射线、双向无限长线、圆弧、圆、椭圆、二维和三维多义线、样条曲线、文本、浮动的视口和区域。如果选择二维多义线作边界对象，系统会忽略其宽度而把对象延伸至多义线的中心线。

选择边界对象后，系统继续提示：

```
选择要延伸的对象，或按住 Shift 键选择要修剪的对象，或[栏选(F)/窗交(C)/投影(P)/边(E)/放弃(U)]:
```

3. 选项说明

（1）如果要延伸的对象是适配样条多义线，则延伸后会在多义线的控制框上增加新节点；如果要延伸的对象是锥形的多义线，系统会修正延伸端的宽度，使多义线从起始端平滑地延伸至新终止端。如果延伸操作导致终止端宽度可能为负值，则取宽度值为 0，如图 6-66 所示。

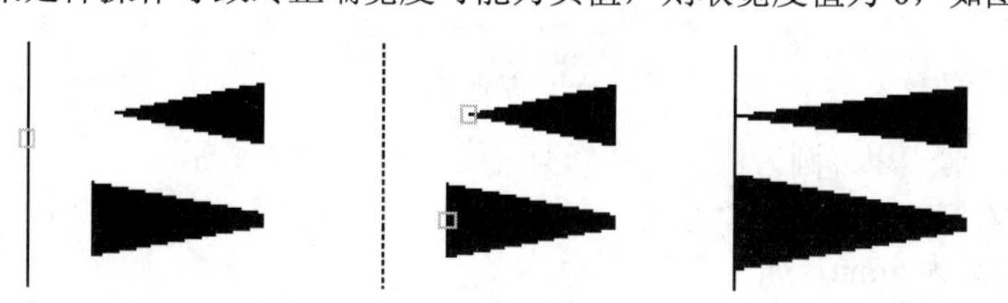

（a）选择边界对象　（b）选择要延伸的多义线　（c）延伸后的结果

图 6-66 延伸对象

（2）选择对象时，如果按住 Shift 键，系统就自动将“延伸”命令转换成“修剪”命令。

6.5.4 实例——绘制力矩式自整角发送机符号

本实例利用“圆”、“直线”命令绘制力矩式自整角发送机符号的大体结构，再利用“延伸”命令将外部导线延伸到图形边界，最后利用“多行文字”命令进行文字说明，绘制流程如图 6-67 所示。

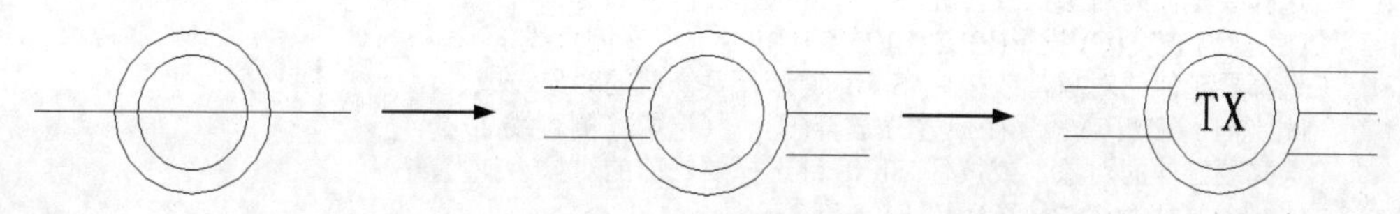

图 6-67 绘制力矩式自整角发送机符号

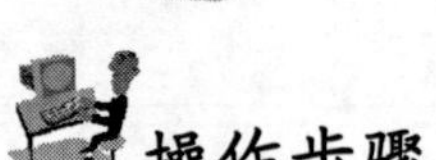

操作步骤

Note

参见光盘　光盘\动画演示\第6章\绘制力矩式自整角发送机符号.avi

（1）绘制圆。单击“绘图”工具栏中的“圆”按钮，以（100,100）为圆心，绘制半径为10mm的圆。

（2）偏移圆。单击“修改”工具栏中的“偏移”按钮，绘制内侧圆，命令行中的提示与操作如下。

```
命令: _offset
当前设置: 删除源=否  图层=源  OFFSETGAPTYPE=0
指定偏移距离或 [通过(T)/删除(E)/图层(L)] <通过>: 3↙（偏移距离为3mm）
选择要偏移的对象，或 [退出(E)/放弃(U)] <退出>:（选择上一步中绘制的圆作为偏移对象）
指定要偏移的那一侧上的点，或 [退出(E)/多个(M)/放弃(U)] <退出>:（在圆的内侧单击）
```

偏移效果如图6-68所示。

（3）绘制直线。以（80,100）和（120,100）为端点绘制直线，如图6-69所示。

（4）内圆修剪。以内圆为修剪参考修剪直线，如图6-70所示。

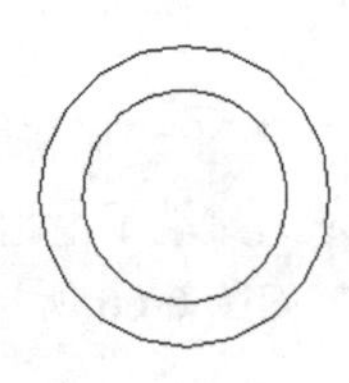

图6-68　偏移后的效果

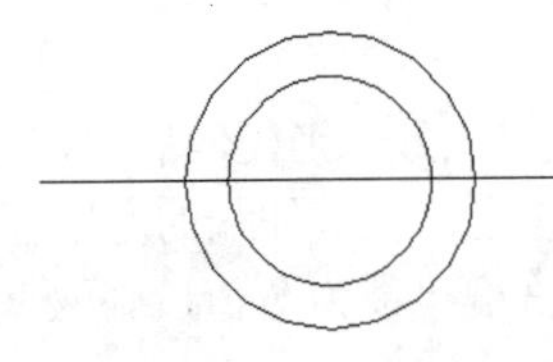

图6-69　绘制直线

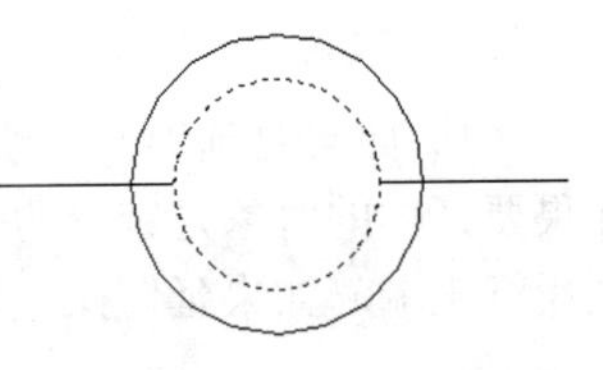

图6-70　内圆修剪

（5）外圆修剪。以外圆为修剪参考修剪直线，如图6-71所示。

（6）复制右侧引线。单击“修改”工具栏中的“复制”按钮，将右侧的直线分别向上和向下复制，距离为5mm，如图6-72所示。

（7）移动并复制左侧引线。单击“修改”工具栏中的“移动”按钮，将左侧引线向上移动3mm。单击“修改”工具栏中的“复制”按钮，将左侧复制的直线向下复制6mm，如图6-73所示。

（8）延伸两侧直线。单击“修改”工具栏中的“延伸”按钮，分别以内圆和外圆为延伸边界，延伸两侧的直线，命令行中的提示与操作如下。

```
命令: _extend↙
当前设置:投影=UCS，边=无
选择边界的边…...
选择对象或 <全部选择>:  找到 1 个（选取内圆）↙
选择对象:
选择要延伸的对象，或按住 Shift 键选择要修剪的对象，或
[栏选(F)/窗交(C)/投影(P)/边(E)/放弃(U)]:（选取左侧直线1）
选择要延伸的对象，或按住 Shift 键选择要修剪的对象，或
[栏选(F)/窗交(C)/投影(P)/边(E)/放弃(U)]: （选取左侧直线2）
选择要延伸的对象，或按住 Shift 键选择要修剪的对象，或
[栏选(F)/窗交(C)/投影(P)/边(E)/放弃(U)]: ↙
```

延伸效果如图6-74所示。

```
命令: _extend↙
当前设置:投影=UCS，边=无
选择边界的边......
选择对象或 <全部选择>:  找到 1 个（选取外圆）↙
选择对象:
选择要延伸的对象，或按住 Shift 键选择要修剪的对象，或
[栏选(F)/窗交(C)/投影(P)/边(E)/放弃(U)]: （选取右侧直线 3）
选择要延伸的对象，或按住 Shift 键选择要修剪的对象，或
[栏选(F)/窗交(C)/投影(P)/边(E)/放弃(U)]: （选取右侧直线 4）
选择要延伸的对象，或按住 Shift 键选择要修剪的对象，或
[栏选(F)/窗交(C)/投影(P)/边(E)/放弃(U)]: ↙
```

延伸效果如图 6-75 所示。

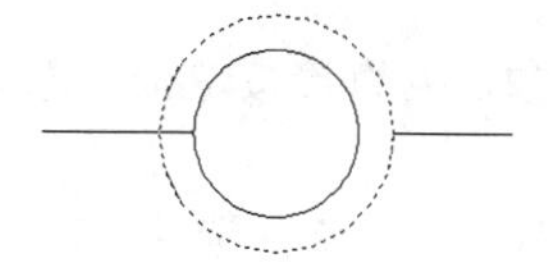

图 6-71　修剪直线

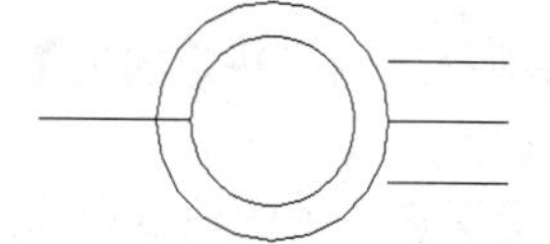

图 6-72　复制右侧引线

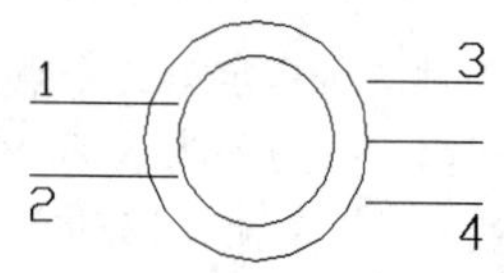

图 6-73　移动并复制左侧引线

（9）添加文字。单击“绘图”工具栏中的“多行文字”按钮A，在内圆中心输入 TX，绘制的力矩式自整角发送机符号如图 6-76 所示。

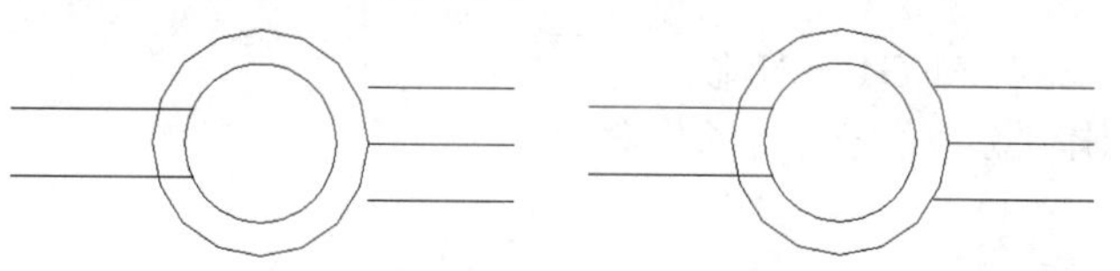

图 6-74　延伸左侧直线　　图 6-75　延伸右侧直线

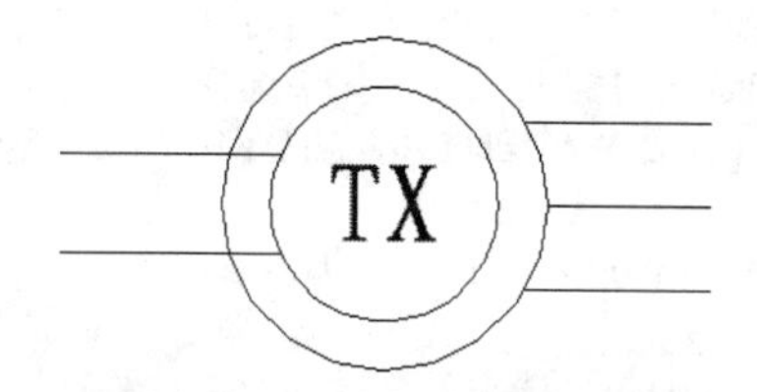

图 6-76　力矩式自整角发送机符号

6.5.5　拉伸命令

拉伸对象是指拖拉选择的对象，且对象的形状发生改变。拉伸对象时应指定拉伸的基点和移置点。利用一些辅助工具，如捕捉、钳夹功能及相对坐标等可以提高拉伸的精度，如图 6-77 所示。

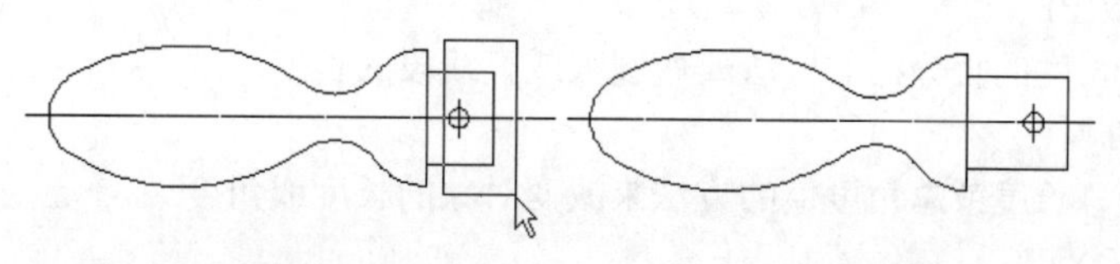

（a）选取对象　　（b）拉伸后

图 6-77　拉伸对象

1. 执行方式

☑ 命令行：输入STRETCH命令
☑ 菜单：选择“修改”→“拉伸”命令
☑ 工具栏：单击“修改”工具栏中的“拉伸”按钮

Note

2. 操作步骤

```
命令: STRETCH↙
以交叉窗口或交叉多边形选择要拉伸的对象......
选择对象: C↙
指定第一个角点: 指定对角点: 找到 2 个（采用交叉窗口的方式选择要拉伸的对象）
指定基点或 [位移(D)] <位移>:（指定拉伸的基点）
指定第二个点或 <使用第一个点作为位移>:（指定拉伸的移至点）
```

此时，若指定第二个点，系统将根据这两点决定的矢量拉伸对象。若直接按Enter键，系统会把第一个点作为X和Y轴的分量值。

STRETCH命令移动完全包含在交叉窗口内的顶点和端点，部分包含在交叉选择窗口内的对象将被拉伸，如图6-77所示。

6.5.6 拉长命令

1. 执行方式

☑ 命令行：输入LENGTHEN命令
☑ 菜单：选择“修改”→“拉长”命令

2. 操作步骤

```
命令:LENGTHEN↙
选择对象或 [增量(DE)/百分数(P)/全部(T)/动态(DY)]:（选定对象）
当前长度: 30.5001（给出选定对象的长度，如果选择圆弧则还将给出圆弧的包含角）
选择对象或 [增量(DE)/百分数(P)/全部(T)/动态(DY)]: DE↙（选择拉长或缩短的方式。如选择“增量（DE）”方式）
输入长度增量或 [角度(A)] <0.0000>: 10↙（输入长度增量数值。如果选择圆弧段，则可输入选项“A”给定角度增量）
选择要修改的对象或 [放弃(U)]:（选定要修改的对象，进行拉长操作）
选择要修改的对象或 [放弃(U)]:（继续选择，按Enter键结束命令）
```

3. 选项说明

（1）增量(DE)

用指定增加量的方法改变对象的长度或角度。

（2）百分数(P)

用指定占总长度的百分比的方法改变圆弧或直线段的长度。

（3）全部(T)

用指定新的总长度或总角度值的方法来改变对象的长度或角度。

（4）动态(DY)

打开动态拖拉模式。在这种模式下，可以使用拖拉鼠标的方法来动态地改变对象的长度或角度。

6.5.7 实例——绘制蓄电池符号

本实例利用“直线”、“偏移”、“剪切”命令绘制蓄电池符号的一侧结构并将直线修改为虚线，然后利用“镜像”命令进行另外一侧图形的创建，绘制流程如图 6-78 所示。

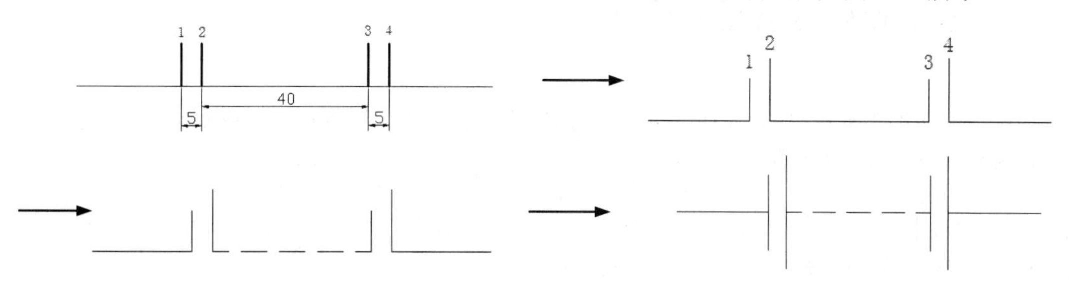

图 6-78 绘制蓄电池符号

光盘\动画演示\第 6 章\绘制蓄电池符号.avi

1. 绘制直线

（1）绘制直线。单击“绘图”工具栏中的“直线”按钮，绘制水平直线{（100,0），（200,0）}。

（2）调用“缩放”和“平移”命令将视图调整到易于观察的状态。

（3）绘制竖直线。单击“绘图”工具栏中的“直线”按钮，绘制竖直直线{（125,0），（125,10）}。

（4）偏移直线。单击“修改”工具栏中的“偏移”按钮，将绘制的竖直直线依次向右偏移，偏移量依次为 5mm、45mm 和 50mm，如图 6-79 所示。

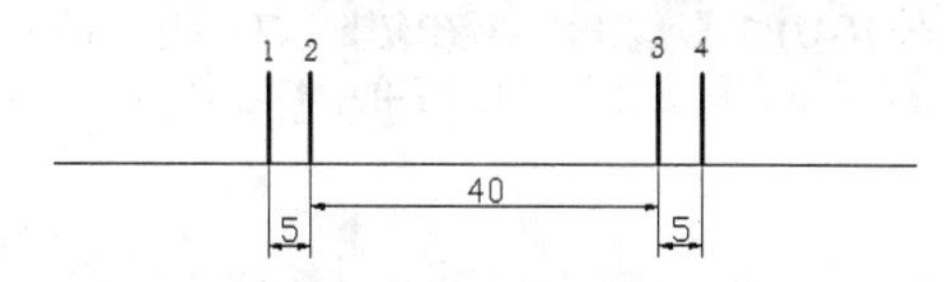

图 6-79 偏移竖直直线

2. 拉伸并修剪直线

（1）拉长直线。单击“修改”工具栏中的“拉长”按钮，将直线 2 和直线 4 分别向上拉长 5mm，如图 6-80 所示。

（2）修剪直线。单击“修改”工具栏中的“修剪”按钮，以 4 条竖直线为剪切边，对水平直线进行修剪，结果如图 6-81 所示。

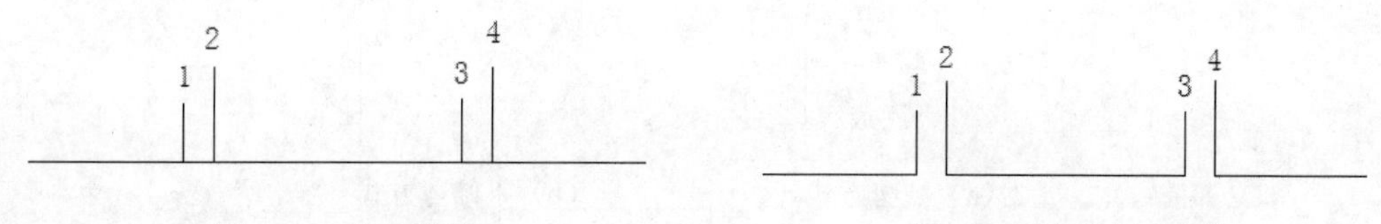

图 6-80 拉长直线

图 6-81 修剪水平直线

3. 更改图形对象的图层属性

新建一个名为“虚线层”的图层，线型为虚线。选择中间一段水平直线，单击“图层”工具栏中的下拉按钮，在弹出的下拉菜单中选择“虚线层”选项，将其图层属性设置为“虚线层”，更改后的效果如图 6-82 所示。

4. 镜像成形

单击“修改”工具栏中的“镜像”按钮，选择竖直直线为镜像对象，以水平直线为镜像线进行镜像操作，结果如图 6-83 所示。

图 6-82　更改图层属性　　　图 6-83　镜像结果

6.5.8 圆角命令

圆角是指用指定的半径决定的一段平滑的圆弧连接两个对象。系统规定可以圆滑连接一对直线段、非圆弧的多义线段、样条曲线、双向无限长线、射线、圆、圆弧和真椭圆。可以在任何时刻圆滑连接多义线的每个节点。

1. 执行方式

☑ 命令行：输入 FILLET 命令
☑ 菜单：选择“修改”→“圆角”命令
☑ 工具栏：单击“修改”工具栏中的“圆角”按钮

2. 操作步骤

```
命令: FILLET↙
当前设置: 模式 = 修剪，半径 = 0.0000
选择第一个对象或 [放弃(U)/多段线(P)/半径(R)/修剪(T)/多个(M)]:(选择第一个对象或别的选项)
选择第二个对象，或按住 Shift 键选择要应用角点的对象:(选择第二个对象)
```

3. 选项说明

（1）多段线(P)

在一条二维多段线的两段直线段的节点处插入圆滑的弧。选择多段线后系统会根据指定的圆弧的半径把多段线各顶点用圆滑的弧连接起来。

（2）修剪(T)

决定在圆滑连接两条边时，是否修剪这两条边，如图 6-84 所示。

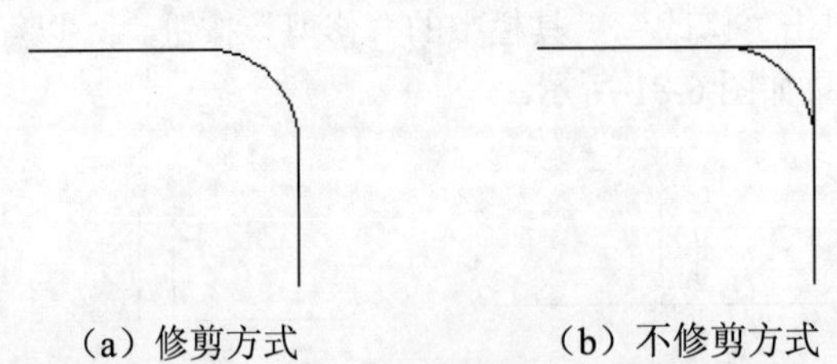

（a）修剪方式　　　（b）不修剪方式

图 6-84　圆角连接

（3）多个(M)

同时对多个对象进行圆角编辑，而不必重新启用命令。

（4）按住 Shift 键并选择两条直线，可以快速创建零距离倒角或零半径圆角。

6.5.9　实例——绘制变压器

本实例利用“矩形”、“直线”、“分解”、“偏移”、“剪切”等命令绘制变压器外轮廓，再利用“直线”、“偏移”、“剪切”等命令绘制变压器上下部分，最后利用“矩形”、“直线”命令创建变压器的中心部分，绘制流程如图 6-85 所示。

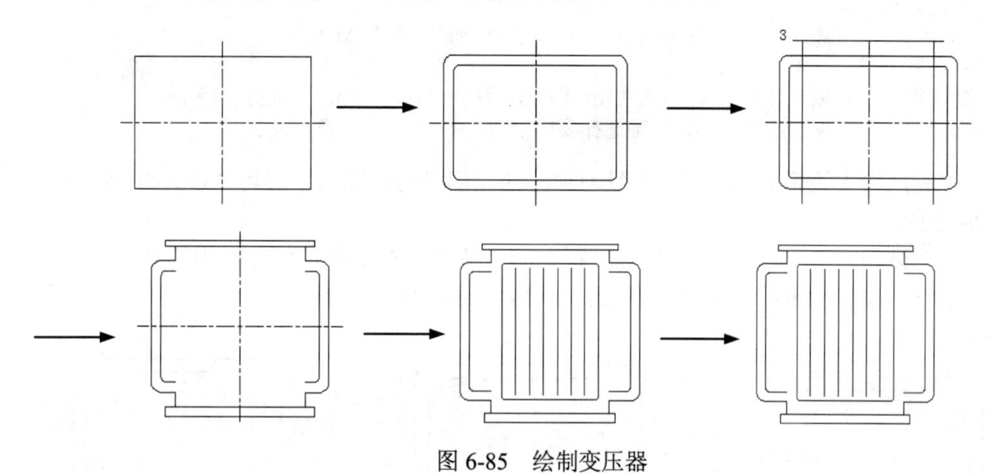

图 6-85　绘制变压器

光盘\动画演示\第 6 章\绘制变压器.avi

1. 绘制矩形及中心线

（1）绘制矩形。单击“绘图”工具栏中的“矩形”按钮，绘制一个长为 630mm、宽为 455mm 的矩形，如图 6-86 所示。

（2）分解矩形。单击“修改”工具栏中的“分解”按钮，将绘制的矩形分解为直线 1～直线 4。

（3）绘制中心线。将直线 1 向下偏移 227.5mm，将直线 3 向右偏移 315mm，得到两条中心线。新建“中心线层”，线型为点划线。选择偏移得到的两条中心线，单击“图层”工具栏中的下拉按钮，在弹出的下拉菜单中选择“中心线层”选项，完成图层属性设置。单击“修改”工具栏中的“拉长”按钮，将两条中心线向两端方向分别拉长 50mm，结果如图 6-87 所示。

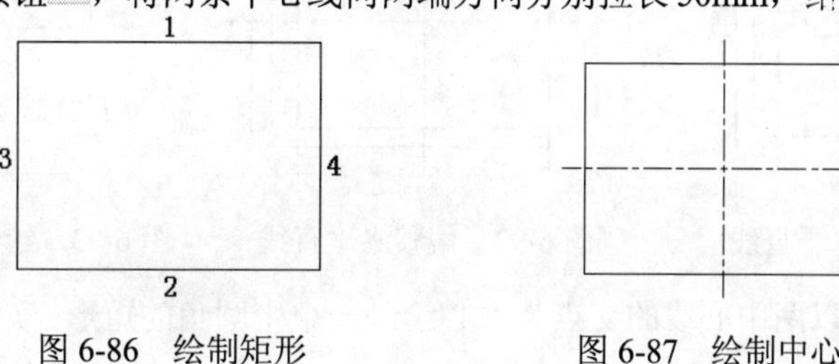

图 6-86　绘制矩形　　图 6-87　绘制中心线

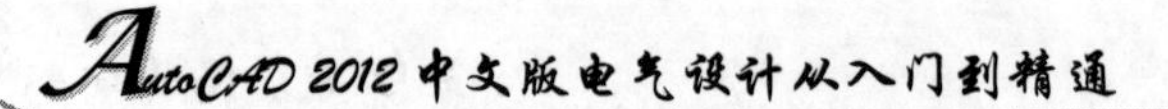

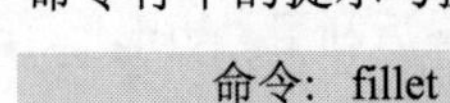

2. 修剪直线

（1）偏移并修剪直线。返回实线层，单击“修改”工具栏中的“偏移”按钮，将直线 1 向下偏移 35mm，直线 2 向上偏移 35mm，直线 3 向右偏移 35mm，直线 4 向左偏移 35mm。单击“修改”工具栏中的“修剪”按钮，修剪掉多余的直线，如图 6-88 所示。

（2）矩形倒圆角。单击“修改”工具栏中的“圆角”按钮，对图形进行倒圆角操作，命令行中的提示与操作如下。

```
命令: _fillet
当前设置: 模式 = 修剪，半径 = 0.0000
选择第一个对象或 [放弃(U)/多段线(P)/半径(R)/修剪(T)/多个(M)]: r↙
指定圆角半径 <0.0000>: 35↙
选择第一个对象或 [放弃(U)/多段线(P)/半径(R)/修剪(T)/多个(M)]:（选择直线 1）
选择第二个对象，或按住 Shift 键选择要应用角点的对象:（选择直线 3）
```

按顺序完成较大矩形的倒角后，继续对较小的矩形进行倒圆角，圆角半径为 17.5mm，结果如图 6-89 所示。

（3）偏移中心线。单击“修改”工具栏中的“偏移”按钮，将竖直中心线分别向左和向右偏移 230mm，并将偏移后直线的线型改为实线，如图 6-90 所示。

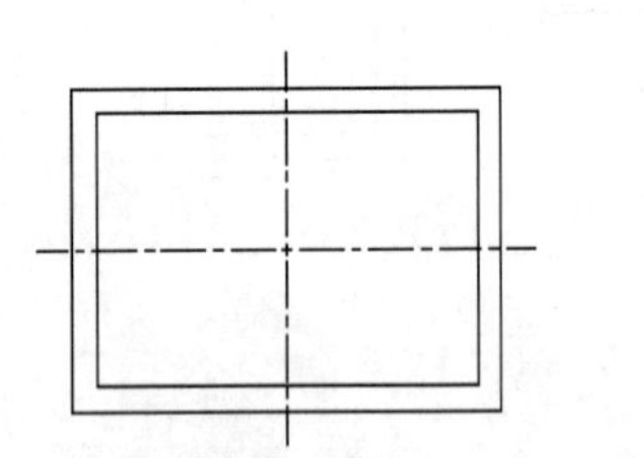
图 6-88　偏移并修剪直线

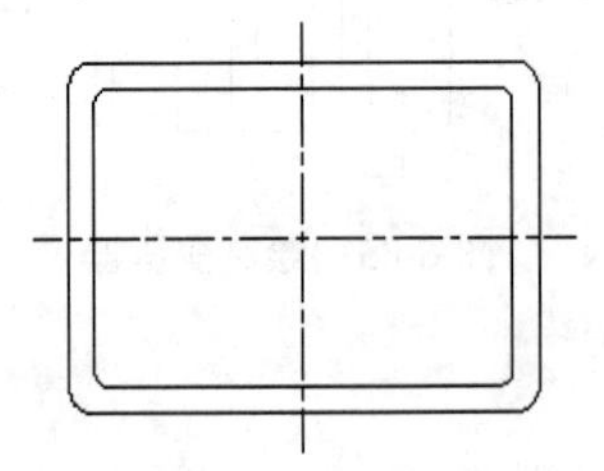
图 6-89　矩形倒圆角

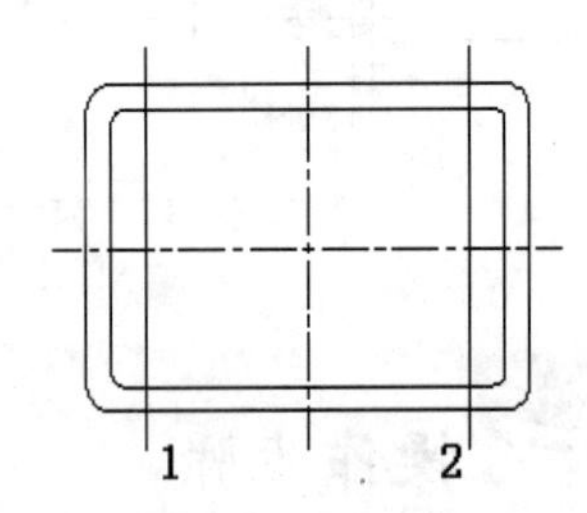

图 6-90　偏移中心线

（4）绘制水平直线。单击“绘图”工具栏中的“直线”按钮，开启“对象捕捉”模式，以直线 1、直线 2 的上端点为两端点绘制水平直线 3，并将水平直线向两端分别拉长 35mm，结果如图 6-91 所示。将水平直线 3 向上偏移 20mm，得到直线 4，然后分别连接直线 3 和 4 的左右端点，如图 6-92 所示。

（5）绘制下半部分图形。采用相同的方法绘制图形的下半部分，下半部分两水平直线间的距离为 35mm。单击“修改”工具栏中的“修剪”按钮，修剪掉多余的直线，得到的结果如图 6-93 所示。

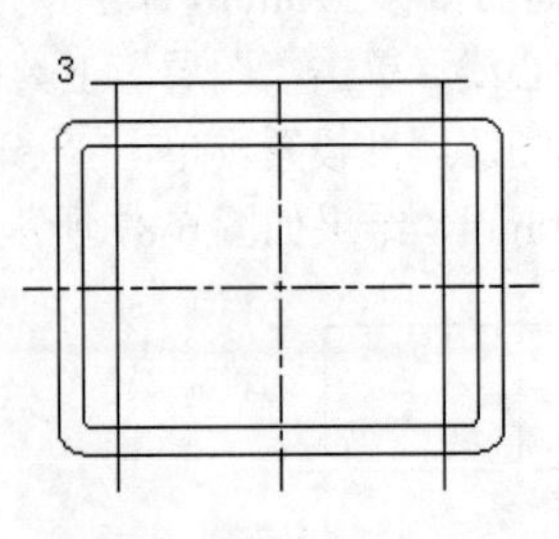

图 6-91　绘制水平直线

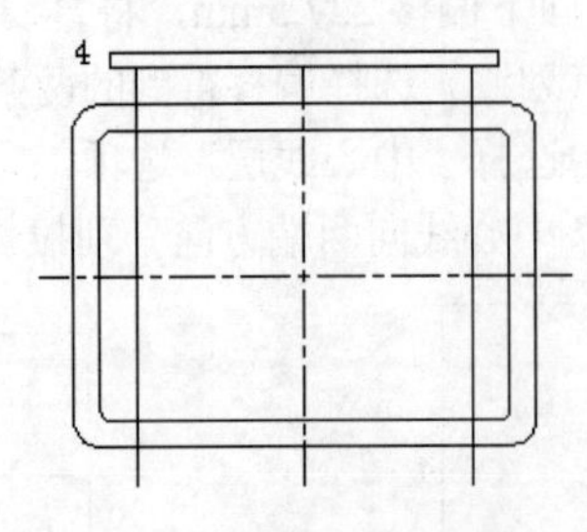

图 6-92　偏移水平直线

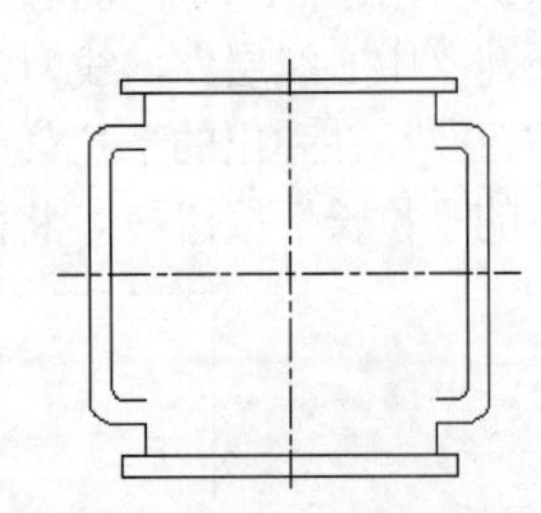
图 6-93　绘制下半部分图形

（6）绘制矩形。以两中心线的交点为中心绘制一个带圆角的矩形，矩形的长为 380mm、

Note

宽为 460mm，圆角的半径为 35mm，命令行中的提示与操作如下：

```
命令: rectang↙
当前矩形模式:  圆角=0.0000
指定第一个角点或 [倒角(C)/标高(E)/圆角(F)/厚度(T)/宽度(W)]: f↙
指定矩形的圆角半径 <0.0000>: 35↙
指定第一个角点或 [倒角(C)/标高(E)/圆角(F)/厚度(T)/宽度(W)]: from↙
基点: <偏移>: @-190,-230↙
指定另一个角点或 [面积(A)/尺寸(D)/旋转(R)]: d↙
指定矩形的长度 <0.0000>: 380↙
指定矩形的宽度 <0.0000>: 460↙
指定另一个角点或 [面积(A)/尺寸(D)/旋转(R)]:（移动光标，在目标位置单击）
```

绘制矩形结果如图 6-94 所示。

注意

采取上面这种按已知一个角点位置以及长度和宽度的方式绘制矩形时，矩形另一个角点的位置有 4 种可能情况，通过移动鼠标指定大概位置方向即可确定矩形位置。

（7）绘制竖直直线。以竖直中心线为对称轴，绘制 6 条竖直直线，长度均为 420mm，相邻直线间的距离为 55mm，结果如图 6-95 所示。至此，变压器图形绘制完毕。

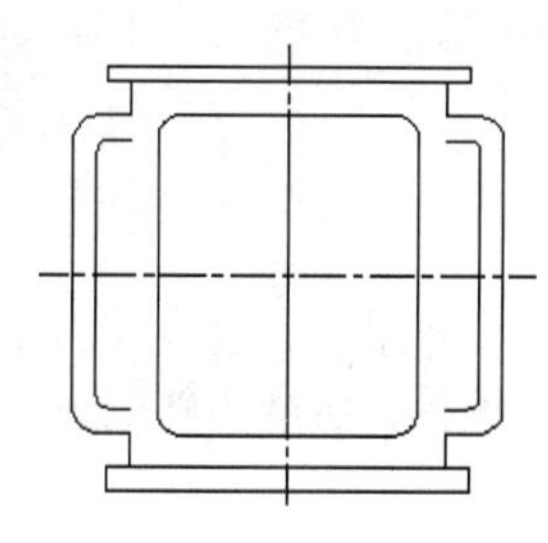

图 6-94　绘制矩形

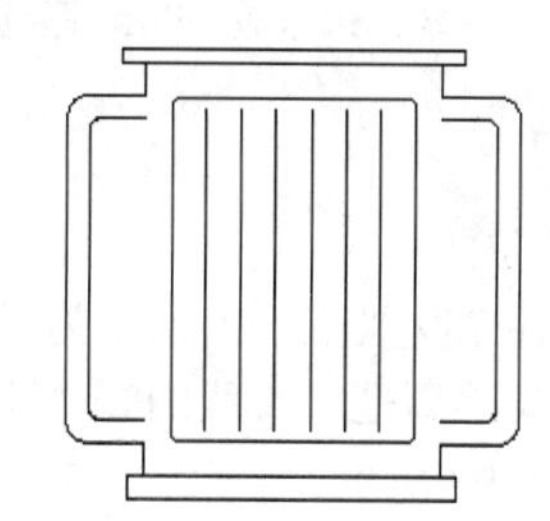

图 6-95　绘制竖直直线

6.5.10　倒角命令

斜角是指用斜线连接两个不平行的线型对象。可以用斜线连接直线段、双向无限长线、射线和多义线。

系统采用两种方法确定连接两个线型对象的斜线：指定斜线距离和指定斜线角度。下面分别介绍这两种方法。

（1）指定斜线距离

斜线距离是指从被连接的对象与斜线的交点到被连接的两对象的可能的交点之间的距离，如图 6-96 所示。

（2）指定斜线角度和一个斜线距离

采用这种斜线方法连接对象时，需要输入两个参数：斜线与一个对象的斜线距离和斜线与该对象的夹角，如图 6-97 所示。

1. 执行方式

☑　命令行：输入 CHAMFER 命令

☑　菜单：选择“修改”→“倒角”命令

Note

☑ 工具栏：单击“修改”工具栏中的“倒角”按钮

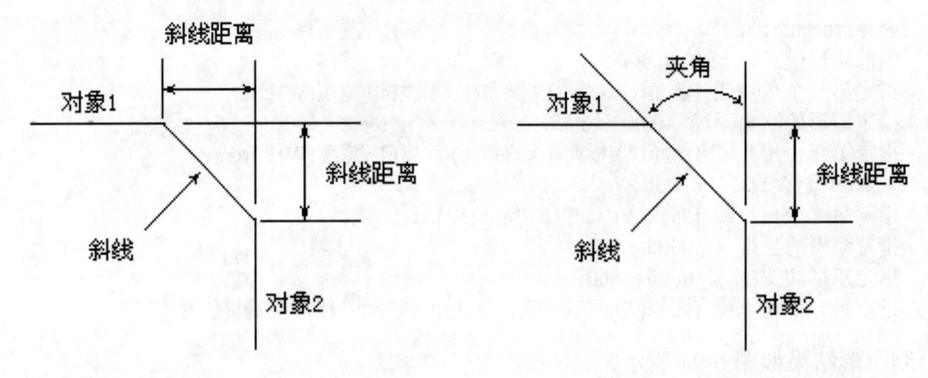

图 6-96　斜线距离　　　　图 6-97　斜线距离与夹角

2. 操作步骤

命令: CHAMFER↙

（“不修剪”模式）当前倒角距离 1 = 0.0000，距离 2 = 0.0000

选择第一条直线或 [放弃(U)/多段线(P)/距离(D)/角度(A)/修剪(T)/方式(E)/多个(M)]: (选择第一条直线或别的选项)

选择第二条直线，或按住 Shift 键选择要应用角点的直线:（选择第二条直线）

3. 选项说明

（1）多段线(P)

对多段线的各个交叉点倒斜角。为了得到最好的连接效果，一般设置斜线是相等的值。系统根据指定的斜线距离把多义线的每个交叉点都作斜线连接，连接的斜线成为多段线新添加的构成部分，如图 6-98 所示。

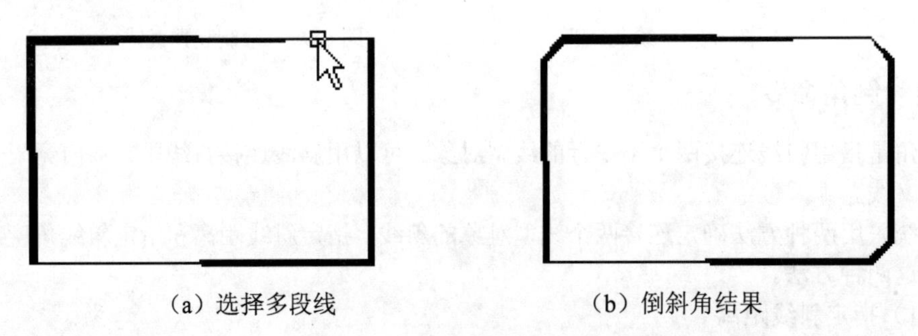

（a）选择多段线　　　　（b）倒斜角结果

图 6-98　斜线连接多义线

（2）距离(D)

选择倒角的两个斜线距离。这两个斜线距离可以相同或不相同，若二者均为 0，则系统不绘制连接的斜线，而是把两个对象延伸至相交并修剪超出的部分。

（3）角度(A)

选择第一条直线的斜线距离和第一条直线的倒角角度。

（4）修剪(T)

与圆角连接命令 FILLET 相同，该选项决定连接对象后是否剪切原对象。

（5）方式(E)

决定采用“距离”方式还是“角度”方式来倒斜角。

（6）多个(U)

同时对多个对象进行倒斜角编辑。

6.5.11　打断命令

1. 执行方式

☑　命令行：输入 BREAK 命令
☑　菜单：选择“修改”→“打断”命令
☑　工具栏：单击“修改”工具栏中的“打断”按钮

2. 操作步骤

```
命令: BREAK↙
选择对象:（选择要打断的对象）
指定第二个打断点或 [第一点(F)]:（指定第二个断开点或输入 F）
```

3. 选项说明

如果选择“第一点(F)”，系统将丢弃前面的第一个选择点，重新提示用户指定两个断开点。

6.5.12　分解命令

1. 执行方式

☑　命令行：输入 EXPLODE 命令
☑　菜单：选择“修改”→“分解”命令
☑　工具栏：单击“修改”工具栏中的“分解”按钮

2. 操作步骤

```
命令: EXPLODE↙
选择对象:（选择要分解的对象）
```

选择一个对象后，该对象会被分解。系统继续提示该行信息，允许分解多个对象。

注意

分解命令是将一个合成图形分解成为其部件的工具。比如，一个矩形被分解之后会变成 4 条直线，而一个有宽度的直线分解之后会失去其宽度属性。

6.5.13　实例——绘制固态继电器符号

本实例利用“矩形”、“圆”等命令绘制矩形及圆并将绘制的圆阵列，再利用“分解”、“偏移”、“拉长”命令创建直线，最后利用“剪切”命令整理图形，绘制流程如图 6-99 所示。

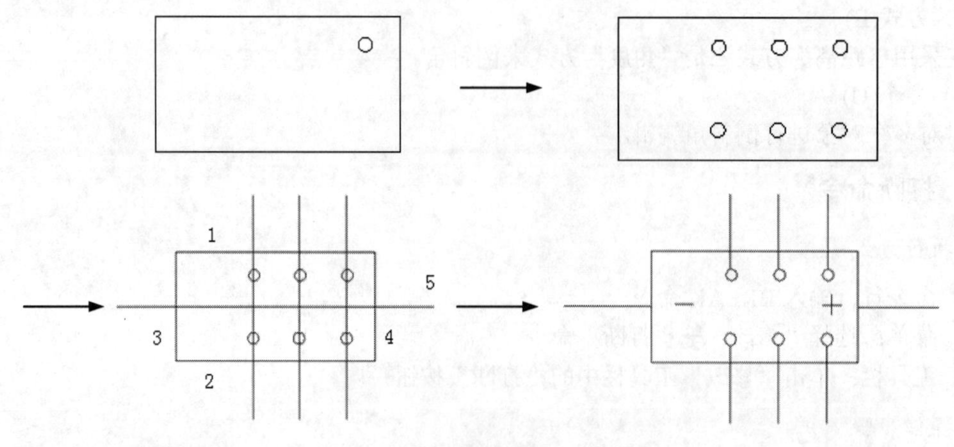

图 6-99　绘制固态继电器符号

操作步骤

光盘\动画演示\第 6 章\绘制固态继电器符号.avi

1. 绘制矩形及圆

（1）绘制矩形。单击“绘图”工具栏中的“矩形”按钮，绘制一个长为 100mm、宽为 50mm 的矩形，如图 6-100 所示。

（2）绘制圆。单击“绘图”工具栏中的“圆”按钮，在“对象捕捉”模式下，捕捉矩形的右上角点作为圆心，绘制一个半径为 2.5mm 的圆。

（3）平移圆。单击“修改”工具栏中的“移动”按钮，将绘制的圆向左平移 13mm，然后向下平移 10mm，结果如图 6-101 所示。

图 6-100　绘制矩形　　　　图 6-101　平移圆

（4）阵列圆。单击“修改”工具栏中的“矩形阵列”按钮，选择圆作为阵列对象；设置阵列“行数”为 2、“列数”为 3；设置行间距为-30mm、列间距为-25mm，阵列后的效果如图 6-102 所示。

2. 绘制直线

（1）绘制竖直直线。单击“绘图”工具栏中的“直线”按钮，并开启“对象捕捉”模式，捕捉在竖直方向两个圆的圆心，绘制竖直直线。

（2）拉长直线。单击“修改”工具栏中的“拉长”按钮，将竖直直线分别向上、下拉长 40mm，结果如图 6-103 所示。

Note

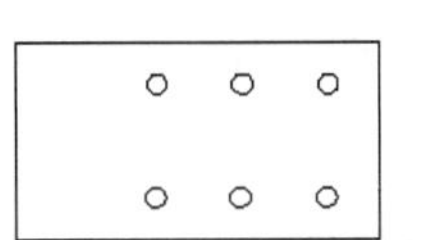

图 6-102　阵列圆

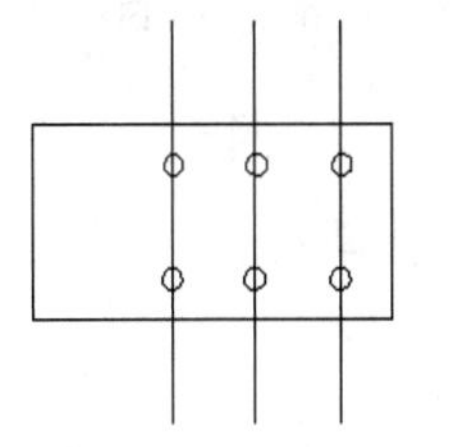

图 6-103　拉长直线

3. 整理图形

（1）分解矩形。单击“修改”工具栏中的“分解”按钮，将绘制的矩形分解。

（2）偏移直线。单击“修改”工具栏中的“偏移”按钮，将直线 1 向下偏移 25mm，得到水平直线 5。

（3）拉长直线。单击“修改”工具栏中的“拉长”按钮，将直线 5 向两端分别拉长 30mm，如图 6-104 所示。

（4）修剪直线。单击“修改”工具栏中的“修剪”按钮，对图中的直线进行修剪。单击“绘图”工具栏中的“直线”按钮，在矩形内的相应位置绘制“＋”和“-”号，完成固态继电器符号的绘制，结果如图 6-105 所示。

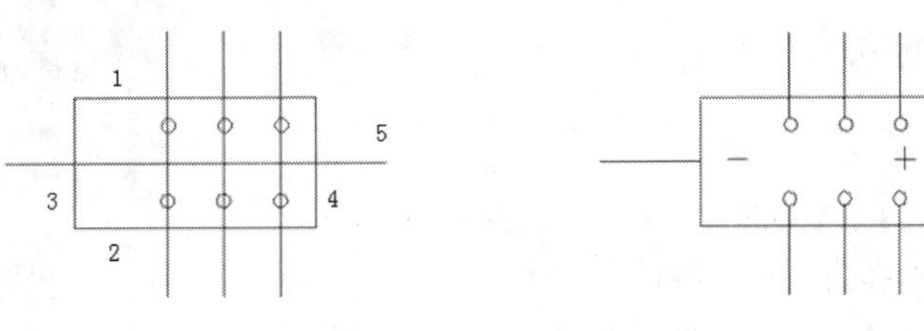

图 6-104　拉长直线　　图 6-105　绘制结果

6.6　对象编辑

在对图形进行编辑时，还可以对图形对象本身的某些特性进行编辑，从而方便地进行图形绘制。

6.6.1　钳夹功能

利用钳夹功能可以快速方便地编辑对象。AutoCAD 在图形对象上定义了一些特殊点，称为夹持点，利用夹持点可以灵活地控制对象，如图 6-106 所示。

要使用钳夹功能编辑对象必须先打开钳夹功能，打开方法是选择菜单栏中的“工具”→“选项”→“选择”命令。在“选择”选项卡的夹点选项组中，选中“启用夹点”复选框。在该页面上还可以设置代表夹点的小方格的尺寸和颜色。

也可以通过 GRIPS 系统变量控制是否打开钳夹功能，1 代表打开，0 代表关闭。

打开钳夹功能后，应该在编辑对象之前选择对象。夹点表示了对象的控制位置。

使用夹点编辑对象，要选择一个夹点作为基点，称为基准夹点。然后，选择一种编辑操作：镜像、移动、旋转、拉伸和缩放。可以用空格键、Enter 键或键盘上的快捷键循环选择这些功能。

Note

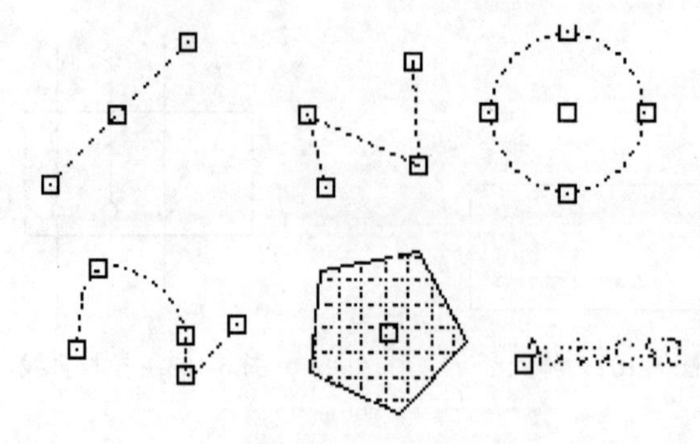

图 6-106 夹持点

下面仅就其中的拉伸对象操作为例进行讲述，其他操作类似。

在图形上拾取一个夹点，该夹点改变颜色，此点为夹点编辑的基准点。这时系统提示：

```
** 拉伸 **
指定拉伸点或 [基点(B)/复制(C)/放弃(U)/退出(X)]:
```

在上述拉伸编辑提示下输入镜像命令或右击，在弹出的快捷菜单中选择“镜像”命令。系统就会转换为“镜像”操作，其他操作类似。

6.6.2 “特性”选项板

1. 执行方式

☑ 命令行：输入 DDMODIFY 或 PROPERTIES 命令

☑ 菜单：选择“修改”→“特性”命令

☑ 工具栏：单击“标准”工具栏中的“特性”按钮

2. 操作步骤

```
命令: DDMODIFY↙
```

AutoCAD 将打开“特性”工具板，如图 6-107 所示。利用它可以方便地设置或修改对象的各种属性。

不同对象的属性种类和值不同，修改属性值，对象改变为新的属性。

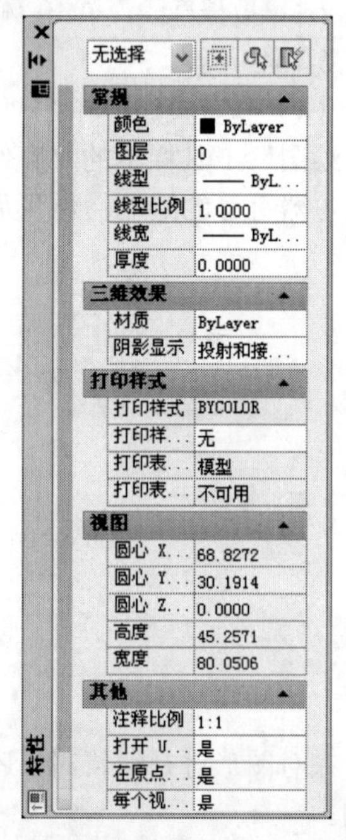

图 6-107 特性工具板

6.7 上 机 操 作

通过前面的学习，读者对本章知识也有了大体的了解，本节通过 3 个操作练习使读者进一步掌握本章的知识要点。

实践 1 绘制可变电阻符号

绘制如图 6-108 所示的可变电阻符号。

操作提示

（1）利用“矩形”命令绘制电阻符号。

（2）利用“直线”命令和“镜像”命令绘制导线。

（3）利用“直线”命令绘制箭头，利用“图案填充”命令填充箭头。

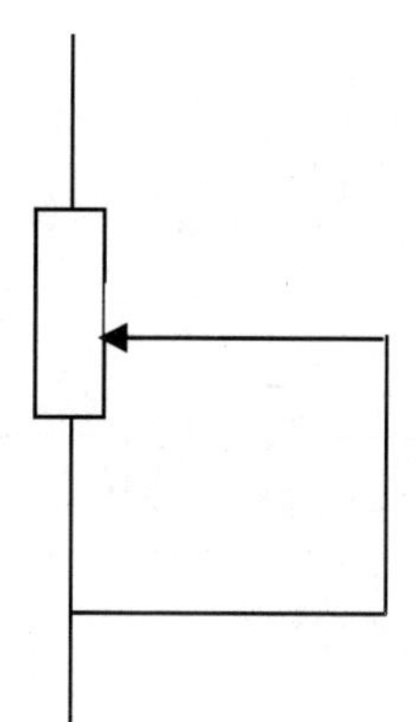

图 6-108　可变电阻

实践 2　绘制整流桥电路

绘制如图 6-109 所示的整流桥电路。

操作提示

（1）利用“直线”命令绘制一条 45°斜线。

（2）利用“正多边形”命令绘制一个三角形，捕捉三角形中心为斜直线中点，并指定三角形一个顶点在斜线上。

（3）按下状态栏中的“对象追踪”按钮，捕捉三角形在斜线上的顶点为端点，利用“直线”命令绘制两条与斜线垂直的短直线，完成二极管符号的绘制。

（4）利用“镜像”命令进行多次镜像操作。

（5）利用“直线”命令绘制 4 条导线。

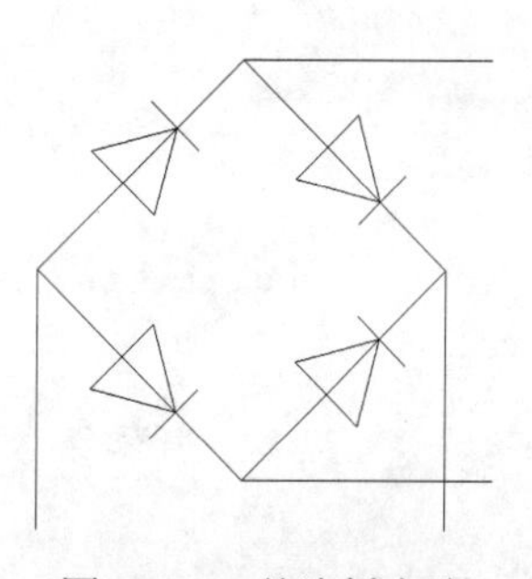

图 6-109　整流桥电路

实践 3　绘制低压电气图

绘制如图 6-110 所示的低压电气图。

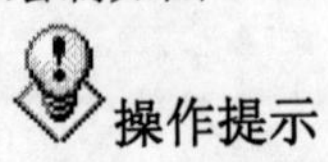

操作提示

Note

（1）绘制主要电路干线。

（2）依次绘制各个电气符号。

（3）修改线型。

（4）标注文字。

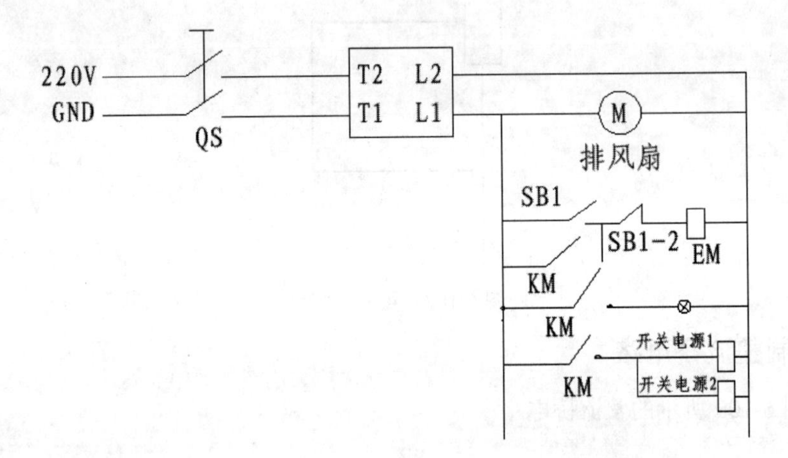

图 6-110　低压电气图

图块及其属性

在设计绘图过程中经常会遇到一些重复出现的图形，如机械设计中的螺钉、螺帽，建筑设计中的桌椅、门窗等。如果每次都重新绘制这些图形，不仅造成大量的重复工作，而且存储这些图形及其信息要占用相当大的磁盘空间。图块解决了模块化作图的问题，这样不仅可以避免大量的重复工作，提高绘图速度和工作效率，而且可大大节省磁盘空间。本章主要介绍图块的相关知识。

☑ 图块操作 ☑ 图块的属性

任务驱动&项目案例

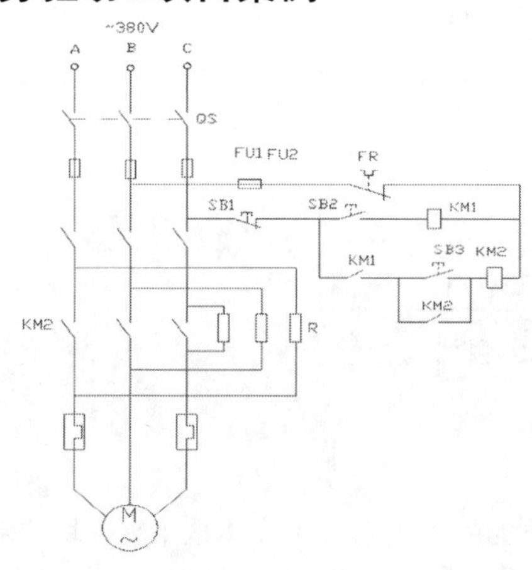

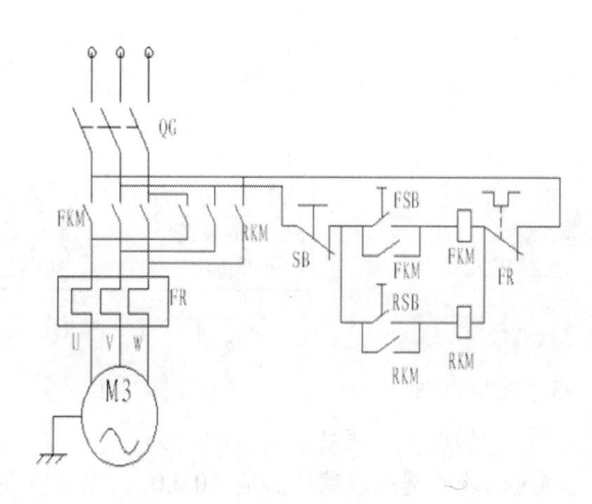

7.1 图块操作

Note

图块也叫块，是由一组图形对象组成的集合，一组对象一旦被定义为图块，它们将成为一个整体，拾取图块中任意一个图形对象即可选中构成图块的所有对象。AutoCAD 把一个图块作为一个对象进行编辑修改等操作，用户可根据绘图需要把图块插入到图中任意指定的位置，而且在插入时还可以指定不同的缩放比例和旋转角度。如果需要对组成图块的单个图形对象进行修改，还可以利用“分解”命令把图块炸开分解成若干个对象。图块还可以重新定义，一旦被重新定义，整个图中基于该块的对象都将随之改变。

7.1.1 定义图块

1. 执行方式

☑ 命令行：输入 BLOCK 命令

☑ 菜单：选择“插入”→“块”→“创建”命令

☑ 工具栏：单击“绘图”工具栏中的“创建块”按钮

2. 操作步骤

```
命令: BLOCK↙
```

选择相应的菜单命令或单击相应的工具栏图标，或在命令行输入 BLOCK 后按 Enter 键，可打开如图 7-1 所示的“块定义”对话框，利用该对话框可定义图块并为之命名。

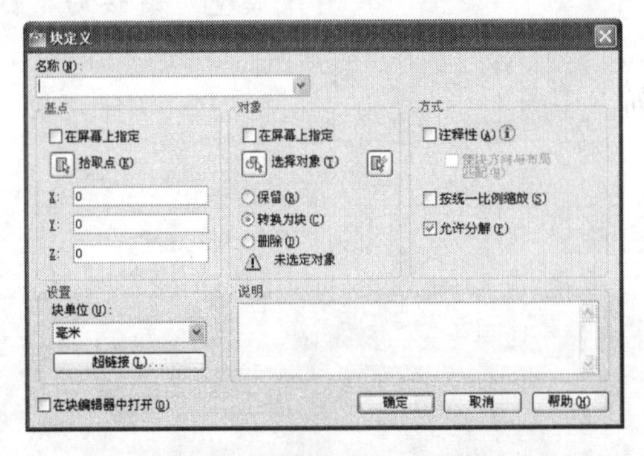

图 7-1 “块定义”对话框

3. 选项说明

（1）“基点”选项组

确定图块的基点，默认值是（0,0,0）。也可以在下面的 X（Y、Z）文本框中输入块的基点坐标值。单击“拾取点”按钮，AutoCAD 临时切换到作图屏幕，用鼠标在图形中拾取一点后，返回“块定义”对话框，把所拾取的点作为图块的基点。

（2）“对象”选项组

该选项组用于选择制作图块的对象以及对象的相关属性。

如图 7-2 所示，把图 7-2（a）中的正五边形定义为图块，图 7-2（b）为选中“删除”单选按钮的结果，图 7-2（c）为选中“保留”单选按钮的结果。

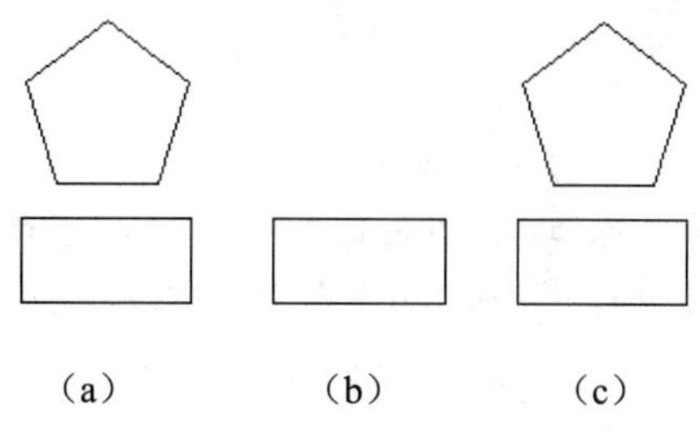

图 7-2　删除图形对象

（3）“设置”选项组

指定从 AutoCAD 设计中心拖动图块时用于测量图块的单位，以及进行缩放、分解和超链接等设置。

（4）“在块编辑器中打开”复选框

选中此复选框，系统打开块编辑器，可以定义动态块。后面详细讲述。

（5）“方式”选项组

用于指定块的行为。指定块是否为注释性，指定在图纸空间视口中的块参照的方向与布局的方向是否匹配，指定是否阻止块参照不按统一比例缩放，指定块参照是否可以被分解。

7.1.2　图块的存盘

用 BLOCK 命令定义的图块保存在其所属的图形中，该图块只能在该图中插入，而不能插入到其他的图形中，但是有些图块在许多图中要经常用到，这时可以用 WBLOCK 命令把图块以图形文件的形式（后缀为.dwg）写入磁盘，该图形文件就可以在任意图形中用 INSERT 命令插入。

1. 执行方式

命令行：输入 WBLOCK 命令

2. 操作步骤

```
命令: WBLOCK↙
```

在命令行输入 WBLOCK 后按 Enter 键，可打开“写块”对话框，如图 7-3 所示，利用此对话框可把图形对象保存为图形文件或把图块转换成图形文件。

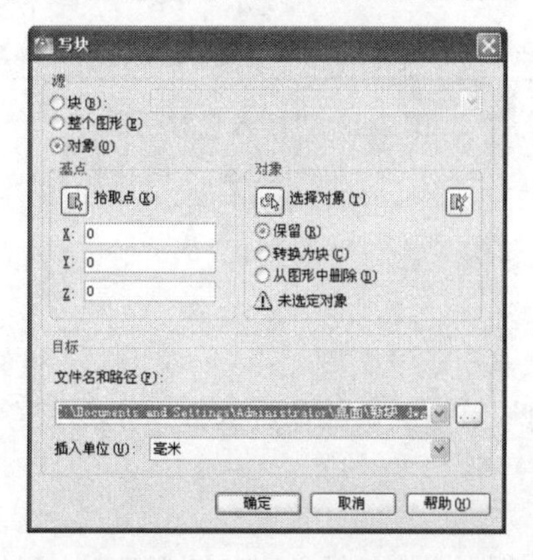

图 7-3　“写块”对话框

Note

3. 选项说明

（1）“源”选项组

确定要保存为图形文件的图块或图形对象。其中，选中“块”单选按钮，单击右侧的下拉按钮，可在下拉列表中选择一个图块，将其保存为图形文件；选中“整个图形”单选按钮，则把当前的整个图形保存为图形文件；选中“对象”单选按钮，则把不属于图块的图形对象保存为图形文件。对象的选取通过“对象”选项组来完成。

（2）“目标”选项组

用于指定图形文件的名字、保存路径和插入单位等。

7.1.3 图块的插入

在用 AutoCAD 绘图的过程中，可根据需要随时把已经定义好的图块或图形文件插入当前图形的任意位置，在插入的同时还可以改变图块的大小、旋转一定角度或把图块炸开等。插入图块的方法有多种，本节逐一进行介绍。

1. 执行方式

☑ 命令行：输入 INSERT 命令

☑ 菜单：选择“插入”→“块”命令

☑ 工具栏：单击“插入”或“绘图”工具栏中的“插入块”按钮

2. 操作步骤

```
命令: INSERT↙
```

执行上述操作 AutoCAD 打开“插入”对话框，如图 7-4 所示，可以指定要插入的图块及插入位置。

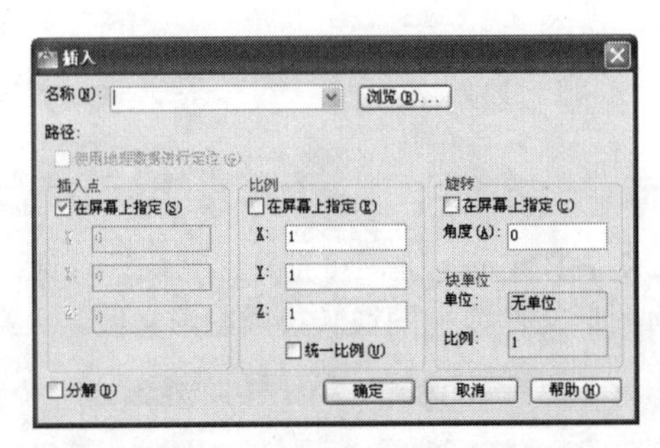

图 7-4 “插入”对话框

3. 选项说明

（1）“路径”文本框

指定图块的保存路径。

（2）“插入点”选项组

指定插入点，插入图块时该点与图块的基点重合。可以在屏幕上指定该点，也可以通过下面的文本框输入该点坐标值。

（3）“比例”选项组

确定插入图块时的缩放比例。图块被插入当前图形中时，可以以任意比例放大或缩小，如

图 7-5（a）所示，是被插入的图块，图 7-5（b）为取比例系数为 1.5 插入该图块的结果，图 7-5（c）是取比例系数为 0.5 的结果。X 轴方向和 Y 轴方向的比例系数也可以取不同值，如图 7-5（d）所示，X 轴方向的比例系数为 1，Y 轴方向的比例系数为 1.5。另外，比例系数还可以是一个负数，当为负数时表示插入图块的镜像，其效果如图 7-6 所示。

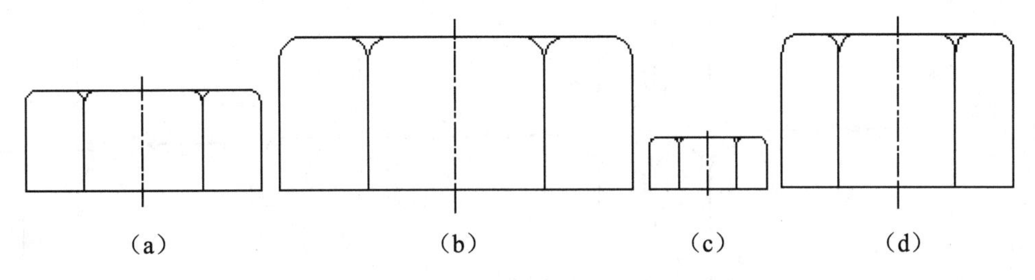

（a）　　（b）　　（c）　　（d）

图 7-5　取不同比例系数插入图块的效果

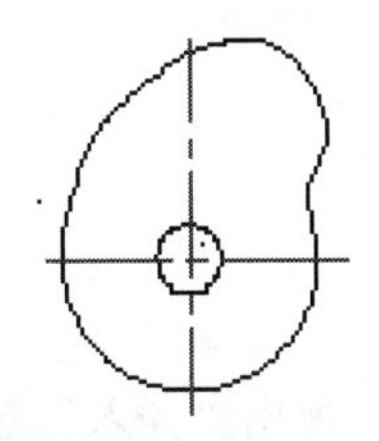

X 比例=1，Y 比例=1

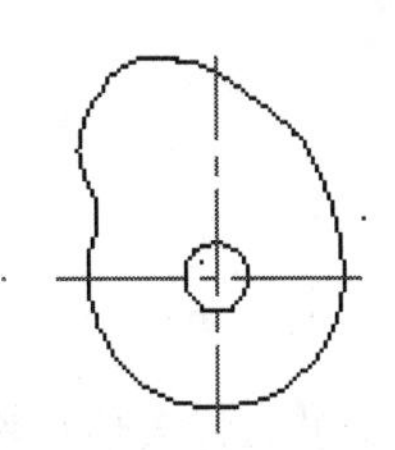

X 比例=−1，Y 比例=1

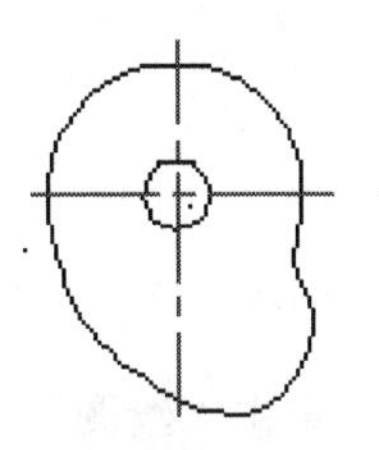

X 比例=1，Y 比例=−1

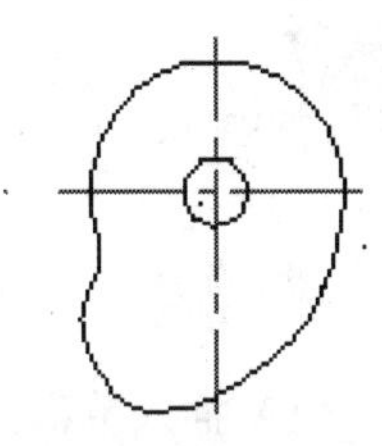

X 比例=−1，Y 比例=−1

图 7-6　取比例系数为负值时插入图块的效果

（4）“旋转”选项组

指定插入图块时的旋转角度。图块被插入到当前图形中时，可以绕其基点旋转一定的角度，角度可以是正数（表示沿逆时针方向旋转），也可以是负数（表示沿顺时针方向旋转）。如图 7-7（b）是图 7-7（a）所示的图块旋转 30° 插入的效果，图 7-7（c）是旋转−30° 插入的效果。

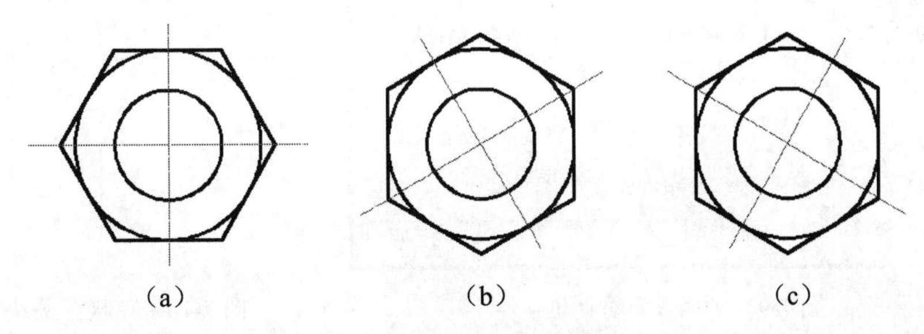

（a）　　（b）　　（c）

图 7-7　以不同旋转角度插入图块的效果

如果选中“在屏幕上指定”复选框，系统切换到作图屏幕，在屏幕上拾取一点，AutoCAD 自动测量插入点与该点连线和 X 轴正方向之间的夹角，并把它作为块的旋转角。也可以在“角度”文本框中直接输入插入图块时的旋转角度。

（5）“分解”复选框

选中此复选框，则在插入块的同时把其炸开，插入到图形中的组成块的对象不再是一个整体，可对每个对象单独进行编辑操作。

Note

7.1.4 实例——绘制多极开关符号

本实例首先利用“插入块”命令将多极开关所用到的图形符号插入到绘图区，然后将这些图形整理并连接，完成图形的绘制。绘制流程如图 7-8 所示。

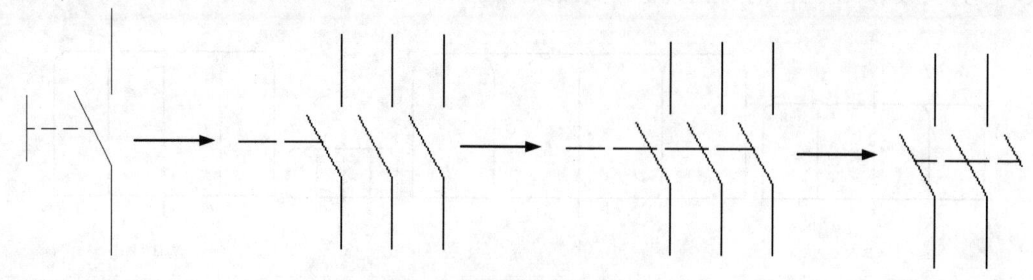

图 7-8 绘制多极开关符号

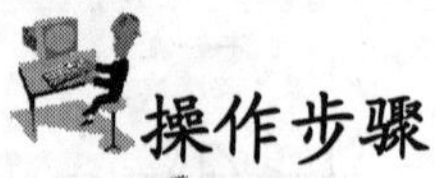

光盘\动画演示\第 7 章\绘制多极开关符号.avi

（1）插入单极开关块。单击“绘图”工具栏中的“插入块”按钮，弹出“插入”对话框，单击“浏览”按钮，选择随书光盘中“源文件/电气元件”文件夹中的“单极开关”图块，其他选项保持系统默认设置，如图 7-9 所示。单击“确定”按钮，将“单极开关”块插入到当前图形中，如图 7-10 所示。

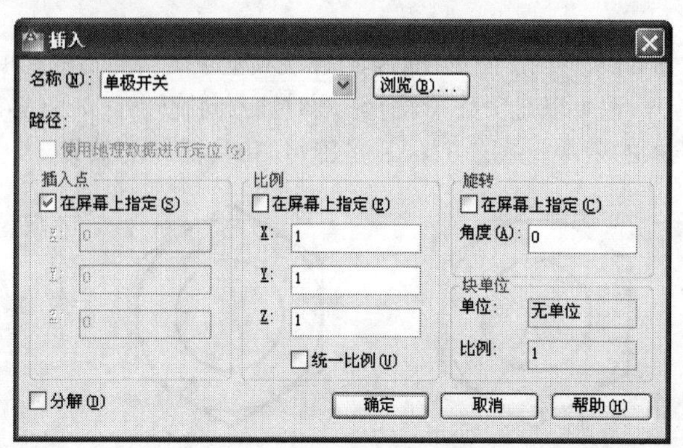

图 7-9 “插入”对话框

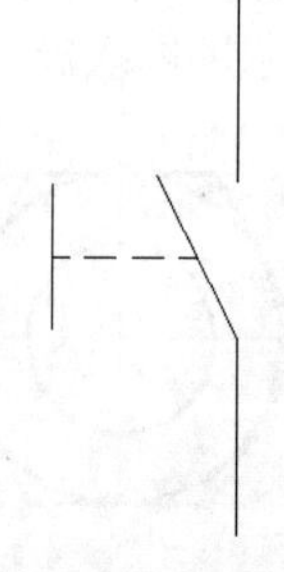

图 7-10 单极开关块

（2）分解块。单击“修改”工具栏中的“分解”按钮，分解“单极开关”图块。单击“修改”工具栏中的“删除”按钮，删除实线。

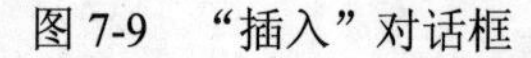

（3）复制图形。单击“修改”工具栏中的“复制”按钮，向右移动复制两份单极开关，移动距离分别为 30mm 和 60mm，效果如图 7-11 所示。

（4）延伸图形。单击“修改”工具栏中的“延伸”按钮，延伸虚线至右侧开关掷刀，命令行中的提示与操作如下。

```
命令: _extend
当前设置:投影=UCS，边=无
```

选择边界的边……
选择对象或 <全部选择>:　找到 1 个（选中右侧斜边）
选择对象:（按 Enter 键或者右击，完成选择）
选择要延伸的对象，或按住 Shift 键选择要修剪的对象，或[栏选(F)/窗交(C)/投影(P)/边(E)/放弃(U)]:

延伸效果如图 7-12 所示。

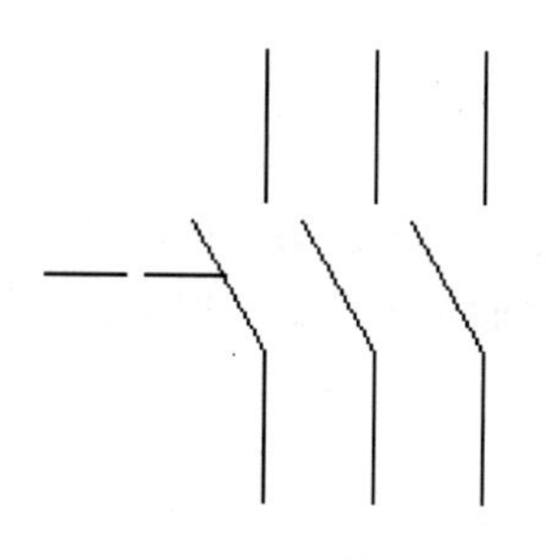

图 7-11　复制图形

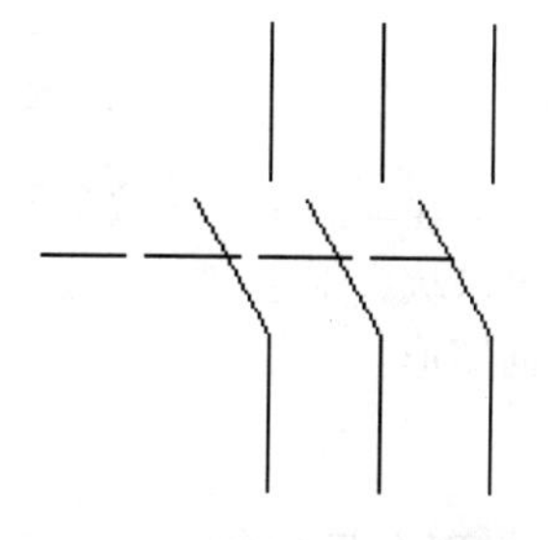

图 7-12　延伸图形

（5）修剪直线。单击“修改”工具栏中的“修剪”按钮，以左侧的斜线为剪切边界，修剪虚线左侧多余的部分，如图 7-13 所示。

（6）利用 WBLOCK 命令，将绘制的多级开关符号生成块并保存，结果如图 7-14 所示。

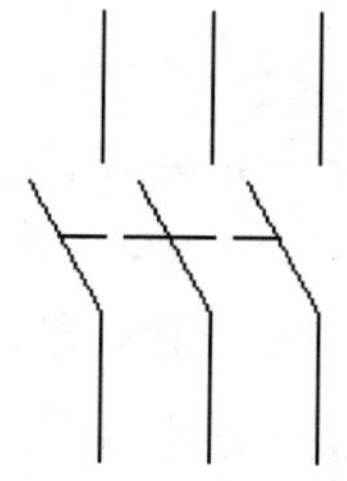

图 7-13　修剪直线

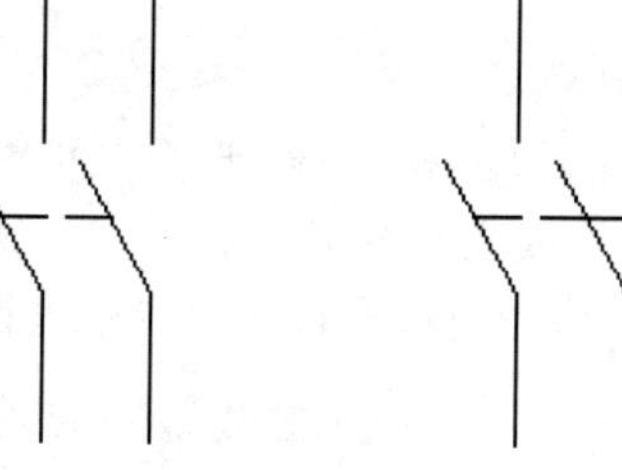

图 7-14　多极开关符号

7.1.5　动态块

动态块具有灵活性和智能性。用户在操作时可以轻松地更改图形中的动态块参照，可以通过自定义夹点或自定义特性来操作动态块参照中的几何图形。这使得用户可以根据需要在位调整块，而不用搜索另一个块以插入或重定义现有的块。

例如，如果在图形中插入一个门块参照，编辑图形时可能需要更改门的大小。如果该块是动态的，并且定义为可调整大小，那么只需拖动自定义夹点或在“特性”选项板中指定不同的大小就可以修改门的大小，如图 7-15 所示。用户可能还需要修改门的打开角度，如图 7-16 所示。该门块还可能会包含对齐夹点，使用对齐夹点可以轻松地将门块参照与图形中的其他几何图形对齐，如图 7-17 所示。

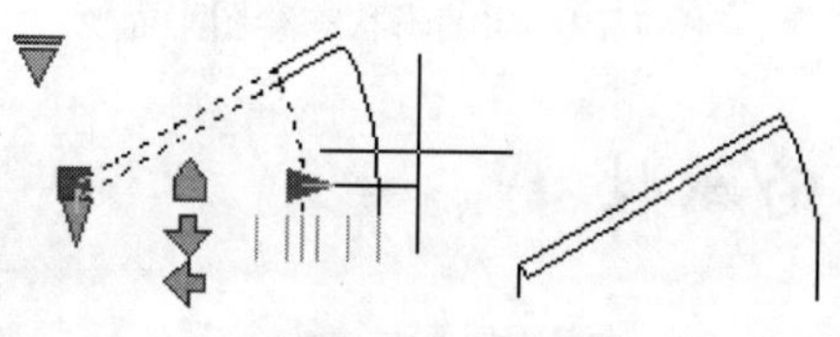

图 7-15　改变大小

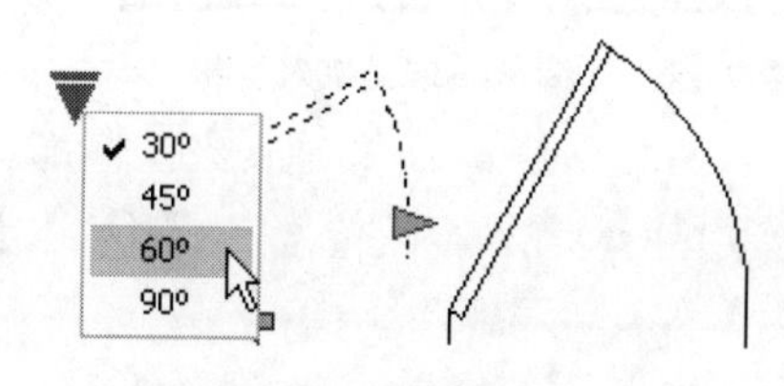

图 7-16　改变角度

Note

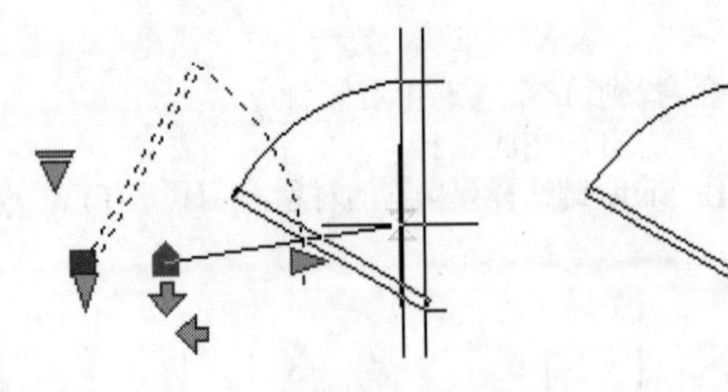

图 7-17　对齐

可以使用块编辑器创建动态块。块编辑器是一个专门的编写区域，用于添加能够使块成为动态块的元素。用户可以从头创建块，也可以向现有的块定义中添加动态行为，还可以像在绘图区域中一样创建几何图形。

1. 执行方式

☑ 命令行：输入 BEDIT 命令
☑ 菜单：选择“工具”→“块编辑器”命令
☑ 工具栏：单击“标准”工具栏中的“块编辑器”按钮
☑ 快捷菜单：选择一个块参照，在绘图区域中右击，选择“块编辑器”命令

2. 操作步骤

```
命令: BEDIT↙
```

系统打开“编辑块定义”对话框，如图 7-18 所示，在“要创建或编辑的块”文本框中输入块名或在列表框中选择已定义的块或当前图形。确认后，系统打开“块编写选项板”和“块编辑器”工具栏，如图 7-19 所示。用户可以在该工具栏中进行动态块编辑。

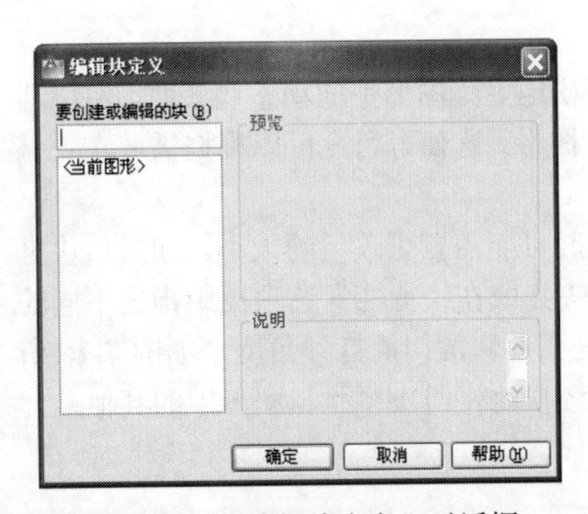

图 7-18　“编辑块定义”对话框

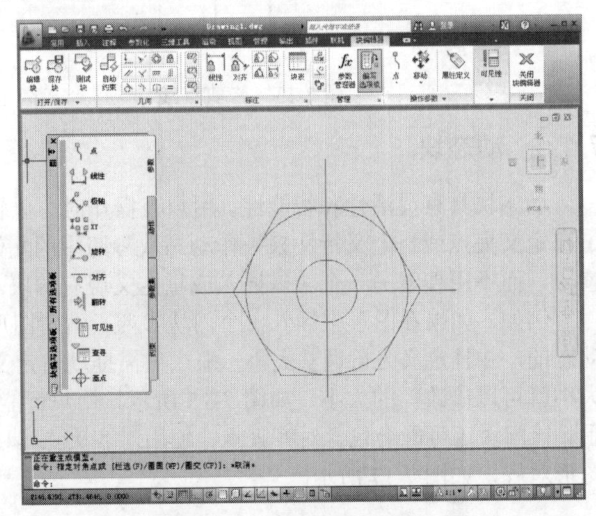

图 7-19　块编辑状态绘图平面

7.2　图块的属性

图块除了包含图形对象以外，还可以具有非图形信息，如把一个椅子的图形定义为图块后，

还可把椅子的号码、材料、重量、价格以及说明等文本信息一并加入到图块中。图块的这些非图形信息叫做图块的属性，它是图块的一个组成部分，与图形对象一起构成一个整体，在插入图块时 AutoCAD 把图形对象连同属性一起插入到图形中。

7.2.1　定义图块属性

1. 执行方式

☑　命令行：输入 ATTDEF 命令

☑　菜单：选择“插入”→“块”→“定义属性”命令

2. 操作步骤

```
命令: ATTDEF↙
```

选择相应的菜单项或在命令行输入 ATTDEF 后按 Enter 键，可打开“属性定义”对话框，如图 7-20 所示。

图 7-20　“属性定义”对话框

3. 选项说明

（1）“模式”选项组

确定属性的模式。

① “不可见”复选框：选中此复选框，则属性为不可见显示方式，即插入图块并输入属性值后，属性值并不在图中显示出来。

② “固定”复选框：选中此复选框，则属性值为常量，即属性值在属性定义时给定，在插入图块时 AutoCAD 不再提示输入属性值。

③ “验证”复选框：选中此复选框，当插入图块时 AutoCAD 重新显示属性值让用户验证该值是否正确。

④ “预设”复选框：选中此复选框，当插入图块时 AutoCAD 自动把事先设置好的默认值赋予属性，而不再提示输入属性值。

⑤ “锁定位置”复选框：锁定块参照中属性的位置。解锁后，属性可以相对于使用夹点编辑的块的其他部分移动，并且可以调整多行文字属性的大小。

⑥ “多行”复选框：指定属性值可以包含多行文字。选中此复选框，可以指定属性的边界宽度。

Note

（2）“属性”选项组

用于设置属性值。在每个文本框中，AutoCAD 最多允许输入 256 个字符。

① “标记”文本框：输入属性标签。属性标签可由除空格和感叹号以外的所有字符组成，AutoCAD 自动把小写字母改为大写字母。

② “提示”文本框：输入属性提示。属性提示是插入图块时 AutoCAD 要求输入属性值的提示，如果不在此文本框内输入文本，则以属性标签作为提示。如果在“模式”选项组中选中“固定”复选框，即设置属性为常量，则不需设置属性提示。

③ “默认”文本框：设置默认的属性值。可把使用次数较多的属性值作为默认值，也可不设默认值。

（3）“插入点”选项组

确定属性文本的位置。可以在插入时由用户在图形中确定属性文本的位置，也可在 X、Y、Z 文本框中直接输入属性文本的位置坐标。

（4）“文字设置”选项组

设置属性文本的对齐方式、文本样式、字高和倾斜角度。

（5）“在上一个属性定义下对齐”复选框

选中此复选框，表示把属性标签直接放在前一个属性的下面，而且该属性继承前一个属性的文本样式、字高和倾斜角度等特性。

注意

在动态块中，由于属性的位置包括在动作的选择集中，因此必须将其锁定。

7.2.2 修改属性的定义

在定义图块之前，可以对属性的定义加以修改，不仅可以修改属性标签，还可以修改属性提示和属性默认值。

1. 执行方式

☑ 命令行：输入 DDEDIT 命令

☑ 菜单：选择“注释”→“文字”命令

2. 操作步骤

```
命令: DDEDIT↙
选择注释对象或 [放弃(U)]:
```

在此提示下选择要修改的属性定义，AutoCAD 将打开“编辑属性定义”对话框，如图 7-21 所示，该对话框表示要修改的属性的标记为“文字”，提示为“数值”，无默认值，可在各文本框中对各项进行修改。

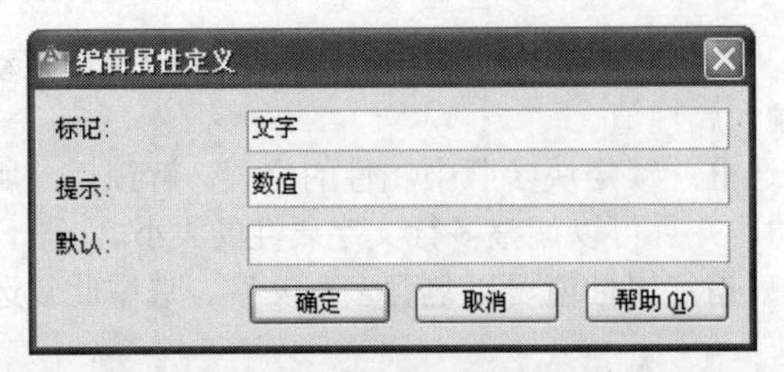

图 7-21 “编辑属性定义”对话框

7.2.3　图块属性编辑

当属性被定义到图块中，甚至图块被插入到图形中之后，用户还可以对属性进行编辑。利用 ATTEDIT 命令可以通过对话框对指定图块的属性值进行修改，而且可以对属性的位置、文本等其他设置进行编辑。

Note

1. 执行方式

☑ 命令行：输入 ATTEDIT 命令
☑ 菜单：选择“插入”→“编辑属性”→“单个”命令
☑ 工具栏：单击“编辑属性”按钮

2. 操作步骤

```
命令: ATTEDIT↙
选择块参照:
```

输入命令后光标变为拾取框，选择要修改属性的图块，则 AutoCAD 打开如图 7-22 所示的“编辑属性”对话框，对话框中显示出所选图块中包含的前 8 个属性的值，用户可对这些属性值进行修改。如果该图块中还有其他的属性，可单击“上一个”和“下一个”按钮对它们进行查看和修改。

当用户通过菜单或工具栏执行上述命令时，系统打开“增强属性编辑器”对话框，如图 7-23 所示。该对话框不仅可以编辑属性值，还可以编辑属性的文字选项和图层、线型、颜色等特性值。

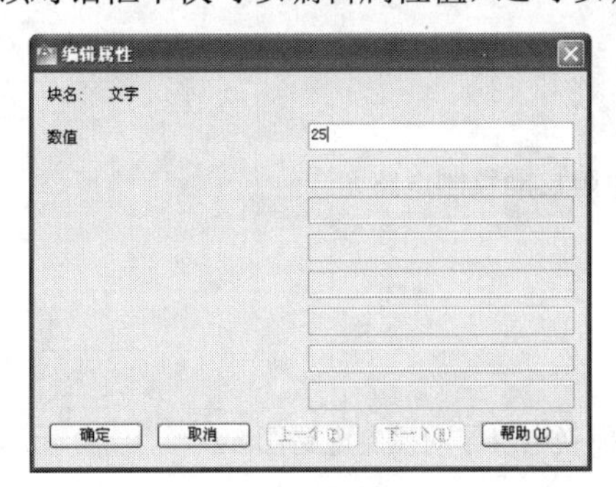

图 7-22　“编辑属性”对话框

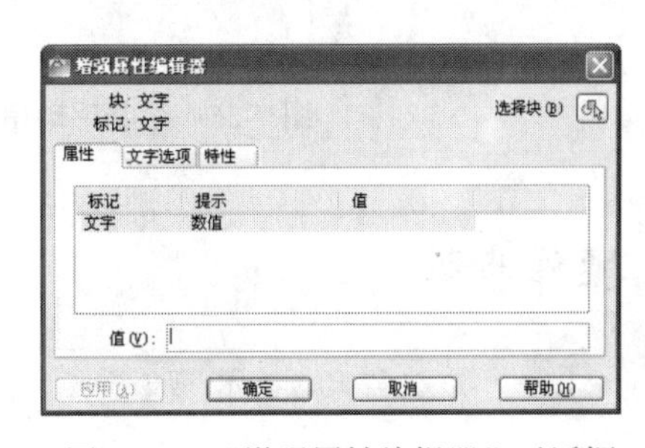

图 7-23　“增强属性编辑器”对话框

另外，还可以通过“块属性管理器”对话框来编辑属性，方法是单击“常用”工具栏中的“块”→“管理属性”按钮，打开“块属性管理器”对话框，如图 7-24 所示。单击“编辑”按钮，打开“编辑属性”对话框，如图 7-25 所示，可以通过该对话框编辑属性。

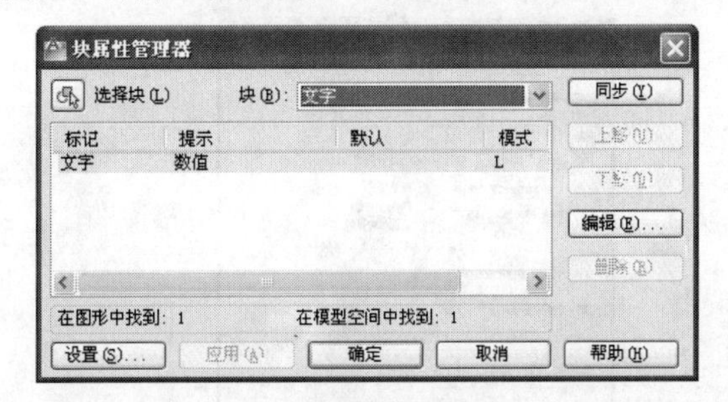

图 7-24　“块属性管理器”对话框

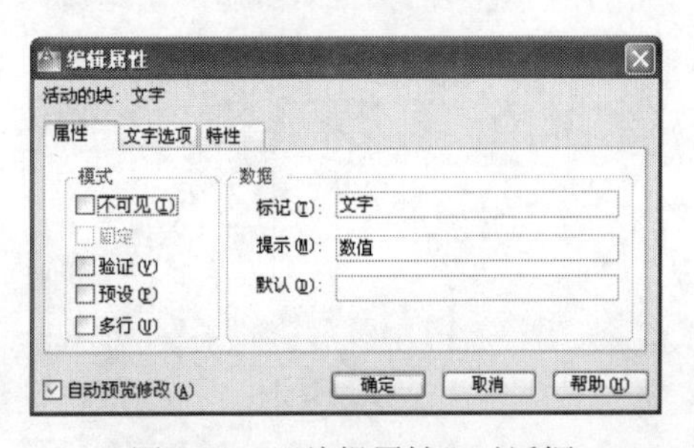

图 7-25　“编辑属性”对话框

7.3 综合演练——绘制手动串联电阻启动控制电路图

Note

本实例主要讲解利用图块辅助快速绘制电气图的一般方法，手动串联电阻启动控制电路的基本原理是：当启动电动机时，按下按钮开关SB2，电动机串联电阻启动，待电动机转速达到额定转速时，再按下SB3，电动机电源改为全压供电，使电动机正常运行。

本例运用到“矩形”、“直线”、“圆”、“多行文字”、“偏移”、“剪切”等一些基础的绘图命令绘制图形，并利用写块命令将绘制好的图形创建为块，再将创建的图块插入到电路图中，以此创建手动串联电阻启动控制电路图。绘制流程如图7-26所示。

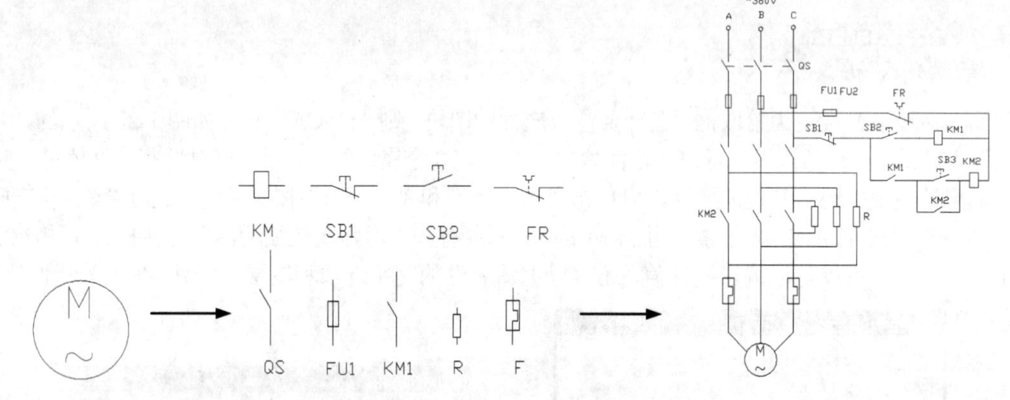

图7-26　绘制手动串联电阻启动控制电路图

操作步骤

参见光盘　光盘\动画演示\第7章\绘制手动串联电阻起动控制电路图.avi

（1）单击“绘图”工具栏中的“圆”按钮和“多行文字”按钮，绘制如图7-27所示的电动机图形。

（2）利用WBLOCK命令打开“写块”对话框，如图7-28所示。拾取电动机图形中圆的圆心为基点，以该图形为对象，输入图块名称并指定路径，确认退出。

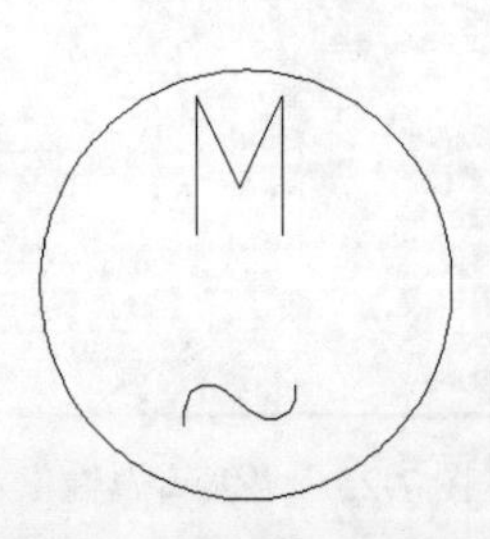

图7-27　绘制电动机图形

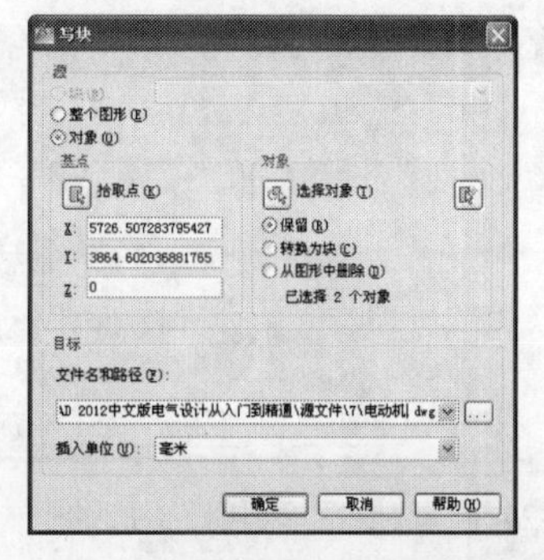

图7-28　“写块”对话框

（3）以同样方法绘制其他电气符号并保存为图块，如图 7-29 所示。

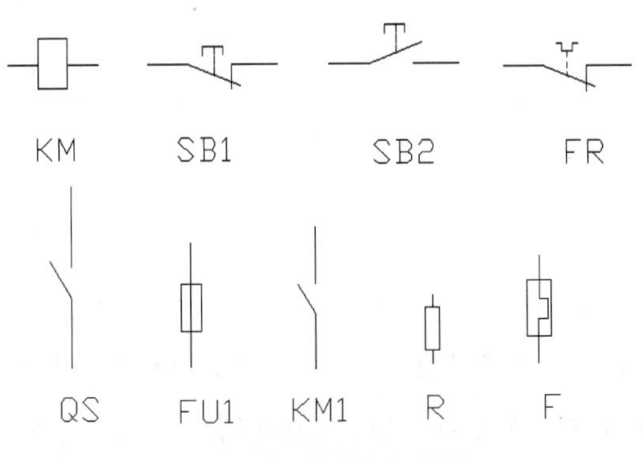

图 7-29　绘制电气图块

（4）单击“绘图”工具栏中的“插入块”按钮，打开“插入”对话框，单击“浏览”按钮，找到刚才保存的电动机图块，选择适当的插入点、比例和旋转角度，如图 7-30 所示，将该图块插入到一个新的图形文件中。

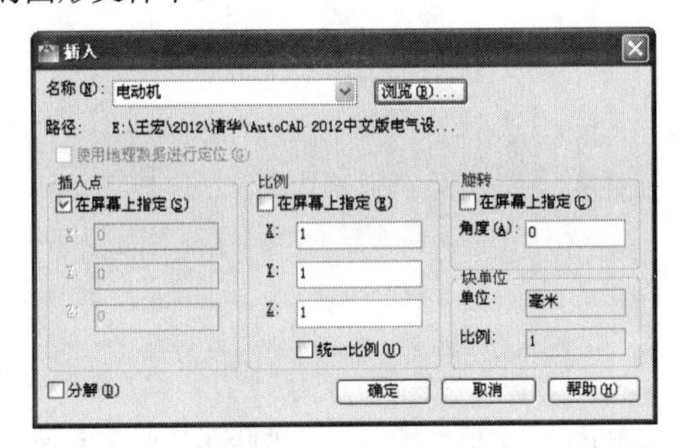

图 7-30　“插入”对话框

（5）单击“绘图”工具栏中的“直线”按钮，在插入的电动机图块上绘制如图 7-31 所示的导线。

（6）单击“绘图”工具栏中的“插入块”按钮，将 F 图块插入到图形中，插入比例为 1，角度为 0，插入点为左边竖线端点，同时将其复制到右边竖线端点，如图 7-32 所示。

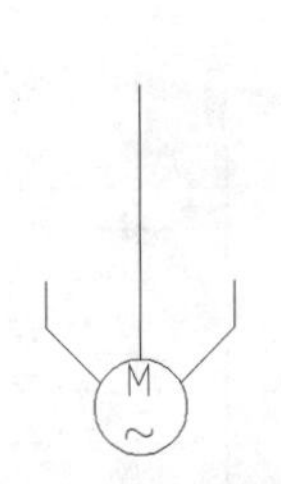

图 7-31　绘制导线

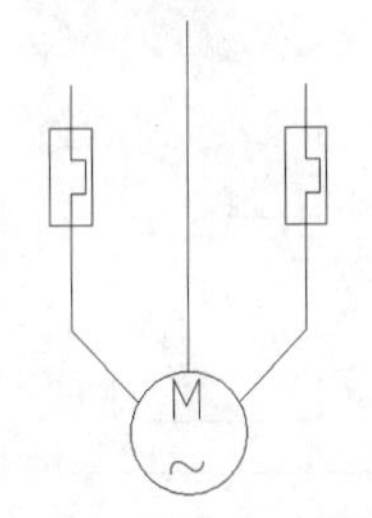

图 7-32　插入 F 图块

（7）单击“绘图”工具栏中的“直线”按钮，在插入的 F 图块上端点绘制两条竖线，与中间竖线平齐，如图 7-33 所示。

（8）单击“绘图”工具栏中的“插入块”按钮，插入 KM1 图块到竖线上端点，并复制到其他两个端点，如图 7-34 所示。

Note

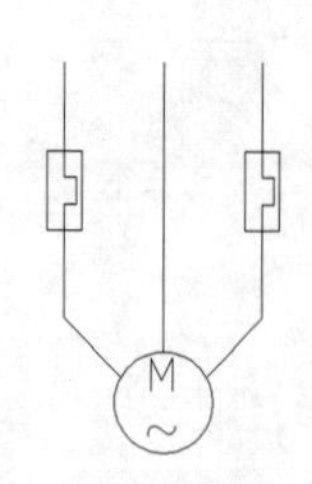

图 7-33　绘制两条竖线

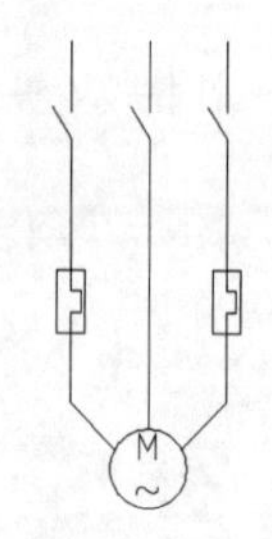

图 7-34　插入 KM1 图块

(9)再次将插入并复制的 3 个 KM1 图块向上复制到 KM1 图块的上端点，如图 7-35 所示。

(10)单击“绘图”工具栏中的“插入块”按钮，插入 R 图块到第一次插入的 KM1 图块的右边适当位置，并向右水平复制两次，如图 7-36 所示。

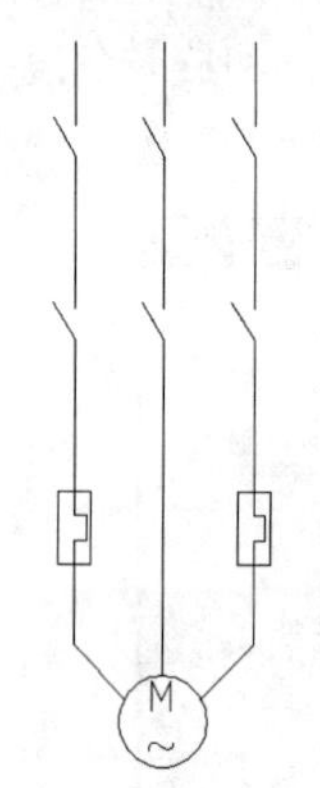

图 7-35　复制 KM1 图块

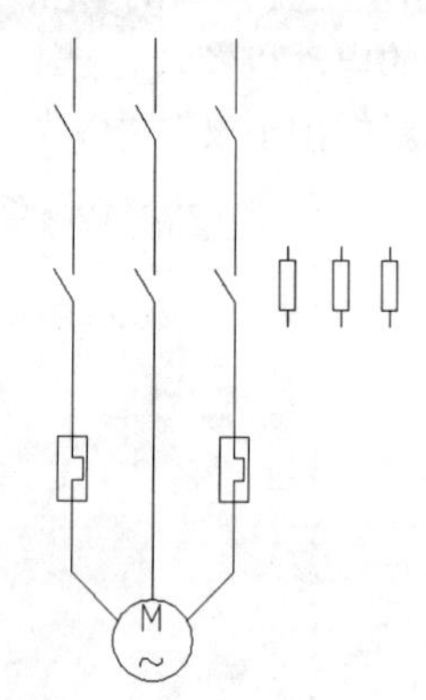

图 7-36　插入 R 图块

(11)单击“绘图”工具栏中的“直线”按钮，绘制电阻 R 与主干竖线之间的连接线，如图 7-37 所示。

(12)单击“绘图”工具栏中的“插入块”按钮，插入 FU1 图块到竖线上端点，并复制到其他两个端点，如图 7-38 所示。

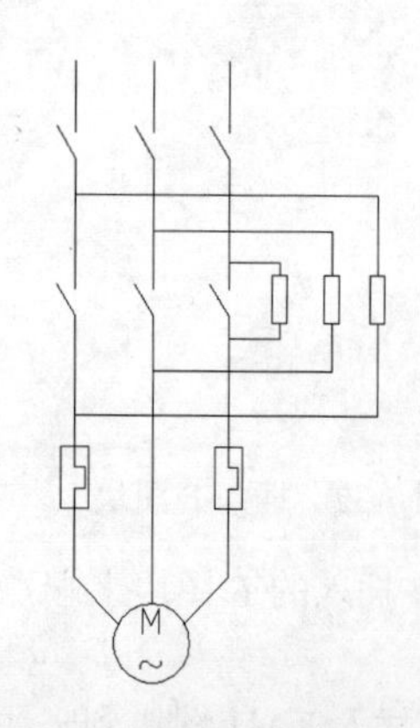

图 7-37　绘制连接线

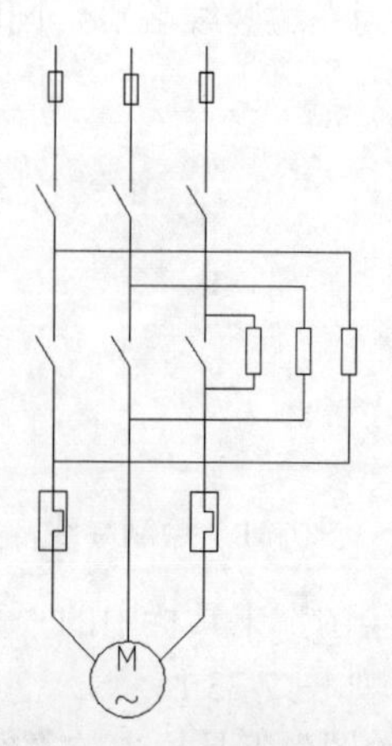

图 7-38　插入 FU1 图块

（13）单击“绘图”工具栏中的“插入块”按钮，插入 QS 图块到竖线上端点，并复制到其他两个端点，如图 7-39 所示。

（14）利用“直线”命令绘制一条水平线段，端点为刚插入的 QS 图块斜线中点，并将其线型改为虚线，如图 7-40 所示。

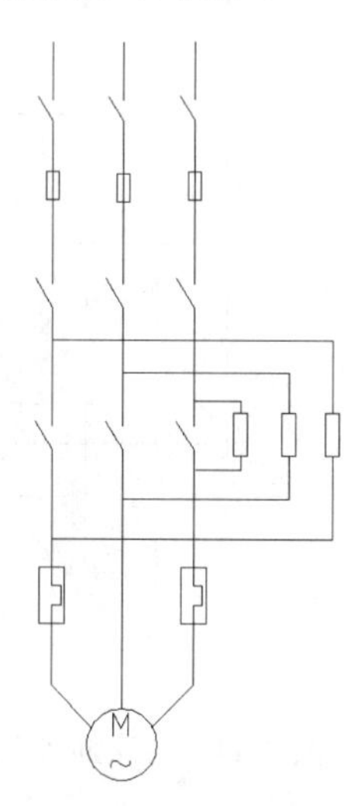

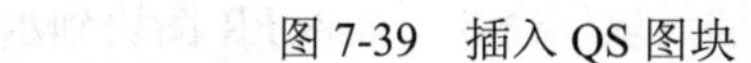

图 7-39　插入 QS 图块

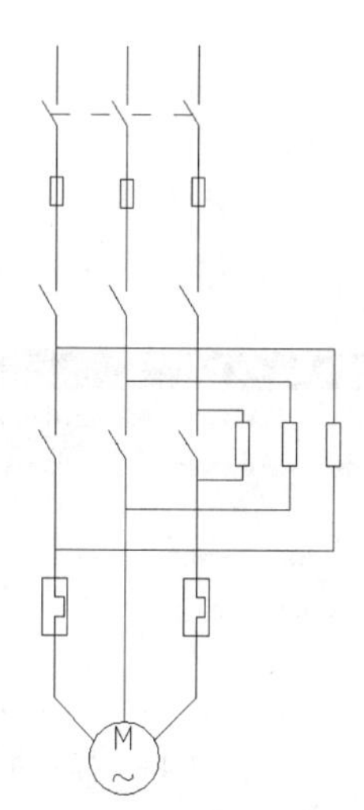

图 7-40　绘制水平功能线

（15）单击“绘图”工具栏中的“圆”按钮，在竖线顶端绘制一个小圆圈，并复制到另两个竖线顶端，如图 7-41 所示，表示线路与外部的连接点。

（16）单击“绘图”工具栏中的“直线”按钮，从主干线上引出两条水平线，如图 7-42 所示。

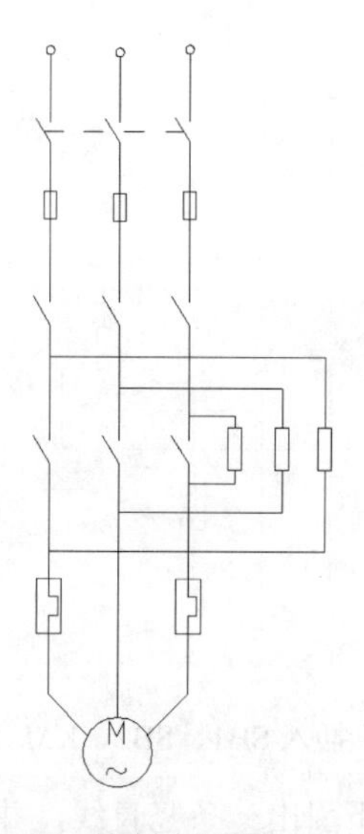

图 7-41　绘制小圆圈

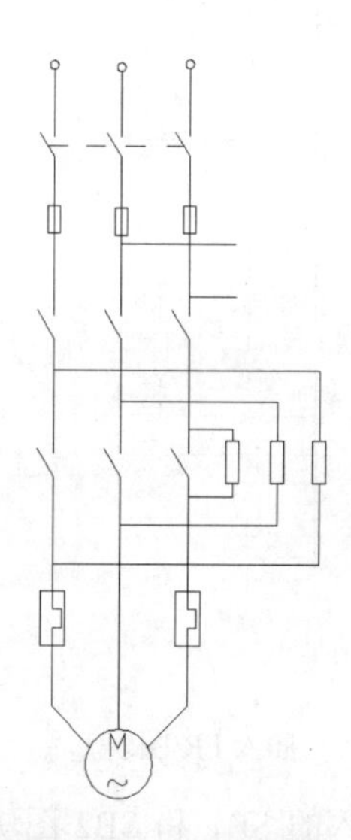

图 7-42　引出水平线

（17）单击“绘图”工具栏中的“插入块”按钮，插入 FU1 图块到上面水平引线右端点，指定旋转角度为-90。这时，系统打开提示框，提示是否重新定义 FU1 图块（因为前面已经插入过 FU1 图块），如图 7-43 所示，选择“重新定义块”选项，插入 FU1 图块，如图 7-44 所示。

Note

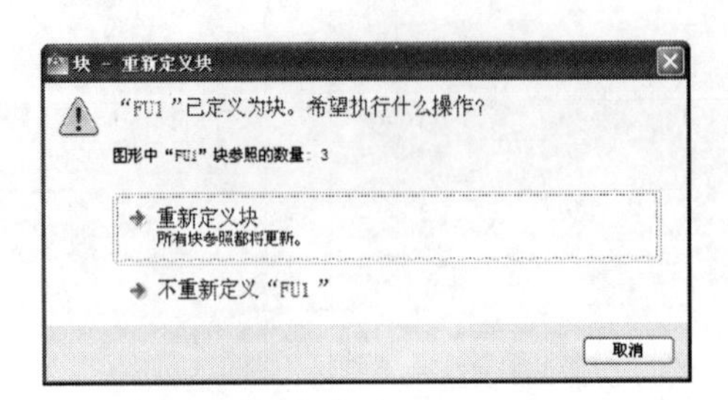

图 7-43　提示框

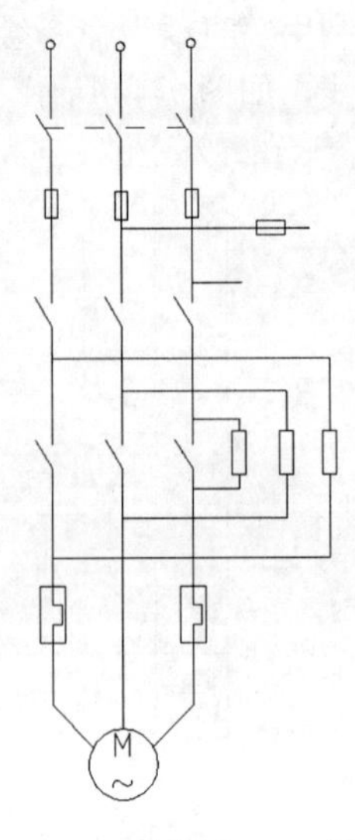

图 7-44　再次插入 FU1 图块

（18）在 FU1 图块右端绘制一条短水平线，再次执行“插入块”命令，插入 FR 图块到水平短线右端点，如图 7-45 所示。

（19）单击“绘图”工具栏中的“插入块”按钮，连续插入图块 SB1、SB2、KM 到下面一条水平引线右端，如图 7-46 所示。

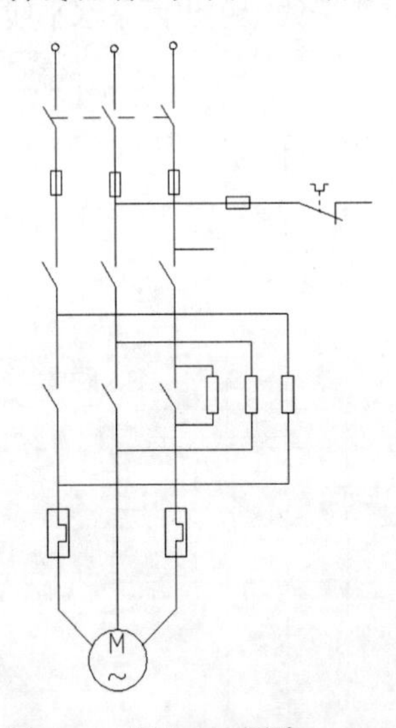

图 7-45　插入 FR 图块

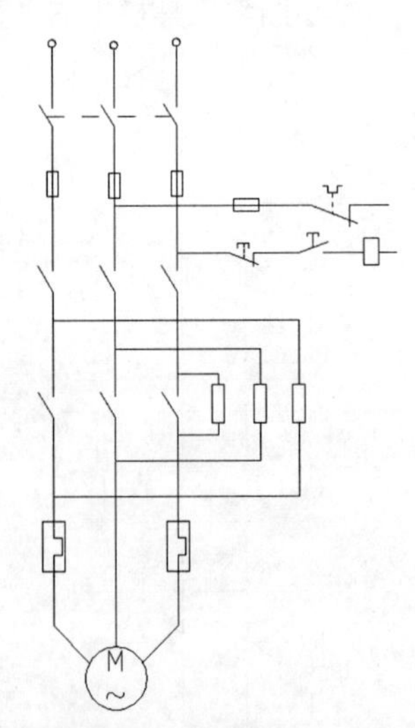

图 7-46　插入 SB1、SB2、KM 图块

（20）在插入的 SB1 和 SB2 图块之间水平线上向下引出一条竖直线，并执行“插入块”命令，插入 KM1 图块到竖直引线下端点，指定插入时的旋转角度为-90，结果如图 7-47 所示。

（21）单击“绘图”工具栏中的“插入块”按钮，在刚插入的 KM1 图块右端依次插入图块 SB2、KM，结果如图 7-48 所示。

Note

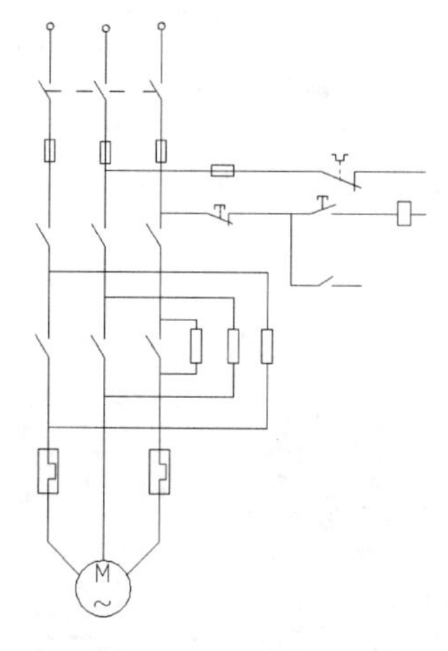

图 7-47 插入 KM1 图块

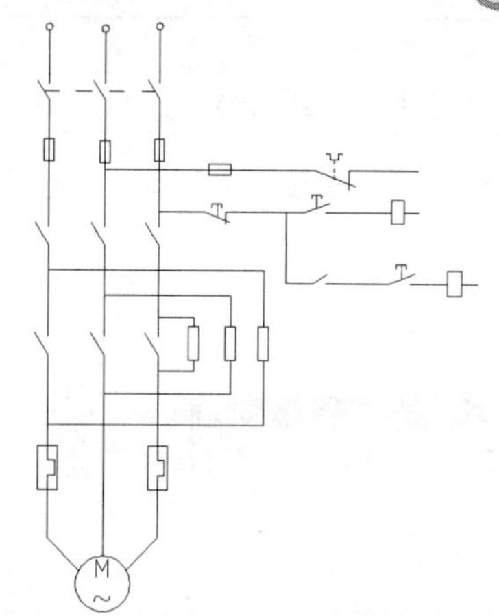

图 7-48 插入 SB2、KM 图块

（22）类似步骤（20），向下绘制竖直引线，并插入图块 KM1，如图 7-49 所示。

（23）单击“绘图”工具栏中的“直线”按钮，补充绘制相关导线，如图 7-50 所示。

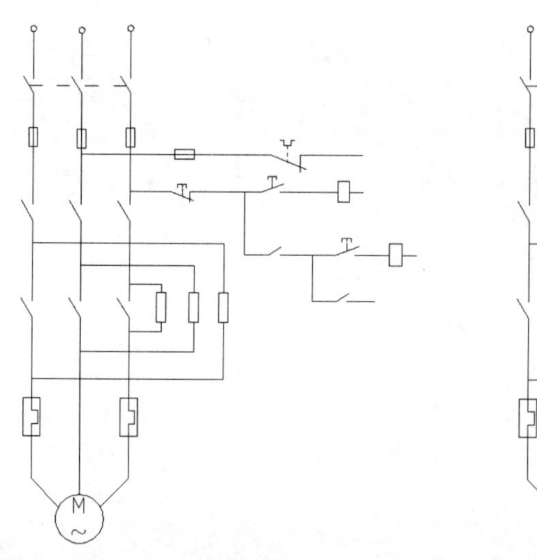

图 7-49 再次插入图块 KM1

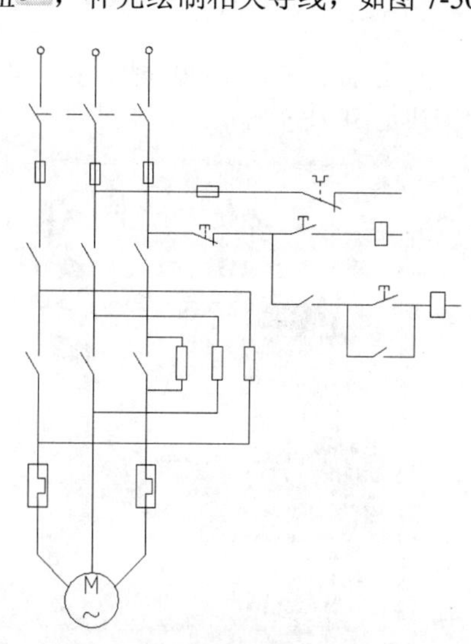

图 7-50 补充导线

（24）局部放大图形，可以发现 SB1、SB2 等图块在插入图形后，虚线图线不可见，如图 7-51 所示。

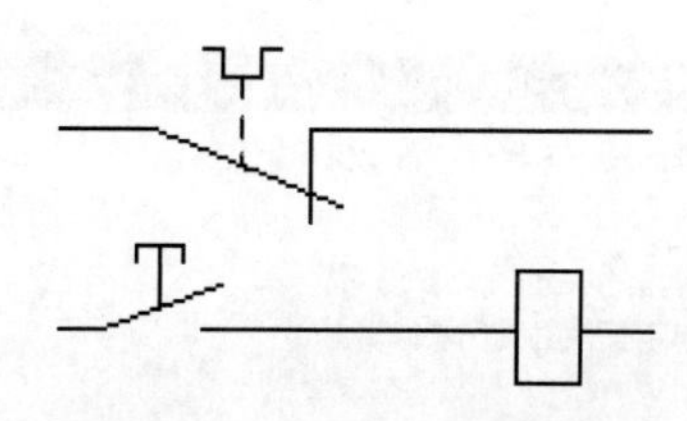

图 7-51 放大显示局部

Note

注意

这是因为图块插入到图形后，其大小有变化，导致相应的图线有变化。

（25）双击插入图形的SB2图块，打开“编辑块定义”对话框，如图7-52所示，单击“确定”按钮。

（26）系统打开动态块编辑界面，如图7-53所示。

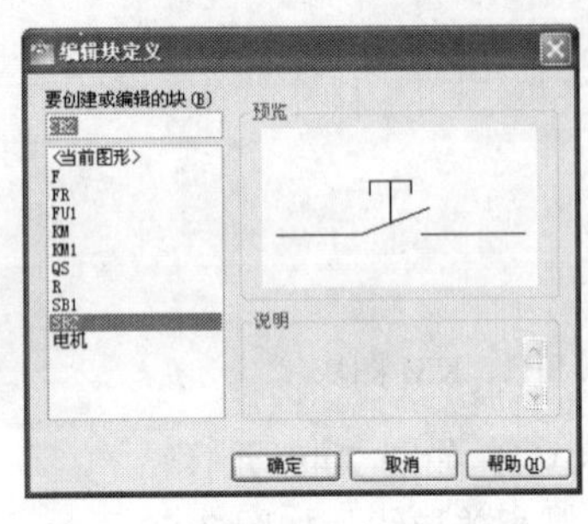

图7-52 “编辑块定义”对话框

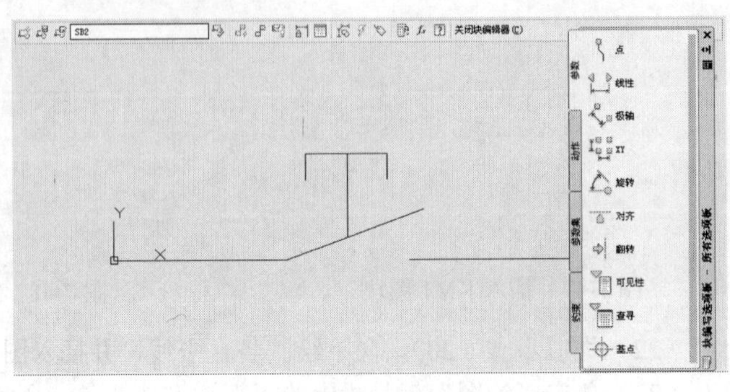

图7-53 动态块编辑界面

（27）双击SB2图块中间竖线，打开“特性”选项板，修改线型比例，如图7-54所示。修改后的图块如图7-55所示。

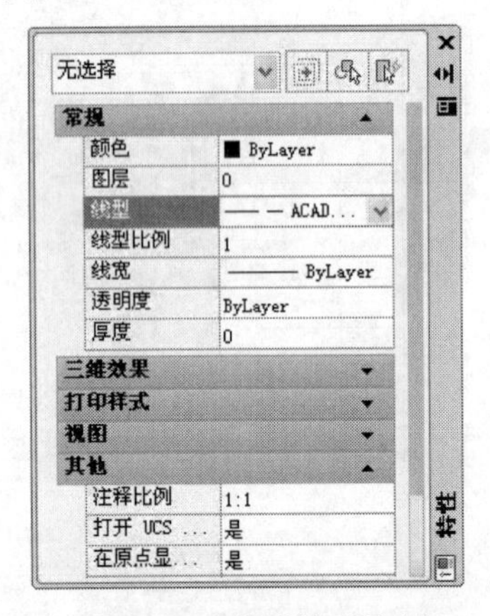

图7-54 修改线型比例

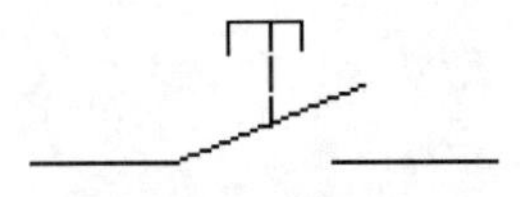

图7-55 修改后的图块

（28）单击“动态块编辑”工具栏中的“关闭块编辑器”按钮，退出动态块编辑界面，系统提示是否保存块的修改，如图7-56所示，选择“将更改保存到SB2”选项，系统返回到图形界面。

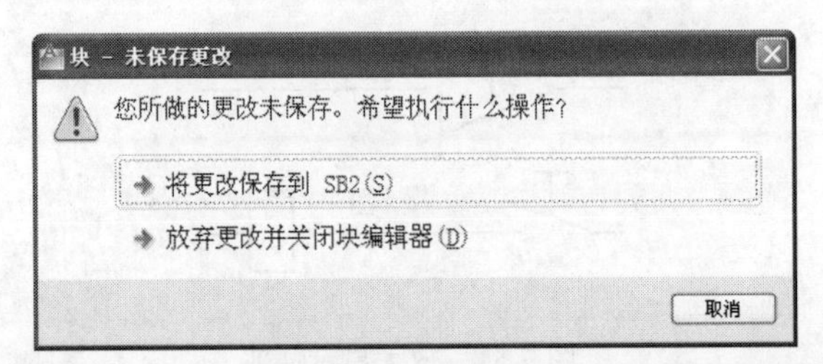

图7-56 提示框

（29）继续选择要修改的图块进行编辑，编辑完成后，可以看到图块对应图线已经变成了虚线，如图 7-57 所示。整个图形如图 7-58 所示。

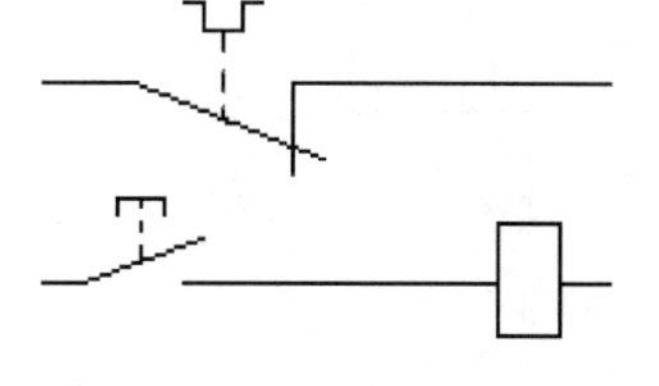

图 7-57　修改后的图块

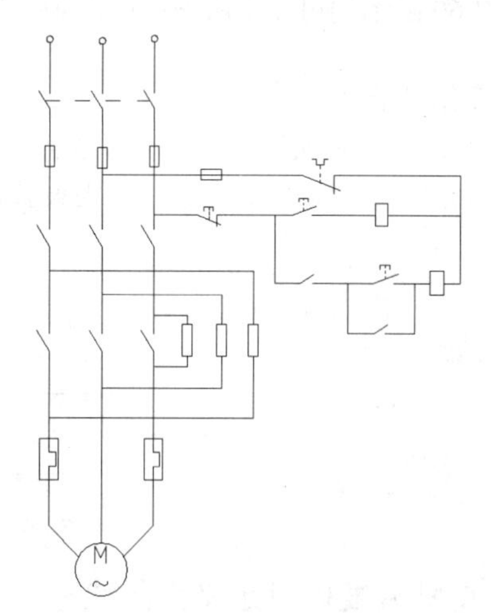

图 7-58　整个图形

（30）单击“绘图”工具栏中的“多行文字”按钮 A，输入电气符号代表文字，最终结果如图 7-59 所示。

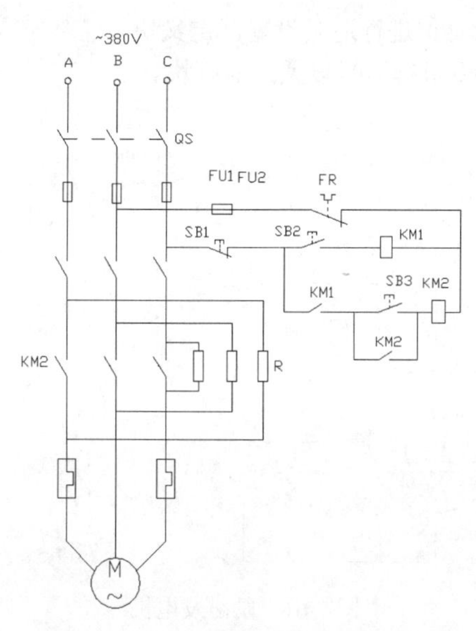

图 7-59　手动串联电阻启动控制电路图

7.4　上 机 操 作

通过前面的学习，读者对本章知识也有了大体的了解，本节通过 3 个操作练习使读者进一步掌握本章的知识要点。

实践 1　将可变电阻 R1 定义为图块

将图 7-60 所示的可变电阻 R1 定义为图块，取名为“可变电阻”。

操作提示

（1）利用“块定义”对话框进行适当设置，定义块。

（2）利用 WBLOCK 命令进行适当设置，保存块。

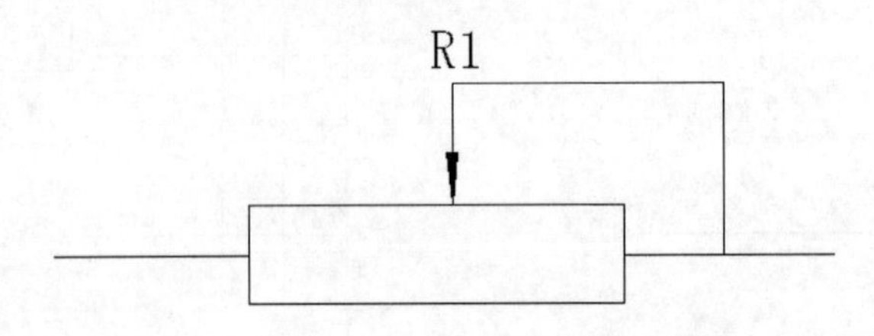

图 7-60　可变电阻 R1

实践 2　将励磁发电机定义为图块

将图 7-61 所示的励磁发电机定义为图块，取名为“励磁发电机”。

操作提示

（1）利用“块定义”对话框进行适当设置，定义块。

（2）利用 WBLOCK 命令进行适当设置，保存块。

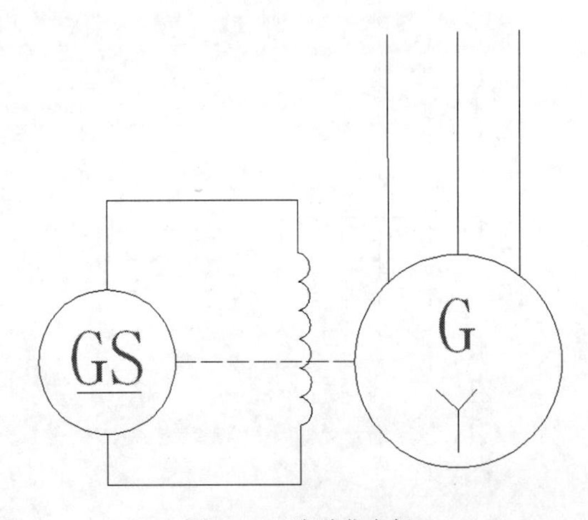

图 7-61　励磁发电机

实践 3　利用图块插入的方法绘制三相电机启动控制电路图

利用图块插入的方法绘制如图 7-62 所示的三相电机启动控制电路图。

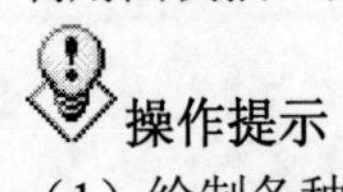

操作提示

（1）绘制各种电气元件并保存成图块。

（2）插入各个图块并连接。

（3）标注文字。

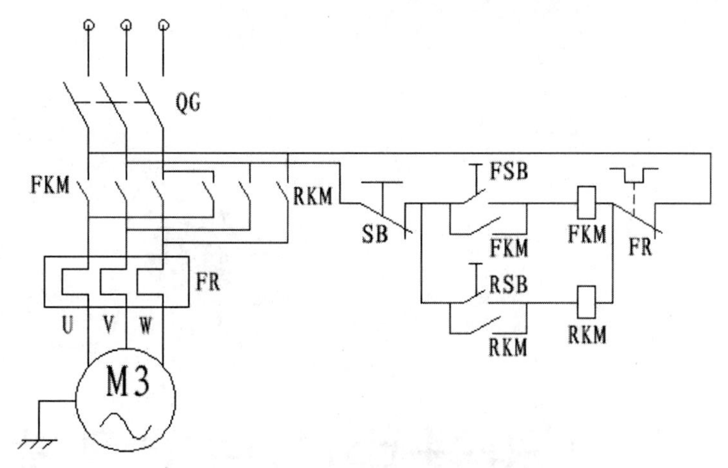

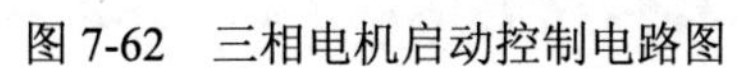
图 7-62 三相电机启动控制电路图

设计中心与工具选项板

重用和分享设计内容，是管理一个绘图项目的基础。在AutoCAD 2012中，利用其提供的设计中心可以管理块、外部参照、渲染的图像以及其他设计资源文件的内容。此外，它还提供了观察和重用设计内容的强大工具，可以浏览系统内部的资源，还可以从Internet上下载有关内容。

工具选项板是AutoCAD提供的另一种形式的辅助工具，提供了组织、共享和放置图块、几何图形、外部参照、填充图案、命令等的有效方法，极大地方便了日后的调用。

本章就介绍AutoCAD 2012设计中心和工具选项板的使用等知识。

☑ 设计中心 ☑ 工具选项板

任务驱动&项目案例

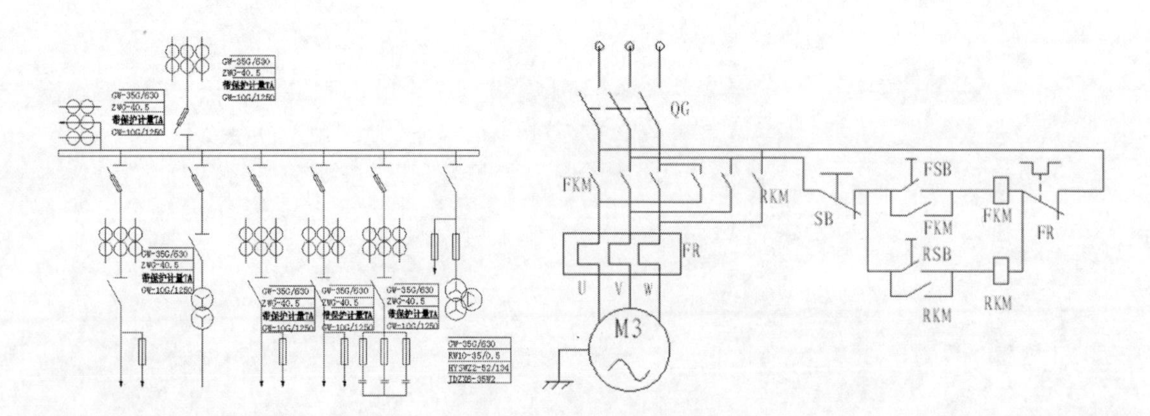

Note

8.1 设计中心

利用 AutoCAD 提供的设计中心，可以很容易地组织设计内容，并把它们拖动到自己的图形中。在图 8-1 所示“设计中心”窗口中，左侧为资源管理器，右侧为内容显示区（其中上方为文件显示框，中间窗口为图形预览显示框，下面窗口为说明文本显示框）。

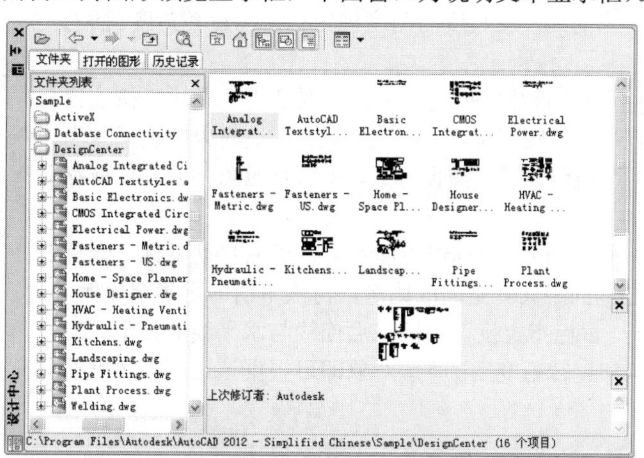

图 8-1 “设计中心”窗口

8.1.1 启动设计中心

1. 执行方式

☑ 命令行：输入 ADCENTER 命令

☑ 菜单：选择“工具”→“选项板”→“设计中心”命令

☑ 工具栏：单击“标准”工具栏中的“设计中心”按钮

☑ 快捷键：按 Ctrl+2 键

2. 操作步骤

执行上述任一操作，即可打开“设计中心”窗口。第一次启动设计中心时，其默认打开的选项卡为“文件夹”。内容显示区采用大图标显示，左边的资源管理器采用 tree view 方式显示系统的树形结构。在浏览资源的同时，在内容显示区将显示所浏览资源的有关细目或内容，如图 8-1 所示。

可以通过鼠标拖动边框来改变 AutoCAD 设计中心资源管理器、内容显示区以及 AutoCAD 绘图区的大小，但内容显示区的最小尺寸应能显示两列大图标。

如果要改变 AutoCAD 设计中心的位置，可按住鼠标将该窗口拖动至目标位置，释放鼠标后，AutoCAD 设计中心便处于当前位置。移到新位置后，仍可以用鼠标改变各窗口的大小。此外，还可以通过“设计中心”窗口左下方的“自动隐藏”按钮来自动隐藏设计中心。

8.1.2 插入图块

可以将图块插入图形当中。当将一个图块插入到图形中时，块定义就被复制到图形数据库中。在一个图块被插入图形之后，如果原来的图块被修改，则插入图形当中的图块也随之改变。

当其他命令正在执行时，不能插入图块到图形中。如果在插入图块时正在执行一个命令，此时光标将变成一个带斜线的圆，提示操作无效。另外，一次只能插入一个图块。AutoCAD设计中心提供了两种插入图块的方法：利用鼠标指定比例和旋转方式及精确指定坐标、比例和旋转角度方式。

Note

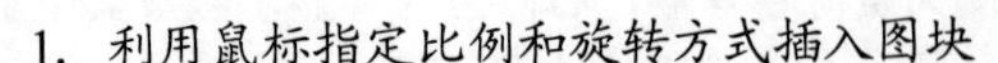

1. 利用鼠标指定比例和旋转方式插入图块

系统根据鼠标拉出的线段的长度与角度确定比例与旋转角度。插入图块的步骤如下：

（1）从文件夹列表或查找结果列表中选择要插入的图块，按住鼠标左键，将其拖动到打开的图形中。释放鼠标后，所选对象即被插入当前打开的图形中。利用当前设置的捕捉方式，可以将对象插入到任何存在的图形中。

（2）在图形中单击，指定一点作为插入点，然后移动鼠标，光标所在位置与插入点之间的距离就是缩放比例，再次单击即可确定比例。以同样方法移动鼠标，鼠标指定位置和插入点连线与水平线的夹角即为旋转角度。确定比例和旋转角度后，所选对象即可根据该比例和角度插入到图形中。

2. 精确指定坐标、比例和旋转角度方式插入图块

利用该方式可以设置插入图块的参数，具体方法如下。

（1）从文件夹列表或查找结果列表中选择要插入的对象，并将其拖动到打开的图形中。

（2）单击鼠标右键，在弹出的快捷菜单中选择“缩放”、“旋转”等命令，如图8-2所示。

（3）在相应的命令行提示下输入比例和旋转角度等数值，所选对象即可根据指定的参数插入到图形中。

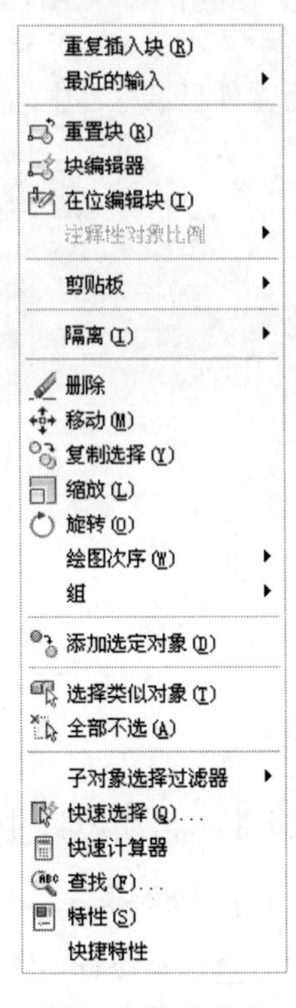

图8-2 快捷菜单

8.1.3 图形复制

1. 在图形之间复制图块

利用AutoCAD 设计中心可以浏览和装载需要复制的图块，然后将图块复制到剪贴板，利用剪贴板将图块粘贴到图形中。具体方法如下：

（1）在“设计中心”控制板选择需要复制的图块并右击，在弹出的快捷菜单中选择“复制”命令。

（2）将图块复制到剪贴板上，然后通过“粘贴”命令粘贴到当前图形中。

2. 在图形之间复制图层

利用AutoCAD 设计中心可以从任何一个图形复制图层到其他图形。例如，如果已经绘制了一个包括设计所需的所有图层的图形，在绘制另外的新图形时，可以新建一个图形，并通过AutoCAD设计中心将已有的图层复制到新图形中，这样可以节省时间，并保证图形间的一致性。

（1）拖动图层到已打开的图形：确认要复制图层的目标文件被打开，并且是当前的图形文件。在“设计中心”控制板或查找结果列表中选择要复制的一个或多个图层，将其拖动

到打开的图形文件中。释放鼠标后，所选图层即被复制到打开的图形中。

（2）复制或粘贴图层到打开的图形：确认要复制图层的图形文件被打开，并且是当前的图形文件。在“设计中心”控制板或查找结果列表中选择要复制的一个或多个图层，单击鼠标右键，在弹出的快捷菜单中选择“复制到粘贴板”命令。如果要粘贴图层，确认粘贴的目标图形文件被打开，并为当前文件。右击，在弹出的快捷菜单中选择“粘贴”命令即可。

Note

8.2 工具选项板

在“工具选项板”窗口中，可以将常用的图块、几何图形、外部参照、填充图案及命令等以选项卡的形式组织到其中，以后可直接调用，方便、快捷地应用到当前图形中。此外，工具选项板还可以包含由第三方开发人员提供的自定义工具。

8.2.1 打开工具选项板

1. 执行方式

☑ 命令行：输入 TOOLPALETTES 命令
☑ 菜单：选择“工具”→“工具选项板”命令
☑ 工具栏：单击“标准”工具栏中的“工具选项板”按钮
☑ 快捷键：按 Crtl+3 键

2. 操作步骤

命令: TOOLPALETTES↙

系统自动打开“工具选项板”窗口，如图 8-3 所示。

3. 选项说明

在“工具选项板”窗口中，系统提供了一些常用的工具选项卡，以方便用户绘图。

注意

在绘图中还可以将常用命令添加到工具选项板。打开“自定义”对话框，可以将工具从工具栏拖到工具选项板上，或者将工具从“自定义用户界面”（CUI）编辑器拖到工具选项板上。

图 8-3 “工具选项板”窗口

8.2.2 新建工具选项板

用户可以建立新的工具选项板，这样有利于个性化作图，也能够满足特殊作图需要。

1. 执行方式

☑ 命令行：输入 CUSTOMIZE 命令
☑ 菜单：选择“工具”→“自定义”→“工具选项板”命令
☑ 工具选项板：“特性”按钮→自定义（或新建选项板）

Note

2. 操作步骤

命令: CUSTOMIZE↙

系统打开“自定义”对话框，如图 8-4 所示。在“选项板”列表框中单击鼠标右键，在弹出的快捷菜单中选择“新建选项板”命令（如图 8-5 所示），在打开的对话框中可以为新建的工具选项板命名。确定后，工具选项板中就增加了一个新的选项卡，如图 8-6 所示。

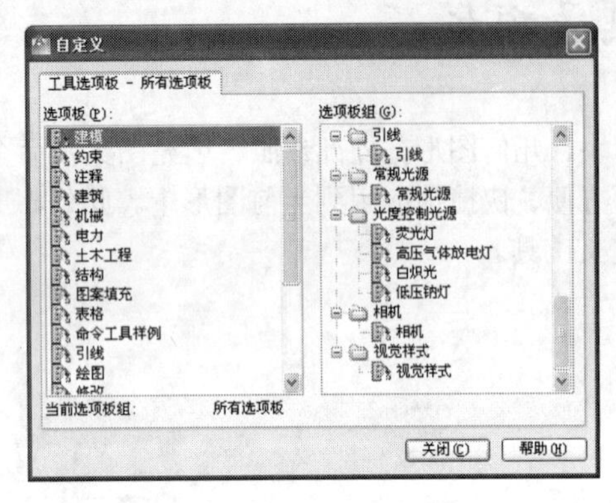

图 8-4 “自定义”对话框

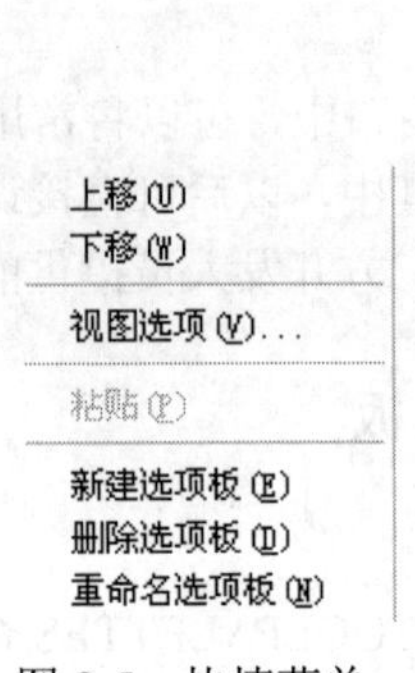

图 8-5 快捷菜单

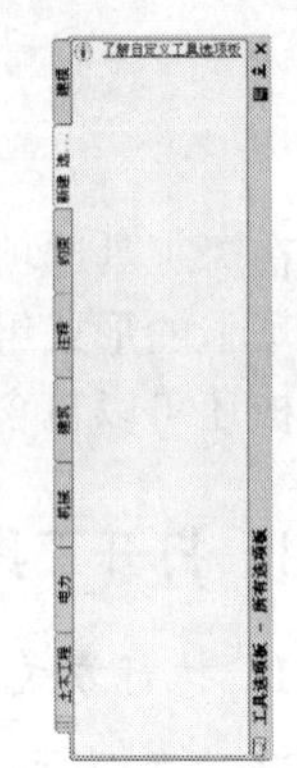

图 8-6 新增选项卡

8.2.3 向工具选项板添加内容

1. 将图形、图块和填充图案从设计中心拖动到工具选项板中

例如，在 DesignCenter 文件夹上右击，在弹出的快捷菜单中选择“创建块的工具选项板”命令（如图 8-7（a）所示），设计中心中储存的图元就出现在工具选项板中新建的 DesignCenter 选项卡上，如图 8-7（b）所示。这样就可以将设计中心与工具选项板结合起来，建立一个快捷、方便的工具选项板。将工具选项板中的图形拖动到另一个图形中时，图形将作为块插入。

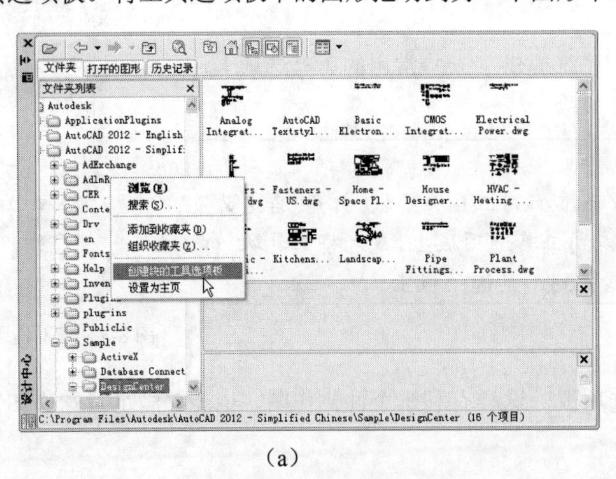

（a）

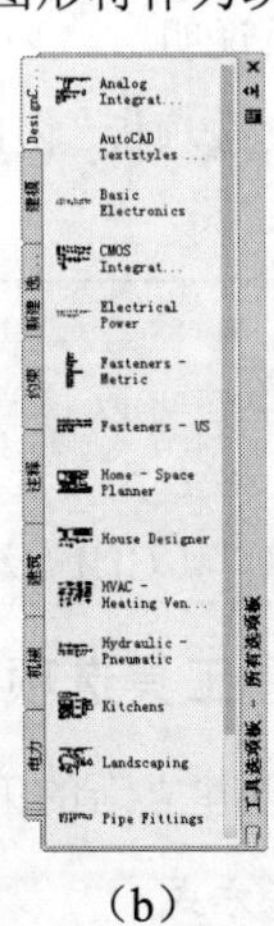

（b）

图 8-7 将储存图元创建成 Design Center 工具选项板

2. 将一个工具选项板中的工具移动或复制到另一个工具选项板

使用“剪切”、“复制”和“粘贴”命令，可以将一个工具选项板中的工具移动或复制到另一个工具选项板中。

Note

8.3　实例——手动串联电阻启动控制电路图

本案例要绘制的手动串联电阻启动控制电路图与 7.3 节的实例是同一个电路图，本节主要考虑怎样利用设计中心与工具选项板来绘制，并与 7.3 节的图块实现方法进行比较，从中感受设计中心与工具选项板的方便、快捷。绘制流程如图 8-8 所示。

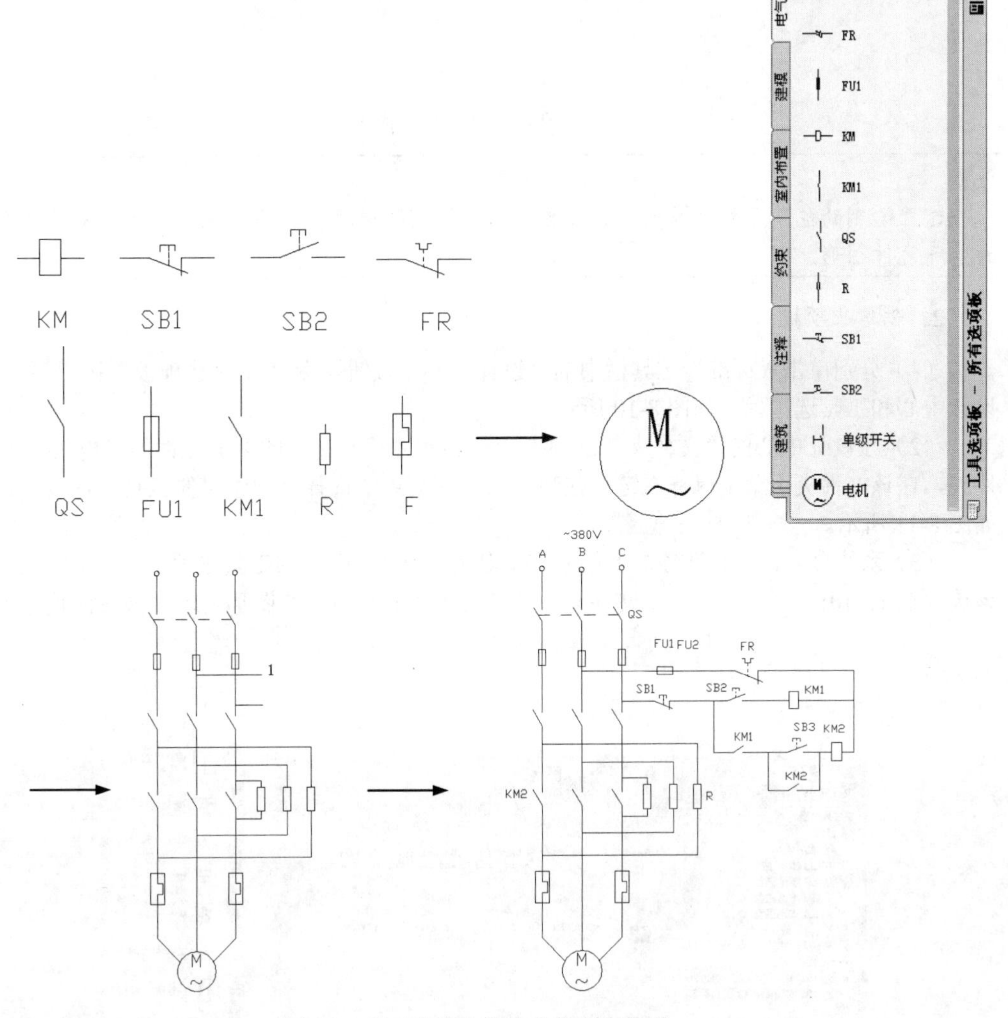

图 8-8　手动串联电阻启动控制电路图

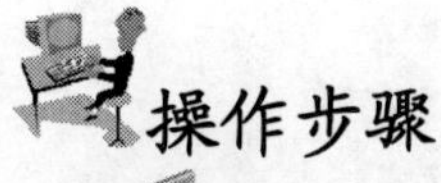

操作步骤

参见光盘

光盘\动画演示\第 8 章\手动串联电阻启动控制电路图.avi

1. 创建电气元件图形

利用各种绘图和编辑命令绘制如图 8-9 所示的各个电气元件图形，并按代号分别保存到“电气元件”文件夹中。

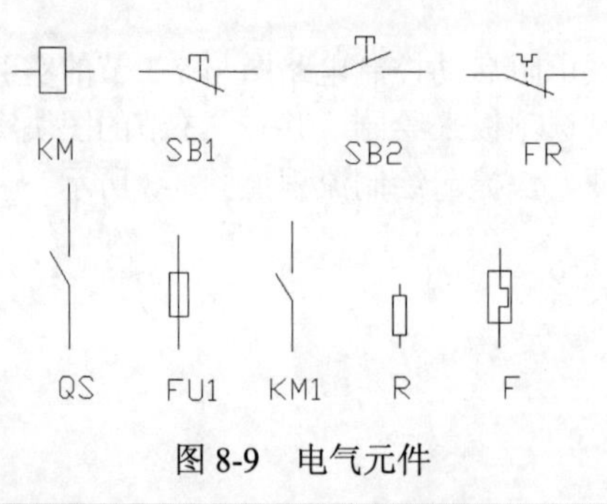

图 8-9　电气元件

注意

这里绘制的电气元件只作为 DWG 图形保存，不必保存成图块。也可利用 7.3 节中绘制好的电气元件图形。

2. 创建选项板

（1）分别单击“标准”工具栏中的“设计中心”按钮和“工具选项板”按钮，打开设计中心和工具选项板，如图 8-10 所示。

（2）在设计中心的“文件夹”选项卡中找到刚才绘制保存的电器元件的“电气元件”文件夹，在该文件夹上单击鼠标右键，在弹出的快捷菜单中选择“创建块的工具选项板”命令，如图 8-11 所示。

（3）系统自动在工具选项板上创建一个名为“电气元件”的工具选项板，如图 8-12 所示。该选项板上列出了“电气元件”文件夹中的各图形，并将每一个图形自动转换成图块。

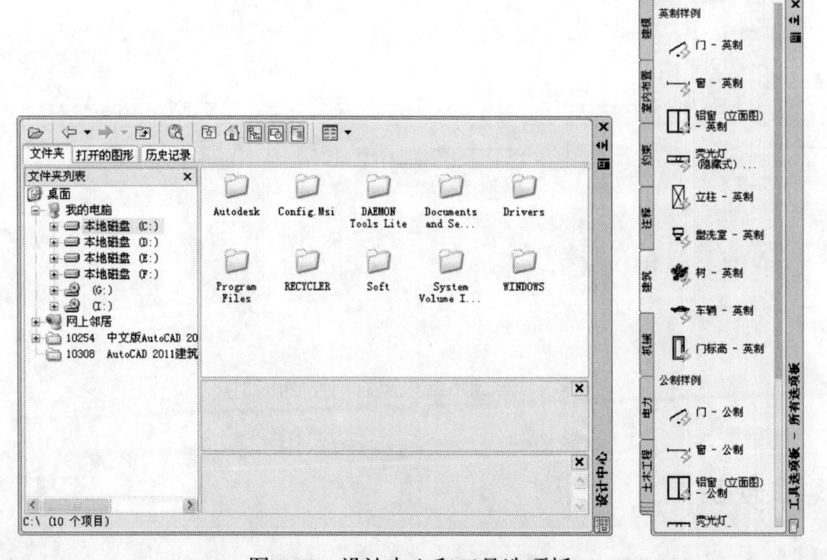

图 8-10　设计中心和工具选项板

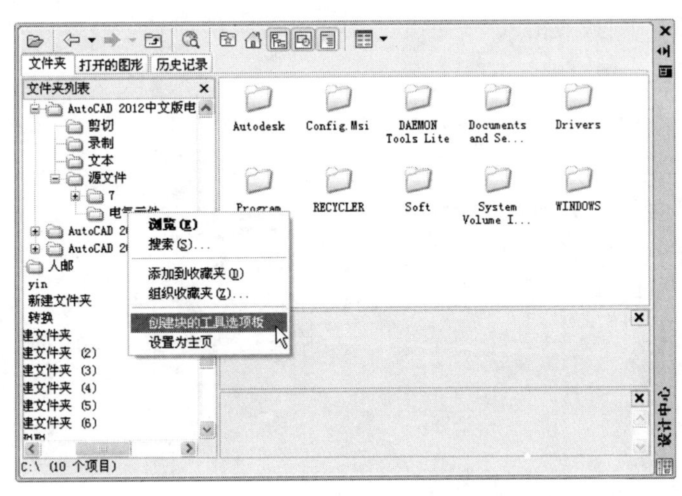

图 8-11　设计中心操作

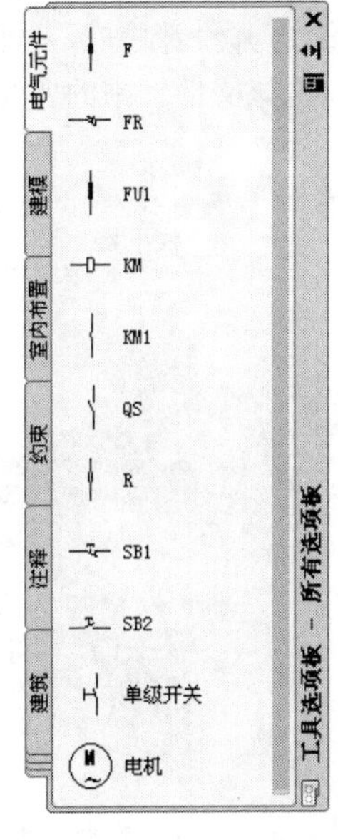

图 8-12　“电气元件”工具选项板

Note

3. 绘制图形

（1）按住鼠标左键，将“电气元件”工具选项板中的“电机”图块拖动到绘图区域，电机图块即可插入到新的图形文件中，如图 8-13 所示。

（2）其他步骤与 7.3 节所述步骤类似，只是由工具选项板中插入的图块不能旋转，对需要旋转的图块，可单独利用“旋转”命令结合“移动”命令进行旋转和移动操作，也可以采用直接从设计中心拖动图块的方法来实现。在此以绘制水平引线（如图 8-14 所示）后需要插入旋转的图块为例，讲述本方法如下。

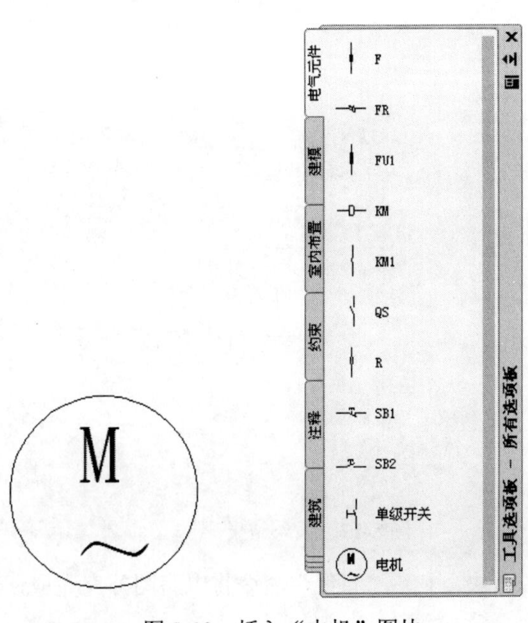

图 8-13　插入“电机”图块

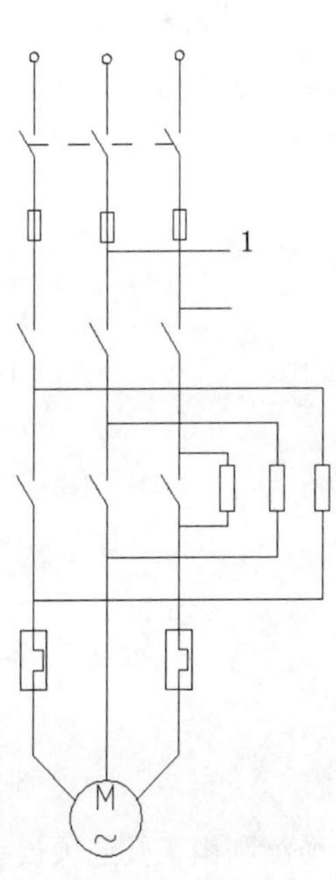

图 8-14　绘制水平引线

Note

① 打开设计中心，找到“电气元件”文件夹，选中该文件夹，在右边的文件显示框中将列表显示该文件夹中的各图形文件，如图 8-15 所示。

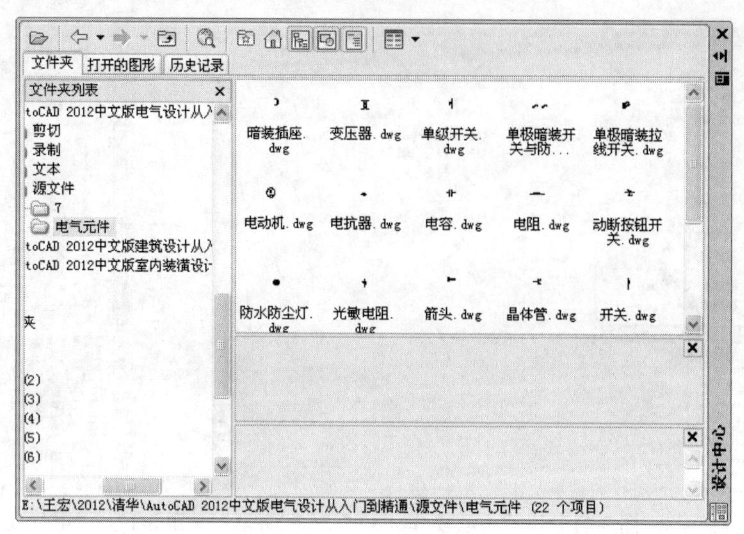

图 8-15 设计中心

② 选择其中的文件，按住鼠标左键，拖动到当前绘制的图形中，系统提示如下：

命令: _-INSERT
输入块名或 [?]: "D:\AutoCAD 2012 中文版电气设计从入门到精通\源文件\电气元件\FU.dwg"
单位: 毫米 转换: 0.0394
指定插入点或 [基点(B)/比例(S)/X/Y/Z/旋转(R)]: （捕捉图 8-14 中的 1 点）
输入 X 比例因子，指定对角点，或 [角点(C)/XYZ(XYZ)] <1>: 1↙
输入 Y 比例因子或 <使用 X 比例因子>:↙
指定旋转角度 <0>: -90↙（也可以通过拖动鼠标动态控制旋转角度，如图 8-16 所示）

插入结果如图 8-17 所示。

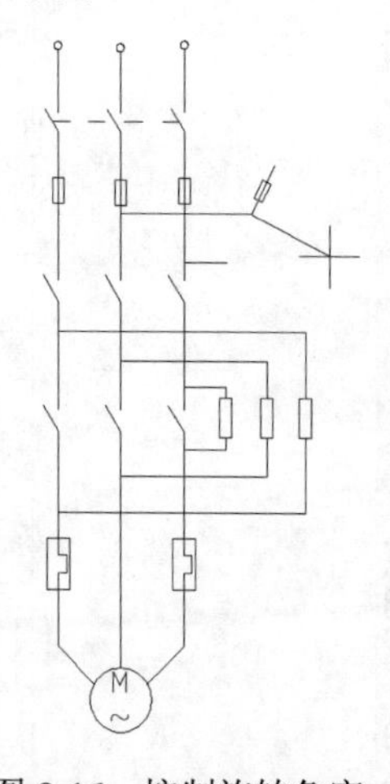

图 8-16 控制旋转角度

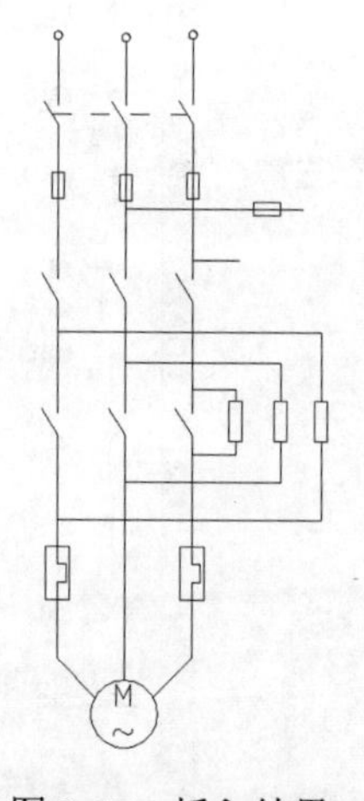

图 8-17 插入结果

继续利用工具选项板和设计中心插入各图块，利用“直线”命令将电路图补充完成，最终结果如图 8-8 所示。

（3）如果不想保存“电气元件”工具选项板，可以在“电气元件”工具选项板上单击鼠标右键，在弹出的快捷菜单中选择“删除选项板”命令（如图 8-18 所示），在弹出的如图 8-19 所示提示对话框中单击“确定”按钮，系统就会自动将“电气元件”工具选项板删除，如图 8-20 所示。

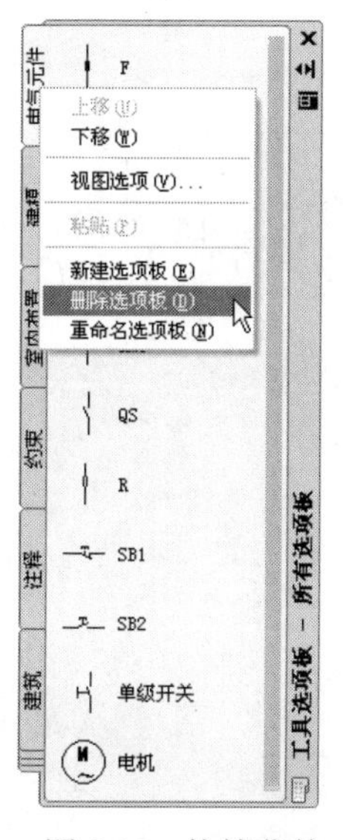

图 8-18　快捷菜单

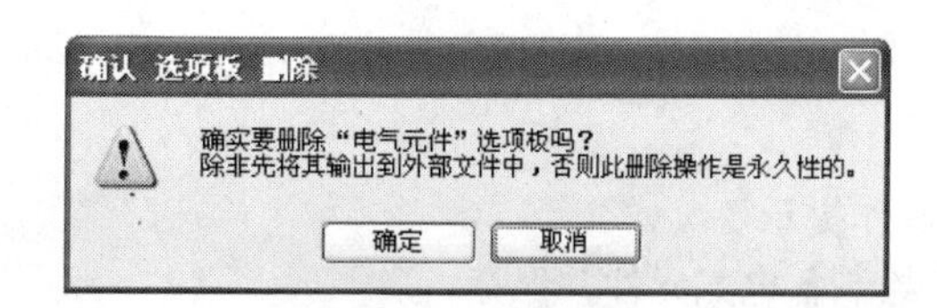

图 8-19　提示对话框

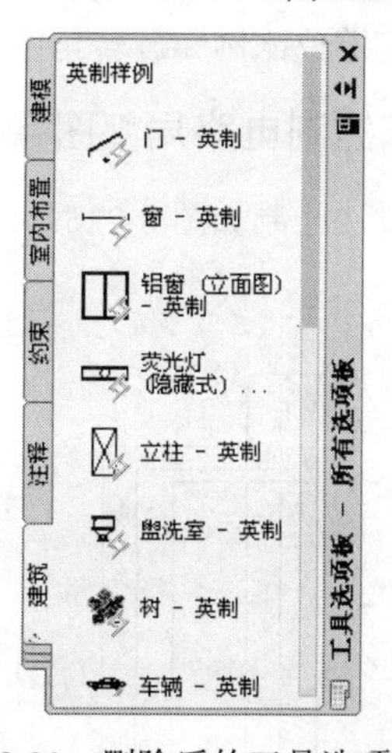

图 8-20　删除后的工具选项板

8.4　上机操作

通过前面的学习，相信对本章知识已有了一个大体的了解，本节将通过 3 个操作练习帮助读者进一步掌握本章的知识要点。

Note

实践 1　利用设计中心绘制三相电机启动控制电路图

直接利用设计中心插入图块的方法绘制如图 8-21 所示的三相电机启动控制电路图。

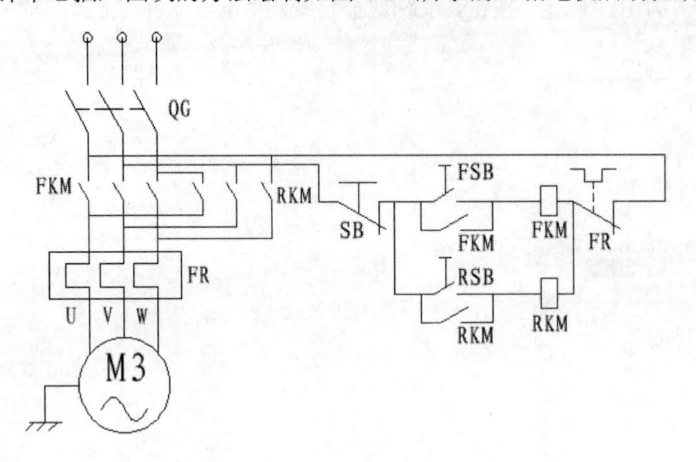

图 8-21　三相电机启动控制电路图

操作提示

（1）绘制各电气元件并保存。

（2）在设计中心中找到保存各电气元件的文件夹，在右边的文件显示框中选择需要的元件，拖动到所绘制的图形中，并指定缩放比例和旋转角度。

实践 2　利用设计中心绘制钻床控制电路局部图

直接利用设计中心插入图块的方法绘制如图 8-22 所示的钻床控制电路局部图。

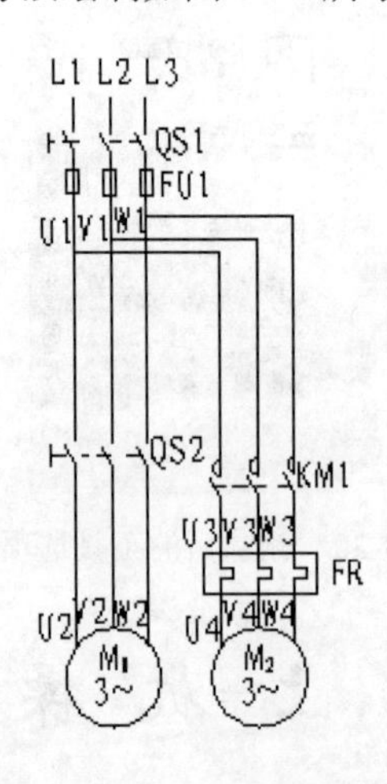

图 8-22　钻床控制电路局部图

操作提示

（1）绘制各电气元件并保存。

（2）在设计中心中找到保存各电气元件的文件夹，在右边的文件显示框中选择需要的元

件，拖动到所绘制的图形中，并指定缩放比例和旋转角度。

实践 3　利用设计中心绘制变电工程原理图

Note

直接利用设计中心插入图块的方法绘制如图 8-23 所示的变电工程原理图。

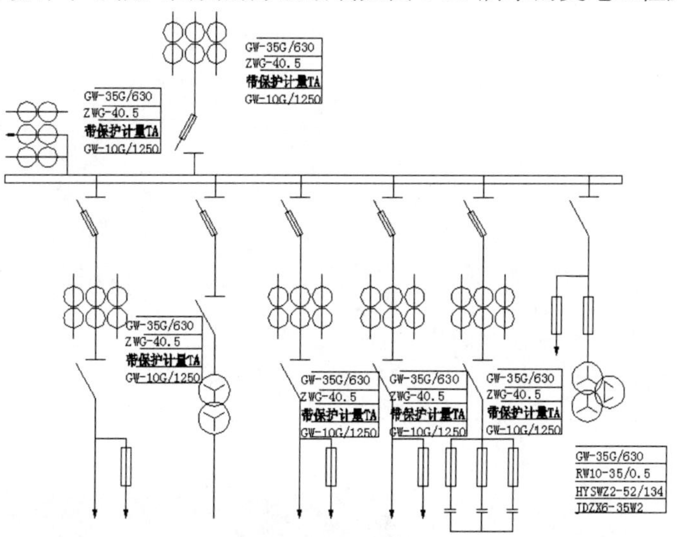

图 8-23　变电工程原理图

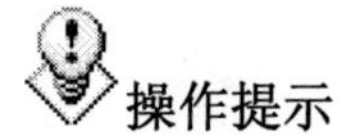

操作提示

（1）绘制各电气元件并保存。

（2）在设计中心中找到保存各电气元件的文件夹，在右边的文件显示框中选择需要的元件，拖动到所绘制的图形中，并指定缩放比例和旋转角度。

▶▶第Ⅱ篇

设计实例篇

本篇包括电力电气工程图设计、电子线路图设计、控制电气工程图设计、通信工程图设计、机械电气设计和建筑电气设计等内容。

本篇内容是本书知识的具体应用，通过实例完整地讲述了各种类型的电气设计的方法与技巧，以培养读者的电气设计工程应用能力。

第9章 电力电气工程图设计

电能的生产、传输和使用是同时进行的。发电厂生产的电能，有一小部分供给本厂和附近用户使用，其余绝大部分要经过升压变电站将电压升高，由高压输电线路送至距离很远的负荷中心，再经过降压变电站将电压降低到用户所需要的电压等级，分配给电能用户使用。由此可知，电能从生产到应用，一般需要5个环节来完成，即发电→输电→变电→配电→用电，其中配电又根据电压等级不同，分为高压配电和低压配电。

☑ 电力电气工程图简介

☑ 变电站防雷平面图

☑ 绝缘端子装配图

☑ 电气主接线图

任务驱动&项目案例

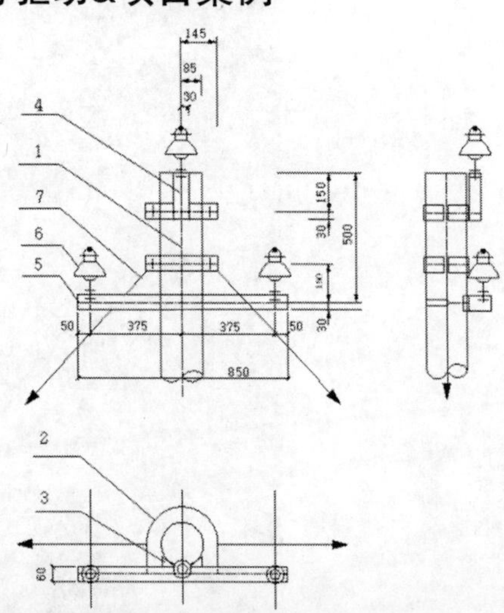

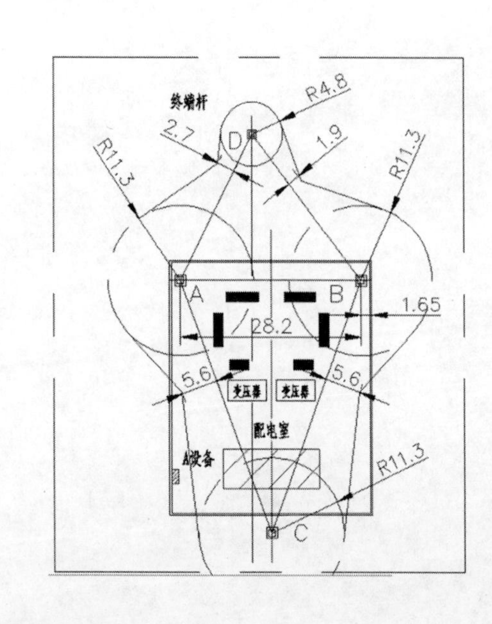

9.1 电力电气工程图简介

由各种电压等级的电力线路，将各种类型的发电厂、变电站和电力用户联系起来的一个发电、输电、变电、配电和用电的整体，称为电力系统。电力系统由发电厂、变电所、线路和用户组成。变电所和输电线路是联系发电厂和用户的中间环节，起着变换和分配电能的作用。

9.1.1 变电工程

为了更好地了解变电工程图，下面先对变电工程的重要组成部分——变电所做简要介绍。

系统中的变电所，通常按其在系统中的地位和供电范围，分成以下几类。

（1）枢纽变电所

枢纽变电所是电力系统的枢纽点，连接电力系统高压和中压的几个部分，汇集多个电源，电压为330~500kV。全所停电后，将引起系统解列，甚至出现瘫痪。

（2）中间变电所

高压侧以交换为主，起系统交换功率的作用，或使长距离输电线路分段，一般汇集 2～3 个电源，电压为 220～330kV，同时又降压供给当地用电。这样的变电所主要起中间环节的作用，所以叫做中间变电所。全所停电后，将引起区域网络解列。

（3）地区变电所

高压侧电压一般为 110～220kV，是对地区用户供电为主的变电所。全所停电后，仅使该地区中断供电。

（4）终端变电所

在输电线路的终端，接近负荷点，高压侧电压多为 110kv。经降压后直接向用户供电的变电所即为终端变电所。全所停电后，只是用户受到损失。

9.1.2 变电工程图

为了能够准确清晰地表达电力变电工程的各种设计意图，就必须采用变电工程图。简单来说，变电工程图也就是对变电站，输电线路各种接线形式及各种具体情况的描述。其意义在于用统一直观的标准来表达变电工程的各方面。

变电工程图的种类很多，包括主接线图、二次接线图、变电所平面布置图、变电所断面图、高压开关柜原理图及布置图等，每种特点各不相同。

9.1.3 输电工程及输电工程图

1. 输电线路的任务

发电厂、输电线路、升降压变电站、配电设备以及用电设备构成了电力系统。为了减少系统备用容量，错开高峰负荷，实现跨区域、跨流域调节，增强系统的稳定性，提高抗冲击负荷的能力，在电力系统之间采用高压输电线路进行联网。电力系统联网，既提高了系统的安全性、可靠性和稳定性，又可实现经济调度，使各种能源得到充分利用。起系统联络作用的输电线路可进行电能的双向输送，实现系统间的电能交换和调节。

因此，输电线路的任务就是输送电能，并联络各发电厂、变电所，使之并列运行，实现电力系统联网。高压输电线路是电力系统的重要组成部分。

2. 输电线路的分类

输送电能的线路通称为电力线路。电力线路有输电线路和配电线路之分。由发电厂向电力负荷中心输送电能的线路以及电力系统之间的联络线路称为输电线路；由电力负荷中心向各个电力用户分配电能的线路称为配电线路。

电力线路按电压等级分为低压、高压、超高压和特高压线路。一般地，输送电能容量越大，线路采用的电压等级就越高。

输电线路按结构特点分为架空线路和电缆线路。架空线路由于结构简单、施工简便、建设费用低、施工周期短、检修维护方便及技术要求较低等优点，得到广泛的应用；电缆线路受外界环境因素的影响小，但需用特殊加工的电力电缆，费用高，施工及运行检修的技术要求高。

目前，我国电力系统广泛采用架空输电线路。架空输电线路一般由导线、避雷线、绝缘子、金具、杆塔、杆塔基础、接地装置和拉线几部分组成。

（1）导线

导线是固定在杆塔上输送电流用的金属线，目前在输电线路设计中，一般采用钢芯铝绞线，局部地区采用铝合金线。

（2）避雷线

避雷线的作用是防止雷电直接击于导线上，并把雷电流引入大地。避雷线常用镀锌钢绞线，也可采用铝包钢绞线。目前国内外均采用绝缘避雷线。

（3）绝缘子

输电线路用的绝缘子主要有针式绝缘子、悬式绝缘子和瓷横担等。

（4）金具

通常把输电线路使用的金属部件总称为金具，其类型繁多，主要有连接金具、连续金具、固定金具、防震锤、间隔棒和均压屏蔽环等几种类型。

（5）杆塔

线路杆塔用于支撑导线和避雷线。按照杆塔材料的不同，分为木杆、铁杆、钢筋混凝土杆，国外还采用了铝合金塔。杆塔可分为直线型和耐张型两类。

（6）杆塔基础

杆塔基础用来支撑杆塔，分为钢筋混凝土杆塔基础和铁塔基础两类。

（7）接地装置

埋没在基础土壤中的圆钢、扁钢、角钢、钢管或其组合式结构均称为接地装置。其与避雷线或杆塔直接相连，当雷击杆塔或避雷线时，能将雷电引入大地，可防止雷电击穿绝缘子串的事故发生。

（8）拉线

为了节省杆塔钢材，国内外广泛使用了带拉线杆塔。拉线材料一般为镀锌钢绞线。

Note

9.2 变电站防雷平面图

如图 9-1 所示是按照被保护高度为 7m 而确定的避雷针保护范围图。此图表明，凡是 7m 以下的设备和构筑物均在此保护范围图之内。但是，高于 7m 的设备，如果离某支避雷针很近，也能被保护；低于 7m 的设备，超过图示范围也可能在保护范围之内。

如图 9-1 所示是某厂用 35kV 变电站避雷针布置及其保护范围图，由图可知，该变电站装有 3 支 17m 的避雷针和一支利用进线终端杆的 12m 的避雷针。

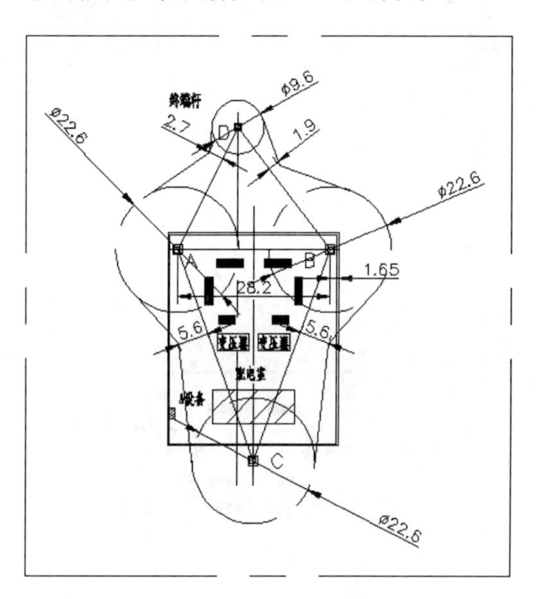

图 9-1　某厂用 35kV 变电站避雷针布置及其保护范围图

防止雷电对电气设备、电气装置和建筑物直接雷击的设备，主要有避雷针、避雷线和避雷带等。常见的防雷平面图有避雷针、避雷线保护范围图和避雷带平面布置图。其绘制流程如图 9-2 所示。

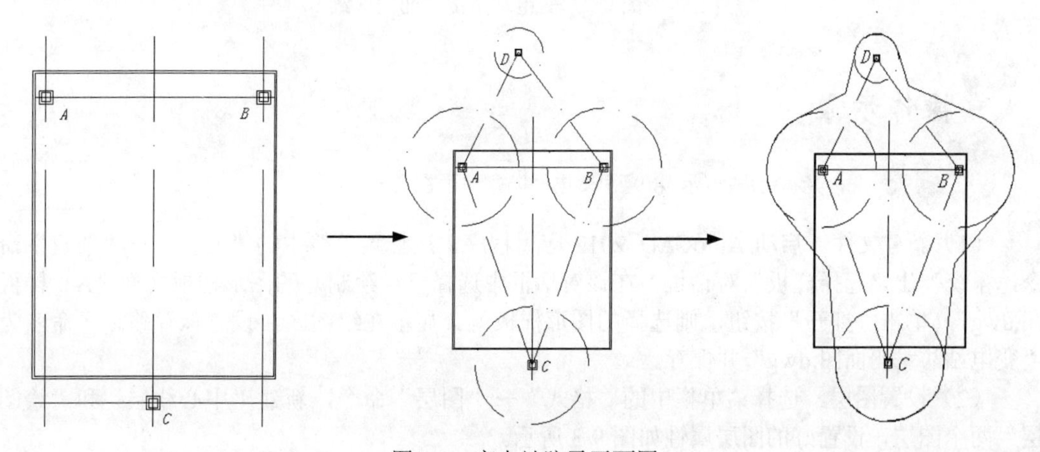

图 9-2　变电站防雷平面图

Note

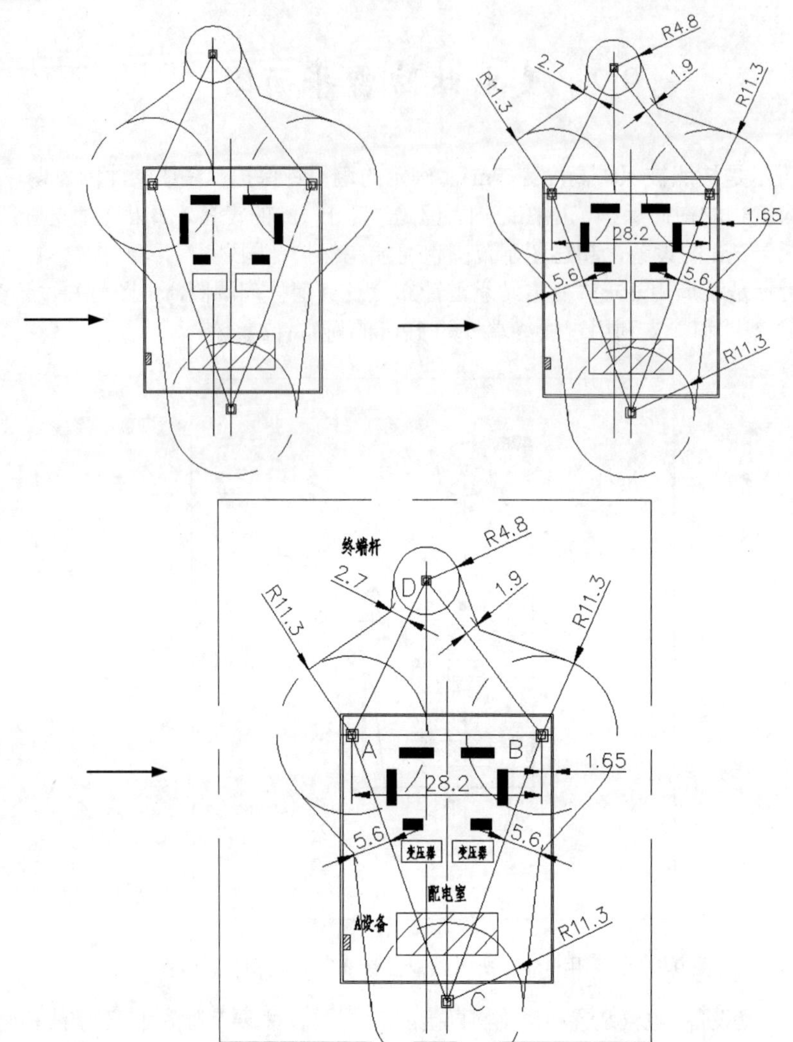

图 9-2　变电站防雷平面图（续）

操作步骤

参见光盘　光盘\动画演示\第 9 章\变电站防雷平面图.avi

（1）新建文件。启动 AutoCAD 2012 应用程序，选择菜单栏中的“文件”→“新建”命令，系统弹出“选择样板”对话框，在该对话框中选择已经绘制好的图形样板文件“A4 样板图.dwg”，单击“打开”按钮，则选择的图形样板就会显示在绘图区，设置保存路径，命名为“变电站防雷平面图.dwg”并保存。

（2）设置图层。选择菜单栏中的“格式”→“图层”命令，新建“中心线层”和“绘图层”两个图层，设置好的图层属性如图 9-3 所示。

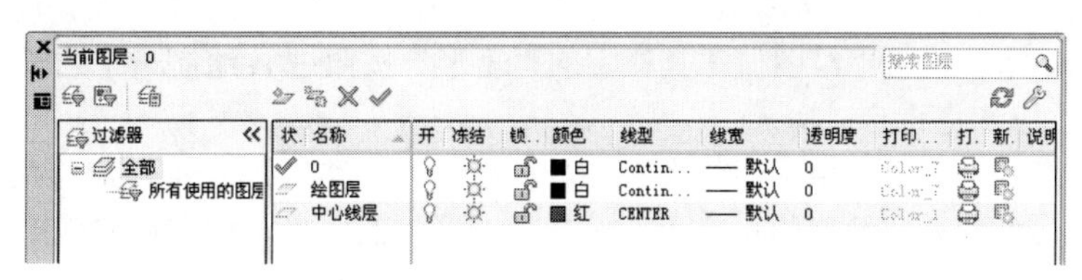

图 9-3　设置图层属性

9.2.1　绘制变电站防雷平面图

1. 绘制矩形边框

（1）绘制中心线。将“中心线层”设置为当前图层，单击“绘图”工具栏中的“直线”按钮，绘制一条竖直直线。

（2）绘制左边框。将“绘图层”设置为当前图层，选择菜单栏中的“绘图”→“多线”命令，绘制边框，命令行中的提示与操作如下。

```
命令: _mline
当前设置: 对正 = 无，比例 = 0.30，样式 = STANDARD
指定起点或[对正(J)/比例(S)/样式(ST)]: s↙
输入多线比例<20.00>:0.3↙
当前设置:对正=无，比例 = 0.30，样式 = STANDARD
指定起点或[对正(J)/比例(S)/样式(ST)]:j↙
输入对正类型[上(T)/无(Z)/下(B)]<无>:z↙
当前设置:对正 = 无，比例 = 0.30，样式 = STANDARD
指定起点或[对正(J)/比例(S)/样式(ST)]:↙
```

开启“对象捕捉”模式，捕捉最近点获得多线在中心线的起点，移动光标使直线保持水平，如图 9-4 所示，在“指定下一点”输入框中输入下一点到起点的距离为 15.6mm，接着竖直向上移动光标，绘制长度为 38mm 的直线，继续移动光标使直线保持水平，采用同样的方法水平向右绘制直线，长度为 15.6mm，结果如图 9-5（a）所示。

（3）镜像左边框。单击“修改”工具栏中的“镜像”按钮，选择左边框为镜像对象，镜像线为中心线，镜像后的效果如图 9-5（b）所示。

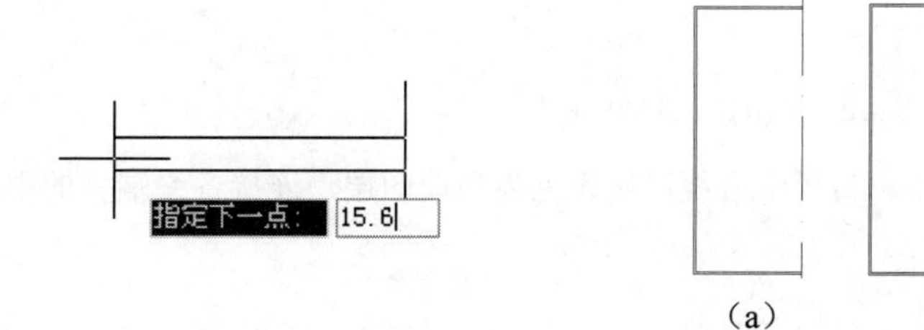

图 9-4　多段线的绘制

（a）　（b）

图 9-5　绘制矩形边框图

2. 绘制终端杆并连接

（1）分解矩形。单击“修改”工具栏中的“分解”按钮，将图 9-5 所示的矩形边框进行分解，并单击“合并”按钮，将上下边框合并为一条直线。

（2）偏移直线。单击“修改”工具栏中的“偏移”按钮，将矩形上边框直线向下偏移 3mm 和 41mm，同时将中心线分别向左、右两侧偏移 14.1mm，如图 9-6（a）所示。

Note

（3）绘制矩形。单击“绘图”工具栏中的“矩形”按钮，绘制一个边长为 1.1mm 的正方形，使其中心与 *A* 点重合。

（4）等距离复制矩形。单击“修改”工具栏中的“偏移”按钮，偏移距离为 0.3mm，偏移对象选择步骤（3）中绘制的正方形，选择正方形外的一点，偏移后的效果如图 9-6（b）所示。

（5）复制矩形。单击“修改”工具栏中的“复制”按钮，将绘制的矩形在 *B*、*C* 两点各复制一份，如图 9-6（b）所示。

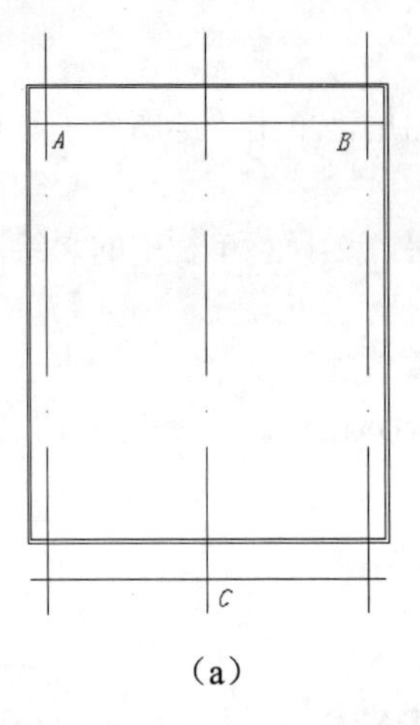

（a）

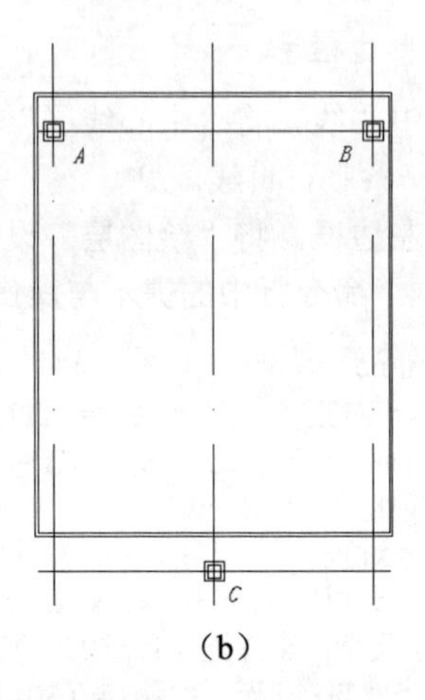

（b）

图 9-6　绘制终端杆

（6）偏移直线。单击“修改”工具栏中的“偏移”按钮，将直线 *AB* 向上偏移 22mm，同时将中心线向左偏移 3mm，偏移后的效果如图 9-7（a）所示。

（7）复制矩形。单击“修改”工具栏中的“复制”按钮，将绘制的终端杆在 *D* 点复制一份。

（8）缩小位于 *D* 点的终端杆，命令行中的提示与操作如下。

```
命令: scale↙
选择对象:找到一个（选择绘制的终端杆）
选择对象:↙
指定基点:选择终端杆的中心↙
指定比例因子或[复制(c)/参照(R)]<1.0000>:0.8↙
```

（9）连接终端杆中心。将“中心线层”设置为当前图层，连接各终端杆的中心，结果如图 9-7（b）所示。

3. 绘制以各终端杆中心为圆心的圆

（1）以较大终端杆中心为圆心绘制圆。单击“绘图”工具栏中的“圆”按钮，分别以 *A* 点、*B* 点、*C* 点为圆心，绘制半径为 11.3mm 的圆，效果如图 9-8 所示。

（2）以较小终端杆中心为圆心绘制圆。单击“绘图”工具栏中的“圆”按钮，以 *D* 点为圆心，绘制半径为 4.8mm 的圆，效果如图 9-8 所示。

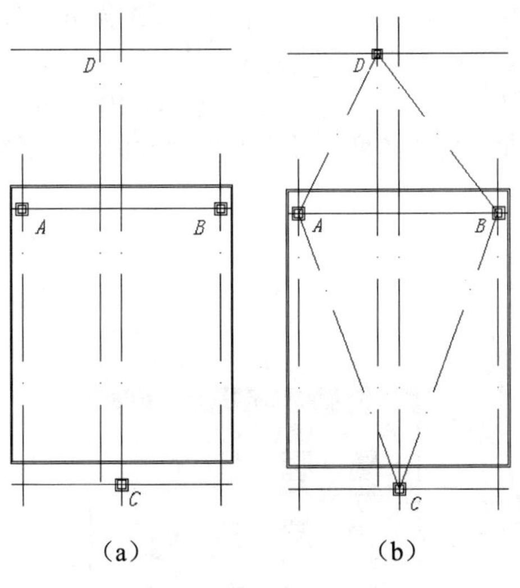

图 9-7　绘制终端杆连接图

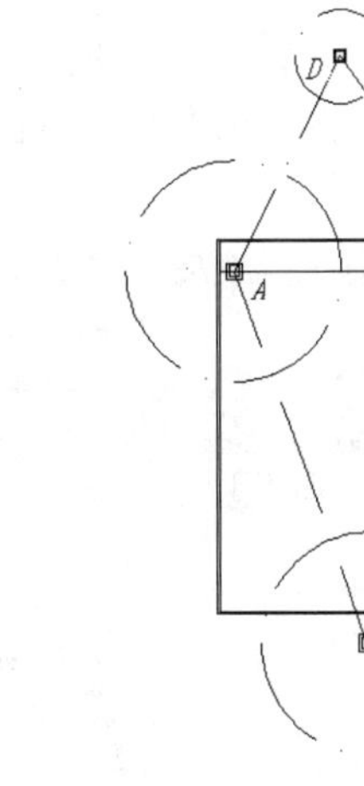

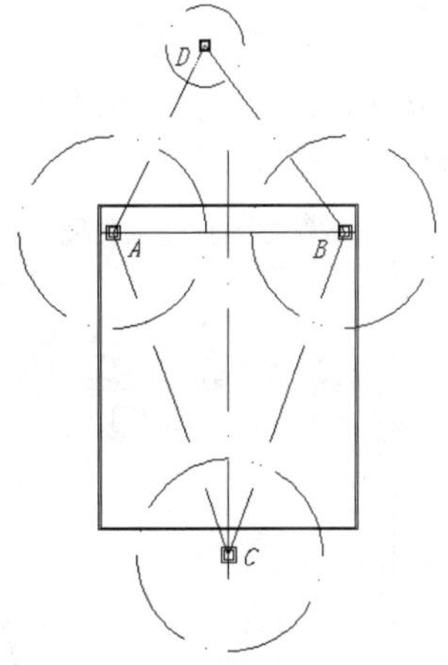

图 9-8　以终端杆中心为圆心绘制圆

4. 绘制各圆的切线

（1）偏移直线。单击“修改”工具栏中的“偏移”按钮，将图 9-8 中的直线 *AC*、*BC*、*AD*、*BD* 分别向外偏移 5.6mm、5.6mm、2.7mm、1.9mm，如图 9-9（a）所示。

（2）绘制切线。单击“绘图”工具栏中的“直线”按钮，以顶圆 *D* 与直线 *AD* 的交点为起点向圆 *A* 作切线，与上面偏移的直线相交于 *E* 点，再以 *E* 点为起点作圆 *D* 的切线。单击“修改”工具栏中的“修剪”按钮，修剪多余的直线。采用同样的方法，分别得到交点 *F*、*G*、*H*，结果如图 9-9（b）所示。

（3）删除多余直线。单击“修改”工具栏中的“删除”按钮，删除多余的直线，结果如图 9-9（c）所示。

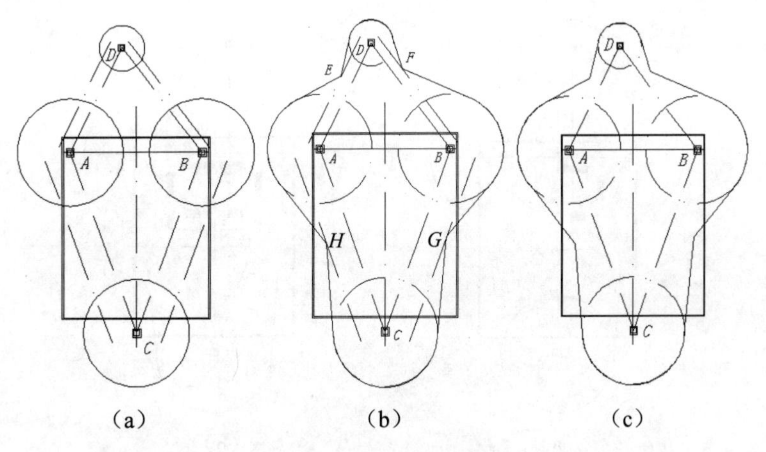

图 9-9　绘制各圆的切线

5. 绘制各个变压器

（1）绘制左边变压器外框。单击“绘图”工具栏中的“矩形”按钮，分别绘制 6mm×1.4mm、3mm×1.5mm、5mm×1.4mm 的 3 个矩形，并将这 3 个矩形放置到合适的位置。

Note

（2）选择填充图案。选择菜单栏中的“绘图”→“图案填充”命令，系统弹出“图案填充和渐变色”对话框，如图 9-10 所示。单击“图案”下拉列表框右侧的按钮，系统弹出“填充图案选项板”对话框，如图 9-11 所示。在“其他预定义”选项卡中选择 SOLID 图案，单击“确定”按钮，返回“图案填充和渐变色”对话框，将“角度”设置为 0，“比例”设置为 1，其他选项保持系统默认设置。

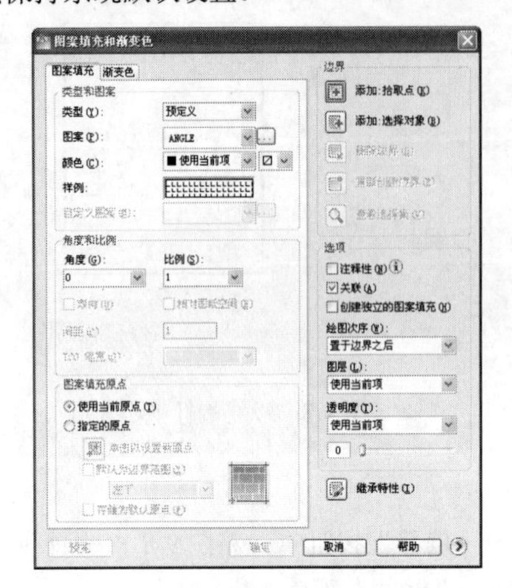

图 9-10 “图案填充和渐变色”对话框

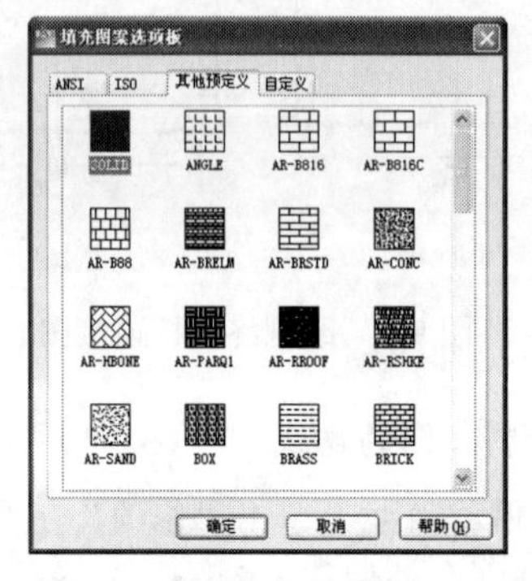

图 9-11 “填充图案选项板”对话框

（3）填充图案。单击“添加:选择对象”按钮，在绘图区依次选择 3 个矩形的各个边作为填充边界，选择完毕后按 Enter 键返回“图案填充和渐变色”对话框，单击“确定”按钮，完成各个变压器的填充，效果如图 9-12（a）所示。

（4）镜像变压器。单击“修改”工具栏中的“镜像”按钮，将刚刚绘制的矩形以中心线作为镜像线，镜像复制到右边，如图 9-12（b）所示。

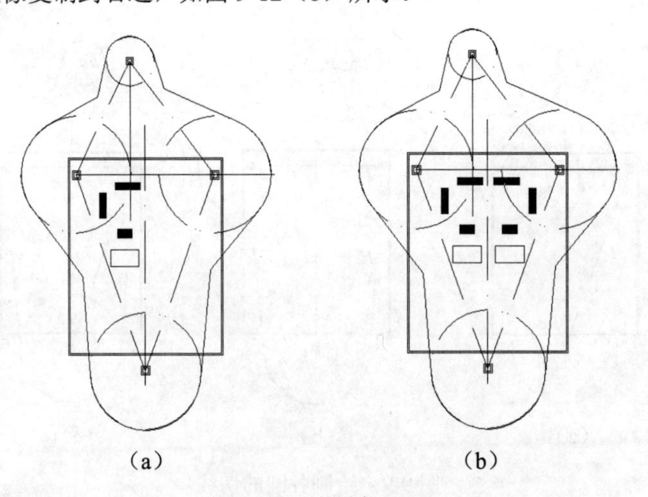

（a）（b）

图 9-12 绘制变压器

6. 绘制设备并填充

（1）绘制矩形。单击“绘图”工具栏中的“矩形”按钮，绘制一个长为 6mm、宽为 4mm

的矩形，如图 9-13（a）所示。

（2）选择填充图案。选择菜单栏中的“绘图”→“图案填充”命令，系统弹出“图案填充和渐变色”对话框。单击“图案”下拉列表框右侧的按钮，系统弹出“填充图案选项板”对话框。在“其他预定义”选项卡中选择 ANSI31 图案，单击“确定”按钮，返回“图案填充和渐变色”对话框，将“角度”设置为 0，“比例”设置为 0.125，其他选项保持系统默认设置。

（3）填充图案。单击“添加:选择对象”按钮，在绘图区选择图 9-13（a）所示矩形的 4 个边作为填充边界，按 Enter 键返回“图案填充和渐变色”对话框，单击“确定”按钮，完成设备的填充，如图 9-13（b）所示。

7. 绘制配电室并填充

（1）绘制矩形。单击“绘图”工具栏中的“矩形”按钮，绘制一个长为 1mm、宽为 2mm 的矩形，并将其放置到合适的位置。

（2）选择填充图案。选择菜单栏中的“绘图”→“图案填充”命令，系统弹出“图案填充和渐变色”对话框。单击“图案”下拉列表框右侧的按钮，系统弹出“填充图案选项板”对话框。在“其他预定义”选项卡中选择 ANSI31 图案，单击“确定”按钮，返回“图案填充和渐变色”对话框，将“角度”设置为 0，“比例”设置为 1，其他选项保持系统默认设置。

（3）填充图案。单击“添加:选择对象”按钮，在绘图区选择配电室符号的 4 个边作为填充边界，按 Enter 键返回“图案填充和渐变色”对话框，单击“确定”按钮，完成配电室的填充，如图 9-14 所示。

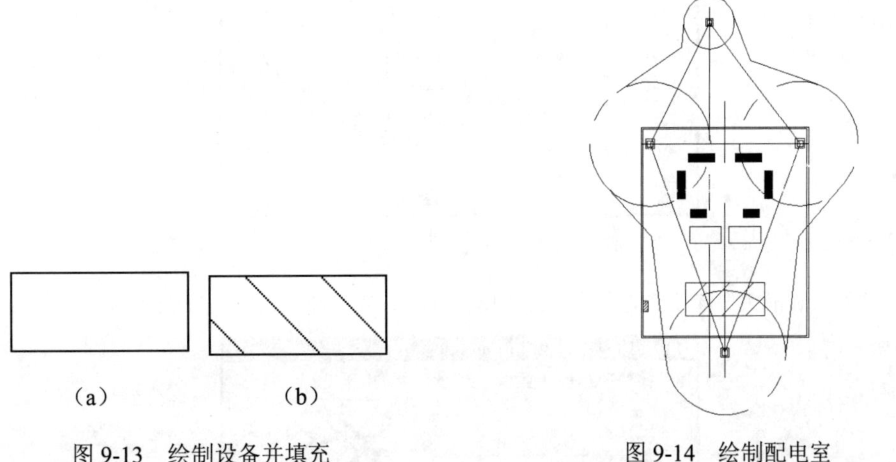

图 9-13 绘制设备并填充

图 9-14 绘制配电室

9.2.2 尺寸及文字说明标注

1. 设置标注样式

（1）新建标注样式。选择菜单栏中的“格式”→“标注样式”命令，弹出“标注样式管理器”对话框，如图 9-15 所示。单击“新建”按钮，弹出“创建新标注样式”对话框，如图 9-16 所示，设置新样式名为“防雷平面图标注样式”。

Note

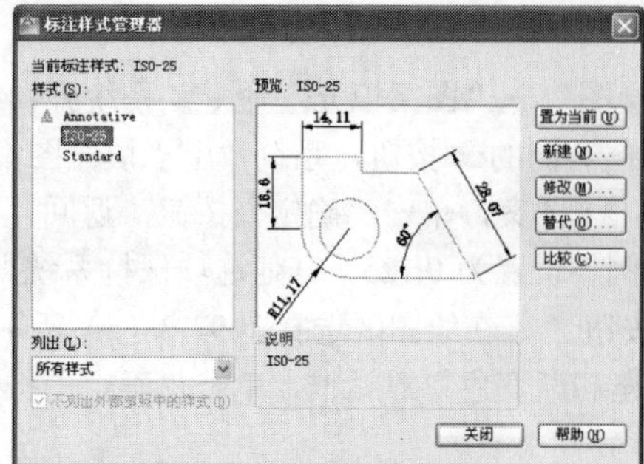

图 9-15　“标注样式管理器”对话框

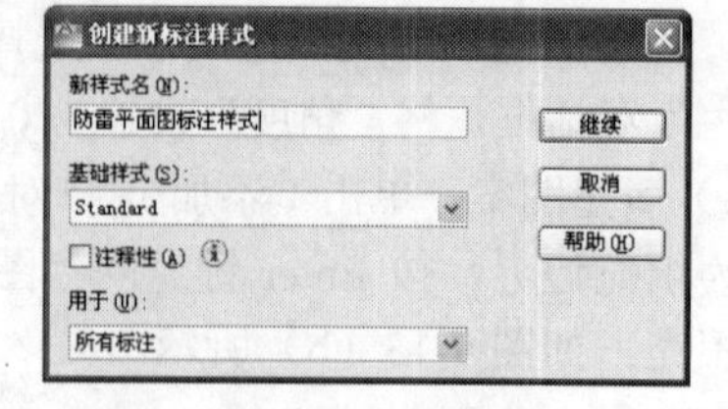

图 9-16　“创建新标注样式”对话框

（2）单击“继续”按钮，弹出“新建标注样式”对话框。其中有 7 个选项卡，可对新建的“防雷平面图标注样式”样式进行设置。“线”选项卡的设置如图 9-17 所示，设置“基线间距”为 3.75、“超出尺寸线”为 1.25。

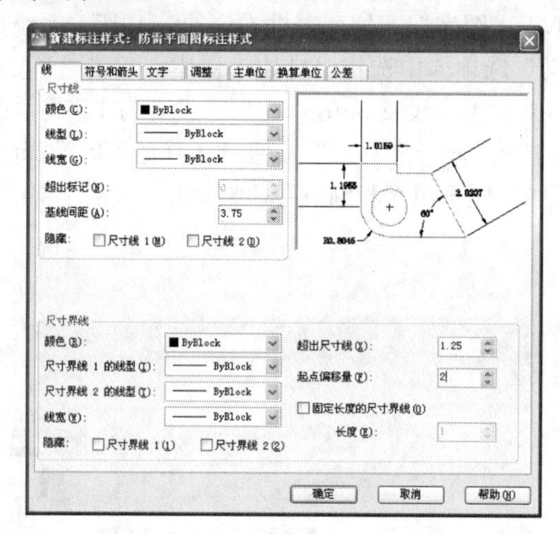

图 9-17　“线”选项卡设置

（3）“符号和箭头”选项卡的设置如图 9-18 所示，设置“箭头大小”为 2、“折弯角度”为 45。

图 9-18　“符号和箭头”选项卡设置

Note

（4）“文字”选项卡的设置如图 9-19 所示，设置“文字高度”为 2、“从尺寸线偏移”为 0.625，选择“文字对齐”方式为“与尺寸线对齐”。

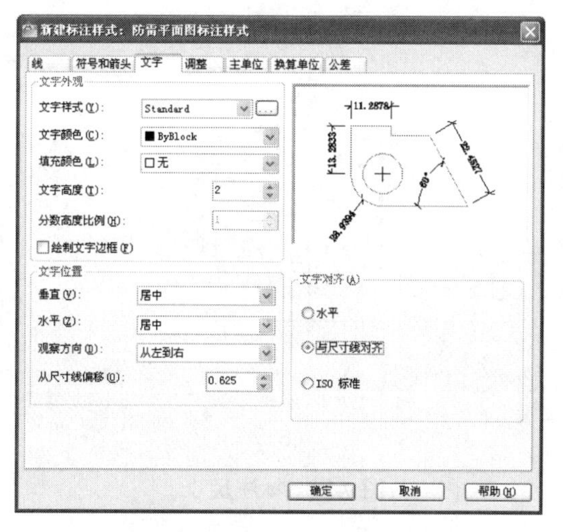

图 9-19 “文字”选项卡设置

（5）“主单位”选项卡的设置如图 9-20 所示，设置“舍入”为 0、“小数分隔符”为句点。

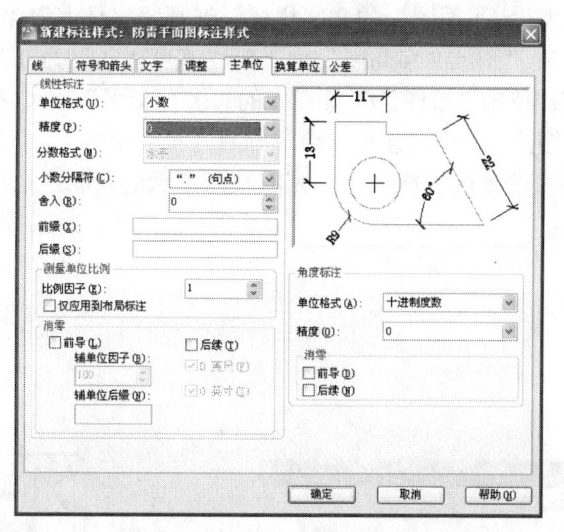

图 9-20 “主单位”选项卡设置

（6）“调整”、“换算单位”和“公差”选项卡不进行设置，返回“标注样式管理器”对话框，单击“置为当前”按钮，将新建的“防雷平面图标注样式”设置为当前使用的标注样式。

2. 标注尺寸

单击“标注”工具栏中的“线性”按钮⊢⊣，标注 A 点与 B 点之间的距离，如图 9-21（a）所示；标注终端杆中心到矩形外边框之间的距离，如图 9-21（b）所示；标注图中的各个尺寸，结果如图 9-21（c）所示。

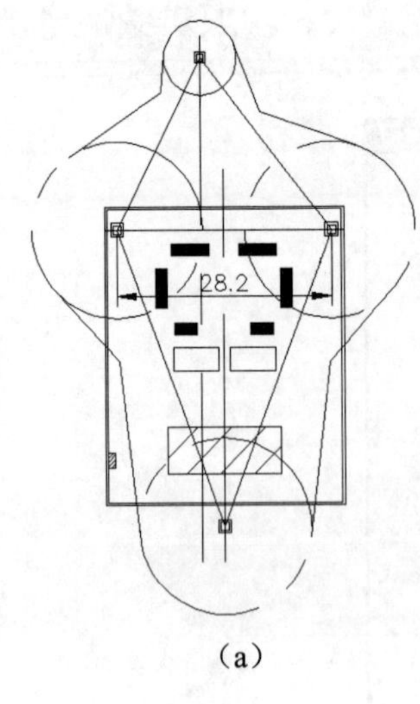

(a)

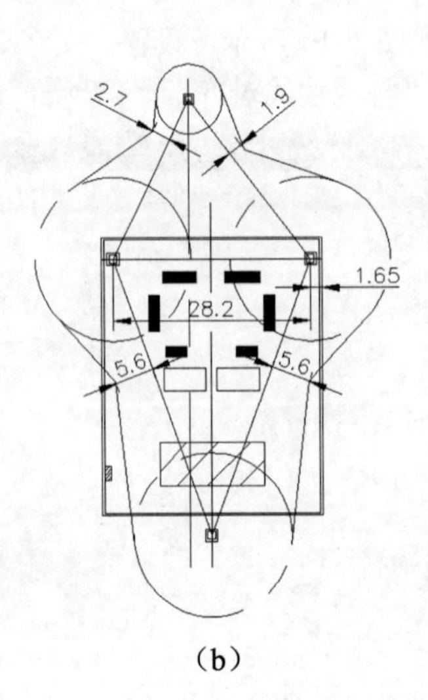

(b)

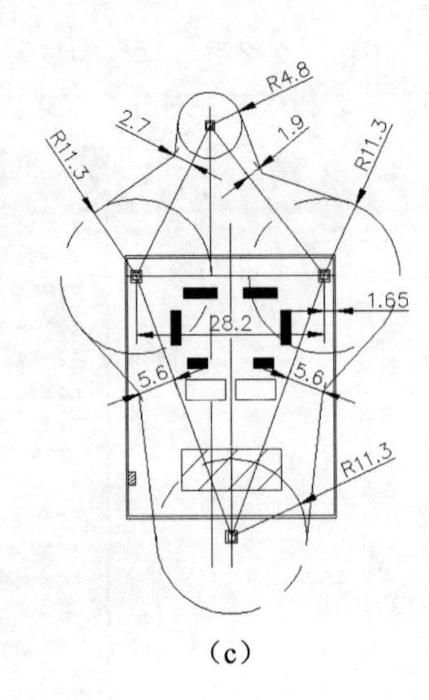

(c)

图 9-21　标注尺寸

3. 添加文字

（1）创建文字样式。选择菜单栏中的“格式”→“文字样式”命令，弹出“文字样式”对话框，创建一个名为“防雷平面图”的文字样式。选择“字体名”为“仿宋_GB2312”、“字体样式”为“常规”，设置“图纸文字高度”为1.5、“宽度因子”为0.7，如图9-22所示。

（2）添加注释文字。单击“绘图”工具栏中的“多行文字”按钮A，一次输入几行文字，然后调整其位置以对齐文字，调整位置时，结合开启“正交模式”。

（3）利用文字编辑命令修改注释文字，完成整张图纸的绘制，最终效果如图9-23所示。

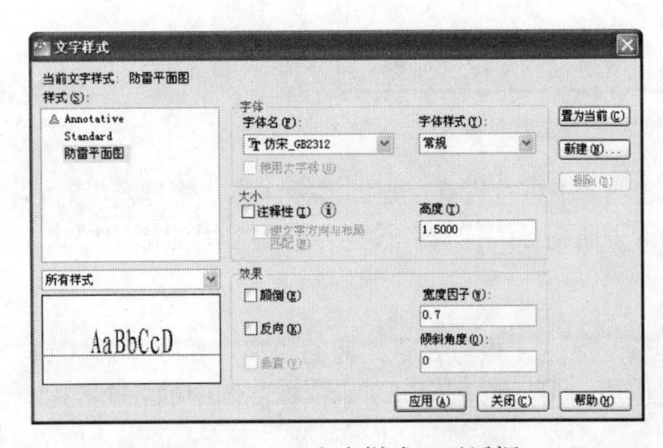

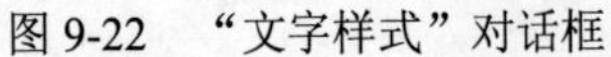

图 9-22　“文字样式”对话框

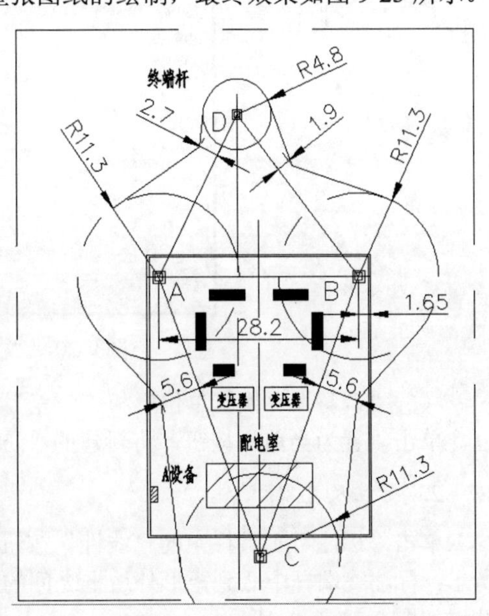

图 9-23　变电站防雷平面图

9.3 绝缘端子装配图

Note

如图 9-24 所示为绝缘端子的装配图，图形看上去比较复杂，其实整个视图是由许多部件组成的，每个部件都是一个块。将某一部分绘制成块的优点在于，以后再使用该零件时就可以直接调用原来的模块，或是在原来模块的基础上进行修改，这样就可以提高画图效率，节省出图时间，对以后使用 AutoCAD 是非常有用的。下面以其中一个模块——耐张线夹为例，详细介绍模块的画法，其余的模块可仿照其画法。耐张线夹块的绘制流程如图 9-25 所示。

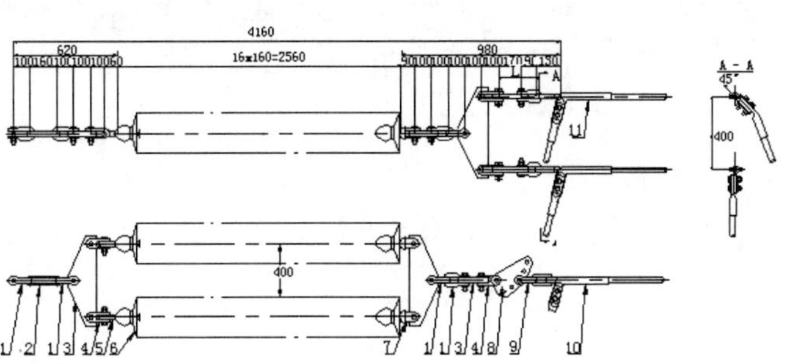

图 9-24　绝缘端子装配图

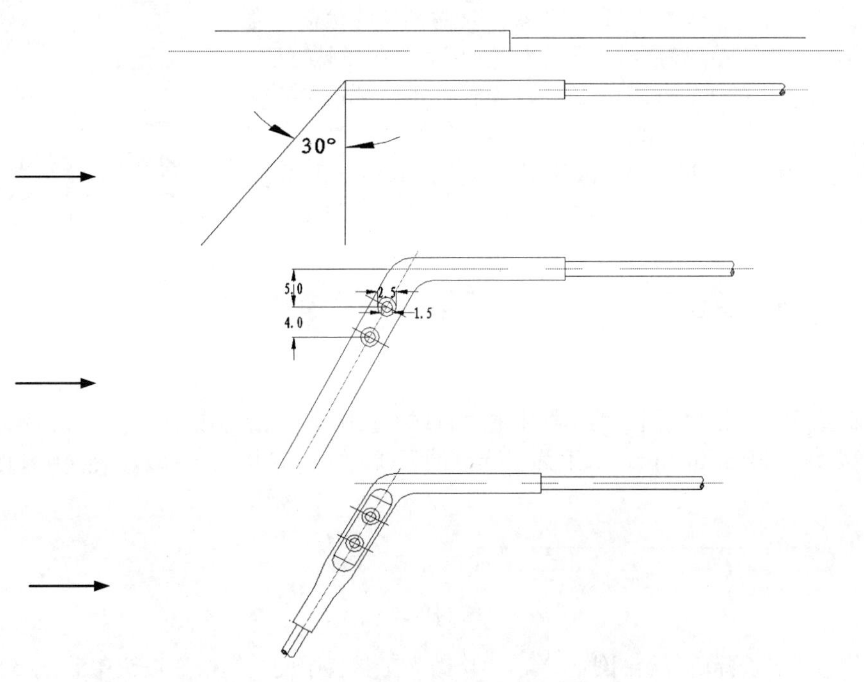

图 9-25　绘制耐张线夹

操作步骤

参见光盘

光盘\动画演示\第 9 章\绝缘端子装配图.avi

9.3.1 设置绘图环境

（1）建立新文件。打开 AutoCAD 2012 应用程序，以“A4.dwt”样板文件为模板建立新文件，将新文件命名为“绝缘端子装配图.dwg”并保存。

（2）设置图层。单击“图层”工具栏中的“图层特性管理器”按钮，设置“绘图线层”、“双点线层”、“中心线层”和“图框线层”4 个图层，将“中心线层”设置为当前图层。设置好的各图层的属性如图 9-26 所示。

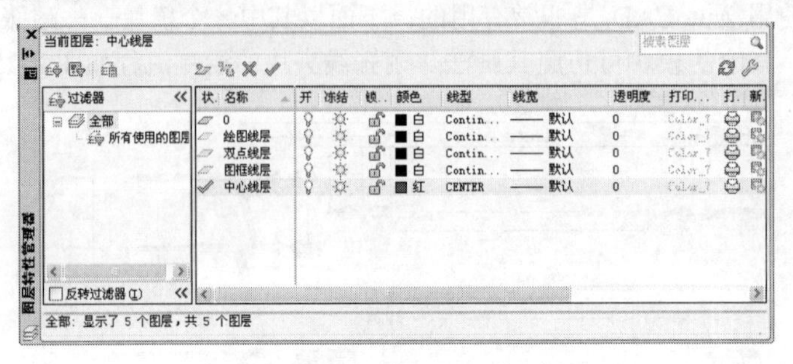

图 9-26 耐张线夹的图层设置

9.3.2 绘制耐张线夹

（1）绘制中心线。选择“中心线层”后，注意图层的状态，确认图层为打开状态，未冻结，图层线颜色为红色，线宽选择默认宽度。单击“绘图”工具栏中的“直线”按钮，绘制长度为 33mm 的直线，然后选取直线，单击鼠标右键，在弹出的快捷菜单中选择“特性”命令，系统弹出“特性”对话框，修改线型比例，如图 9-27 所示。

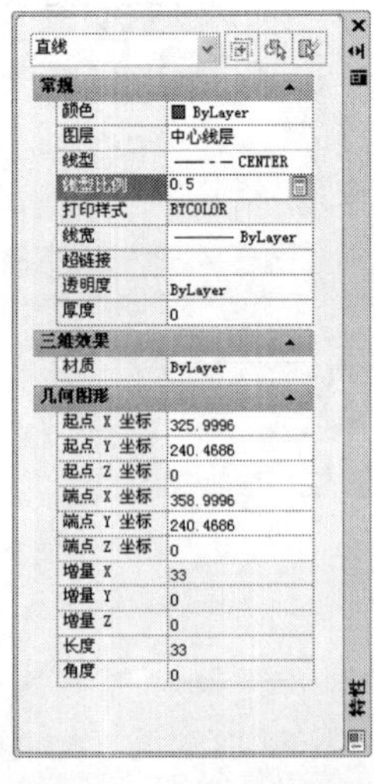

图 9-27 图线属性设置

（2）选择“绘图线层”。选择“绘图线层”后，状态栏的显示如图 9-28 所示。

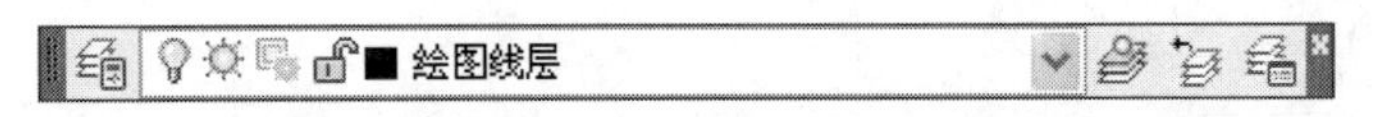

图 9-28 图层选定

（3）绘制直线。单击“绘图”工具栏中的“直线”按钮，绘制距离中心线分别为 2mm 和 1mm，长度为 15mm 的直线，如图 9-29 所示。

图 9-29 绘制直线

（4）镜像直线。选择所有绘图线，单击“修改”工具栏中的“镜像”按钮，选择中心线上的两点来确定对称轴，按 Enter 键后可得到如图 9-30 所示结果。

图 9-30 镜像直线

（5）绘制云线。选择菜单栏中的“绘图”→“修订云线”命令，以右端的上端点和右端

中心点为两端点绘制云线，再以右端下端点和中心点绘制另一条云线，绘制结果如图 9-31 所示。

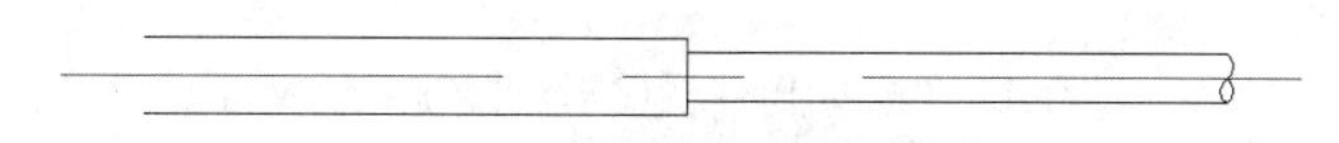

图 9-31　绘制云线

（6）分解云线。单击“修改”工具栏中的“分解”按钮，将两条云线分解。单击“修改”工具栏中的“删除”按钮，将多余的半条云线删除，结果如图 9-32 所示。

图 9-32　删除部分云线后

（7）绘制抛面线。单击“绘图”工具栏中的“图案填充”按钮，添加抛面线，并选择抛面线的类型，如图 9-33 所示。单击“添加拾取点”按钮，选择要添加抛面线的区域，注意区域一定要闭合，否则添加抛面线会失败。添加抛面线后的结果如图 9-34 所示。

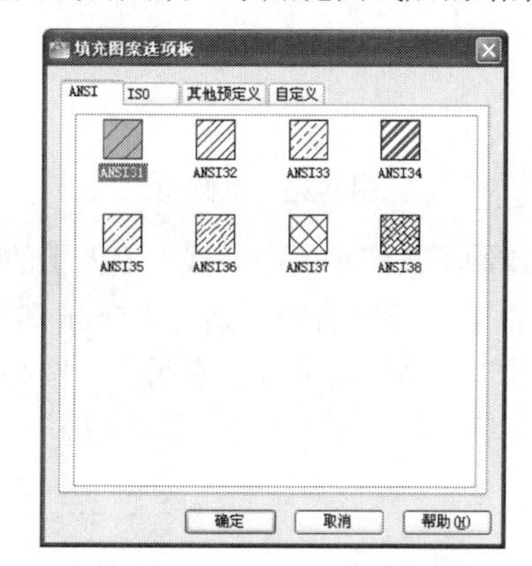

图 9-33　填充图线选择

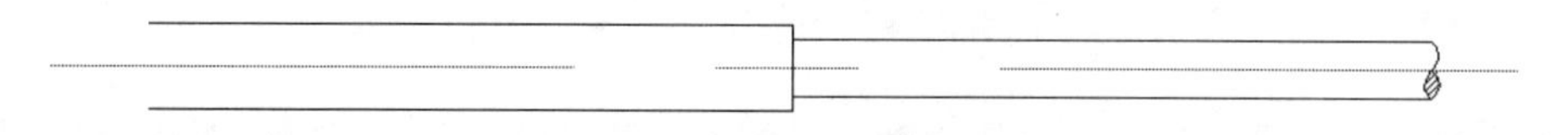

图 9-34　添加抛面线

（8）绘制垂线，然后进行旋转。在左端做垂线，单击“修改”工具栏中的“旋转”按钮，以两直线的交点为基点旋转 30°，旋转后的结果如图 9-35 所示。

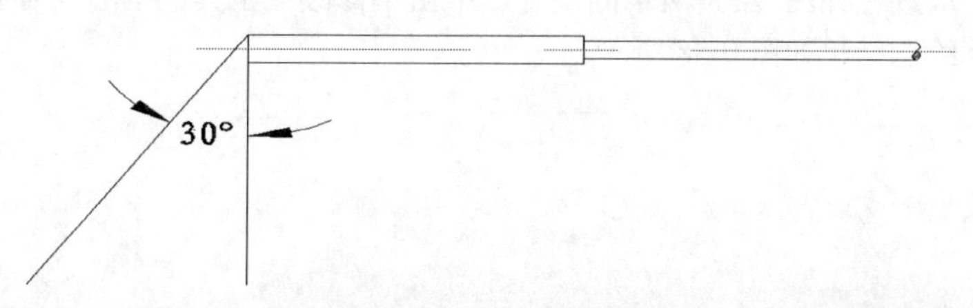

图 9-35　垂线旋转图

（9）绘制旋转垂线的平行线。选则步骤（8）中绘制的直线，绘制一条平行线，两条平行

Note

线之间的距离为5mm，单击“修改”工具栏中的“矩形阵列”按钮，设置行数为1、列数为2、列间距为5。

（10）倒圆角。单击“修改”工具栏中的“圆角”按钮，然后选择修剪模式为“半径(R)”模式，然后输入修剪半径为4mm，最后连续选择要修剪的两条直线，选择过程中注意状态栏命令提示，命令行中的提示与操作如下。

```
命令: fillet ↙
当前设置: 模式=修剪，半径=3.0
选择第一个对象或［放弃(U)/多段线(P)/半径(R)/修剪(T)/多个(M)］:R↙
指定圆角半径<3.0>:4 ↙
选择第一个对象或［放弃(U)/多段线(P)/半径(R)/修剪(T)/多个(M)］:
选择第二个对象,或按住键选择要应用角点的对象:
```

用同样的过程修剪另外两条相交直线，选择修剪半径为3mm，修剪后的结果如图9-36所示。

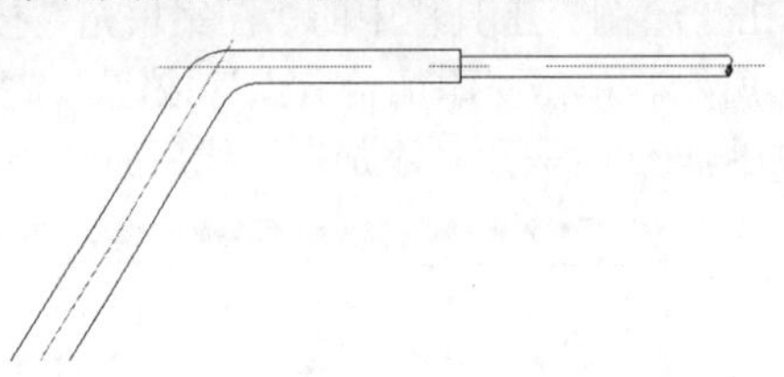

图9-36　倒圆角

（11）绘制两个同心圆。绘制一条弯轴的中心线，由图上的尺寸确定两个圆的中心，单击“绘图”工具栏中的“圆”按钮，绘制直径分别为2.5mm和1.5mm的同心圆。选中两个同心圆，单击“修改”工具栏中的“复制”按钮，在另一个圆心复制出两个相同的同心圆，结果如图9-37所示。

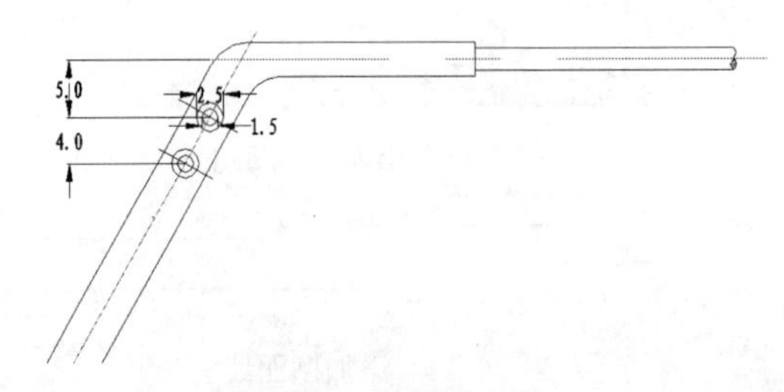

图9-37　绘制同心圆

（12）绘制矩形。单击“修改”工具栏中的“矩形”按钮，绘制10mm×3.5mm的矩形，并旋转-120°，放置在如图9-38所示的位置，单击“修改”工具栏中的“修剪”按钮，删去多余的线段，绘制结果如图9-38所示。

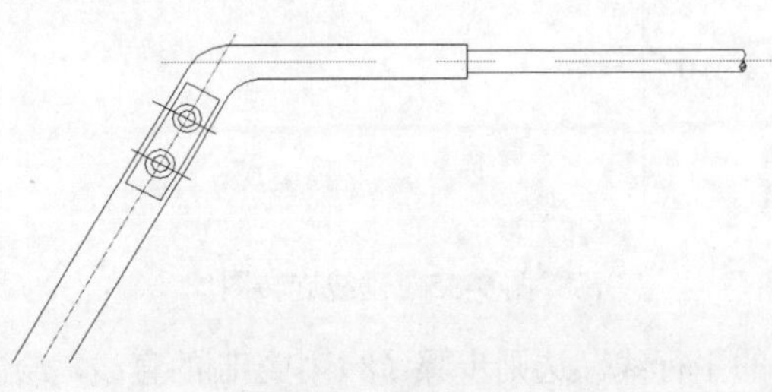

图9-38　绘制矩形

（13）绘制两个半圆。单击“绘图”工具栏中的“圆”按钮，分别在矩形的两个边绘制圆，单击“修改”工具栏中的“修剪”按钮，将多余的半圆删去，结果如图 9-39 所示。

（14）绘制另一抛面线部分。单击“修改”工具栏中的“复制”按钮，复制如图 9-38 所示的右端抛面线部分，单击“修改”工具栏中的“旋转”按钮，以复制部分的左端中心为端点，旋转至抛面线部分的中心线与倾斜部分的中心线重合，结果如图 9-39 所示。

Note

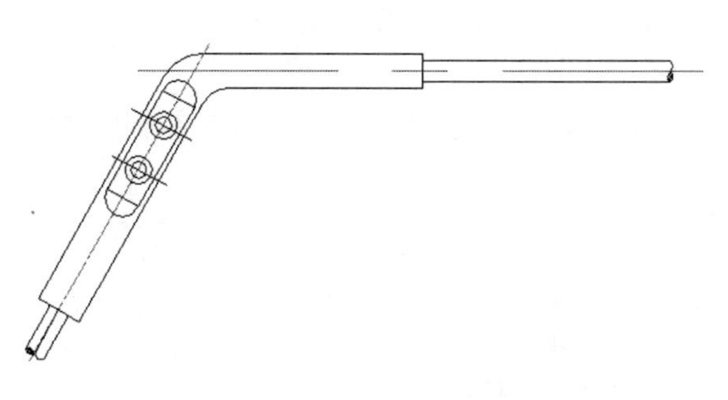

图 9-39　旋转抛面线部分后

（15）绘制其余部分。单击“绘图”工具栏中的“直线”按钮， 绘制中心线一侧的两条线，单击“修改”工具栏中的“镜像”按钮，镜像出另一侧的对称线，最后删除多余的线段，结果如图 9-40 所示。

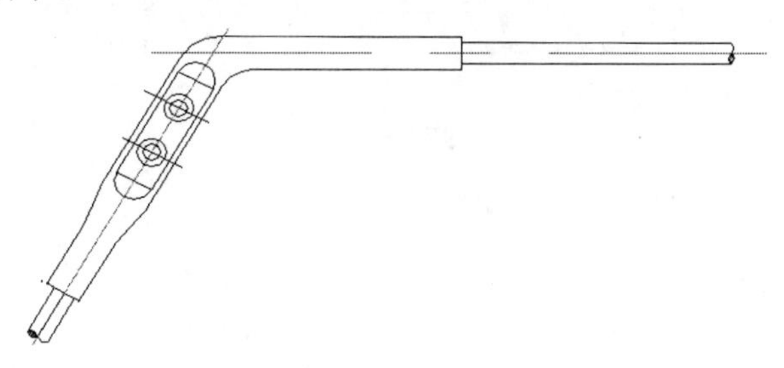

图 9-40　耐张线夹

（16）创建块。在命令行中输入 WBLOCK 命令，系统弹出“写块”对话框，将绘制好的耐张线夹创建为块，以便插入到主图中，在插入的过程中可设置插入点的位置、插入的比例及是否旋转。

9.3.3　绘制剖视图

下面介绍局部剖视图的绘制过程及标注引出线的方法。

（1）绘制剖视图。在主图中标示出剖切截面的位置，然后在图的空闲部分绘制剖视图，单击“绘图”工具栏中的“多行文字”按钮A，在剖视图的最上端标示抛视图的名称，本剖视图名为 A-A，然后绘制剖视图。

（2）在剖视图上标注尺寸。单击“标注”工具栏中的“线型标注”按钮，标注两个圆心之间的距离，标注方法为：先选择标注命令，然后选择两个中心点，出现尺寸后，调整到适当位置，单击“确定”按钮。单击“标注”工具栏中的“角度标注”按钮，标注角度，标注方法为：依次选中要标注角度的两条边，出现尺寸后，单击“确定”按钮。另外，在剖开的部分要绘制剖面线，局部剖视图如图 9-41 所示。

至此，主图的全部图线绘制完毕，绘制完成后，还需要做以下工作：

（1）单击“标注”工具栏中的“线型标注”按钮⊢⊣，标注主图中的重要位置尺寸及装配尺寸。

（2）选择菜单栏中的“标注”→“多重引线”命令，标示出各部分的名称。

（3）绘制各部分的明细栏。

（4）单击“绘图”工具栏中的“多行文字”按钮A，标示出本图的特殊安装要求，或者特殊的加工工艺以及一些无法在图样上表示的特殊要求。

（5）最后给图样加上图框及标题栏，至此，一张完整的装配图已绘制完毕，结果如图 9-42 所示。

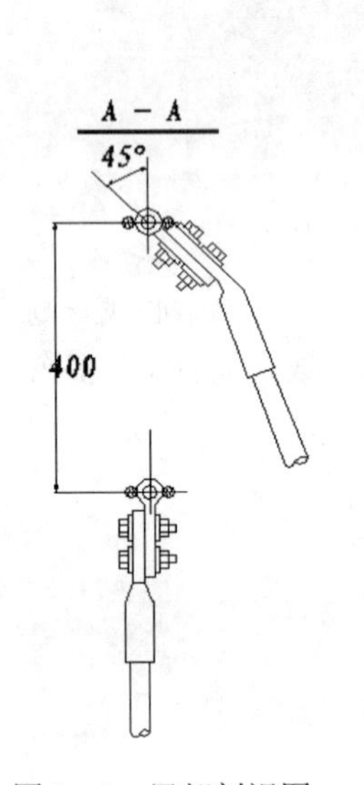

图 9-41　局部剖视图

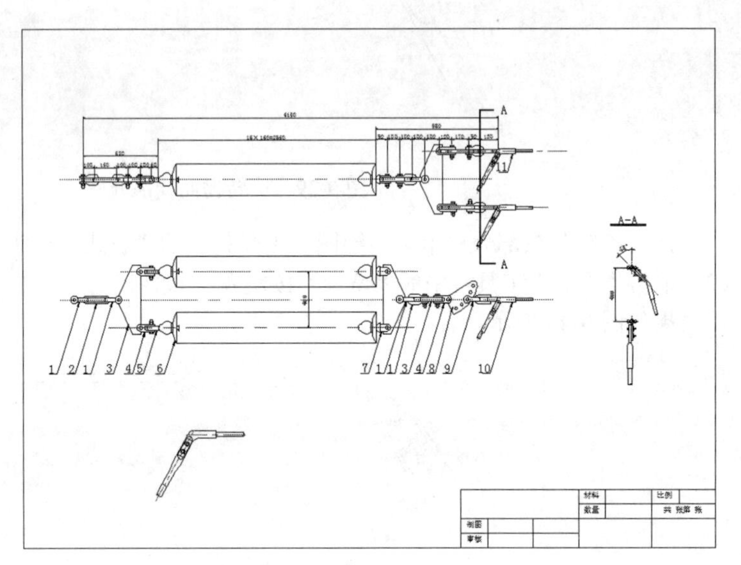

图 9-42　绝缘端子装配图

9.4　电气主接线图

电气主接线指发电厂和变电所中生产、传输、分配电能的电路，也称为一次接线。电气主接线图，就是用规定的图形与文字符号将发电机、变压器、母线、开关电器和输电线路等有关电气设备按电能流程顺序连接而成的电路图。

电气主接线图一般画成单线图（即用单相接线表示三相系统），但对三相接线不完全相同的局部图面，则应画成三线图。在电气主接线图中，除上述主要电气设备外，还应将互感器、避雷器、中性点设备等表示出来，并注明各个设备的型号与规格。

本例首先设计图纸布局，确定各主要部件在图中的位置，然后分别绘制各电气符号，最后把绘制好的电气符号插入到布局图的相应位置。绘制流程如图 9-43 所示。

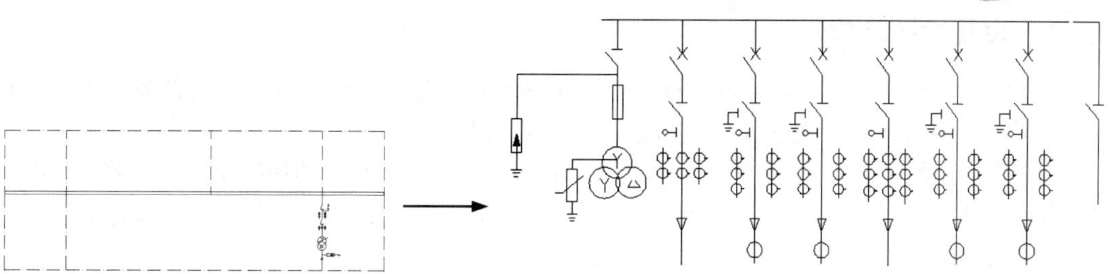

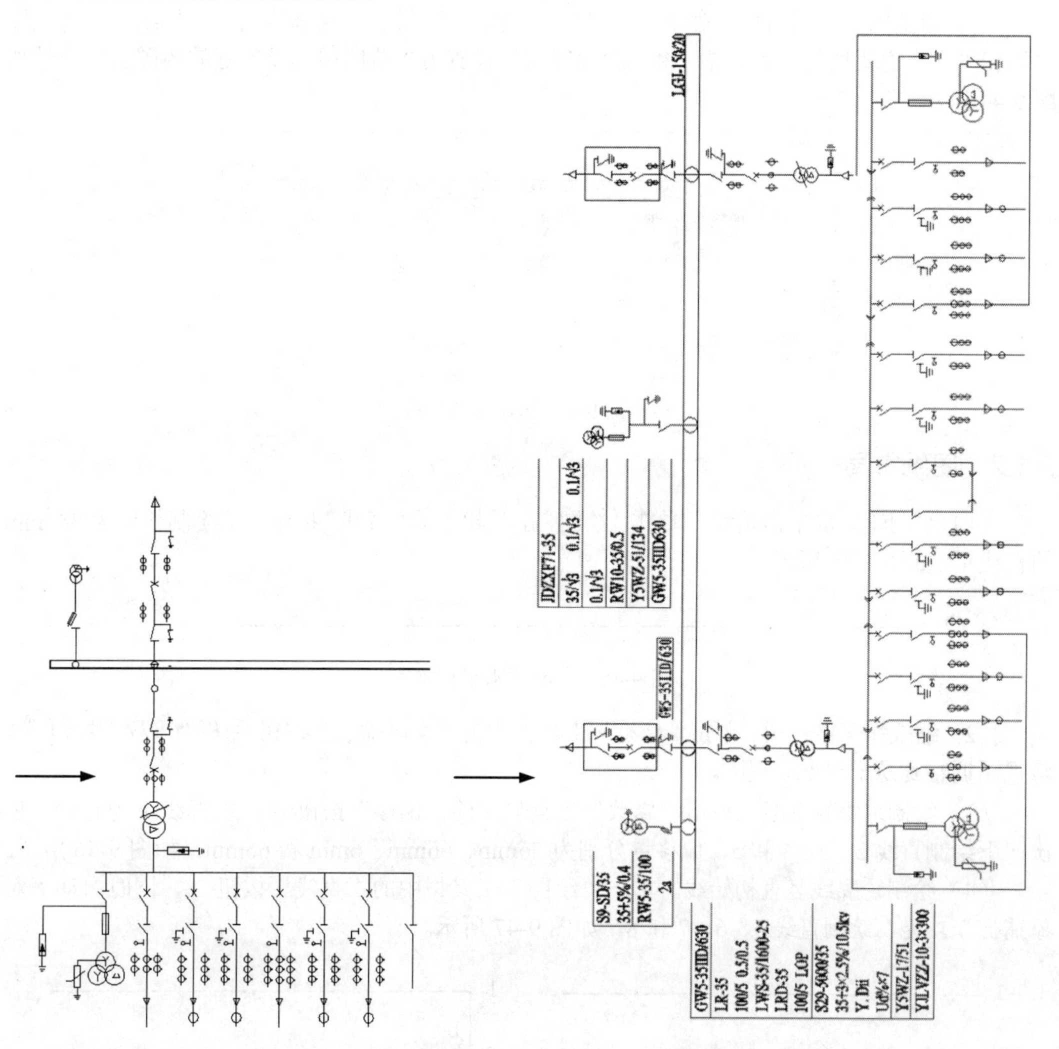

图 9-43　35kV 变电所电气主接线图

操作步骤

参见光盘

光盘\动画演示\第 9 章\电气主接线图.avi

Note

9.4.1 设置绘图环境

（1）建立新文件。启动 AutoCAD 2012 应用程序，以“A4.dwt”样板文件为模板建立新文件，将新文件命名为“变电所主接线图.dwg”并保存。

（2）设置绘图工具栏。在任意工具栏处单击鼠标右键，从打开的快捷菜单中选择“标准”、“图层”、“对象特性”、“绘图”、“修改”和“标注”命令，调出相应工具栏，并将它们移动到绘图窗口中的适当位置。

（3）设置图层。调用菜单命令“格式”→“图层”，设置“轮廓线层”、“母线层”、“绘图层”和“文字说明层”4 个图层，将“轮廓线层”设置为当前图层。设置好的各图层的属性如图 9-44 所示。

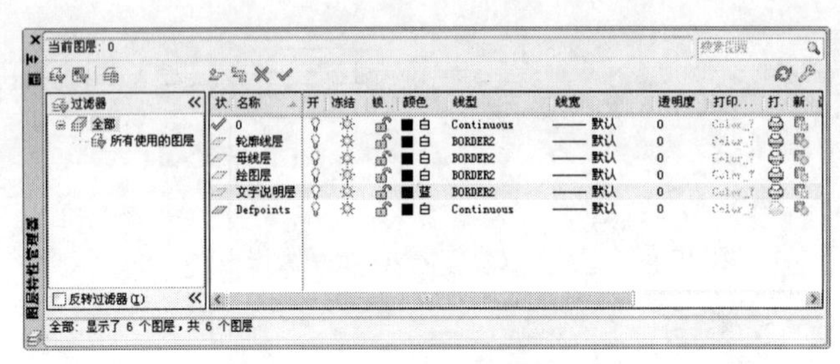

图 9-44　图层设置

9.4.2 图纸布局

（1）绘制轮廓水平初始线。单击“绘图”工具栏中的“直线”按钮，绘制长度为 341mm 的直线 1，如图 9-45 所示。

图 9-45　轮廓线水平初始线

（2）缩放和平移视图。单击“标准”工具栏中的“实时缩放”按钮和“平移”按钮，将视图调整到易于观察的程度。

（3）绘制水平轮廓线。单击“修改”工具栏中的“偏移”按钮，以直线 1 为起始，依次向下绘制直线 2、3、4 和 5，偏移量分别为 56mm、66mm、6mm 和 66mm，如图 9-46 所示。

（4）绘制轮廓线竖直初始线。单击“绘图”工具栏中的“直线”按钮，同时启动“对象捕捉”功能，绘制直线 5、6、7 和 8，如图 9-47 所示。

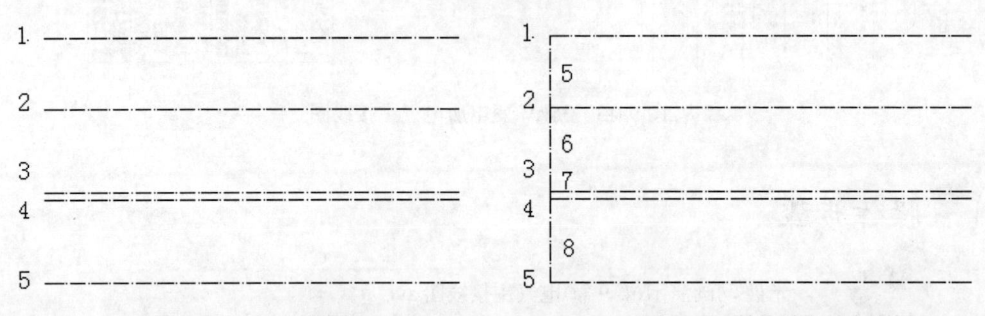

图 9-46　水平轮廓线　　　　图 9-47　轮廓线竖直初始线

（5）绘制竖直轮廓线。单击“修改”工具栏中的“偏移”按钮，以直线5为起始，依次向右偏移 56mm、129mm、100mm、56mm，然后继续单击“修改”工具栏中的“偏移”按钮，以直线6为起始，依次向右偏移56mm、229mm、56mm，以直线7为起点向右偏移341mm，以直线 8 为起点，依次向右偏移 25mm、296mm、20mm，得到所有竖直的轮廓线，效果及尺寸如图9-48所示。

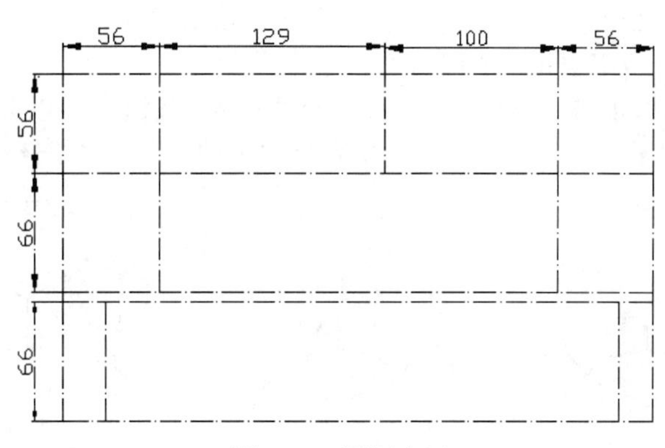

图 9-48 图纸布局

9.4.3 绘制图形符号

1. 绘制变压器符号

（1）绘制圆。将“绘图层”设为当前图层，单击“绘图”工具栏中的“圆”按钮，绘制一个半径为6mm的圆1。

（2）复制圆。启动“正交”和“对象捕捉”绘图方式，单击“修改”工具栏中的“复制”按钮，复制圆1，并向下移动，基点为圆1的圆心，位移为9mm，得到圆2，如图9-49所示。

（3）绘制竖直线。单击“绘图”工具栏中的“直线”按钮，用鼠标捕捉圆1的圆心为直线起点，将鼠标向下移动，在“正交”绘图方式下会提示输入直线长度，输入直线长度为4，按Enter键。

（4）修剪图形。单击“修改”工具栏中的“修剪”按钮，修剪掉直线在圆内的部分，结果如图9-50所示。

（5）阵列竖直线。单击“修改”工具栏中的“环形阵列”按钮，选择图9-50中的竖直直线，选取圆心作为基点，“项目总数”设置为 3，填充角度设置为 360°，效果如图 9-51 所示。

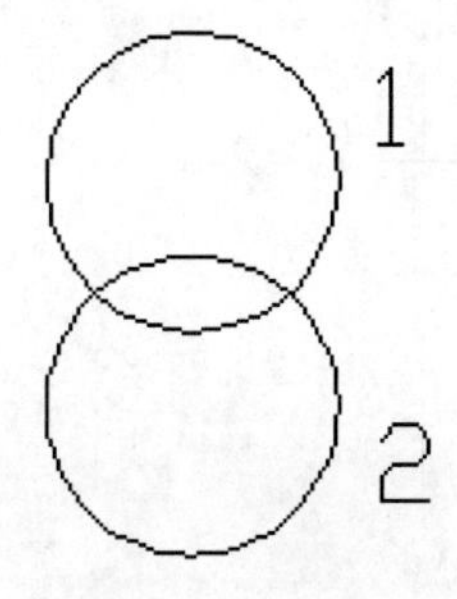

图 9-49 绘制圆

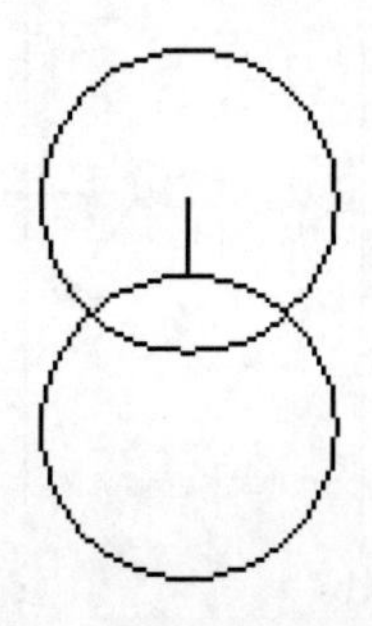

图 9-50 绘制竖直直线

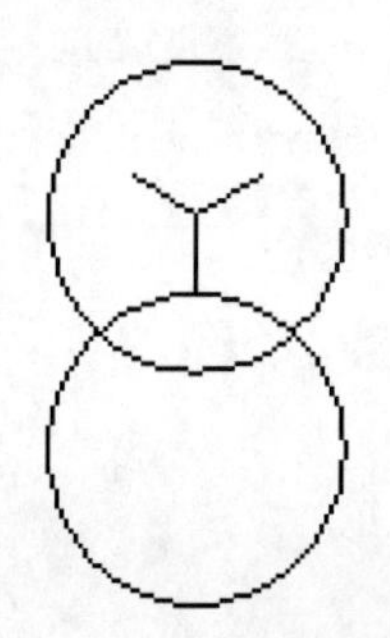

图 9-51 阵列后效果图

Note

（6）绘制圆2的同心圆。单击“绘图”工具栏中的“圆”按钮，以圆2的圆心为圆心，绘制一个半径为2.5mm的圆。

（7）绘制竖直线并阵列。单击“绘图”工具栏中的“直线”按钮，用鼠标捕捉圆2的圆心为直线起点，绘制一条竖直向上、长度为2.5mm的直线，并重复“环形阵列”命令，绕圆心复制3份，如图9-52（a）所示。

（8）修剪图形。连接圆2各直线端点，得到圆内接正三角形，修剪掉半径为2.5mm的圆和多余直线，得到如图9-52（b）所示图形。

（9）旋转三角形。单击“修改”工具栏中的“旋转”按钮，以圆2的圆心为基点，将三角形旋转-90°，如图9-52（c）所示，即为绘制完成的主变压器符号。

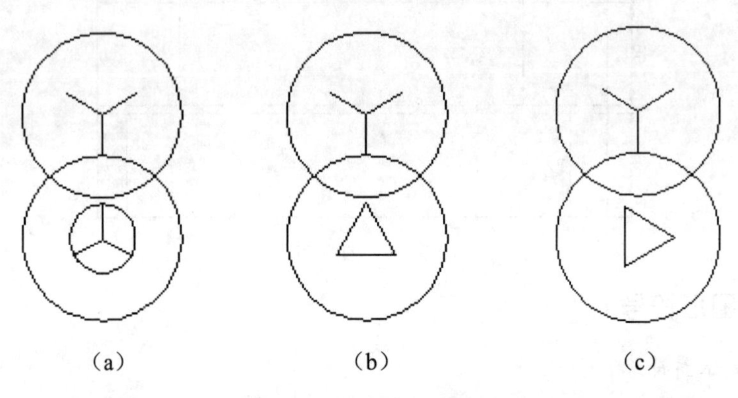

图9-52　完成变压器符号

2. 绘制隔离开关符号

（1）绘制竖直直线。单击“绘图”工具栏中的“直线”按钮，在“正交”方式下绘制一条长为14mm的竖线，如图9-53（a）所示。

（2）绘制附加线。单击“绘图”工具栏中的“直线”按钮，在竖直直线从下往上1/3处，利用极轴追踪功能绘制一斜线，与竖直直线成30°角，然后以斜线的末端点为起点绘制水平直线，端点落在竖直直线上，效果如图9-53（b）所示。

（3）移动水平线。单击“修改”工具栏中的“移动”按钮，将水平短线向右移动1.3mm，如图9-53（c）所示。

（4）修剪图形。单击“修改”工具栏中的“修剪”按钮，修剪掉多余直线，得到如图9-53（d）所示的效果，即为绘制完成的隔离开关符号。

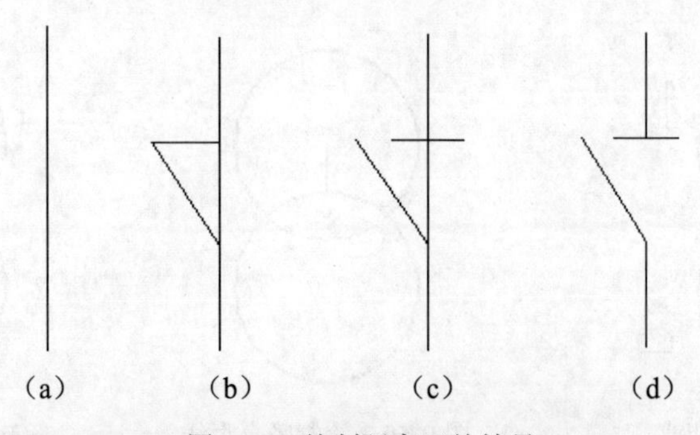

图9-53　绘制隔离开关符号

3. 绘制断路器符号

可通过编辑隔离开关符号得到断路器符号。

（1）复制隔离开关符号。复制隔离开关符号到当前图形中，尺寸不变，如图 9-54（a）所示。

（2）旋转水平短线。单击“修改”工具栏中的“旋转”按钮，将图 9-54（a）中的水平短线旋转 45°，旋转基点为上面绘制的竖直短线的下端点，可以利用“对象捕捉”功能，通过鼠标捕捉得到，旋转后的效果如图 9-54（b）所示。

（3）镜像短斜线。单击“修改”工具栏中的“镜像”按钮，镜像上面旋转得到的短斜线，镜像线为竖直短线，效果如图 9-54（c）所示，即为绘制完成的断路器符号。

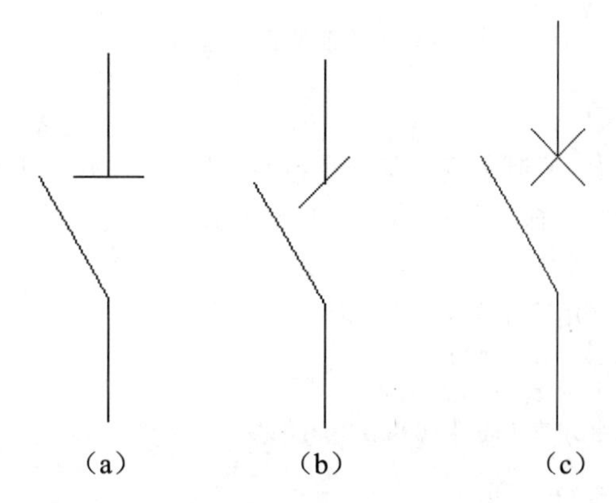

图 9-54　绘制断路器符号

4. 绘制避雷器符号

（1）绘制竖直直线。单击“绘图”工具栏中的“直线”按钮，绘制竖直直线 1，长度为 12mm。

（2）绘制水平直线。单击“绘图”工具栏中的“直线”按钮，在“正交”绘图方式下，以直线 1 的端点 O 为起点绘制水平直线段 2，长度为 1mm，如图 9-55（a）所示。

（3）偏移水平直线。单击“修改”工具栏中的“偏移”按钮，以直线 2 为起始，绘制直线 3 和直线 4，偏移量均为 1mm，结果如图 9-55（b）所示。

（4）拉长水平直线。选择菜单栏中的“修改”→“拉长”命令，分别拉长直线 3 和 4，拉长长度分别为 0.5mm 和 1mm，结果如图 9-55（c）所示。

（5）镜像水平直线。单击“修改”工具栏中的“镜像”按钮，镜像直线 2、3 和 4，镜像线为直线 1，效果如图 9-55（d）所示。

（6）绘制矩形。单击“绘图”工具栏中的“矩形”按钮，绘制一个宽度为 2mm，高度为 4mm 的矩形，并将其移动到合适的位置，效果如图 9-55（e）所示。

（7）加入箭头。在矩形的中心位置加入箭头，绘制箭头时，可以先绘制一个小三角形，然后填充即可得到，如图 9-55（f）所示。

（8）修剪竖直直线。单击“修改”工具栏中的“修剪”按钮，修剪掉多余直线，得到如图 9-55（g）所示的图形，即为避雷器符号。

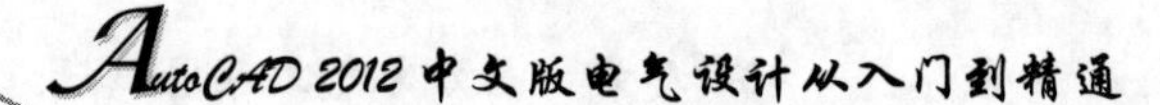

Note

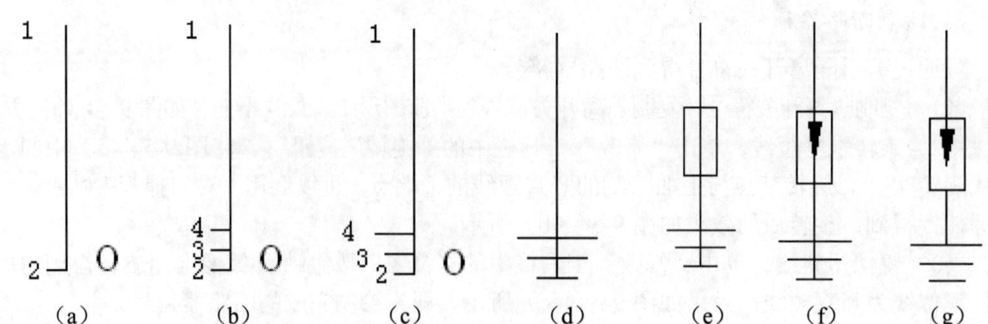

图 9-55　绘制避雷器符号

5. 绘制站用变压器符号

（1）复制主变压器符号。复制主变压器符号到当前图形中，尺寸不变，如图 9-56（a）所示。

（2）缩小主变压器符号，命令行中的提示与操作如下。

```
命令: _scale
选择对象: 找到一个（用鼠标选择主变压器）
选择对象: ↙（右击或按 Enter 键）
指点基点: （用鼠标选择其中一个圆的圆心）
指定比例因子或[复制(c)/参照(R)] <0.0000>: 0.4↙
```

缩小后的效果如图 9-56（b）所示。

（3）删除三角形符号。单击"修改"工具栏中的"删除"按钮，将三角形符号删除，删除后的效果如图 9-56（c）所示。

（4）复制 Y 型接线符号。单击"修改"工具栏中的"复制"按钮，将上面圆中的 Y 型接线符号复制到下面的圆中，如图 9-56（d）所示。

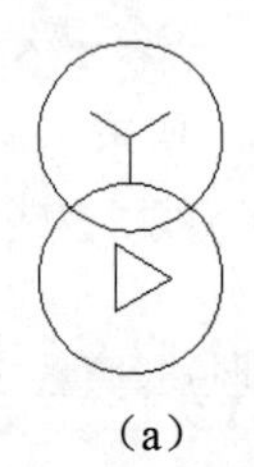

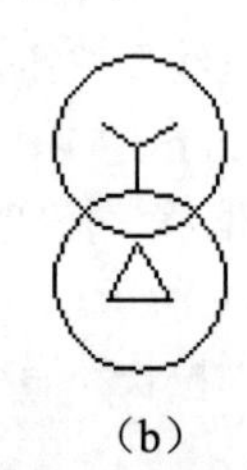

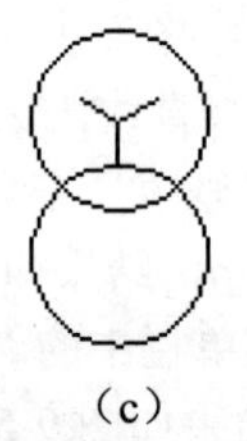

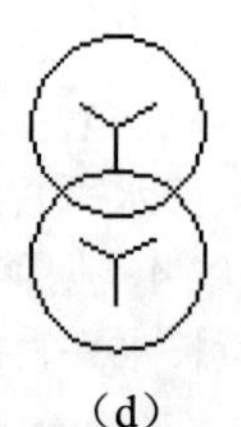

(a)　(b)　(c)　(d)

图 9-56　绘制变压器符号

6. 绘制电压互感器符号

电压互感器的绘制是在站用变压器的基础上完成的。

（1）复制站用变压器。复制前面绘制好的站用变压器到当前图形中，尺寸不变，如图 9-57（a）所示。

（2）旋转当前图形。单击"修改"工具栏中的"旋转"按钮，选择复制过来的站用变压器符号，以圆 1 的圆心为基准点，旋转 150°，如图 9-57（b）所示。

（3）旋转 Y 型连接线。单击"修改"工具栏中的"旋转"按钮，将两圆中的 Y 型线分别以对应圆的圆心为基准点旋转 90°。单击"绘图"工具栏中的"直线"按钮，以圆 2 的圆心为起点，在水平向右方向上画一条直线 L，直线 L 的长度为 12mm，直线的另一端点为 O，

如图 9-57（c）所示。

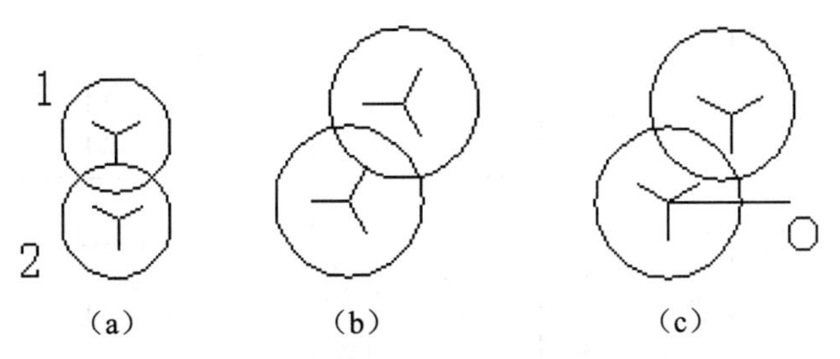

（a）（b）（c）

图 9-57 绘制电压互感器符号

（4）绘制圆 3。单击“绘图”工具栏中的“圆”按钮，以 O 为圆心，绘制一个半径为 6mm 的圆，并将直线删除，效果如图 9-58（a）所示。

（5）绘制圆 4。单击“绘图”工具栏中的“圆”按钮，以圆 3 的圆心为圆心，2.5mm 为半径绘制圆 4。

（6）绘制圆 4 的内接三角形。绘制圆 4 的内接三角形，得到内接三角形后，单击“修改”工具栏中的“偏移”按钮，将下边的水平线向上偏移 2mm，效果如图 9-58（b）所示。

（7）完成绘制。单击“修改”工具栏中的“修剪”按钮，修剪并删除多余直线段，得到的效果如图 9-58（c）所示，即电压互感器符号。

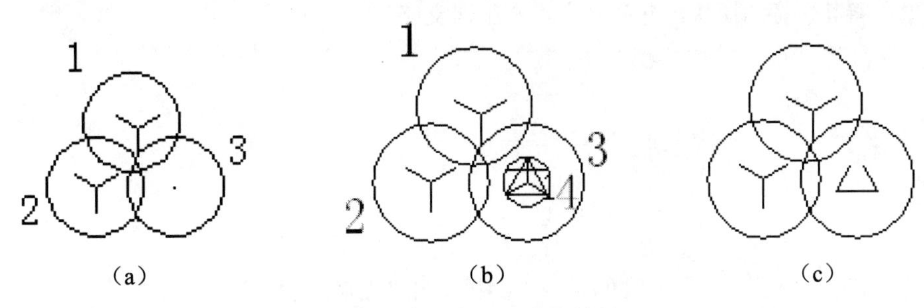

（a）（b）（c）

图 9-58 完成电压互感器符号

7. 绘制接地开关、跌落式熔断器、电流互感器、电容器和电缆接头

由于本图用到的电气元件比较多，需要绘制的符号也比较多，现只介绍以上几种主要的电气元件符号的绘制，对于接地开关、跌落式熔断器、电流互感器、电容器和电缆接头，仅对其绘制方法作简要说明。

（1）接地开关。接地开关可以在隔离开关的基础上绘制，如图 9-59（a）所示。

（2）跌落式熔断器。斜线倾斜角为 120°，绘制一个合适尺寸的矩形，将其旋转 30°，然后以短边中点为基点移动至斜线上合适的最近点，如图 9-59（b）所示。

（3）电流互感器。较大的符号中圆的半径可以取 1.3mm；较小的符号中圆的半径可以取 1mm。圆心可通过捕捉直线中点的方式确定，如图 9-59（c）和图 9-59（d）所示。

（4）电容器。表示两极的短横线长度可取 2.5mm，线间距离可取 1mm，如图 9-59（e）所示。

（5）电缆接头。绘制一个半径为 2mm 的圆的内接正三角形，利用端点捕捉三角形的顶点，以其为起点竖直向上绘制长为 2mm 的直线，利用中点捕捉三角形底边的中点，以其为起点竖直向下绘制长为 2mm 的直线，如图 9-59（f）所示。

Note

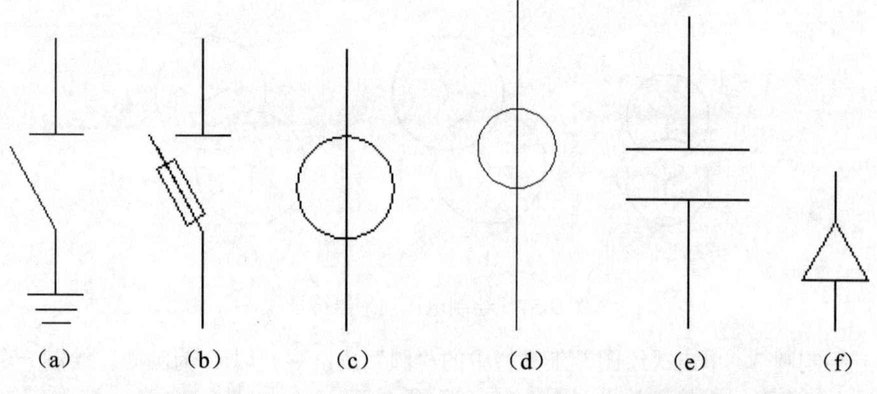

图 9-59　绘制接地开关、跌落式熔断器、电流互感器、电容器符号和电缆接头

9.4.4　绘制连线图

1. 绘制主变支路

（1）插入图形符号。将前面绘制好的图形符号插入到线路框架中，如图 9-60 所示，由于本图对尺寸的要求不高，所以各个图形符号的位置可以根据具体情况调整。

（2）保存为图块。调用 WBLOCK 命令，弹出“写块”对话框，选择整个变压器支路为保存对象，将其保存为图块，并命名为“变压器支路”。

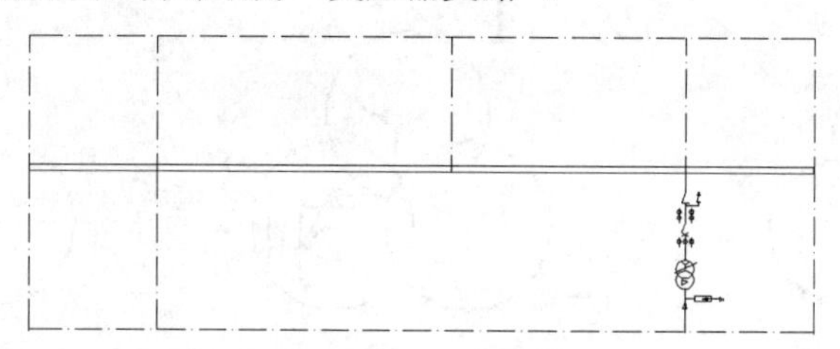

图 9-60　插入主变支路各图形符号

（3）复制出另一主变支路。如图 9-61 所示，为了便于读者观察，此图是关闭轮廓线层后的效果。

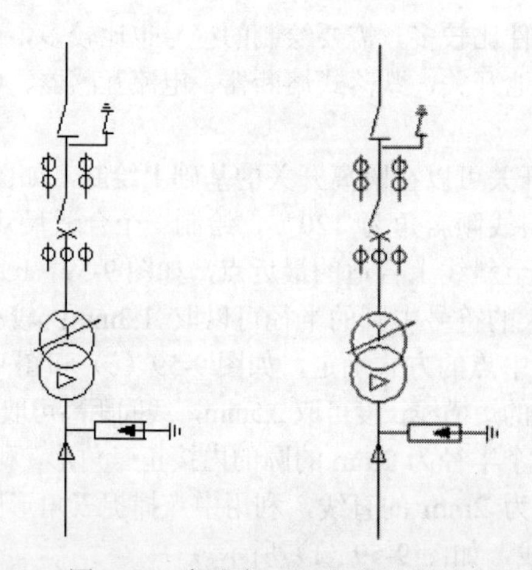

图 9-61　完成变压器支路的绘制

2. 绘制 10kV 母线上所接的电气设备接线方案

（1）调出布局图，绘制 I 段母线设备。

将前面绘制好的布局图打开，并单击“标准”工具栏中的“实时缩放”按钮和“平移”按钮，将视图调整到易于观察的程度。

Note

（2）绘制母线。

① 切换图层。将“母线层”设置为当前图层。

② 绘制母线。单击“绘图”工具栏中的“直线”按钮，绘制长度为 320mm 的直线，结果如图 9-62 所示。

图 9-62　母线

（3）插入电气设备符号。

① 插入已做好的各元件块，将其连成一条支路，如图 9-63 所示的出线 1。

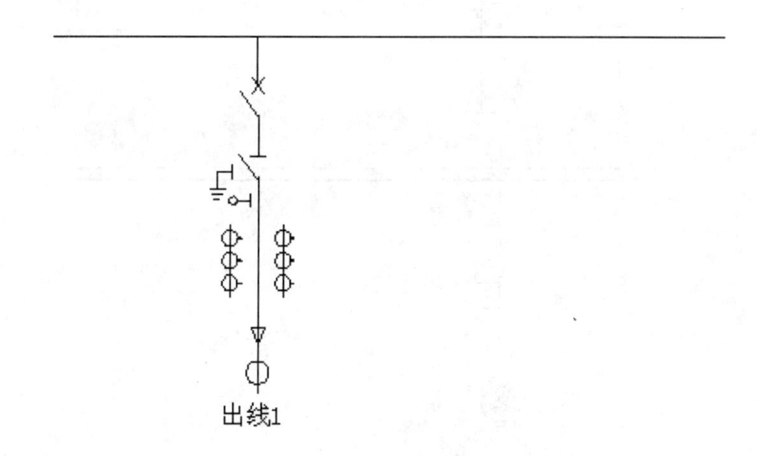

图 9-63　绘制母线上所接的出线接线方案

② 在“正交”方式下，多重复制出线 1，结果如图 9-64 所示。注意到进线上的开关设备与出线 1 上的设备相同，可把出线 1 先复制到进线位置，然后进行修改，修改操作不再赘述。

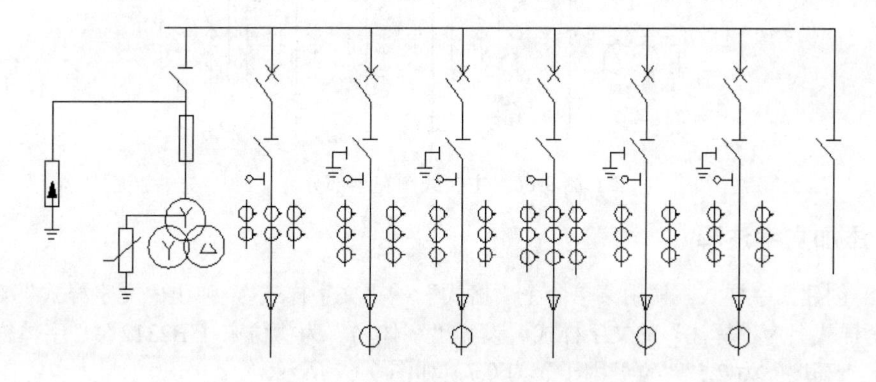

图 9-64　完成母线 I 段上所接的出线方案

Note

③ 绘制Ⅱ段母线设备，如图9-65所示。

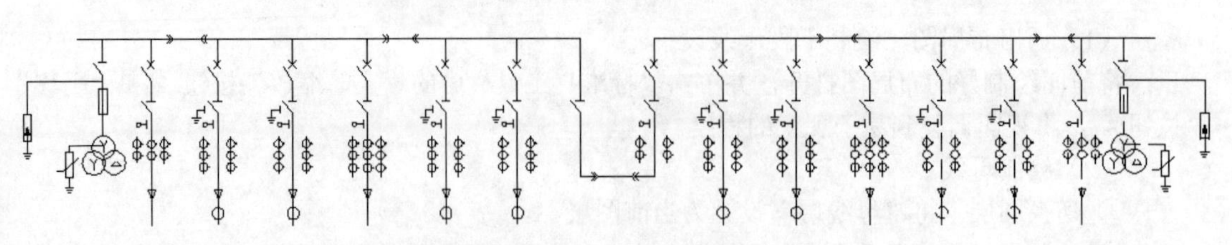

图9-65 完成母线上所接的出线方案

3. 补充绘制其他图形

绘制35kV进线及母线、电压互感器等，在此不再赘述。至此，图形部分的绘制已基本完成，如图9-66所示为整个图形的左半部分。

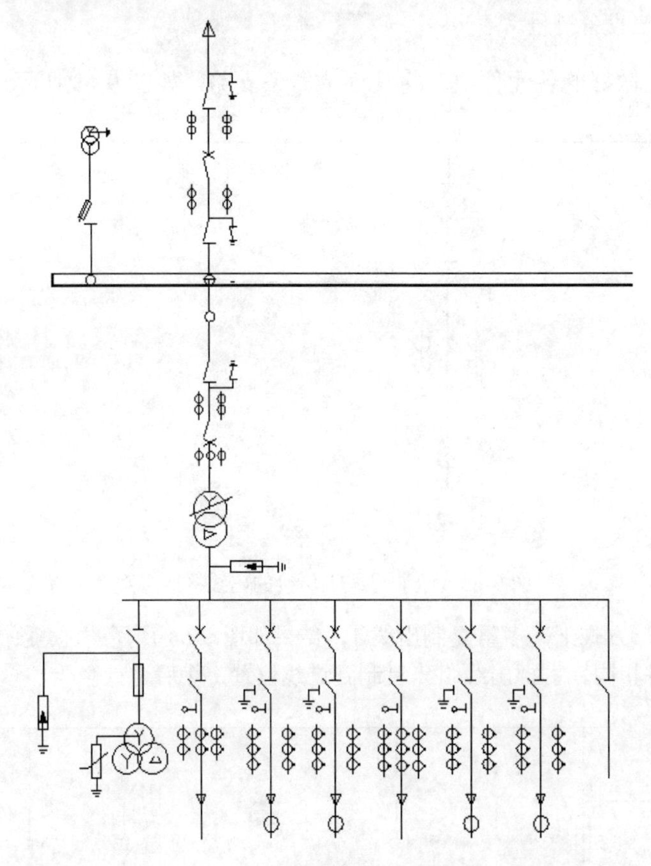

图9-66 主接线图左半部分

9.4.5 添加文字注释

（1）创建文字样式。调用菜单命令“格式”→“文字样式”，弹出“文字样式”对话框，创建一个样式名为“标注”的文字样式。设置“字体名”为“仿宋_GB2312”、“字体样式”为“常规”、“高度”为2.5、“宽度因子”为0.7，如图9-67所示。

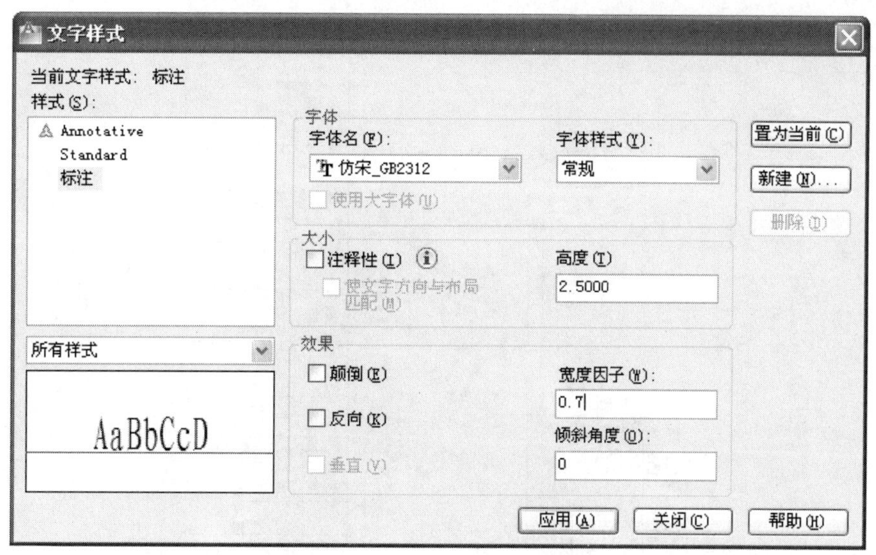

图 9-67　“文字样式”对话框

（2）添加注释文字。利用 MTEXT 命令一次输入几行文字，然后调整其位置，以对齐文字。调整位置时，结合使用“正交”命令。

（3）使用文字编辑命令修改文字以得到需要的文字。

（4）绘制文字框线，利用绘制直线的命令和复制、偏移等命令添加注释，结果如图 9-68 所示。对其他注释文字的添加操作不再赘述。

至此，35kV 变电所电气主接线图绘制完毕，最终效果如图 9-69 所示。

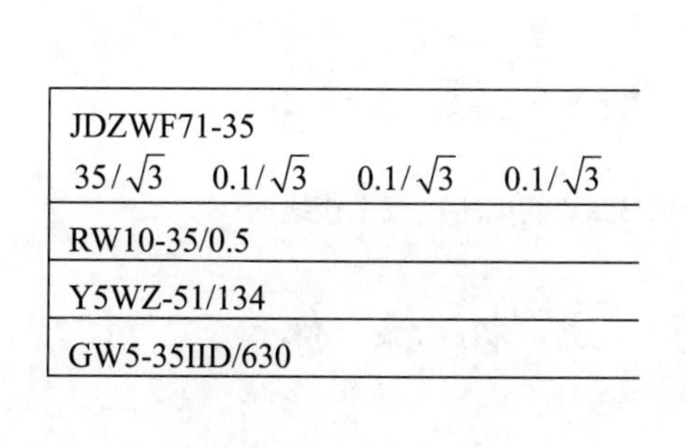

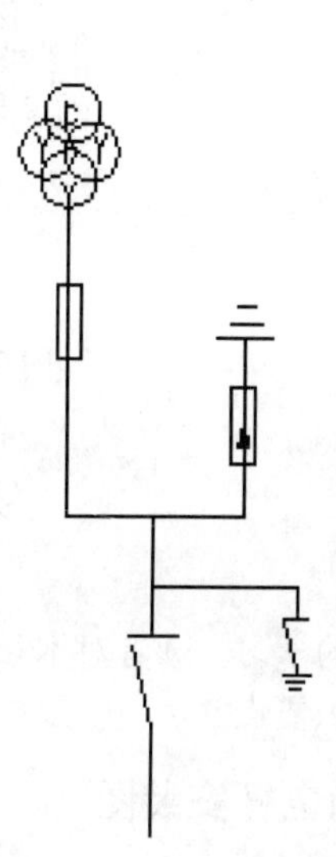

图 9-68　添加文字

Note

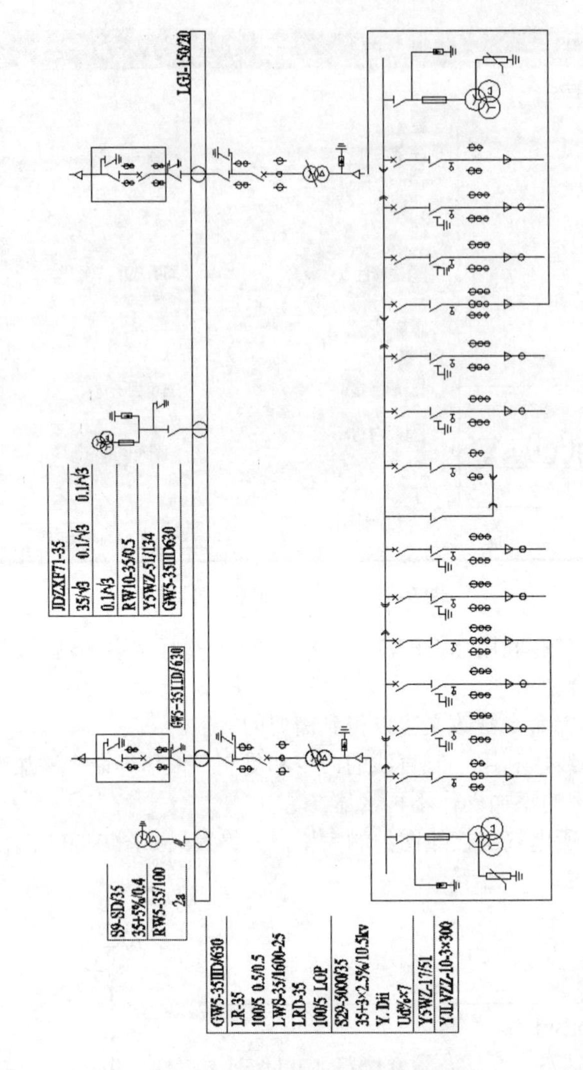

图 9-69　35kV 变电所电气主接线图

9.5　上 机 操 作

通过前面的学习，读者对本章知识也有了大体的了解，本节通过 3 个操作练习使读者进一步掌握本章知识要点。

实践 1　绘制电杆安装图

绘制如图 9-70 所示的电杆安装图。

操作提示

（1）绘制杆塔。

（2）绘制各电气元件。

Note

（3）连接电气元件。

（4）标注尺寸。

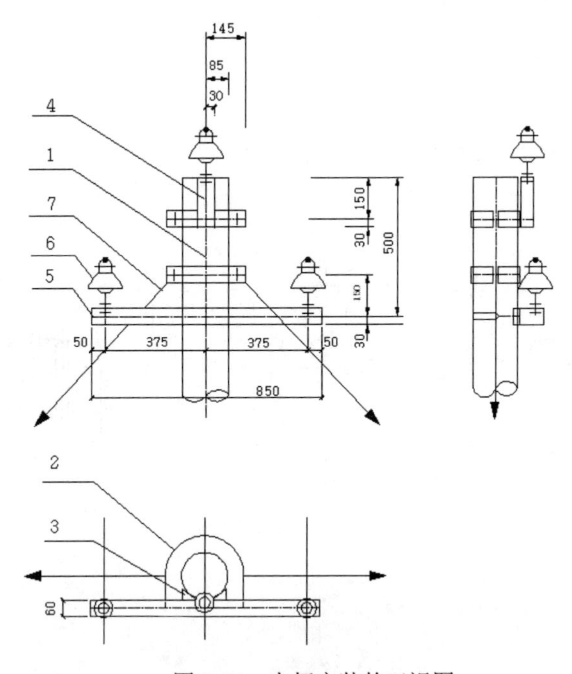

图 9-70　电杆安装的三视图

实践 2　绘制 HXGN26-12 高压开关柜配电图

绘制如图 9-71 所示的 HXGN26-12 高压开关柜配电图。

操作提示

（1）绘制各个单元符号图形。

（2）将各个单元放置到一起并移动连接。

（3）标注文字。

柜编号	1	2	3(1#变压器)	4(2#变压器)
HXGN26-12				
柜宽	500	650	500	500
一次系统图	TMY-3*(40*4) LZZBJ9-10 50/5	LZZBJ9-1075/5 0.25 JDZ-10 BNZ-10	TMY-3*(40*4) LZZBJ9-10 50/5	LZZBJ9-10 50/5
出线电缆	JYV22-3*70		JYV22-3*35-10	JYV22-3*35-10

图 9-71　HXGN26-12 高压开关柜配电图

实践 3　绘制变电站断面图

绘制如图 9-72 所示的变电站断面图。

操作提示

Note

（1）绘制各个单元符号图形。

（2）将各个单元放置到一起并移动连接。

（3）标注文字。

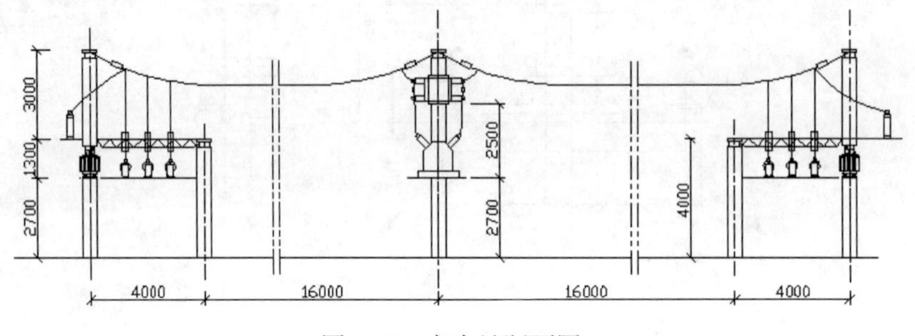

图 9-72　变电站断面图

电子线路图设计

电子线路是最常见、应用最为广泛的一类电气线路。在工业领域中，电子线路都占据了重要的位置。在日常生活中，几乎每个环节都和电子线路有着或多或少的联系，如电视机、收音机、电冰箱、电话、微波炉、热水器等都是电子线路应用的例子，可以说电子线路在人们的生活中必不可少。本章将简单介绍电子线路的概念和分类，然后结合两个具体的实例来介绍电子线路图的特点和一般绘制方法。

- ☑ 电子线路简介
- ☑ 单片机采样线路图
- ☑ 照明灯延时关断线路图
- ☑ 电话机自动录音电路图
- ☑ 微波炉电路图

任务驱动&项目案例

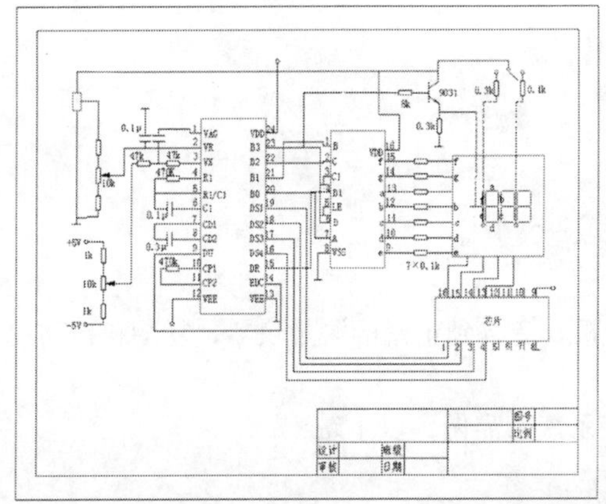

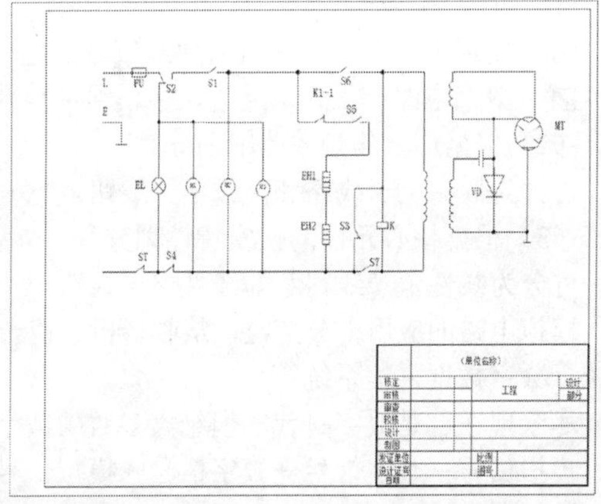

10.1 电子线路简介

Note

随着电子技术的高速发展，电子技术和电子产品已经深入到生产、生活和社会活动的各个领域，所以正确、熟练地识读和绘制电子电路图，是对电气工程技术人员的基本要求。

10.1.1 基本概念

电子技术是研究电子器件、电子电路及其应用的科学技术。

以信息科学技术为中心的电子技术的应用，包括计算机技术、生物基因工程、光电子技术、军事电子技术、生物电子学、新型材料、新型能源、海洋开发工程技术等高新技术群的兴起，已经引起人类从生产到生活各个方面的巨大变革。

电子线路是由电子器件（又称有源器件，如电子管、半导体二极管、晶体管、集成电路等）和电子元件（又称无源器件，如电阻器、电容器、电感器、变压器等）组成的具有一定功能的电路。

电子器件是电子线路的核心，其发展促进了电子技术的发展。

10.1.2 电子线路的分类

1. 信号

电子信号可分为以下两类。

（1）数字信号：指那些在时间和数值上都是离散的信号。

（2）模拟信号：除数字外的所有形式的信号统称为模拟信号。

2. 电路

根据不同的划分标准，电路可以分为不同的类别。

（1）根据工作信号划分

可分为以下两类。

☑ 模拟电路：工作信号为模拟信号的电路。

☑ 数字电路：工作信号为数字信号的电路。

（2）根据信号的频率范围划分

可分为低频电子线路和高频电子线路。

（3）根据核心元件的伏安特性划分

可分为线性电子线路和非线性电子线路。

模拟电路的应用十分广泛，从收音机、扩音机、音响到精密的测量仪器、复杂和自动控制系统、数字数据采集系统等。

尽管现在已是数字时代，但绝大多数的数字系统仍需做到以下过程：

模拟信号→数字信号→数字信号→模拟信号

数据采集→A/D 转换→D/A 转换→应用

如图 10-1 所示为一个由模拟电路和数字电路共同组成的电子系统的实例。

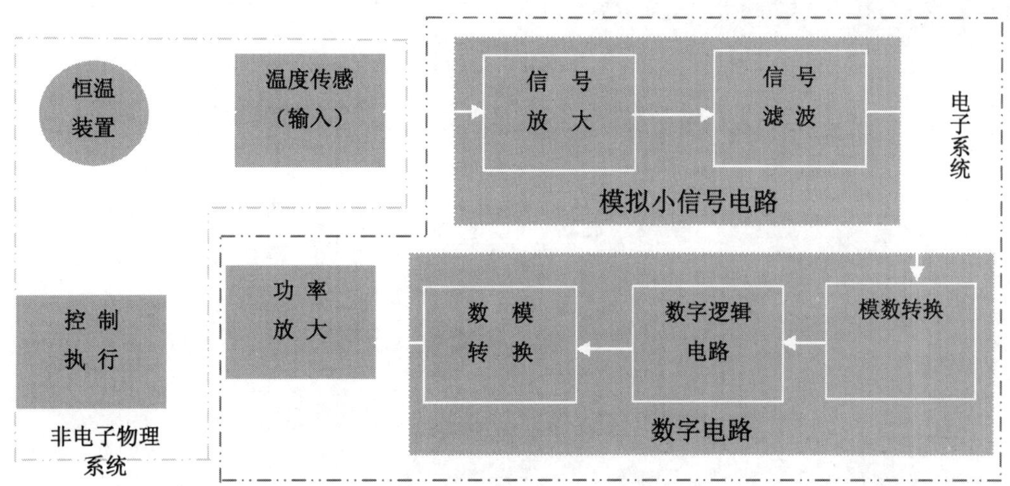

图 10-1　电子系统的组成框图

10.2　单片机采样线路图

单片机由于其优越的性能获得了很大的发展空间，在生活中的应用也越来越多，随着计算速度的提高，对单片机的要求也越来越高。本节将介绍某公司16位单片机采样线路图的绘制，以帮助读者了解单片机线路图的绘制方法。绘制流程如图10-2所示。

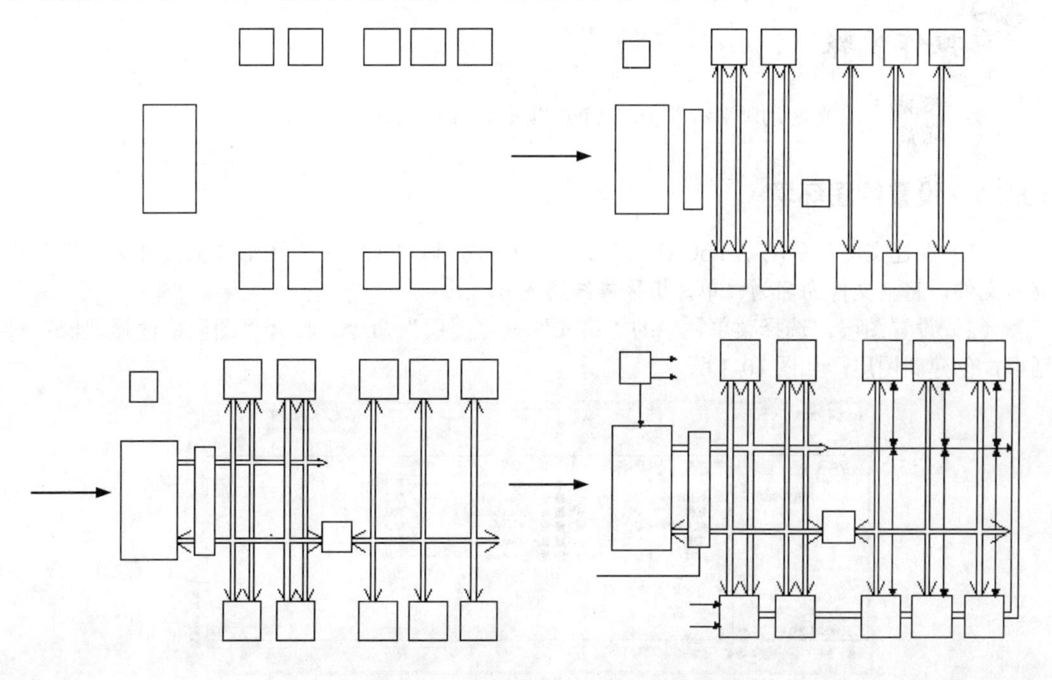

图 10-2　绘制单片机采样线路图

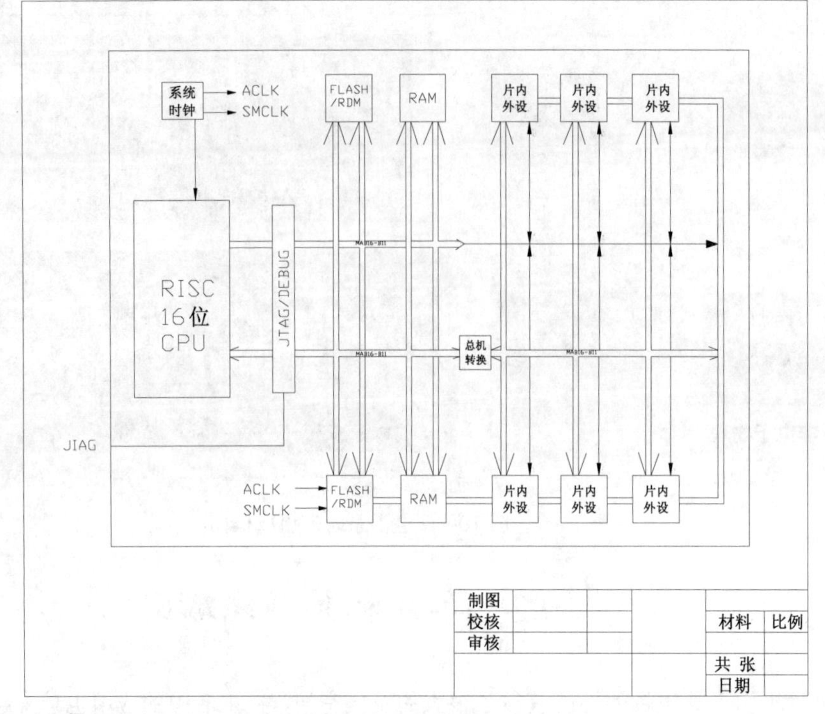

图 10-2　绘制单片机采样线路图（续）

操作步骤

参见光盘　光盘\动画演示\第 10 章\单片机采样线路图.avi

10.2.1　设置绘图环境

（1）新建文件。启动 AutoCAD 2012 应用程序，以“A3.dwt”图形样板文件为模板，建立新文件，将新文件命名为“单片机采样线路图.dwg”。

（2）设置图层。选择菜单栏中的“格式”→“图层”命令，打开“图层特性管理器”对话框，创建新图层，如图 10-3 所示。

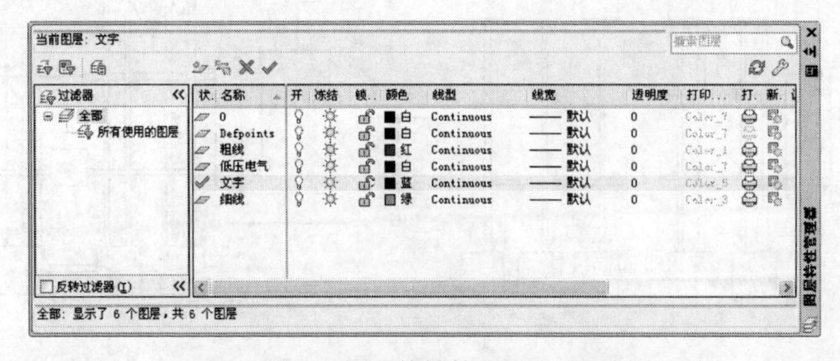

图 10-3　“图层特性管理器”对话框

10.2.2　绘制单片机线路图

（1）设置图层。将当前图层设为“粗线”层，如图 10-4 所示。

（2）绘制大矩形。单击“绘图”工具栏中的“矩形”按钮，绘制一个长为 25mm、宽为 50mm 的矩形。

（3）绘制小矩形。单击“绘图”工具栏中的“矩形”按钮，在当前绘图环境中绘制另一长为 12mm、宽为 12mm 的矩形，矩形的摆放位置如图 10-5 所示。

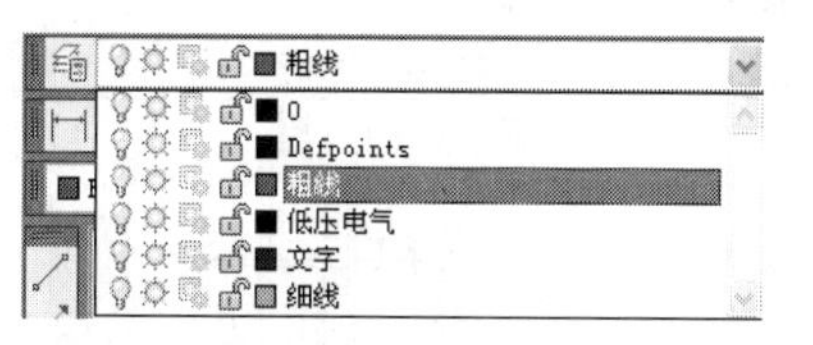

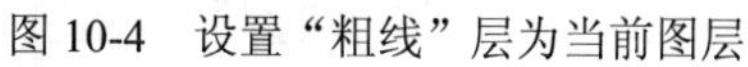
图 10-4　设置“粗线”层为当前图层

（4）复制矩形。单击“修改”工具栏中的“复制”按钮，复制 12mm×12mm 的矩形，摆放位置如图 10-6 所示。

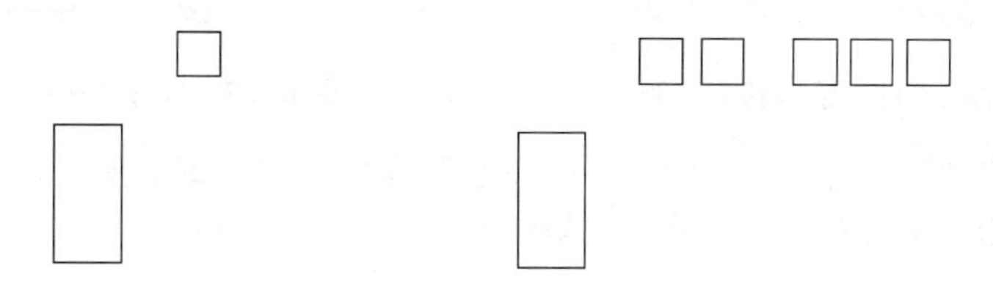

图 10-5　绘制矩形　　图 10-6　复制矩形

（5）镜像矩形。单击“修改”工具栏中的“镜像”按钮，捕捉大矩形竖直边所在直线的中点，将 5 个小矩形对称复制，镜像后的效果如图 10-7 所示。

（6）绘制总线。单击“绘图”工具栏中的“直线”按钮，绘制一条总线，如图 10-8 所示。

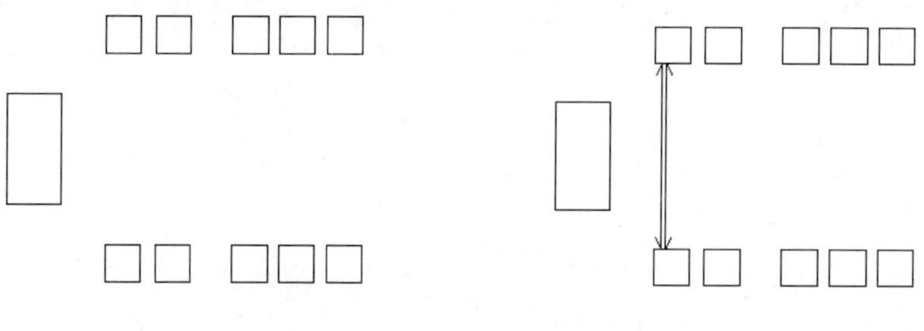

图 10-7　镜像矩形　　图 10-8　绘制总线

（7）复制总线。单击“修改”工具栏中的“复制”按钮，将刚绘制的总线进行复制，如图 10-9 所示。

（8）绘制其余模块。单击“绘图”工具栏中的“矩形”按钮，按图 10-10 所示绘制其余的系统模块。

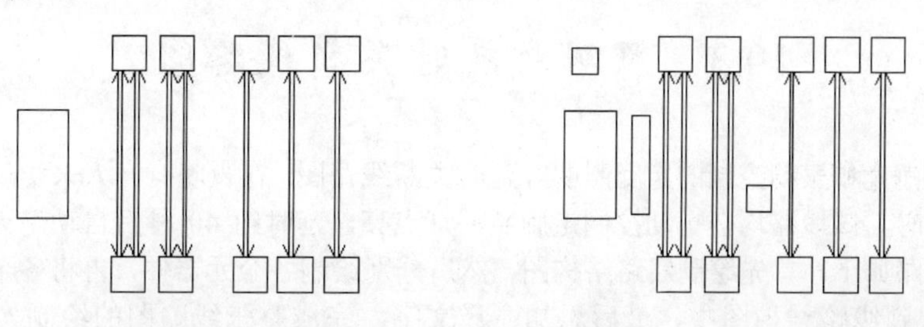

图 10-9　复制总线　　图 10-10　绘制其余系统模块

（9）绘制其余总线。单击“绘图”工具栏中的“直线”按钮，绘制其余总线，如图 10-11

所示。

（10）将“细线”层设为当前图层。单击“绘图”工具栏中的“多段线”按钮，绘制带箭头的直线连接各个模块，如图 10-12 所示。

Note

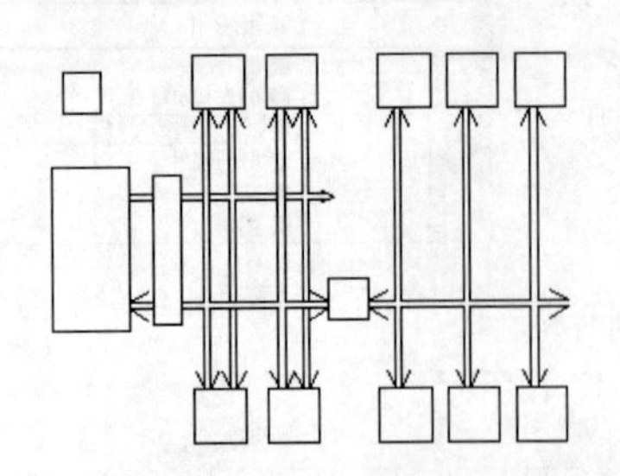

图 10-11　绘制其余总线

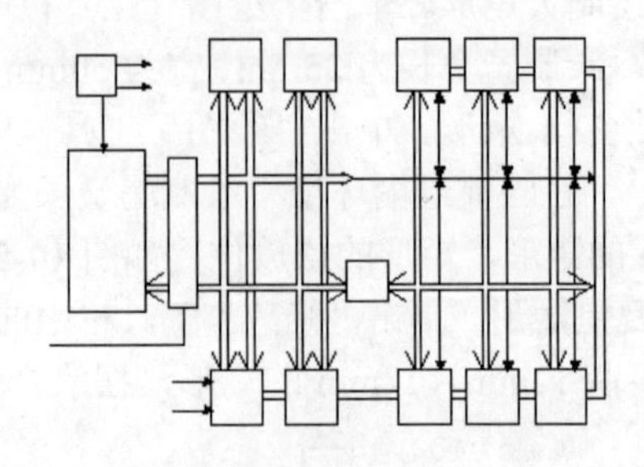

图 10-12　连接各个模块

（11）单击“绘图”工具栏中的“多行文字”按钮 A，为每个模块标注文字注释，如图 10-13 所示，完成 16 位单片机采样线路图的绘制。

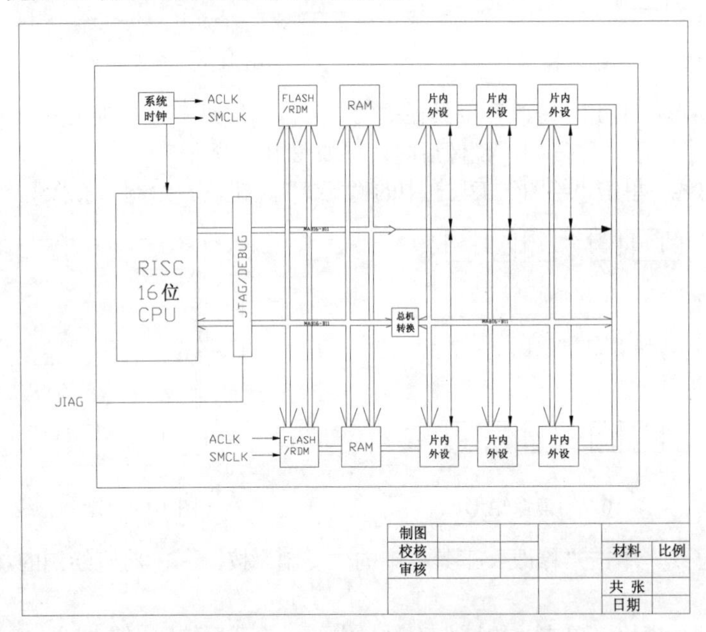

图 10-13　16 位单片机采样线路图

10.3　照明灯延时关断线路图

本节绘制由光和振动控制的走廊照明灯延时关断线路图。在夜晚有客人来访敲门或主人回家用钥匙开门时，该线路均会自动控制走廊照明灯点亮，延时约 40 秒后自动熄灭。绘制此线路图的大致思路如下：首先绘制线路结构图，然后分别绘制各个元器件，再将各个元器件按照顺序依次插入到线路结构图中，最后添加注释文字，完成整张线路图的绘制。绘制流程如图 10-14 所示。

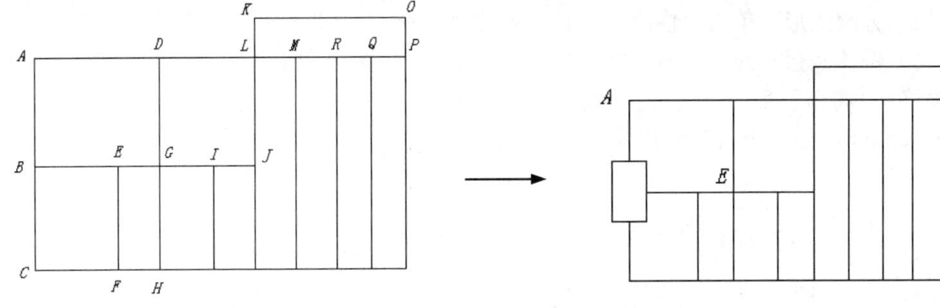

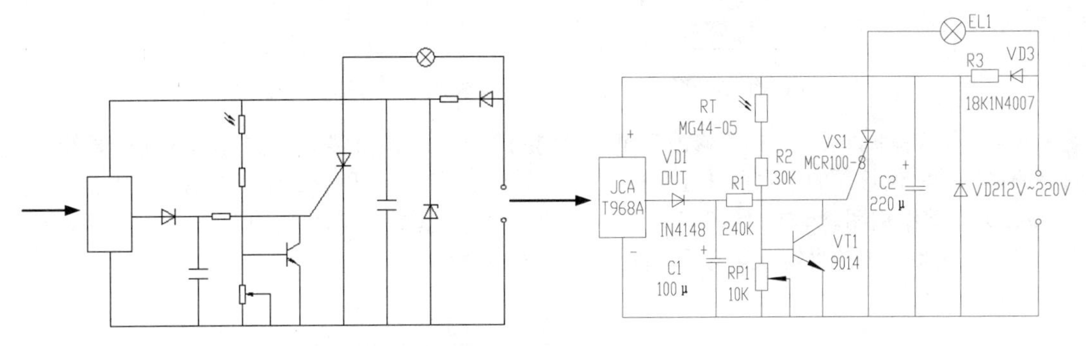

图 10-14　绘制照明灯延时关断线路图

光盘\动画演示\第 10 章\照明灯延时关断线路图.avi

10.3.1　设置绘图环境

（1）新建文件。启动 AutoCAD 2012 应用程序，以“A10.dwt”图形样板文件为模板建立新文件，将新文件命名为“照明灯延时关断线路图.dwt”并保存。

（2）图层设置。选择菜单栏中的“格式”→“图层”命令，新建“连接线层”和“实体符号层”两个图层，各图层的颜色、线型、线宽及其他属性设置如图 10-15 所示。将“连接线层”设置为当前图层。

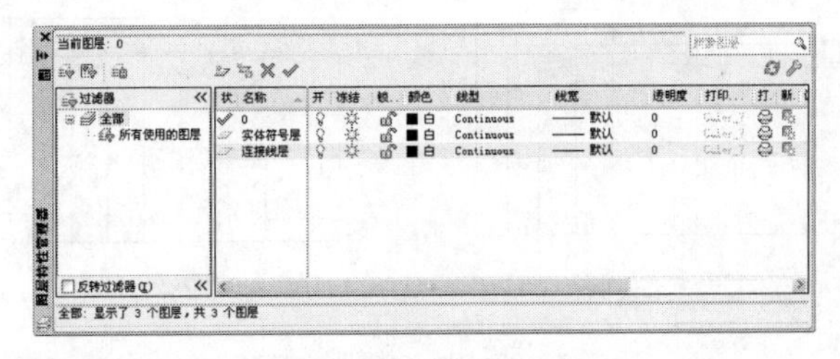

图 10-15　图层设置

10.3.2　绘制线路结构图

（1）绘制矩形。单击“绘图”工具栏中的“矩形”按钮，绘制长为 270mm、宽为 150mm 的矩形，如图 10-16 所示。

Note

（2）分解矩形。单击“修改”工具栏中的“分解”按钮，将绘制的矩形进行分解。

（3）偏移竖直直线。单击“修改”工具栏中的“偏移”按钮，将图 10-16 中的直线 2 向右偏移，并将偏移后的直线再进行偏移，偏移量分别为 60mm、30mm、40mm、30mm、30mm、30mm、25mm，如图 10-17 所示。

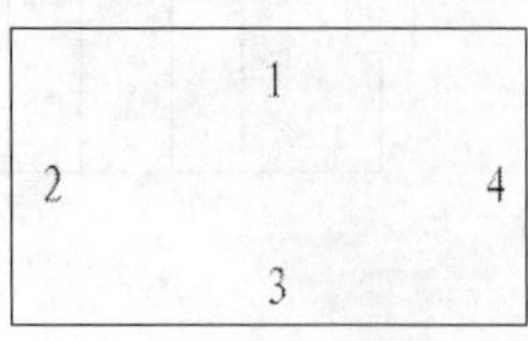

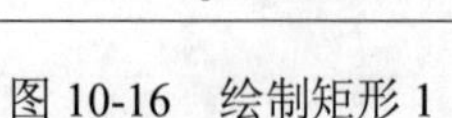

图 10-16　绘制矩形 1

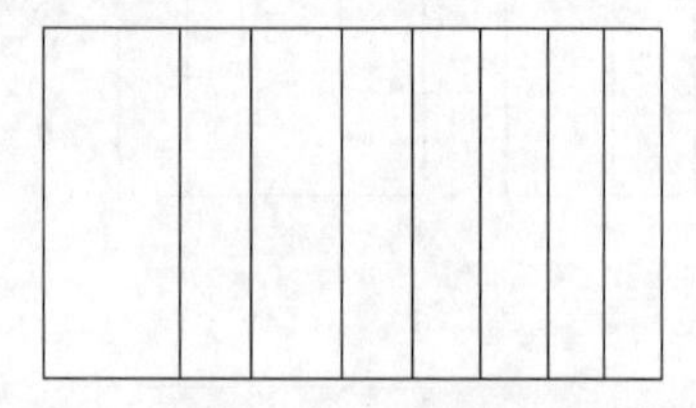

图 10-17　偏移竖直直线

（4）偏移水平直线。单击“修改”工具栏中的“偏移”按钮，将图 10-16 中的直线 3 向上偏移，并将偏移后的直线再进行偏移，偏移量分别为 73mm 和 105mm，如图 10-18 所示。

（5）修剪结构图。单击“修改”工具栏中的“修剪”按钮和“延伸”按钮，对图形进行修剪，删除多余的直线，修剪后的图形如图 10-19 所示。

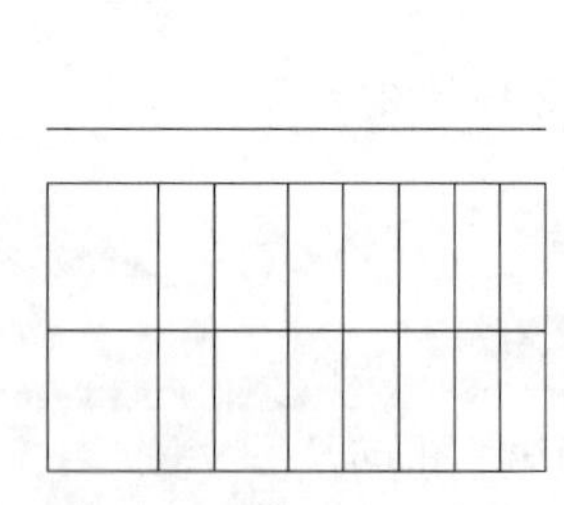

图 10-18　偏移水平直线

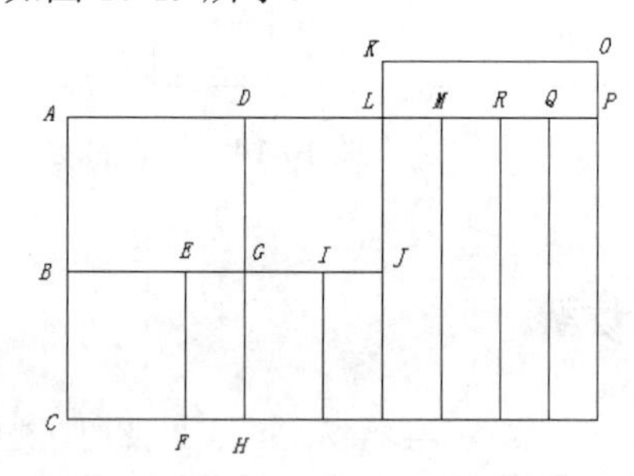

图 10-19　修剪结构图

10.3.3　插入震动传感器

（1）绘制矩形。单击“绘图”工具栏中的“矩形”按钮，以图 10-19 中的 A 点为起始点，绘制长为 30mm、宽为 50mm 的矩形，如图 10-20（a）所示。

（2）偏移矩形。单击“修改”工具栏中的“移动”按钮，将矩形向下移动 50mm，向左移动 15mm，如图 10-20（b）所示。

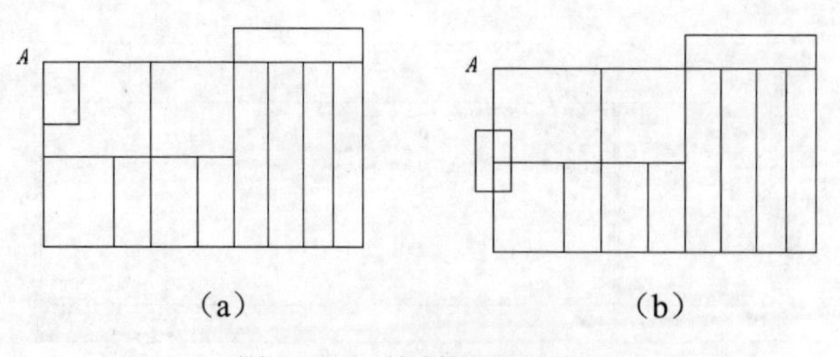

（a）　（b）

图 10-20　绘制矩形（2）

（3）修剪矩形。单击“修改”工具栏中的“修剪”按钮，以矩形的边为剪切边，将矩形内部直线修剪掉，如图 10-21 所示，完成震动传感器的绘制。

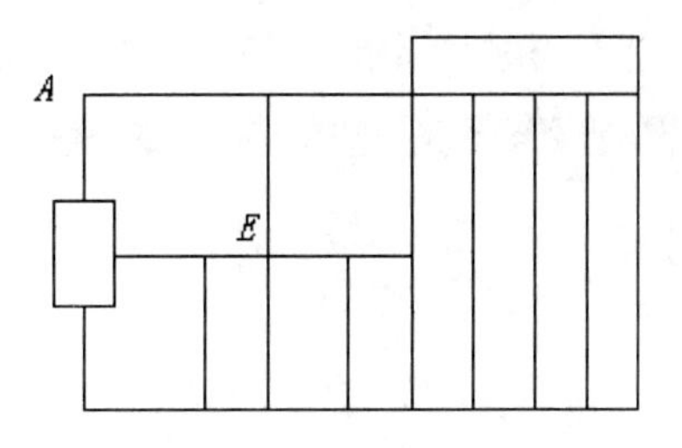

图 10-21 修剪矩形

10.3.4 插入其他元器件

（1）插入电气符号。将“实体符号层”设置为当前图层。单击“绘图”工具栏中的“插入块”按钮，选取二极管符号插入到图形中。

（2）平移图形。单击“修改”工具栏中的“移动”按钮，选择如图 10-22（a）所示的二极管符号为平移对象，捕捉二极管符号中的 A 点为平移基点，以图 10-22（b）中的点 E 为目标点移动，平移结果如图 10-22（b）所示。

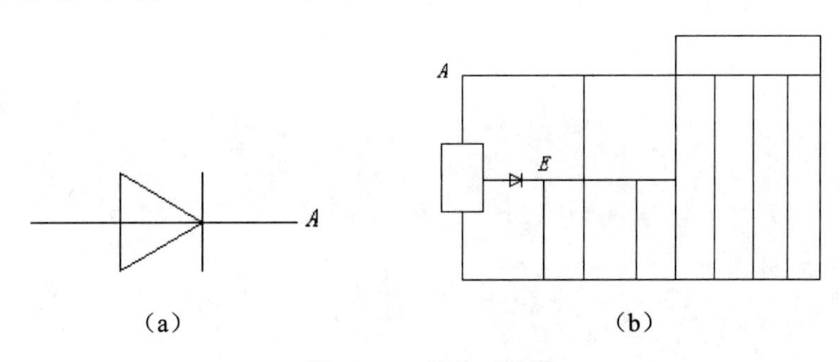

（a） （b）

图 10-22 插入二极管

（3）采用同样的方法，调用前面绘制的一些元器件符号并将其插入到结构图中，注意各元器件符号的大小可能有不协调的情况，可以根据实际需要利用“缩放”功能来及时调整，插入结果如图 10-23 所示。

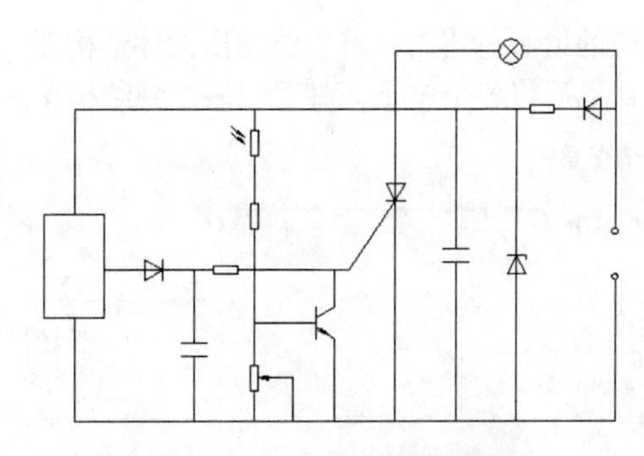

图 10-23 插入其他元器件

10.3.5 添加文字

（1）创建文字样式。选择菜单栏中的“格式”→“文字样式”命令，系统弹出“文字样式”对话框，创建一个名为“照明灯线路图”的文字样式。设置“字体名”为“仿宋_GB2312”、

Note

“字体样式”为“常规”、“高度”为8、“宽度因子”为0.7，如图10-24所示。

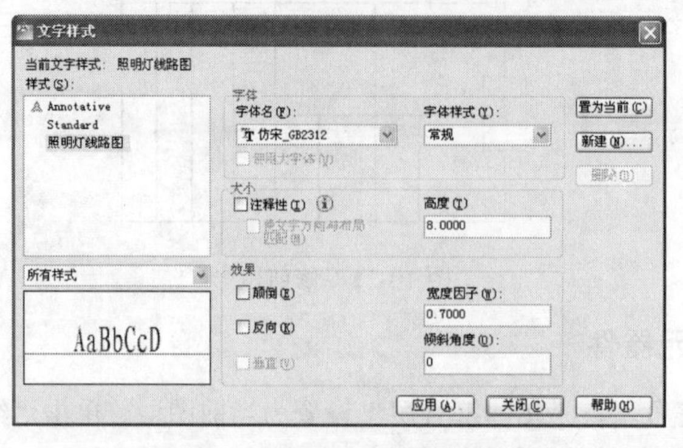

图10-24 “文字样式”对话框

（2）添加注释文字。单击“绘图”工具栏中的“多行文字”按钮A，在图中添加注释文字，完成照明灯延时关断线路图的绘制，效果如图10-25所示。

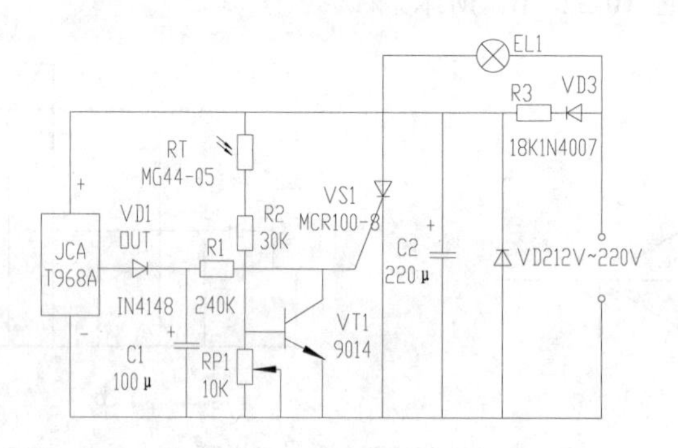

图10-25 照明灯延时关断线路图

10.4 电话机自动录音电路图

电话机自动录音电路图的绘制思路为：首先绘制出大体结构图，即绘制出主要的导线，然后分别绘制各个电子元件，最后将各个电子元件“安装”到结构图中，并添加文字和注释，完成绘制。绘制流程如图10-26所示。

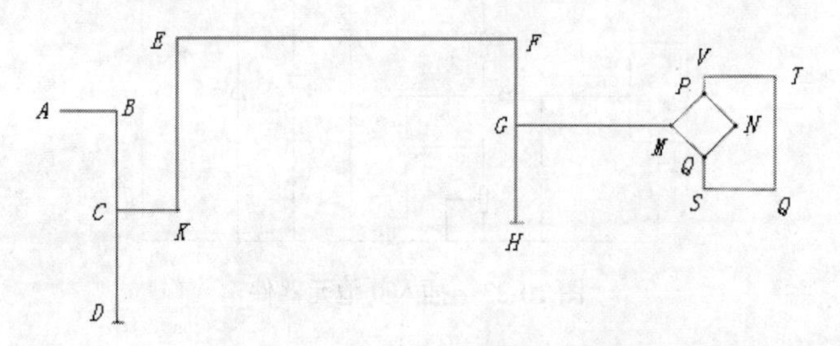

图10-26 绘制电话机自动录音电路图

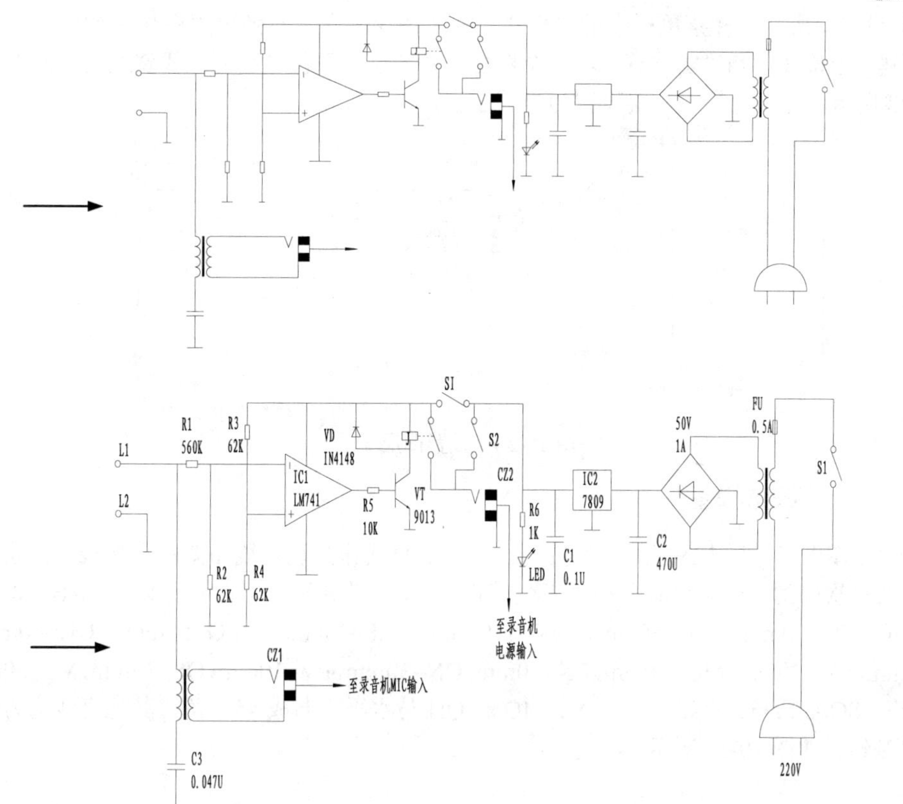

图 10-26 绘制电话机自动录音电路图（续）

操作步骤

光盘\动画演示\第 10 章\电话机自动录音电路图.avi

10.4.1 设置绘图环境

（1）新建文件。启动 AutoCAD 2012 应用程序，选择菜单栏中的“文件”→“新建”命令，系统弹出“选择样板”对话框，在该对话框中选择需要的图形样板，单击“打开”按钮，添加图形样板，如图 10-27 所示。本例选用 A3 图形样板。

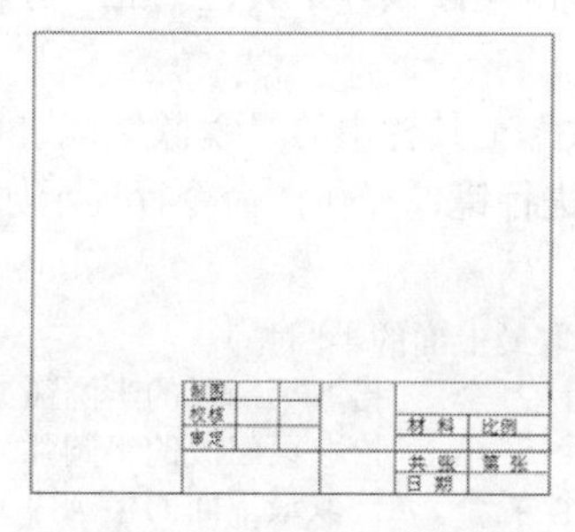

图 10-27 添加图形样板

Note

（2）设置图层。选择菜单栏中的“格式”→“图层”命令，弹出“图层特性管理器”对话框，新建“连接线”和“实体符号”两个图层，各图层的颜色、线型、线宽及其他属性设置如图 10-28 所示。将“连接线”层设置为当前图层。

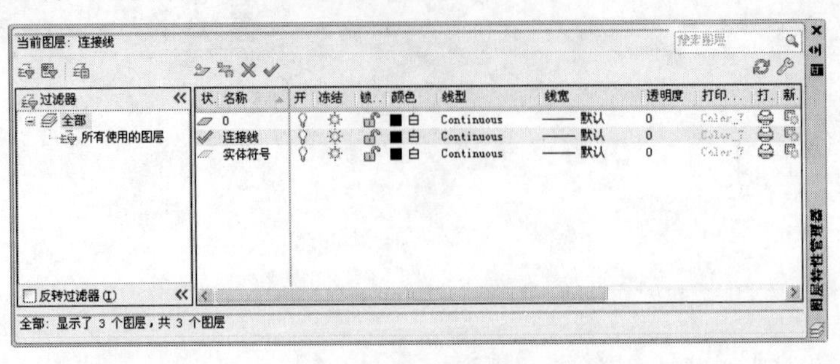

图 10-28　设置图层

10.4.2　绘制线路结构图

单击“绘图”工具栏中的“直线”按钮，绘制直线作为调频线路图的连接线。在绘制过程中，需要多次用到“对象追踪”和“正交模式”。线路图中各直线的长度如下：AB=40mm，BC=70mm，CD=70mm，CK=50mm，EK=110 mm，EF=200mm，FG=60mm，GH=60mm，GM=100mm，PM=30mm，MQ=30mm，PN=30mm，QN=30mm，PV=10mm，QS=15mm，VT=50mm，TQ=65mm，SQ=50mm。直线 PM、PN、MQ 和 QN 与水平方向成 45° 角，其他直线均为正交直线，绘制结果如图 10-29 所示。

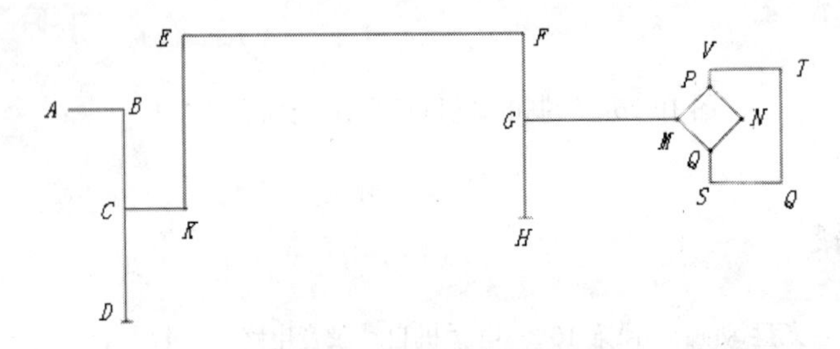

图 10-29　线路结构图

10.4.3　绘制电感符号

（1）插入电感图形符号。单击“绘图”工具栏中的“插入块”按钮，插入电感符号，如图 10-30（a）所示。

（2）分解电感图形符号。单击“修改”工具栏中的“分解”按钮，分解插入的电感图形符号。

（3）镜像图形。单击“修改”工具栏中的“镜像”按钮，选择左侧的 4 段圆弧作为镜像对象，以竖直直线为镜像线，进行镜像操作，命令行提示如下。

```
命令: _mirror
选择对象: 找到 1 个 （拾取最上面的半圆弧）
选择对象: 找到 1 个，总计 2 个 （拾取第二段的半圆弧）
选择对象: 找到 1 个，总计 3 个 （拾取第三段的半圆弧）
选择对象: 找到 1 个，总计 4 个 （拾取最下面的半圆弧）
选择对象: ↙
```

```
指定镜像线的第一点: （捕捉竖直直线的上端点）
指定镜像线的第二点: （捕捉竖直直线的下端点）
要删除源对象吗？[是(Y)/否(N)] <N>: ↙
```

生成的电感符号如图 10-30（b）所示。

10.4.4　绘制插座

（1）绘制圆弧。单击“绘图”工具栏中的“圆弧”按钮，绘制一条起点为（140,200），终点为（100,200），半径为 20mm 的圆弧，结果如图 10-31（a）所示。

（2）绘制水平直线。单击“绘图”工具栏中的“直线”按钮，开启“对象捕捉”模式，分别捕捉圆弧的起点和终点，绘制一条水平直线，得到插座轮廓如图 10-31（b）所示。

（3）绘制竖直直线。单击“绘图”工具栏中的“直线”按钮，开启“正交模式”，捕捉圆弧的终点为起点，向下绘制长为 10mm 的竖直直线 1；捕捉圆弧的起点为起点，向下绘制长度为 10mm 的竖直直线 2，如图 10-32（a）所示。

（4）平移直线。单击“修改”工具栏中的“移动”按钮，将直线 1 向右平移 10mm，将直线 2 向左平移 10mm，结果如图 10-32（b）所示。

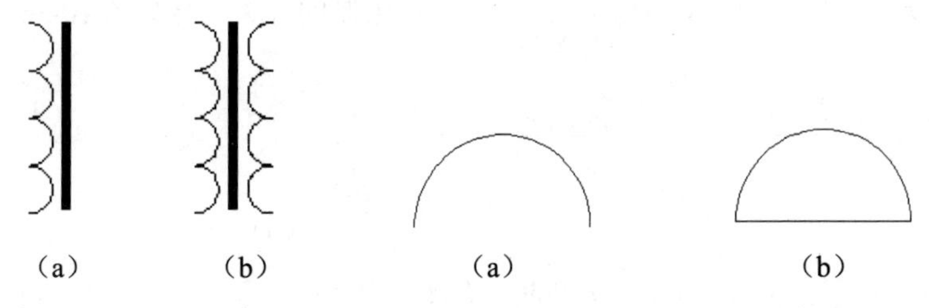

（a）　（b）　（a）　（b）

图 10-30　绘制电感符号　　图 10-31　绘制插座轮廓

（5）拉长直线。选择菜单栏中的“修改”→“拉长”命令，将直线 1 和 2 分别向上拉长 40mm，如图 10-33（a）所示。

（6）修剪直线。单击“修改”工具栏中的“修剪”按钮，以水平直线和圆弧为剪切边，对竖直直线 1 和 2 做修剪操作，绘制的插座图形符号如图 10-33（b）所示。

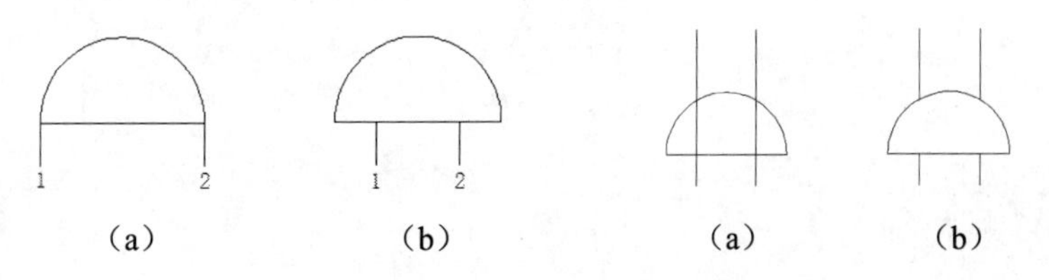

（a）　（b）　（a）　（b）

图 10-32　绘制竖直直线　　图 10-33　绘制插座图形符号

10.4.5　绘制开关

（1）绘制圆 1。单击“绘图”工具栏中的“圆”按钮，绘制一个半径为 2mm 的圆，如图 10-34（a）所示。

（2）复制圆。单击“修改”工具栏中的“复制”按钮，复制圆 1 并向右平移 20mm，得到圆 2，如图 10-34（b）所示。

（3）绘制直线。打开“极轴追踪”与“对象捕捉”模式，单击“绘图”工具栏中的“直

Note

线”按钮，捕捉圆 2 的圆心作为起点，绘制与水平方向成 155°、长度为 20mm 的直线，得到的开关轮廓如图 10-34（c）所示。

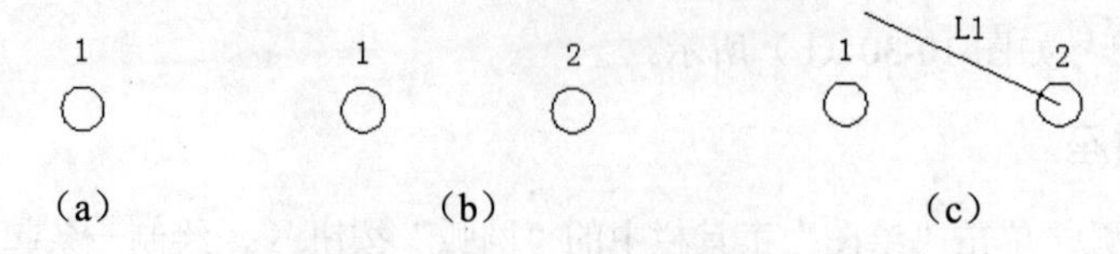

图 10-34　绘制开关轮廓

（4）平移直线。单击“修改”工具栏中的“移动”按钮，将直线 L1 向下平移 2mm，如图 10-35 所示。

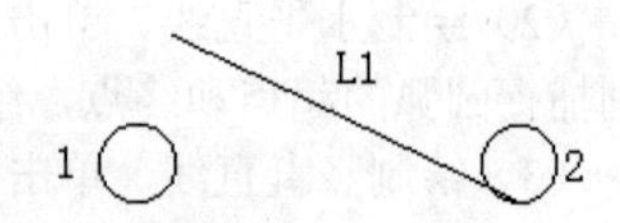

图 10-35　平移直线

（5）绘制水平直线。单击“绘图”工具栏中的“直线”按钮，捕捉圆 1 的圆心为起点，向左绘制一条长度为 10mm 的直线 L2；捕捉圆 2 的圆心为起点，向右绘制一条长度为 10mm 的直线 L3，如图 10-36（a）所示。

（6）修剪图形。单击“修改”工具栏中的“修剪”按钮，以圆 1 为剪切边，对直线 L2 进行修剪；以圆 2 为剪切边，对直线 L3 进行修剪，绘制的开关符号如图 10-36（b）所示。

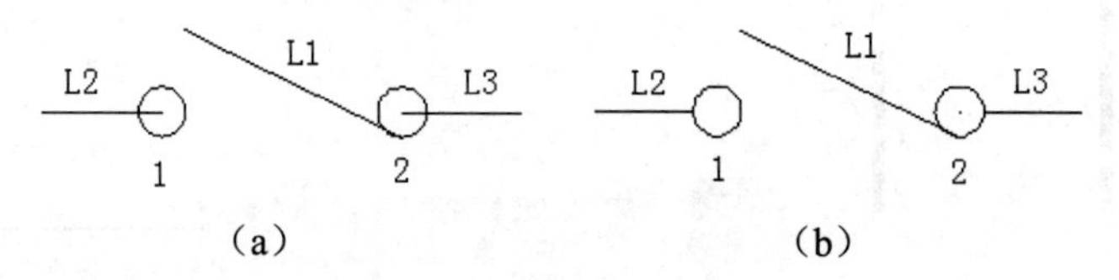

图 10-36　绘制开关符号

10.4.6　将图形符号插入结构图

将绘制好的图形符号插入到线路结构图中，若各图形符号的大小有不协调的，可以根据实际需要利用“缩放”功能来调整。插入各图形符号后，结果如图 10-37 所示。

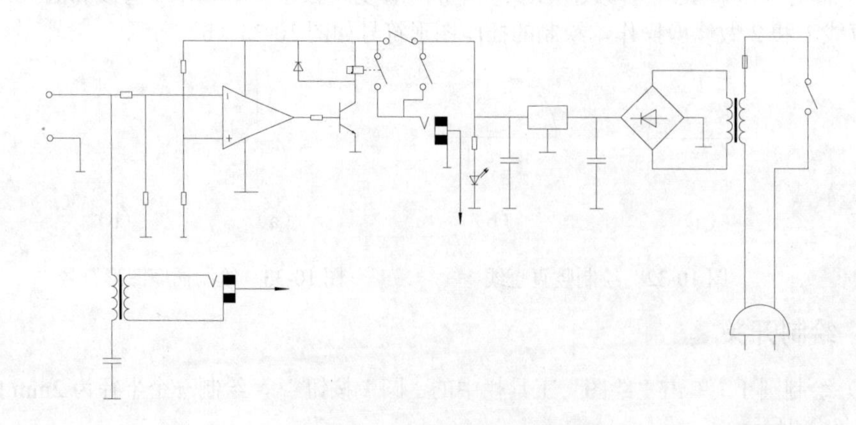

图 10-37　插入各图形符号

10.4.7　添加注释文字

（1）创建文字样式。选择菜单栏中的“格式”→“文字样式”命令，系统弹出“文字样

式”对话框，创建样式名为“标注”的文字样式，参数设置如图 10-38 所示。设置“字体名”为“仿宋_GB2312”、“字体样式”为“常规”、“高度”为 5、“宽度因子”为 0.7，在文字预览区中可以预览到相应的字体样式。

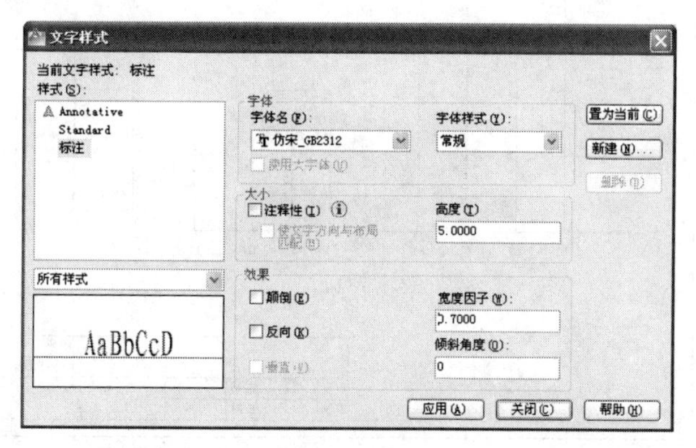

图 10-38 “文字样式”对话框

（2）添加注释文字。单击“绘图”工具栏中的“多行文字”按钮A，在图形中添加注释文字，完成电话机自动录音电路图的绘制，如图 10-39 所示。

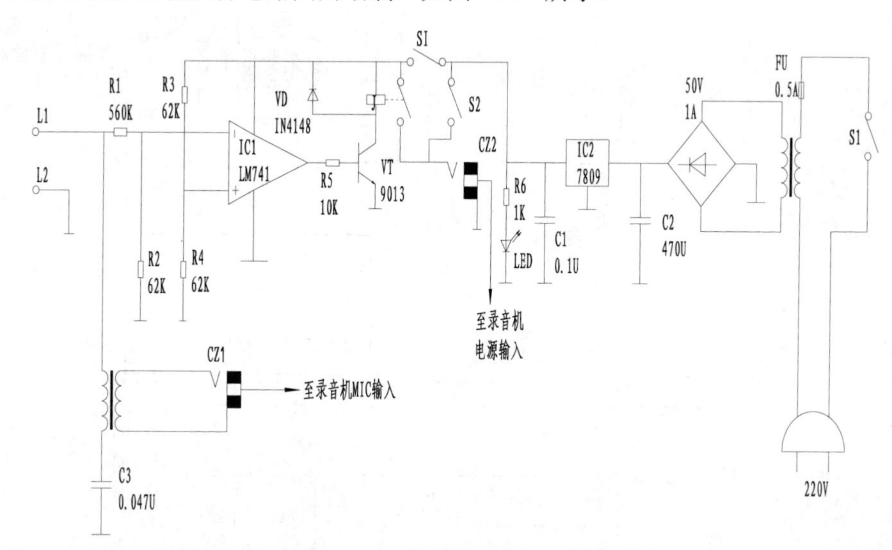

图 10-39 电话机自动录音电路图

10.5 微波炉电路图

本例首先观察并分析图纸的结构，绘制出大体的结构框图，即绘制出主要的电路图导线，然后绘制出各个电子元件，接着将各个电子元件“安装”到结构图中的相应位置，最后在电路图的适当位置添加相应的文字和注释说明，完成电路图的绘制。绘制流程如图 10-40 所示。

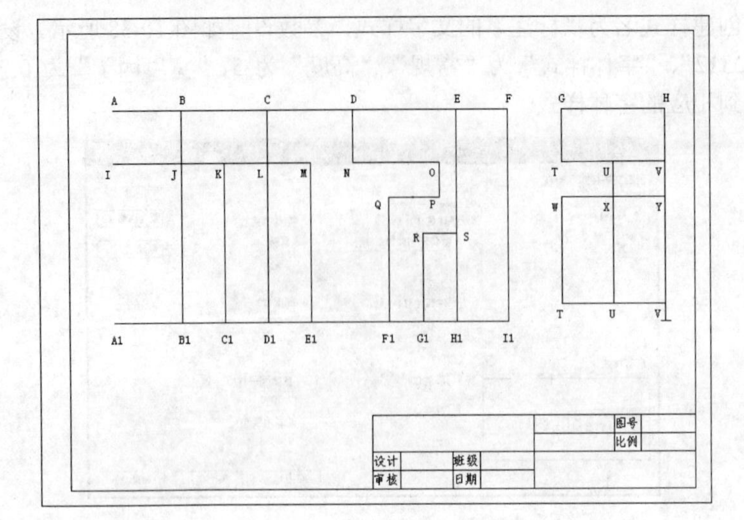

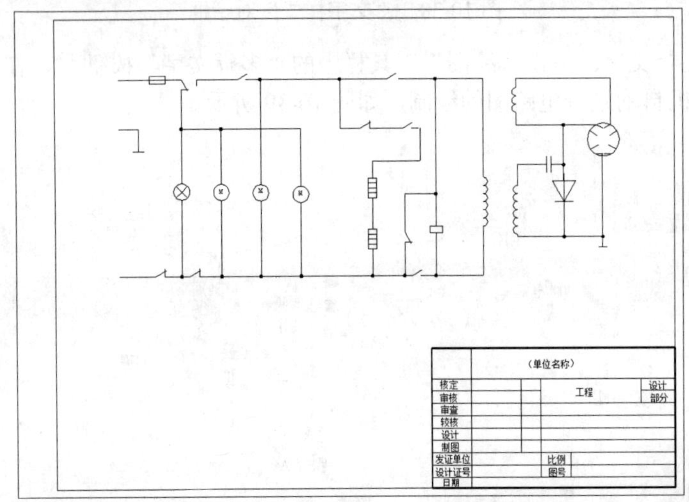

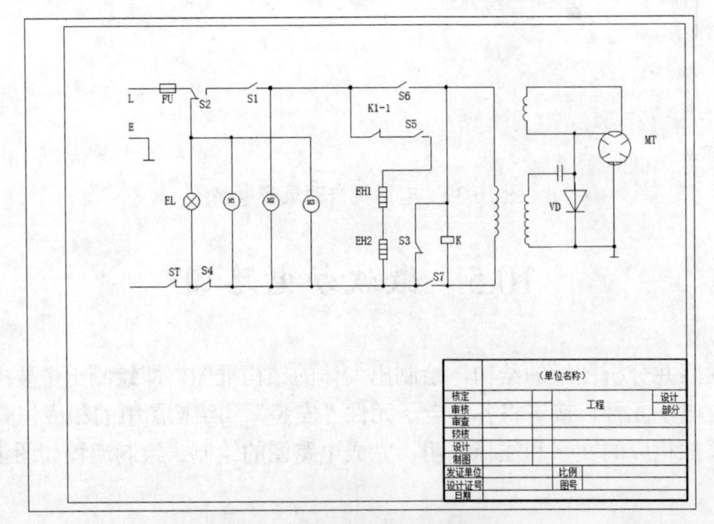

图 10-40　绘制微波炉电路图

操作步骤

光盘\动画演示\第 10 章\微波炉电路图.avi

Note

10.5.1　设置绘图环境

1. 建立新文件

（1）启动 AutoCAD 2012 应用程序，在命令行中输入命令 NEW 或选择菜单栏中的“文件”→“新建”命令，AutoCAD 弹出“选择样板”对话框，用户可在该对话框中选择需要的样板图。

（2）在“创建新图形”对话框中选择已经绘制好的样板图，然后单击“打开”按钮，则会返回绘图区域，同时选择的样板图也会出现在绘图区域内，其中样板图左下端点坐标为(0,0)。本例选用 A3 样板图，如图 10-41 所示。

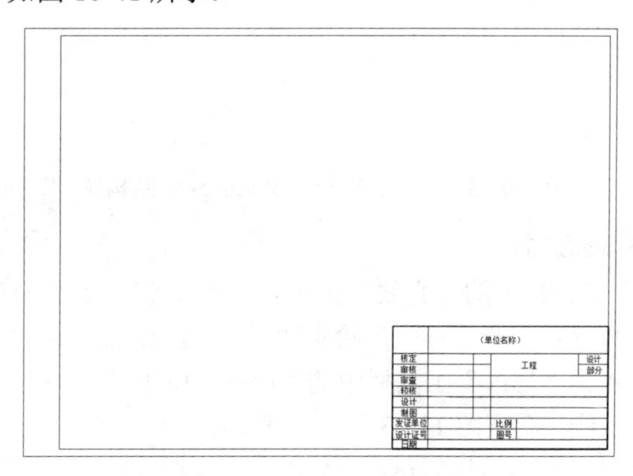

图 10-41　插入的 A3 样板图

2. 设置绘图工具栏

在任意工具栏处单击鼠标右键，在打开的快捷菜单中选择“标准”、“标注”、“对象捕捉”、“修改”、“绘图”命令，调出相应的工具栏，并将它们拖动到合适位置。

3. 设置图层

选择菜单栏中的“格式”→“图层”命令，新建两个图层，分别命名为“连线图层”和“实体符号层”，图层的颜色、线型、线宽等属性状态设置如图 10-42 所示。

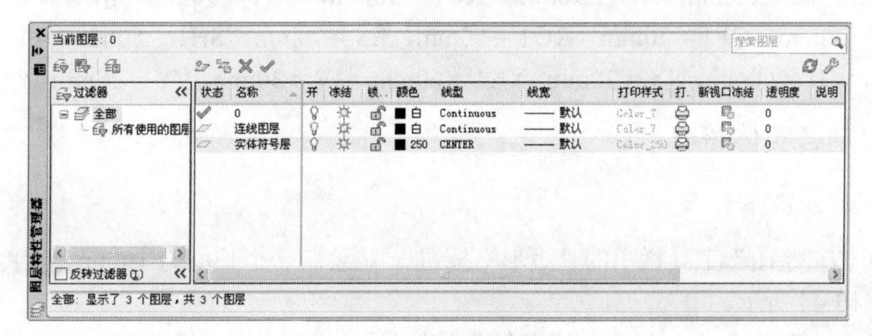

图 10-42　新建图层

10.5.2 绘制线路结构图

Note

如图 10-43 所示为最后在 A3 样板中绘制成功的线路结构图。

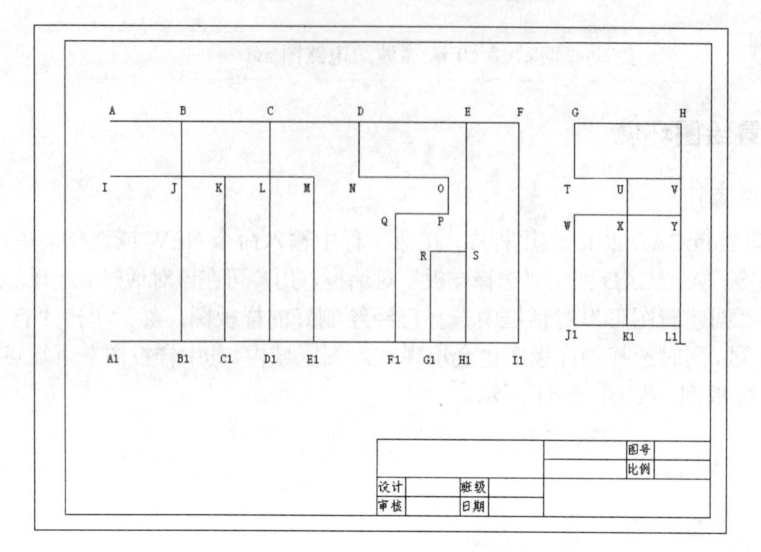

图 10-43 在 A3 样板中绘制的线路结构图

绘制过程按照如下步骤进行。

（1）单击“绘图”工具栏中的“直线”按钮，绘制若干条水平直线和竖直直线，在绘制的过程中，打开“对象捕捉”和“正交”绘图功能。绘制相邻直线时，可以用鼠标捕捉直线的端点作为起点，也可单击“修改”工具栏中的“偏移”按钮，将已经绘制好的直线进行平移并复制，同时保留原直线。观察图 10-43 可知，线路结构图中有多条折线，如连接线 NOPQ，这时可以先绘制水平和竖直直线，然后单击“修改”工具栏中的“修剪”按钮，有效地得到这些折线。

（2）绘制接地线时，可先绘制出左边的一小段直线，然后单击“修改”工具栏中的“镜像”按钮，绘制出与左边直线对称的直线。如图 10-43 所示的结构图中，各连接线段的长度分别为：AB = 40mm，BC = 50mm，CD = 50mm，DE = 60mm，EF = 30mm，GH = 60mm，IJ = 40mm，JK = 25mm，KL = 25mm，LM = 25mm，NO = 50mm，TU = 30mm，UV = 30mm，PQ= 30mm，WX =30mm，XY = 30mm，RS = 20mm，A1B1 = 40mm，B1C1 = 25mm，C1D1 = 25mm，D1E1 = 25mm，E1F1 = 45mm，F1G1 = 20mm，G1H1 = 20mm，H1I1 = 30mm，J1K1 = 30mm，K1L1 = 30mm，BJ = 30mm，JB1 = 90mm，KC1 = 90mm，LD1 = 90mm，ME1 = 90mm，DN = 30mm，OP = 20mm，QF1 = 70mm，RG1 = 50mm，ES = 70mm，SH1 = 50mm，FI1 = 120mm，GT = 30mm，WJ1 = 60mm，UX = 20mm，XK1 = 60mm，HV = 30mm，VY = 20mm，YL1 = 60mm。

10.5.3 绘制各实体符号

1. 绘制熔断器符号

（1）单击“绘图”工具栏中的“矩形”按钮，绘制一个长度为 10mm、宽度为 5mm 的矩形，如图 10-44 所示。

（2）单击“绘图”工具栏中的“分解”按钮，将矩形分解为直线 1、2、3 和 4，如

图 10-45 所示。

（3）打开工具栏中的“对象捕捉”功能，单击“绘图”工具栏中的“直线”按钮，捕捉直线 2 和 4 的中点作为直线 5 的起点和终点，如图 10-46 所示。

（4）选择菜单栏中的“修改” →“拉长”命令，将直线 5 分别向左右各拉长 5mm。得到的熔断器符号如图 10-47 所示。

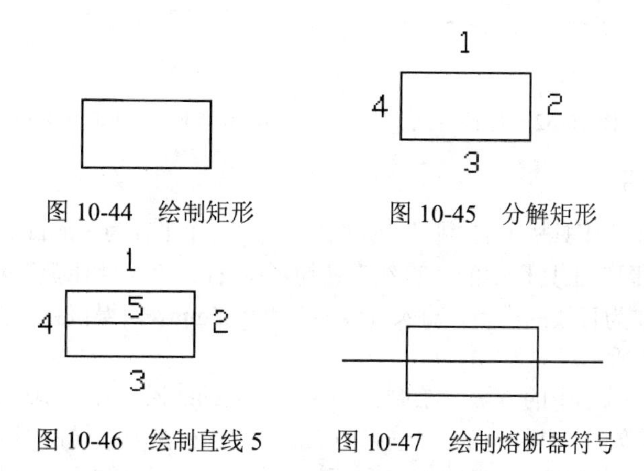

图 10-44　绘制矩形　　图 10-45　分解矩形

图 10-46　绘制直线 5　　图 10-47　绘制熔断器符号

2. 绘制功能选择开关符号

（1）单击“绘图”工具栏中的“直线”按钮，绘制一条长为 5mm 的直线 1，继续单击“绘图”工具栏中的“直线”按钮，打开“对象捕捉”功能，捕捉直线 1 的右端点作为新绘制直线的左端点，绘制出长度为 5mm 的直线 2，按照同样的方法绘制出长度为 5mm 的直线 3。绘制结果如图 10-48 所示。

（2）单击“修改”工具栏中的“旋转”按钮，打开“对象捕捉”功能，关闭“正交”功能，捕捉直线 2 的右端点，输入旋转的角度为 30°，得到如图 10-49 所示的功能开关符号。

图 10-48　3 段线段　　图 10-49　功能开关符号

3. 绘制门联锁开关符号

绘制门联锁开关的过程与绘制功能选择开关基本相似。

（1）单击“绘图”工具栏中的“直线”按钮，绘制一条长为 5mm 的直线 1，继续调用“直线”命令，打开“对象捕捉”功能，捕捉直线 1 的右端点作为新绘制直线的左端点，绘制出长度为 6mm 的直线 2，按照同样的方法绘制出长度为 4mm 的直线 3。绘制结果如图 10-50 所示。

（2）单击“修改”工具栏中的“旋转”按钮，打开“对象捕捉”功能，关闭“正交”功能，捕捉直线 2 的右端点，输入旋转的角度为 30°，得到如图 10-51 所示图形。

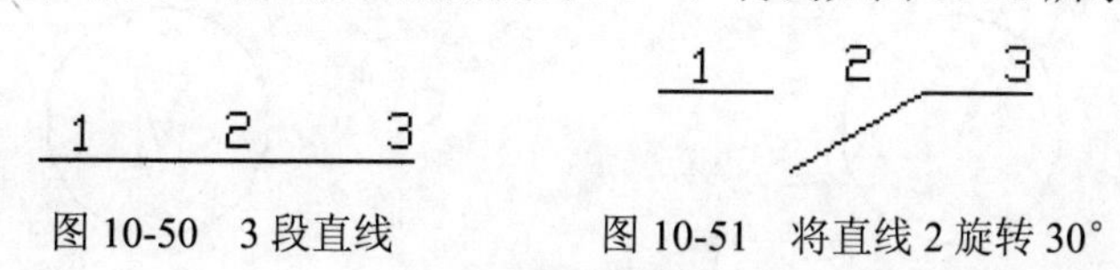

图 10-50　3 段直线　　图 10-51　将直线 2 旋转 30°

（3）选择菜单栏中的“修改”→“拉长”命令，将旋转后的直线 2 沿着左端点方向拉长

Note

2mm，如图 10-52 所示。

（4）单击“绘图”工具栏中的“直线”按钮，同时打开“对象捕捉”和“正交”功能，用鼠标左键捕捉直线 1 的右端点，向下绘制一条长为 5mm 的直线，如图 10-53 所示，即为绘制完成的门联锁开关。

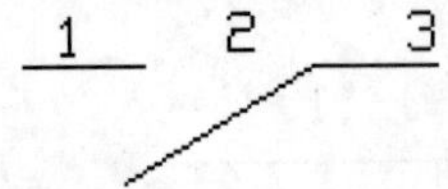

图 10-52 拉长直线 2

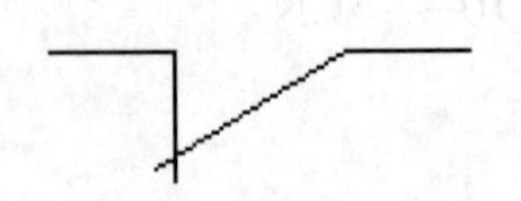

图 10-53 门联锁开关符号

4. 绘制炉灯符号

（1）单击“绘图”工具栏中的“圆”按钮，绘制一个半径为 5mm 的圆，如图 10-54 所示。

（2）单击“绘图”工具栏中的“直线”按钮，打开“对象捕捉”和“正交”功能，用鼠标左键捕捉圆心作为直线的端点，输入直线的长度为 5mm，使得该直线的另外一个端点落在圆周上，如图 10-55 所示。

（3）按照步骤（2）中的方法，绘制另外 3 条正交的线段，如图 10-56 所示。

（4）单击“修改”工具栏中的“旋转”按钮，选择需要旋转的对象（可以选择多个对象），这里选择圆和 4 条线段，如图 10-57 所示。输入旋转角度为 45°，得到炉灯的图形符号，如图 10-58 所示。

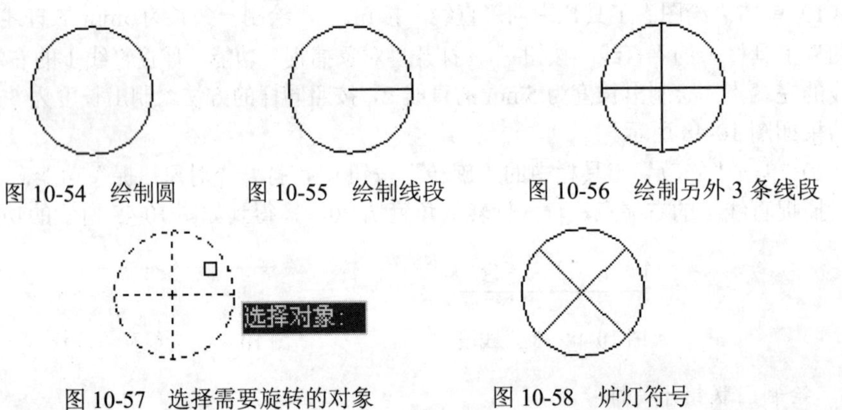

图 10-54 绘制圆　图 10-55 绘制线段　图 10-56 绘制另外 3 条线段

图 10-57 选择需要旋转的对象　图 10-58 炉灯符号

5. 绘制电动机符号

（1）绘制圆。单击“绘图”工具栏中的“圆”按钮，绘制一个半径为 5mm 的圆，如图 10-59 所示。

（2）输入文字。选择菜单栏中的“绘图”→“文字”→“多行文字”命令，在圆的中心位置划定一个矩形框，在合适的位置输入大写字母 M，如图 10-60 所示。

图 10-59 绘制圆　图 10-60 电动机符号

6. 绘制石英发热管符号

（1）绘制水平直线。单击“绘图”工具栏中的“直线”按钮，打开“正交”功能，绘制一条长为 12mm 的水平直线 1，如图 10-61 所示。

（2）偏移水平直线。单击“修改”工具栏中的“偏移”按钮，选择直线 1 作为偏移对象，输入偏移的距离为 4mm，在直线 1 的下方绘制一条长度同样为 5mm 的水平直线 2，如图 10-62 所示。

（3）单击“绘图”工具栏中的“直线”按钮，打开“对象捕捉”功能，用鼠标左键分别捕捉直线 1 和 2 的左端点作为竖直直线 3 的起点和终点，如图 10-63 所示。

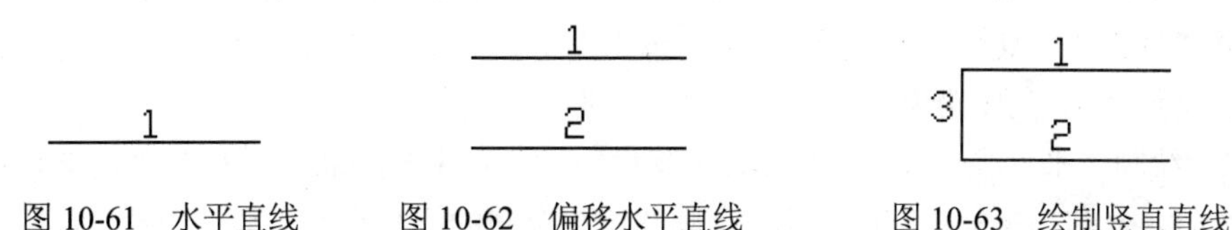

图 10-61　水平直线　　图 10-62　偏移水平直线　　图 10-63　绘制竖直直线

（4）偏移竖直直线。单击“修改”工具栏中的“偏移”按钮，选择直线 3 作为偏移对象，输入偏移的距离为 3mm，在直线 3 的右方绘制一条长度同样为 5mm 的竖直直线，按照同样的方法，再依次向右偏移 3 条竖直直线，如图 10-64 所示。

（5）绘制水平直线。单击“绘图”工具栏中的“直线”按钮，用鼠标左键捕捉直线 3 的中点，输入长度 5mm，向左边绘制一条水平直线；按照同样的方法，在直线 4 的右边绘制一条长度为 5mm 的水平直线，如图 10-65 所示。

图 10-64　偏移竖直直线　　图 10-65　石英发热管符号

7. 绘制烧烤控制继电器符号

（1）绘制矩形。单击“绘图”工具栏中的“矩形”按钮，绘制一个长为 4mm、宽为 8mm 的矩形，如图 10-66 所示。

（2）绘制水平直线。单击“绘图”工具栏中的“直线”按钮，打开“对象捕捉”功能，用鼠标左键捕捉矩形的两条竖直边的中点作为水平直线的起点，分别向左边和右边绘制一条长度为 5mm 的水平直线，如图 10-67 所示，即为绘成的烧烤继电器符号。

图 10-66　绘制矩形　　图 10-67　烧烤继电器符号

8. 绘制高压变压器符号

在绘制高压变压器之前，先大概了解一下变压器的结构。

变压器由套在一个闭合铁心上的两个或多个线圈（绕组）构成，铁心和线圈是变压器的基本组成部分。铁心构成了电磁感应所需的磁路。为了减少磁通变化时所引起的涡流损失，变压器的铁心要用厚度为0.35～0.5mm的硅钢片叠成，片间用绝缘漆隔开。铁心分为心式和客式两种。

变压器和电源相连的线圈称为原绕组（或原边、初级绕组），其匝数为 N1。和负载相连的线圈称为副绕组（或副边、次级绕组），其匝数为 N2。绕组与绕组及绕组与铁心之间都是互相绝缘的。

Note

由变压器的组成结构看出，只需要单独绘制出线圈绕组和铁心，然后根据需要将它们安装在前面绘制的结构线路图中即可。这里分别绘制一个匝数为3和6的线圈。

可参考10.4.3节中绘制电感符号的方法，绘制高压变压器。

（1）绘制阵列圆。单击“绘图”工具栏中的“圆”按钮，绘制一个半径为2.5mm的圆，然后单击“修改”工具栏中的“矩形阵列”按钮，选择之前绘制的圆作为阵列对象，设置行数为1、列数为3、列间距为5mm，绘成的阵列圆如图10-68所示。

（2）绘制水平直线。单击“绘图”工具栏中的“直线”按钮，打开“正交”和“对象捕捉”功能，分别用鼠标左键捕捉第1个圆和第3个圆的圆心作为水平直线的起点和终点，绘制直线，如图10-69所示。

（3）拉长水平直线。选择菜单栏中的“修改”→“拉长”命令，选择水平直线作为拉长对象，分别将直线向左和向右拉长2.5mm，命令行语句如下所示。

```
命令: _lengthen↙
选择对象或 [增量(DE)/百分数(P)/全部(T)/动态(DY)]:
当前长度: 10.0000
选择对象或 [增量(DE)/百分数(P)/全部(T)/动态(DY)]: de
输入长度增量或 [角度(A)] <0.0000>: 2.5
选择要修改的对象或 [放弃(U)]:（单击水平直线的左端点）
选择要修改的对象或 [放弃(U)]:（单击水平直线的右端点）
选择要修改的对象或 [放弃(U)]:↙
```

绘制成的图形如图10-70所示。

图10-68　阵列圆

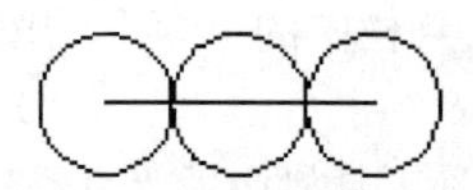
图10-69　绘制水平直线

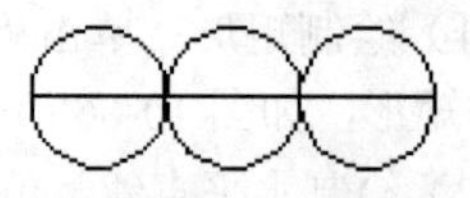
图10-70　拉长直线

（4）修剪图形。单击“修改”工具栏中的“修剪”按钮，修剪图中的多余部分，修剪结果如图10-71所示。匝数为3的线圈绕组即绘制完成。

（5）绘制匝数为6的线圈。首先单击“修改”工具栏中的“复制”按钮，选择已经画好的如图10-71所示的线圈绕组，确定后进行复制，然后单击“修改”工具栏中的“矩形阵列”按钮，选择之前复制的匝数为3的线圈作为阵列对象，设置行数为1、列数为2、列间距为15mm，绘成的阵列线圈如图10-72所示。

图10-71　匝数为3的线圈

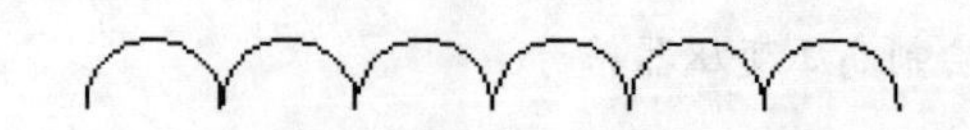
图10-72　匝数为6的线圈

9. 绘制高压电容器符号

单击“绘图”工具栏中的“直线”按钮，绘制电容符号，如图 10-73 所示。

10. 绘制高压二极管

单击“绘图”工具栏中的“直线”按钮，绘制二极管的图形符号，如图 10-74 所示。

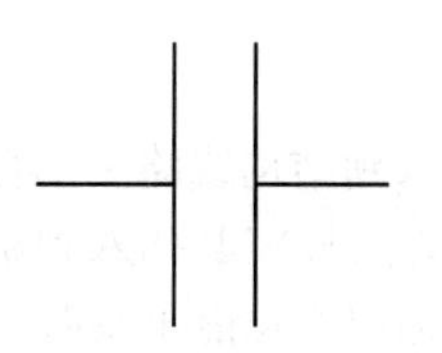

图 10-73　高压电容器符号

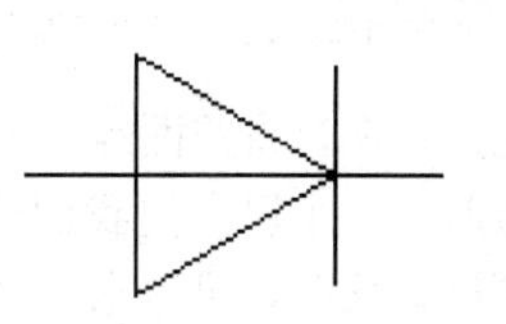

图 10-74　高压二极管符号

11. 绘制磁控管符号

（1）绘制圆。单击“绘图”工具栏中的“圆”按钮，绘制一个半径为 10mm 的圆，如图 10-75 所示。

（2）绘制竖直直线。单击“绘图”工具栏中的“直线”按钮，打开“正交”和“对象捕捉”功能，用鼠标左键捕捉圆心作为直线的起点，分别向上和向下绘制一条长为 10mm 的直线，直线的另一个端点则落在圆周上，如图 10-76 所示。

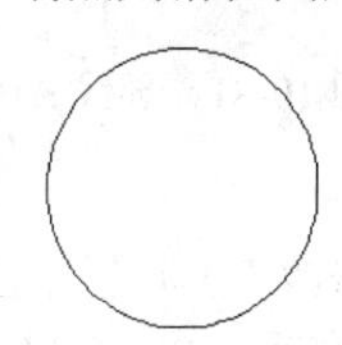

图 10-75　圆

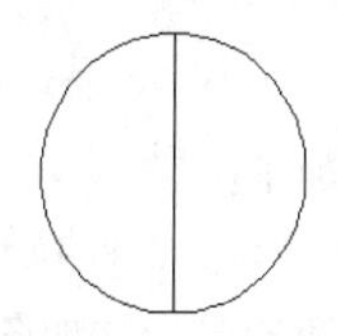

图 10-76　绘制两条竖直直线

（3）绘制若干条短小线段。单击“绘图”工具栏中的“直线”按钮，关闭“正交”和“对象捕捉”功能，绘制 4 条短小直线，如图 10-77 所示。

（4）镜像直线。单击“修改”工具栏中的“镜像”按钮，打开“捕捉对象”功能，选择刚才绘制的 4 条小线段为镜像对象，选择竖直直线为镜像线，镜像过程中的命令行语句如下。

```
命令: _mirror↙
选择对象: 找到 1 个
选择对象: 找到 1 个，总计 2 个
选择对象: 找到 1 个，总计 3 个
选择对象: 找到 1 个，总计 4 个（单击选择需要做镜像的直线）
选择对象:↙
指定镜像线的第一点: <对象捕捉 开> 指定镜像线的第二点:（用鼠标左键捕捉竖直直线的端点）
要删除源对象吗？[是(Y)/否(N)] <N>:↙
命令: 指定对角点: *取消*
命令:
```

绘制结果如图 10-78 所示。

（5）修剪图形。单击“修改”工具栏中的“修剪”按钮，选择需要修剪的对象，确定后，单击需要修剪的部分，修剪后的结果如图 10-79 所示。

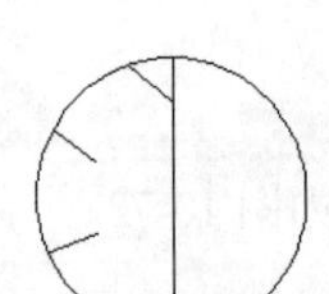

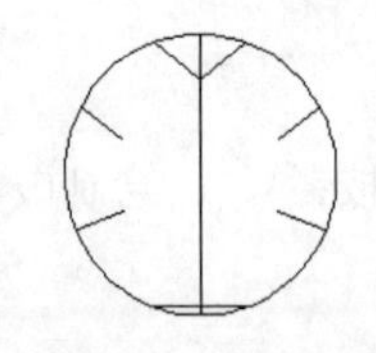

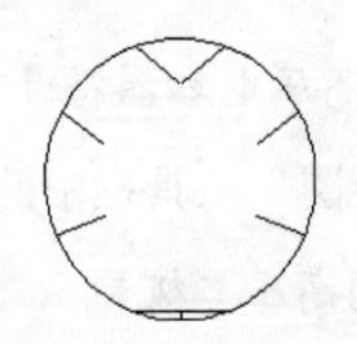

图 10-77　绘制小线段　　　图 10-78　镜像线段　　　图 10-79　磁控管符号

Note

10.5.4　将实体符号插入到结构线路图

根据微波炉的原理图，将前面绘制好的实体符号插入到结构线路图的合适位置上，由于在单独绘制实体符号时，大小以方便我们能看清楚为标准，所以将其插入到结构线路中时，可能会出现不协调的情况，这时，可以根据实际需要调用“缩放”功能来及时调整。在插入实体符号的过程中，可结合“对象捕捉”、“对象追踪”或“正交”等功能，选择合适的插入点。下面选择几个典型的实体符号来介绍具体的插入操作步骤。

1. 插入熔断器符号

将如图 10-80 所示的熔断器符号插入到如图 10-81 所示的导线 AB 的合适位置中去。

图 10-80　熔断器符号　　　图 10-81　导线 AB

具体操作步骤如下：

（1）移动实体符号。先打开“对象捕捉”功能，单击“修改”工具栏中的“移动”按钮，选择需要移动的熔断器符号，如图 10-82 所示。确定移动对象后，AutoCAD 2012 绘图界面会提示选择移动的基点，这里选择 A2 作为基点，如图 10-83 所示。用鼠标左键捕捉导线 AB 的左端点 A 作为移动熔断器时 A2 点的插入点，插入结果如图 10-84 所示。

（2）调整平移位置。单击“修改”工具栏中的“移动”按钮，选择熔断器符号为移动对象，输入水平移动距离为 5mm，移动过程的命令行语句如下。

```
命令: _move↙
选择对象: 指定对角点: 找到 4 个（用鼠标左键选择熔断器）
选择对象:↙
指定基点或 [位移(D)] <位移>:↙
指定位移 <0.0000, 0.0000, 0.0000>:  5,0,0（输入三维的距离，这里只是水平方向的移动）
命令: ↙
```

调整移动距离后的结果如图 10-85 所示。

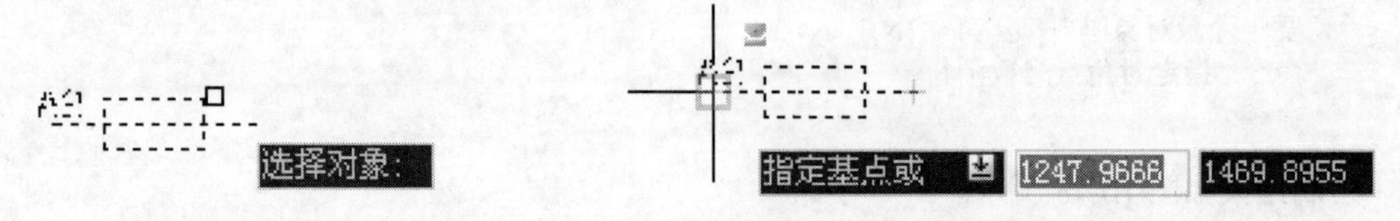

图 10-82　选择移动对象　　　图 10-83　指定移动基点

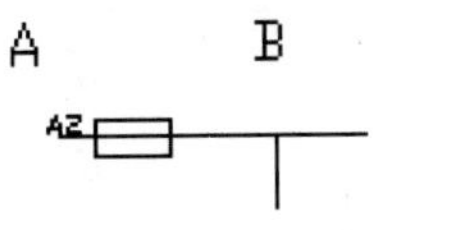

图 10-84 插入熔断器符号

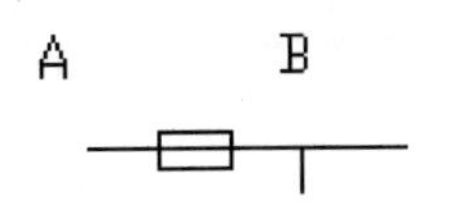

图 10-85 插入实体符号后的结果

Note

2. 插入定时开关符号

将如图 10-86 所示的定时开关符号插入到如图 10-87 所示的导线 BJ 中。

（1）旋转定时开关符号。单击“修改”工具栏中的“旋转”按钮，选择开关作为旋转对象，绘图界面会提示选择旋转基点，这里选择开关的 B2 点作为基点，输入旋转角度为 90°，旋转过程的命令行语句如下。

```
命令: _rotate↙
UCS 当前的正角方向:  ANGDIR=逆时针   ANGBASE=0
选择对象: 指定对角点: 找到 5 个（用鼠标左键选定开关）
选择对象:↙
指定基点:（用鼠标左键捕捉 B2 点作为旋转基点）
指定旋转角度，或 [复制(C)/参照(R)] <0>:  90
命令:↙
```

旋转后的开关符号如图 10-88 所示。

（2）平移图形。单击“修改”工具栏中的“移动”按钮，打开“对象捕捉”功能，首先选择开关符号为平移对象，然后选定移动基点 B2，最后用鼠标左键捕捉导线 BJ 的端点 B 作为插入点，插入图形后的结果如图 10-89 所示。

（3）修剪图形。单击“修改”工具栏中的“修剪”按钮，修剪多余的部分，修剪结果如图 10-90 所示。

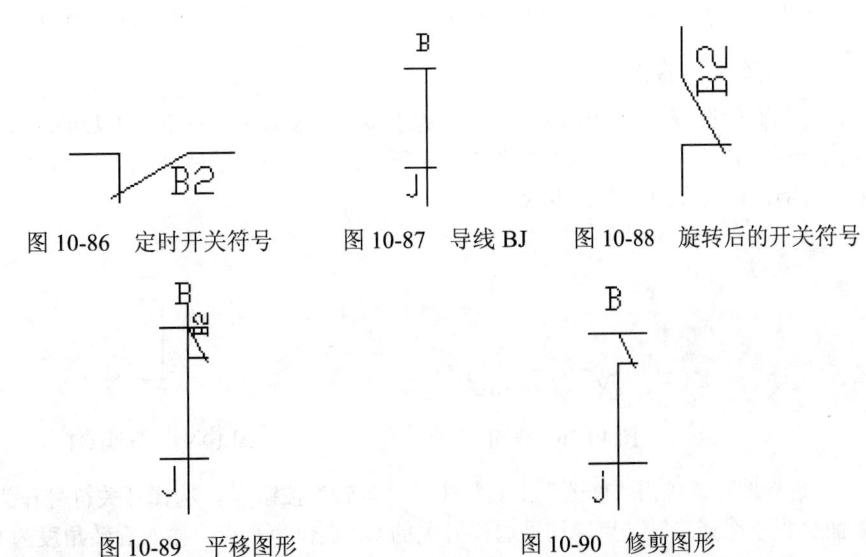

图 10-86 定时开关符号　图 10-87 导线 BJ　图 10-88 旋转后的开关符号

图 10-89 平移图形　图 10-90 修剪图形

按照同样的步骤，可以将其他门联锁开关、功能选择开关等插入到结构线路图中。

3. 插入炉灯符号

将如图 10-91 所示的炉灯符号插入到如图 10-92 所示的导线 JB1 中。

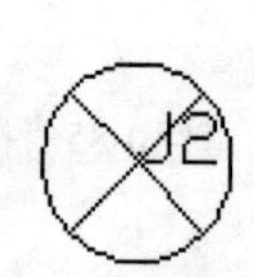

图 10-91　炉灯符号

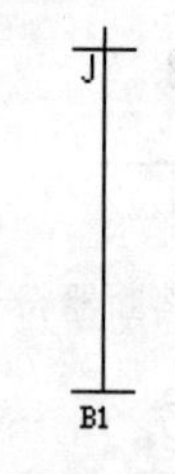

图 10-92　导线 JB1

（1）平移图形。单击“修改”工具栏中的“移动”按钮，打开“对象捕捉”功能，首先选择炉灯符号为平移对象，然后选定移动基点 J2，最后用鼠标左键捕捉竖直导线的中点作为插入点，插入图形后的结果如图 10-93 所示。

（2）修剪图形。单击“修改”工具栏中的“修剪”按钮，选择需要修剪的对象范围，确定后，绘图界面提示选择需要修剪的对象，如图 10-94 所示。用鼠标单击，修剪掉多余的线段，修剪结果如图 10-95 所示。

按照同样的方法，可以插入电动机符号等。这里就不再一一介绍了。

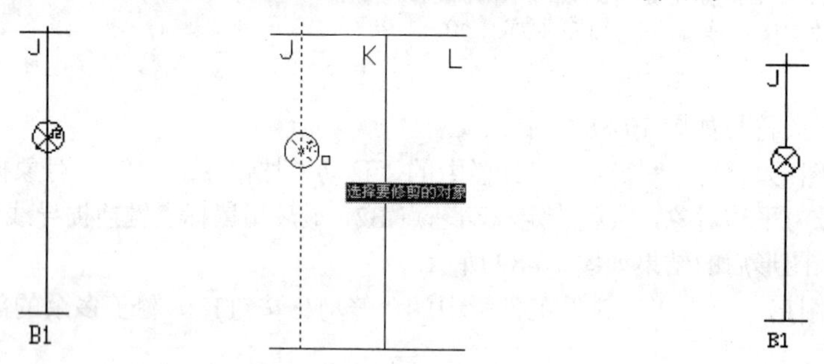

图 10-93　插入符号　　图 10-94　修剪图形　　图 10-95　修剪结果

4. 插入高压变压器符号

前面专门介绍过变压器的组成，在实际的绘图中，根据需要将不同匝数的线圈插入到结构线路图的合适位置即可。下面以将如图 10-96 所示的匝数为 3 的线圈插入到如图 10-97 所示的导线 GT 为例，详细介绍其操作步骤。

图 10-96　线圈　　图 10-97　导线 GT

（1）旋转图形。单击“修改”工具栏中的“旋转”按钮，选择开关符号作为旋转对象，绘图界面会提示选择旋转基点，这里选择开关的 G2 点作为基点，输入旋转角度为 90°。旋转后的结果如图 10-98 所示。

（2）平移图形。单击“修改”工具栏中的“移动”按钮，打开“对象捕捉”功能，首先选择线圈符号为平移对象，然后选定移动基点 G2，最后用鼠标左键捕捉竖直导线 GT 的端点 G 作为插入点，插入图形后的结果如图 10-99 所示。

图 10-98　旋转图形

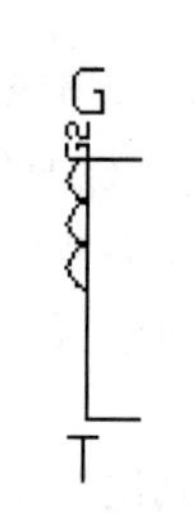

图 10-99　平移图形

（3）继续平移图形。单击“修改”工具栏中的“移动”按钮，选择线圈符号为平移对象，然后选定移动基点 G2，输入竖直向下平移的距离为 7mm，平移过程的命令行语句如下。

```
命令: _move↙
选择对象: 指定对角点: 找到 7 个（用鼠标左键框定线圈作为平移对象）
选择对象:↙
指定基点或 [位移(D)] <位移>:  d（选择输入平移距离）
指定位移 <5.0000, 0.0000, 0.0000>:  0,-7,0（即只在竖直方向向下平移 7mm）
命令:↙
```

平移结果如图 10-100 所示。

（4）修剪图形。单击“修改”工具栏中的“修剪”按钮，选择需要修剪的对象范围，确定后，绘图界面提示选择需要修剪的对象，修剪掉多余的线段，修剪结果如图 10-101 所示。

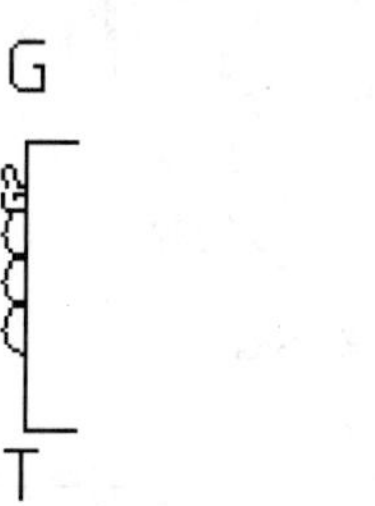

图 10-100　继续平移图形

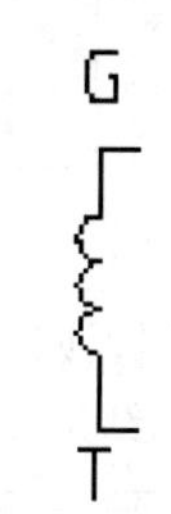

图 10-101　修剪图形

按照同样的方法，可以插入匝数为 6 的线圈。

5. 插入磁控管符号

将如图 10-102 所示的磁控管符号插入到如图 10-103 所示的导线 HV 中。

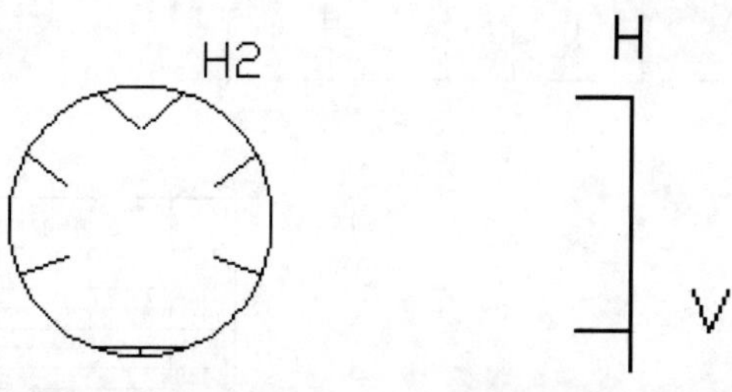

图 10-102　磁控管符号　　图 10-103　导线 HV

（1）平移图形。单击“修改”工具栏中的“移动”按钮，打开“对象捕捉”功能，关闭“正交”功能，选择磁控管符号为平移对象，用鼠标左键捕捉点 H2 为平移基点，将图形移

Note

动，另捕捉导线 HV 的端点 V 作为 H2 点的插入点。平移结果如图 10-104 所示。

（2）修剪图形。单击“修改”工具栏中的“修剪”按钮，选择需要修剪的对象范围，确定后，绘图界面提示选择需要修剪的对象，修剪掉多余的线段，修剪结果如图 10-105 所示。

应用类似的方法将其他电气符号平移到合适的位置，并结合“移动”、“修剪”等命令对结果进行调整。

将所有实体符号插入到结构线路图后的结果如图 10-106 所示。

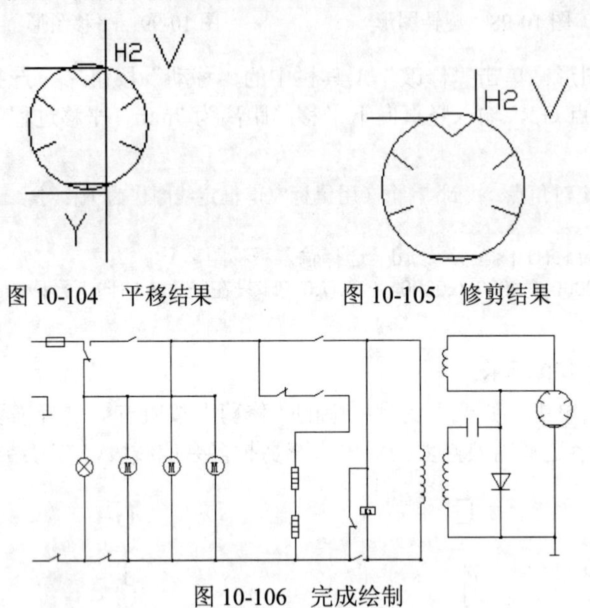

图 10-104　平移结果　　　图 10-105　修剪结果

图 10-106　完成绘制

在绘制过程中，需要特别强调绘制导线交叉实心点。

在 A3 图形样板中的绘制结果如图 10-107 所示。

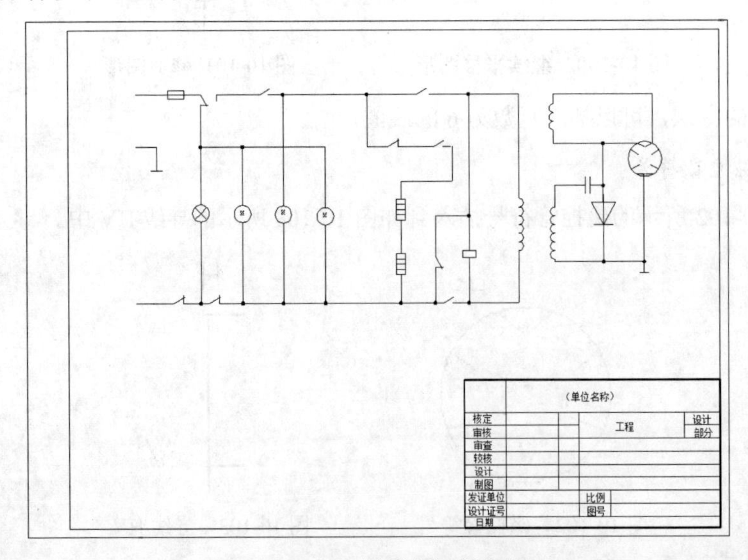

图 10-107　A3 样板中绘制成的图

10.5.5 添加文字和注释

1. 新建文字样式

（1）选择菜单栏中的“格式”→“文字样式”命令，弹出“文字样式”对话框，如图 10-108 所示。

（2）新建文字样式。单击“新建”按钮，弹出“新建样式”对话框，将新样式命名为“注释”。确定后回到“文字样式”对话框。不要选择“使用大字体”一项，否则，无法在“字体名”中选择汉字字体。在“字体名”下拉列表框中选择“仿宋_GB2312”选项，“高度”为默认值 0，“宽度因子”设置为 1，“倾斜角度”为默认值 0。将“注释”置为当前文字样式，单击“应用”按钮以后回到绘图区。

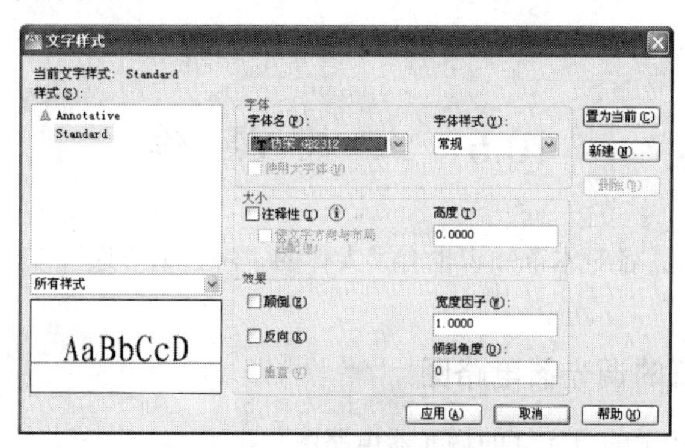

图 10-108 “文字样式”对话框

2. 添加文字和注释到图中

（1）选择菜单栏中的“绘图”→“文字”→“多行文字”命令，在需要注释的地方划定一个矩形框，弹出如图 10-109 所示的对话框。

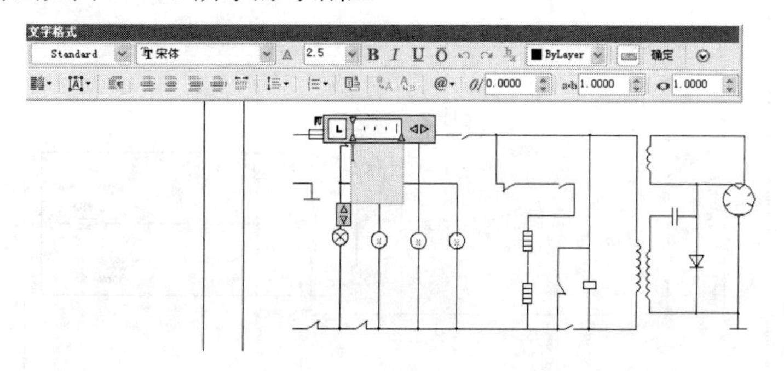

图 10-109 “文字格式”对话框

（2）选择“注释 1”作为文字样式，根据需要可以调整文字的高度，还可以结合应用“左对齐”、“居中”和“右对齐”等功能。

（3）按照以上步骤给如图 10-109 所示的图添加文字和注释，得到的结果如图 10-110 所示。

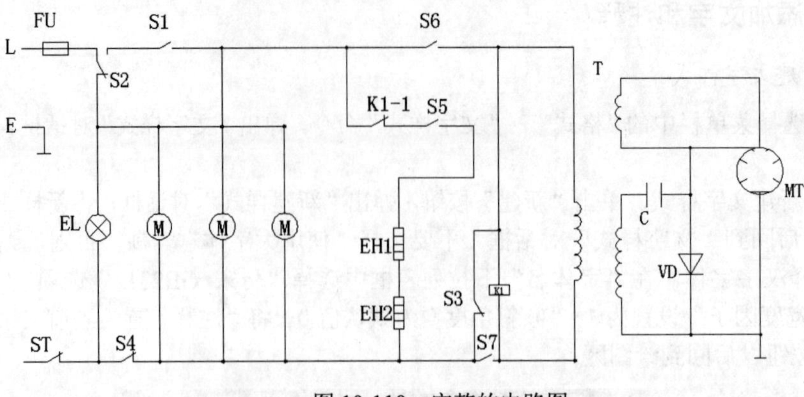

图 10-110　完整的电路图

10.6　上机操作

通过前面的学习，读者对本章知识也有了大体的了解，本节通过 3 个操作练习使读者进一步掌握本章知识要点。

实践 1　绘制日光灯的调光器电路图

绘制如图 10-111 所示的日光灯的调光器电路图。

操作提示

（1）绘制各电气元件。

（2）绘制电路线接线。

（3）标注文字。

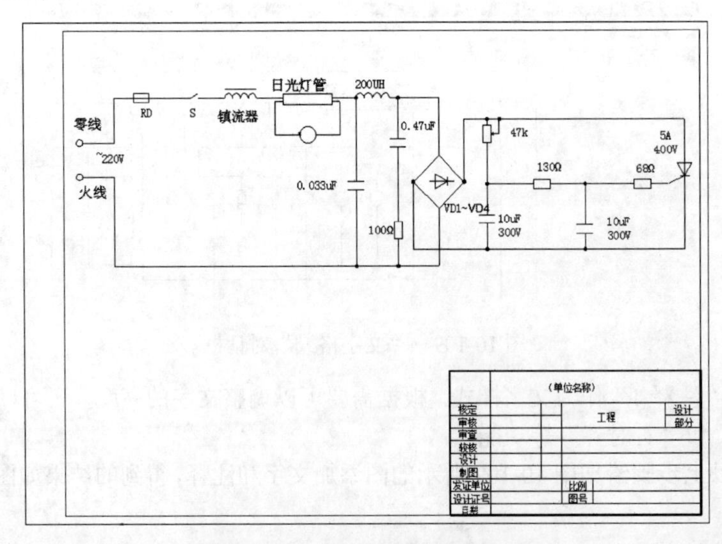

图 10-111　日光灯的调光器电路图

实践 2 绘制直流数字电压表线路图

绘制如图 10-112 所示的直流数字电压表线路图。

操作提示

（1）绘制各电气元件。

（2）绘制电路线接线。

（3）标注文字。

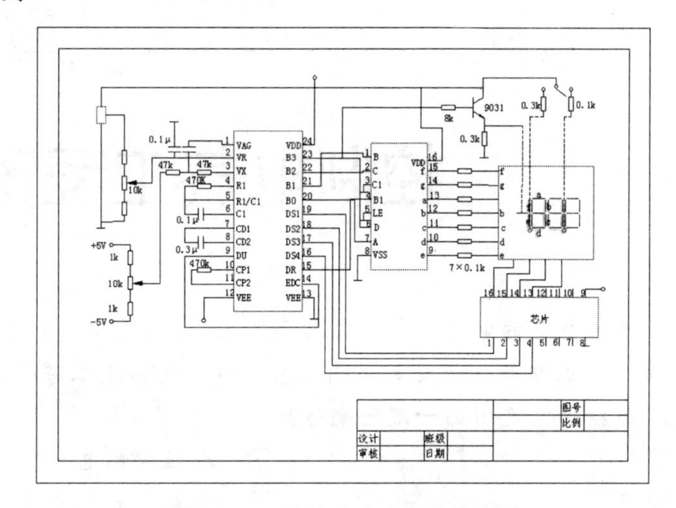

图 10-112 直流数字电压表线路图

实践 3 绘制自动抽水线路图

绘制如图 10-113 所示的自动抽水线路图。

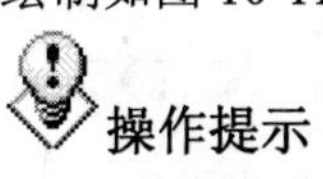

操作提示

（1）绘制各电气元件。

（2）绘制连接线。

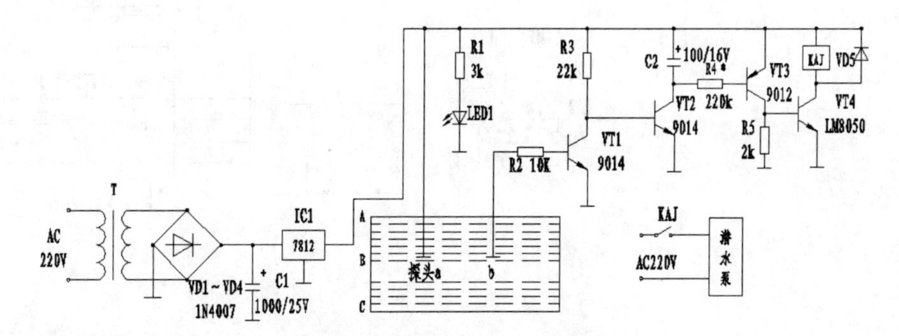

图 10-113 自动抽水线路图

控制电气工程图设计

控制电气是一类很重要的电气，广泛应用于工业、航空航天、计算机技术等领域，起着极其重要的作用。本章将介绍控制电气的基本概念及其基本符号的绘制，并通过几个具体实例来介绍控制电气图的一般绘制方法。

☑ 控制电气简介

☑ 启动器原理图

☑ 水位控制电路图

☑ 电动机自耦降压启动控制电路图

任务驱动&项目案例

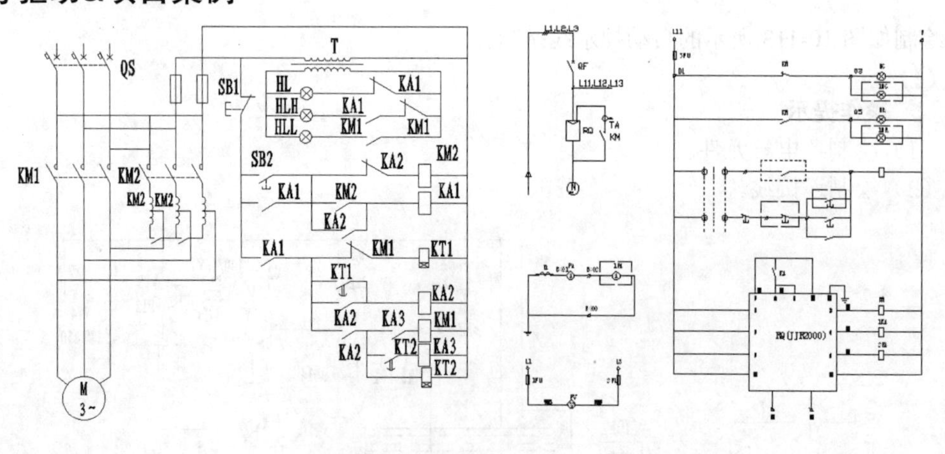

Note

11.1 控制电气简介

控制电路作为电路中的一个重要单元，对电路的功能实现起着至关重要的作用。无论是机械电气电路、汽车电路，还是变电工程电路，控制电路都占据着核心位置。有鉴于此，虽然它作为一个单元在每个电路中都交织存在，但我们仍然在此把它单独作为一章，进行详细阐述。

11.1.1 控制电路简介

我们所熟悉的最简单的控制电路主要由电磁铁、低压电源和开关组成。实际上，针对不同的对象，控制电路的组成部分也不一样。以反馈控制电路为例，为了提高通信和电子系统的性能指标，或者实现某些特定的要求，必须采用自动控制方式。由此，各种类型的反馈控制电路便应运而生，也成为现在应用较为广泛的控制电路之一。

在反馈控制电路里，由比较器、控制信号发生器、可控器件和反馈网络 4 部分构成了一个负反馈闭合环路。

11.1.2 控制电路图简介

按照其终极功能划分，可以把控制电路进一步细分为报警电路、自动控制电路、开关电路、灯光控制电路、定时控制电路、温控调速电路、保护电路、继电器开关控制电路和晶闸管控制电路。于是，相应地就有了这些种类的电路图。

11.2 启动器原理图

启动器是一种比较常见的电气装置，其原理图由主图、附图 1、附图 2 和附图 3 共 4 张图纸组合而成。附图的结构都很简单，依次绘制各导线和电器元件即可。本节先根据图纸结构大致绘制出图纸导线的布局，然后依次绘制各元器件并插入到主要导线之间，最后添加文字注释，完成图纸的绘制。绘制流程如图 11-1 所示。

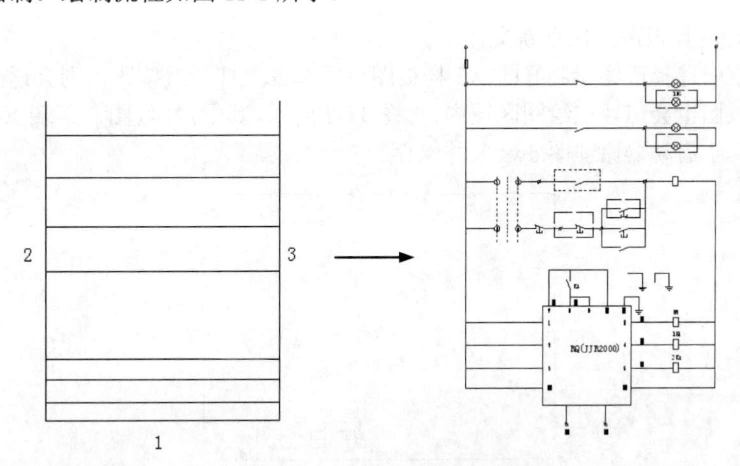

图 11-1 绘制启动器原理图

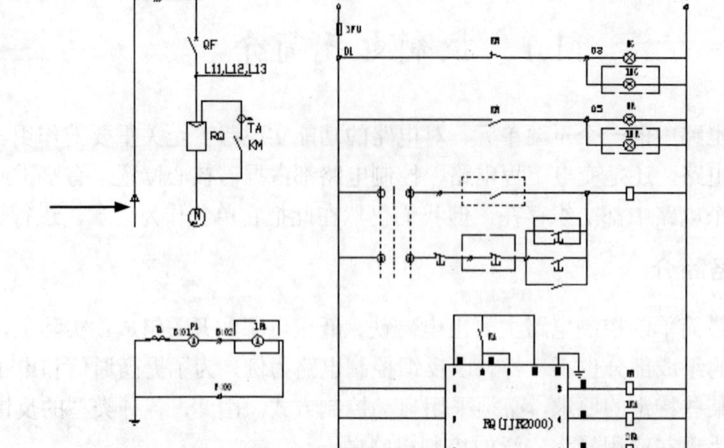

图 11-1　绘制启动器原理图（续）

操作步骤

参见光盘　光盘\动画演示\第 11 章\启动器原理图.avi

11.2.1　设置绘图环境

1. 建立新文件

（1）打开“选择样板”对话框

在命令行中输入 NEW 命令或选择菜单栏中的“文件”→“新建”命令，打开“选择样板”对话框。

（2）选择 A3 样板图，保存新文件

在该对话框中选择已经绘制好的 A3 样板图后，单击“打开”按钮，则会返回绘图区域，同时选择的样板图也会出现在绘图区域内，如图 11-2 所示。其中，样板图左下端点坐标为（0,0）。将新文件命名为“启动器原理图.dwg”并保存。

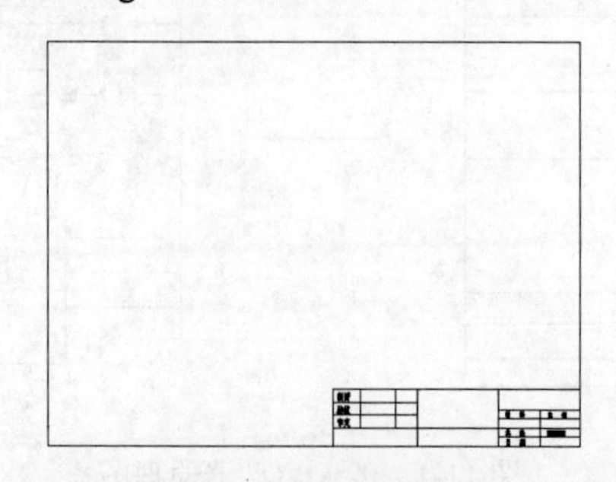

图 11-2　插入的样板图

2. 设置绘图工具栏

在任意工具栏处单击鼠标右键，在弹出的快捷菜单中选择“标准”、“图层”、“对象特性”、“绘图”、“修改”和“标注”命令，调出相应的工具栏，并将它们移动到绘图窗口中的适当位置。

Note

3. 设置图层

选择菜单栏中的“格式”→“图层”命令，新建“连接线层”、“实体符号层”和“虚线层”3 个图层，各图层的颜色、线型及线宽设置如图 11-3 所示。将“连接线层”设置为当前图层。

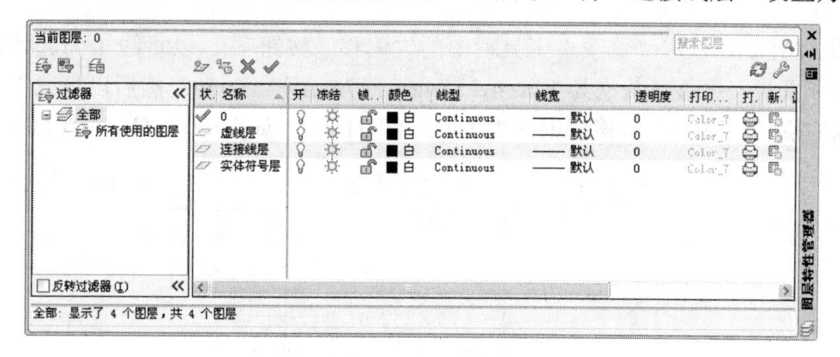

图 11-3　新建图层并进行相应设置

11.2.2　绘制主图

1. 图纸布局

（1）绘制水平直线

单击“绘图”工具栏中的“直线”按钮，绘制直线 1{(100,100)，(290,100)}，如图 11-4 所示。

图 11-4　绘制水平直线

（2）偏移水平直线

单击“修改”工具栏中的“偏移”按钮，以直线 1 为起始，向上绘制一组水平直线，偏移量依次为 17mm、17mm、17mm、70mm、35mm、35mm 和 35mm。

（3）绘制竖直直线

单击“绘图”工具栏中的“直线”按钮，并启动“对象追踪”功能，用鼠标分别捕捉直线 1 和最上面一条水平直线的左端点，将其连接起来，得到一条竖直直线 2。

（4）拉长直线

调用“拉长”命令，将直线 2 向上拉长 30mm。

（5）偏移竖直直线

单击“修改”工具栏中的“偏移”按钮，以竖直直线 2 为起始，向右绘制竖直直线 3，偏移量为 190mm。前述绘制的水平直线和竖直直线构成了如图 11-5 所示的图形，即为主图的图纸布局。

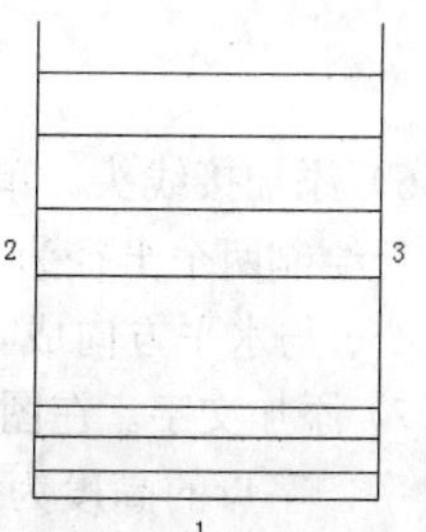

图 11-5　主图结构

Note

2. 绘制各元器件

将“实体符号层”设置为当前图层。

1）绘制软启动集成块

（1）绘制矩形。单击“绘图”工具栏中的“矩形”按钮，绘制一个长65mm、宽75mm的矩形，如图11-6（a）所示。

（2）分解矩形。单击“修改”工具栏中的“分解”按钮，将绘制的矩形分解为直线1、2、3和4。

（3）偏移直线。单击“修改”工具栏中的“偏移”按钮，以直线1为起始，分别向下绘制4条水平直线，偏移量依次为12mm、17mm、17mm和17mm；然后以直线2为起始，分别向右绘制两条竖直直线，偏移量依次为17mm和31mm，如图11-6（b）所示。

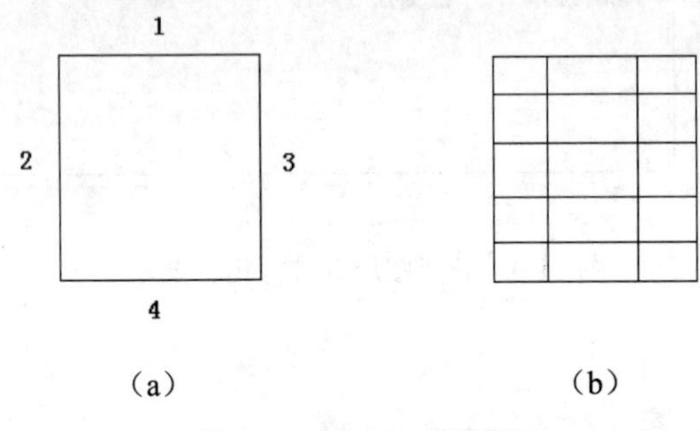

图11-6　绘制、分解矩形

（4）拉长直线。调用“拉长”命令，将步骤（3）中绘制的4条水平直线分别向左右各拉长23mm，将两条竖直直线分别向下拉长13mm，结果如图11-7（a）所示。

（5）修剪直线。单击“修改”工具栏中的“修剪”按钮和“删除”按钮，修剪图中的水平和竖直直线，并删除其中多余的直线，得到如图11-7（b）所示的结果。

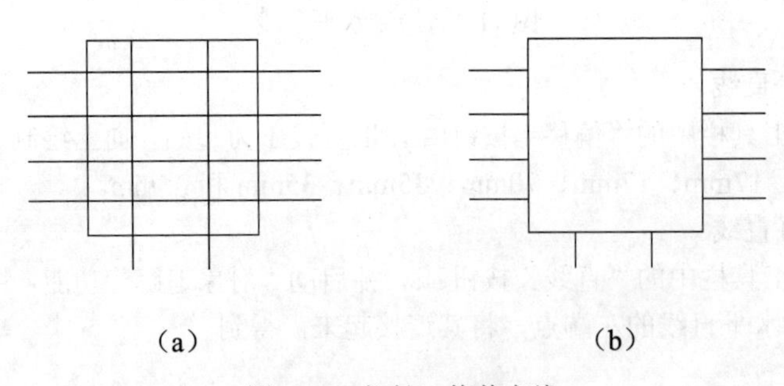

图11-7　拉长、修剪直线

（6）添加接线头。单击“绘图”工具栏中的“圆”按钮，在图中下部两条竖直直线的下端点处绘制两个半径为1mm的圆，然后单击“绘图”工具栏中的“直线”按钮，绘制两条过圆心、与水平方向成45°角，长度为4mm的倾斜直线，作为接线头，如图11-8（a）所示。

（7）添加文字。在图中的各相应接线处添加数字，数字的高度为3。在矩形的中心处添加字母文字，字母的高度为5。结果如图11-8（b）所示。将绘制好的软启动集成块图形移动到图形中。

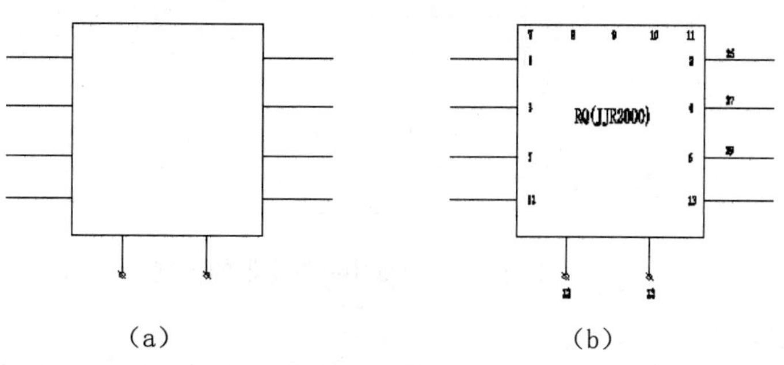

图 11-8 添加接线头和文字

2）绘制中间继电器

（1）绘制矩形。单击“绘图”工具栏中的“矩形”按钮，绘制一个长为 45mm、宽为 25mm 的矩形，如图 11-9（a）所示。

（2）分解矩形。单击“修改”工具栏中的“分解”按钮，将绘制的矩形分解为直线 1、2、3、4。

（3）偏移竖直直线。单击“修改”工具栏中的“偏移”按钮，以直线 2 为起始，向右分别绘制竖直直线 4 和 5，偏移量依次为 16mm 和 13mm，如图 11-9（b）所示。

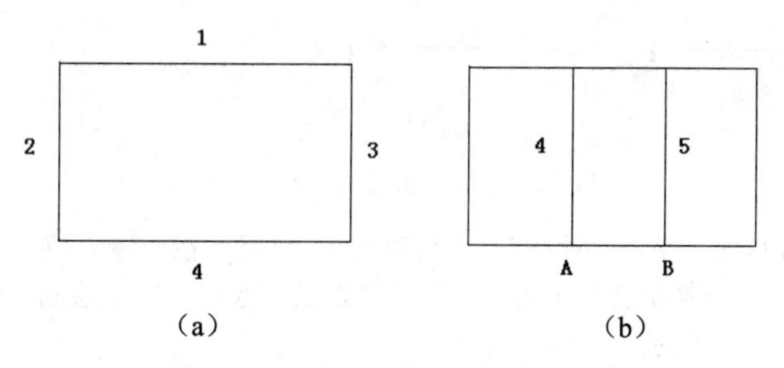

图 11-9 绘制、分解矩形及偏移直线

（4）偏移水平直线。单击“修改”工具栏中的“偏移”按钮，以直线 4 为起始，向上绘制 3 条水平直线，偏移量依次为 6mm、6mm 和 6mm，如图 11-10（a）所示。

（5）修剪直线。单击“修改”工具栏中的“修剪”按钮和“删除”按钮，修剪图中的水平和竖直直线，并删除其中多余的直线，得到如图 11-10（b）所示的结果。

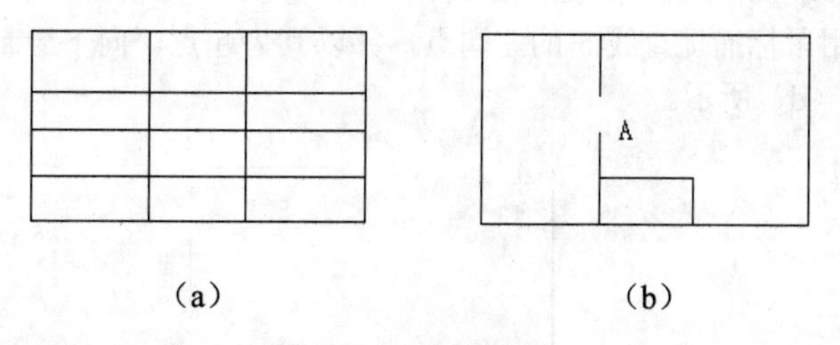

图 11-10 修剪图形

（6）绘制开关。单击“绘图”工具栏中的“直线”按钮，在“对象追踪”和“极轴”绘图模式下，用鼠标捕捉 A 点，并以其为起点，绘制一条与水平方向成 115° 角、长度为 7mm 的倾斜直线，如图 11-11 所示，完成中间继电器图形符号的绘制。

Note

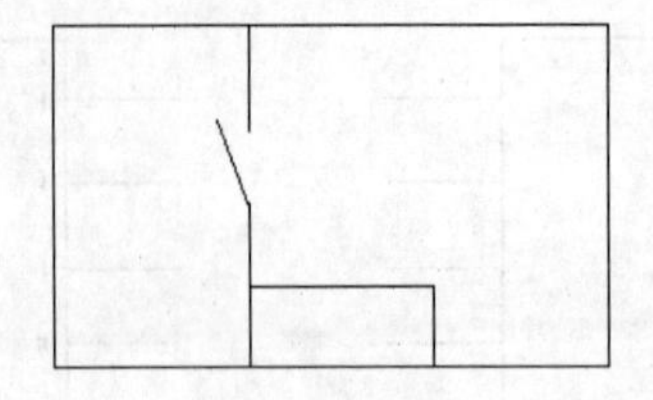

图 11-11　完成中间继电器的绘制

3）绘制接地线

（1）绘制水平直线。单击“绘图”工具栏中的“直线”按钮，绘制水平直线 1{（20,20），（22,20）}，如图 11-12（a）。

（2）偏移水平直线。单击“修改”工具栏中的“偏移”按钮，以直线 1 为起始，依次向上绘制直线 2 和 3，偏移量依次为 1mm、1mm，如图 11-12（b）所示。

（3）拉长直线。选择菜单栏中的“修改”→“拉长”命令，将直线 2 向左右两端分别拉长 0.5mm，将直线 3 分别向两端拉长 1mm，结果如图 11-12（c）所示。

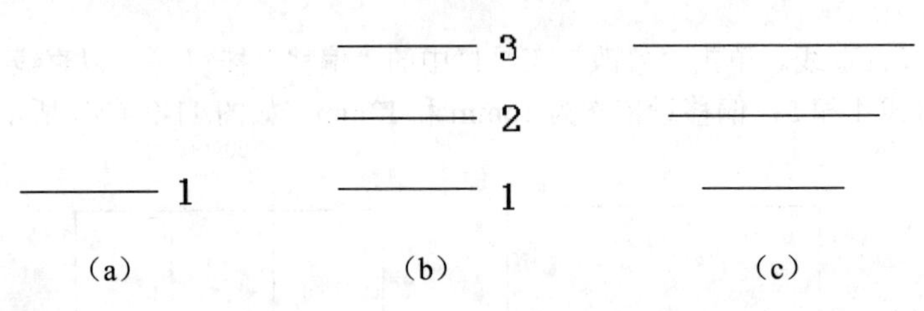

图 11-12　绘制、偏移及拉长水平直线

（4）绘制竖直直线。单击“绘图”工具栏中的“直线”按钮，在“对象捕捉”和“正交”绘图模式下，用鼠标捕捉直线 3 的左端点，并以其为起点，向上绘制长度为 10mm 的竖直直线 4，如图 11-13（a）所示。

（5）平移竖直直线。单击“修改”工具栏中的“移动”按钮，将直线 4 向右平移 2mm，结果如图 11-13（b）所示。

（6）绘制连接线 5。单击“绘图”工具栏中的“直线”按钮，在“对象捕捉”和“正交”绘图模式下，用鼠标捕捉直线 4 的上端点，并以其为起点，向左绘制长度为 11mm 的水平直线 5，如图 11-13（c）所示。

（7）绘制连接线 6。单击“绘图”工具栏中的“直线”按钮，在“对象捕捉”和“正交”绘图模式下，用鼠标捕捉直线 5 的左端点，并以其为起点，向下绘制长度为 6mm 的竖直直线 6，如图 11-13（d）所示。

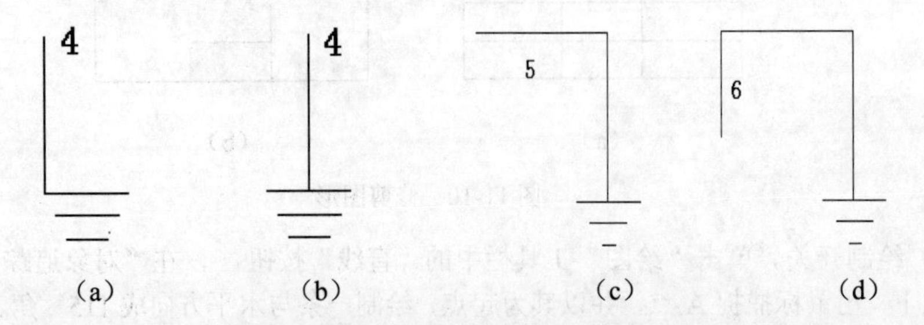

图 11-13　完成接地线的绘制

4）完成软启动装置的绘制

前面已经分别绘制好了软启动装置的集成块、中间继电器和接地线，本步的工作就是把它们组合起来，并添加其他附属元件。

（1）绘制矩形。单击“绘图”工具栏中的“矩形”按钮□，绘制一个长为 4mm、宽为 7mm 的矩形，如图 11-14 所示。

（2）平移矩形。激活“对象捕捉”功能，单击“修改”工具栏中的“移动”按钮，用鼠标捕捉矩形左下角的端点为平移基点，以图 11-15 中的导线接出点 2 为目标点，平移矩形，得到如图 11-15 所示的结果。

（3）调整矩形位置。单击“修改”工具栏中的“移动”按钮，将步骤（2）中平移过来的矩形向下平移 3.5mm，向右平移 32mm。

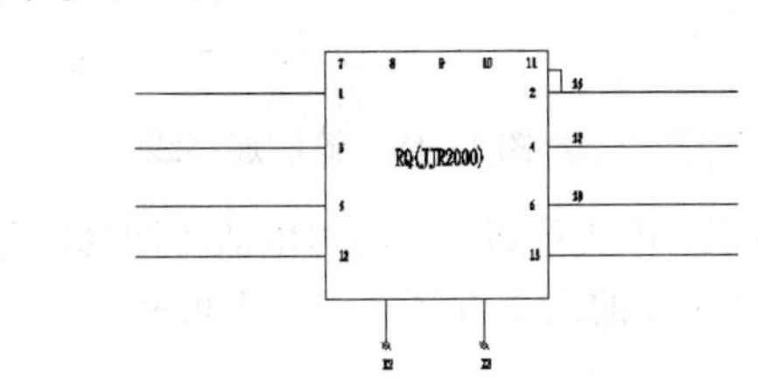

图 11-14　绘制矩形　　　　图 11-15　插入矩形

（4）修剪矩形。单击“修改”工具栏中的“修剪”按钮，以水平直线为剪切边，对矩形进行修剪，得到如图 11-16（a）所示的结果。用同样的方法在下面相邻的两条直线上插入两个矩形，如图 11-16（b）所示。

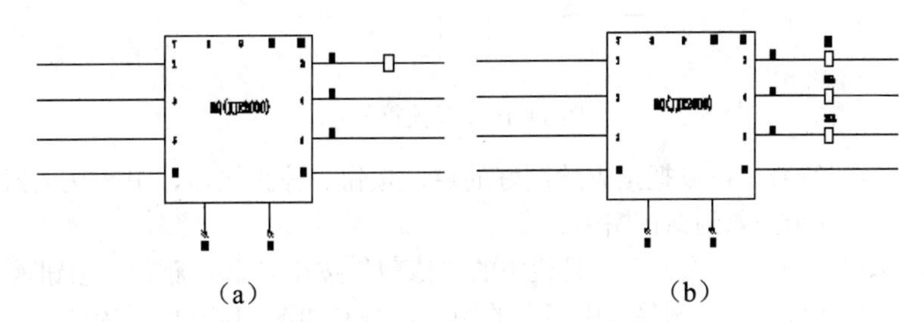

（a）　　　　（b）

图 11-16　添加矩形

（5）单击“修改”工具栏中的“移动”按钮，将图 11-17（a）和图 11-17（b）中的中间继电器和接地线分别平移到图 11-16（b）中的对应位置，方法可参考步骤（2）、（3）的操作，平移结果如图 11-17（c）所示。

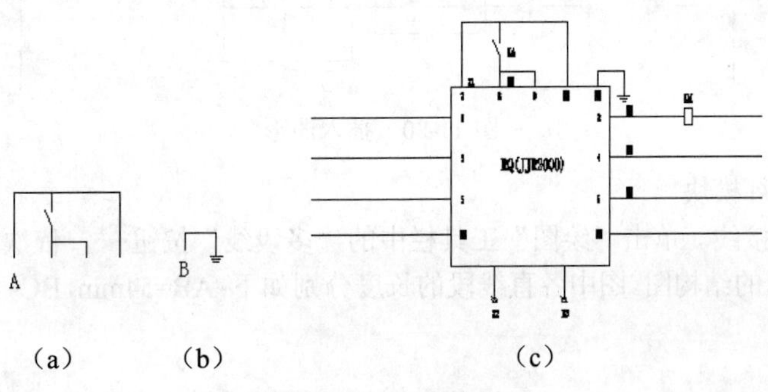

（a）　　（b）　　（c）

图 11-17　完成绘制

Note

5）绘制 DCS 系统接入模块

（1）绘制连接线。单击“绘图”工具栏中的“多段线”按钮，依次绘制各条直线，得到如图 11-18 所示的结构图。图中各直线段的长度分别如下：AB=35mm，AD=135mm，DC=55mm，BG=100mm，EM=35mm，EG=15mm，GP=35mm，MP=15mm，GF=15mm，FN=35mm，PN=15 mm，DM=20mm。

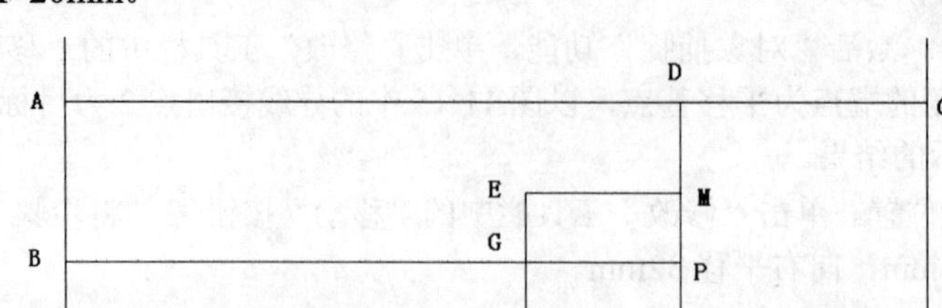

图 11-18　绘制连接线

（2）分别绘制启动按钮、停止按钮、中间继电器等图形符号，如图 11-19 所示。在前面的章节中已经介绍过这些图形符号的绘制方法，这里不再赘述。

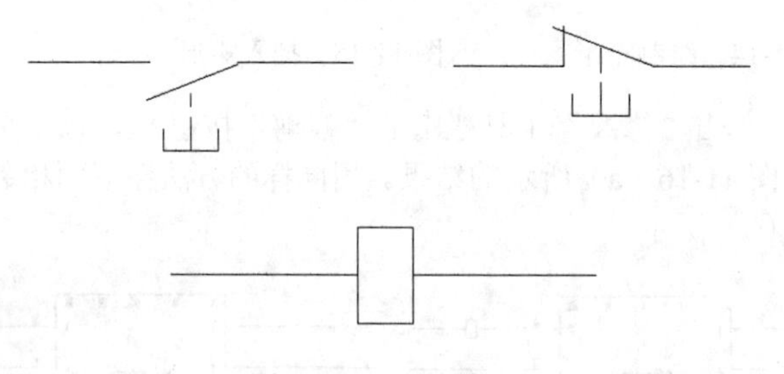

图 11-19　开关符号

（3）插入电气符号。可以把预先绘制好的启动按钮、停止按钮、中间继电器等图形符号存储为图块，然后逐个插入到结构图中。

（4）修剪图形。单击“修改”工具栏中的“修剪”按钮和“删除”按钮，修剪图中各种图形符号以及连接线，并删除其中多余的图形，得到如图 11-20 所示的结果。

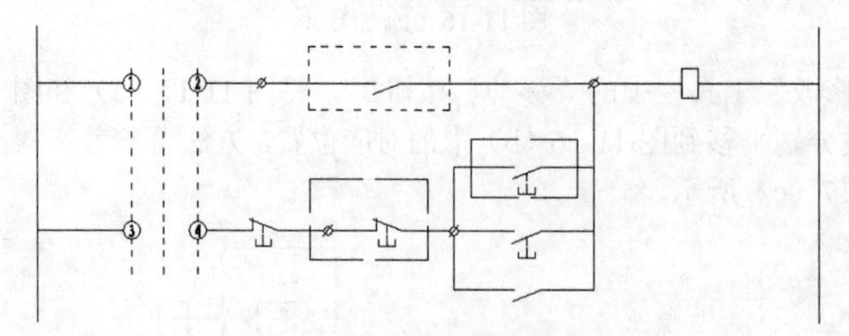

图 11-20　插入图形

6）绘制指示灯模块

（1）绘制连接线。单击“绘图”工具栏中的“多段线”按钮，依次绘制各条直线，得到如图 11-21 所示的结构图。图中各直线段的长度分别如下：AB=54mm，BC=14mm，CD=54mm，AD=14mm。

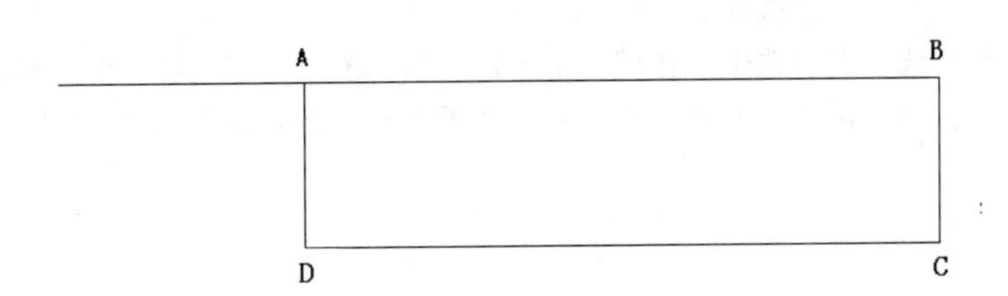

图 11-21　绘制导线

（2）绘制灯泡。

① 绘制圆。单击“绘图”工具栏中的“圆”按钮，以点 O（100,100）为圆心，绘制一个半径为 3mm 的圆，如图 11-22（a）所示。

② 绘制水平直线。单击“绘图”工具栏中的“直线”按钮，在“对象追踪”和“正交”绘图模式下，用鼠标捕捉圆心 O，以其为起点，分别向左、右绘制两条长度均为 6mm 的直线，如图 11-22（b）所示。

③ 修剪直线。单击“修改”工具栏中的“修剪”按钮，以圆弧为剪切边，对水平直线进行修剪操作，修剪结果如图 11-22（c）所示。

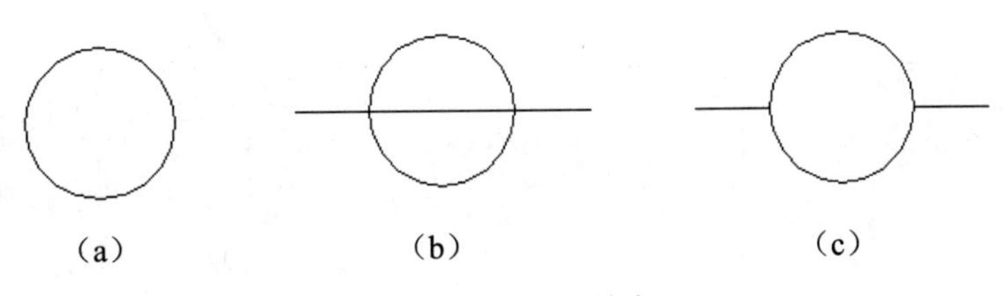

图 11-22　绘制轮廓

④ 绘制倾斜直线。关闭“正交”功能，启动“极轴”绘图模式，绘制一条与水平方向成 45°角、长度为 3mm 的倾斜直线，如图 11-23（a）所示。

⑤ 阵列倾斜直线。单击“修改”工具栏中的“环形阵列”按钮，选择前面绘制的倾斜直线，选取圆心作为基点，设置“项目总数”为 4、“填充角度”为 360°，效果如图 11-23（b）所示。

⑥ 存储为图块。单击“绘图”工具栏中的“创建块”按钮，弹出“块定义”对话框。在“名称”文本框中输入“指示灯”，在“基点”选项组中选择“拾取点”，并在屏幕上用鼠标捕捉圆心点作为基点。对象选择整个指示灯，将“块单位”设置为“毫米”，选中“按统一比例缩放”复选框，然后单击“确定”按钮。

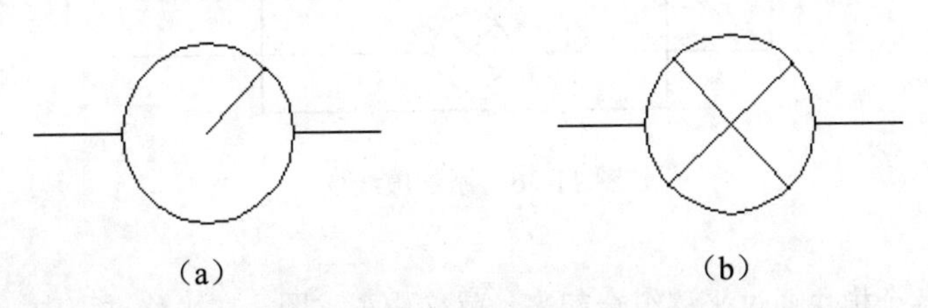

图 11-23　完成绘制

（3）插入指示灯。单击“绘图”工具栏中的“插入块”按钮，弹出“插入”对话框。在“名称”下拉列表框中选择“指示灯”选项，在“插入点”选项组中选中“在屏幕上指定”

Note

复选框，在“比例”选项组中选中“在屏幕上指定”和“统一比例”复选框，旋转角度根据情况输入不同的值。分别在屏幕上选择相应的点作为插入点，插入结果如图 11-24 所示。

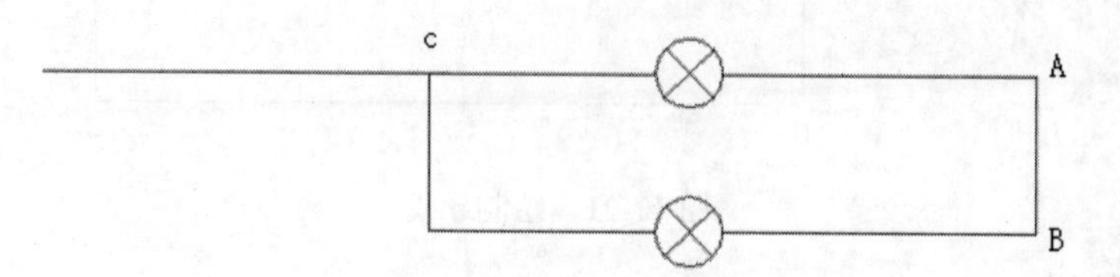

图 11-24　插入指示灯

（4）绘制接线头。

① 绘制圆。在图 11-24 中 C 点处绘制半径为 1mm 的圆，并修剪掉多余的线条。

② 绘制直线。单击“绘图”工具栏中的“直线”按钮，在“对象捕捉”和“极轴”绘图模式下，用鼠标捕捉圆心，以其为起点，绘制一条与水平方向成 45° 角、长度为 1.5mm 的直线，如图 11-25（a）所示。

③ 拉长直线。调用“拉长”命令，将直线 1 向下拉长 1.5mm，结果如图 11-25（b）所示。

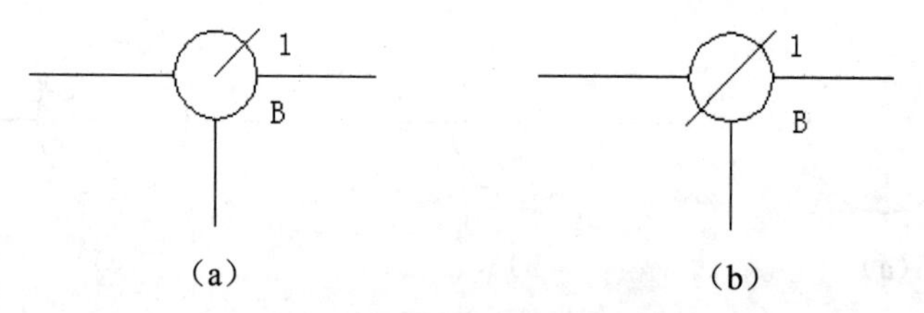

图 11-25　完成接线头的绘制

（5）添加虚线框。

① 切换图层。将当前图层由“实体符号层”切换为“虚线层”。

② 绘制矩形。单击“绘图”工具栏中的“矩形”按钮，绘制一个长为 31mm、宽为 14mm 的矩形。

③ 平移矩形。单击“修改”工具栏中的“移动”按钮，将绘制的矩形平移到图 11-24 中适当位置，结果如图 11-26 所示。

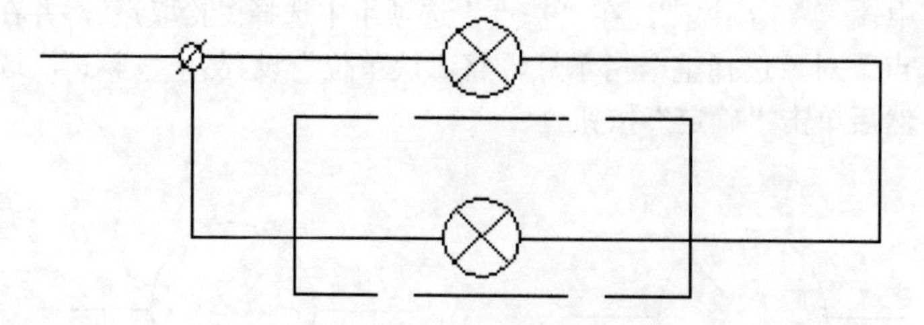

图 11-26　添加虚线框

7）完成主图

将绘制好的各个模块通过平移组合起来，就构成了主图。在平移过程中，注意使用“对象捕捉”功能，便于精确定位。具体方法可以参考前面章节的内容，在此不再赘述。结果如图 11-27 所示。

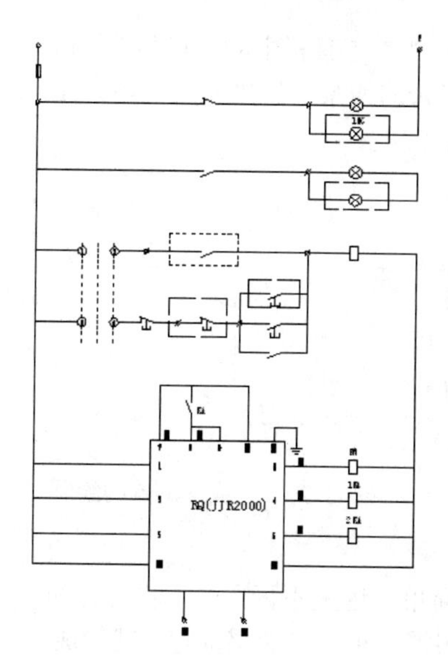

图 11-27 完成主图

11.2.3 绘制附图

1. 绘制附图 1

1）绘制互感器

（1）绘制圆。单击“绘图”工具栏中的“圆”按钮，以点 O（200,100）为圆心，绘制一个半径为 3mm 的圆，如图 11-28（a）所示。

（2）绘制直线。单击“绘图”工具栏中的“直线”按钮，在“对象捕捉”和“正交”绘图模式下，以 O 为起点，向上绘制长度为 10mm 的竖直直线；以 O 为起点，向下绘制长度为 10mm 的竖直直线；以 O 为起点，向右绘制长度为 8mm 的水平直线，如图 11-28（b）所示。

（3）绘制倾斜直线。关闭“正交”功能，激活“极轴”绘图模式。以 O 为起点，绘制一条与竖直方向成 45° 角、长度为 2mm 的倾斜直线 1，如图 11-28（c）所示。

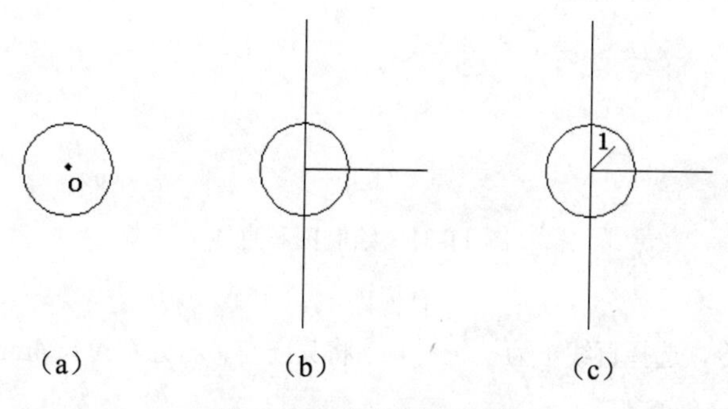

图 11-28 绘制圆及直线

（4）旋转直线。单击“修改”工具栏中的“旋转”按钮，选择复制模式，以点 1 为基点，将上步绘制的倾斜直线旋转 180°，结果如图 11-29（a）所示。

（5）平移直线。单击“修改”工具栏中的“移动”按钮，将倾斜直线 1 和 2 向右平移 5mm，结果如图 11-29（b）所示。

Note

（6）复制直线。单击“修改”工具栏中的“复制”按钮，将倾斜直线复制一份，并向右平移1.5mm，然后修剪掉多余的线条，结果如图11-29（c）所示。

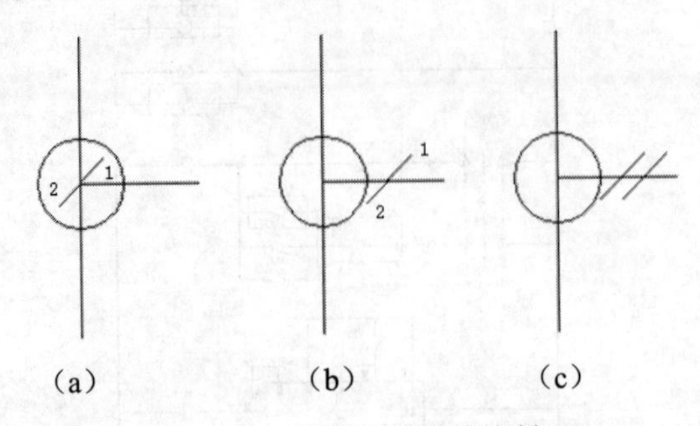

（a）　（b）　（c）

图11-29　完成互感器的绘制

2）完成附图1

由于其他元器件都比较简单，这里不再介绍。将各元器件绘制完成后，用导线连接起来，并根据大小适当调整位置，就构成了附图1，如图11-30所示。

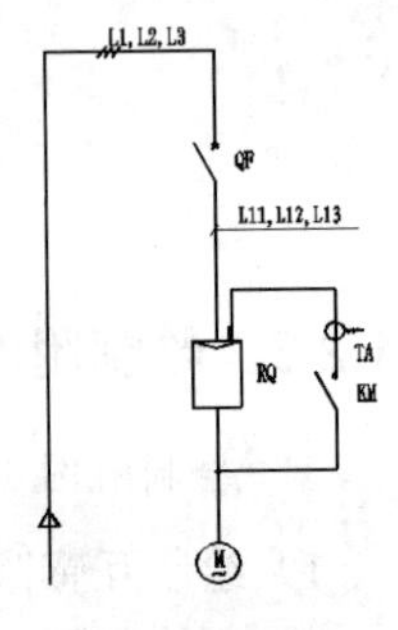

图11-30　附图1

2. 绘制附图2

1）绘制互感器

（1）绘制圆

单击“绘图”工具栏中的“圆”按钮，以点O（150,100）为圆心，绘制一个半径为2mm的圆，如图11-31（a）所示。

（2）复制圆

单击“修改”工具栏中的“复制”按钮，将上步绘制的圆复制一份，并向右平移4mm，如图11-31（b）所示。

（3）绘制直线

单击“绘图”工具栏中的“直线”按钮，在“对象捕捉”绘图模式下，用鼠标分别捕捉两个圆的圆心，绘制一条水平直线1，如图11-31（c）所示。

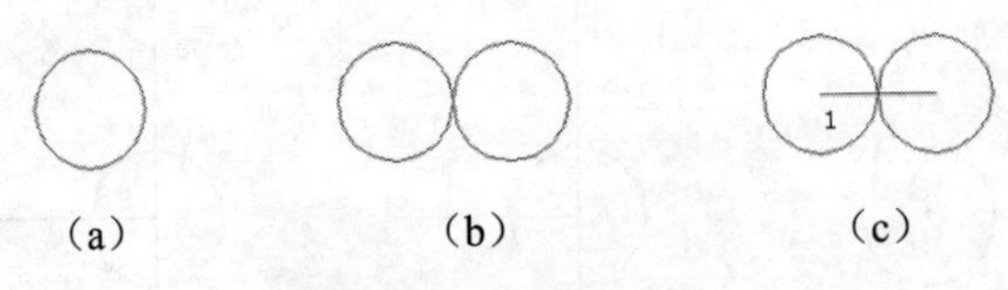

（a）　（b）　（c）

图11-31　绘制圆和直线

（4）拉长直线

调用“拉长”命令，选择直线1为拉长对象，将其向左、右分别拉长4mm，结果如图11-32（a）所示。

（5）复制直线

单击“修改”工具栏中的“复制”按钮，将直线复制一份，并向上平移1mm，如图11-32（b）所示。

（6）修剪图形

单击“修改”工具栏中的“修剪”按钮，以水平直线为剪切边，对两个圆进行修剪操作，

剪切掉水平直线以下部分的半圆。然后单击“修改”工具栏中的“删除”按钮，删除水平直线，如图 11-32（c）所示，完成互感器图形符号的绘制。

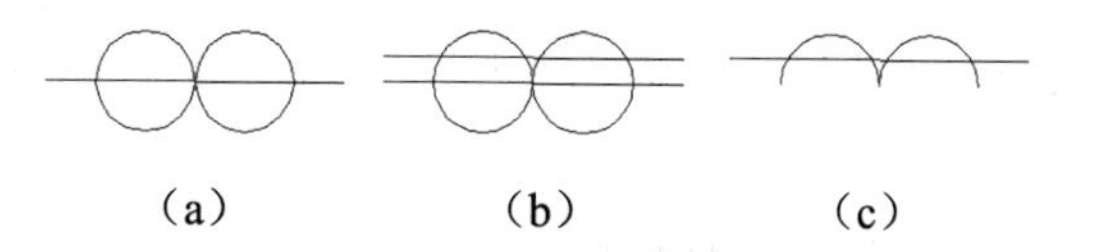

图 11-32 完成互感器图形符号的绘制

2）完成附图 2

绘制连接线，将绘制好的互感器、接线头、接地线等图形符号插入到合适的位置并修剪，得到如图 11-33 所示的结果。

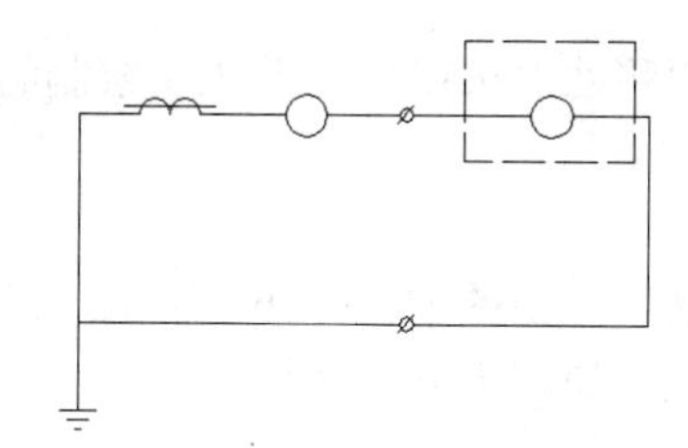

图 11-33 附图 2

3. 绘制附图 3

（1）绘制连接线

单击“绘图”工具栏中的“直线”按钮，分别绘制直线 1{（30,10），（30,37）}、直线 2{（30,10），（100,10）}、直线 3{（100,10），（100,37）}，如图 11-34（a）所示。

（2）绘制圆

单击“绘图”工具栏中的“圆”按钮，以点（30,10）为圆心，绘制一个半径为 3mm 的圆。

（3）平移圆

单击“修改”工具栏中的“移动”按钮，将步骤（2）中绘制的圆向右平移 35mm，得到如图 11-34（b）所示结果。

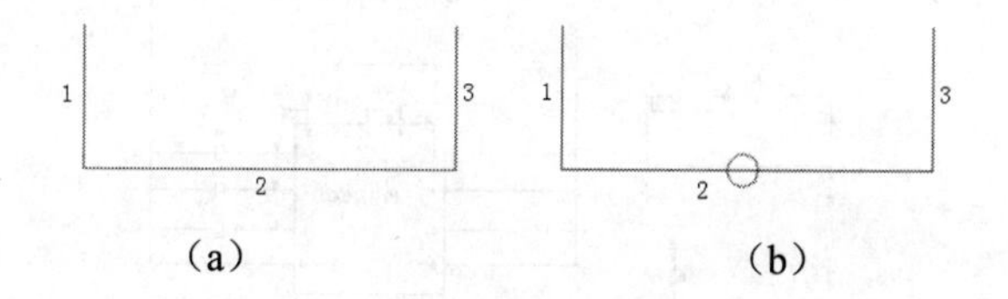

图 11-34 绘制直线、圆并平移圆

（4）修剪图形

单击“修改”工具栏中的“修剪”按钮，以圆作为剪切线，对连接线进行剪切，结果如图 11-35（a）所示。

（5）绘制矩形

单击“绘图”工具栏中的“矩形”按钮，分别绘制两个矩形，并平移到图形中，作为电阻的图形符号，如图 11-35（b）所示。

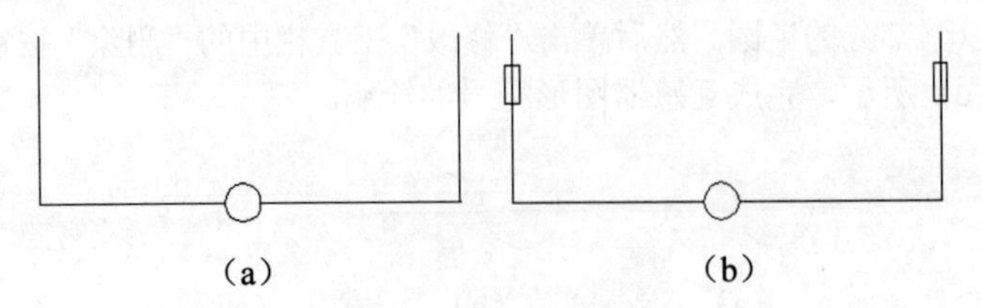

图 11-35　添加电阻

（6）绘制圆

单击“绘图”工具栏中的“圆”按钮，在“对象捕捉”绘图模式下，以两条竖直直线的上端点为圆心，分别绘制两个直径为 2mm 的圆。

（7）平移圆

单击“修改”工具栏中的“移动”按钮，将上步绘制的两个圆分别向上平移 1mm，如图 11-36（a）所示。

（8）添加注释文字

在图中相应位置添加注释文字，如图 11-36（b）所示，完成附图 3。

最后完成启动原理图的绘制，如图 11-37 所示。

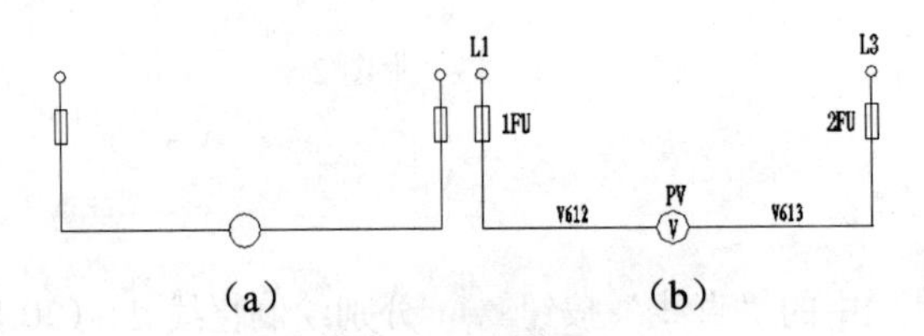

图 11-36　完成绘制附图 3

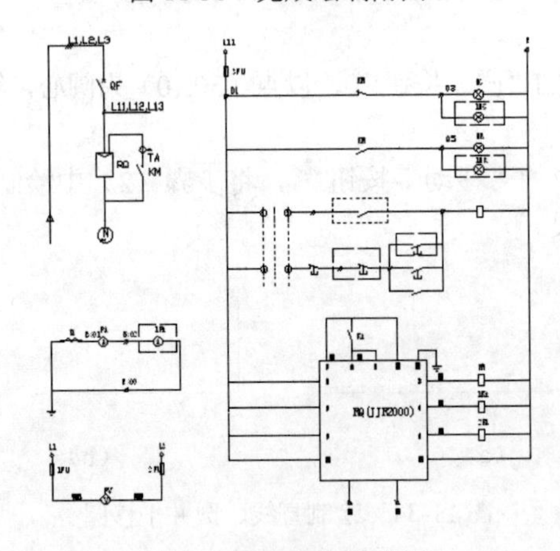

图 11-37　启动原理图

11.3　水位控制电路图

水位控制电路是一种典型的自动控制电路，绘制时首先要观察并分析图纸的结构，绘制出主要的电路图导线，然后绘制出各个电子元件，接着将各个电子元件插入到结构图中相应的位置，最后在电路图的适当位置添加相应的文字和注释说明，即可完成电路图的绘制。绘制水位控制电

路图时，可以分为供电线路、控制线路和负载线路 3 部分进行绘制。绘制流程如图 11-38 所示。

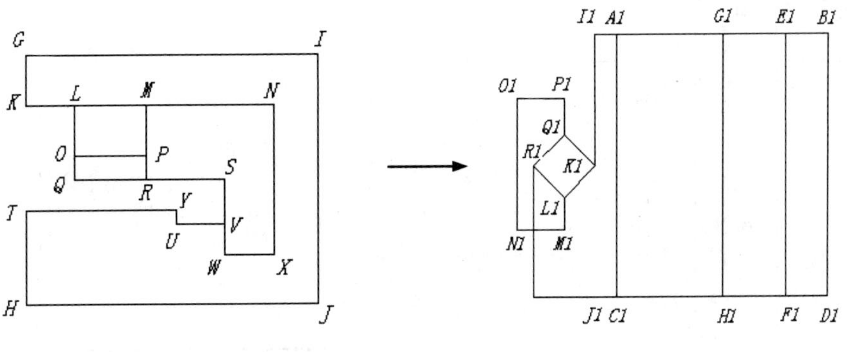

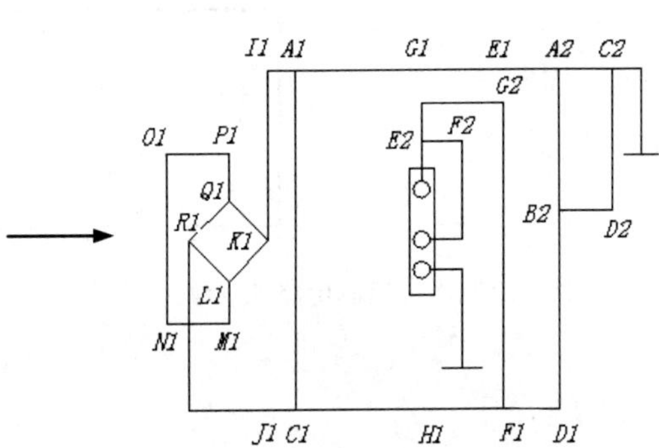

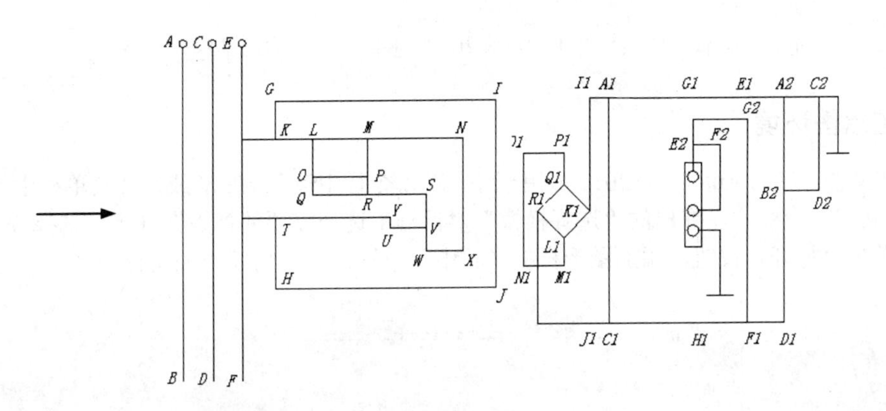

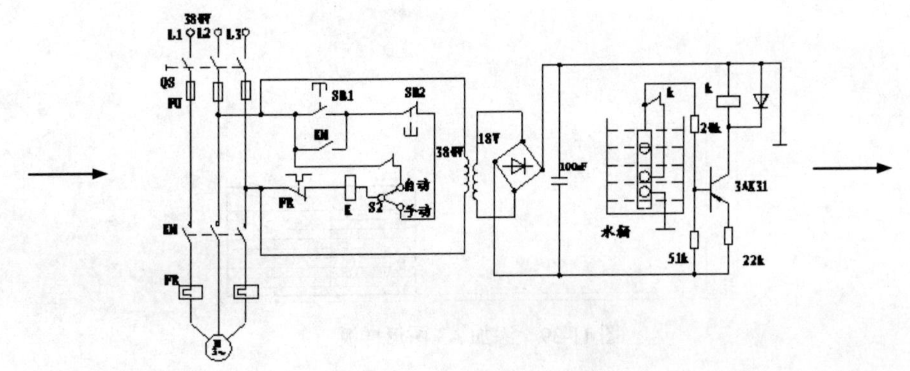

图 11-38　绘制水位控制电路图

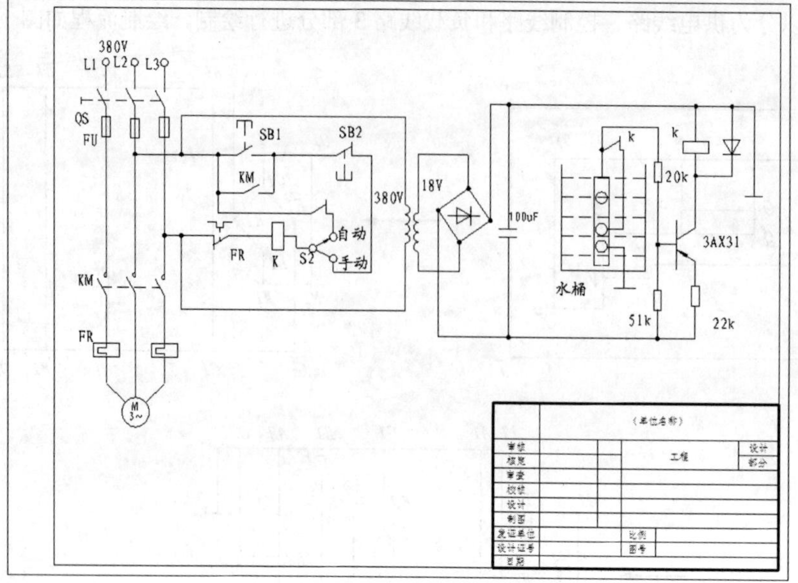

图 11-38　绘制水位控制电路图（续）

操作步骤

参见光盘

光盘\动画演示\第 11 章\水位控制电路图.avi

11.3.1　设置绘图环境

（1）新建文件。启动 AutoCAD 2012 应用程序，在命令行中输入 NEW 或选择菜单栏中的“文件”→“新建”命令，在弹出的“选择样板”对话框中选择需要的样板图（本例选择 A3 图形样板），单击“打开”按钮，添加图形样板（其中图形样板左下角端点的坐标为（0,0）），如图 11-39 所示。

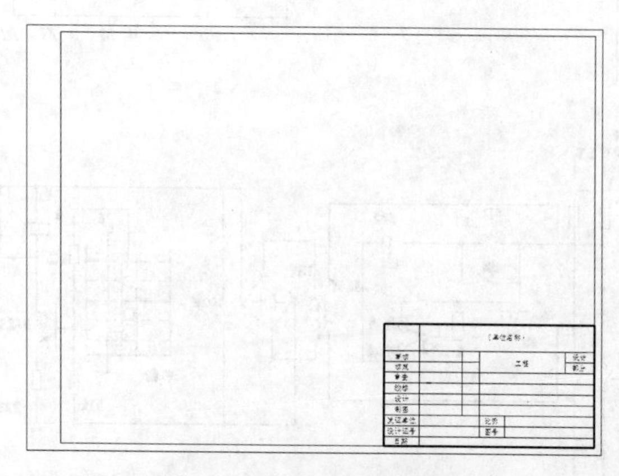

图 11-39　添加 A3 图形样板

（2）新建图层。选择菜单栏中的“格式”→“图层”命令，新建 3 个图层，分别命名为

“连接线图层”、“虚线层”和“实体符号层”，图层的颜色、线型、线宽等属性设置如图 11-40 所示。

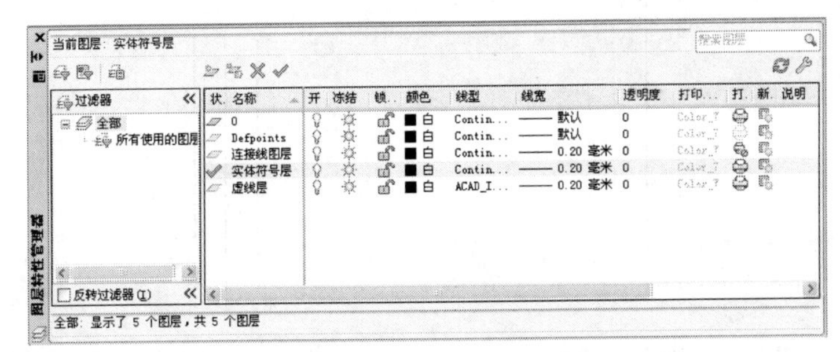

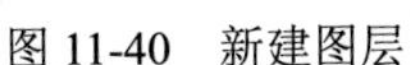

图 11-40　新建图层

11.3.2　绘制供电线路结构图

（1）绘制竖直直线。单击“绘图”工具栏中的“直线”按钮，开启“正交”模式，在绘图区绘制一条长度为 180mm 的竖直直线 AB，命令行中的提示与操作如下。

```
命令: _line
指定第一点:（在任意位置单击）
指定下一点或 [放弃(U)]: 180↙
指定下一点或 [放弃(U)]: ↙
```

（2）偏移直线。单击“修改”工具栏中的“偏移”按钮，选择直线 AB 作为偏移对象，输入偏移距离为 16mm，在 AB 的右侧生成竖直直线 CD。采用同样的方法，在直线 CD 右侧绘制一条直线，与直线 CD 的距离为 16mm，命令行中的提示与操作如下。

```
命令: _offset
当前设置: 删除源=否　图层=源　OFFSETGAPTYPE=0
指定偏移距离或 [通过(T)/删除(E)/图层(L)] <10.0000>: 16↙
选择要偏移的对象，或 [退出(E)/放弃(U)] <退出>:（选择直线 AB）
指定要偏移的那一侧上的点，或 [退出(E)/多个(M)/放弃(U)] <退出>:（在直线 AB 右侧单击）
选择要偏移的对象，或 [退出(E)/放弃(U)] <退出>:（选择直线 CD）
指定要偏移的那一侧上的点，或 [退出(E)/多个(M)/放弃(U)] <退出>:（在直线 CD 右侧单击）
命令: ↙
```

偏移直线结果如图 11-41 所示。

（3）绘制圆。单击“绘图”工具栏中的“圆”按钮，开启“对象捕捉”模式，捕捉直线 AB 的端点 A 作为圆心（如图 11-42 所示），绘制半径为 2mm 的圆，命令行中的提示与操作如下。

```
命令: _circle
指定圆的圆心或 [三点(3P)/两点(2P)/相切、相切、半径(T)]:（捕捉直线 AB 的端点）
指定圆的半径或 [直径(D)]: 2↙
命令: ↙
```

重复“圆”命令，分别捕捉直线 CD 的端点 C 和直线 EF 的端点 E 作为圆心，绘制半径为 2mm 的圆，结果如图 11-43 所示。

（4）修剪圆内直线。单击“修改”工具栏中的“修剪”按钮，修剪圆内的直线，修剪结果如图 11-44 所示。

Note

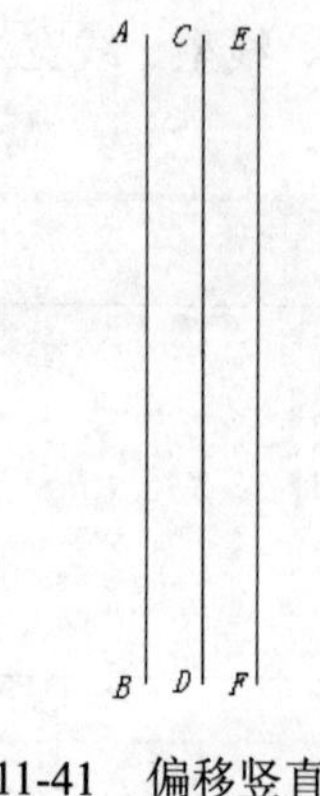

图 11-41　偏移竖直直线

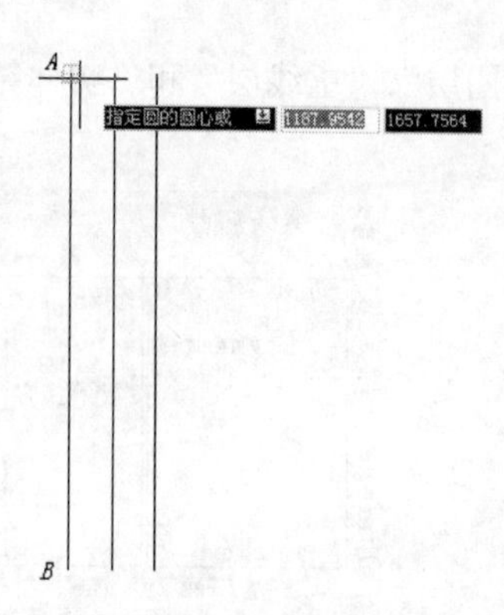

图 11-42　捕捉端点

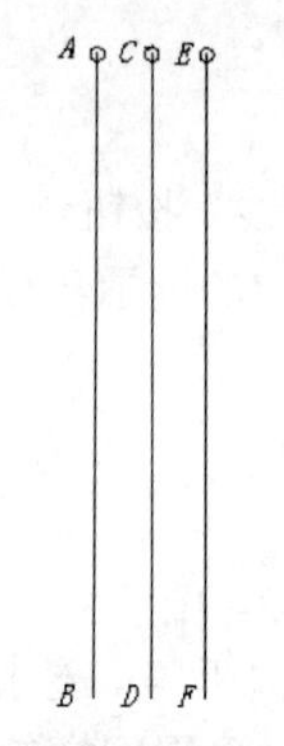

图 11-43　绘制圆

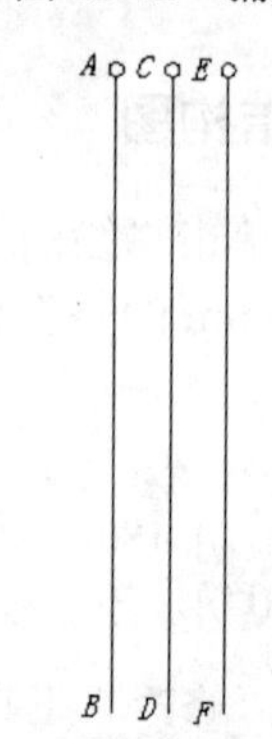

图 11-44　修剪圆内直线

11.3.3　绘制控制线路结构图

控制线路结构图主要由水平直线和竖直直线构成，开启“正交”模式和“捕捉对象”功能，可以有效提高绘图效率。

（1）绘制矩形。单击“绘图”工具栏中的“矩形”按钮，绘制一个长为 120mm、宽为 100mm 的矩形。命令行中的提示与操作如下。

```
命令: _rectang
指定第一个角点或 [倒角(C)/标高(E)/圆角(F)/厚度(T)/宽度(W)]:
指定另一个角点或 [面积(A)/尺寸(D)/旋转(R)]: d↙
指定矩形的长度 <100.0000>: 120↙
指定矩形的宽度 <80.0000>: 100↙
指定另一个角点或 [面积(A)/尺寸(D)/旋转(R)]: ↙
```

（2）分解矩形。单击“修改”工具栏中的“分解”按钮，将矩形进行分解。命令行中的提示与操作如下。

```
命令: _explode
选择对象: 找到 1 个
选择对象: ↙
```

分解结果如图 11-45 所示。

（3）绘制直线。单击“修改”工具栏中的“偏移”按钮，在图 11-45 所示矩形内部绘制水平直线和竖直直线。单击“修改”工具栏中的“修剪”按钮和“删除”按钮，编辑

出如图 11-46 所示的图形。其中，GK=20mm，KL=20mm，LM=30mm，MN=52mm，LO＝20mm，MP＝20mm，OP=30mm，OQ=PR=10mm，RS=32mm，TH=38mm，TY=62mm，YU=6mm，UV=20mm，SV=18mm，VW=12mm，NX=60mm。

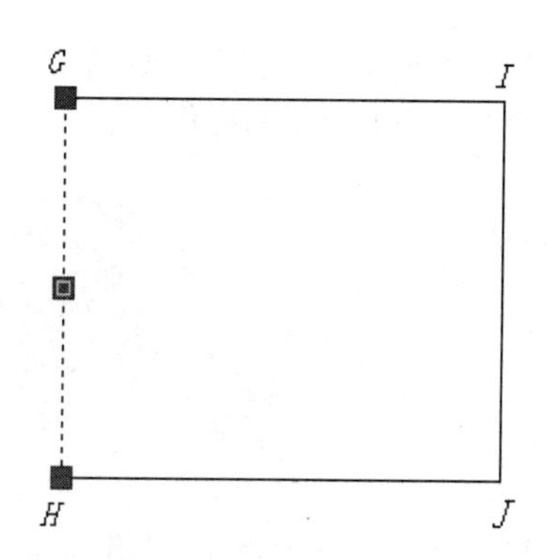

图 11-45 分解矩形

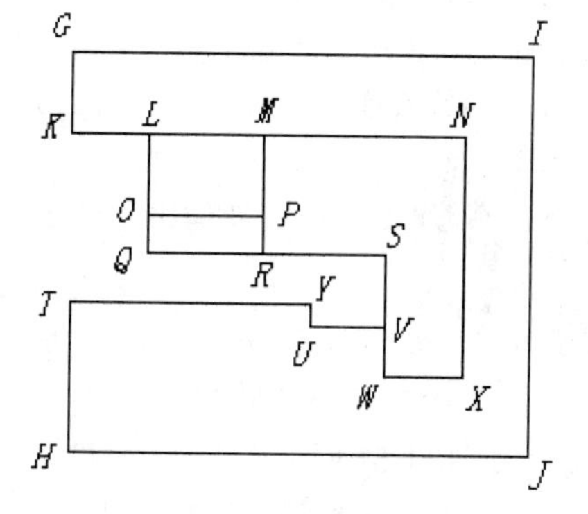

图 11-46 控制线路结构图

11.3.4 绘制负载线路结构图

（1）绘制矩形。单击“绘图”工具栏中的“矩形”按钮，在图纸的合适位置绘制长为 100mm、宽为 120mm 的矩形，如图 11-47 所示。

（2）分解矩形。单击“修改”工具栏中的“分解”按钮，将矩形进行分解。

（3）偏移直线。单击“修改”工具栏中的“偏移”按钮，选择直线 B1D1 作为偏移对象，输入偏移距离为 20mm，在直线 B1D1 的左侧绘制偏移直线 E1F1。按照同样的方法，在直线 E1F1 左侧 20mm 处绘制直线 G1H1。选择直线 A1C1 为偏移对象，输入偏移距离 10mm，在直线 A1C1 的左侧绘制直线 I1J1，结果如图 11-48 所示。

（4）绘制连接直线。单击“绘图”工具栏中的“直线”按钮，开启“对象捕捉”模式，绘制直线 I1A1 和直线 J1C1，如图 11-49 所示。

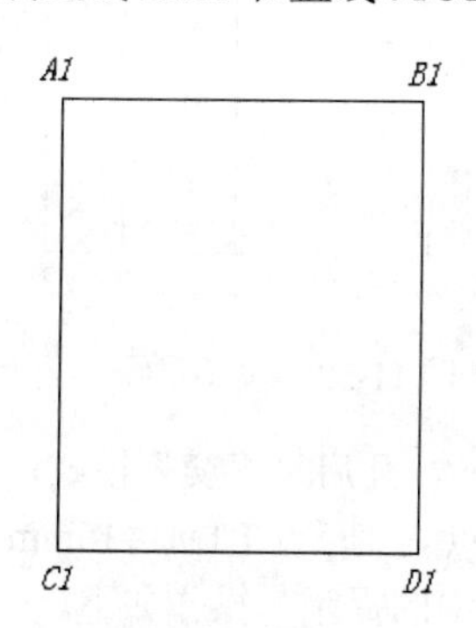

图 11-47 绘制矩形 2

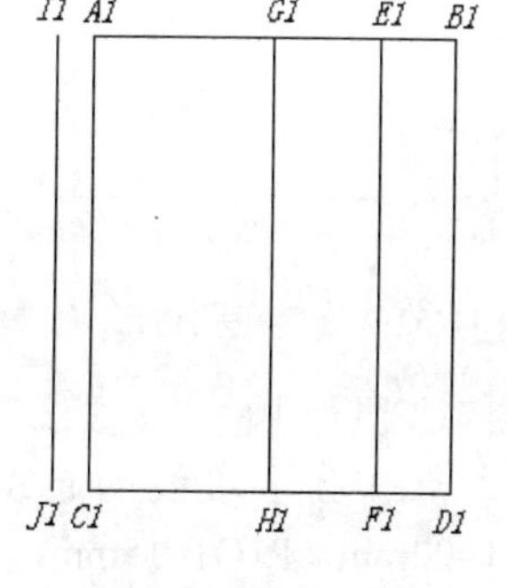

图 11-48 偏移直线

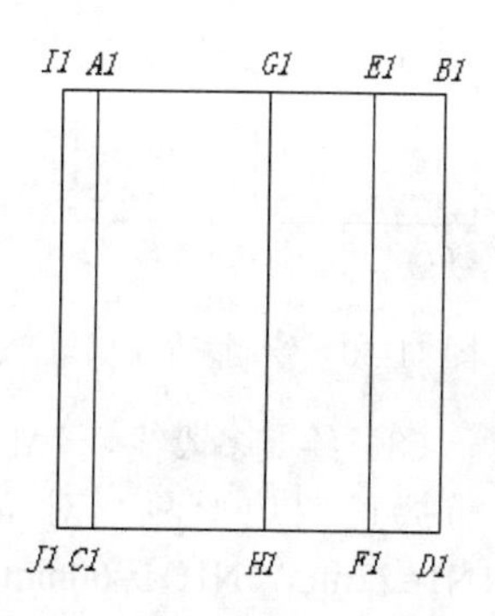

图 11-49 绘制连接直线

（5）绘制正四边形。单击“绘图”工具栏中的“正多边形”按钮，开启“正交”模式，输入正多边形的边数为 4，捕捉直线 I1J1 的中点 K1 作为边的一个端点，捕捉直线 I1J1 上的另一点作为该边的另外一个端点，绘制一个正方形，命令行中的提示与操作如下。

```
命令: _polygon 输入边的数目 <4>: ↙
指定正多边形的中心点或 [边(E)]: E↙
```

指定边的第一个端点:（捕捉直线 I1J1 的中点）
指定边的第二个端点: <正交 开>（捕捉直线 I1J1 上的另外一点）
命令: ↙

Note

绘制结果如图 11-50 所示。

（6）旋转正四边形。单击“修改”工具栏中的“旋转”按钮，选择正四边形为旋转对象，指定 K1 点为旋转基点，输入旋转角度为 225°，命令行中的提示与操作如下。

命令: _rotate
UCS 当前的正角方向: ANGDIR=逆时针 ANGBASE=0
选择对象: 找到 1 个
选择对象: ↙
指定基点: <对象捕捉 开>（捕捉 K1 点）
指定旋转角度，或 [复制(C)/参照(R)] <0>: 225↙

旋转结果如图 11-51 所示。

（7）拉长直线。选择菜单栏中的“修改”→“拉长”命令，选择直线 C1J1 作为拉长对象，输入拉长的增量为 40mm，将 C1J1 向左侧拉长。命令行中的提示与操作如下。

命令: _lengthen
当前长度: 10.0000
选择对象或 [增量(DE)/百分数(P)/全部(T)/动态(DY)]: de↙
输入长度增量或 [角度(A)] <20.0000>: 40↙
选择要修改的对象或 [放弃(U)]: ↙

拉长结果如图 11-52 所示。

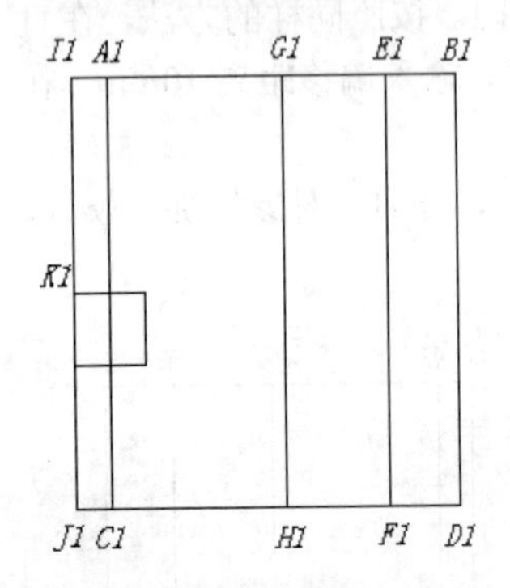

图 11-50 绘制正四边形

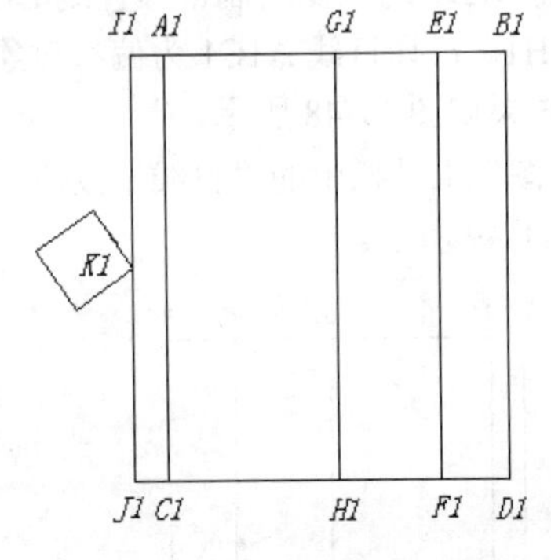

图 11-51 旋转正四边形

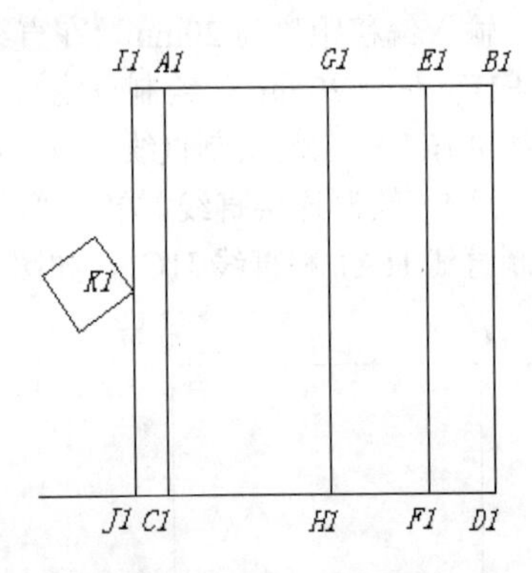

图 11-52 拉长直线

（8）绘制多段线。单击“绘图”工具栏中的“多段线”按钮，开启“正交”模式，分别捕捉正四边形两个对角上的顶点作为多段线的起点和终点，使得 L1M1=15mm，M1N1=22mm，N1O1=60mm，O1P1=22mm，P1Q1=15mm，命令行中的提示与操作如下。

命令: _pline
指定起点:（捕捉正四边形的一个顶点）
当前线宽为 0.0000
指定下一个点或 [圆弧(A)/半宽(H)/长度(L)/放弃(U)/宽度(W)]: 15↙
指定下一点或 [圆弧(A)/闭合(C)/半宽(H)/长度(L)/放弃(U)/宽度(W)]: 22↙
指定下一点或 [圆弧(A)/闭合(C)/半宽(H)/长度(L)/放弃(U)/宽度(W)]: 60↙
指定下一点或 [圆弧(A)/闭合(C)/半宽(H)/长度(L)/放弃(U)/宽度(W)]: 22↙

指定下一点或 [圆弧(A)/闭合(C)/半宽(H)/长度(L)/放弃(U)/宽度(W)]:（捕捉正四边形的另外一个顶点）

绘制的多段线如图 11-53 所示。

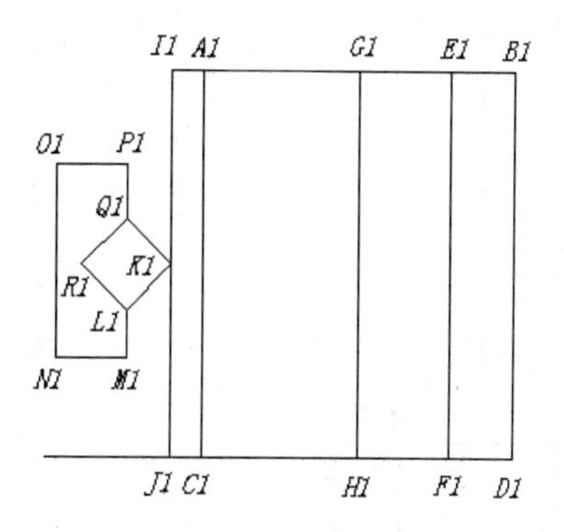

图 11-53　绘制多段线

（9）绘制直线。单击“绘图”工具栏中的“直线”按钮，捕捉正四边形的端点 R1 作为直线的端点，捕捉端点 R1 到直线 J1D1 的垂足作为直线的另一个端点，绘制结果如图 11-54 所示。

（10）修剪图形。单击“修改”工具栏中的“修剪”按钮，选择需要修剪的对象，修剪掉多余的直线，结果如图 11-55 所示。

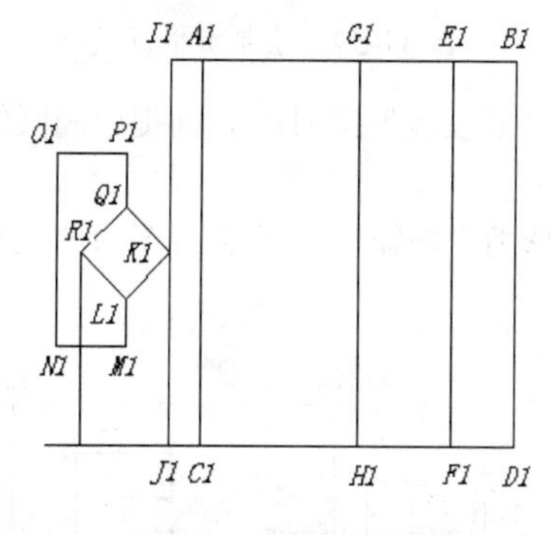

图 11-54　绘制垂直直线

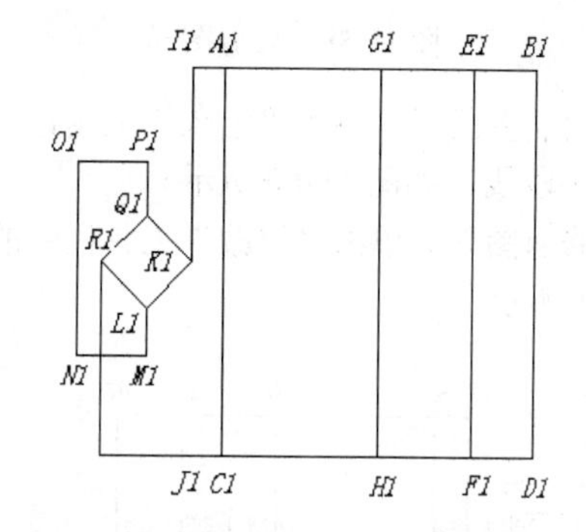

图 11-55　修剪图形

（11）绘制矩形。单击“绘图”工具栏中的“矩形”按钮，以直线 G1H1 为对称中心，绘制一个长为 45mm、宽为 8mm 的矩形，如图 11-56 所示。

（12）绘制圆形。单击“绘图”工具栏中的“圆”按钮，在矩形范围内的直线 G1H1 上捕捉圆心，绘制 3 个半径为 3mm 的圆，结果如图 11-57 所示。

（13）修剪图形。单击“修改”工具栏中的“修剪”按钮，对图形进行修剪，结果如图 11-58 所示。

（14）绘制水平直线。单击“绘图”工具栏中的“直线”按钮，开启“正交”模式和“对象捕捉”功能，捕捉直线 G1H1 上半段的一点作为直线的起点，捕捉该点到直线 E1F1 的垂足作为直线的终点，结果如图 11-59 所示。

Note

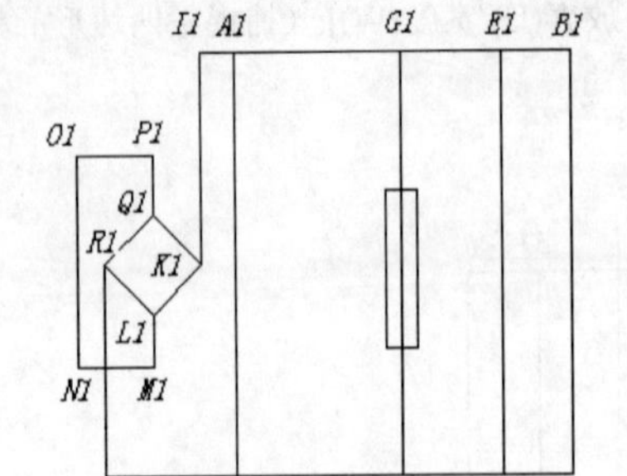

图 11-56　绘制矩形

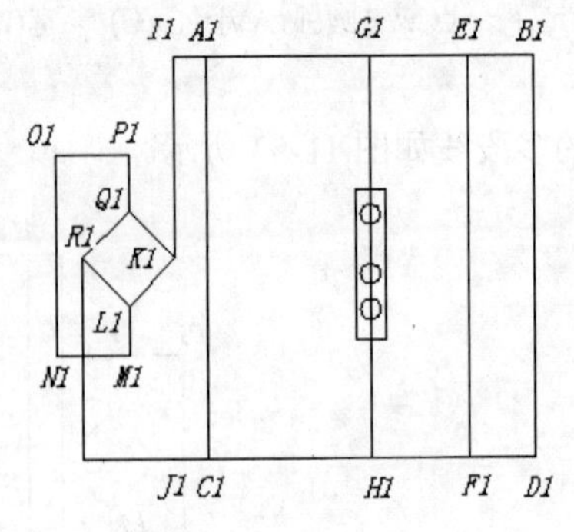

图 11-57　绘制圆

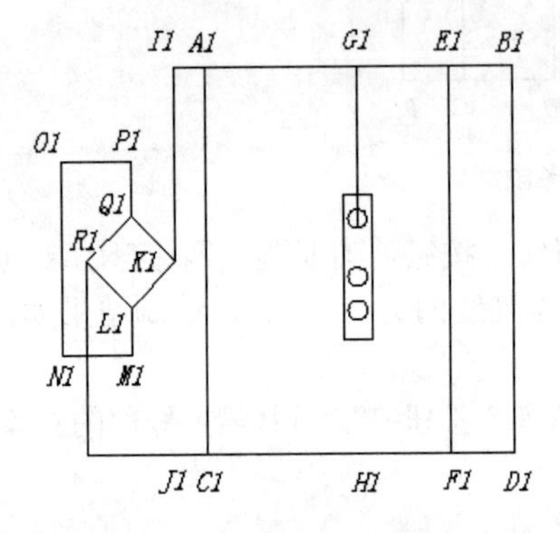

图 11-58　修剪图形

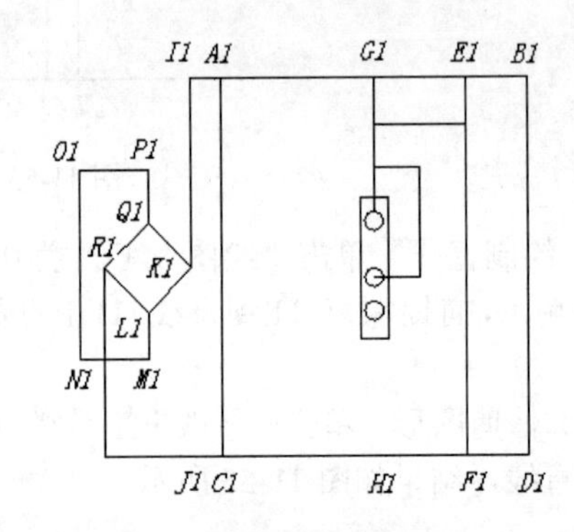

图 11-59　绘制水平直线

（15）绘制多段线。单击“绘图”工具栏中的“多段线”按钮，捕捉中间圆的圆心作为起点，绘制多段线，如图 11-60 所示。

（16）修剪图形。单击“修改”工具栏中的“修剪”按钮，修剪掉多余的直线，修剪结果如图 11-61 所示。

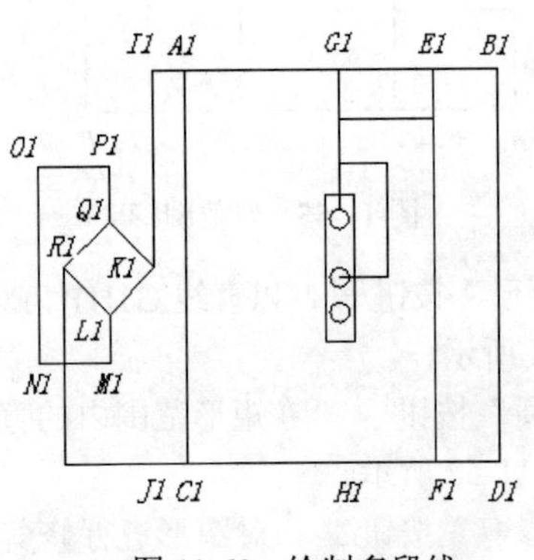

图 11-60　绘制多段线

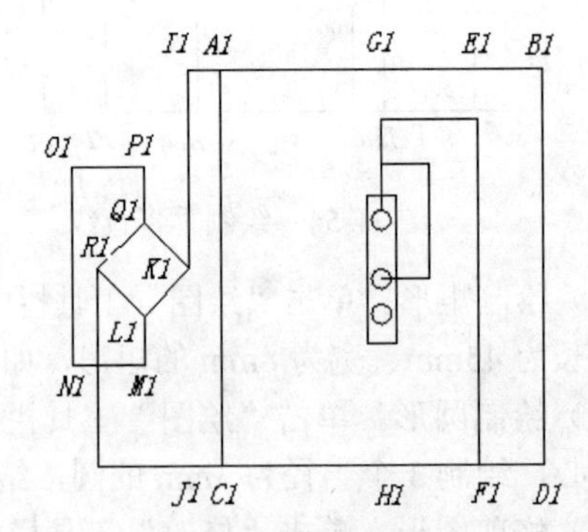

图 11-61　修剪图形

（17）按照同样的方法，绘制线路结构图中的其他图形，生成的负载线路结构图如图 11-62 所示。

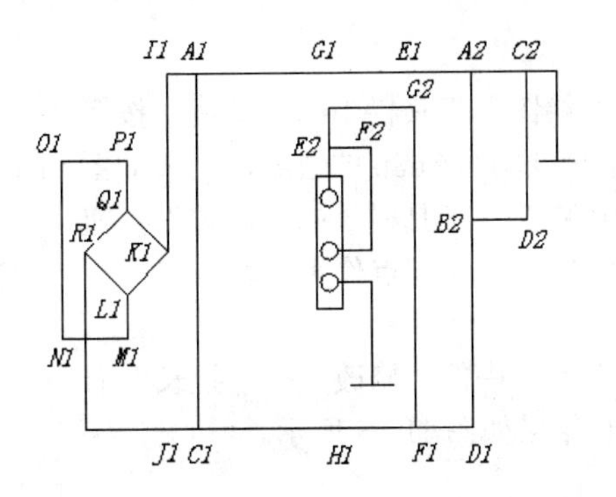

图 11-62　负载线路结构图

（18）将供电线路结构图、控制线路结构图和负载线路结构图组合，生成的线路结构图如图 11-63 所示。

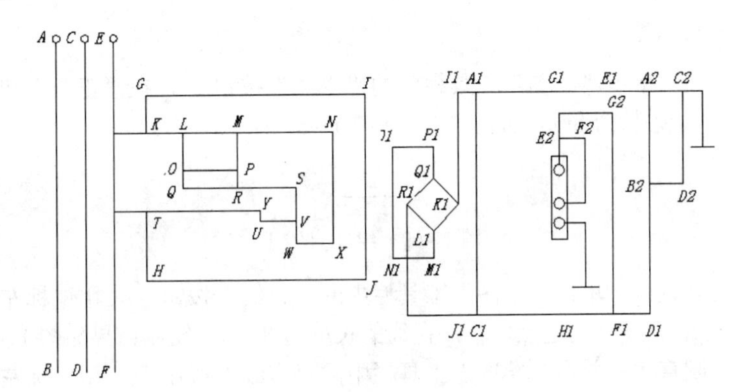

图 11-63　线路结构图

11.3.5　绘制电气元件

1．绘制熔断器

（1）绘制矩形。单击“绘图”工具栏中的“矩形”按钮，绘制一个长为 10mm、宽为 5mm 的矩形。

（2）分解矩形。单击“修改”工具栏中的“分解”按钮，将矩形分解。

（3）绘制直线。开启“对象捕捉”模式，单击“绘图”工具栏中的“直线”按钮，捕捉直线 2 和直线 4 的中点作为直线 5 的起点和终点，如图 11-64 所示。

（4）拉长直线。选择菜单栏中的“修改”→“拉长”命令，将直线 5 分别向左、右拉长 5mm，得到的熔断器符号如图 11-65 所示。

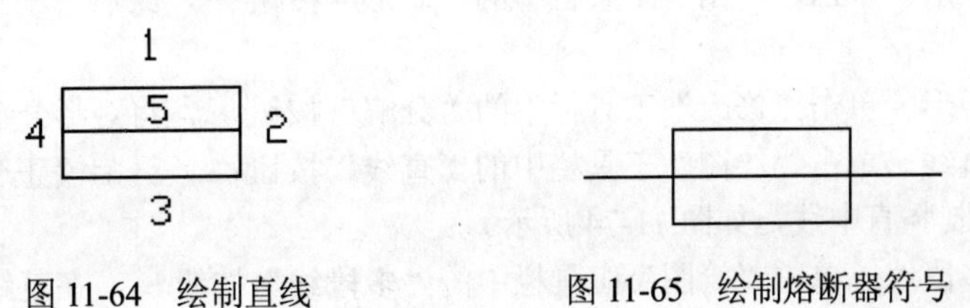

图 11-64　绘制直线　　图 11-65　绘制熔断器符号

Note

2. 绘制开关

（1）绘制直线。单击“绘图”工具栏中的“直线”按钮，开启“正交”模式和“对象捕捉”功能，依次绘制3条长度均为8mm的直线，结果如图11-66所示。

（2）旋转直线。单击“修改”工具栏中的“旋转”按钮，关闭“正交”模式，选择直线2作为旋转对象，捕捉直线2的左端点作为旋转基点，设置旋转角度为30°，旋转结果如图11-67所示。

（3）拉长直线。选择菜单栏中的“修改”→“拉长”命令，选择直线2作为拉长对象，输入拉长增量为2mm，拉长结果如图11-68所示。

图11-66　绘制共线直线　　图11-67　旋转直线　　图11-68　拉长直线

3. 绘制动合接触器

（1）绘制直线。单击“绘图”工具栏中的“直线”按钮，在“正交”和“对象捕捉”绘图模式下，绘制一条长为8mm的直线1，如图11-69所示。

图11-69　绘制直线1

（2）继续绘制直线。单击“绘图”工具栏中的“直线”按钮，用鼠标左键捕捉直线1的右端点作为新绘制直线2的起点，输入直线的长度为8mm，绘制结果如图11-70所示。

（3）继续绘制直线。单击“绘图”工具栏中的“直线”按钮，用鼠标左键捕捉直线2的右端点作为新绘制直线3的起点，输入直线的长度为8mm，绘制结果如图11-71所示。

（4）旋转直线。单击“修改”工具栏中的“旋转”按钮，关闭“正交”模式，选择直线2作为旋转对象，用鼠标左键捕捉直线2的左端点作为旋转基点，输入旋转角度为30º，旋转结果如图11-72所示。

（5）拉长直线。选择菜单栏中的“修改”→“拉长”命令，选择直线2作为拉长对象，输入拉长增量为2mm，拉长结果如图11-73所示。

图11-70　绘制直线2　　图11-71　绘制直线3　　图11-72　旋转直线　　图11-73　拉长直线

4. 绘制热继电器驱动器件

（1）绘制矩形。单击“绘图”工具栏中的“矩形”按钮，绘制一个长为14mm、宽为6mm的矩形。

（2）分解矩形。单击“修改”工具栏中的“分解”按钮，将矩形分解。

（3）绘制直线。单击“绘图”工具栏中的“直线”按钮，开启“正交”模式和“对象捕捉”功能，绘制竖直中线，如图11-74所示。

（4）绘制多段线。单击“绘图”工具栏中的“多段线”按钮，在直线5上捕捉多段线的起点和终点，绘制的多段线如图11-75所示。

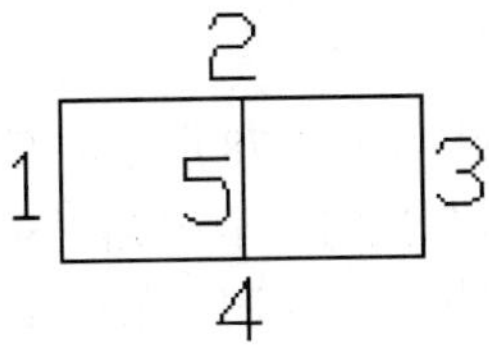

图 11-74　绘制竖直中线

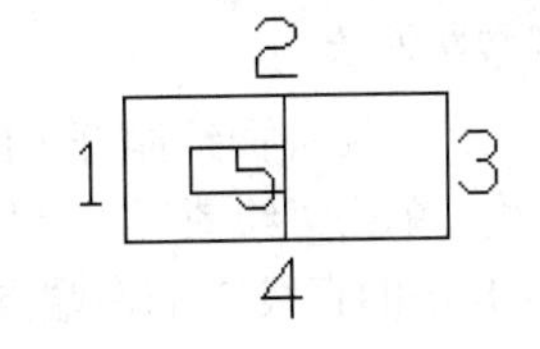

图 11-75　绘制多段线

（5）拉长直线。选择菜单栏中的“修改”→“拉长”命令，选择直线 5 作为拉长对象，输入拉长增量为 4mm，分别单击直线 5 的上端点和下端点，将直线 5 向上、下分别拉长 4mm，如图 11-76 所示。

（6）修剪图形。单击“修改”工具栏中的“修剪”按钮和“打断”按钮，对直线 5 的多余部分进行修剪和打断，完成热继电器驱动器件的绘制，如图 11-77 所示。

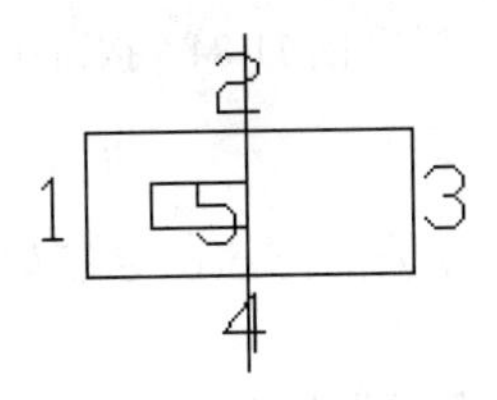

图 11-76　拉长直线

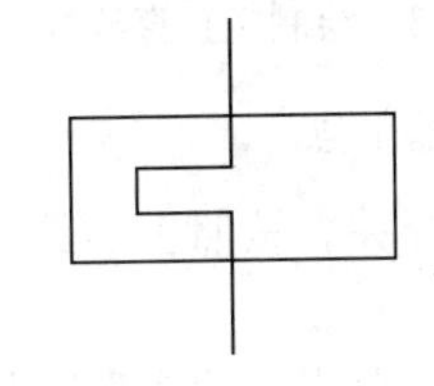

图 11-77　热继电器驱动器件

5. 绘制按钮开关（不闭锁）

（1）绘制开关。按照前面绘制开关的方法，绘制如图 11-78 所示的开关。

（2）绘制竖直直线。单击“绘图”工具栏中的“直线”按钮，在开关正上方的中央位置绘制一条长为 4mm 的竖直直线，如图 11-79 所示。

（3）偏移竖直直线。单击“修改”工具栏中的“偏移”按钮，选择直线 4 为偏移对象，输入偏移距离为 4mm，分别向两侧进行等距偏移，结果如图 11-80 所示。

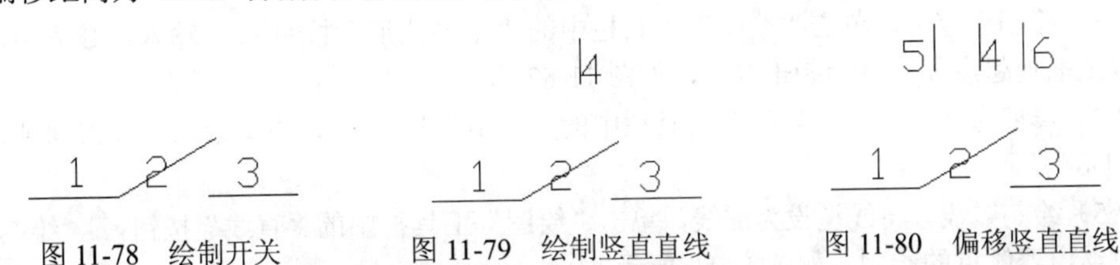

图 11-78　绘制开关　　图 11-79　绘制竖直直线　　图 11-80　偏移竖直直线

（4）绘制水平直线。单击“绘图”工具栏中的“直线”按钮，开启“对象捕捉”模式，分别捕捉直线 5 和直线 6 的上端点作为直线的起点和终点，绘制的水平直线如图 11-81 所示。

（5）绘制虚线。将线型设为虚线，单击“绘图”工具栏中的“直线”按钮，开启“正交”模式，捕捉直线 4 的下端点作为虚线的起点，捕捉直线 2 上的点作为虚线的终点，绘制一条虚线，完成按钮开关的绘制，如图 11-82 所示。

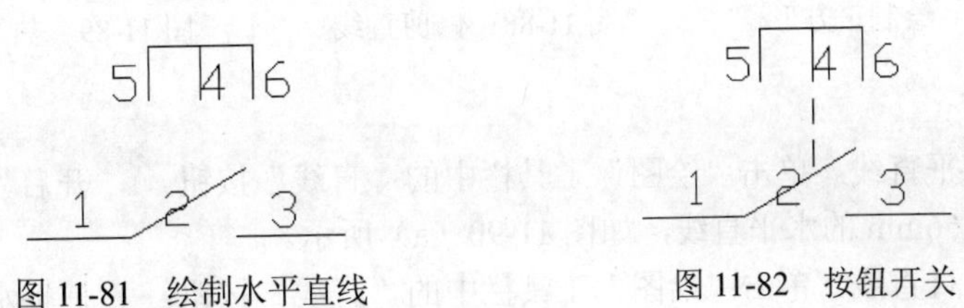

图 11-81　绘制水平直线　　图 11-82　按钮开关

Note

6. 绘制按钮动断开关

（1）绘制开关。按照前面绘制开关的方法，绘制如图 11-78 所示的开关。

（2）绘制直线。单击“绘图”工具栏中的“直线”按钮，开启“对象捕捉”和“正交”模式，捕捉图 11-78 中的直线 3 的左端点作为直线的起点，绘制一条长为 6mm 的竖直直线，如图 11-83 所示。

（3）按照绘制按钮开关的方法绘制按钮动断开关，如图 11-84 所示。

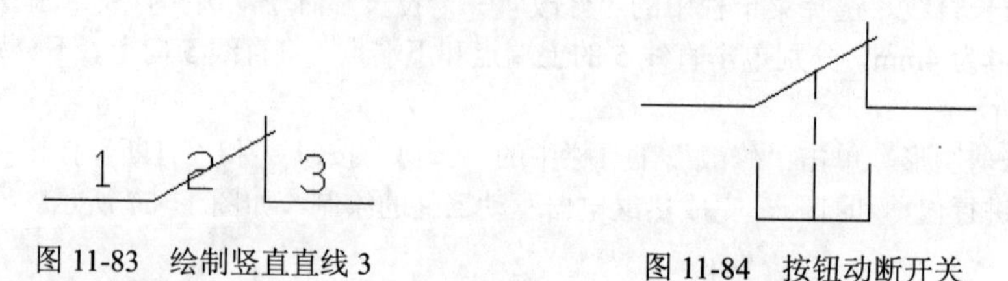

图 11-83　绘制竖直直线 3　　图 11-84　按钮动断开关

7. 绘制热继电器触点

（1）绘制动断开关。按照上面绘制按钮动断开关的方法，绘制如图 11-85 所示的动断开关。

（2）绘制直线。单击“绘图”工具栏中的“直线”按钮，开启“正交”模式，在如图 11-85 所示图形的正上方绘制一条长为 12mm 的水平直线，如图 11-86 所示。

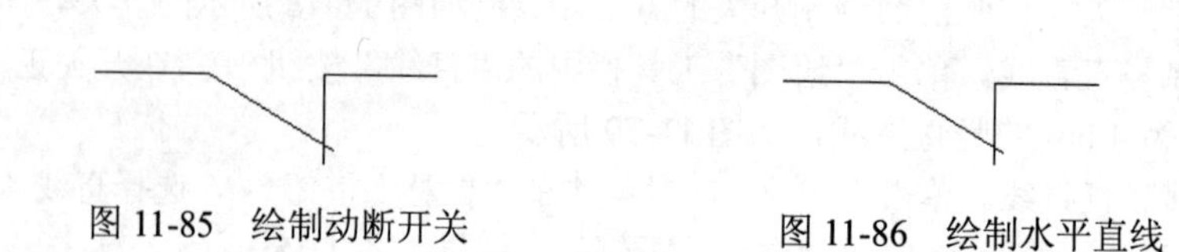

图 11-85　绘制动断开关　　图 11-86　绘制水平直线

（3）绘制正方形。单击“绘图”工具栏中的“正多边形”按钮，输入边数为 4，在水平直线上捕捉起点和终点绘制正方形，如图 11-87 所示。

（4）修剪直线。单击“修改”工具栏中的“修剪”按钮，将多余的直线修剪掉，结果如图 11-88 所示。

（5）绘制虚线。将线型设为虚线，单击“绘图”工具栏中的“直线”按钮，绘制虚线，完成热继电器触点的绘制，如图 11-89 所示。

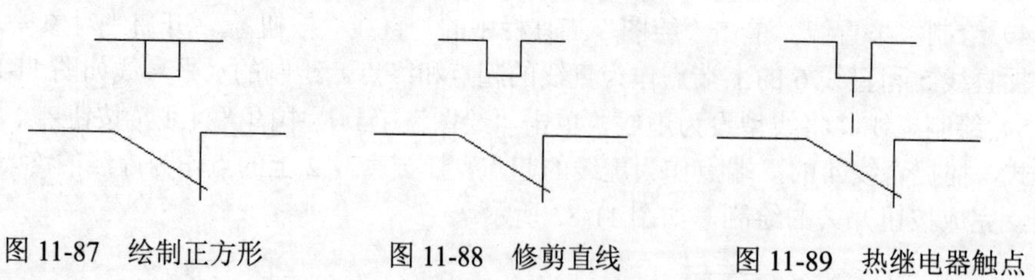

图 11-87　绘制正方形　　图 11-88　修剪直线　　图 11-89　热继电器触点

8. 绘制箭头

（1）绘制水平直线。单击“绘图”工具栏中的“直线”按钮，开启“正交”模式，绘制一条长度为 23.66mm 的水平直线，如图 11-90（a）所示。

（2）绘制竖直直线。单击“绘图”工具栏中的“直线”按钮，捕捉水平直线的左端点

为起点，绘制一条长度为 4mm 的竖直直线，如图 11-90（b）所示。

（3）绘制斜线。单击“绘图”工具栏中的“直线”按钮，关闭“正交”模式，捕捉直线 1 的右端点和直线 2 的上端点，绘制斜线，如图 11-90（c）所示。

Note

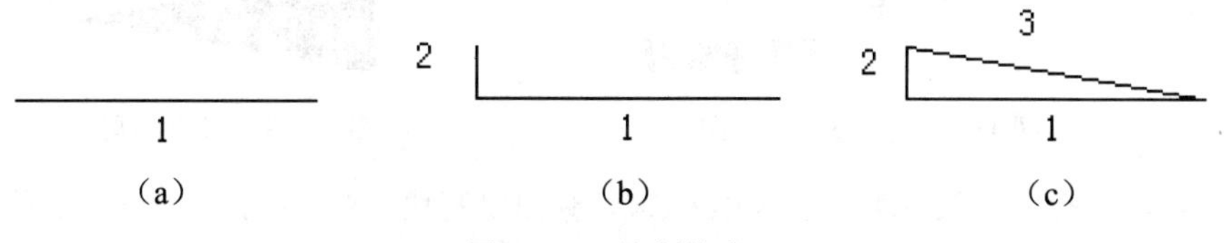

图 11-90 绘制箭头

（4）镜像直线。单击“修改”工具栏中的“镜像”按钮，以直线 1 为镜像线，对直线 2 和直线 3 进行镜像，镜像结果如图 11-91（a）所示。

（5）删除直线。单击“修改”工具栏中的“删除”按钮，将直线 1 删除，如图 11-91（b）所示，完成箭头中等腰三角形的绘制。

图 11-91 绘制箭头

（6）填充等腰三角形。单击“绘图”工具栏中的“图案填充”按钮，弹出“图案填充和渐变色”对话框，如图 11-92 所示。

（7）填充设置。单击“图案”下拉列表框右侧的“浏览”按钮，弹出“填充图案选项板”对话框，如图 11-93 所示。在“其他预定义”选项卡中选择 SOLID 图案，单击“确定”按钮，返回“图案填充和渐变色”对话框。设置“角度”为 0、“比例”为 1，其他选项采用系统默认设置。单击“添加:选择对象”按钮，返回绘图窗口选择等腰三角形的 3 条边，如图 11-94 所示。按 Enter 键返回“图案填充和渐变色”对话框，单击“确定”按钮，完成箭头的填充，结果如图 11-95 所示。

图 11-92 “图案填充和渐变色”对话框

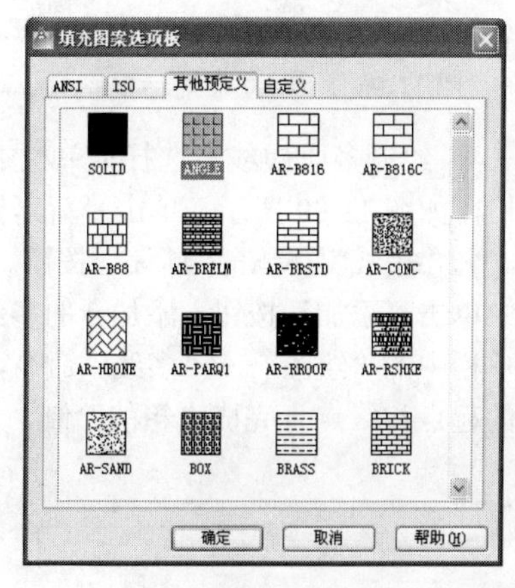

图 11-93 “填充图案选项板”对话框

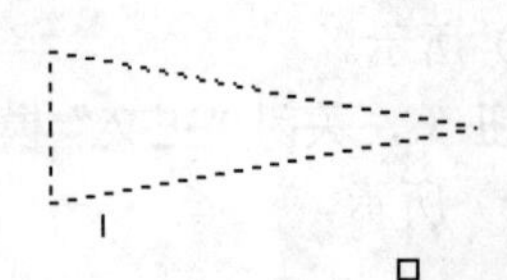

图 11-94　选择填充范围

图 11-95　填充结果

Note

（8）在命令行中输入写块命令 WBLOCK，弹出“写块”对话框，如图 11-96 所示。单击“拾取点”按钮，拾取等腰三角形的顶点作为插入点；单击“选择对象”按钮，选择等腰三角形的 3 条边和填充部分作为写块对象；在“文件名和路径”下拉列表框中选择块的保存路径，并将块命名为“箭头”，便于以后调用。

9. 绘制水箱

（1）绘制矩形。单击“绘图”工具栏中的“矩形”按钮，绘制一个长为 45mm、宽为 55mm 的矩形。

（2）分解矩形。单击“修改”工具栏中的“分解”按钮，将矩形进行分解，如图 11-97 所示。

（3）删除直线。单击“修改”工具栏中的“删除”按钮，将直线 2 删除，结果如图 11-98 所示。

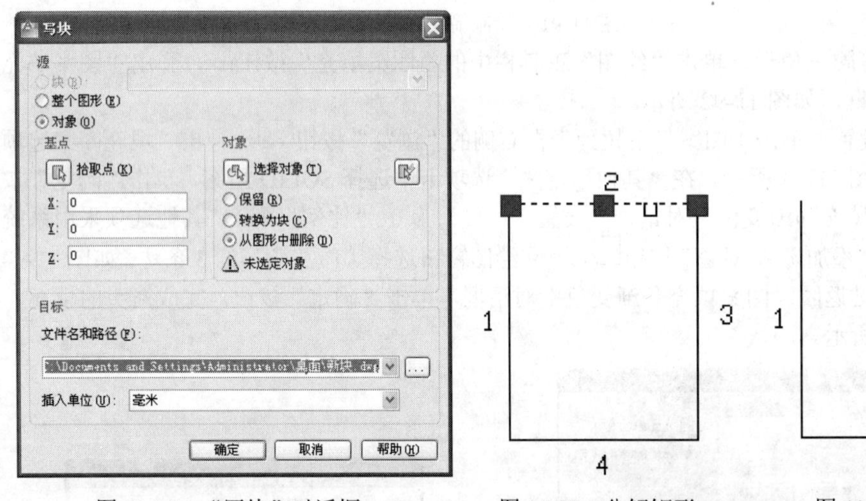

图 11-96　“写块”对话框　　图 11-97　分解矩形　　图 11-98　删除直线

（4）绘制多段虚线。选择菜单栏中的“格式”→“多线样式”命令，弹出“多线样式”对话框，如图 11-99 所示。单击“新建”按钮，在弹出的“创建新的多线样式”对话框中输入新样式名“虚线”，单击“继续”按钮。在弹出的如图 11-100 所示“新建多线样式：虚线”对话框中单击“添加”按钮，添加新的多线属性，条数设置 5 条，分别设置每条多线的线型。选择菜单栏中的“绘图”→“多线”命令，在直线 1 和直线 3 上分别捕捉一个合适的点作为多段虚线的起点和终点，完成水箱的绘制，如图 11-101 所示。

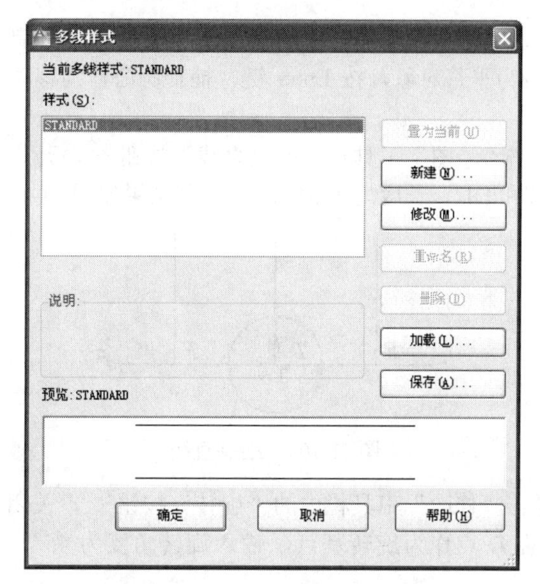

图 11-99　“多线样式”对话框

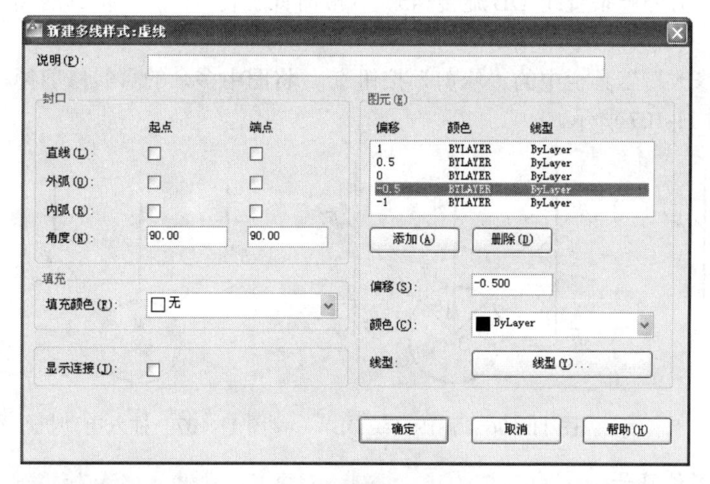

图 11-100　“新建多线样式：虚线”对话框

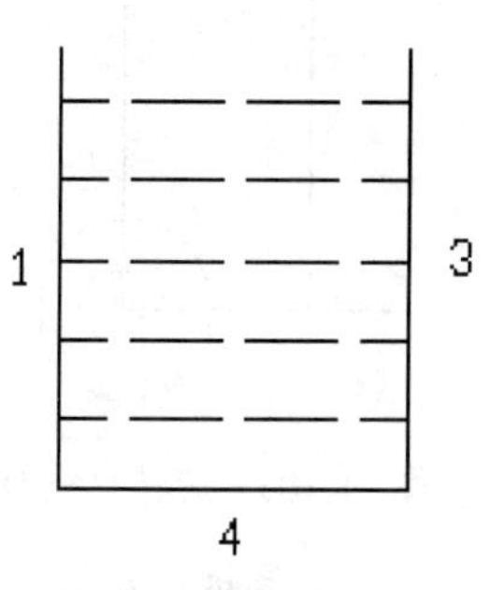

图 11-101　水箱

11.3.6　插入电气元件图块

1. 插入交流电动机

下面将如图 11-102 所示的交流电动机符号插入到如图 11-103 所示的导线上，使圆形符号的圆心与导线的端点 D 重合。

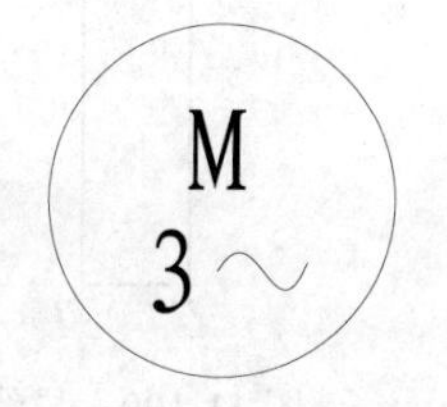

图 11-102　交流电动机

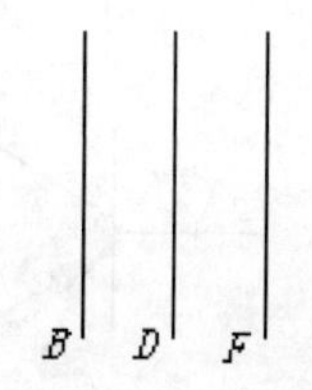

图 11-103　导线

Note

（1）平移图形。单击“修改”工具栏中的“移动”按钮，开启“对象捕捉”模式，选择交流电动机的图形符号为平移对象，按 Enter 键，捕捉圆心作为移动的基点，捕捉导线的端点 D 作为插入点。

（2）绘制直线。单击“绘图”工具栏中的“直线”按钮，开启“正交”模式，在水平方向上分别绘制直线 DB'和 DF'，长度均为 25mm，绘制结果如图 11-104 所示。

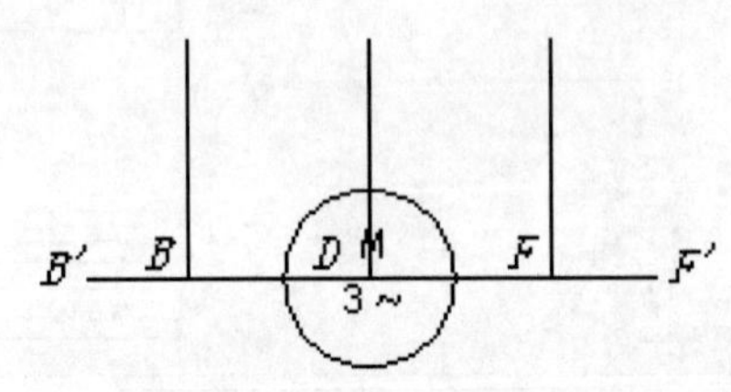

图 11-104　绘制直线

（3）旋转直线。单击“修改”工具栏中的“旋转”按钮，关闭“正交”模式，选择直线 DF'为旋转对象，捕捉 D 点作为旋转基点，输入旋转角度为 45°，旋转结果如图 11-105 所示。

（4）按照同样的方法，将另外一条直线 DB'旋转-45°（顺时针旋转 45°），得到的图形如图 11-106 所示。

（5）修剪图形。单击“修改”工具栏中的“修剪”按钮，将图中多余的直线修剪掉，完成电动机符号的插入，如图 11-107 所示。

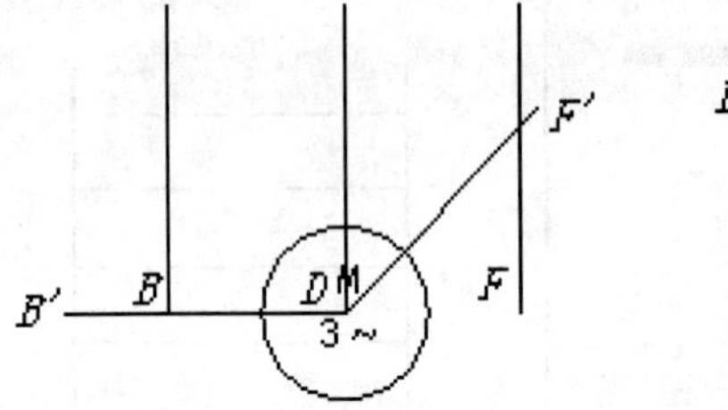

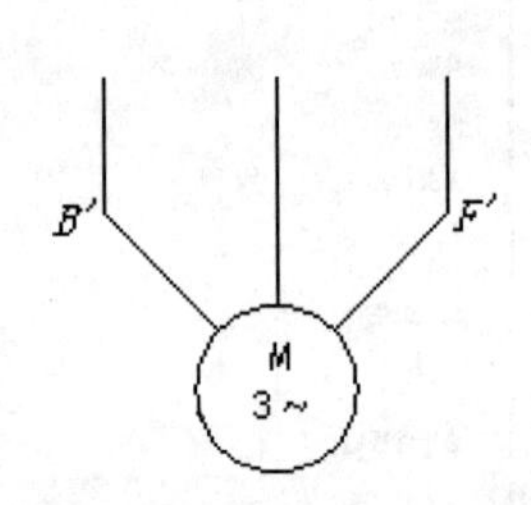

图 11-105　旋转直线 DF'　　图 11-106　旋转直线 DB'　　图 11-107　插入电动机符号

2. 插入三极管及其他元器件符号

1）将如图 11-108 所示的三极管符号插入到如图 11-109 所示的导线中。

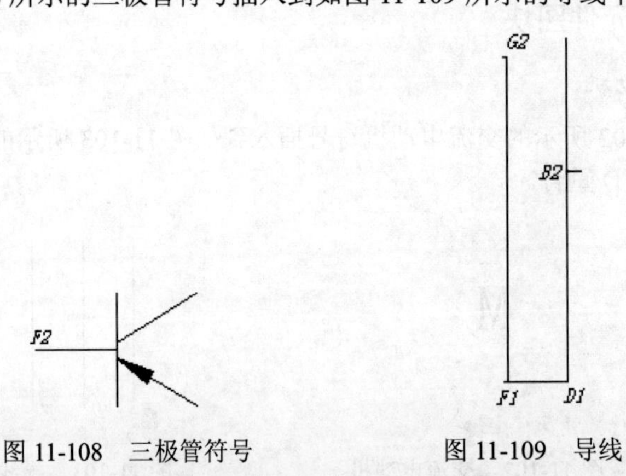

图 11-108　三极管符号　　图 11-109　导线

（1）平移图形。单击“修改”工具栏中的“移动”按钮，开启“对象捕捉”模式，捕捉如图 11-108 所示的点 F2 作为移动基点，选择三极管符号作为移动对象，将其移动到如图 11-109 所示的导线处，移动结果如图 11-110 所示。

（2）继续平移图形。单击“修改”工具栏中的“移动”按钮，开启“正交”模式，选择三极管符号为移动对象，捕捉点 F2 作为移动基点，输入位移为（-5,0,0），将三极管符号向左平移 5mm。命令行中的提示与操作如下。

```
命令: _move
选择对象: 指定对角点: 找到 6 个
选择对象: ↙
指定基点或 [位移(D)] <位移>: d↙
指定位移 <0.0000, 0.0000, 0.0000>: -5,0,0↙
命令:↙
```

平移结果如图 11-111 所示。

（3）修剪图形。单击“修改”工具栏中的“修剪”按钮，将多余的直线修剪掉，完成三极管符号的插入，如图 11-112 所示。

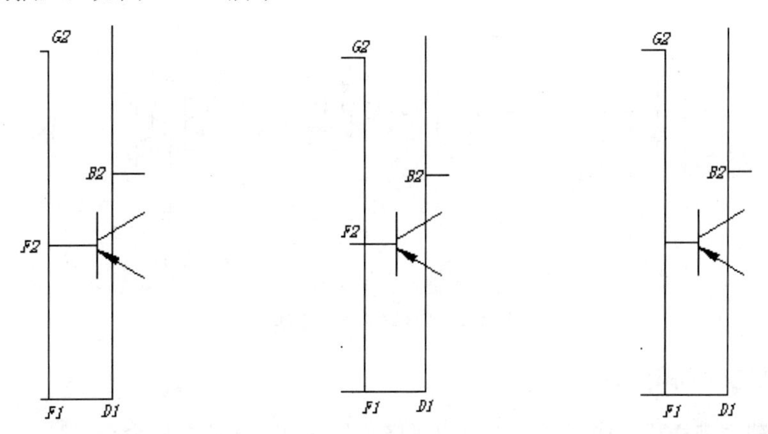

图 11-110　移动三极管符号　　图 11-111　平移结果　　图 11-112　插入三极管符号

2）按照同样的方法，将其他元器件符号一一插入到线路结构图中，得到如图 11-113 所示的图形。

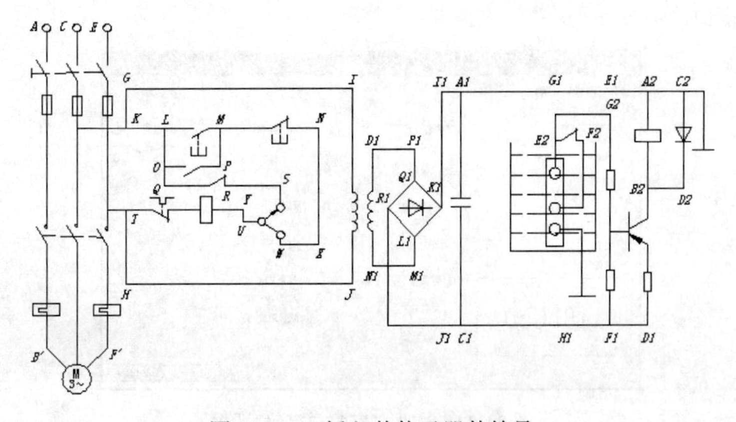

图 11-113　插入其他元器件符号

Note

3. 绘制导线连接点

如图 11-113 所示的电路图尚不够完整，因为没有标出导线之间的连接情况，如图 11-114 所示。下面以如图 11-115 所示的连接点 A1 为例，介绍导线连接实心点的绘制步骤。

（1）单击“绘图”工具栏中的“圆”按钮，开启“对象捕捉”模式，捕捉点 A1 为圆心，绘制一个半径为 1mm 的圆，如图 11-115 所示。单击“绘图”工具栏中的“图案填充”按钮，在圆中填充 SOLID 图案，填充结果如图 11-116 所示。

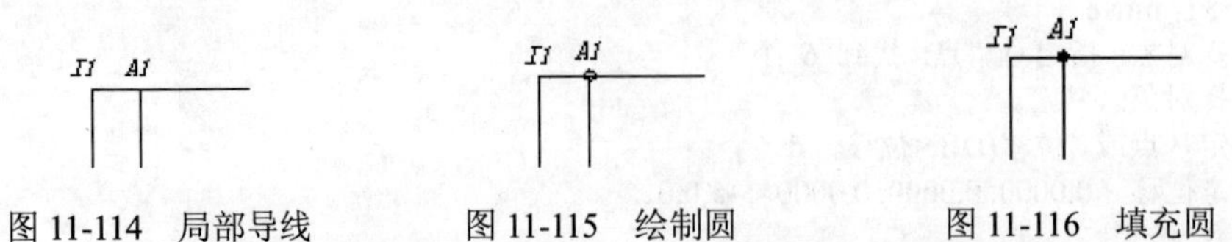

图 11-114　局部导线　　图 11-115　绘制圆　　图 11-116　填充圆

（2）按照同样的方法，在其他导线节点处绘制导线连接点，结果如图 11-117 所示。

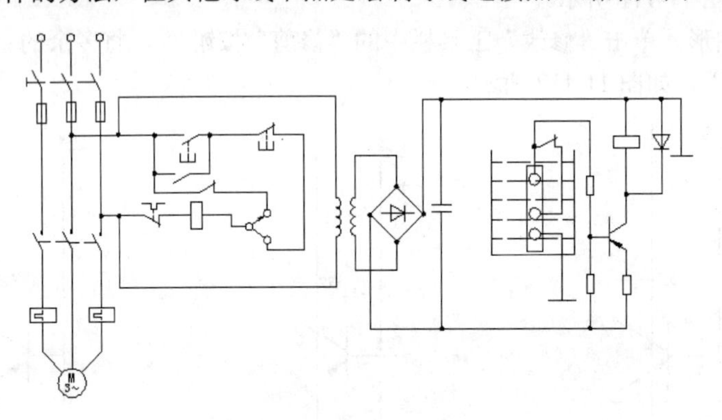

图 11-117　绘制导线连接点

11.3.7　添加文字和注释

（1）新建文字样式。选择菜单栏中的“格式”→“文字样式”命令，弹出“文字样式”对话框，如图 11-118 所示。单击“新建”按钮，弹出“新建样式”对话框，输入样式名“注释”，单击“确定”按钮，返回“文字样式”对话框。在“字体名”下拉列表框中选择“仿宋_GB2312”，设置“宽度因子”为 1、“倾斜角度”为 0，将“注释”样式置为当前文字样式，单击“应用”按钮返回绘图窗口。

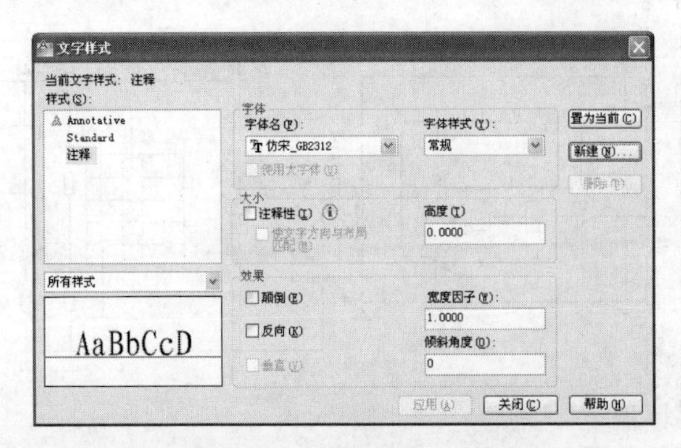

图 11-118　“文字样式”对话框

（2）添加注释文字。选择菜单栏中的“绘图”→“文字”→“多行文字”命令，在目标位置添加注释文字，如图 11-119 所示。至此，完成水位控制电路图的绘制，如图 11-120 所示。

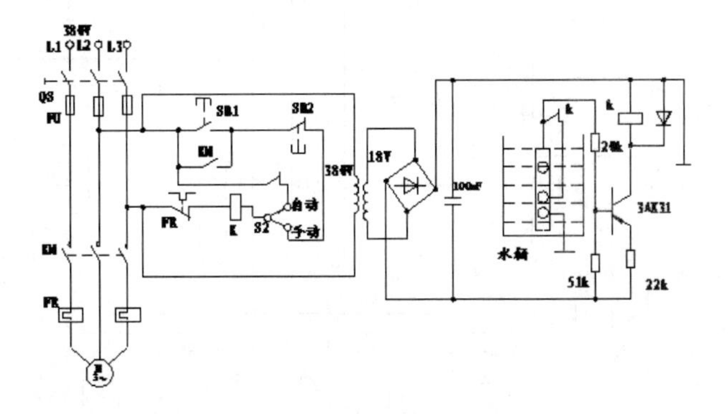

图 11-119　添加注释文字

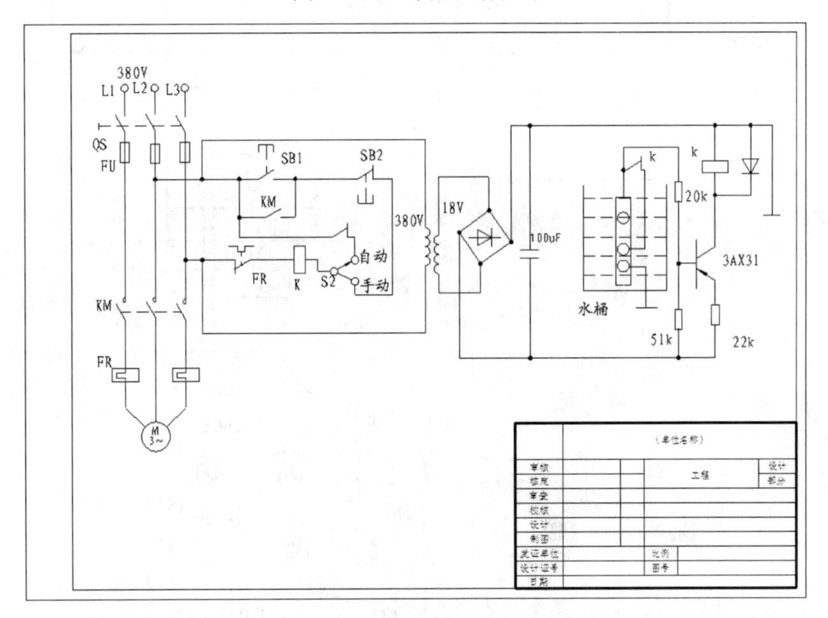

图 11-120　水位控制电路图

11.4　电动机自耦降压启动控制电路图

本节要绘制的是一种自耦降压启动控制电路，其工作原理为：合上断路器 QS，信号灯 HL 亮，表明控制电路已接通电源；按下启动按钮 SB2，接触器 KM2 得电吸合，电动机经自耦变压器降压启动；中间继电器 KA1 也得电吸合，其常开触点闭合，同时接通通电延时时间继电器 KT1 回路。当时间继电器 KT1 延时时间到，其延时动合触点闭合，使中间继电器 KA2 得电吸合自保，接触器 KM2 失电释放，自耦变压器退出运行，同时通电延时时间继电器 KT2 得电；当 KT2 延时时间到，其延时动合触点闭合，使中间继电器 KA3 得电吸合，接触器 KM1 也得电吸合，电动机转入正常运行工作状态，时间继电器 KT1 失电。绘制流程如图 11-121 所示。

Note

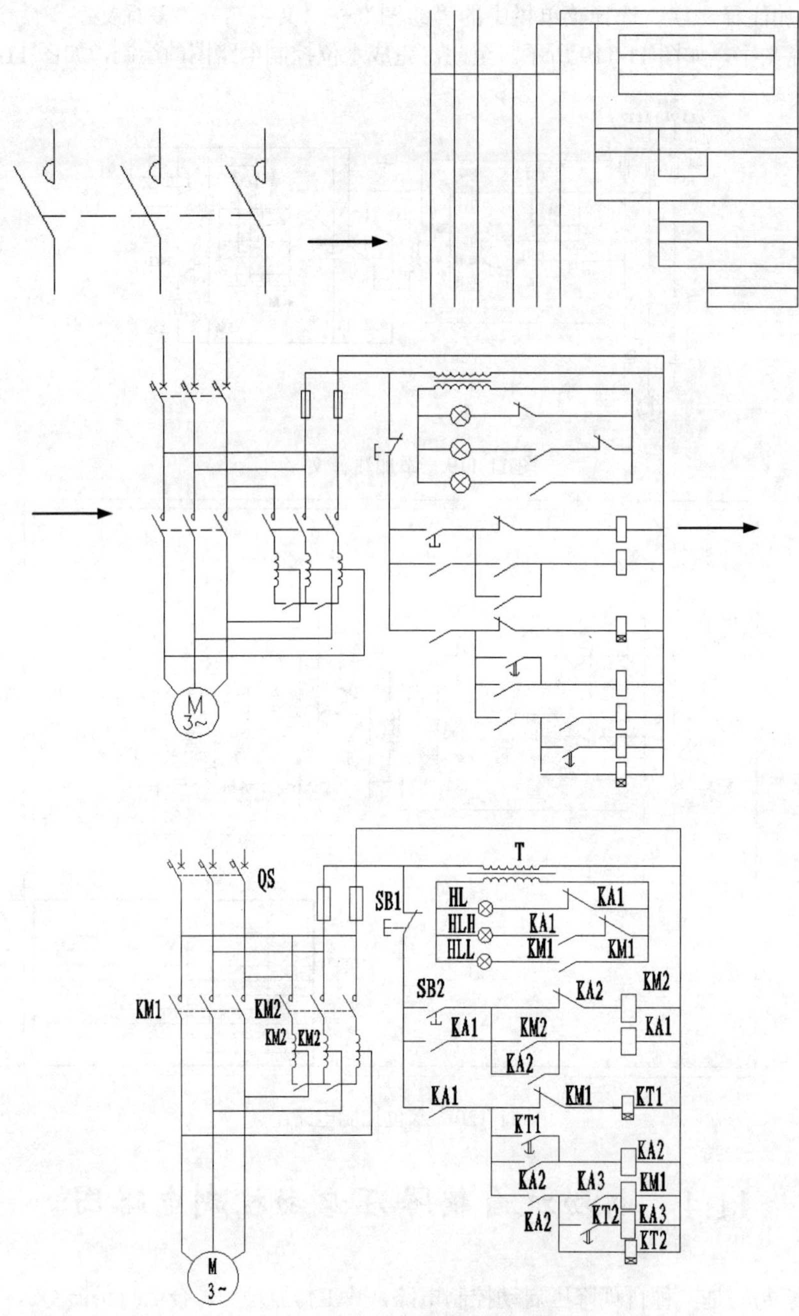

图 11-121　绘制电动机自耦降压启动控制电路图

光盘\动画演示\第 11 章\电动机自耦降压启动控制电路图.avi

11.4.1　设置绘图环境

（1）新建文件。启动 AutoCAD 2012 应用程序，以 A4.dwt 样板文件为模板新建文件，将新文件命名为“自耦降压启动控制电路图.dwt”并保存。

（2）设置图层。新建“连接线层”、“虚线层”和“实体符号层”3 个图层，将“连接线层”设为当前图层，各图层的属性如图 11-122 所示。

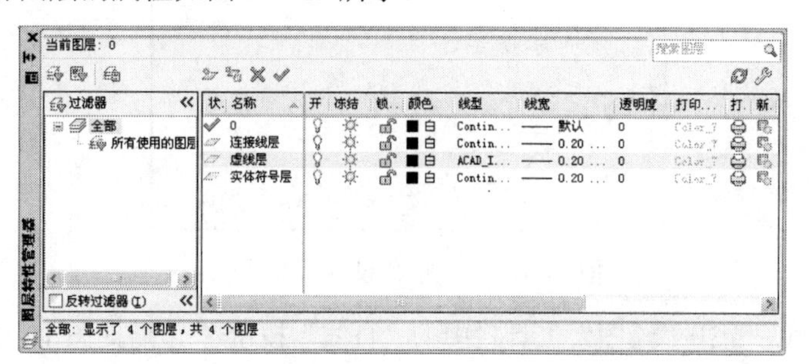

图 11-122　设置图层

11.4.2　绘制电气元件

1. 绘制断路器

（1）绘制竖直直线。单击“绘图”工具栏中的“直线”按钮，绘制一条长度为 15mm 的竖直直线，如图 11-123（a）所示。

（2）绘制水平直线。单击“绘图”工具栏中的“直线”按钮，以图 11-123（a）中竖直直线的上端点 M 为起点，向左、右两侧绘制长度为 1.4mm 的水平直线，如图 11-123（b）所示。

（3）平移水平直线。单击“修改”工具栏中的“移动”按钮，竖直向下移动水平直线，移动距离为 5mm，如图 11-123（c）所示。

（4）旋转水平直线。单击“修改”工具栏中的“旋转”按钮，将水平直线以其与竖直直线的交点为基点旋转 45°，如图 11-123（d）所示。

（5）镜像旋转线。单击“修改”工具栏中的“镜像”按钮，将旋转后的直线以竖直直线为对称轴进行镜像处理，如图 11-123（e）所示。

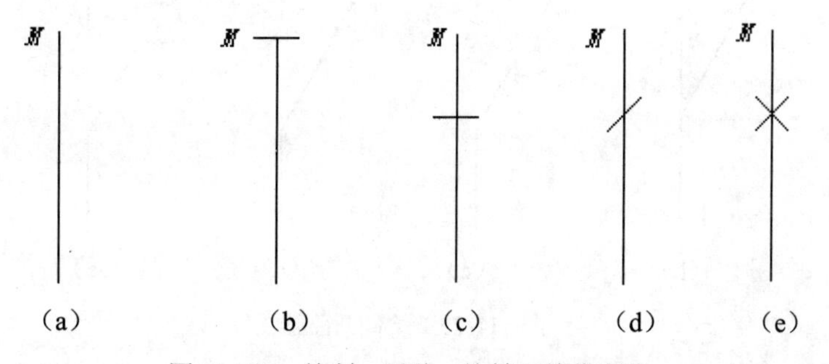

图 11-123　绘制、平移、旋转及镜像直线

（6）设置极轴追踪。选择菜单栏中的“工具”→“草图设置”命令，弹出“草图设置”对话框，在“极轴追踪”选项卡中设置“增量角”为 30°，如图 11-124 所示。

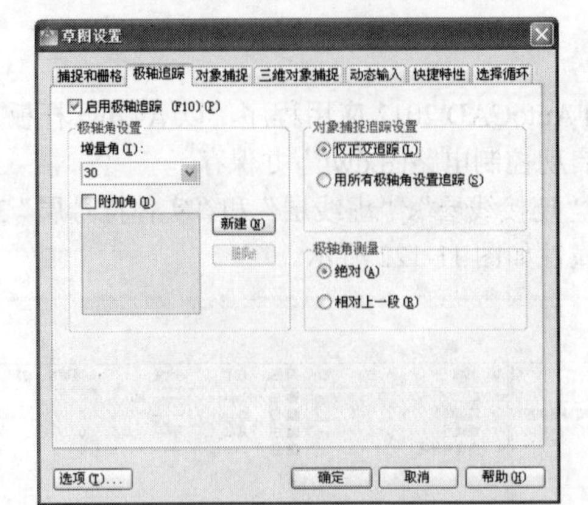

图 11-124　“草图设置”对话框

（7）绘制斜线。单击“绘图”工具栏中的“直线”按钮，捕捉图 11-123（e）中竖直直线的下端点为起点，绘制与竖直直线夹角为 30°、长度为 7.5mm 的直线，如图 11-125（a）所示。

（8）偏移斜线。单击“修改”工具栏中的“移动”按钮，将刚刚绘制的斜线竖直向上移动，移动距离为 5mm，如图 11-125（b）所示。

（9）修剪图形。单击“修改”工具栏中的“修剪”按钮，对图 11-125（b）中的竖直直线进行修剪，结果如图 11-125（c）所示。

（10）绘制矩形。单击“绘图”工具栏中的“矩形”按钮，以斜线的上端点为起点，绘制一个长为 1mm、宽为 2mm 的矩形，如图 11-125（d）所示。

（11）旋转矩形。单击“修改”工具栏中的“旋转”按钮，以矩形的起点为基准点，将矩形逆时针旋转 30°，如图 11-125（e）所示。

（12）移动矩形。单击“修改”工具栏中的“移动”按钮，沿斜线向下移动矩形，移动距离为 0.5mm，如图 11-125（f）所示。

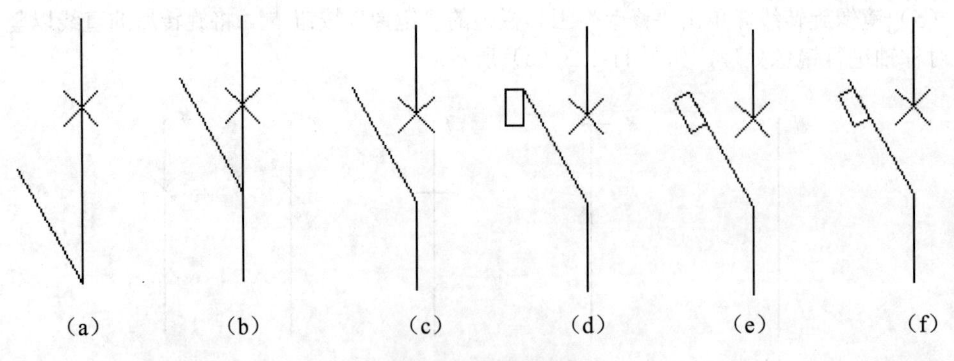

图 11-125　绘制断路器

（13）阵列图形。单击“修改”工具栏中的“矩形阵列”按钮，选择如图 11-125（f）所示的图形为阵列对象，设置行数为 1、列数为 3、列间距为 10，效果如图 11-126 所示。

（14）绘制水平直线。单击“绘图”工具栏中的“直线”按钮，绘制直线 PN，如图 11-127 所示。

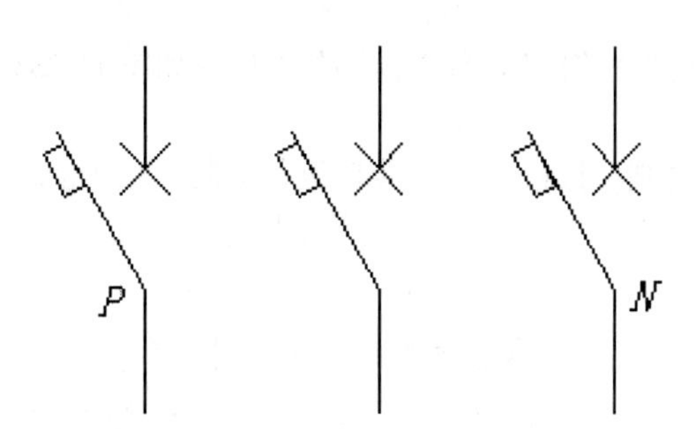

图 11-126 阵列图形

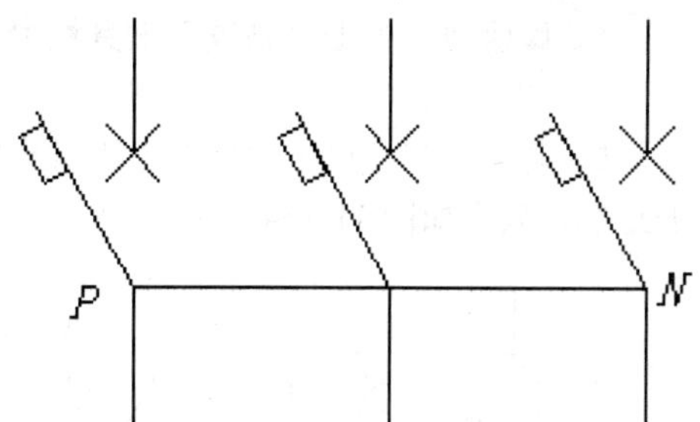

图 11-127 绘制水平直线

（15）更改线型。选中水平直线 PN，将直线的线型改为虚线，如图 11-128 所示。

（16）移动水平直线。单击“修改”工具栏中的“移动”按钮，将水平直线向上移动 2mm，向左移动 1.15mm，完成断路器的绘制，如图 11-129 所示。

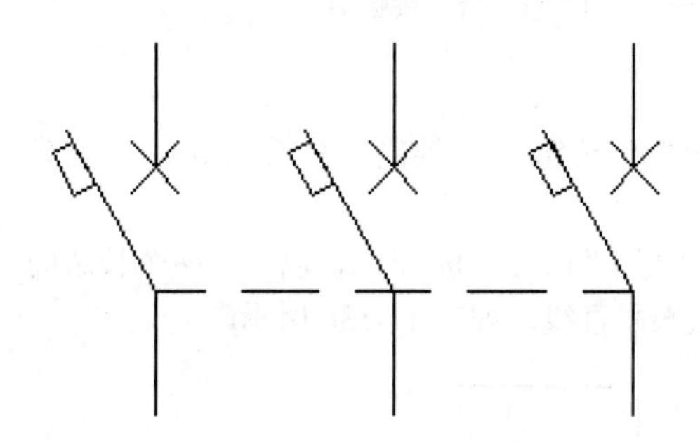

图 11-128 更改线型

图 11-129 绘制完成的断路器

2. 绘制接触器

（1）修剪图形。单击“修改”工具栏中的“删除”按钮，在图 11-129 的基础上删除多余的图形，如图 11-130 所示。

（2）绘制圆。单击“绘图”工具栏中的“圆”按钮，以图 11-130 中的 *O* 点为圆心，绘制半径为 1mm 的圆，效果如图 11-131 所示。

（3）平移圆。单击“修改”工具栏中的“移动”按钮，将圆向上移动 1mm，如图 11-132 所示。

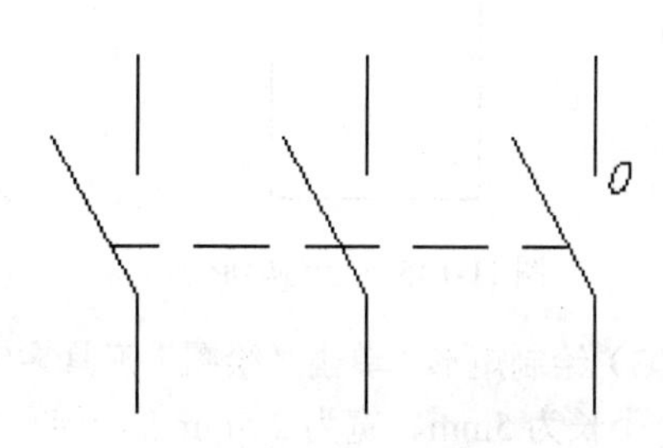

图 11-130 修剪图形

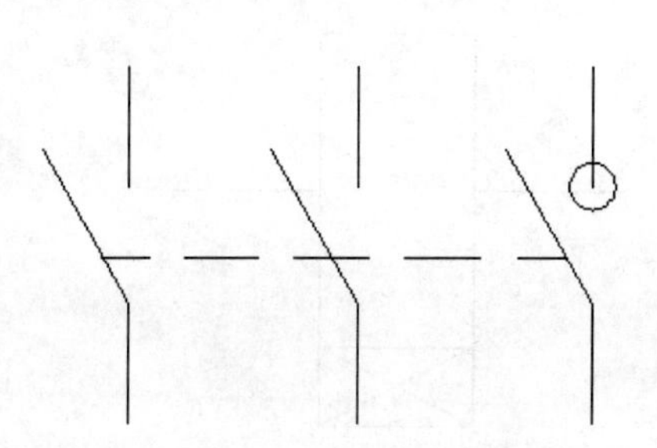

图 11-131 绘制圆

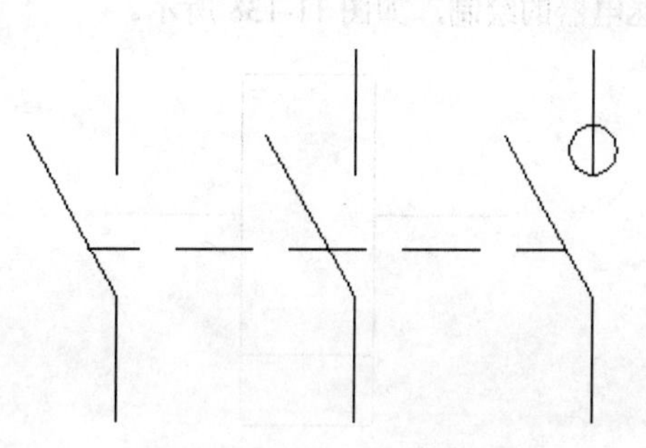

图 11-132 移动圆

（4）修剪圆。单击“修改”工具栏中的“修剪”按钮，修剪掉圆的右侧，如图 11-133 所示。

（5）复制半圆。单击“修改”工具栏中的“复制”按钮，将半圆进行复制，完成接触器的绘制，效果如图 11-134 所示。

Note

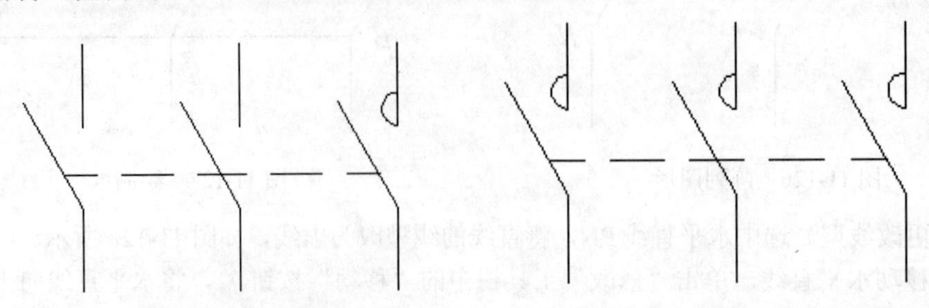

图 11-133　修剪圆　　图 11-134　接触器

3. 绘制时间继电器

（1）绘制矩形。单击“绘图”工具栏中的“矩形”按钮，绘制一个长为 5mm、宽为 10mm 的矩形，如图 11-135 所示。

（2）绘制两条水平直线。单击“绘图”工具栏中的“直线”按钮，以矩形两个长边的中点为起点，分别向左、右两侧绘制长度为 5mm 的水平直线，如图 11-136 所示。

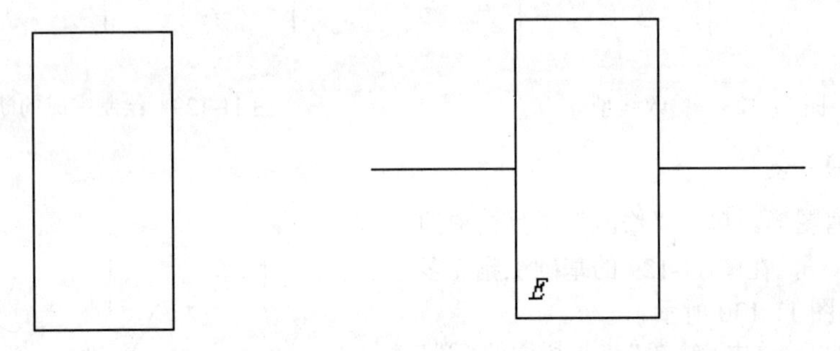

图 11-135　绘制矩形　　图 11-136　绘制两条直线

（3）绘制矩形。单击“绘图”工具栏中的“矩形”按钮，以图 11-136 中的 *E* 点为起点，绘制一个长为 5mm、宽为 2.5mm 的矩形，效果如图 11-137 所示。

（4）绘制斜线。单击“绘图”工具栏中的“直线”按钮，绘制小矩形的对角线，完成时间继电器的绘制，如图 11-138 所示。

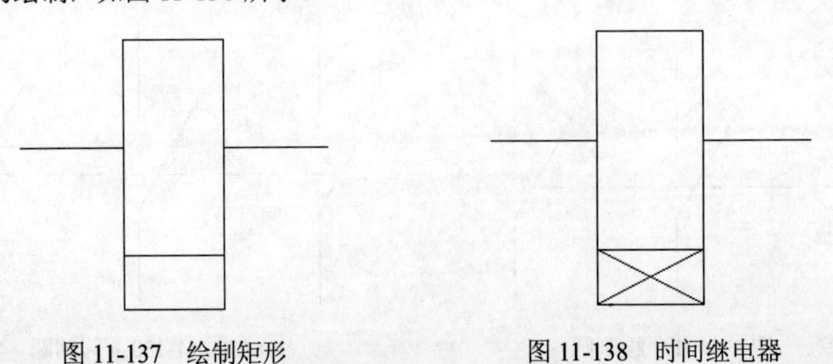

图 11-137　绘制矩形　　图 11-138　时间继电器

4. 绘制动合触点

（1）绘制水平直线。单击“绘图”工具栏中的“直线”按钮，绘制一条长为10mm的水平直线，效果如图11-139（a）所示。

（2）绘制斜线。单击“绘图”工具栏中的“直线”按钮，以水平直线的右端点为起点，绘制一条与水平直线成30°、长度为6mm的直线，如图11-139（b）所示。

（3）平移斜线。单击“修改”工具栏中的“移动”按钮，将斜线水平向左移动2.5mm，如图11-139（c）所示。

（4）绘制竖直直线。单击“绘图”工具栏中的“直线”按钮，以斜线的下端点为起点，竖直向上绘制一条长度为3mm的直线，如图11-139（d）所示。

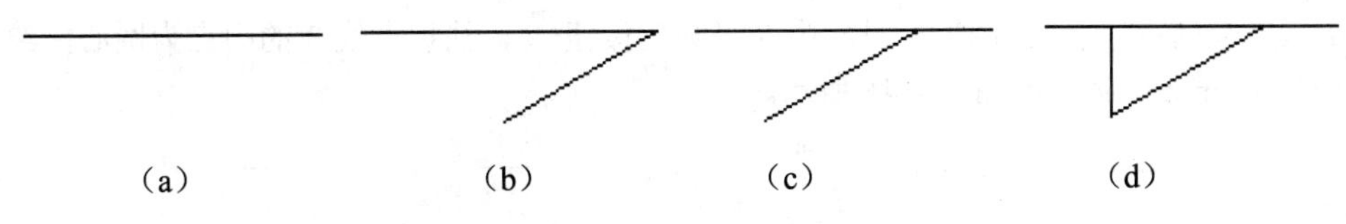

图11-139　绘制动合触点

（5）修剪图形。单击“修改”工具栏中的“修剪”按钮，以斜线和竖直直线为修剪边，对水平直线进行修剪，完成动合触点的绘制，如图11-140所示。

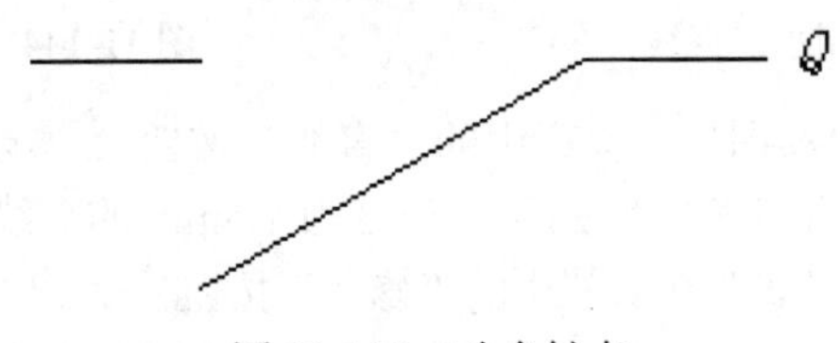

图11-140　动合触点

5. 绘制时间继电器动合触点

（1）绘制竖直直线。在图11-140所示动合触点图形符号的基础上，单击“绘图”工具栏中的“直线”按钮，以Q点为起点，竖直向下绘制一条长度为4mm的直线1，效果如图11-141（a）所示。

（2）偏移竖直直线。单击“修改”工具栏中的“偏移”按钮，将直线1向左偏移0.7mm，如图11-141（b）所示。

图11-141　绘制竖直直线

（3）移动竖直直线。单击“修改”工具栏中的“移动”按钮，将图11-141（b）中的竖直直线向左移动5mm，向下移动1.5mm，如图11-142（a）所示。

（4）修剪图形。单击“修改”工具栏中的“修剪”按钮，对图形进行修剪，修剪结果如图11-142（b）所示。

Note

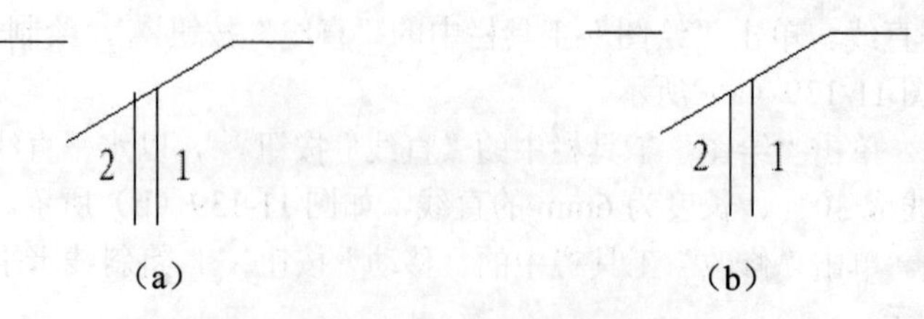

图 11-142　移动并修剪直线

（5）绘制水平直线。单击“绘图”工具栏中的“直线”按钮，连接直线 1 和直线 2 的下端点，绘制水平直线 3，如图 11-143 所示。

（6）绘制圆。单击“绘图”工具栏中的“圆”按钮，捕捉直线 3 的中点为圆心，绘制一个半径为 1.5mm 的圆，如图 11-144 所示。

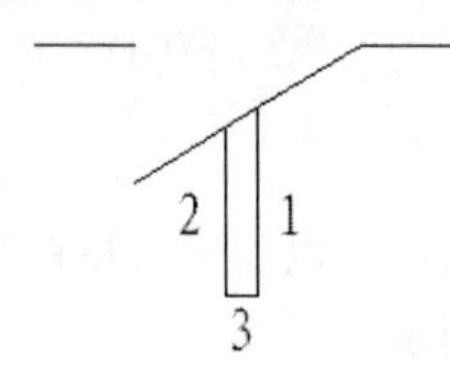

图 11-143　绘制水平直线

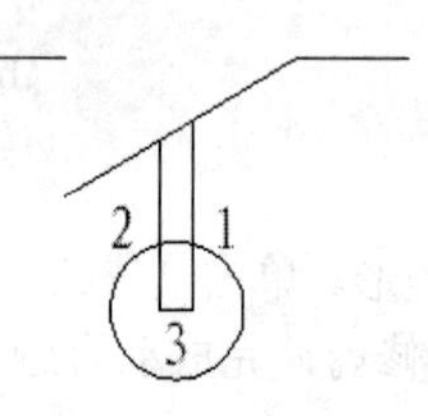

图 11-144　绘制圆

（7）绘制斜线。单击“绘图”工具栏中的“直线”按钮，以直线 3 的中点为起点，分别向左、右两侧绘制与水平直线夹角为 25°、长度为 1.5mm 的直线，如图 11-145 所示。

（8）修剪直线。单击“修改”工具栏中的“修剪”按钮，以图 11-145 中的两条斜线为修剪边，修剪圆；单击“修改”工具栏中的“删除”按钮，删除两条斜线，效果如图 11-146 所示。

（9）移动圆弧。单击“修改”工具栏中的“移动”按钮，将图 11-146 中的圆弧向上移动 1.5mm；单击“修改”工具栏中的“修剪”按钮，以圆弧为修剪边修剪直线；单击“修改”工具栏中的“删除”按钮，删除水平直线 3，完成时间继电器动合触点的绘制，如图 11-147 所示。

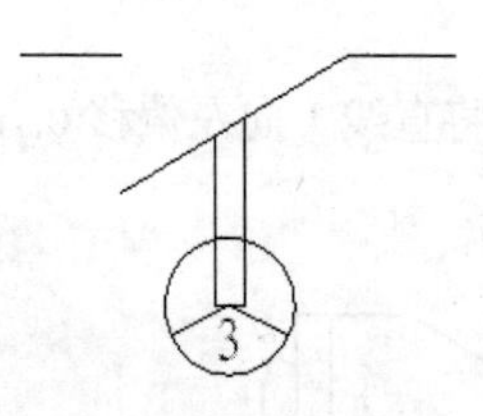

图 11-145　绘制斜线

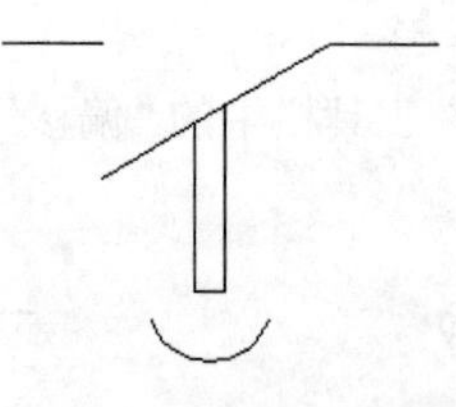

图 11-146　修剪图形

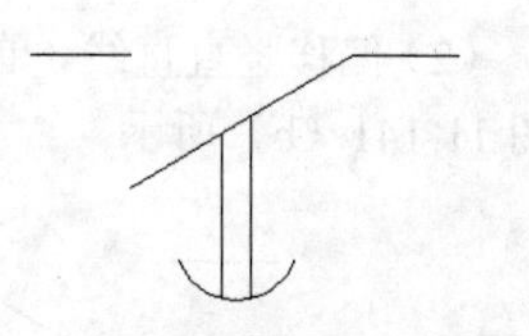

图 11-147　时间继电器动合触点

6. 绘制启动按钮

（1）绘制竖直直线。在如图 11-140 所示动合触点图形符号的基础上，单击“绘图”工具栏中的“直线”按钮，以 Q 点为起点，竖直向下绘制一条长为 3.5mm 的直线 1，如图 11-148 所示。

（2）移动竖直直线。单击“修改”工具栏中的“移动”按钮，将图 11-148 中的竖直直线 1 向左移动 5mm，再向下移动 1.5mm，如图 11-149 所示。

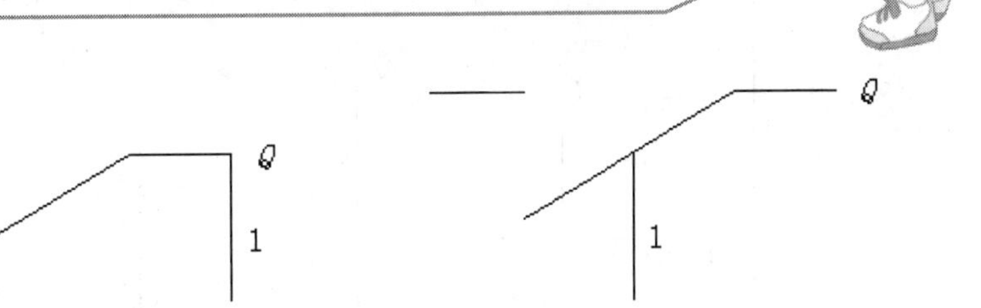

图 11-148　绘制竖直直线　　图 11-149　移动竖直直线

（3）更改图形对象的图层属性。选中竖直直线，单击“图层”工具栏中的下拉按钮，在弹出的下拉菜单中选择“虚线层”，更改图层后的效果如图 11-150 所示。

（4）绘制正交直线。单击“绘图”工具栏中的“直线”按钮，绘制长度为 1.5mm 和 0.7mm 的两条正交直线，效果如图 11-151 所示。

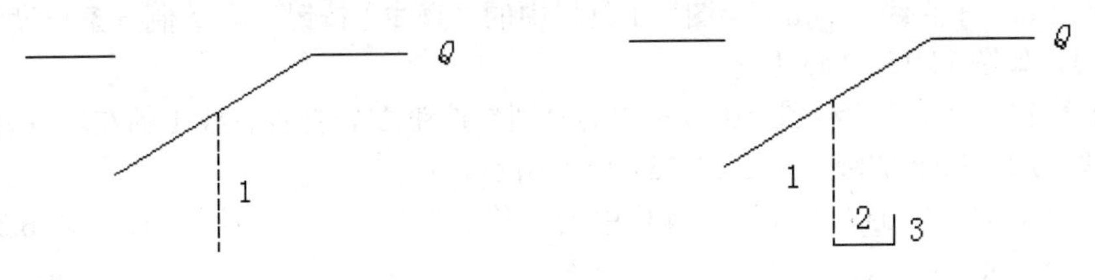

图 11-150　更改图层属性　　图 11-151　绘制正交直线

（5）镜像图形。单击“修改”工具栏中的“镜像”按钮，以图 11-151 中的直线 1 为镜像轴，镜像直线 2 和直线 3，完成启动按钮的绘制，如图 11-152 所示。

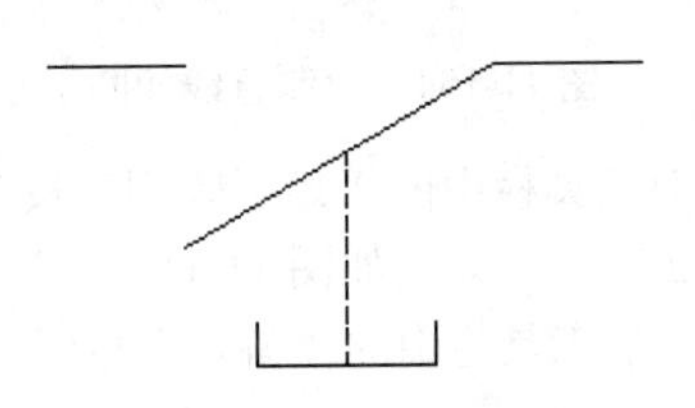

图 11-152　启动按钮

7. 绘制自耦变压器

（1）绘制竖直直线。单击“绘图”工具栏中的“直线”按钮，绘制一条长 20mm 的竖直直线，如图 11-153（a）所示。

（2）绘制圆。单击“绘图”工具栏中的“圆”按钮，捕捉直线 1 的上端点为圆心，绘制半径为 1.25mm 的圆，如图 11-153（b）所示。

（3）移动圆。单击“修改”工具栏中的“移动”按钮，将圆向下平移 6.25mm，如图 11-153（c）所示。

（4）阵列圆。单击“修改”工具栏中的“矩形阵列”按钮，选择图 11-153（c）中的圆为阵列对象，设置行数为 4、列数为 1、行间距为 2.5mm，效果如图 11-153（d）所示。

（5）修剪图形。单击“修改”工具栏中的“修剪”按钮，修剪掉多余线段，完成自耦变压器的绘制，如图 11-153（e）所示。

Note

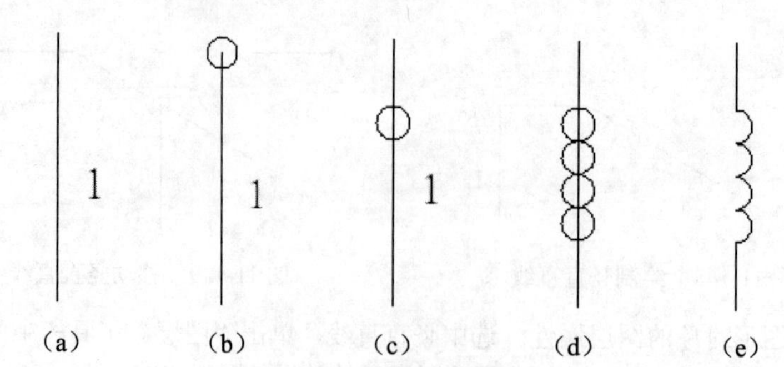

图 11-153 绘制自耦变压器

8. 绘制变压器

(1) 绘制水平直线。单击“绘图”工具栏中的“直线”按钮，绘制一条长度为 27.5mm 水平直线 1，如图 11-154（a）所示。

(2) 绘制圆。单击“绘图”工具栏中的“圆”按钮，捕捉直线 1 的左端点为圆心，绘制一个半径为 1.25mm 的圆，如图 11-154（b）所示。

(3) 移动圆。单击“修改”工具栏中的“移动”按钮，将圆向右平移 6.25mm，如图 11-154（c）所示。

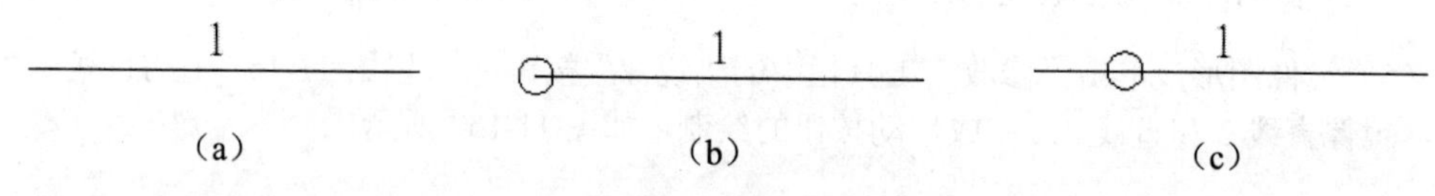

图 11-154 绘制直线和圆

(4) 阵列圆。单击“修改”工具栏中的“矩形阵列”按钮，选择圆为阵列对象，设置行数为 1、列数为 7、列间距为 2.5mm，效果如图 11-155（a）所示。

(5) 偏移直线。单击“修改”工具栏中的“偏移”按钮，将直线 1 向下偏移 2.5mm，如图 11-155（b）所示。

(6) 修剪图形。单击“修改”工具栏中的“修剪”按钮，修剪多余的线段，结果如图 11-155（c）所示。

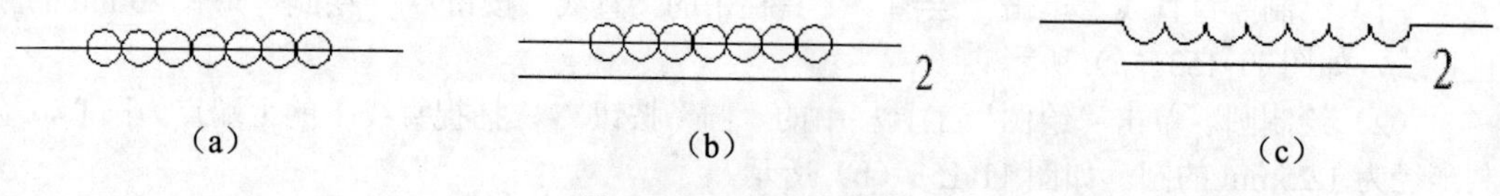

图 11-155 绘制变压器

(7) 镜像图形。单击“修改”工具栏中的“镜像”按钮，以直线 2 为镜像线，对直线 2 上侧的图形进行镜像处理，完成变压器的绘制，如图 11-156 所示。

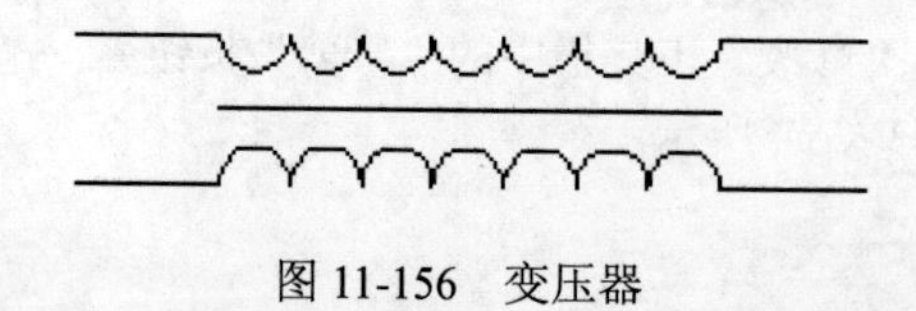

图 11-156 变压器

9. 绘制其他元器件符号

本例中用到的元器件比较多，有些元件在其他实例中已介绍过，在此不再一一赘述。其他部分元器件的图形符号如图 11-157 所示。

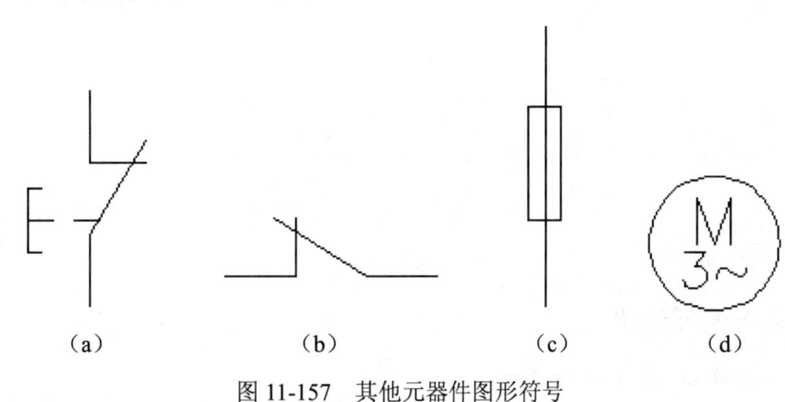

图 11-157 其他元器件图形符号

11.4.3 绘制结构图

（1）绘制竖直直线。单击“绘图”工具栏中的“直线”按钮，绘制一条长为 121.5mm 的竖直直线 1。单击“修改”工具栏中的“偏移”按钮，将直线 1 向右偏移，偏移量依次为 10mm、20mm、35mm、45mm、55mm、70mm、80mm、97mm、118mm、146mm、156mm，如图 11-158 所示。

（2）绘制水平直线。单击“绘图”工具栏中的“直线”按钮，开启“对象捕捉”模式，绘制直线 AB。单击“修改”工具栏中的“偏移”按钮，将直线 AB 向下偏移，偏移量依次为 5mm、5mm、8mm、8mm、8mm、14mm、10mm、10mm、10mm、8.5mm、8mm、10mm、9mm、8mm，如图 11-159 所示。

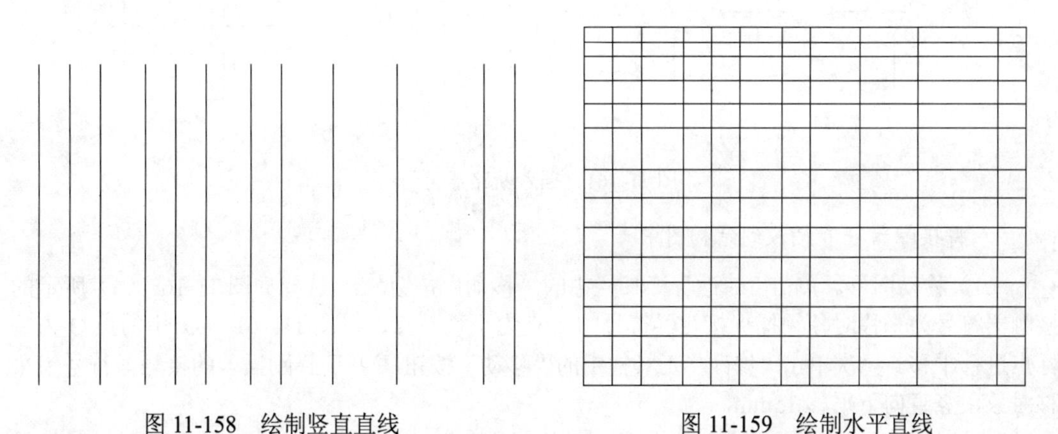

图 11-158 绘制竖直直线　　图 11-159 绘制水平直线

（3）修剪图形。单击“修改”工具栏中的“修剪”按钮，修剪掉多余的直线，得到如图 11-160 所示结构图。

Note

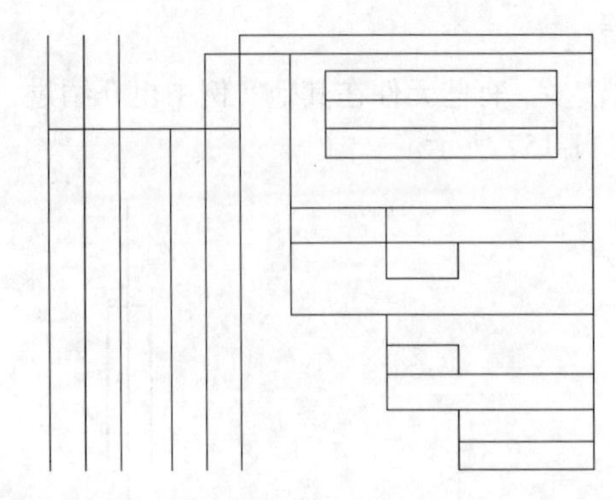

图 11-160　结构图

11.4.4　插入电气元件图块

1. 将断路器符号插入到结构图中

（1）移动图形。单击“修改”工具栏中的“移动”按钮，选择图 11-161（a）所示的断路器符号为平移对象，捕捉断路器符号的 *P* 点为平移基点，以图 11-161（b）中的 *A* 点为目标点进行平移。

（2）修剪图形。单击“修改”工具栏中的“修剪”按钮，修剪掉多余的直线，效果如图 11-161（b）所示。

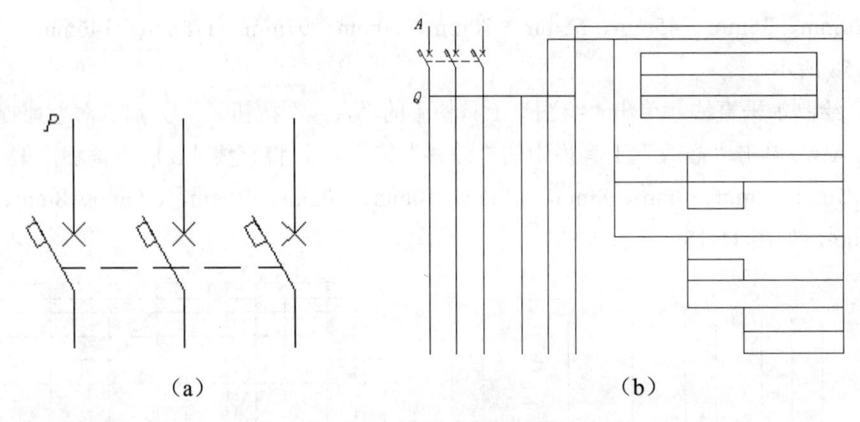

图 11-161　插入断路器符号

2. 将接触器符号插入到结构图中

（1）移动图形。单击“修改”工具栏中的“移动”按钮，选择如图 11-162（a）所示的接触器符号为平移对象，捕捉接触器符号的 Z 点为平移基点，以图 11-161（b）中的点 Q 为目标点进行平移。再次单击“修改”工具栏中的“移动”按钮，选择刚插入的接触器符号为平移对象，竖直向下平移 15mm。

（2）修剪图形。单击“修改”工具栏中的“修剪”按钮，修剪掉多余的直线，效果如图 11-162（b）所示。

（3）复制接触器符号。单击“修改”工具栏中的“复制”按钮，选择图 11-162（b）中的接触器符号为复制对象，复制距离为 15mm；单击“修改”工具栏中的“修剪”按钮，修剪掉多余的直线，效果如图 11-163 所示。

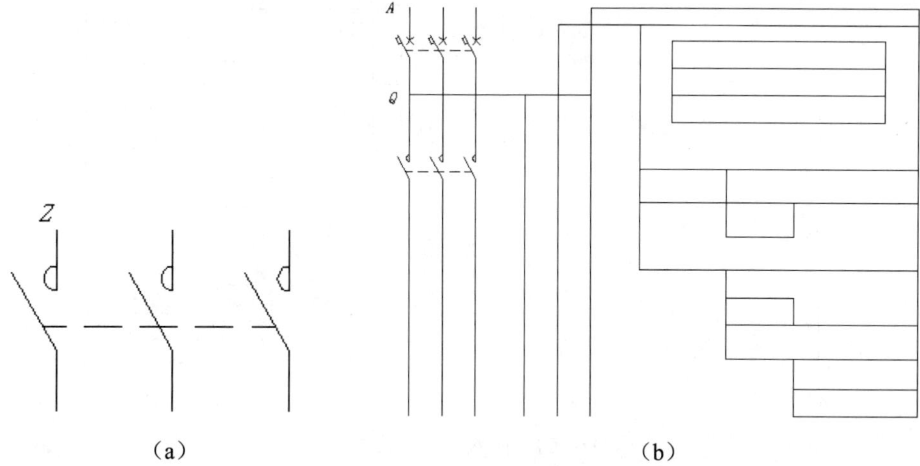

图 11-162　插入接触器符号

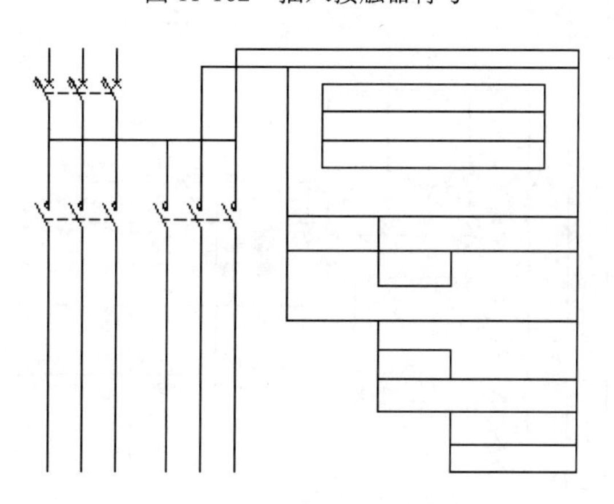

图 11-163　复制接触器符号

3. 将自耦变压器符号插入到结构图中

（1）移动图形。单击“修改”工具栏中的“移动”按钮，选择如图 11-164（a）所示的自耦变压器符号为平移对象，捕捉 Y 点为平移基点，以图 11-163 中右侧接触器符号的下端点为目标点移动图形。

（2）复制图形。单击“修改”工具栏中的“复制”按钮，选择刚刚插入的自耦变压器符号为复制对象，向左侧复制两份，复制距离均为 10mm。

（3）修剪图形。单击“修改”工具栏中的“修剪”按钮，修剪掉多余的直线，效果如图 11-164（b）所示。

（4）绘制连接线。单击“绘图”工具栏中的“直线”按钮，绘制连接线，效果如图 11-165 所示。

4. 完成结构图的绘制

本例涉及的图形符号比较多，在此不再一一赘述。单击“修改”工具栏中的“移动”按钮，将其他元器件的图形符号插入到结构图中的相应位置，然后对图形进行编辑，即可完成结构图的绘制，效果如图 11-166 所示。

Note

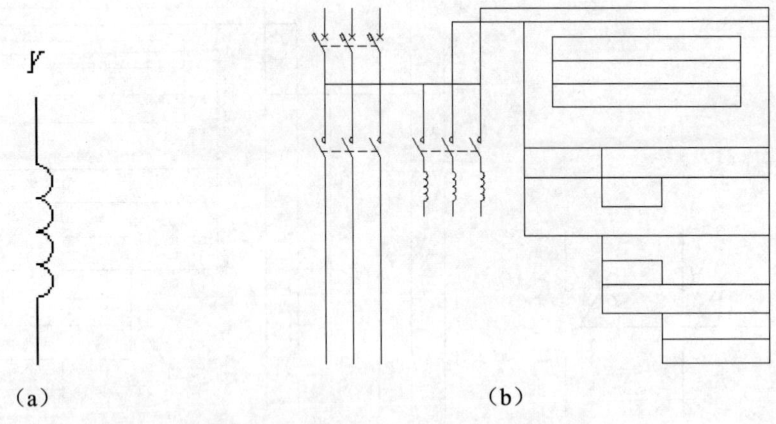

图 11-164 插入自耦变压器符号

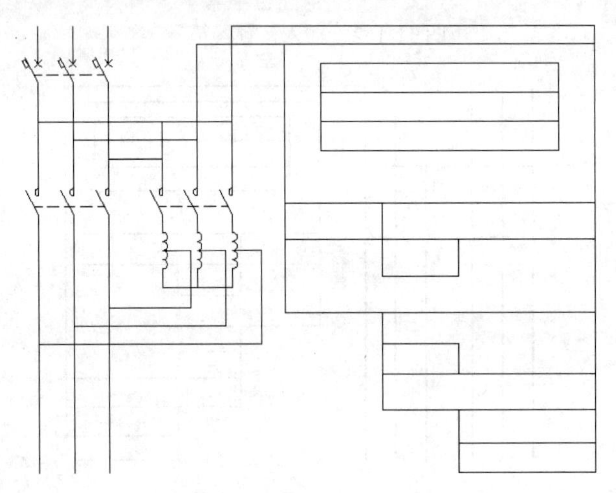

图 11-165 绘制连接线

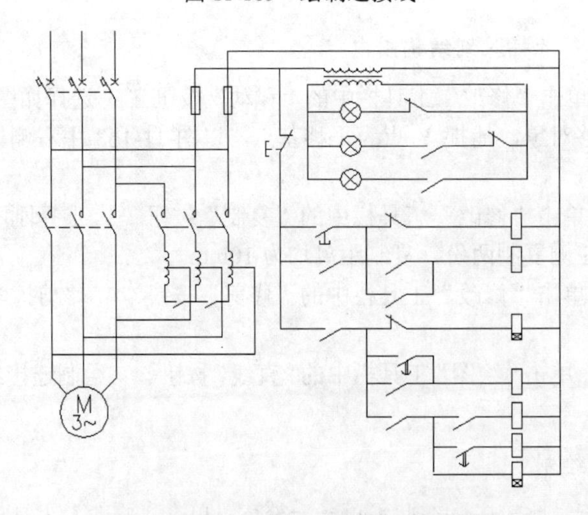

图 11-166 插入其他元器件符号

11.4.5　添加注释

（1）创建文字样式。选择菜单栏中的“格式”→“文字样式”命令，弹出“文字样式”对话框，创建一个名为“自耦降压启动控制电路”的文字样式，设置“字体名”为“仿宋_GB2312”、“字体样式”为“常规”、“高度”为 6、“宽度因子”为 0.7，如图 11-167 所示。

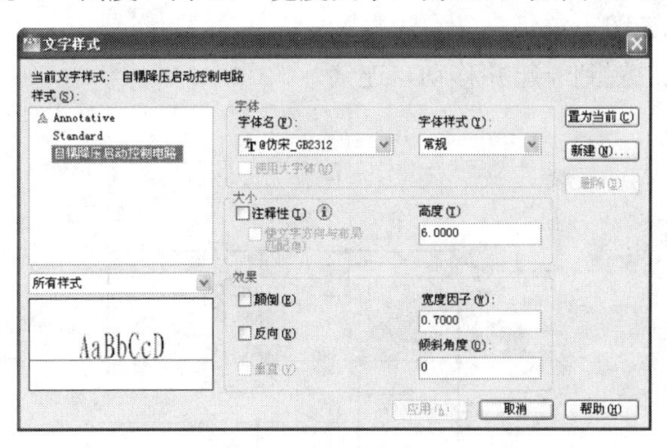

图 11-167　“文字样式”对话框

（2）添加注释文字。单击“绘图”工具栏中的“多行文字”按钮 A，在图中添加注释文字，完成自耦降压启动控制电路图的绘制，如图 11-168 所示。

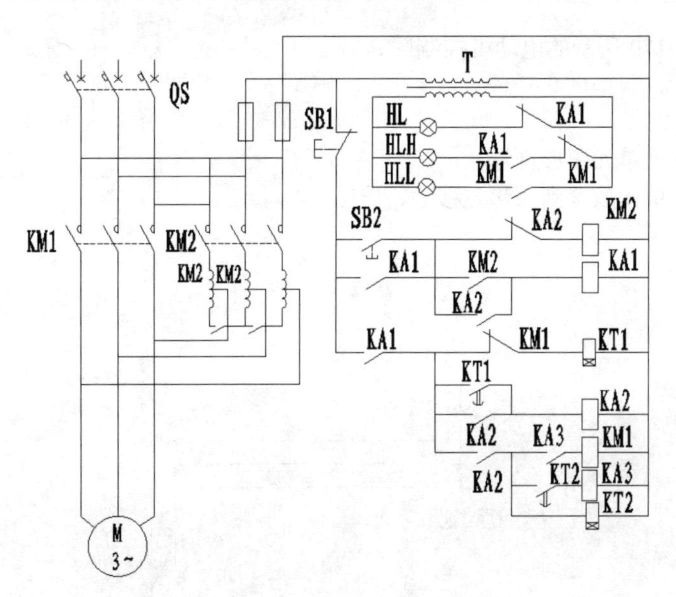

图 11-168　自耦降压启动控制电路图

11.5　上 机 操 作

通过前面的学习，相信对本章的知识已有了一个大体的了解，本节将通过 3 个操作练习帮助读者进一步掌握本章的知识要点。

实践 1　绘制液位自动控制器原理图

绘制如图 11-169 所示的液位自动控制器原理图。

Note

操作提示

（1）绘制各个单元图形符号。

（2）将各个单元放置到一起并移动、连接。

（3）标注文字。

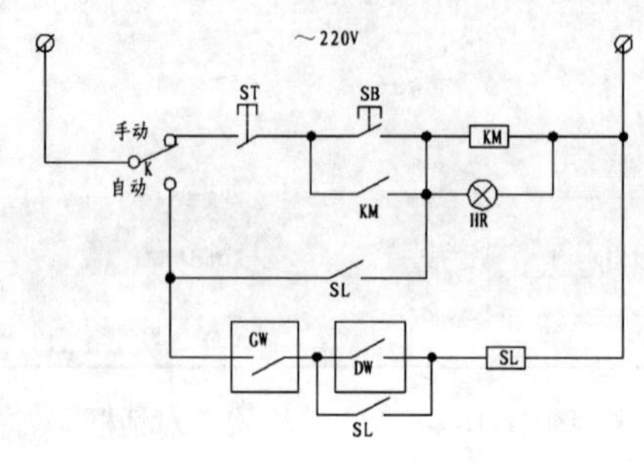

图 11-169　液位自动控制器原理图

实践 2　绘制电动机控制图

绘制如图 11-170 所示的电动机控制图。

**操作提示**

（1）绘制各个单元图形符号。

（2）将各个单元放置到一起并移动、连接。

（3）标注文字。

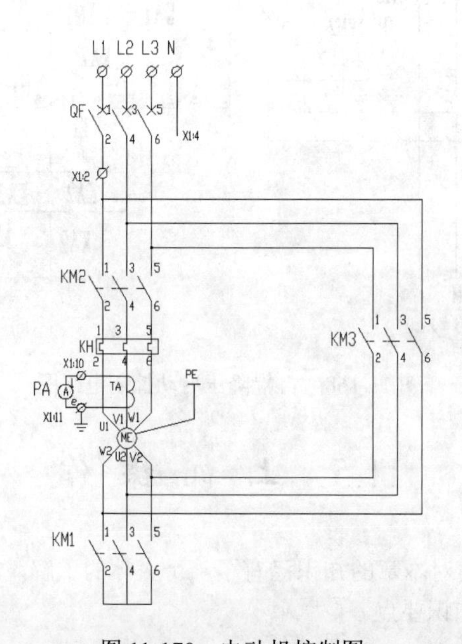

图 11-170　电动机控制图

实践 3　绘制天线馈线系统图

绘制如图 11-171 所示的天线馈线系统图。

操作提示

（1）绘制各个单元图形符号。

（2）将各个单元放置到一起并移动、连接。

（3）标注文字。

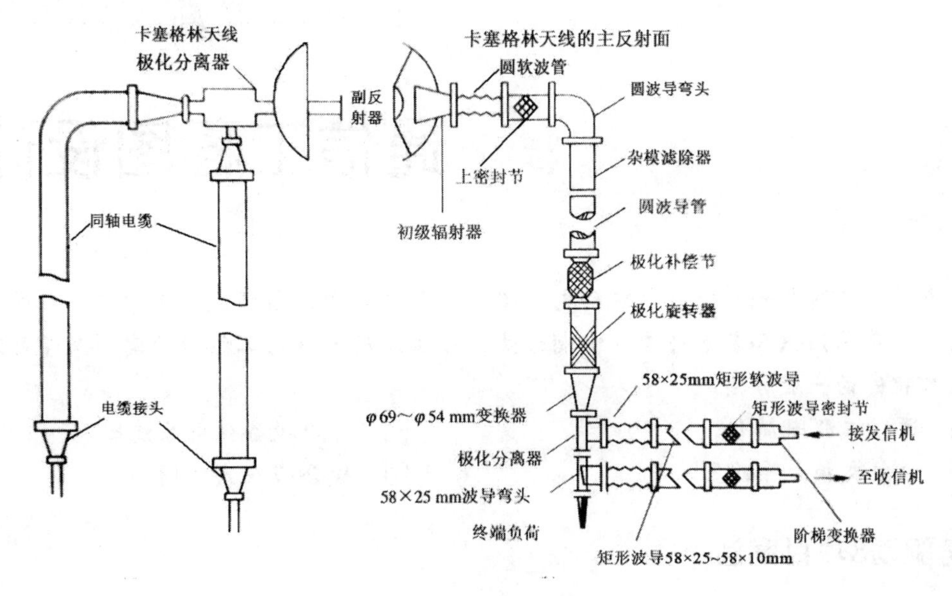

图 11-171　天线馈线系统图

通信工程图设计

通信工程图是一类比较特殊的电气图，主要应用于通信领域。本章将介绍通信系统的相关基础知识和基本符号的绘制方法，并通过两个通信工程图的实例来学习绘制通信工程图的一般方法。

- ☑ 通信工程图简介
- ☑ 传输设备供电系统图
- ☑ 程控交换机系统图
- ☑ 综合布线系统图

任务驱动&项目案例

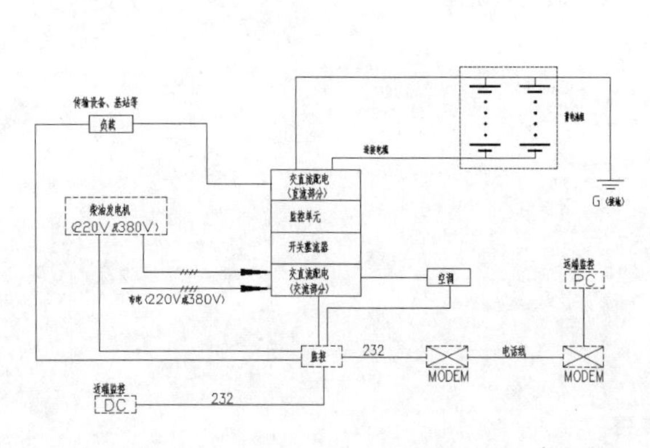

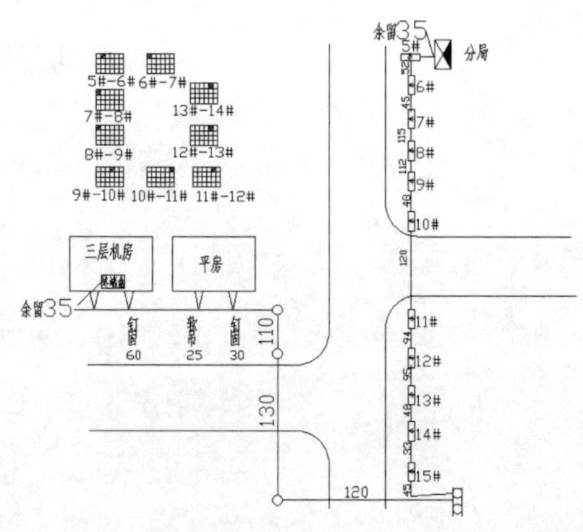

12.1　通信工程图简介

通信工程图是一类比较特殊的电气图，和传统的电气图不同，通信工程图是最近发展起来的一类电气图，主要应用于通信领域。本章将介绍通信系统的相关基础知识，并通过几个通信工程的实例来学习绘制通信工程图的一般方法。

12.1.1　通信系统简介

通信即信息的传递与交流。通信系统是传递信息所需要的一切技术设备和传输媒介。通信原理如图 12-1 所示。

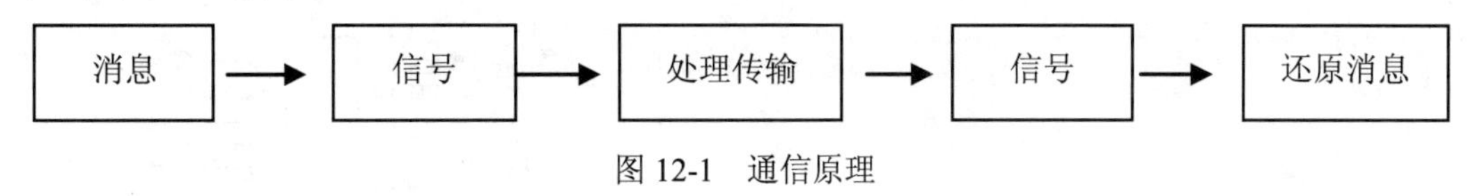

图 12-1　通信原理

通信系统的工作流程如图 12-2 所示。

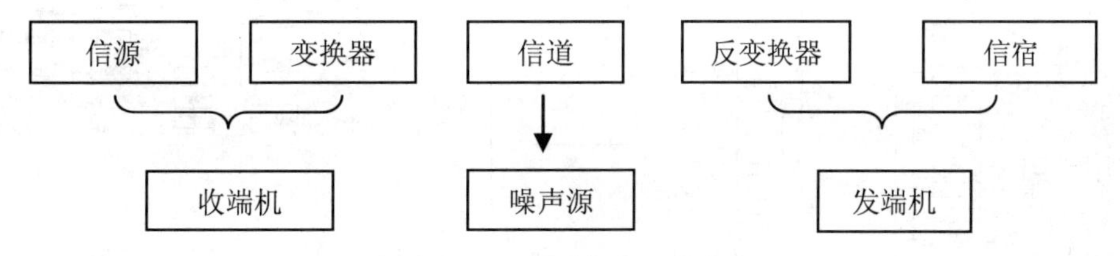

图 12-2　通信系统的工作流程

12.1.2　通信工程图简介

电子学是信息技术的关键，是现代信息产业的重要基础，它在很大程度上决定着硬件设备的运行能力。衡量微电子技术发展程度的一个重要指标，是在指甲大小的硅芯片上能集成的元件数目。

于是通信工程图与电子电路图一样，在分析解决、设计等领域占据了重要的地位。按照传输方式，通信电路图可分为无线发射电路图、有线通信电路图和无线接收电路图。

12.2　程控交换机系统图

随着通信网和综合业务数字网（ISDN）的快速发展，用户对通信提出了更高的要求，而对于在这一领域有代表性的程控交换机，对其进行了解尤为重要。本节将通过介绍 HJC-SDS 数字程控用户交换机系统框图的画法，让读者对这种交换机有一定了解。本节详细地讲述了程控交换机系统图的绘制过程，其绘制思路如下：先根据需要绘制设备元件，然后绘制 HJC-SDS 系统框图，再插入设备图元并调整它们的位置，最后添加注释文字及标注，完成绘图。绘制流程如图 12-3 所示。

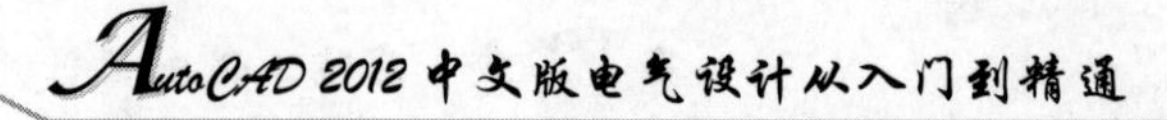

Note

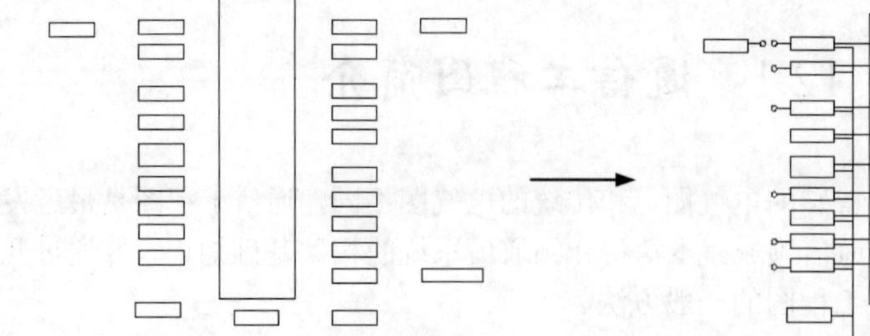

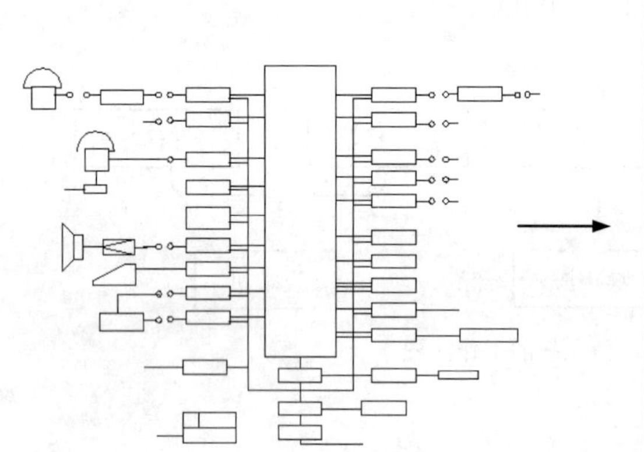

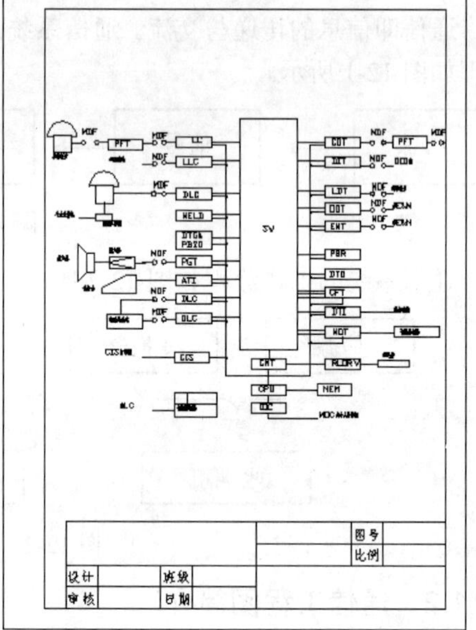

图 12-3　绘制程控交换机系统图

操作步骤

参见光盘　光盘\动画演示\第 12 章\程控交换机系统图.avi

12.2.1　主要的电路板介绍

程控交换机系统中的主要电路板介绍如下。

AP——应用处理器电路板

FP——固件处理器电路板

MP——主处理器电路板

2LLC——远距离用户板

LDT——环路拨号中继

EMT——2 线 E 和 M 中继

DLC——数字式用户电路

ATI——话务台控制电路板

MEM——存储器电路板

2LC——用户电路板

2COT——局用中继板

ODT——4 线 E 和 M 中继

DIT——直入拨号中继

8DTD——拨号音检测器

12.2.2　配置绘图环境

（1）建立新文件。启动 AutoCAD 2012 应用程序，以“A3 title .dwt”样板文件为模板，建立新文件，将新文件命名为“程控交换机系统图.dwg”并保存。

（2）设置绘图工具栏。在任意工具栏处单击鼠标右键，在打开的快捷菜单中选择“标准”、“图层”、“对象特性”、“绘图”、“修改”和“标注”命令，调出相应的工具栏，并将它们移动到绘图窗口中的适当位置。

（3）设置图层。单击“图层”工具栏中的“图层特性管理器”按钮，新建如图 12-4 所示的图层。

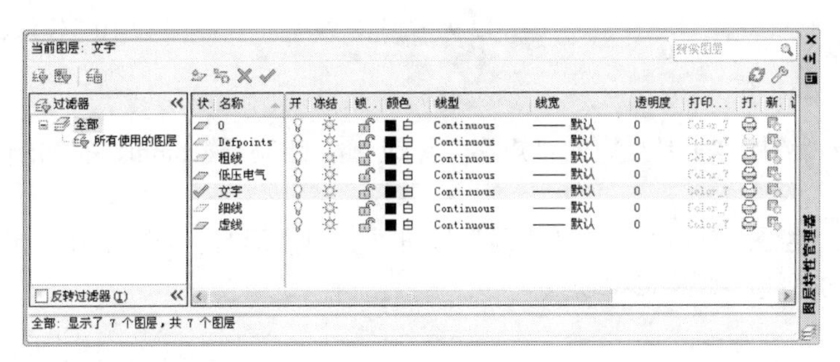

图 12-4　设置图层

12.2.3　绘制常见设备元件

1. 绘制话务台符号

（1）将“粗线”层设为当前图层。

（2）单击“绘图”工具栏中的“矩形”按钮，绘制一个长 50mm、宽 35mm 的矩形，如图 12-5 所示。

（3）单击“绘图”工具栏中的“直线”按钮，取消“正交”模式，在相邻两边选择两点绘制一条斜线，如图 12-6 所示。

（4）单击“修改”工具栏中的“修剪”按钮，以（3）中所绘斜线为剪刀线，以（2）中矩形为裁剪对象，修剪后效果如图 12-7 所示。

（5）单击“绘图”工具栏中的“创建块”按钮，将以上绘制的话务台符号生成图块并保存，以方便后面绘制数字电路系统时调用。

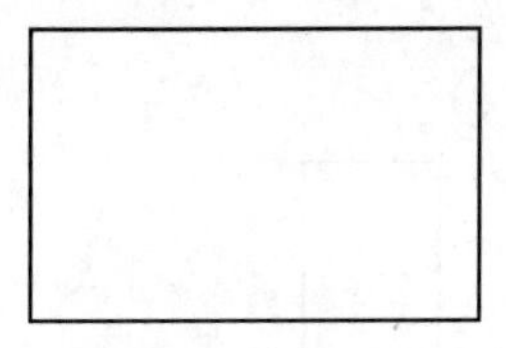

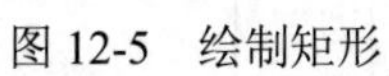

图 12-5　绘制矩形

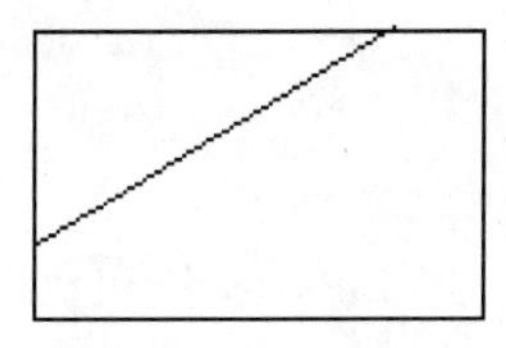

图 12-6　绘制斜线

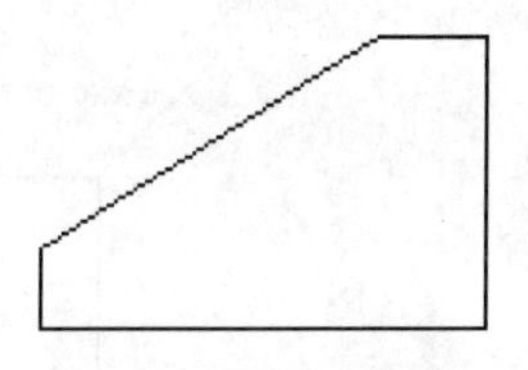

图 12-7　修剪后效果

2. 绘制放大器符号

（1）单击“绘图”工具栏中的“矩形”按钮，绘制一个长 60mm、宽 30mm 的矩形，如图 12-8 所示。

（2）单击“绘图”工具栏中的“直线”按钮，捕捉矩形宽边的中点，在取消“正交”模式的情况下，连接该点与矩形的一对角点，如图 12-9 所示。

（3）单击“修改”工具栏中的“镜像”按钮，以（2）中绘制的斜线为镜像对象，捕捉矩形宽边的中点为镜像轴，执行镜像，效果如图 12-10 所示。

（4）单击“绘图”工具栏中的“创建块”按钮，将以上绘制的放大器符号生成图块并保存，以方便后面绘制数字电路系统时调用。

Note

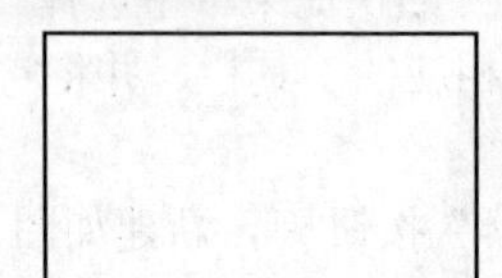

图 12-8　绘制矩形

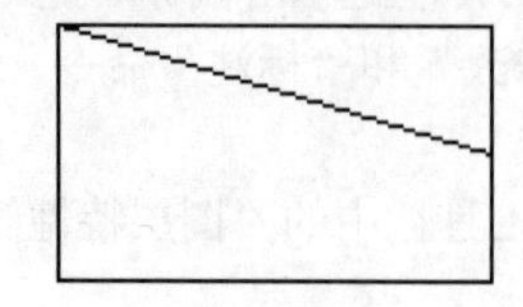

图 12-9　绘制斜线

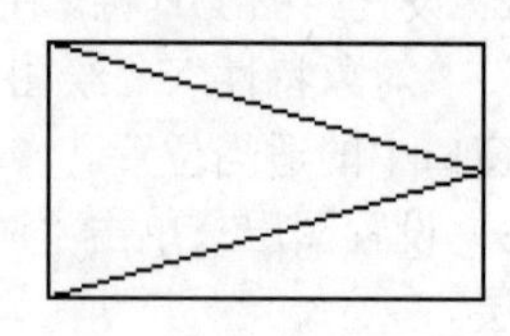

图 12-10　镜像后的效果

3. 绘制喇叭符号

（1）单击“绘图”工具栏中的“矩形”按钮，绘制长 18mm、宽 45mm 的矩形，如图 12-11 所示。

（2）单击“绘图”工具栏中的“直线”按钮，以矩形的左上端点为起点，角度为 135°绘制一定长度的直线，如图 12-12 所示。

图 12-11　绘制矩形　　　　图 12-12　绘制直线

（3）单击“修改”工具栏中的“镜像”按钮，将（2）中绘制的斜线以矩形两宽边的中点为镜像轴，对称复制到下边，如图 12-13 所示。

（4）单击“绘图”工具栏中的“直线”按钮，连接两斜线端点，如图 12-14 所示，即得所要的喇叭符号图形。

（5）单击“绘图”工具栏中的“创建块”按钮，将以上绘制的喇叭符号生成图块并保存，以方便后面绘制数字电路系统时调用。

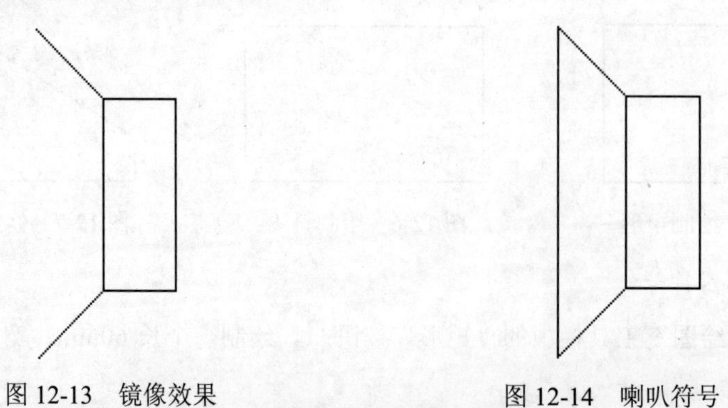

图 12-13　镜像效果　　　　图 12-14　喇叭符号

12.2.4 绘制 HJC-SDS 系统框图

（1）单击“绘图”工具栏中的“矩形”按钮，绘制定位设备的矩形框，如图 12-15 所示。

（2）选择“细线”层设为当前图层，单击“绘图”工具栏中的“直线”按钮和“圆”按钮，将代表各部分的方框用直线连接并绘制端口圆，如图 12-16 所示。

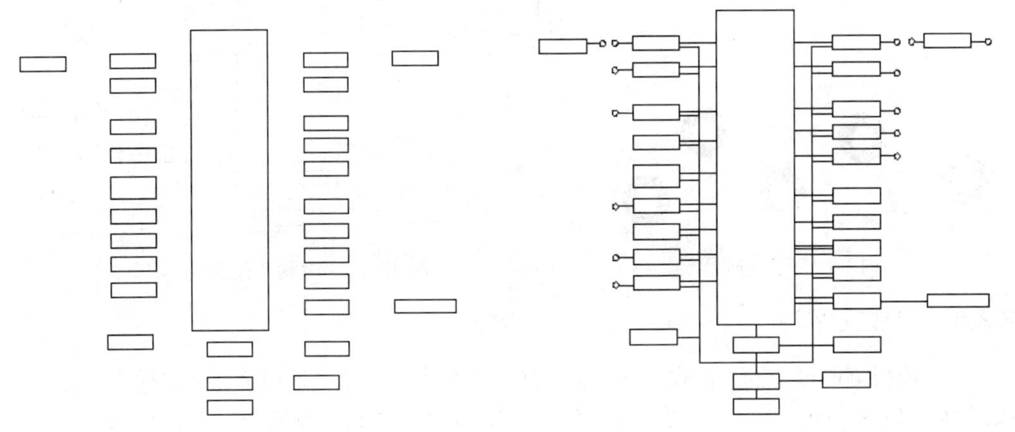

图 12-15　矩形框　　　图 12-16　连接各部分并绘制端口圆

（3）单击“绘图”工具栏中的“插入块”按钮，在当前绘图环境中插入电话、喇叭和打印机等外围设备符号。单击“绘图”工具栏中的“直线”按钮，连接各个元件，如图 12-17 所示。

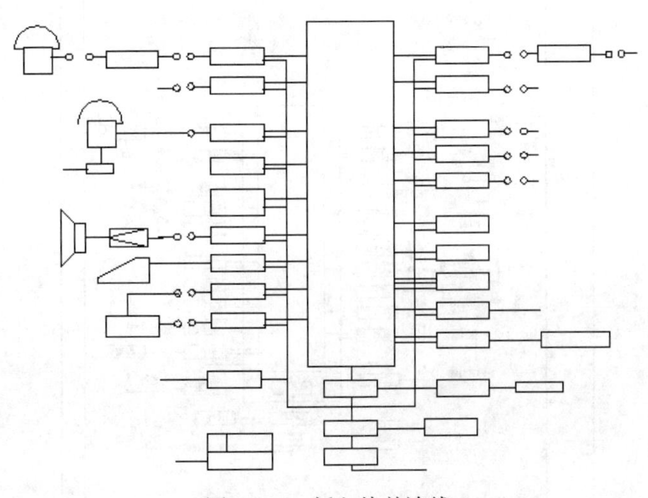

图 12-17　插入块并连线

（4）在连线交点处绘制圆环。此时选择“虚线”层为当前图层。连线交点可用绘制圆环的方法来绘制，选择菜单栏中的“绘图”→“圆环”命令，设置圆环内径为 5mm、外径为 10mm，在屏幕任意点单击确定圆心，按 Enter 键结束命令，绘制的圆环如图 12-18 所示。

如果要绘制实心圆环，只要将圆环内径设为 0，再选择适当的外径，即可绘出。此时的系统图如图 12-19 所示。

Note

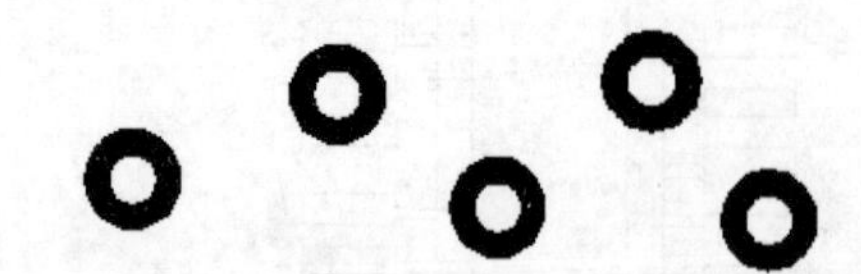

图 12-18　绘制圆环

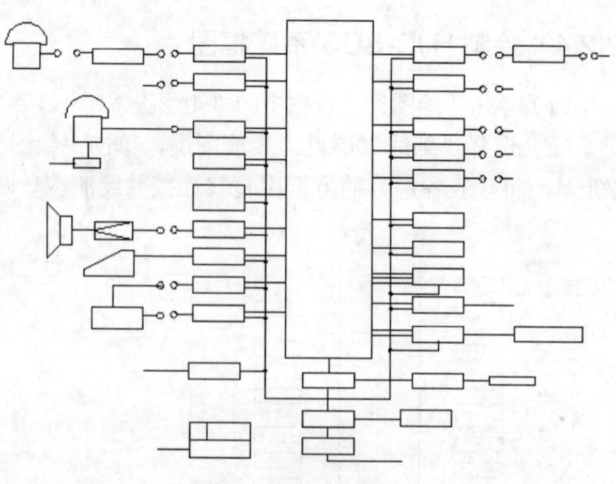

图 12-19　绘制连接圆环

12.2.5　添加文字

（1）选择菜单栏中的“格式”→“文字样式”命令，新建“工程字”文字样式，设置“字体名”为“仿宋_GB2312”、“高度”为 15，“宽度因子”为 1、“倾斜角度”为 0。

（2）选择“文字”层设为当前图层。

（3）单击“绘图”工具栏中的“多行文字”按钮 A，根据电路需要标注文字内容，标注后的 HJC-SDS 数字程控交换机系统图如图 12-20 所示。

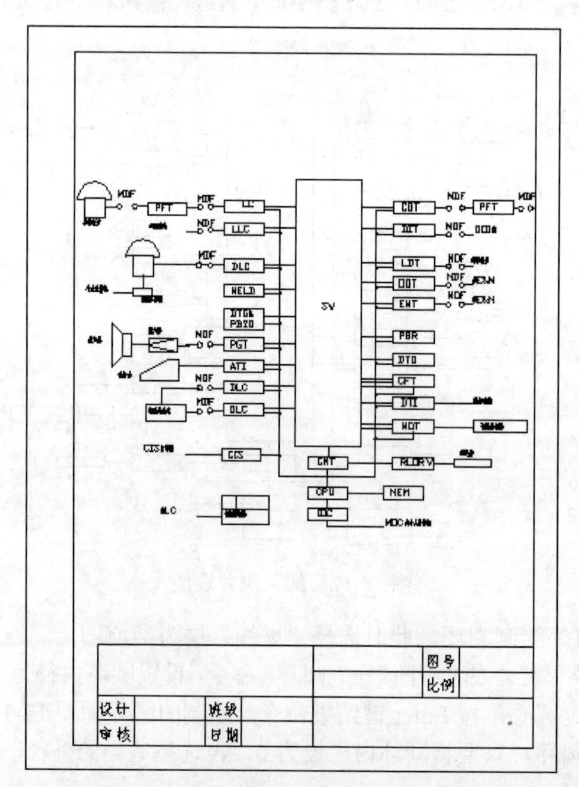

图 12-20　标注文字

12.3 传输设备供电系统图

传输设备在通信过程中有非常重要的作用，本节介绍传输设备供电系统图的绘制，其绘制思路是：先进行图纸的布局，然后绘制各部分示意图，最后将各部分示意图用直线连接起来。绘制流程如图 12-21 所示。

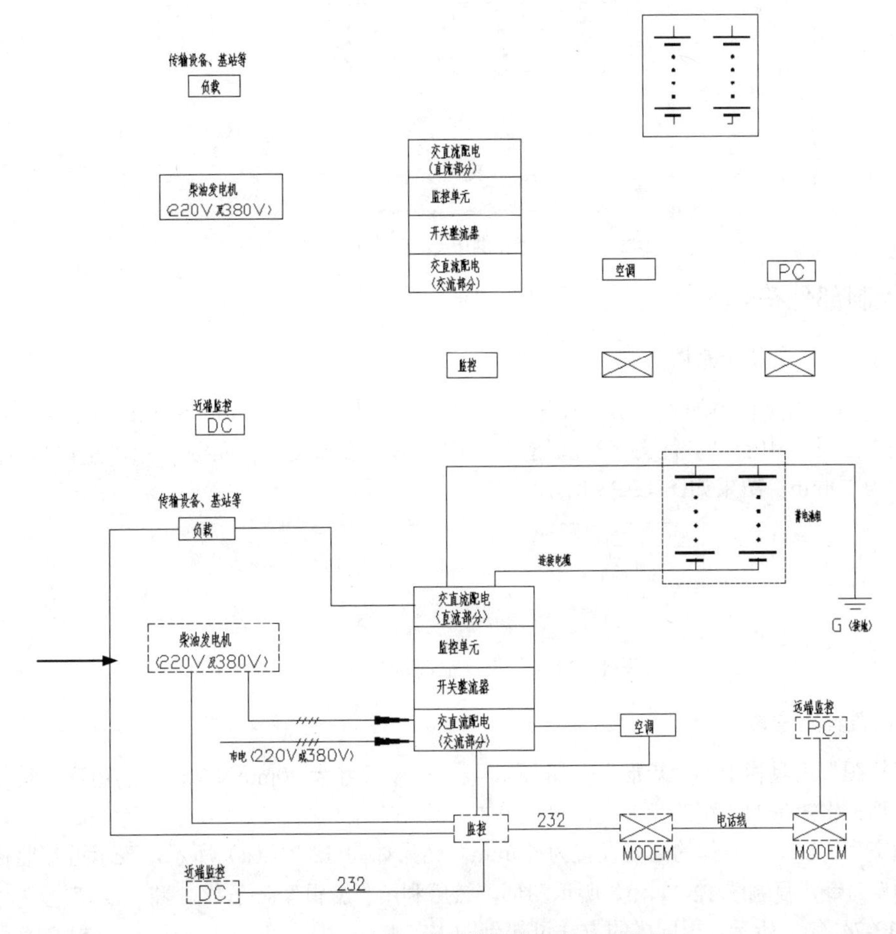

图 12-21 绘制传输设备供电系统图

操作步骤

参见光盘 光盘\动画演示\第 12 章\传输设备供电系统图.avi

12.3.1 设置绘图环境

（1）建立新文件。启动 AutoCAD 2012 应用程序，以“A4.dwt”样板文件为模板。建立新文件，将新文件命名为“传输设备供电系统图.dwg”并保存。

（2）设置绘图工具栏。在工具栏任意位置单击鼠标右键，从打开的快捷菜单中选择“标准”、“图层”、“绘图”、“缩放”、“修改”和“标注”命令，调出相应的工具栏，并将它们移动到绘图窗口中的适当位置。

（3）设置图层。选择菜单栏中的“格式”→“图层”命令，设置“连线层”和“部件层”共两个图层，将“部件层”设置为当前图层。设置好的各图层的属性如图 12-22 所示。

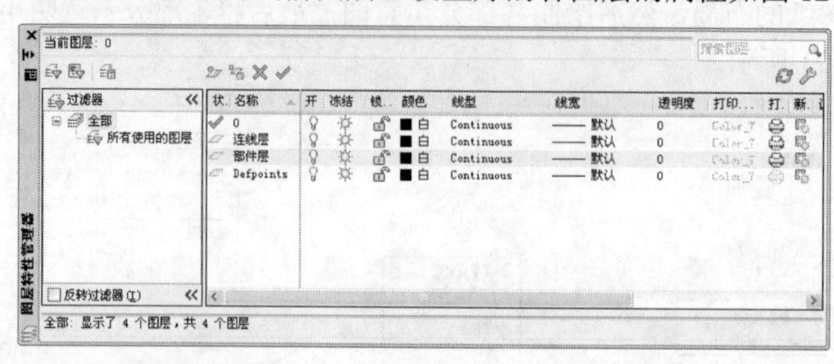

图 12-22　传输设备供电系统图图层设置

12.3.2　绘制部件符号

1. 绘制负载、空调示意图

单击“绘图”工具栏中的“矩形”按钮，绘制一个尺寸为 20mm×60mm 的矩形，然后单击“绘图”工具栏中的“多行文字”按钮，在矩形中添加文字“负载”和“空调”，字体的高度设置为 10mm，结果如图 12-23 所示。

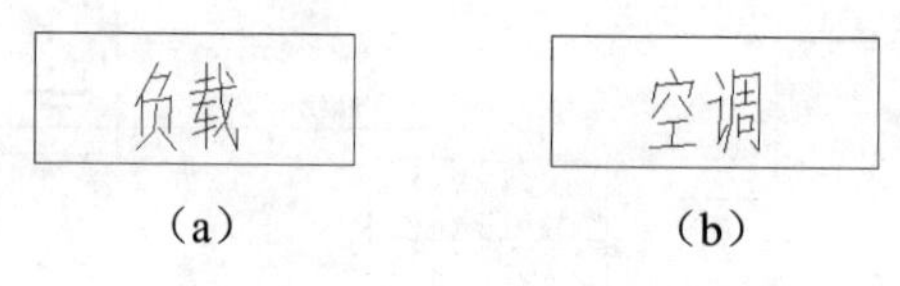

图 12-23　负载、空调示意图

2. 绘制监控示意图

单击“绘图”工具栏中的“矩形”按钮，绘制一个尺寸为 20mm×60mm 的矩形，绘制完成后双击矩形，将矩形的线型改为虚线，然后单击“绘图”工具栏中的“多行文字”按钮，在矩形内添加文字“DC”，字体的高度设置为 15mm，结果如图 12-24（a）所示，表示近端监控。调用“复制”命令，复制图 12-24（a）所示图形，然后利用“编辑”命令，将“DC”改为“监控”，如图 12-24（b）所示。用同样的方法可得到图 12-24（c）所示的图形，表示远端监控。

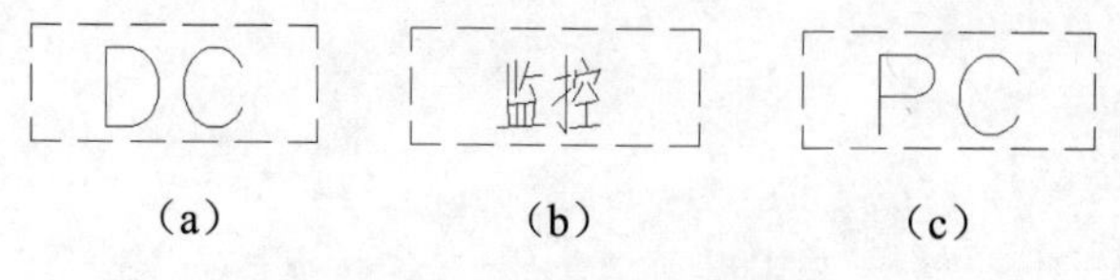

图 12-24　监控示意图

3. 绘制蓄电池组图

（1）单击“绘图”工具栏中的“矩形”按钮，绘制一个尺寸为 200mm×200mm 的矩形，单击“绘图”工具栏中的“直线”按钮，绘制两条中心线，结果如图 12-25 所示。

（2）单击“绘图”工具栏中的“多段线”按钮，绘制一条多段线，多段线的长度为 80mm，位置如图 12-26 所示；单击“绘图”工具栏中的“多段线”按钮，绘制第二条多段线，长度

为 40mm；单击“绘图”工具栏中的“直线”按钮,以第一条多段线的中点为起点向上绘制长为 10mm 的线段，位置如图 12-26 所示，接着单击“绘图”工具栏中的“圆”按钮，绘制两个直径为 6mm 的圆，然后单击“绘图”工具栏中的“填充图案”按钮，选择 SOLID 实体填充，填充两个圆，填充结果及两个圆的位置尺寸如图 12-26 所示。

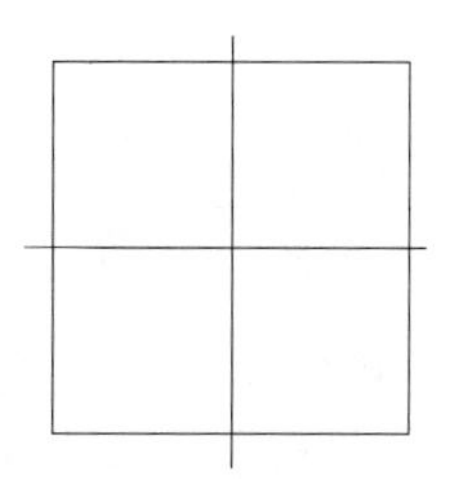

图 12-25　绘制矩形及其中心线

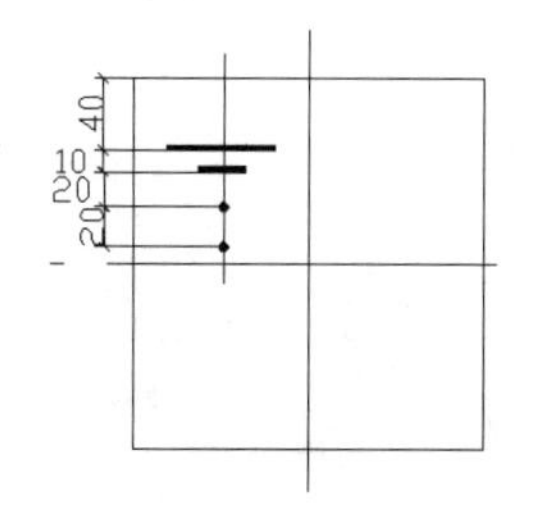

图 12-26　填充结果

（3）单击“修改”工具栏中的“复制”按钮，将上述绘制的两条多段线复制一份，并向下移动 120mm，再单击“修改”工具栏中的“镜像”按钮，以水平线为对称轴，将长为 10mm 的线段和圆做镜像，结果如图 12-27 所示。

（4）单击“修改”工具栏中的“镜像”按钮，以垂直线为对称轴做镜像，结果如图 12-28 所示。

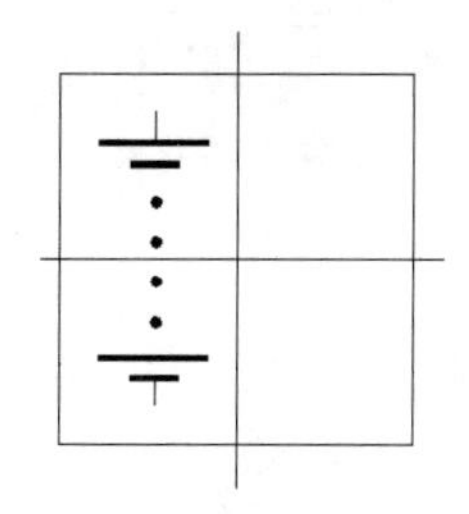

图 12-27　复制并镜像

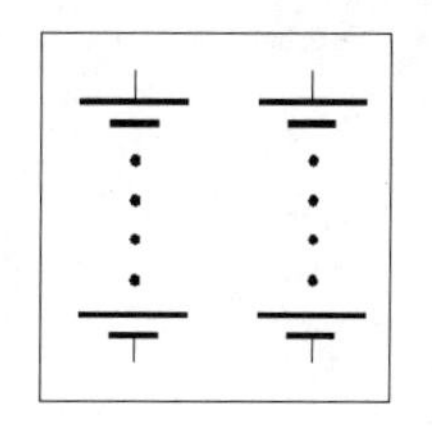

图 12-28　镜像结果

4. 绘制柴油发电机和 MODEM 示意图

（1）单击“绘图”工具栏中的“矩形”按钮，绘制一个尺寸为 60mm×200mm 的矩形，将矩形的线型改为虚线，然后单击“绘图”工具栏中的“多行文字”按钮，在图形中添加文字“柴油发电机（280V 及 380V）”，字体高度为 20mm，结果如图 12-29 所示。

（2）单击“绘图”工具栏中的“矩形”按钮，绘制一个尺寸为 20mm×60mm 的矩形，将矩形的线型改为虚线，然后单击“绘图”工具栏中的“直线”按钮，绘制两条对角线，结果如图 12-30 所示。

图 12-29　柴油发电机示意图

图 12-30　MODEM 示意图

5. 绘制配电部分示意图

（1）单击“绘图”工具栏中的“矩形”按钮，绘制一个尺寸为 30mm×100mm 的矩形，

Note

然后单击“修改”工具栏中的“矩形阵列”按钮，选取刚绘制的矩形，设置行数为4、列数为1、行间距为30，阵列矩形，结果如图12-31所示。

（2）单击“绘图”工具栏中的“多行文字”按钮A，分别在4个矩形内添加文字“交直流配电（直流部分）”、“监控单元”、“开关整流器”和“交直流配电（交流部分）”，绘制结果如图12-32所示。

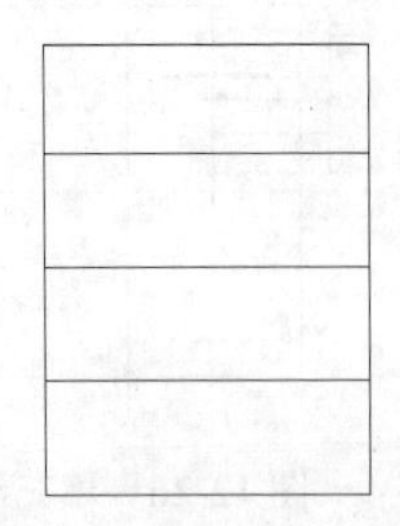

图12-31　阵列矩形

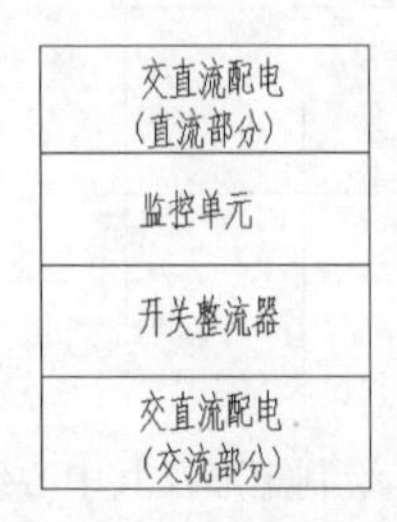

图12-32　配电部分示意图

将上面绘制的几部分摆放在如图12-33所示的位置，然后单击“绘图”工具栏中的“直线”按钮，将各部分连接起来，最后单击“绘图”工具栏中的“多行文字”按钮A，添加注释，完成后的结果如图12-34所示。

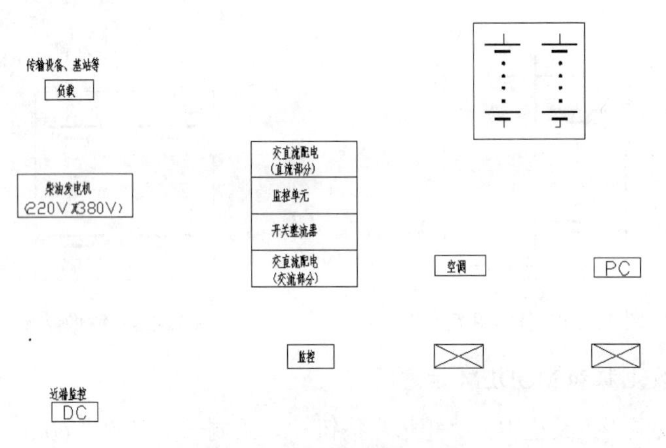

图12-33　部件摆放位置图

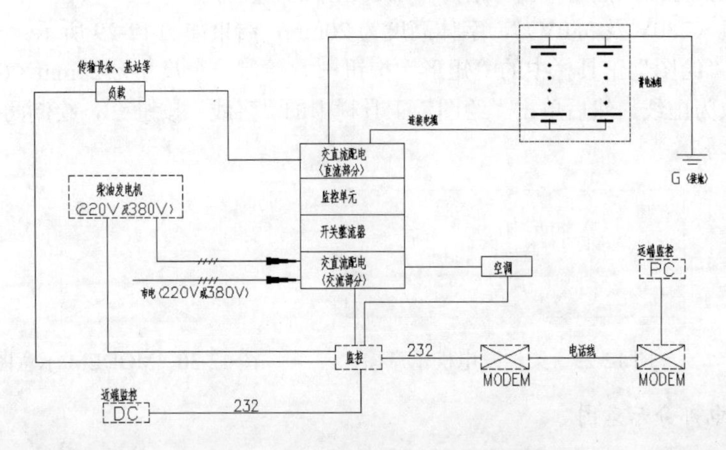

图12-34　传输设备供电系统图

Note

12.4　综合布线系统图

综合布线图指为楼宇进行的网络和电话布线。本例为一个大楼的综合布线图，绘制过程为：首先绘制电话配线间本楼主配线架，然后绘制内外网机房，再绘制其中一层的配线结构图，复制出其他层的配线结构图，最后调整各部分之间的相互位置，并用直线将它们连接起来，完成绘制。绘制流程如图 12-35 所示。

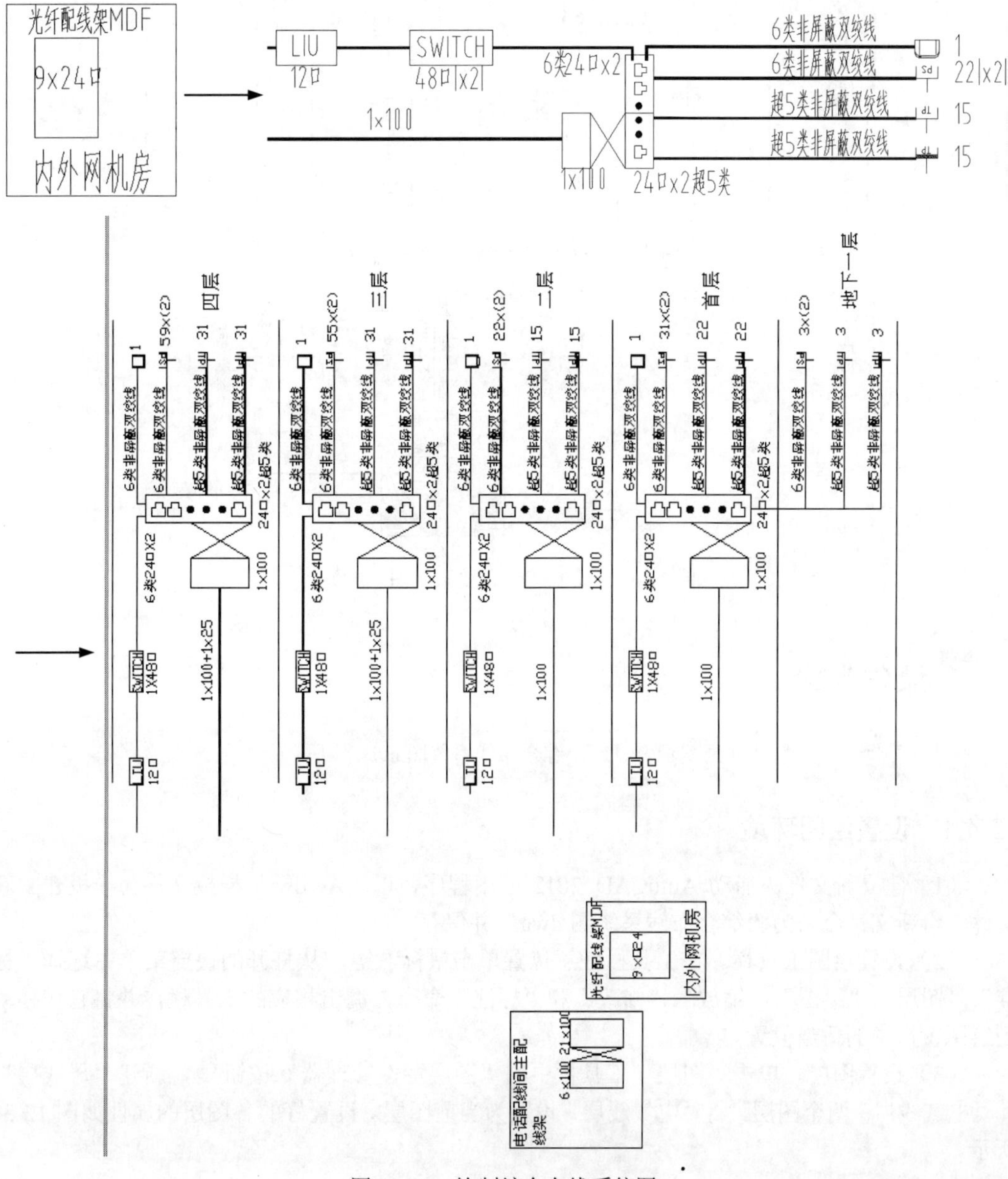

图 12-35　绘制综合布线系统图

Note

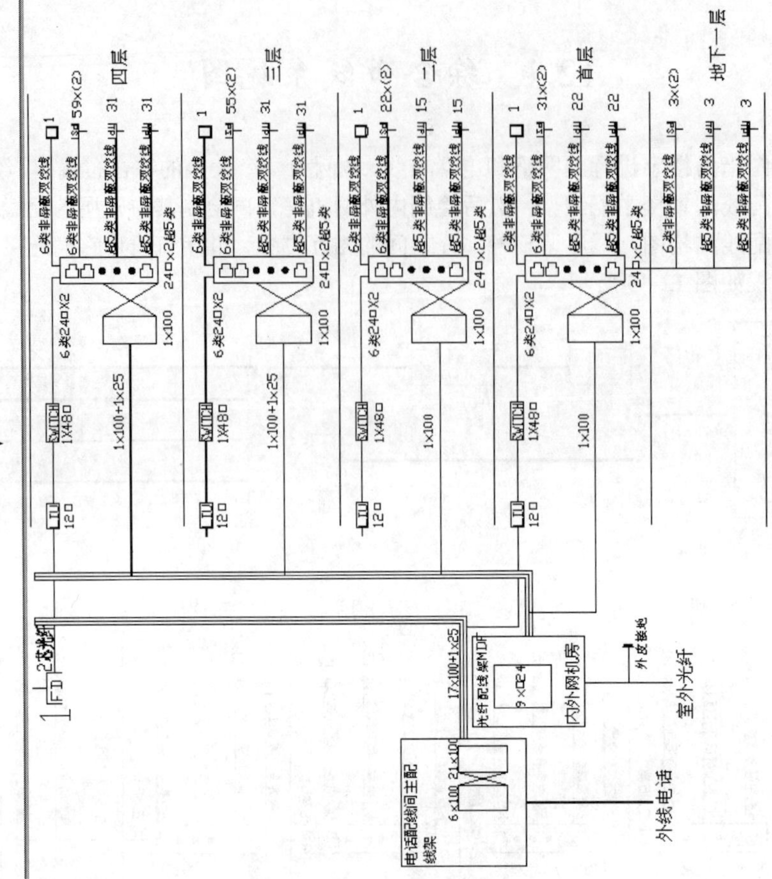

图 12-35　绘制综合布线系统图（续）

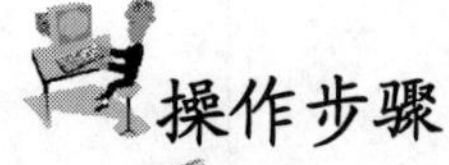

操作步骤

参见光盘　光盘\动画演示\第 12 章\综合布线系统图.avi

12.4.1　设置绘图环境

（1）建立新文件。启动 AutoCAD 2012 应用程序，以“A4.dwt”样板文件为模板建立新文件，将新文件命名为“综合布线系统图.dwg”并保存。

（2）设置绘图工具栏。在工具栏任意位置单击鼠标右键，从打开的快捷菜单中选择“标准”、“图层”、“绘图”、“缩放”、“修改”和“标注”命令，调出相应的工具栏，并将它们移动到绘图窗口中的适当位置。

（3）设置图层。单击“图层”工具栏中的“图层特性管理器”按钮，新建“母线层”和“电气线层”两个图层，将“电气线层”设置为当前图层。设置好的各图层的属性如图 12-36 所示。

Note

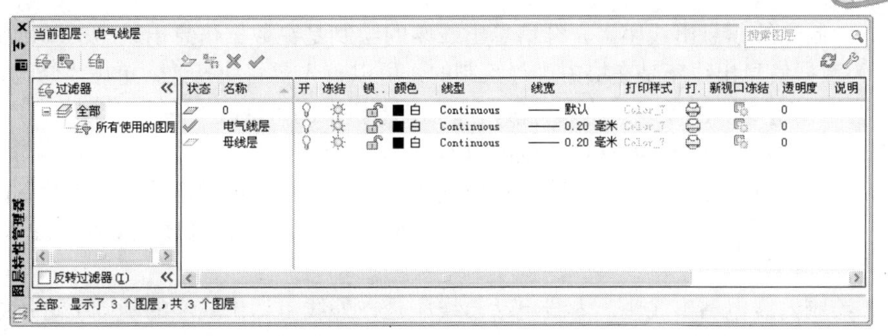

图 12-36 图层设置

12.4.2 绘制图形符号

1. 绘制电话配线间主配线架

（1）单击“绘图”工具栏中的“矩形”按钮，绘制3个矩形，大矩形的尺寸为500mm×500mm，小矩形的尺寸为200 mm×100mm，绘制结果如图12-37（a）所示。

（2）单击“绘图”工具栏中的“直线”按钮，绘制两条交叉直线，如图12-37（b）所示。单击“绘图”工具栏中的“多行文字”按钮，在矩形内添加文字“电话配线间主配线架”，字体的高度为40mm；添加文字“6×100”和“21×100”，字体高度为30mm，绘制结果如图12-37（b）所示。

2. 绘制内外网机房

内外网机房的绘制与电话配线间主配线架的绘制方法类似。单击“绘图”工具栏中的“矩形”按钮，先绘制两个矩形，大矩形的尺寸为350mm×400mm，小矩形的尺寸为100mm×200mm，然后单击“绘图”工具栏中的“多行文字”按钮，添加文字“光纤配线架MDF”、“9×24口”、“内外网机房”，大字体的高度为40mm，小字体的高度为30mm，结果如图12-38所示。

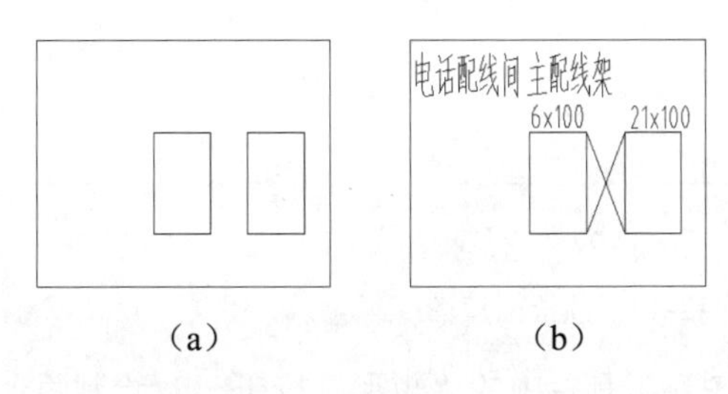

（a）　　（b）

图 12-37 电话配线间主配线架图

光纤配线架MDF

9x24口

内外网机房

图 12-38 内外网机房图

3. 绘制配线结构图

首先要绘制各部件的示意图，然后将它们摆放在适当的位置上，再用直线连接起来。

（1）绘制数据信息出线座。单击“绘图”工具栏中的“直线”按钮，绘制4条直线，直线的长度分别为20mm、40mm、20mm、20mm。单击“绘图”工具栏中的“多行文字”按钮，添加文字“PS”，字体高度为15mm，结果如图12-39（a）所示。将数据信息出线座绘制为块，选择“工具”中的“块编辑器”，将块的名字定义为“PCG1”，单击“确定”按钮进入块编辑器中编辑块。绘制完成后，关闭块编辑器。

Note

（2）绘制光纤信息出线座。光纤信息出线座的绘制是在数据信息出线座的基础上进行绘制的。因为数据信息出线座是在块中进行绘制的，所以首先要将块打散，单击“修改”工具栏中的“分解”按钮，选中块，将其打散，选择菜单栏中的“修改”→“对象”→“文字”→“编辑”命令，将“PS”改为“FD”，如图 12-39（b）所示。

（3）绘制外线电话出线座。外线电话出线座是在光纤信息出线座的基础上绘制的。选择菜单栏中的“修改”→“对象”→“文字”→“编辑”命令，将“FD”改为“TP”，结果如图 12-39（c）所示。

（4）绘制内线电话出线座。内线电话出线座是在外线电话出线座的基础上进行绘制的。单击“修改”工具栏中的“偏移”按钮，将水平线向下方偏移 5mm，单击“绘图”工具栏中的“图案填充”按钮，填充图案选择 ANSI38，填充后的结果如图 12-39（d）所示。

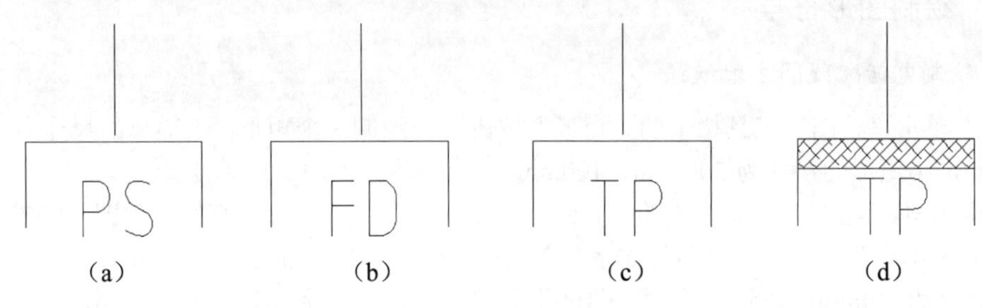

图 12-39　出线座图

（5）绘制预留接口图。单击“绘图”工具栏中的“矩形”按钮，绘制两个矩形，矩形的尺寸为 500mm×500mm 和 500mm×450mm，结果如图 12-40（a）所示。绘制两条长为 400mm 的垂直线，这两条直线到矩形两边的距离为 80mm。单击“绘图”工具栏中的“圆”按钮，绘制两个直径为 10mm 的小圆，两个小圆的位置如图 12-40（b）所示。单击“修改”工具栏中的“圆角”按钮，倒圆角，选择倒圆角的半径为 100mm，结果如图 12-40（c）所示。

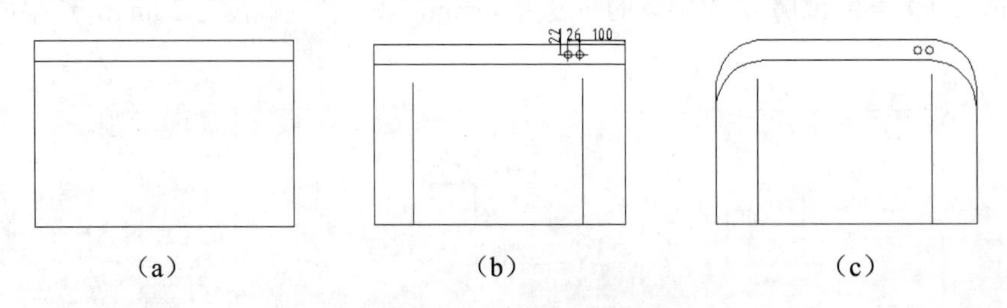

图 12-40　预留接口图

（6）绘制楼层接线盒。单击“绘图”工具栏中的“矩形”按钮，绘制两个矩形，大矩形的尺寸为 200mm×800mm，小矩形的尺寸为 220mm×440mm，单击“绘图”工具栏中的“直线”按钮，绘制两条斜线，连接矩形的两个端点，结果如图 12-41（a）所示。重复“直线”命令，绘制如图 12-41（b）所示的图形 1。单击“修改”工具栏中的“复制”按钮，将图形 1 复制两个，两个图形间的距离为 120mm，单击“绘图”工具栏中的“圆”按钮，绘制圆，圆的直径和位置如图 12-41（c）所示。

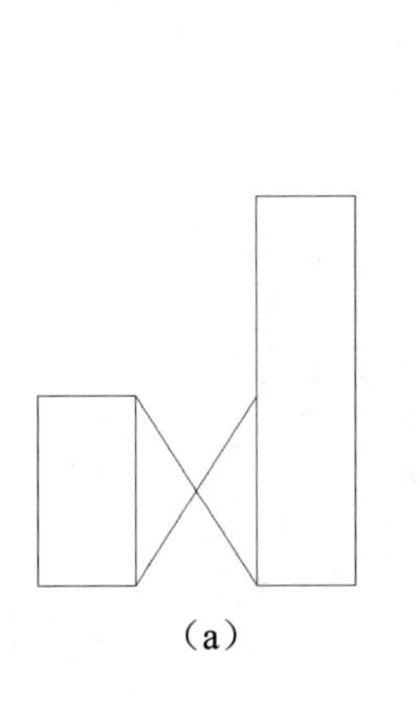

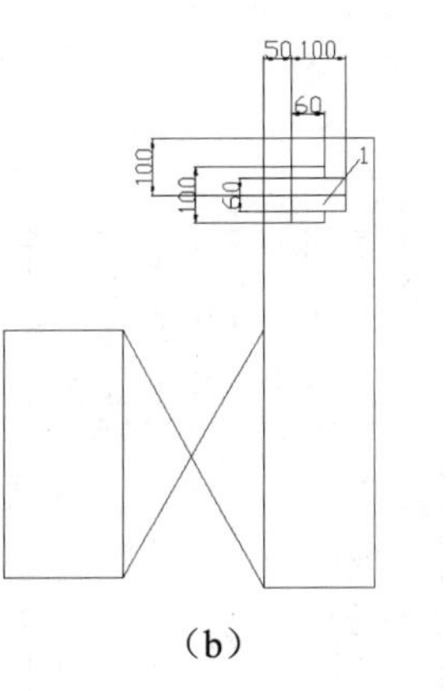

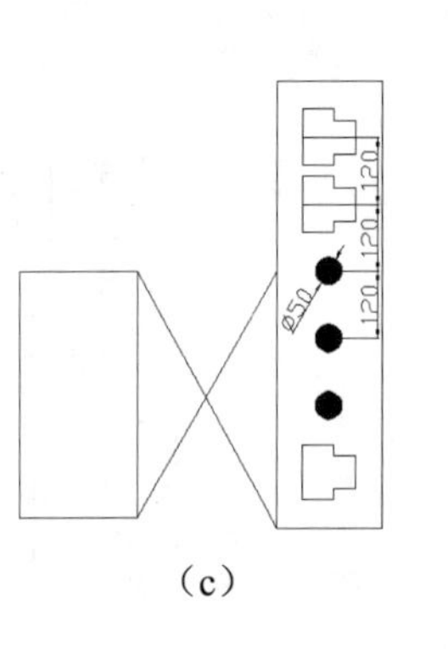

（a）　　　　（b）　　　　（c）

图 12-41　楼层接线盒图

（7）绘制光电转换器和交换机示意图。单击“绘图”工具栏中的“矩形”按钮▭，绘制两个矩形，矩形的尺寸分别为 100mm×200mm 和 100mm×300mm，然后单击“绘图”工具栏中的“多行文字”按钮A，在矩形内加入文字“LIU”和“SWITCH”，字体高度为 70mm，“LIU”表示光电转换器，“SWITCH”表示交换机，结果如图 12-42 所示。

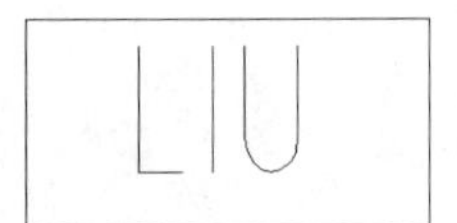

图 12-42　楼层接线盒图

（8）将“母线层”图层置为当前图层，单击“修改”工具栏中的“旋转”按钮，将数据信息出线座、外线电话出线座和内线电话出线座以中心为基点旋转 180°，单击“绘图”工具栏中的“多段线”按钮，将以上各部分连接起来，连接完成后在图上加上注释，绘制结果如图 12-43 所示。

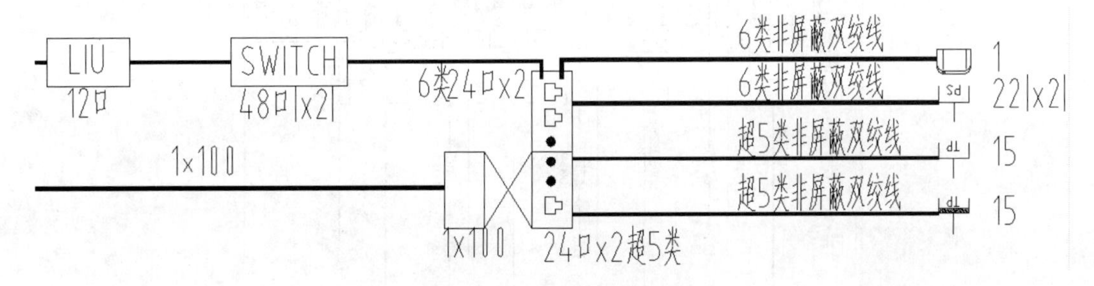

图 12-43　楼层接线图

（9）将以上几部分摆放到适当的位置，其中因为地下一层没有接线盒，所以将数据信息出线座、外线电话出线座以及内线电话出线座直接连接到首层的接线盒上，摆放的位置如图 12-44 所示。

（10）单击“绘图”工具栏中的“多段线”按钮，将以上几部分连接起来，并在图中将接地符号、避雷器和光纤信息出线座等摆放到适当的位置，结果如图 12-45 所示。

Note

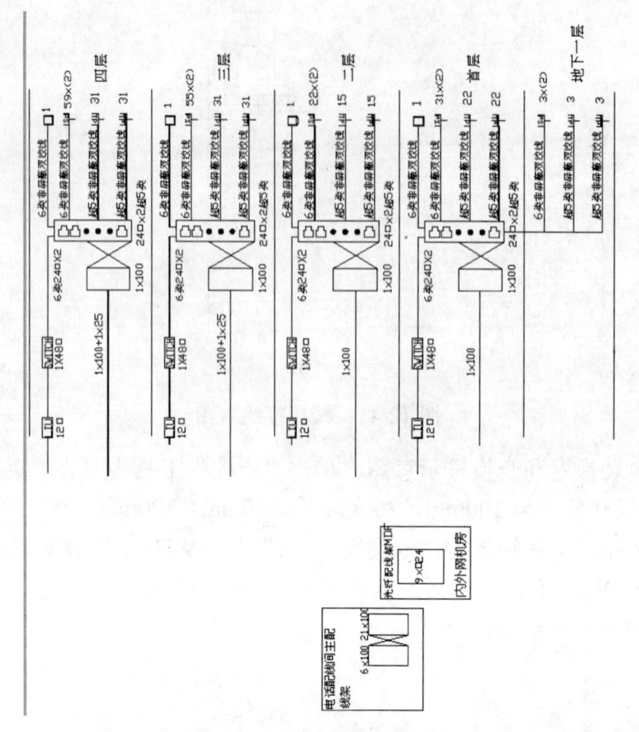

图 12-44　部件布置图

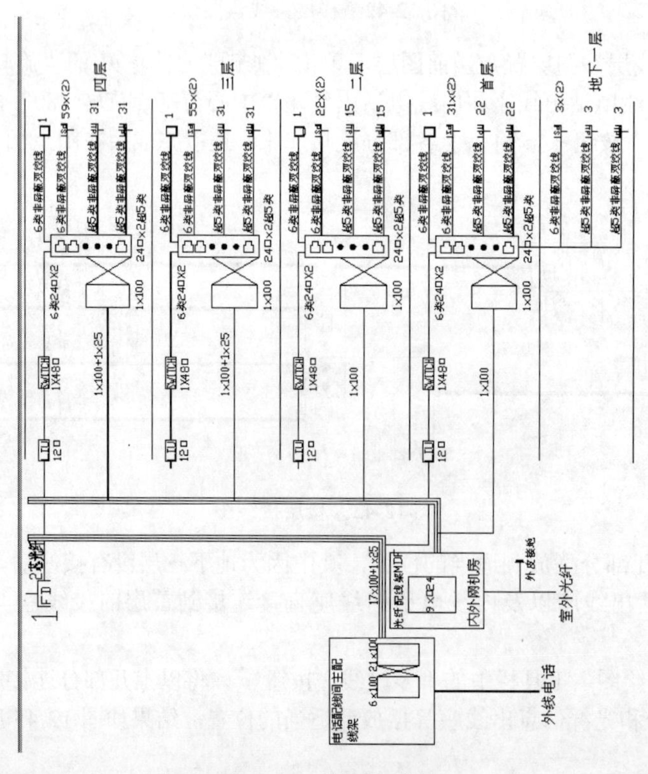

图 12-45　综合布线图

Note

12.5　上机操作

通过前面的学习，读者对本章知识也有了大体的了解，本节通过 3 个操作练习使读者进一步掌握本章知识要点。

实践 1　绘制数字交换机系统结构图

绘制如图 12-46 所示的数字交换机系统结构图。

操作提示

（1）绘制各个单元符号图形。

（2）将各个单元放置到一起并移动连接。

（3）标注文字。

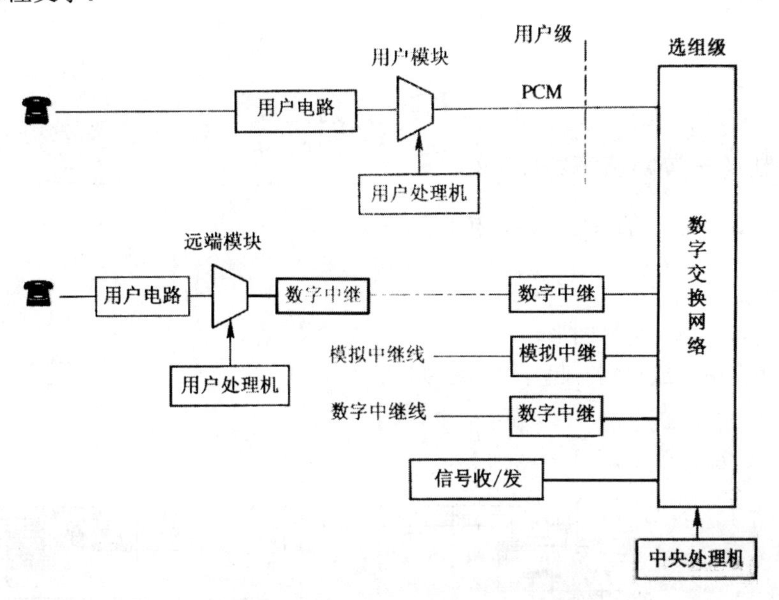

图 12-46　数字交换机系统结构图

实践 2　绘制通信光缆施工图

绘制如图 12-47 所示的通信光缆施工图。

操作提示

（1）绘制各个单元符号图形。

（2）将各个单元放置到一起并移动连接。

（3）标注文字。

Note

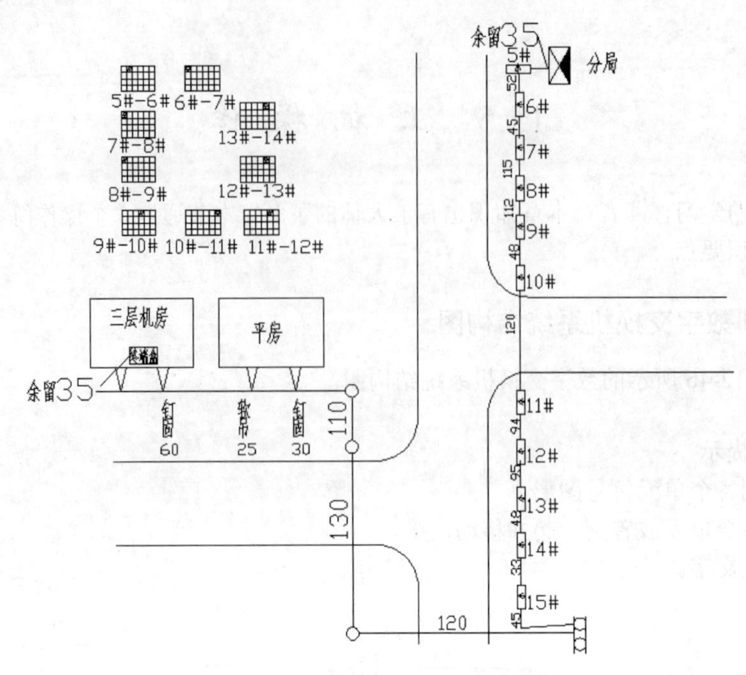

图 12-47　通信光缆施工图

实践 3　绘制某学校网络拓扑图

绘制如图 12-48 所示的某学校网络拓扑图。

操作提示

（1）绘制各个单元符号图形。

（2）将各个单元放置到一起并移动连接。

（3）标注文字。

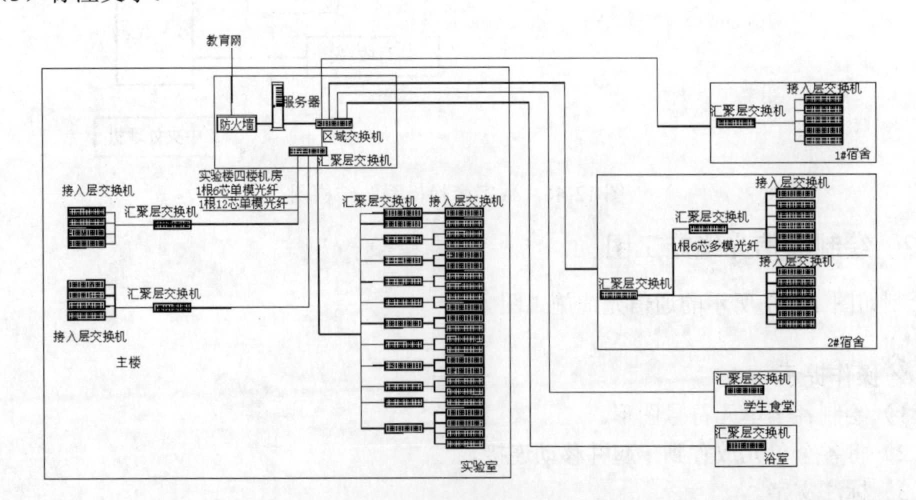

图 12-48　某学校网络拓扑图

第13章

机械电气设计

随着工业的发展，零件的加工由以前的手工、半自动加工变成了全自动加工，进一步促进了机械与电气的统一。本章将介绍机械电气的相关基础知识，并通过3个相关的实例来学习绘制机械电气图的一般方法。

- ☑ 机械电气简介
- ☑ 三相异步交流电动机控制线路图
- ☑ C630车床电气原理图
- ☑ 钻床电气设计

任务驱动&项目案例

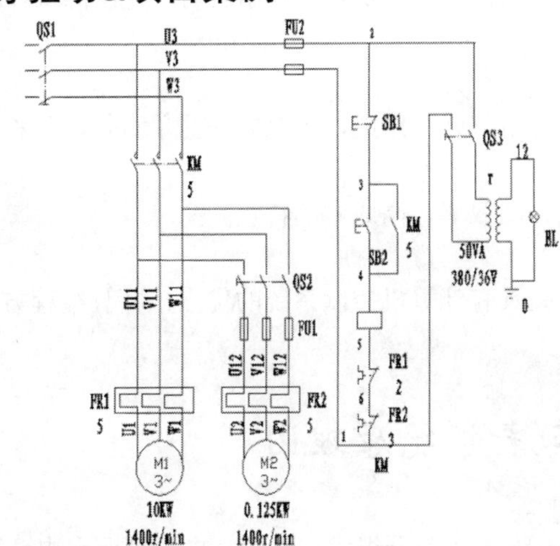

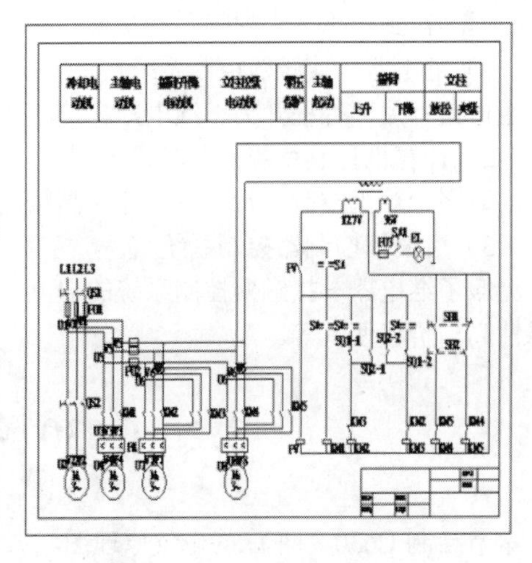

13.1 机械电气简介

Note

机械电气是一类比较特殊的电气，主要指应用在机床上的电气系统，故也可称为机床电气，包括应用在车床、磨床、钻床、铣床以及镗床上的电气。机床电气系统包括机床的电气控制系统、伺服驱动系统和计算机控制系统等。随着数控系统的发展，机床电气也成为电气工程的一个重要组成部分。

机床电气系统由电力拖动系统和电气控制系统组成。

1. 电力拖动系统

电力拖动系统以电动机为动力驱动控制对象（工作机构）作机械运动。

（1）直流拖动和交流拖动

直流电动机具有良好的启动、制动性能和调速性能，可以方便地在很宽的范围内平滑调速，但尺寸大、价格高，特别是炭刷、换向器需要经常维修，运行可靠性差。

交流电动机具有单机容量大、转速高、体积小、价钱便宜、工作可靠和维修方便等优点，但调速困难。

（2）单电机拖动和多电机拖动

单电机拖动，每台机床上安装一台电动机，再通过机械传动机构装置将机械能传递到机床的各运动部件。

多电机拖动，一台机床上安装多台电机，分别拖动各运动部件。

2. 电气控制系统

电气控制系统对各拖动电机进行控制，使它们按规定的状态、程序运动，并使机床各运动部件的运动得到合乎要求的静、动态特性。

（1）继电器－接触器控制系统

由按钮开关、行程开关、继电器、接触器等电气元件组成，控制方法简单直接，价格低。

（2）计算机控制系统

由数字计算机控制，具有高柔性、高精度、高效率、高成本的特点。

（3）可编程控制器控制系统

克服了继电器－接触器控制系统的缺点，又具有计算机控制系统的优点，并且编程方便、可靠性高、价格便宜等。

13.2 C630车床电气原理图

本节绘制C630型车床的电气原理图。该电路由3部分组成，其中从电源到两台电动机的电路称为主回路；而由继电器，接触器等组成的电路称为控制回路；另一部分是照明回路。

C630型车床的主电路有两台电动机，主轴电动机M1拖动主轴旋转，采用直接启动；电动机M2为冷却泵电动机，用转换开关QS2操作其启动和停止。M2由熔断器FU1作短路保护，热继电器FR2作过载保护，而M1只有FR1过载保护。合上总电源开关QS1后，按下启动按钮SB2，接触器KM吸合并自锁，M1启动并运转。要停止电动机时，按下停止按钮SB1即可。

由变压器 T 将 380V 交流电压转变成 36V 安全电压，供给照明灯 EL。

绘制这样的电气图分为以下几个阶段：首先按照线路的分布情况绘制主连接线，然后分别绘制各个元器件，将各个元器件按照顺序依次用导线连接成图纸的 3 个主要组成部分，再把 3 个主要组成部分按照合适的尺寸平移到对应的位置，最后添加文字注释。本例绘制流程如图 13-1 所示。

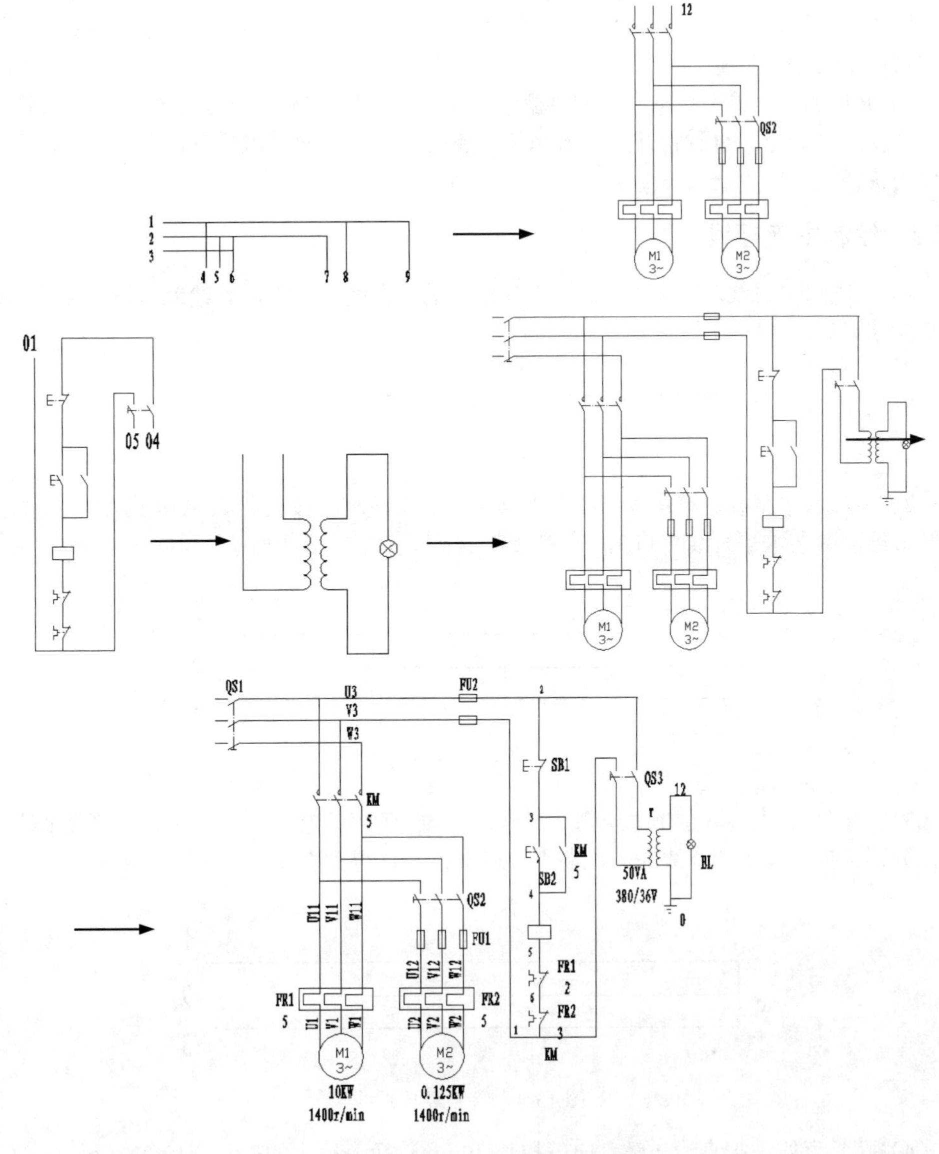

图 13-1　绘制 C630 型车床的电气原理图

操作步骤

参见光盘　光盘\动画演示\第 13 章\ C630 型车床的电气原理图.avi

Note

13.2.1 设置绘图环境

（1）建立新文件。启动 AutoCAD 2012 应用程序，以“A4.dwt”样板文件为模板建立新文件，将新文件命名为“C630 车床的电气原理图.dwt”并保存。

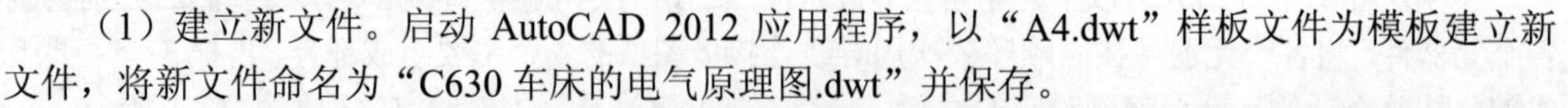

（2）设置绘图工具栏。在任意工具栏处单击鼠标右键，在打开的快捷菜单中选择“标准”、“图层”、“对象特性”、“绘图”、“修改”和“标注”命令，调出相应的工具栏，并将它们移动到绘图窗口中的适当位置。

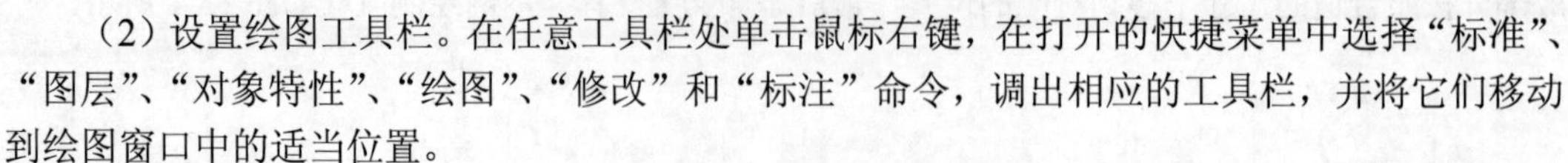

（3）开启栅格。单击状态栏中的“栅格”按钮或者按 F7 键，在绘图窗口中显示栅格，命令行中会提示“命令：<栅格 开>”。若想关闭栅格，可以再次单击状态栏中的“栅格”按钮，或者使用快捷键 F7。

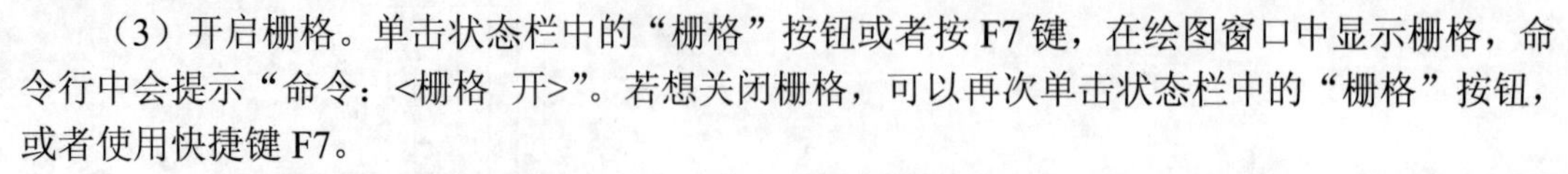

13.2.2 绘制主连接线

（1）绘制水平直线。单击“绘图”工具栏中的“直线”按钮，绘制长度为 435mm 的直线，绘制结果如图 13-2 所示。

图 13-2　绘制水平直线

（2）偏移水平直线。单击“修改”工具栏中的“偏移”按钮，以图 13-2 所示直线为起始，向下绘制两条水平直线 2 和 3，偏移量为 24mm，如图 13-3 所示。

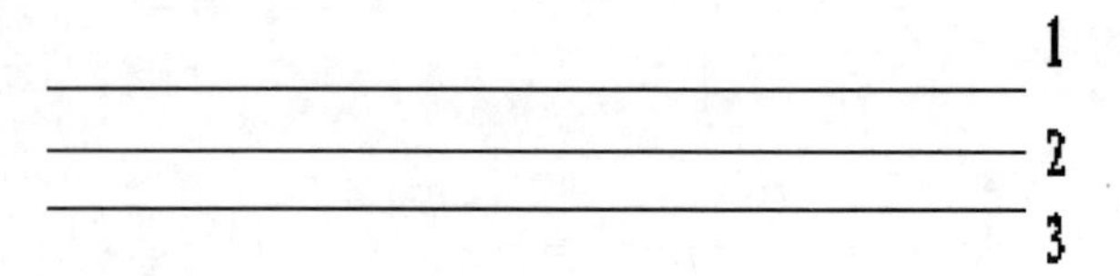

图 13-3　偏移直线

（3）绘制竖直直线。单击“绘图”工具栏中的“直线”按钮并启动“对象追踪”功能，用鼠标分别捕捉直线 1 和直线 3 的左端点，连接起来，得到直线 4，如图 13-4 所示。

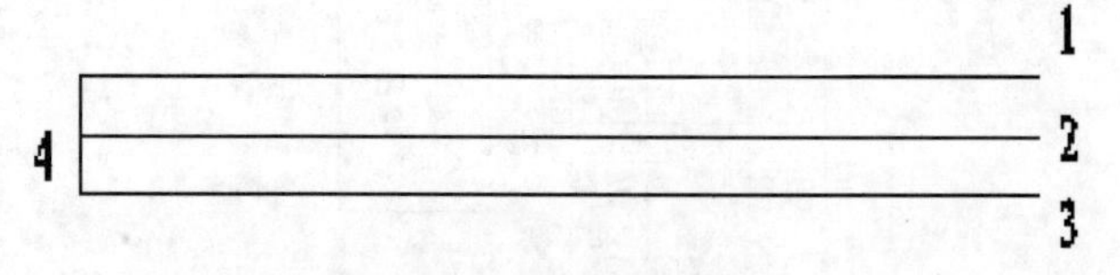

图 13-4　绘制竖直直线

（4）拉长直线。把直线 4 竖直向下拉长 30mm，命令行中的提示与操作如下。

```
命令: _lengthen
选择对象或 [增量(DE)/百分数(P)/全部(T)/动态(DY)]: DE↙
输入长度增量或[角度(A)]<0.0000>:30↙
选择要修改的对象或[放弃(U)]: （选择直线 4）
选择要修改的对象或[放弃(U)]:↙
```

绘制结果如图 13-5 所示。

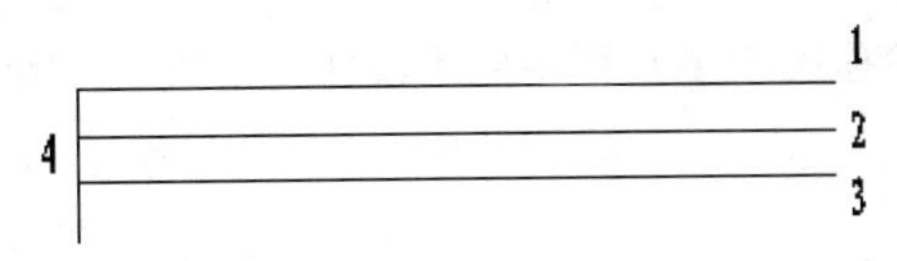

图 13-5　拉长直线

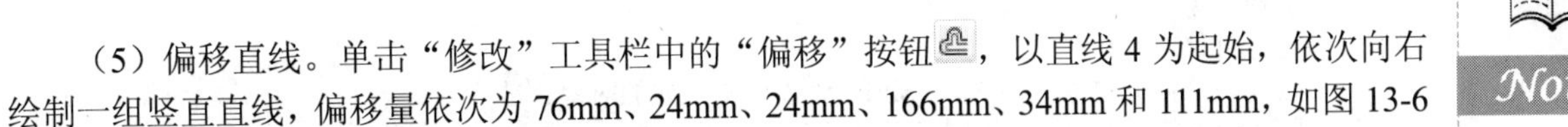

（5）偏移直线。单击“修改”工具栏中的“偏移”按钮，以直线 4 为起始，依次向右绘制一组竖直直线，偏移量依次为 76mm、24mm、24mm、166mm、34mm 和 111mm，如图 13-6 所示。

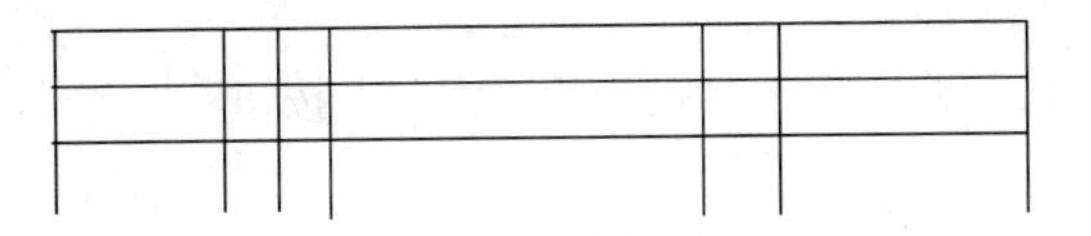

图 13-6　偏移直线

（6）单击“修改”工具栏中的“修剪”按钮和“删除”按钮，对图形进行修剪，并删除直线 4，结果如图 13-7 所示。

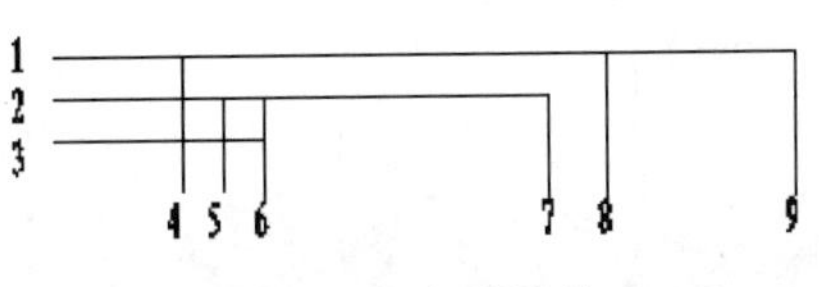

图 13-7　主连接线

13.2.3　绘制主回路

1．连接主电动机 M1 与热继电器

（1）单击“绘图”工具栏中的“插入块”按钮，系统弹出“插入”对话框。单击“浏览”按钮，选择“热继电器”图块为插入对象，选择在屏幕上指定插入点，其他保持默认设置即可，然后单击“确定”按钮。插入的热继电器如图 13-8（a）所示。同理插入“电动机”图块。

（2）绘制直线。单击“绘图”工具栏中的“直线”按钮，用鼠标捕捉电动机符号的圆心，以其为起点，竖直向上绘制长度为 36mm 的直线，如图 13-8（b）所示。

（3）连接主电动机 M1 与热继电器。单击“修改”工具栏中的“移动”按钮，选择整个电动机为平移对象，用鼠标捕捉图 13-8（b）直线端点 1 为平移基点，移动图形，并捕捉图 13-8（a）热继电器中间接线头 2 为目标点，平移后结果如图 13-8（c）所示。

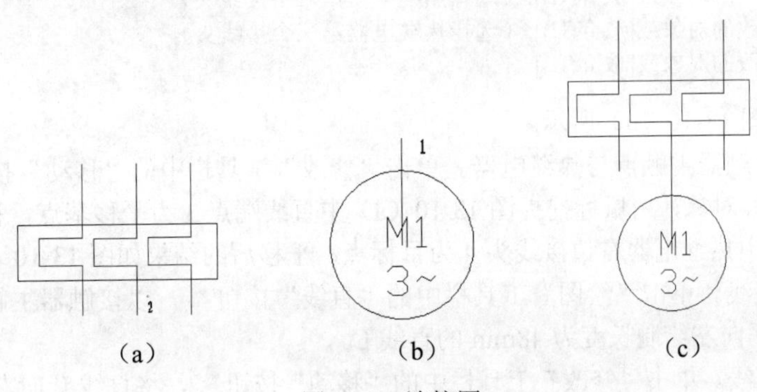

（a）　（b）　（c）

图 13-8　连接图

Note

（4）延伸直线。单击“修改”工具栏中的“延伸”按钮，命令行中的提示与操作如下。

```
当前设置:投影=UCS，边=无
选择边界的边...
选择对象或 <全部选择>:找到一个（选择电动机符号圆）
选择对象: ↙
选择对象:
选择要延伸的对象，或按住 Shift 键选择要修剪的对象，或
[栏选(F)/窗交(C)/投影(P)/边(E)/放弃(U)]:（选择热继电器左右接线头）
```

延伸结果如图 13-9（a）所示。

（5）修剪直线。单击“修改”工具栏中的“修剪”按钮，修剪掉多余的直线，修剪结果如图 13-9（b）所示。

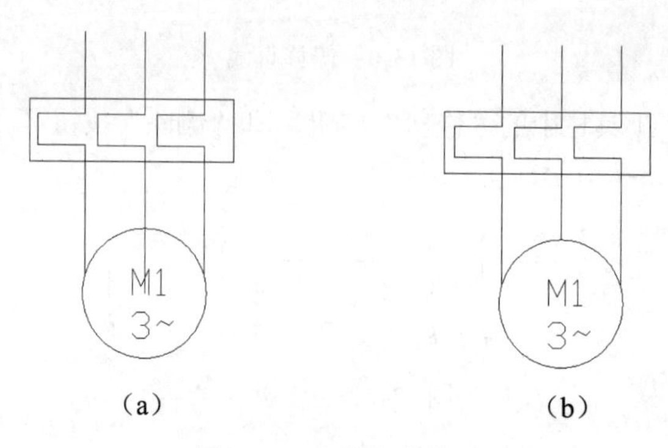

（a）　（b）

图 13-9　延伸与修剪图

2. 插入接触器主触点

（1）单击“绘图”工具栏中的“插入块”按钮，系统弹出“插入”对话框。单击“浏览”按钮，选择“接触器主触点”图块为插入对象，在屏幕上指定插入点，其他保持默认设置即可，然后单击“确定”按钮。插入的热接触器主触点如图 13-10（a）所示。

（2）拉长直线。命令行中的提示与操作如下。

```
命令: _lengthen
选择对象或 [增量(DE)/百分数(P)/全部(T)/动态(DY)]:DE↙
输入长度增量或[角度(A)]<0.0000>:165↙
选择要修改的对象或[放弃(U)]:（选择热继电器第一个接线头）
选择要修改的对象或[放弃(U)]:（选择热继电器第二个接线头）
选择要修改的对象或[放弃(U)]:（选择热继电器第三个接线头）
选择要修改的对象或[放弃(U)]: ↙
```

绘制结果如图 13-10（b）所示。

（3）连接接触器主触点与热继电器。单击“修改”工具栏中的“移动”按钮，选择接触器主触点为平移对象，用鼠标捕捉图 13-10（a）中直线端点 3 为平移基点，移动图形，并捕捉图 13-10（b）中热继电器右边接线头 4 为目标点，平移后的结果如图 13-10（c）所示。

（4）绘制直线。单击“绘图”工具栏中的“直线”按钮，以接触器主触点符号中端点 3 为起始点，水平向左绘制长度为 48mm 的直线 L。

（5）平移直线。单击“修改”工具栏中的“移动”按钮，将直线 L 向左平移 4mm，向上平移 7mm，平移后的效果如图 13-10（d）所示。选中这条直线，单击“图层”工具栏中的

下拉按钮，在图层列表中选择“虚线层”，得到如图 13-10（e）所示的结果。

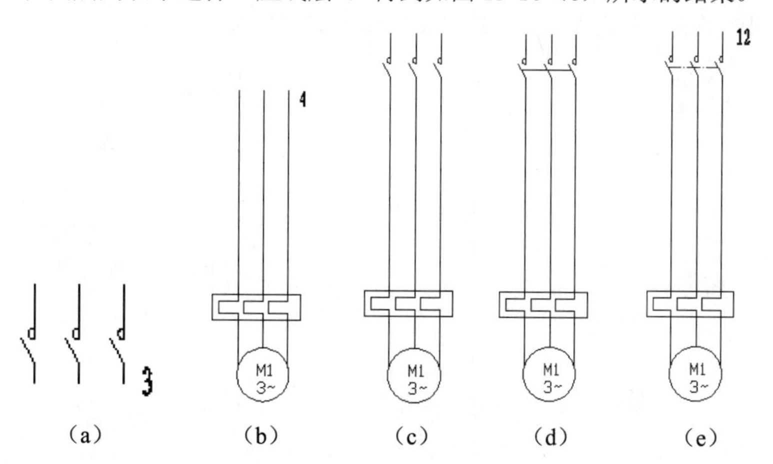

图 13-10 插入接触器主触点

3. 连接冷却泵电动机 M2 与热继电器

（1）单击“绘图”工具栏中的“插入块”按钮，系统弹出“插入”对话框。单击“浏览”按钮，选择“熔断器”图块为插入对象，选择在屏幕上指定插入点，其他保持默认设置即可，然后单击“确定”按钮。插入的熔断器符号如图 13-11（a）所示。

（2）使用剪贴板，从以前绘制过的图形中复制需要的元件符号，如图 13-11（b）所示。

（3）连接熔断器与热继电器。单击“修改”工具栏中的“移动”按钮，选择熔断器为平移对象，用鼠标捕捉图 13-11（a）中直线端点 6 为平移基点，移动图形，并捕捉图 13-11（b）中热继电器右边接线头 5 为目标点，平移后的结果如图 13-11（c）所示。

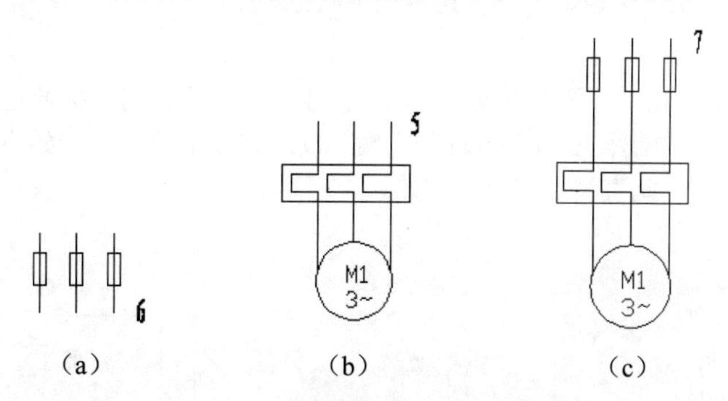

图 13-11 熔断器与热继电器连接图

4. 连接熔断器与转换开关

（1）单击“绘图”工具栏中的“插入块”按钮，系统弹出“插入”对话框。单击“浏览”按钮，选择“转换开关”图块为插入对象，选择在屏幕上指定插入点，其他保持默认设置即可，然后单击“确定”按钮。插入的转换开关符号如图 13-12（a）所示。

（2）单击“修改”工具栏中的“移动”按钮，选择转换开关为平移对象，用鼠标捕捉图 13-12（a）中直线端点 8 为平移基点，移动图形，并捕捉图 13-12（c）熔断器右边接线头 7 为目标点。修改添加的文字，将电动机中的文字“M1”修改为“M2”，结果如图 13-12（b）

所示。

（3）绘制连接线，完成主电路的连接图，如图 13-12（c）所示。

Note

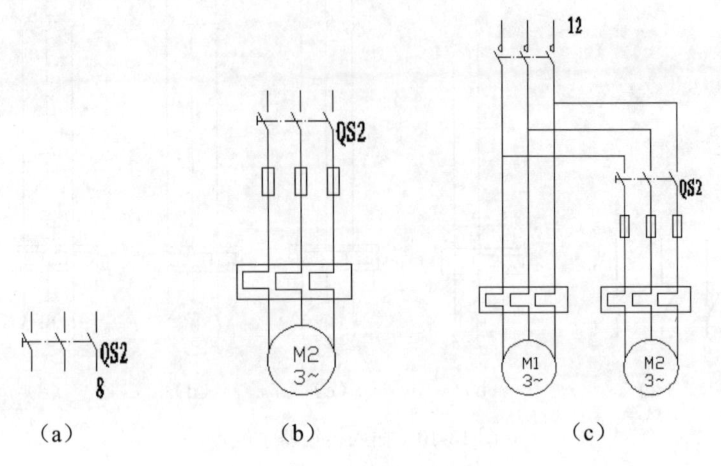

图 13-12　主电路连接图

13.2.4　绘制控制回路

1．绘制控制回路连接线

（1）绘制直线。单击“绘图”工具栏中的“直线”按钮，选取屏幕上合适位置为起始点，竖直向下绘制长度为 350mm 的直线，用鼠标捕捉此直线的下端点，以其为起点，水平向右绘制长度为 98mm 的直线，以此直线右端点为起点，向上绘制长度为 308mm 的竖直直线，用鼠标捕捉此直线的上端点，向右绘制长度为 24mm 的水平直线，结果如图 13-13（a）所示。

（2）偏移直线。单击“修改”工具栏中的“偏移”按钮，以直线 01 为起始，向右绘制一条直线 02，偏移量为 34mm，结果如图 13-13（b）所示。

（3）绘制直线。单击“绘图”工具栏中的“直线”按钮，用鼠标捕捉直线 02 的上端点，以其为起点，竖直向上绘制长度为 24mm 的直线，以此直线上端点为起始点，水平向右绘制长度为 112mm 的直线，以此直线右端点为起始点，竖直向下绘制长度为 66mm 的直线，结果如图 13-13（c）所示。

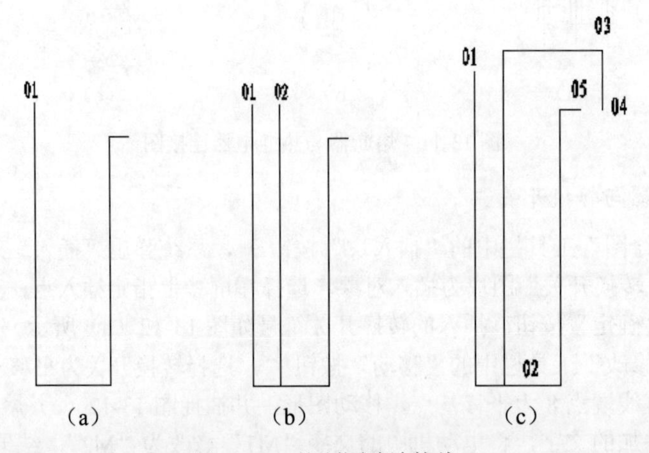

图 13-13　控制回路连接线

2. 完成控制回路

（1）如图 13-14 所示为控制回路中用到的各种元件。单击“绘图”工具栏中的“插入块”按钮，将所需元件插入到电路中。

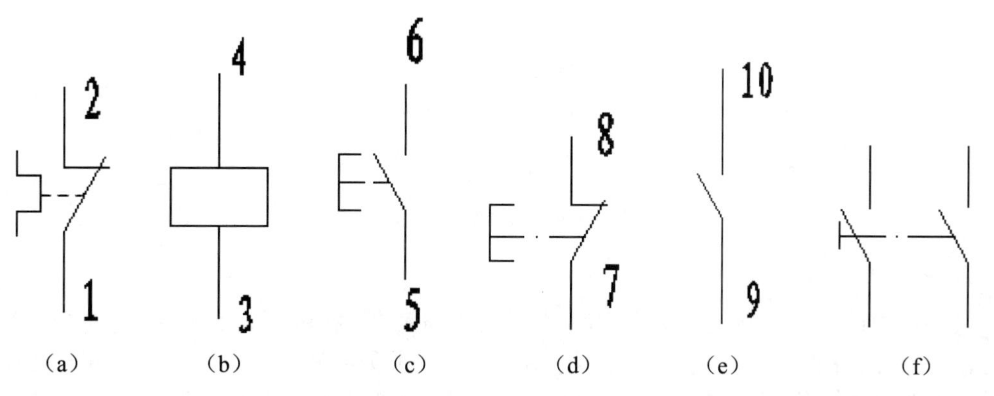

图 13-14　各种元件

（2）插入热继电器。单击“修改”工具栏中的“移动”按钮，选择热继电器为平移对象，用鼠标捕捉图 13-14（a）中热继电器接线头 1 为平移基点，移动图形，并捕捉图 13-13（b）所示的控制回路连接线端点 02 作为平移目标点，将热继电器平移到连接线图中来。采用同样的方法插入另一个热继电器。最后单击“修改”工具栏中的“删除”按钮，删除多余的直线段。

（3）插入接触器线圈。单击“修改”工具栏中的“移动”按钮，选择图 13-14（b）所示图形为平移对象，用鼠标捕捉其接线头 3 为平移基点，移动图形，并在图 13-13（c）所示的控制回路连接线图中，用鼠标捕捉插入的热继电器接线头 2 作为平移目标点，将接触器线圈平移到连接线图中来。采用同样的方法将控制回路中其他的元器件插入到连接线图中，得到如图 13-15 所示的控制回路。

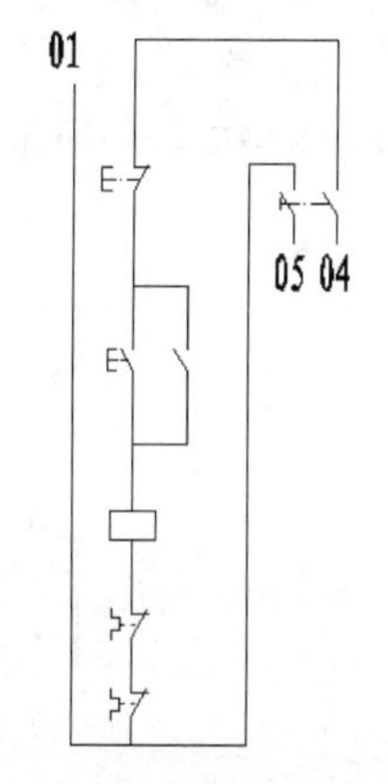

图 13-15　控制回路

13.2.5　绘制照明回路

1. 绘制照明回路连接线

（1）绘制矩形。单击“绘图”工具栏中的“矩形”按钮，绘制一个长为 86mm、宽为 114mm 的矩形，如图 13-16（a）所示。

（2）分解矩形。单击“修改”工具栏中的“分解”按钮，将绘制的矩形分解为 4 条直线。

（3）偏移矩形。分别单击“修改”工具栏中的“偏移”按钮，以矩形左右两边为起始，向里绘制两条直线，偏移量均为 24mm；以矩形上下两边为起始，向里绘制两条直线，偏移量均为 37mm，如图 13-16（b）所示。

（4）修剪图形。单击“修改”工具栏中的“修剪”按钮，修剪掉多余的直线，修剪结果如图 13-16（c）所示。

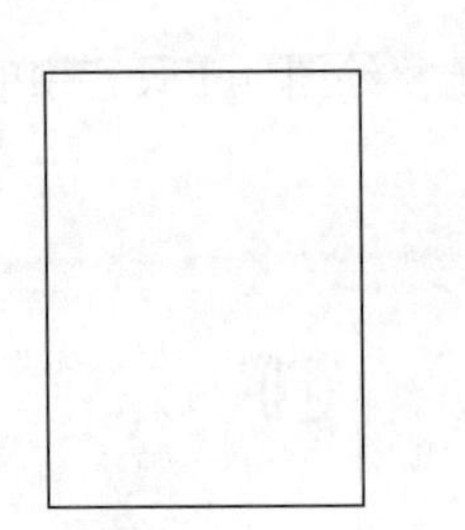

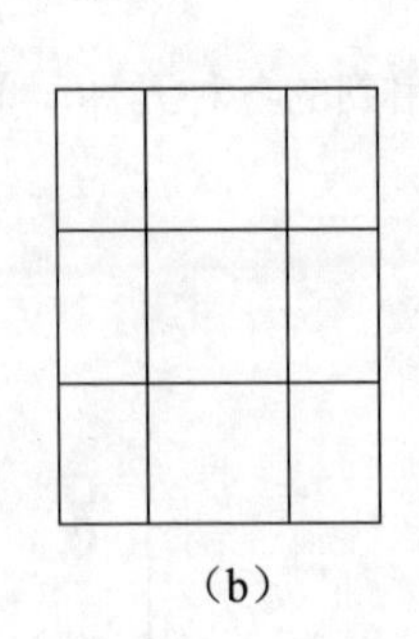

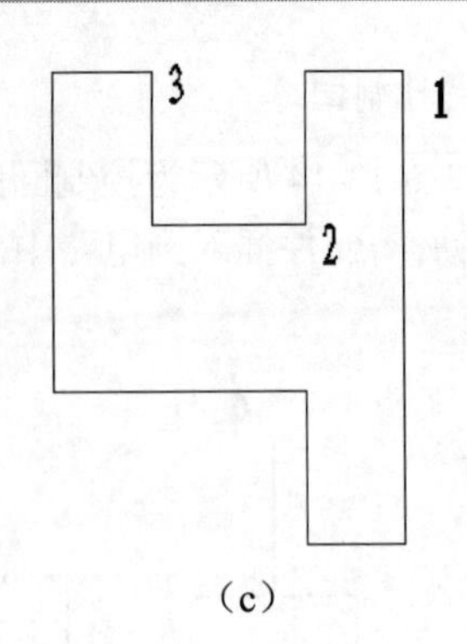

（a）　　（b）　　（c）

图 13-16　照明回路连接线

2. 添加电气元件

（1）添加指示灯。单击“绘图”工具栏中的“插入块”按钮，插入指示灯符号。单击“修改”工具栏中的“移动”按钮，选择图 13-17（a）所示图形为平移对象，用鼠标捕捉其接线头 P 为平移基点，移动图形，在图 13-17（c）所示的控制回路连接线图中，用鼠标捕捉端点 1 作为平移目标点，将指示灯平移到连接线图中来。单击“修改”工具栏中的“移动”按钮，选择指示灯为平移对象，将指示灯沿竖直方向向下平移 40mm。

（2）添加变压器。单击“绘图”工具栏中的“插入块”按钮，插入变压器符号。单击“修改”工具栏中的“移动”按钮，选择图 13-17（b）所示图形为平移对象，用鼠标捕捉其接线头 D 为平移基点，移动图形，在图 13-17（c）所示的控制回路连接线图中，用鼠标捕捉端点 2 作为平移目标点，将变压器平移到连接线图中来。

（3）修剪图形。单击“修改”工具栏中的“修剪”按钮，修剪掉多余的直线，修剪结果如图 13-17（c）所示。

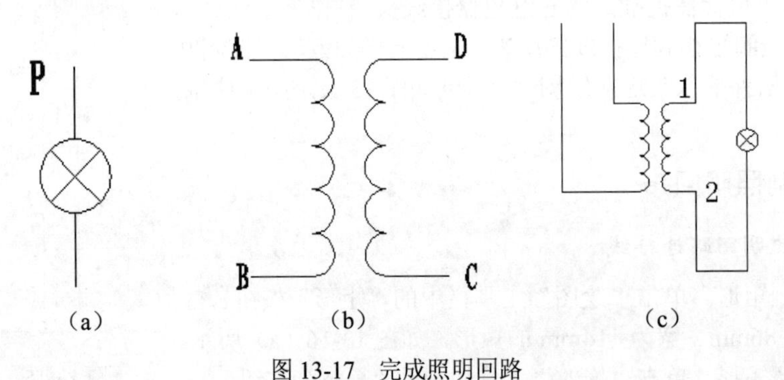

图 13-17　完成照明回路

13.2.6　绘制组合回路

将主回路、控制回路和照明回路组合起来，即以各个回路的接线头为平移的起点，以主连接线的各接线头为平移的目标点，将各个回路平移到主连接线的相应位置，步骤与上面各个回路的连接方式相同，再把总电源开关 QS1、熔断器 FU2 和地线插入到相应的位置，结果如图 13-18 所示。

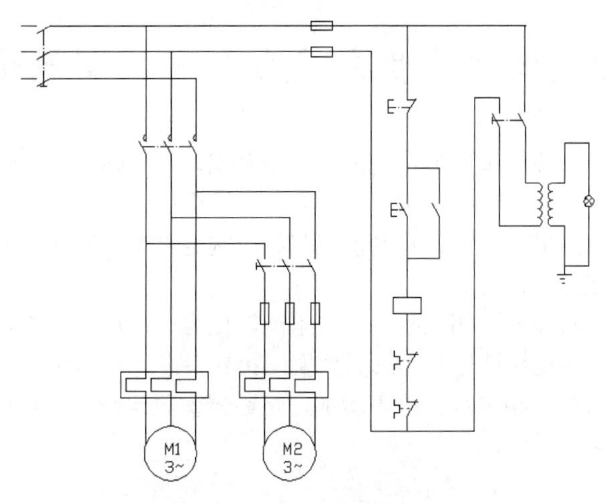

图 13-18　完成绘制

13.2.7　添加注释文字

（1）创建文字样式。选择菜单栏中的“格式”→“文字样式”命令，弹出“文字样式”对话框，创建一个样式名为“C630 型车床的电气原理图”的文字样式，将“字体名”设置为“仿宋_GB2312”，“字体样式”设置为“常规”，“高度”设置为 15，“宽度因子”设置为 0.7。

（2）添加注释文字。利用 MTEXT 命令一次输入几行文字，然后调整其位置，以对齐文字。调整位置时，结合使用“正交”命令。

添加注释文字后，即完成了整张图纸的绘制，如图 13-19 所示。

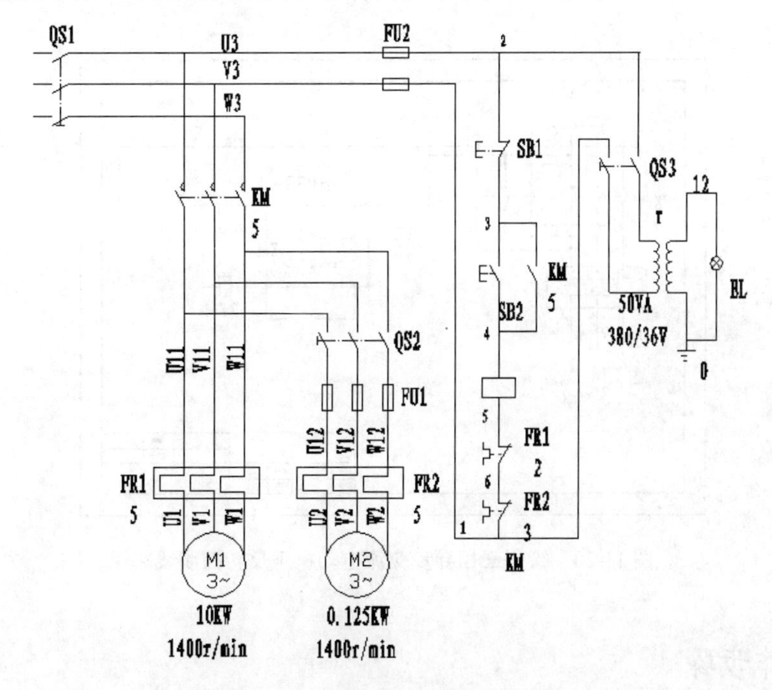

图 13-19　C630 型车床的电气原理图

Note

13.3 三相异步交流电动机控制线路图

三相异步电动机是工业环境中最常用的电动驱动器，具有体积小、驱动扭矩大等特点，因此，设计其控制电路，保证电动机可靠正反转启动、停止和过载保护，在工业领域具有重要意义。本节绘制的图形分为供电简图、供电系统图和控制电路图，通过3个逐步深入的步骤完成三相异步电动机控制电路的设计。

三相异步电动机直接输入三相工频电，将电能转化为电动机主轴旋转的动能。其控制电路主要采用交流接触器，实现异地控制。只要交换三相异步电动机的两相就可以实现电动机的反转启动。当电动机过载时，相电流会显著增加，熔断器保险丝断开，对电动机实现过载保护。本例绘制流程如图13-20所示。

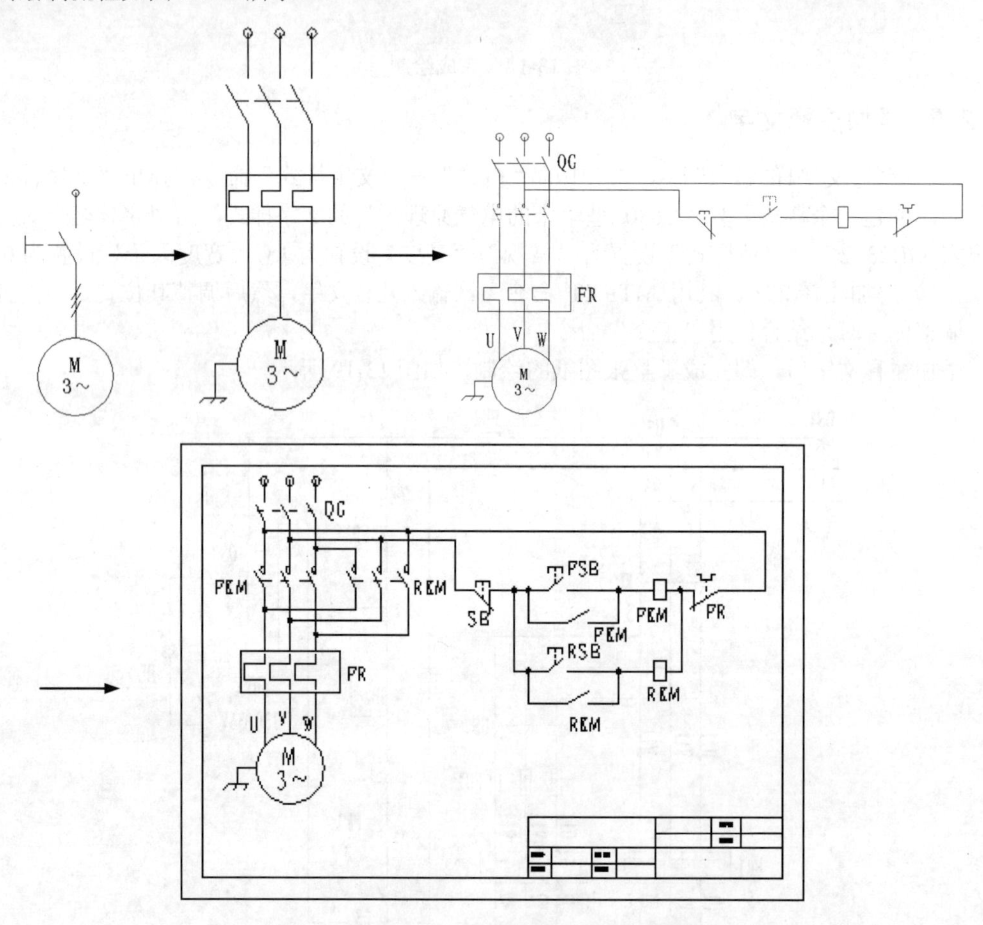

图13-20　绘制三相异步交流电动机正反转控制线路

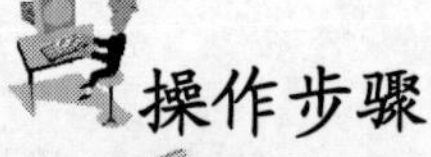
操作步骤

参见光盘

光盘\动画演示\第13章\三相异步交流电动机控制线路图.avi

13.3.1 绘制三相异步电动机供电简图

（1）新建文件。启动 AutoCAD 2012 应用程序，打开随书光盘“源文件”文件夹中的“A4.dwg”文件，如图 13-21 所示。设置保存路径，命名为“电动机简图.dwg”并保存。

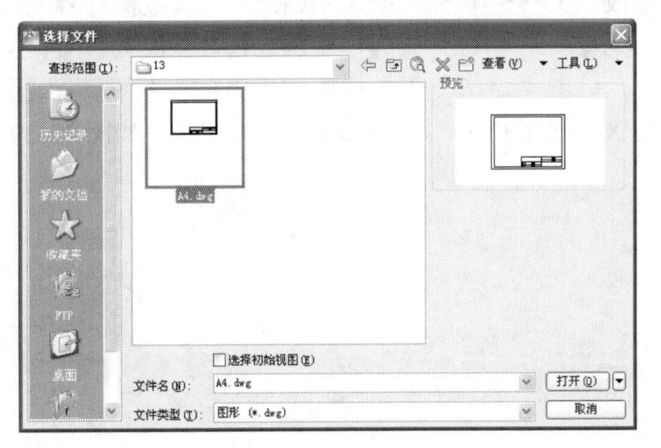

图 13-21　选择样板文件

（2）插入块。单击“绘图”工具栏中的“插入块”按钮，弹出“插入”对话框，选择随书光盘“源文件/13/三相异步交流电动机控制线路图”文件夹中的“电动机”和“单极开关”块，如图 13-22 所示。在绘图区选择块的放置点，如图 13-23 所示。调用已有的块能够大大节省绘图工作量，提高绘图效率，专业的电气设计人员都有自己的常用块库。

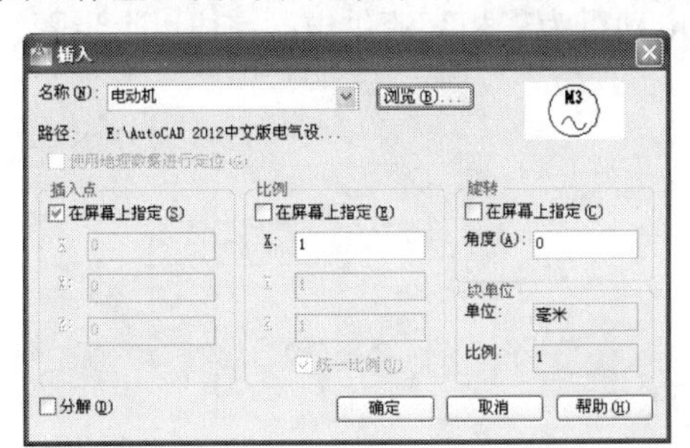

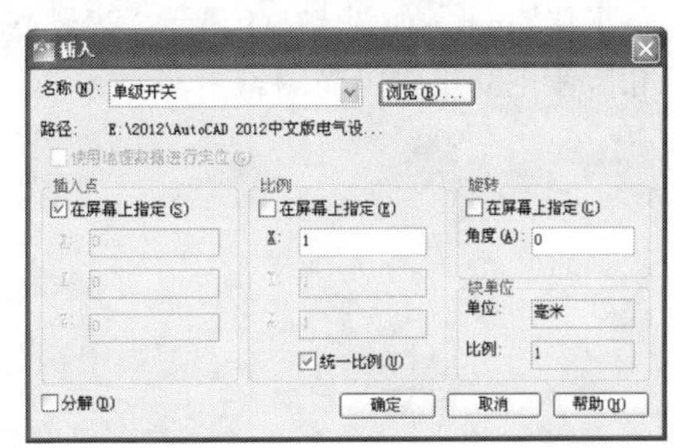

图 13-22　“插入”对话框

（3）移动块。单击“修改”工具栏中的“移动”按钮，选择单极开关块，以其端点为基点，调整单极开关的位置，使其在电动机的正上方。开启“对象捕捉”和“对象追踪”模式，将光标放在“交流电动机”块圆心附近，系统提示捕捉到圆心，如图 13-24 所示；向上移动光标，将开关块拖到圆心的正上方，单击确认，得到如图 13-25 所示的效果。

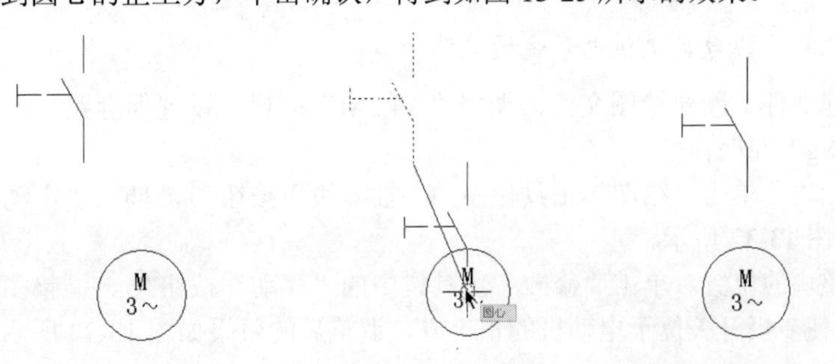

图 13-23　插入块 1　　图 13-24　捕捉圆心　　图 13-25　移动块

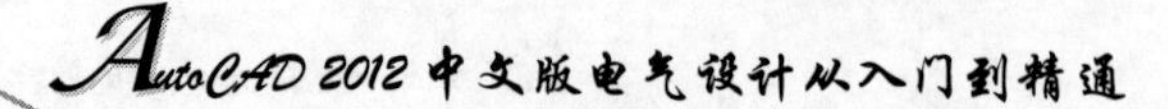

Note

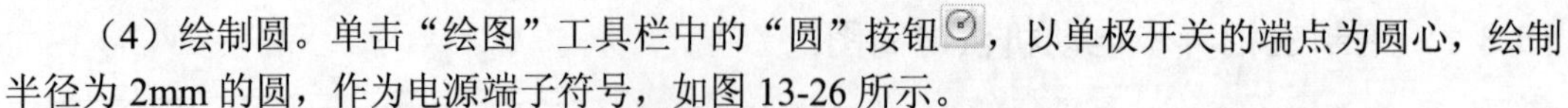
（4）绘制圆。单击“绘图”工具栏中的“圆”按钮，以单极开关的端点为圆心，绘制半径为2mm的圆，作为电源端子符号，如图13-26所示。

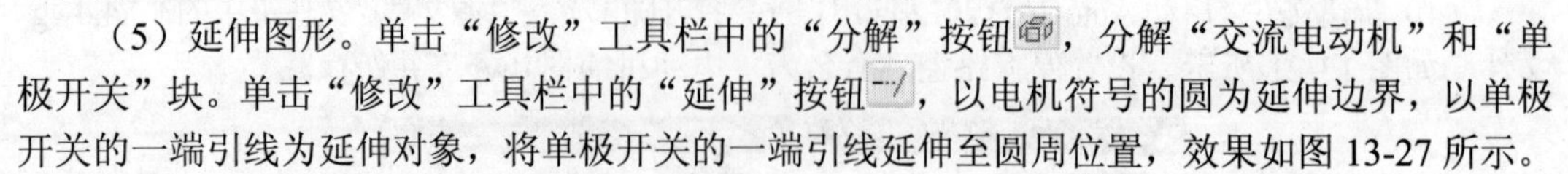
（5）延伸图形。单击“修改”工具栏中的“分解”按钮，分解“交流电动机”和“单极开关”块。单击“修改”工具栏中的“延伸”按钮，以电机符号的圆为延伸边界，以单极开关的一端引线为延伸对象，将单极开关的一端引线延伸至圆周位置，效果如图13-27所示。

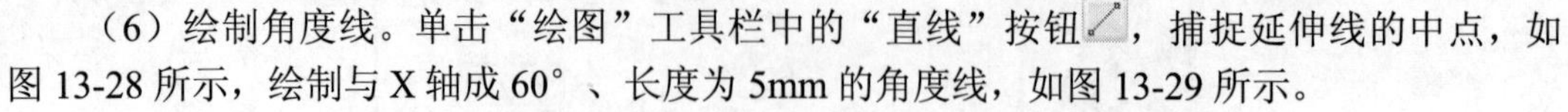
（6）绘制角度线。单击“绘图”工具栏中的“直线”按钮，捕捉延伸线的中点，如图13-28所示，绘制与X轴成60°、长度为5mm的角度线，如图13-29所示。

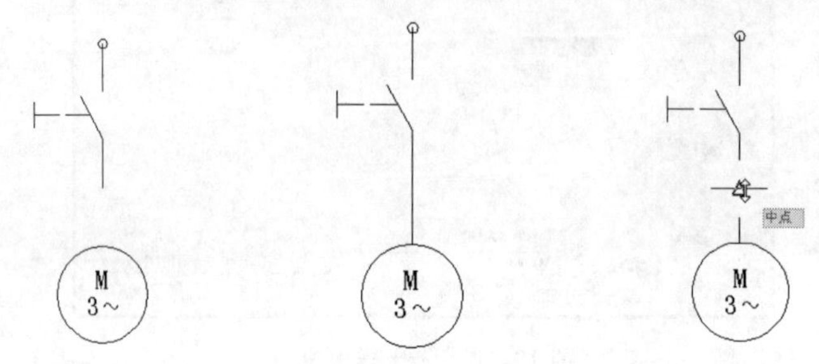

图13-26　绘制圆　　图13-27　延伸效果　　图13-28　捕捉中点

（7）绘制反向直线。单击“绘图”工具栏中的“直线”按钮，捕捉角度线与单极开关引线的交点，绘制与角度线反向、长度为5mm的直线，如图13-30所示。

（8）复制角度线。单击“修改”工具栏中的“复制”按钮，将绘制的两段角度线分别向上、下平移5mm，如图13-31所示，表示交流电动机为三相交流供电。完成以上步骤，即可得到三相异步电动机供电简图。

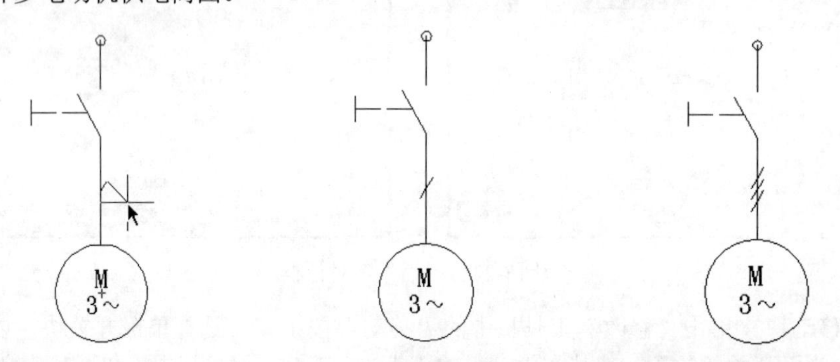

图13-29　绘制角度线　　图13-30　绘制反向直线　　图13-31　三相异步电动机供电简图

13.3.2　绘制线路图

1. 新建三相异步电动机供电系统图文件

（1）新建文件。新建绘图文件，调用“A4.dwt”样板，设置保存路径，命名为“电动机供电系统图.dwg”并保存。

（2）插入块。单击“绘图”工具栏中的“插入块”按钮，插入“电动机”和“多极开关”图块，如图13-32所示。

（3）调整块的位置。单击“修改”工具栏中的“移动”按钮，调整多极开关与电动机的相对位置，使多极开关位于电动机的正上方，调整后的效果如图13-33所示。

2. 绘制断流器符号

（1）绘制矩形。单击“绘图”工具栏中的“矩形”按钮，捕捉多极开关最左边的端点为矩形的一个对角点，采用相对输入法绘制一个长为 70mm、宽为 20mm 的矩形，如图 13-34 所示。

（2）移动矩形。单击“修改”工具栏中的“移动”按钮，将绘制的矩形向 X 轴负方向移动 10mm，使熔断器位于多极开关的正下方，如图 13-35 所示。

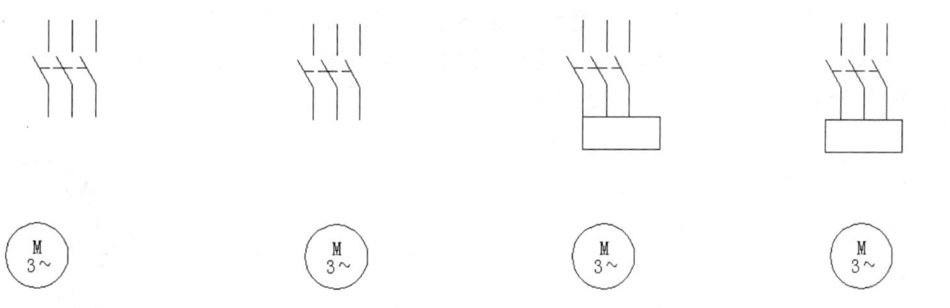

图 13-32　插入块 2　　图 13-33　调整块的位置　　图 13-34　绘制矩形　　图 13-35　移动矩形

（3）绘制正方形。单击“绘图”工具栏中的“矩形”按钮，以矩形上侧边的中点为起点，绘制长为 10mm 的正方形，如图 13-36 所示。

（4）平移正方形。单击“修改”工具栏中的“移动”按钮，将绘制的正方形向 Y 轴负方向平移 5mm，如图 13-37 所示。

（5）分解正方形并删除边。单击“修改”工具栏中的“分解”按钮，分解该正方形，然后删除正方形的右侧边，如图 13-38 所示。

（6）绘制直线。单击“绘图”工具栏中的“直线”按钮，连接正方形的端点与矩形上下两边的中点，完成断流器的绘制，如图 13-39 所示。

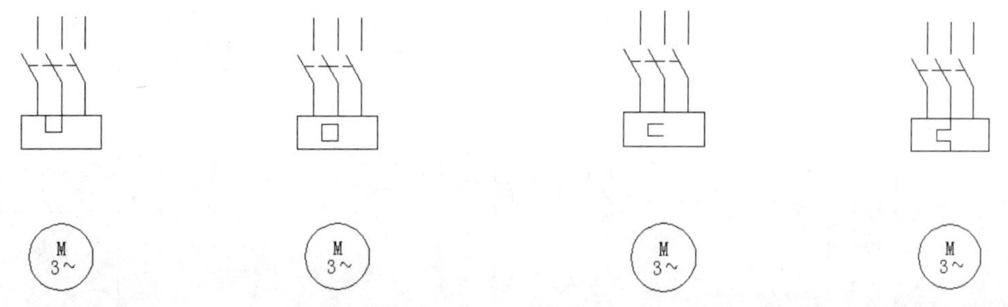

图 13-36　绘制正方形　　图 13-37　平移正方形　　图 13-38　分解正方形并删除边　　图 13-39　断流器

3. 绘制连接导线

（1）分解块。单击“修改”工具栏中的“分解”按钮，分解“电动机”和“多极开关”块。

（2）延伸直线。单击“修改”工具栏中的“延伸”按钮，以电动机符号的圆为延伸边界，以多极开关的一端引线为延伸对象，将多极开关一端引线延伸，使之与电动机相交，效果如图 13-40 所示。

（3）修剪直线。单击“修改”工具栏中的“复制”按钮，将绘制好的断流器向两侧复制。再单击“修改”工具栏中的“修剪”按钮，以矩形为剪刀线，对矩形内部的直线进行修剪，修剪结果如图 13-41 所示。

Note

4. 绘制机壳接地线

（1）绘制折线。单击“绘图”工具栏中的“直线”按钮，绘制如图 13-42 所示的连续折线，也可以调用“多段线”命令来绘制这段折线。

（2）镜像直线。单击“修改”工具栏中的“镜像”按钮，以竖直直线为对称轴生成另一半地平线符号，如图 13-43 所示。

（3）绘制斜线。单击“绘图”工具栏中的“直线”按钮，以地平线符号的右端点为起点绘制与 X 轴正方向成-135°、长度为 3mm 的斜线段，如图 13-44 所示。

（4）复制斜线。单击“修改”工具栏中的“复制”按钮，将斜线向左复制两份，偏移距离分别为 5mm 和 10mm，如图 13-45 所示。

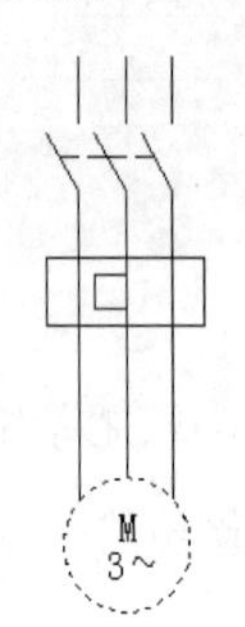

图 13-40　延伸直线

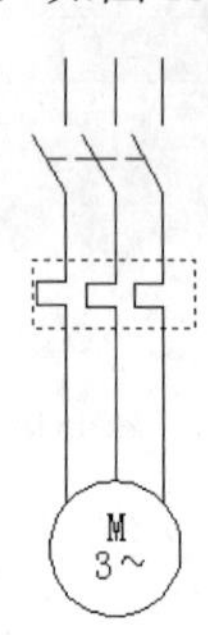

图 13-41　修剪直线

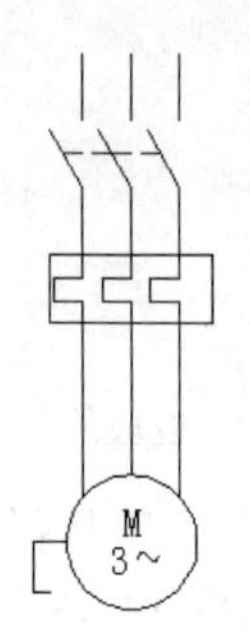

图 13-42　绘制折线

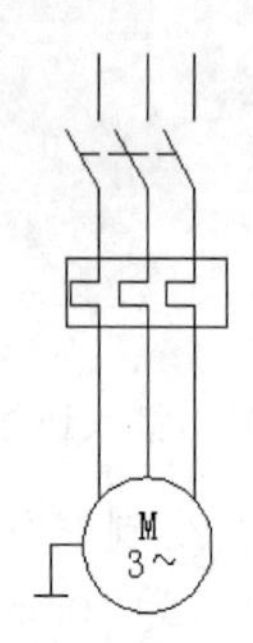

图 13-43　绘制地平线符号

5. 绘制输入端子并添加注释文字

（1）单击“绘图”工具栏中的“圆”按钮，在多极开关端点处绘制一个半径为 2mm 的圆，作为电源的引入端子。

（2）单击“修改”工具栏中的“复制”按钮，复制、移动生成另外两个接线端子，如图 13-46 所示。

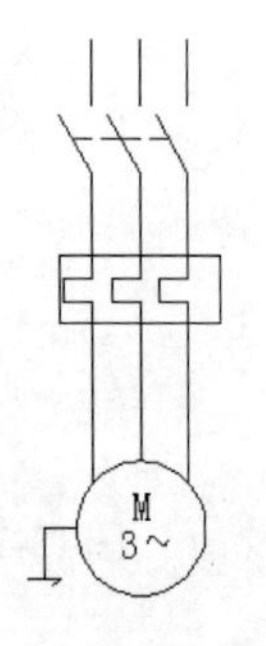

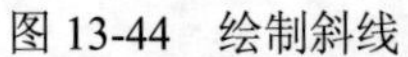
图 13-44　绘制斜线

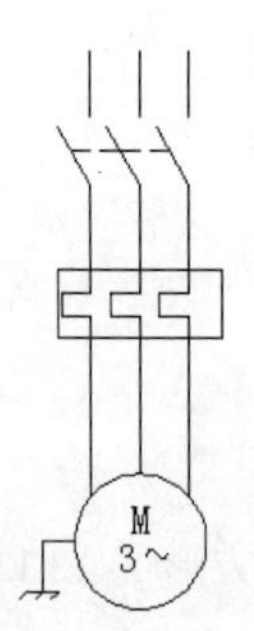

图 13-45　复制斜线

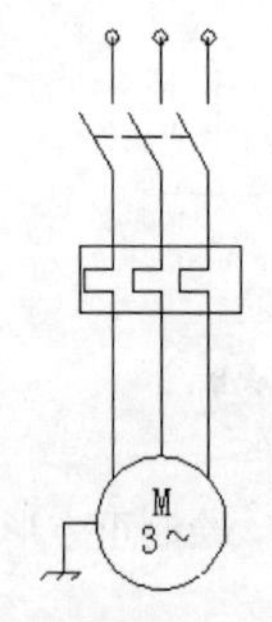

图 13-46　绘制接线端子

（3）新建图层。选择菜单栏中的“格式”→“图层”命令，弹出“图层特性管理器”对话框，新建图层“文字说明”，如图 13-47 所示。

（4）添加注释文字。在“文字说明”图层中添加文字说明，为各元器件和导线添加标示符号，便于图纸的阅读和校核。字体选择“仿宋_GB2312”，字号为 10 号。完成以上操作后，即可得到三相异步电动机供电系统图，如图 13-48 所示。

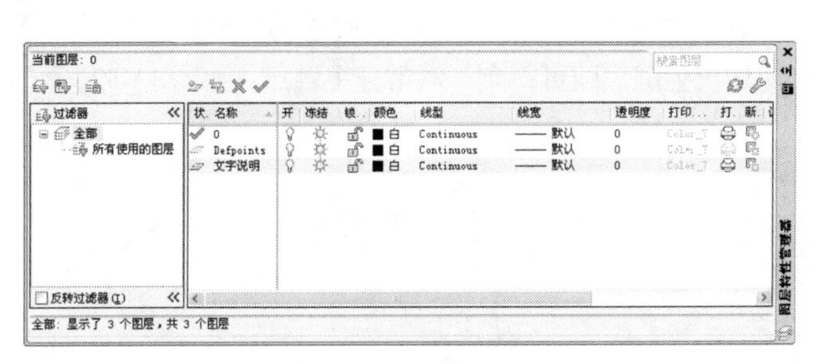

图 13-47 “图层特性管理器”对话框

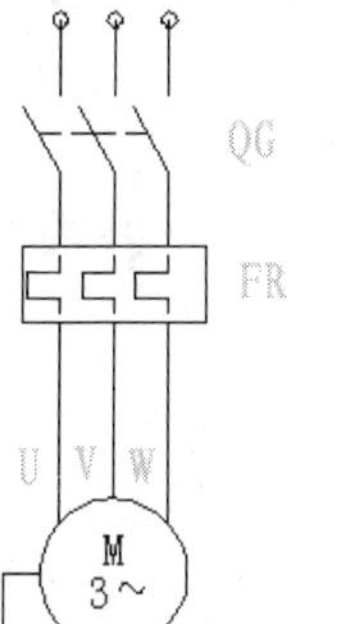
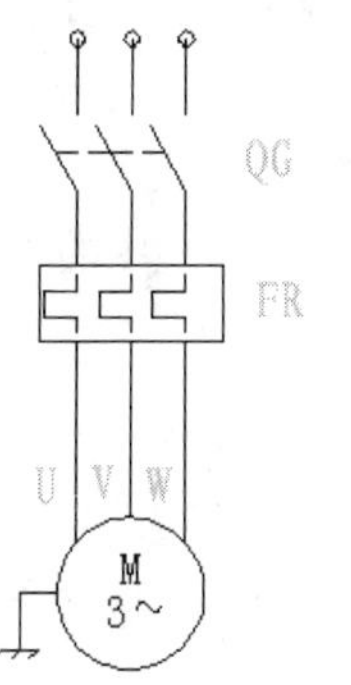

图 13-48 三相异步电动机供电系统图

13.3.3 绘制正向启动控制电路

（1）打开文件。打开绘制的“电动机供电系统图.dwg”文件，设置保存路径，另存为“电动机控制电路图.dwg”。

（2）新建图层。新建“控制线路”和“文字说明”图层，在“控制线路”图层中绘制三相交流异步电动机的控制线路，在“文字说明”图层中绘制控制线路的文字标示。分层绘制电气工程图的组成部分，有利于工程图的管理。

（3）在“控制线路”图层中绘制正向启动线路。

① 绘制直线。单击“绘图”工具栏中的“直线”按钮，从供电线上引出两条直线，为控制系统供电，两直线的长度分别为250mm和70mm。

② 平移图形。单击“修改”工具栏中的“移动”按钮，将交流接触器FR上侧的图形向上平移，为绘制交流接触器主触点留出绘图空间。再单击“修改”工具栏中的“修剪”修改命令，以元器件FR的矩形为剪刀线裁剪掉其内部并删除其以上的导线段，效果如图13-49所示。

注意

裁剪时先裁去矩形上的线段，再裁去矩形中间多余的线段，如果裁剪顺序不同，则裁剪结果不同，请读者自行尝试，体会其中的区别。

③ 绘制共线直线。单击“绘图”工具栏中的“直线”按钮，绘制两条共线的直线，为绘制主触点做准备，如图13-50所示。

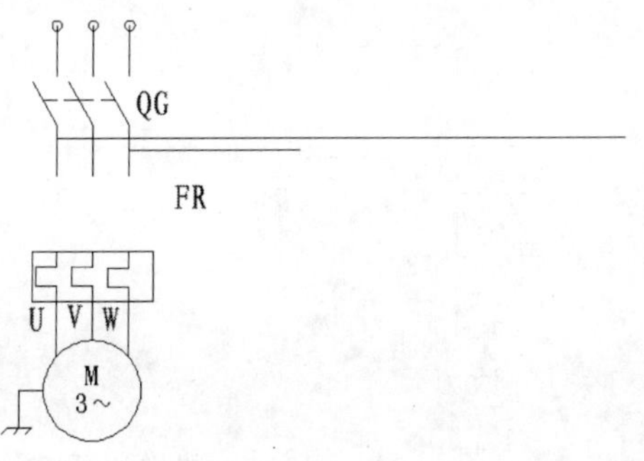

图 13-49 平移图形

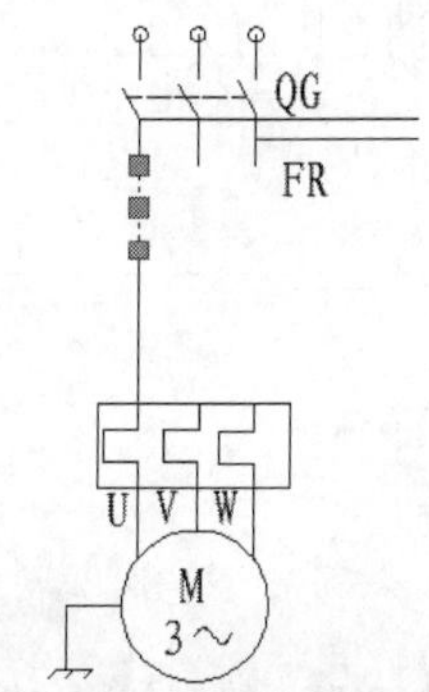

图 13-50 绘制共线直线

Note

④ 旋转直线。单击“修改”工具栏中的“旋转”按钮，将共线直线的上部直线绕其下方端点旋转 30°，如图 13-51 所示。

⑤ 绘制半圆触点。单击“绘图”工具栏中的“圆”按钮，选取 2 点式绘制触点，并单击“修改”工具栏中的“修剪”按钮剪切出半圆，即可得到一对常开主触点，如图 13-52 所示。

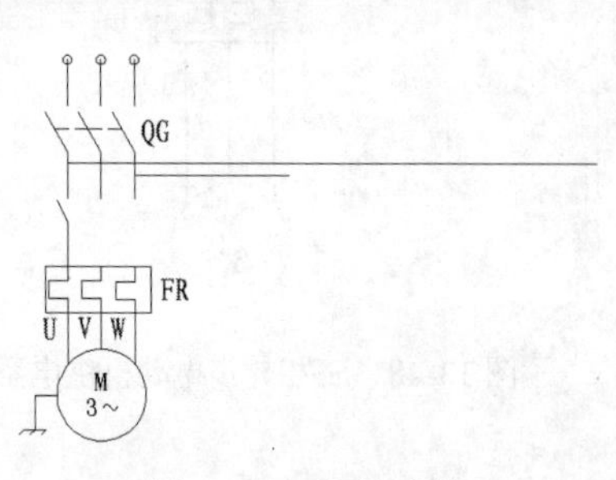

图 13-51　旋转直线

图 13-52　绘制半圆触点

⑥ 复制直线。单击“修改”工具栏中的“复制”按钮，将绘制的常开主触点进行复制，效果如图 13-53 所示。

⑦ 绘制虚线。单击“绘图”工具栏中的“直线”按钮，以左侧的开关掷刀中点为起点，以右侧的开关掷刀中点为终点绘制直线并将绘制的直线线型修改为虚线，效果如图 13-54 所示，完成接触器 3 对常开主触点的绘制。

⑧ 单击“绘图”工具栏中的“直线”按钮，绘制常闭急停按钮，绘制结果如图 13-55 所示。单击“绘图”工具栏中的“创建块”按钮，将常闭急停按钮生成块，供后面设计时调用。

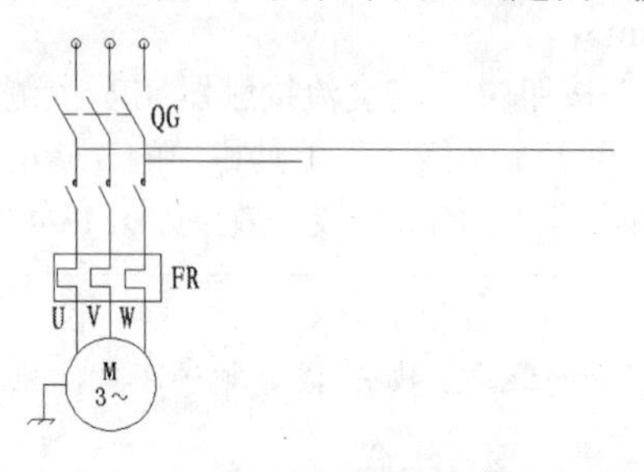

图 13-53　复制常开主触点

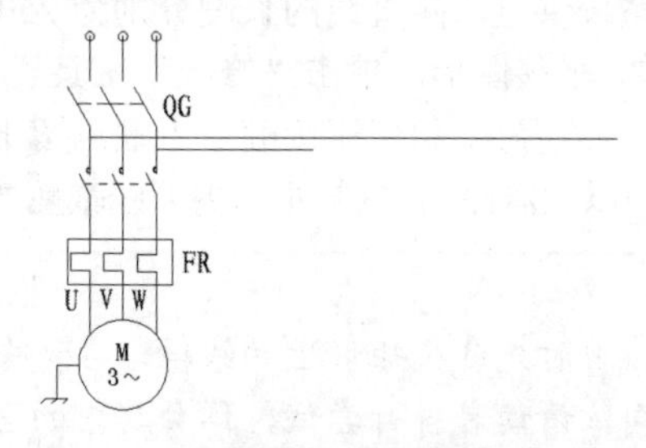

图 13-54　绘制虚线

⑨ 插入块。单击“绘图”工具栏中的“插入块”按钮，插入手动单极开关作为正向起动按钮，并调整块的大小，如图 13-56 所示。

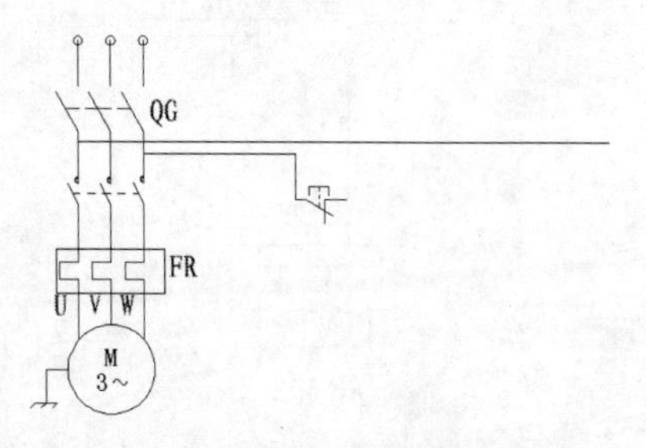

图 13-55　绘制常闭急停按钮

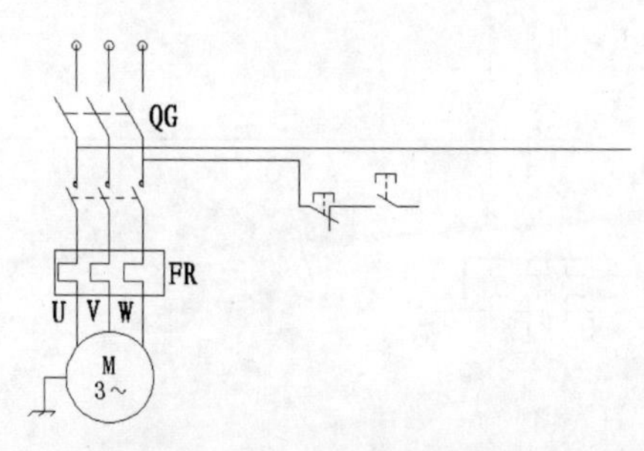

图 13-56　插入手动单极开关

Note

（4）绘制熔断器开关。

① 绘制多段线。单击“绘图”工具栏中的“多段线”按钮，绘制如图 13-57 所示的多段线。

② 分解多段线。单击“修改”工具栏中的“分解”按钮，分解绘制的多段线。

③ 绘制竖直直线。单击“绘图”工具栏中的“直线”按钮，按住 Shift 键右击，在弹出的快捷菜单中选择“中点”命令，捕捉斜线的中点，如图 13-58 所示，以此为起点向上绘制长度为 9mm 的竖直直线，如图 13-59 所示。

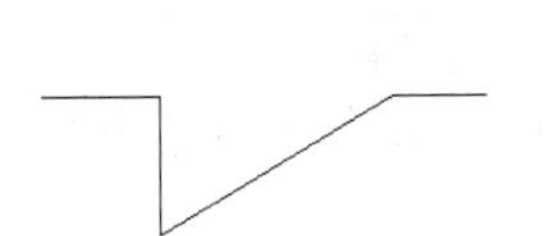

图 13-57　绘制多段线

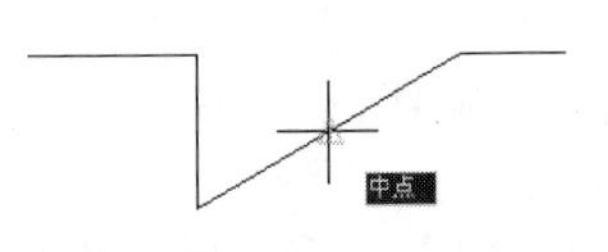

图 13-58　捕捉斜线中点

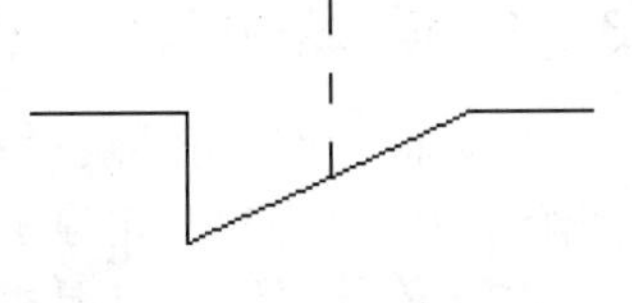

图 13-59　绘制竖直直线

④ 绘制折线。单击“绘图”工具栏中的“多段线”按钮，绘制一条如图 13-60 所示的折线。

⑤ 镜像折线。单击“修改”工具栏中的“镜像”按钮，将绘制的折线进行镜像，效果如图 13-61 所示。

⑥ 选择直线。关闭“对象捕捉”模式，开启“正交”模式，选择如图 13-62 所示的直线。

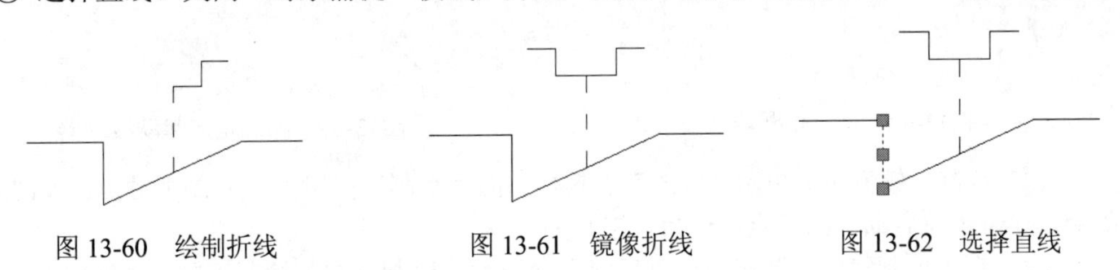

图 13-60　绘制折线　　图 13-61　镜像折线　　图 13-62　选择直线

⑦ 拖曳直线。选择直线的下端点向下拖曳，效果如图 13-63 所示。在命令行输入“0, −2”，指定拉伸点，确认后的效果如图 13-64 所示。

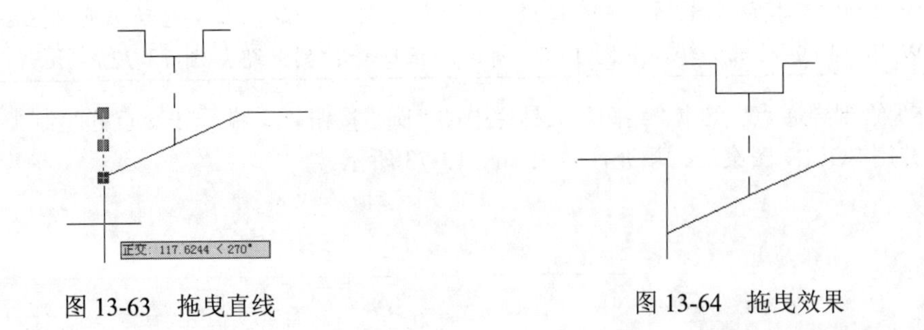

图 13-63　拖曳直线　　图 13-64　拖曳效果

⑧ 拖拽斜线。选择如图 13-65 所示的斜线，开启“对象捕捉”模式，选择斜线的下端点，拖曳至如图 13-66 所示位置。单击确认后，热熔断器符号绘制完毕，如图 13-67 所示。

⑨ 生成块。单击“绘图”工具栏中的“创建块”按钮，将热熔断器符号生成块，供后面设计时调用。

Note

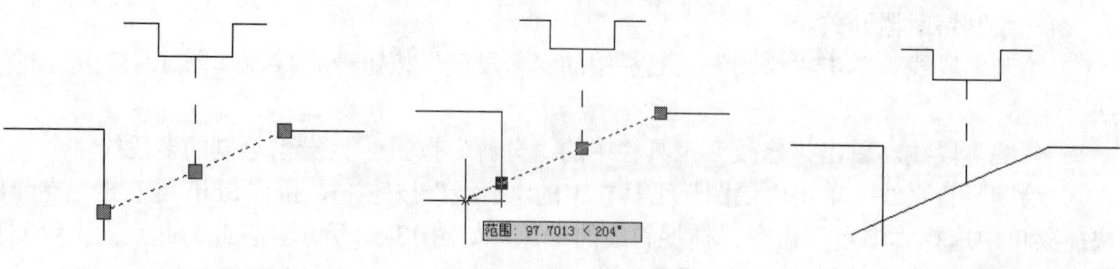

图 13-65　选择斜线　　图 13-66　拖曳斜线　　图 13-67　热熔断器符号

13.3.4　插入块并添加注释文字

（1）将熔断器开关块插入电路中，如图 13-68 所示，当主回路电流过大时，FR 熔断，控制线路失电，主回路失电停止运行。

（2）单击“绘图”工具栏中的“矩形”按钮，绘制正向启动接触器符号，如图 13-69 所示。

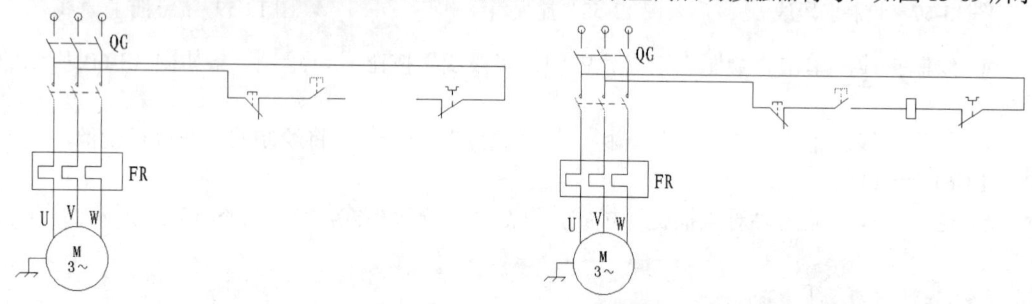

图13-68　插入熔断器开关　　图13-69　绘制正向起动接触器

（3）绘制自锁开关。单击“修改”工具栏中的“复制”按钮，复制主触点，如图 13-70 所示。绘制正向启动辅助触点，作为自锁开关。

（4）在“控制线路”图层中绘制反向启动线路，绘制方法与绘制正向启动线路相同。

注意

反向启动需交换两相电压，主回路线路应该适当做出修改，只要电动机反转主触点闭合交换 U、W 相，则电动机反转，如图 13-71 所示。正反转控制电路如图 13-72 所示。

（5）绘制导通点。单击“绘图”工具栏中的“圆”按钮，在导线交点处绘制半径为 1mm 的圆，并用 SOLID 图案进行填充，效果如图 13-73 所示。

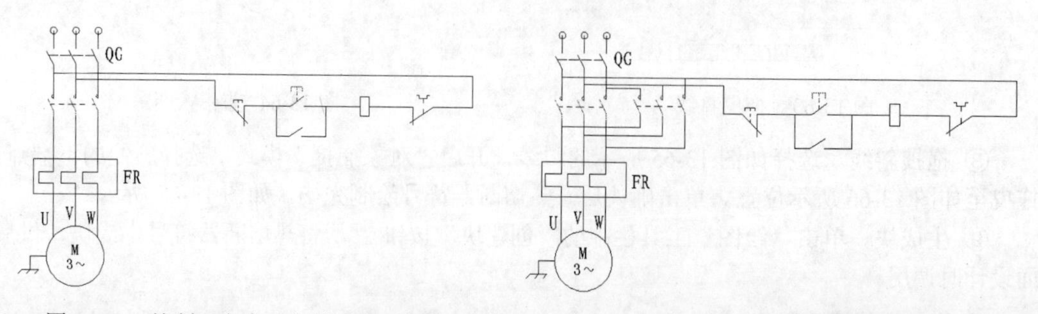

图 13-70　绘制正向启动自锁继电器开关　　图 13-71　反向启动线路

（6）添加注释文字。切换至“文字说明”图层，单击“绘图”工具栏中的“多行文字”按钮A，字体选择“仿宋_GB2312”，字号为 10 号，在图形中输入所需的文字，得到完整的三相异步交流电动机正反转控制线路图，如图 13-74 所示。

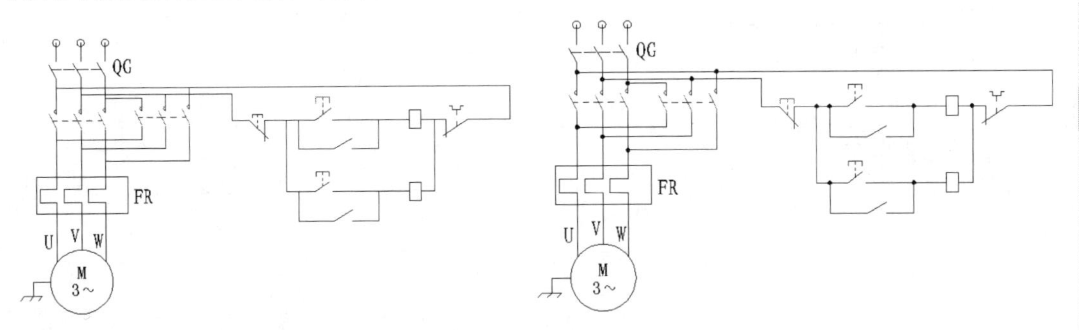

图 13-72　正反转控制电路　　　　图 13-73　绘制导通点

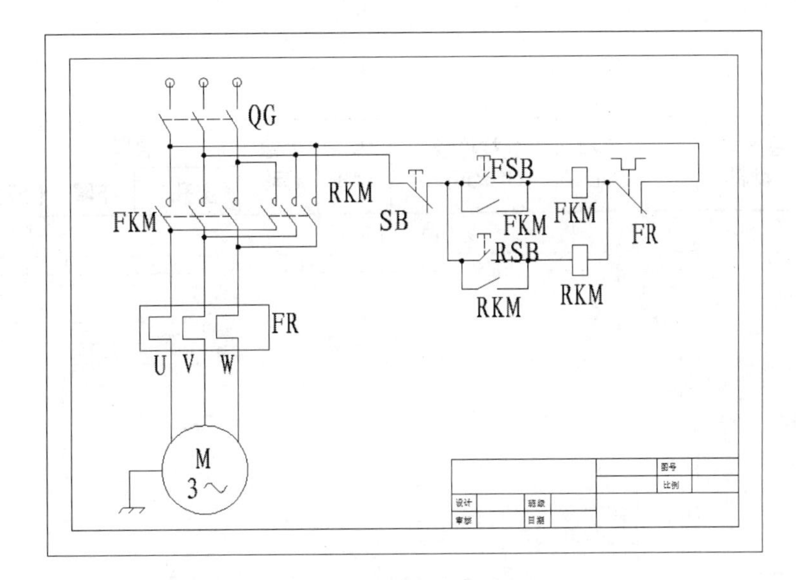

图 13-74　三相异步交流电动机正反转控制线路

13.4　钻床电气设计

Z35 摇臂钻床在钻床中具有代表性，本节以 Z35 摇臂钻床为例讨论钻床电气设计过程。摇臂钻床是一种立式钻床，其运动形式分为主运动、进给运动和辅助运动。其中主运动为主轴的旋转运动；进给运动为主轴的纵向移动；辅助运动包括摇臂沿外立柱的垂直移动、主轴箱沿摇臂的径向移动、摇臂与外立柱一起相对于内立柱的回转运动等。

摇臂钻床的主轴旋转运动和进给运动由一台交流异步电动机拖动，主轴的正反旋转运动是通过机械转换实现的，故主电动机只有一个旋转方向。

摇臂钻床除了主轴的旋转和进给运动外，还有摇臂的上升、下降及立柱的夹紧和放松。摇臂的上升、下降由一台交流异步电动机拖动；立柱的夹紧和放松由另一台交流电动机拖动。本例绘制流程如图 13-75 所示。

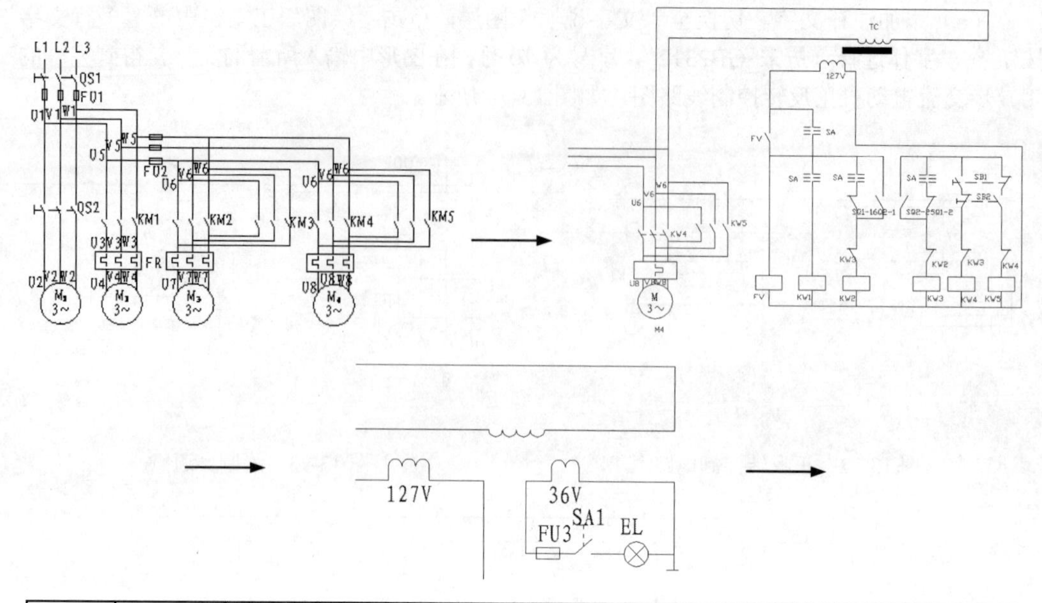

冷却电动机	主轴电动机	摇臂升降电动机	立柱松紧电动机	零压保护	主轴起动	摇臂		立柱	
						上升	下降	放松	夹紧

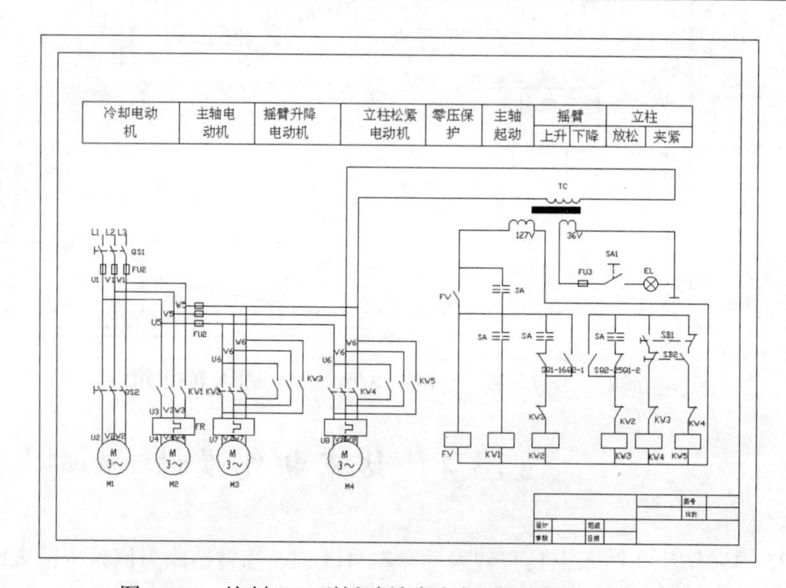

图 13-75　绘制 Z35 型摇臂钻床电气原理图

光盘\动画演示\第 13 章\钻床电气设计.avi

Note

13.4.1　主动回路设计

（1）进入 AutoCAD 2012 绘图环境，调用随书光盘“源文件”文件夹中的“A3 样板图 1”文件，新建“钻床电气设计.dwg”文件。

（2）在文件中新建“主回路层”、“控制回路层”和“文字说明”3 个图层，各层设置如图 13-76 所示。

（3）主回路和控制回路由三相交流总电源供电，通断由总开关控制，各相电流设熔断器，防止短路，保证电路安全，如图 13-77 所示；冷却泵电动机 M1 为手动启动，手动多极按钮开关 QS2 控制其运行或者停止，如图 13-78 所示；主轴电动机 M2 的启动和停止由 KM1 主触点控制，主轴如果过载，相电流会增大，FR 熔断，起到保护作用，如图 13-79 所示；摇臂升降电动机 M3 要求可以正反向起动，并有过载保护，回路必须串联正反转继电器主触点和熔断器，如图 13-80 所示；立柱松紧电动机 M4 要求可以正反向启动，并具有过载保护，回路必须串联正反转继电器主触点和熔断器，如图 13-81 所示。

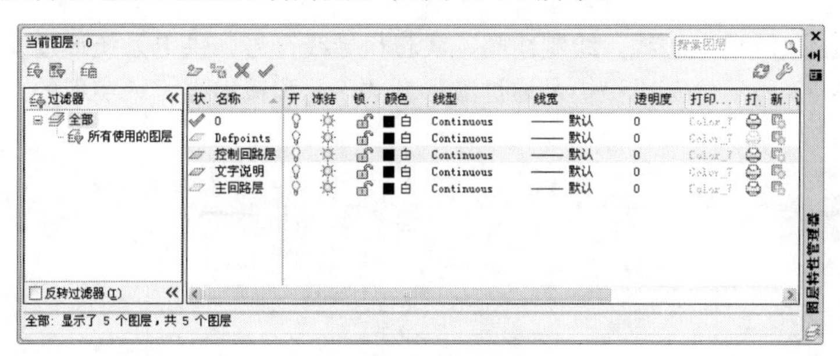

图 13-76　图层设置

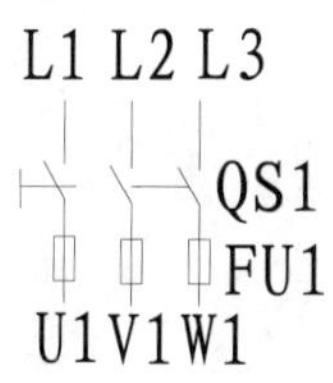

图 13-77　绘制总电源

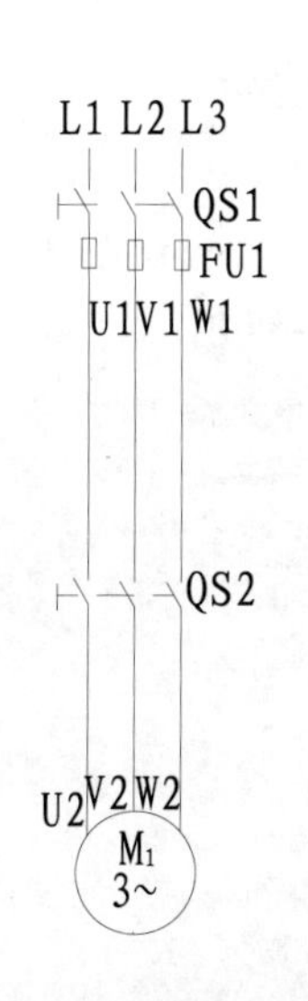

图 13-78　绘制冷却泵电动机

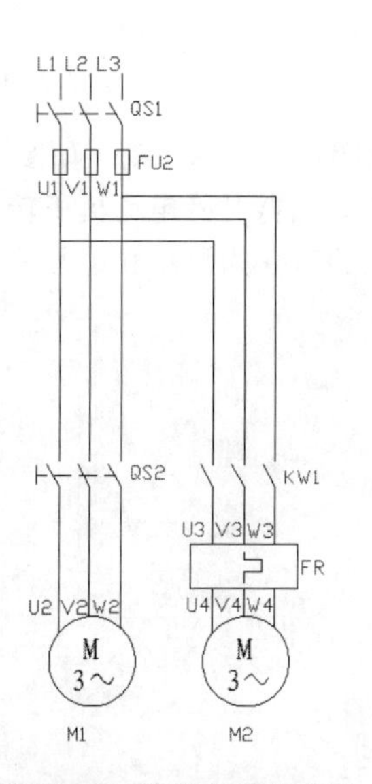

图 13-79　绘制主轴电动机

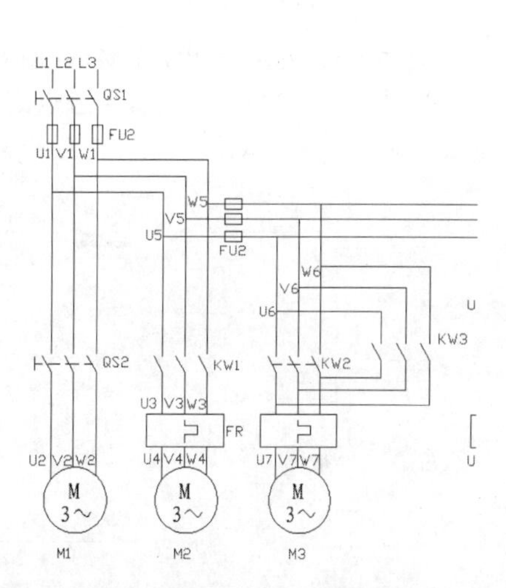

图 13-80　绘制摇臂升降电动机

Note

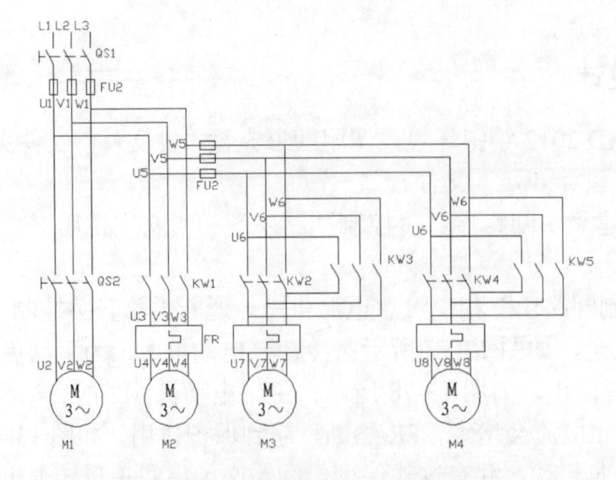

图 13-81　绘制立柱松紧电动机

13.4.2　控制回路设计

控制回路是从主回路中抽取两根电源线，绘制线圈、铁芯和导线符号，供电系统通过变压器为控制系统供电，如图 13-82 所示。零压保护是通过鼓形开关 SA 和接触器 FV 实现的，如图 13-83 所示。

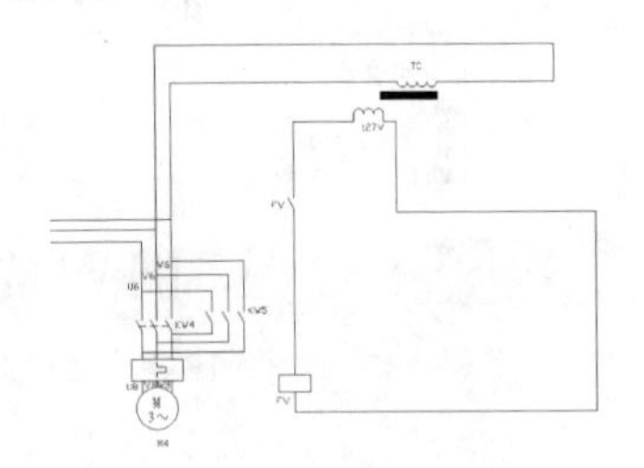

图 13-82　控制系统供电电路

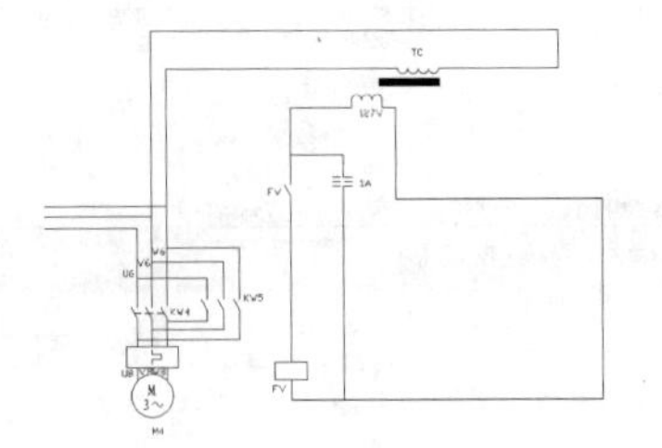

图 13-83　零压保护电路

扳动 SA，KM1 得电，KM1 主触点闭合，主轴启动，如图 13-84 所示。

扳动 SA，KM2 得电，其主触点闭合，摇臂升降电动机正转，SQ1 为摇臂的升降限位开关，SQ2 为摇臂升降电动机正反转位置开关，KM3 为反转互锁开关，如图 13-85 所示。

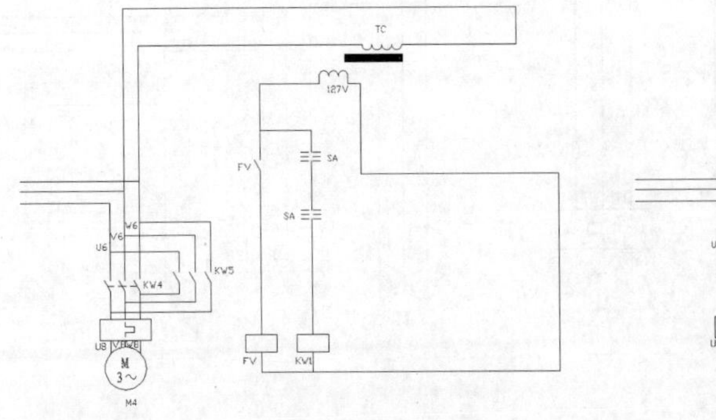

图 13-84　主轴启动控制电路

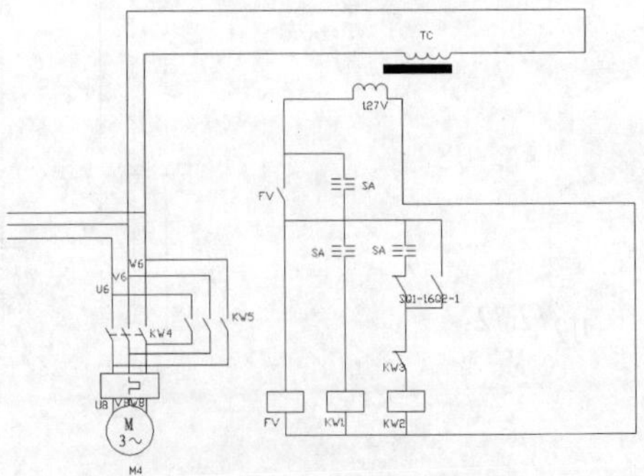

图 13-85　摇臂升降电动机正转控制电路

按照相同的方法设计摇臂升降电动机反转控制电路，如图 13-86 所示。

立柱松紧电动机正反转是通过开关实现互锁控制的，如图 13-87 所示。当 SB1 按下，KM4

得电，SB2 闭合，KM5 辅助触点闭合，M4 正转；同理，当 SB2 按下，M4 反转。

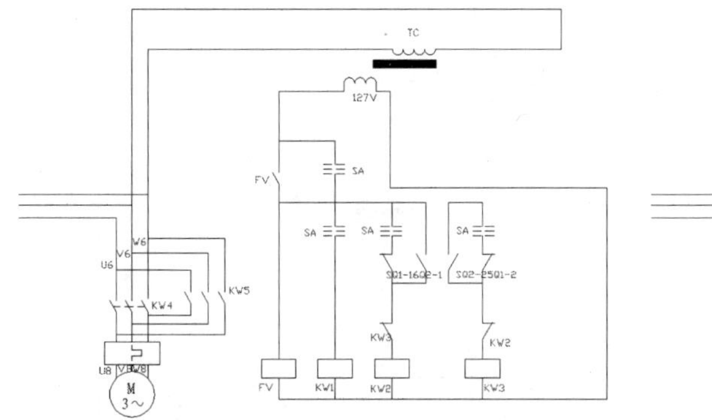

图 13-86　摇臂升降电动机反转控制电路

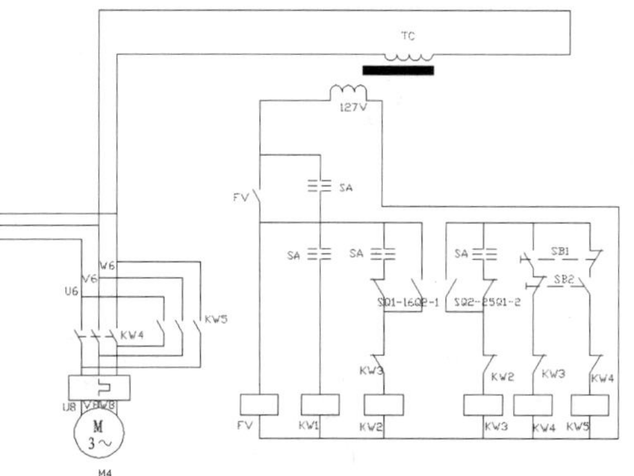

图 13-87　立柱松紧电动机正反转控制电路

13.4.3　照明回路设计

（1）将“主回路层”设为当前图层。

（2）绘制线圈、铁芯和导线，供电系统通过变压器为照明回路供电，如图 13-88 所示。

（3）在供电电路导线端点的右侧插入手动开关、保险丝和照明灯块，用导线连接，完成照明回路的设计，如图 13-89 所示。

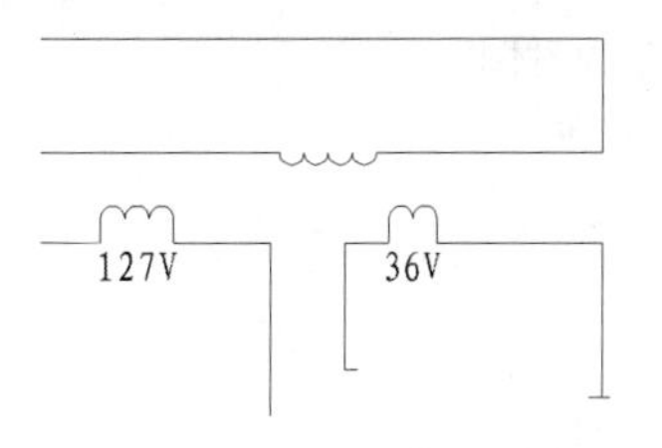

图 13-88　绘制供电电路

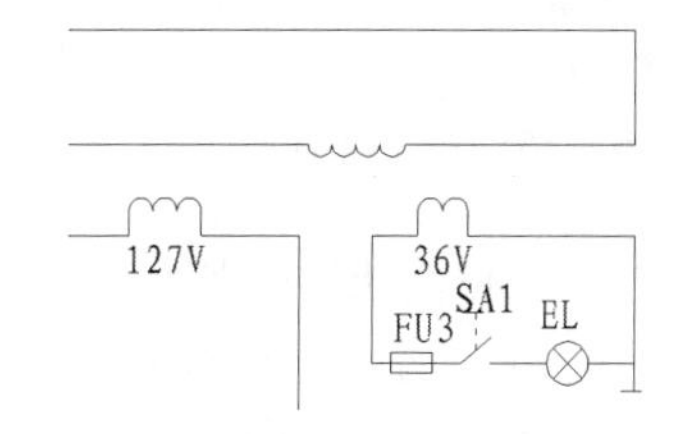

图 13-89　照明回路

13.4.4　添加文字说明

（1）将“文字说明”设为当前图层，在各个功能块的正上方绘制矩形区域，如图 13-90 所示。

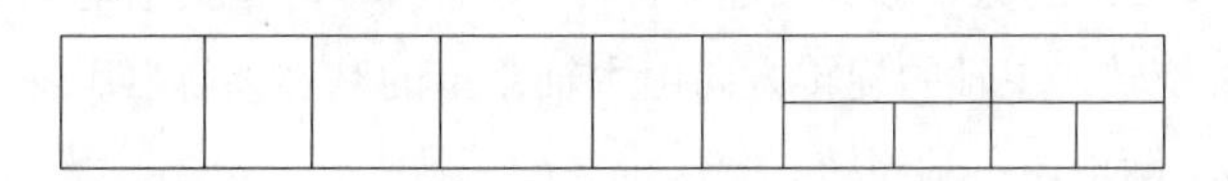

图 13-90　绘制矩形区域

（2）单击“绘图”工具栏中的“多行文字”按钮 A，在矩形区域添加功能说明，如图 13-91 所示。

冷却电动机	主轴电动机	摇臂升降电动机	立柱松紧电动机	零压保护	主轴起动	摇臂		立柱	
						上升	下降	放松	夹紧

图 13-91　功能说明

至此，Z35 型摇臂钻床电气原理图的所有部分已经设计完毕，对各部分进行整理，放置整齐后得到最终图形，如图 13-92 所示。

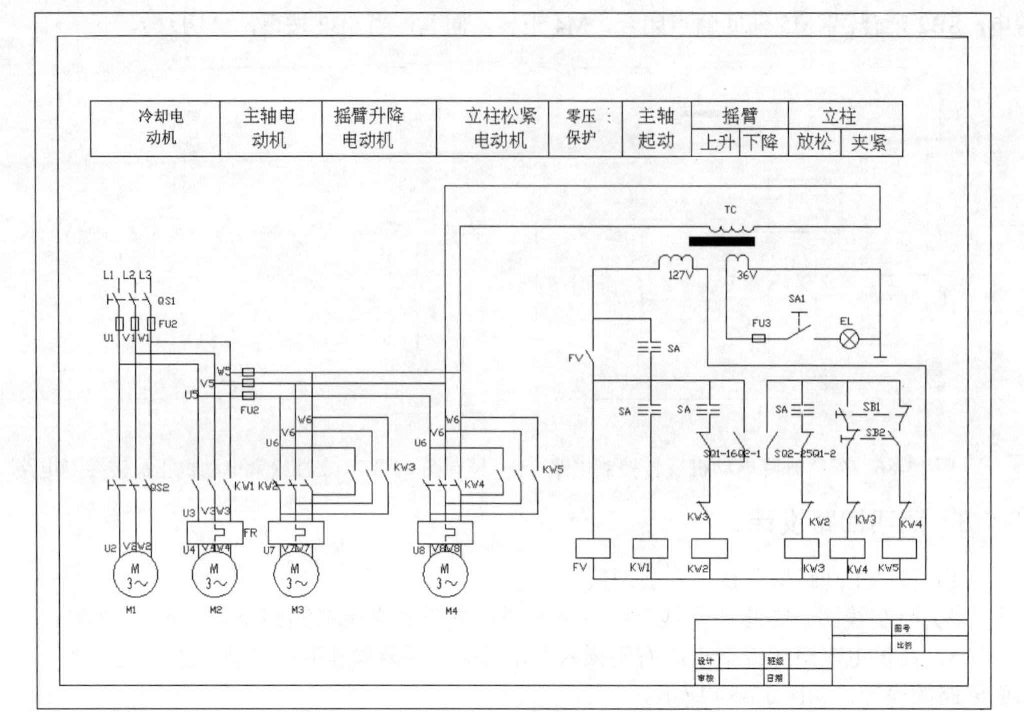

图 13-92　Z35 型摇臂钻床电气原理图

13.4.5　电路原理说明

（1）冷却泵电动机的控制

冷却泵电动机 M1 是由转换开关 QS2 直接控制的。

（2）主轴电动机的控制

先将电源总开关 QS1 合上，并将十字开关 SA 扳向左侧（共有左、右、上、下和中间 5 个位置），这时 SA 的触头压合，零压继电器 FV 吸合并自锁，为其他控制电路接通做好准备；再将十字开关扳向右侧，SA 的另一触头接通，KM1 得电吸合，主轴电动机 M2 起动运转，经主轴传动机构带动主轴旋转，主轴的旋转方向由主轴箱上的摩擦离合器手柄操纵；将 SA 扳到中间位置，接触器 KM1 断电，主轴停转。

（3）摇臂升降控制

摇臂升降控制是在零压继电器 FV 得电并自锁的前提下进行的，用来调整工件与钻头的相对高度。这些动作是通过十字开关 SA，接触器 KM2、KM3 及位置开关 SQ1、SQ2 控制电动机 M3 来实现的。SQ1 是能够自动复位的鼓形转换开关，其两对触点都调整在常闭状态；SQ2 是不能自动复位的鼓形转换开关，其两对触点常开，由机械装置来带动其通断。

为了使摇臂上升或下降时不致超过允许的极限位置，在摇臂上升和下降的控制电路中，分别串入位置开关 SQ1-1、SQ1-2 的常闭触点。当摇臂上升或下降到极限位置时，挡块将相应位置的开关压下，使电动机停转，从而避免事故发生。

（4）立柱夹紧与松开的控制

立柱的夹紧与松开是通过接触器 KM4 和 KM5 控制电动机 M4 的正反来实现的。当需要摇臂和外立柱绕内立柱移动时，应先按下按钮 SB1，使接触器 KM4 得电吸合，电动机 M4 正转，通过齿式离合器驱动齿轮式油泵送出高压油，经油路系统和传动机构将内外立柱松开。

Note

13.5　上机操作

通过前面的学习，读者对本章知识也有了大体的了解，本节通过两个操作练习使读者进一步掌握本章知识要点。

实践 1　绘制发动机点火装置电路图

绘制如图 13-93 所示的发动机点火装置电路图。

操作提示

（1）绘制各个单元符号图形。

（2）将各个单元放置到一起并移动连接。

（3）标注文字。

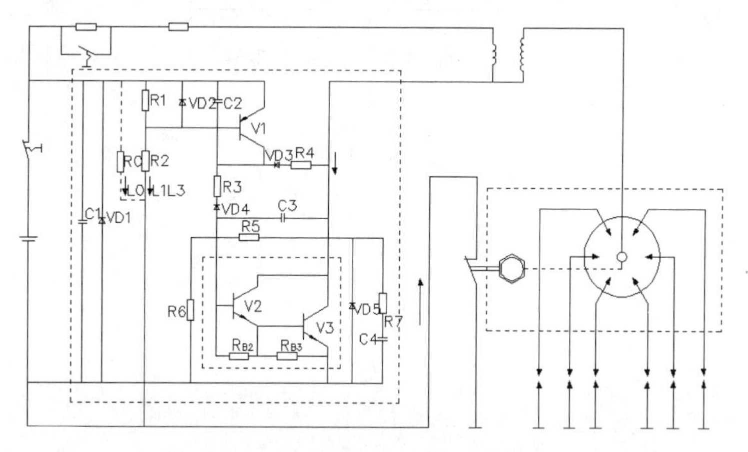

图 13-93　发动机点火装置电路图

实践 2　绘制 KE-Jetronic 电路图

绘制如图 13-94 所示的 KE-Jetronic 电路图。

操作提示

（1）绘制各个单元符号图形。

（2）将各个单元放置到一起并移动连接。

（3）标注文字。

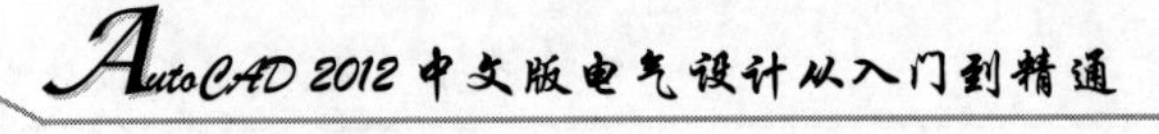

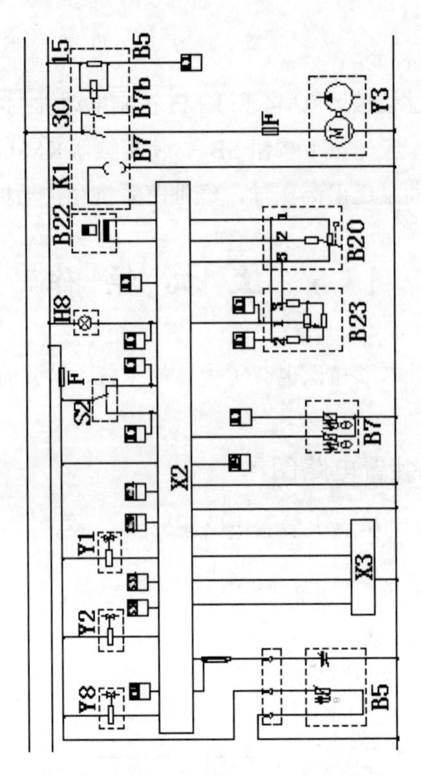

图 13-94　KE-Jetronic 电路图

建筑电气设计

本章以电气设计为背景，结合制图理论及相关电气专业知识，由浅入深地详细讲述建筑电气工程图的绘制过程，使读者在吸收理论及 CAD 应用技巧的同时，进一步加深对建筑电气工程设计及 CAD 制图的认识。

☑ 建筑电气工程图基本知识

☑ 机房强电布置平面图

☑ 某建筑物消防安全系统图

☑ 车间电力平面图

任务驱动&项目案例

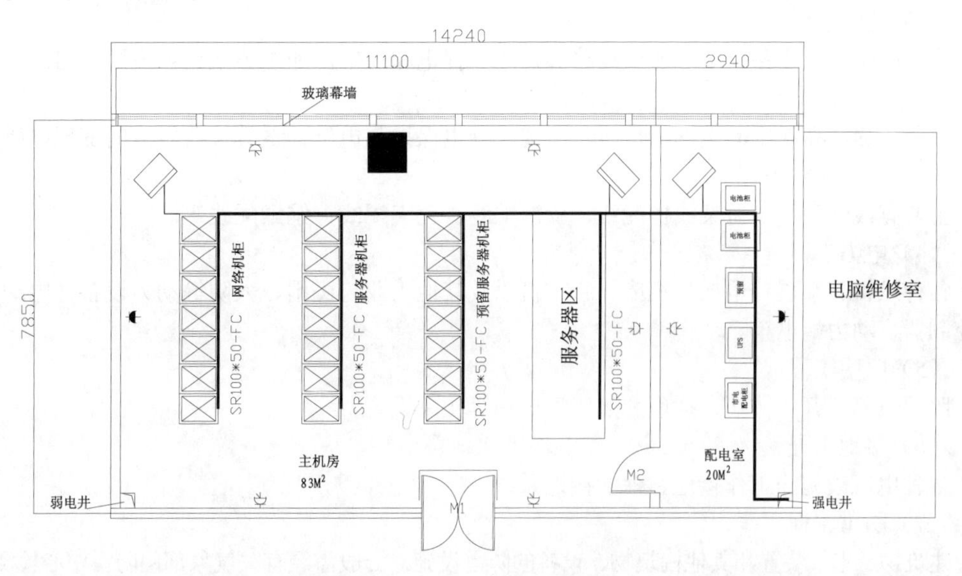

14.1 建筑电气工程图基本知识

Note

建筑电气设计是基于建筑设计和电气设计的一个交叉学科。建筑电气工程图一般分为建筑电气平面图和建筑电气系统图，本章将详细讲解其绘制方法及技巧。

14.1.1 概述

现代工业与民用建筑中，为满足一定的生产、生活需求，都要安装多种不同功能的电气设施，如照明灯具、电源插座、电视、电话、消防控制装置、各种工业与民用的动力装置、控制设备、智能系统、娱乐电气设施及避雷装置等。电气工程或设施都要由专业人员专门设计表达在图纸上，这些相关图纸就可称为电气施工图（也可称为电气安装图）。在建筑施工图中，它与给排水施工图、采暖通风施工图一起，统称为设备施工图。其中电气施工图按“电施”编号。

各种电气设施需表达在图纸中，其主要涉及的内容为：一是供电、配电线路的规格与敷设方式；二是各类电气设备与配件的选型、规格与安装方式。而导线、各种电气设备及配件等本身在图纸中多数并不是采用其投影制图，而是用国际或国内统一规定的图例、符号及文字表示（具体参见相关标准规程的图例说明），亦可于图纸中予以详细说明，并将其标绘在按比例绘制的建筑结构的各种投影图（系统图除外）中，这也是电气施工图的一个特点。

14.1.2 建筑电气工程项目的分类

建筑电气工程满足了不同的生产、生活以及安全等方面的功能要求，这些功能的实现涉及到多项具体的功能项目，这些项目环节相互结合、共同作用，以满足整个建筑电气的整体功能需求。建筑电气工程一般包括以下一些项目。

（1）外线工程

室外电源供电线路、室外通信线路等，涉及强电和弱电，如电力线路和电缆线路。

（2）变配电工程

由变压器、高低压配电框、母线、电缆、继电保护与电气计量等设备组成的变配电所。

（3）室内配线工程

主要有线管配线、桥架线槽配线、瓷瓶配线、瓷夹配线、钢索配线等。

（4）电力工程

各种风机、水泵、电梯、机床、起重机以及其他工业与民用、人防等动力设备（电动机）和控制器、动力配电箱。

（5）照明工程

照明电器、开关按钮、插座和照明配电箱等相关设备。

（6）接地工程

各种电气设施的工作接地、保护接地系统。

（7）防雷工程

建筑物、电气装置和其他构筑物、设备的防雷设施，一般需经有关气象部门防雷中心检测。

（8）发电工程

各种发电动力装置，如风力发电装置、柴油发电机设备。

（9）弱电工程

智能网络系统、通信系统（广播、电话、闭路电视系统）、消防报警系统、安保检测系统等。

14.1.3　建筑电气工程图的基本规定

工业与民用建筑的各个环节均离不开图纸的表达，建筑设计单位设计、绘制图纸，建筑施工单位按图纸组织工程施工，图纸成为双方信息表达、交换的载体。这就要求图纸必须具有一定的格式及标准，由设计和施工等部门共同遵守。建筑电气工程图的基本规定既包括建筑电气工程自身的规定，也涉及机械制图、建筑制图等相关工程方面的一些规定。

建筑电气制图一般可参见《房屋建筑制图统一标准》（GB/T 50001—2010）及《电气工程CAD 制图规则》（GB/T 18135—2008）等。

电气制图中涉及的图形号、文字符号可参见《电气简图用图形符号》（GB/T 4728）、《电气设备用图形符号》（GB/T 5465.2—2008）等。

同时，对于电气工程中的一些常用术语也应认识、理解，以方便制图、识图。我国相关行业标准和国际上通用的 IEC 标准都比较严格地定义了电气图的一些名词术语概念。这些名词术语是电气工程制图及识图所必需的。读者若有需要可查阅相关文献资料，详细了解。

14.1.4　建筑电气工程图的特点

与机械图、建筑图不同，建筑电气工程图的内容主要通过系统图、位置图（平面图）、电路图（控制原理图）、接线图、端子接线图、设备材料表等图纸表达。掌握了建筑电气工程图的特点，将对建筑电气工程制图及识图提供很多方便。其主要特点如下：

（1）建筑电气工程图大多是在建筑图上采用统一的图形符号并加注文字符号绘制出来的。绘制和阅读建筑电气工程图，首先必须明确和熟悉这些图形符号、文字符号及项目代号所代表的内容和物理意义以及它们之间的相互关系。具体的图形符号、文字符号可查阅相关标准的解释，如《电气简图用图形符号》（GB 4728）。

（2）任何电路均为闭合回路，一个合理的闭合回路包括 4 个基本元素，即电源、用电设备、导线和开关控制设备。正确读懂图纸，还必须了解各种设备的基本结构、工作原理、工作程序、主要性能和用途，便于设备的安装及运行。

（3）电路中的电气设备、元件等都是通过导线彼此连接，而构成一个整体的。识图时，可将各有关的图纸联系起来，相互参照。通过系统图、电路图联系，通过布置图、接线图找位置，交叉查阅，可达到事半功倍的效果。

（4）建筑电气工程施工通常是与土建工程及其他设备安装工程（给排水管道、工艺管道、采暖通风管道、通信线路、消防系统及机械设备等设备安装工程）施工相互配合进行的，故识读建筑电气工程图时应与有关的土建工程图、管道工程图等对应、参照起来阅读，仔细研究电气工程的各施工流程，提高施工效率。

（5）有效识读电气工程图也是编制工程预算和施工方案必须具备的一项基本能力，其能有效指导施工、设备的维修和管理。同时在识图时还应熟悉有关规范、规程及标准的要求，才能真正读懂、读通图纸。

14.2 机房强电布置平面图

Note

本节绘制某机房强电布置平面图。首先绘制墙线等建筑图，然后在建筑图的基础上绘制电路图，最终完成机房强电布置平面图的绘制。绘制流程如图 14-1 所示。

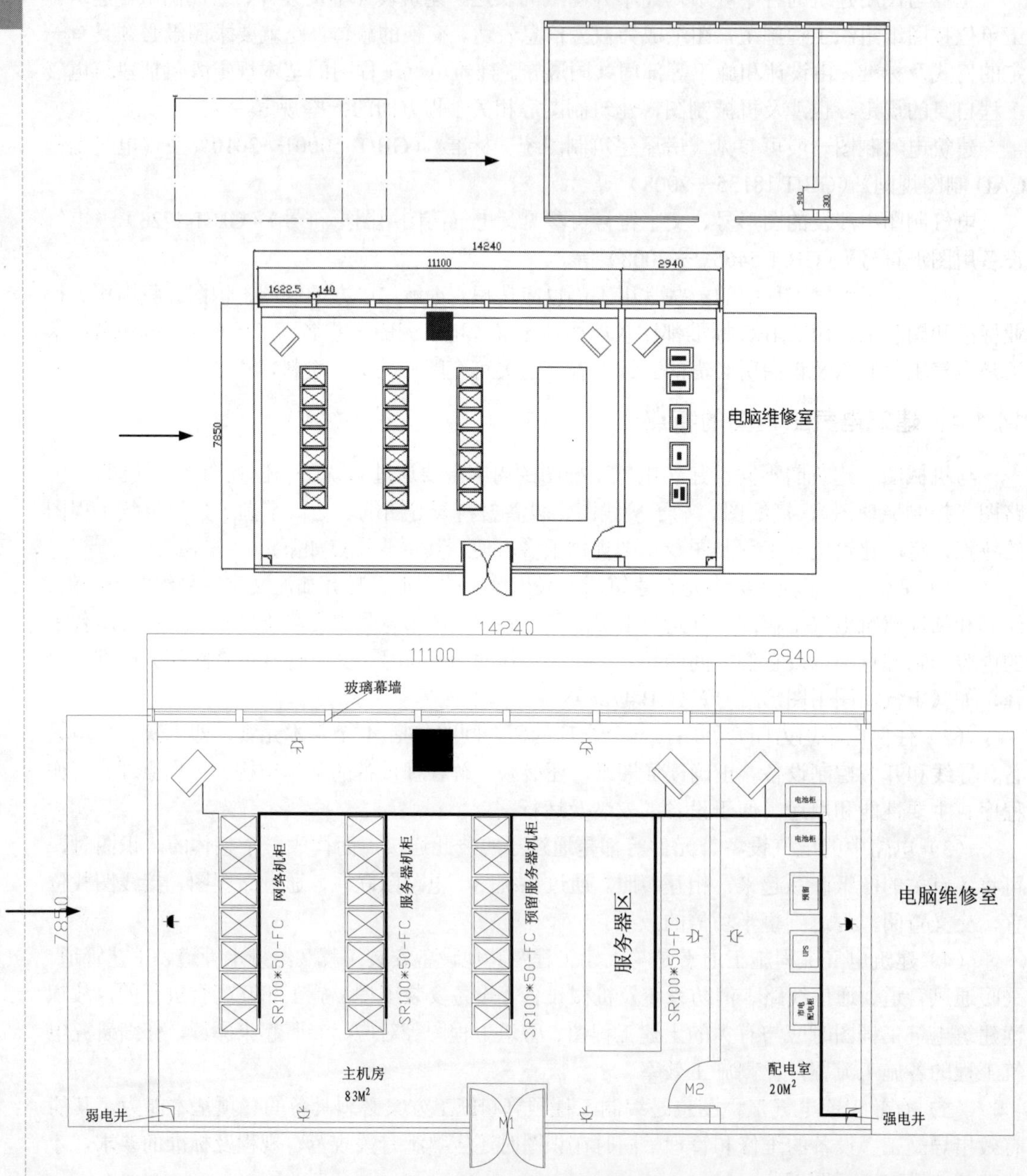

图 14-1 绘制机房强电布置平面图

光盘\动画演示\第 14 章\机房强电布置平面图.avi

Note

14.2.1　设置绘图环境

（1）新建文件。启动 AutoCAD 2012 应用程序，以 A4.dwt 样板文件为模板新建文件，将新文件命名为“机房强电布置平面图.dwg”并保存。

（2）设置图层。选择菜单栏中的“格式”→“图层”命令，新建“轴线”、“墙线”和“设备”3 个图层。

14.2.2　绘制轴线

（1）绘制直线。将“轴线”图层设置为当前图层。单击“绘图”工具栏中的“直线”按钮，绘制一条长度为 14040mm 的水平直线，如图 14-2 所示。

图 14-2　绘制直线

（2）偏移直线。单击“修改”工具栏中的“偏移”按钮，将绘制的直线向下偏移 7850mm，如图 14-3（a）所示。单击“绘图”工具栏中的“直线”按钮，连接两条直线的左端点得到一条竖直直线，如图 14-3（b）所示。单击“修改”工具栏中的“偏移”按钮，将竖直直线分别向右偏移 11100mm 和 14040mm，如图 14-3（c）所示。

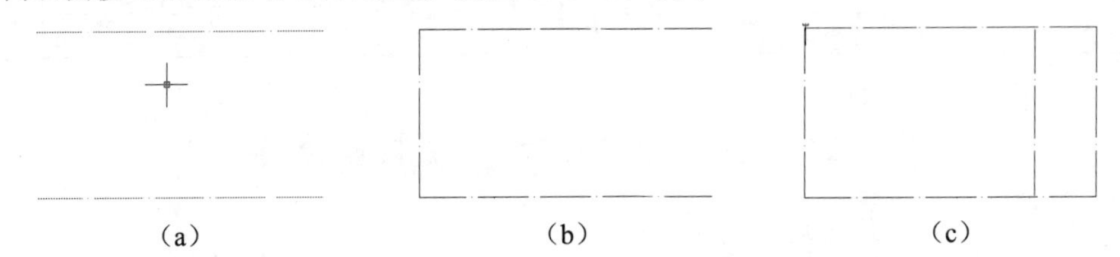

图 14-3　偏移直线

14.2.3　绘制墙线

（1）设置多线样式。将“墙线”图层设置为当前图层。选择菜单栏中的“格式”→“多线样式”命令，弹出“多线样式”对话框，如图 14-4 所示。

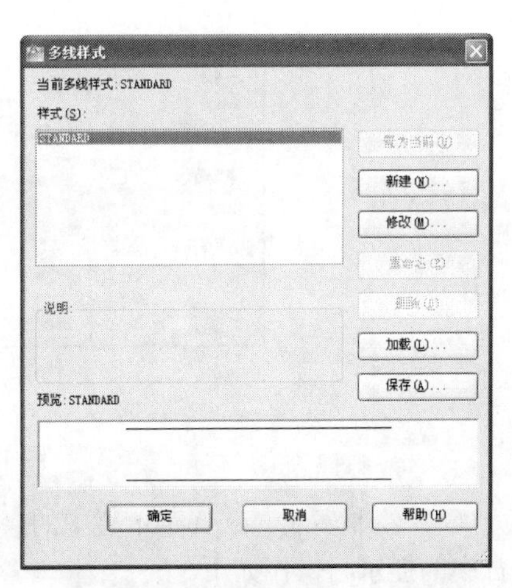

图 14-4　“多线样式”对话框

（2）单击“新建”按钮，弹出“创建新的多线样式”对话框，在“新样式名”文本框中输入 WALL_F，作为多线的名称，如图 14-5 所示。单击“继续”按钮，弹出“新建多线样式：WALL_F”对话框，按照图 14-6 所示设置其中参数，然后单击“确定”按钮。返回“多线样式”对话框后，将 WALL_F 样式设置为当前样式。

Note

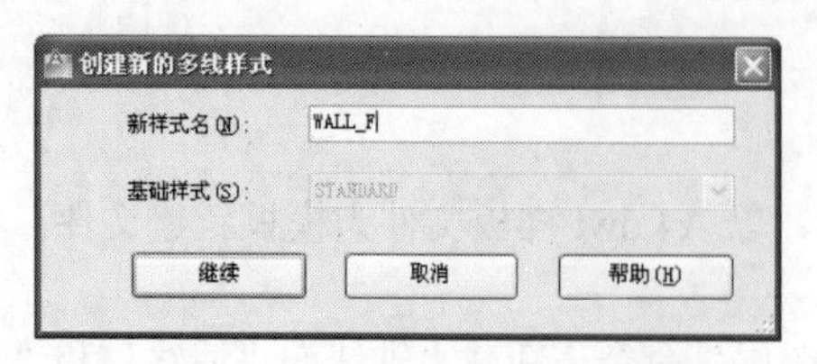

图 14-5 “创建新的多线样式”对话框

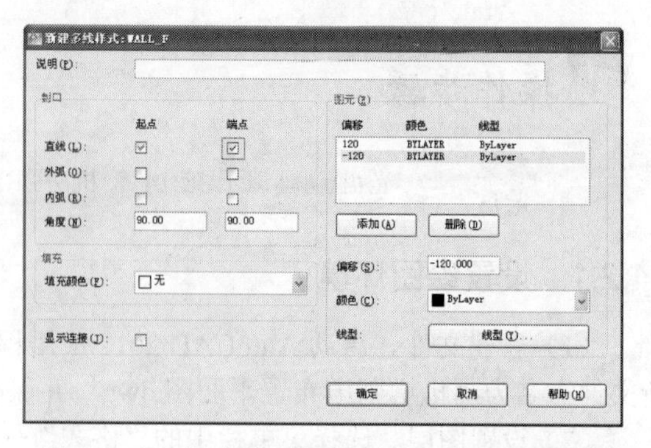

图 14-6 “新建多线样式：WALL_F”对话框

（3）单击“新建”按钮，继续新建多线样式 WALL_B，参数设置如图 14-7（a）所示，然后新建多线样式 WALL_LR，参数设置如图 14-7（b）所示，接着新建多线样式 WALL_BOLI，参数设置如图 14-7（c）所示。

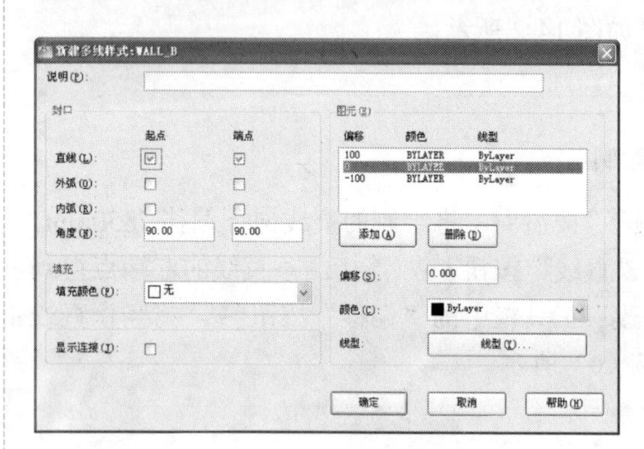

（a）

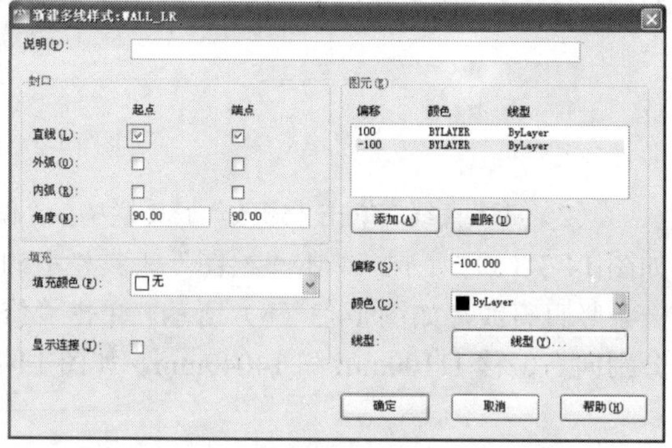

（b）

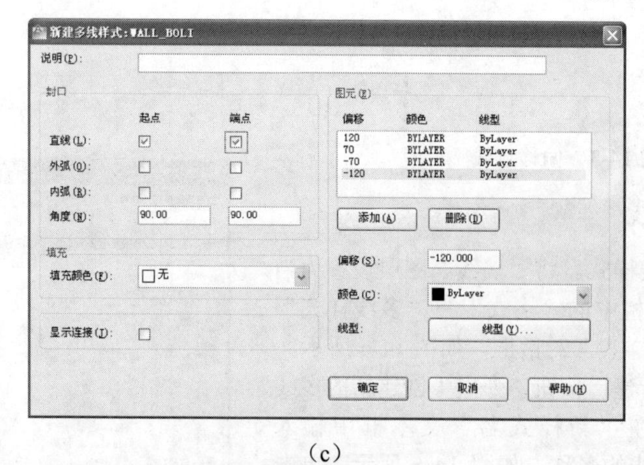

（c）

图 14-7 新建多线样式

（4）绘制多线。选择菜单栏中的“绘图”→“多线”命令或在命令行中输入 MLINE，命令行中的提示与操作如下。

```
命令: _mline
```

```
当前设置: 对正 = 上，比例 = 20.00，样式 = STANDARD
指定起点或 [对正(J)/比例(S)/样式(ST)]: st↙（设置多线样式）
输入多线样式名或 [?]: wall_F↙（设置多线样式为 wall_F）
当前设置: 对正 = 上，比例 = 20.00，样式 = WALL_F
指定起点或 [对正(J)/比例(S)/样式(ST)]: j↙
输入对正类型 [上(T)/无(Z)/下(B)] <上>: Z↙（设置对正方式为无）
当前设置: 对正 = 无，比例 = 20.00，样式 = WALL_F
指定起点或 [对正(J)/比例(S)/样式(ST)]: s↙
输入多线比例 <20.00>: 1↙（设置线型比例为 1）
当前设置: 对正 = 无，比例 = 1.00，样式 = WALL_F
指定起点或 [对正(J)/比例(S)/样式(ST)]:（选择顶端水平轴线的左端点）
指定下一点:（选择顶端水平轴线的右端点）
指定下一点或 [放弃(U)]:↙
```

绘制的多线如图 14-8（a）所示。

（5）绘制其他外墙墙线。设置多线样式为 WALL_LR，绘制多线，效果如图 14-8（b）所示；设置多线样式为 WALL_B，以两侧竖直轴线的下端点为起点向内绘制多线，长度均为 6270mm，效果如图 14-8（c）所示。

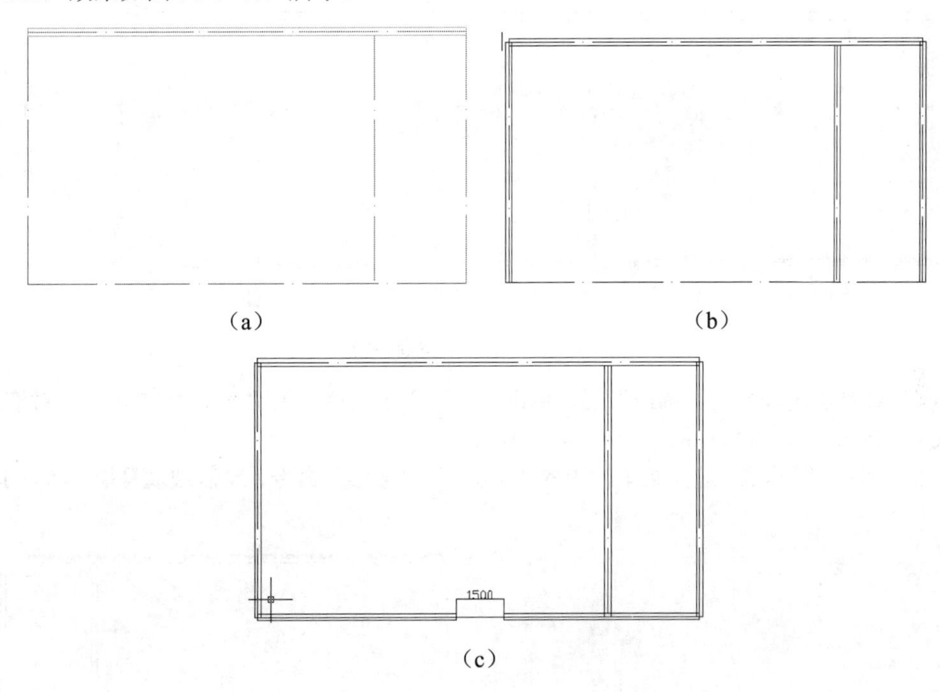

（a）　（b）　（c）

图 14-8　绘制外墙线

14.2.4　绘制玻璃幕墙

（1）编辑墙线。单击"修改"工具栏中的"分解"按钮，将绘制的图形进行分解，单击"修改"工具栏中的"延伸"按钮和"偏移"按钮，将图形进行修正，效果如图 14-9 所示。

Note

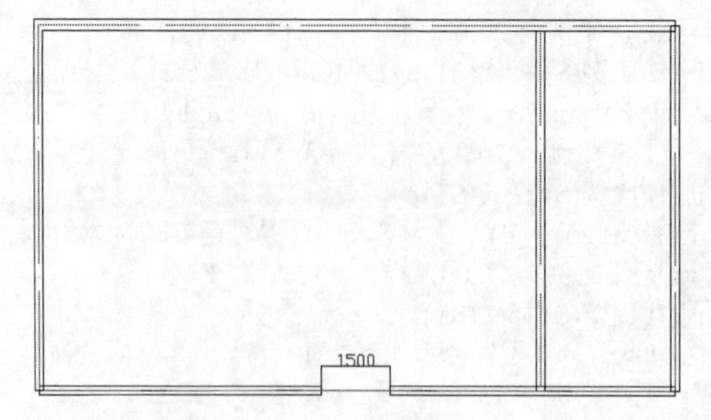

图 14-9　编辑墙线

（2）绘制直线。单击“绘图”工具栏中的“直线”按钮，在距离上边框左端点 140mm 处绘制竖直直线，直线长度为 240mm。单击“修改”工具栏中的“偏移”按钮，将刚刚绘制的直线向右偏移，距离分别为 1622.5mm 和 1762.5mm，如图 14-10（a）所示。

（3）单击“修改”工具栏中的“复制”按钮，将偏移得到的两条直线向右复制，复制距离均为 1762.5mm，图 14-10（b）所示。

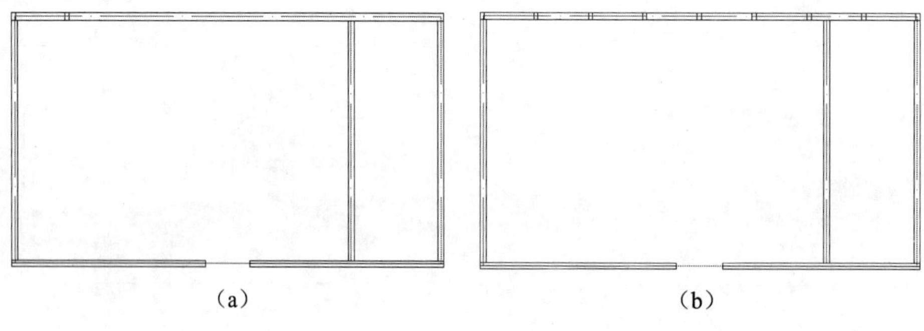

（a）　　（b）

图 14-10　绘制和复制墙线

（4）修剪墙线。关闭“轴线”层，单击“修改”工具栏中的“修剪”按钮，对墙线进行修剪，结果如图 14-11 所示。

（5）绘制玻璃幕墙。选择菜单栏中的“绘图”→“多线”命令，绘制玻璃幕墙，如图 14-12 所示。

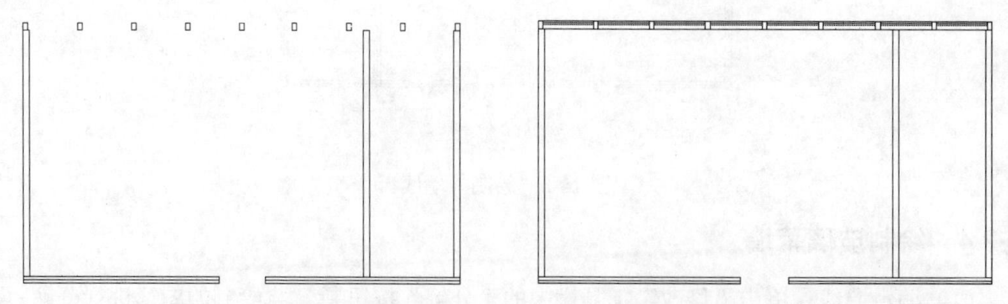

图 14-11　修剪墙线　　图 14-12　绘制玻璃幕墙

（6）编辑图形。单击“修改”工具栏中的“偏移”按钮和“修剪”按钮，对图形进行编辑，如图 14-13 所示。

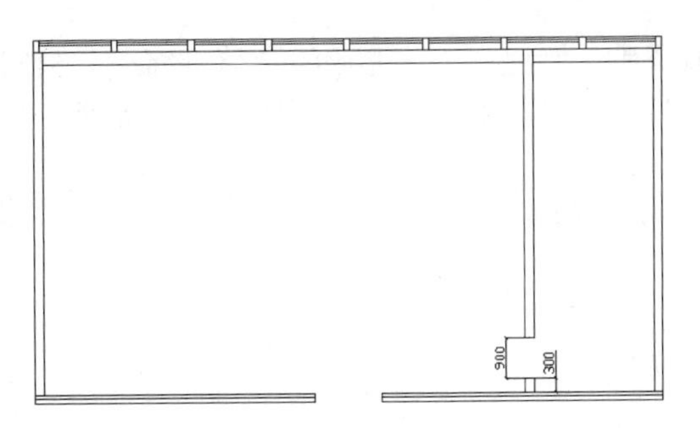

图 14-13 编辑图形

14.2.5 绘制其他图形

（1）绘制电脑维修室。将“设备”图层设置为当前图层，单击“绘图”工具栏中的“矩形”按钮，在图形右侧绘制一个2800mm×7700mm的矩形，矩形的左侧边与玻璃幕墙的右侧重合。

（2）绘制矩形并填充。单击“绘图”工具栏中的“直线”按钮，绘制一条水平线1。单击“绘图”工具栏中的“矩形”按钮，绘制一个矩形；然后单击“绘图”工具栏中的“图案填充”按钮，用SOLID图案填充矩形，如图14-14所示。

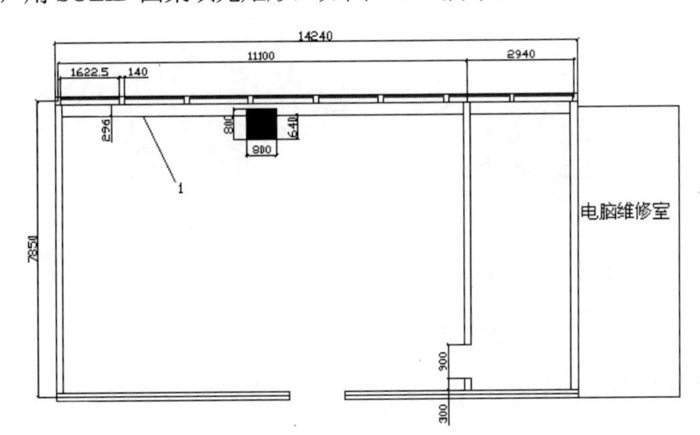

图 14-14 绘制矩形并填充

（3）绘制强电井和弱电井。单击“绘图”工具栏中的“直线”按钮，绘制如图14-15所示的图形。绘制直线1作为对称轴，单击“修改”工具栏中的“镜像”按钮，镜像出另一侧的强电井图形。绘制完成后，将图形加入到主图中的适当位置，主图中左侧为弱电井，右侧为强电井。

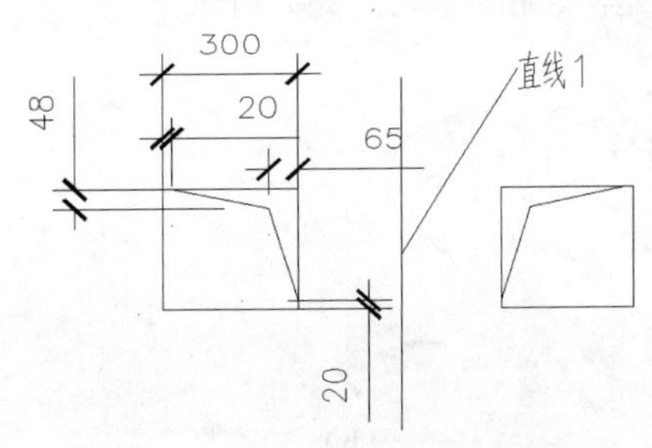

图 14-15 强电井和弱电井图

Note

（4）绘制机房门 M1。利用“绘图”工具栏中的基本绘图命令，绘制如图 14-16（a）所示的图形，然后单击“修改”工具栏中的“修剪”按钮，对图形进行修剪，结果如图 14-16（b）所示。

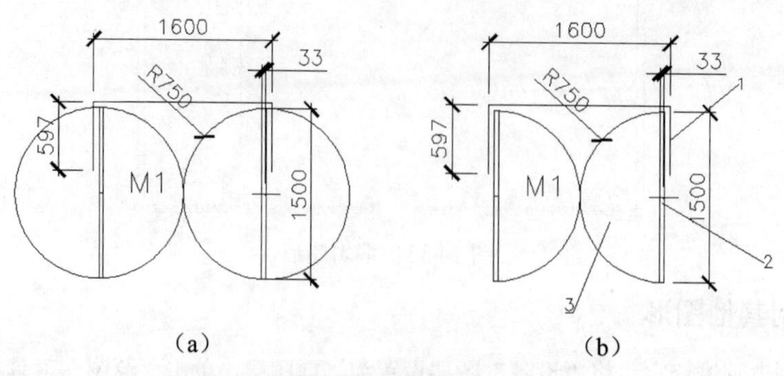

图 14-16　绘制机房门 M1

（5）绘制机房门 M2。单击“绘图”工具栏中的“矩形”按钮，绘制一侧的门轴。单击“绘图”工具栏中的“圆”按钮，绘制一个圆，尺寸如图 14-17（a）所示。单击“修改”工具栏中的“修剪”按钮，修剪多余的部分，结果如图 14-17（b）所示。

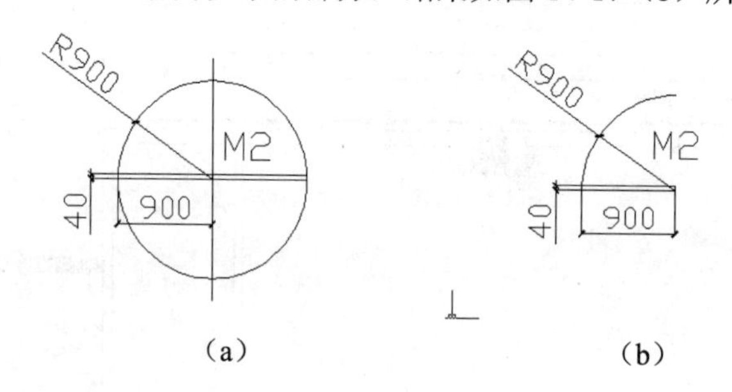

图 14-17　绘制机房门 M2

14.2.6　绘制内部设备简图

1. 绘制空调简图

（1）单击“绘图”工具栏中的“直线”按钮，绘制如图 14-18（a）所示的图形。

（2）单击“修改”工具栏中的“旋转”按钮，以矩形的左上角点为圆心，顺时针旋转 45°，旋转结果如图 14-18（b）所示。

（3）绘制一条辅助垂线作为镜像的中心线，单击“修改”工具栏中的“镜像”按钮，镜像出一个对称的空调符号，结果如图 14-18（c）所示。

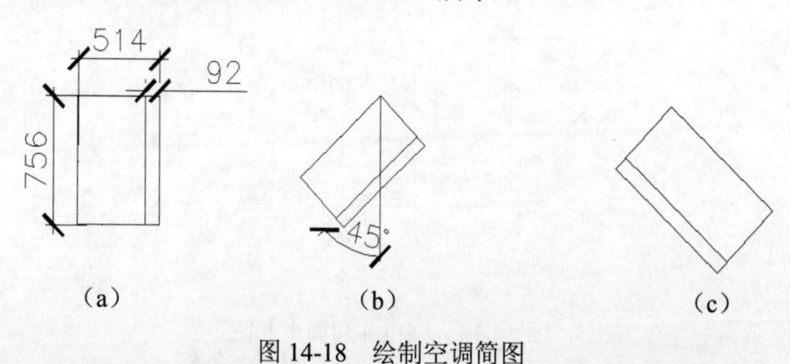

图 14-18　绘制空调简图

2. 绘制电池柜、市电配电柜和 UPS 简图

（1）单击“绘图”工具栏中的“矩形”按钮，绘制两个尺寸分别为 800mm×610mm 和 680mm×490mm 的矩形。

（2）单击“绘图”工具栏中的“多行文字”按钮A，在矩形内添加文字，文字高度为 150mm，结果如图 14-19 所示。

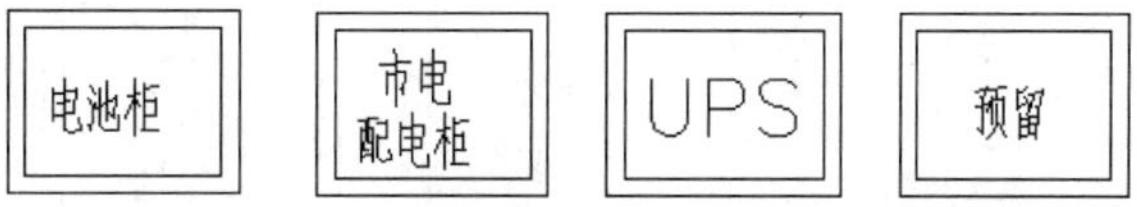

Note

图 14-19　绘制电池柜、市电配电柜、UPS 简图

3. 绘制机柜简图

（1）单击“绘图”工具栏中的“矩形”按钮，绘制两个尺寸分别为 800mm×600mm 和 700mm×500mm 的矩形。单击“绘图”工具栏中的“直线”按钮，绘制小矩形的对角线，如图 14-20（a）所示。

（2）单击“修改”工具栏中的“矩形阵列”按钮，设置行数为 7、列数为 1、行间距为 −600mm，选择上步绘制的图形为阵列对象，阵列结果如图 14-20（b）所示。

4. 绘制服务器区简图

单击“绘图”工具栏中的“矩形”按钮，绘制一个尺寸为 1500mm×4500mm 的矩形，如图 14-20（c）所示。

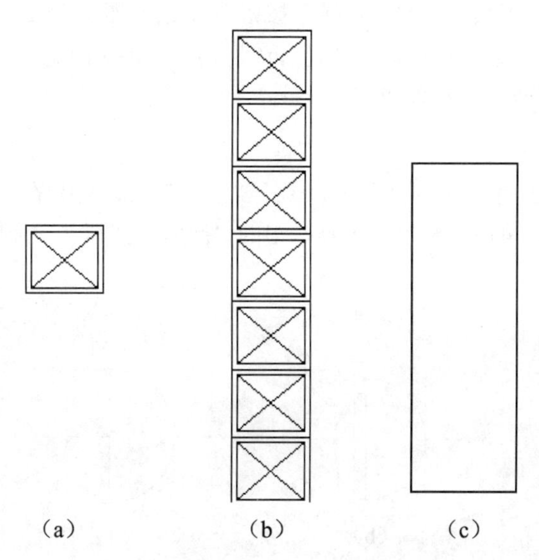

图 14-20　绘制机柜、服务器区简图

5. 插入简图

简图绘制完成后，把它们放置到图中的适当位置，即可得到如图 14-21 所示的图形。

Note

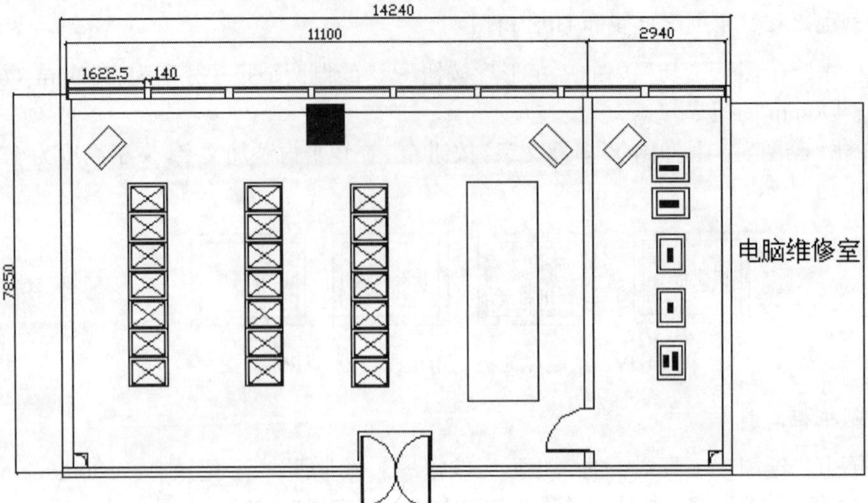

图 14-21　插入简图

14.2.7　绘制强电图

1．绘制市电二三插座

（1）单击“绘图”工具栏中的“直线”按钮和“圆”按钮，绘制如图 14-22（a）所示的图形。

（2）单击“绘图”工具栏中的“直线”按钮，绘制如图 14-22（b）所示的图形。

（3）单击“修改”工具栏中的“修剪”按钮，对图形中的曲线进行裁剪，完成市电二三插座的绘制，如图 14-22（c）所示。

2．绘制 UPS 三孔插座

在如图 14-22（c）所示图形的基础上，单击“绘图”工具栏中的“图案填充”按钮，用 SOLID 图案填充半圆。单击“修改”工具栏中的“删除”按钮，删除多余的斜线，结果如图 14-22（d）所示。

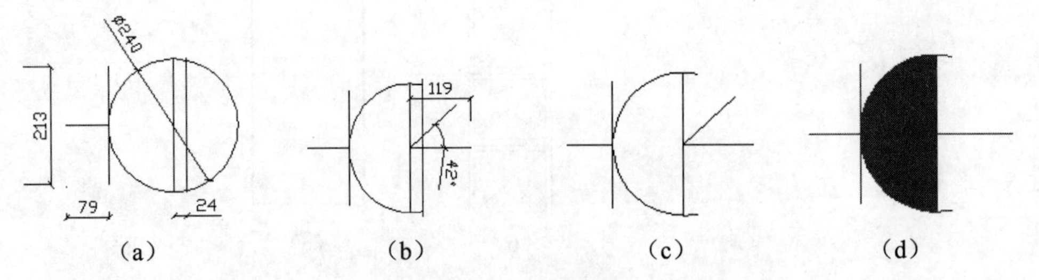

图 14-22　绘制市电二三插座和 UPS 三孔插座

3．绘制强电线

单击“绘图”工具栏中的“多段线”按钮，在建筑图上添加强电线，并将市电二三插座和 UPS 三孔插座添加到图中。

4. 添加文字说明

新建“文字说明”图层，并将其设置为当前图层。单击“绘图”工具栏中的“多行文字”按钮 A，在图形中添加注释文字，完成机房强电布置平面图的绘制，结果如图 14-23 所示。

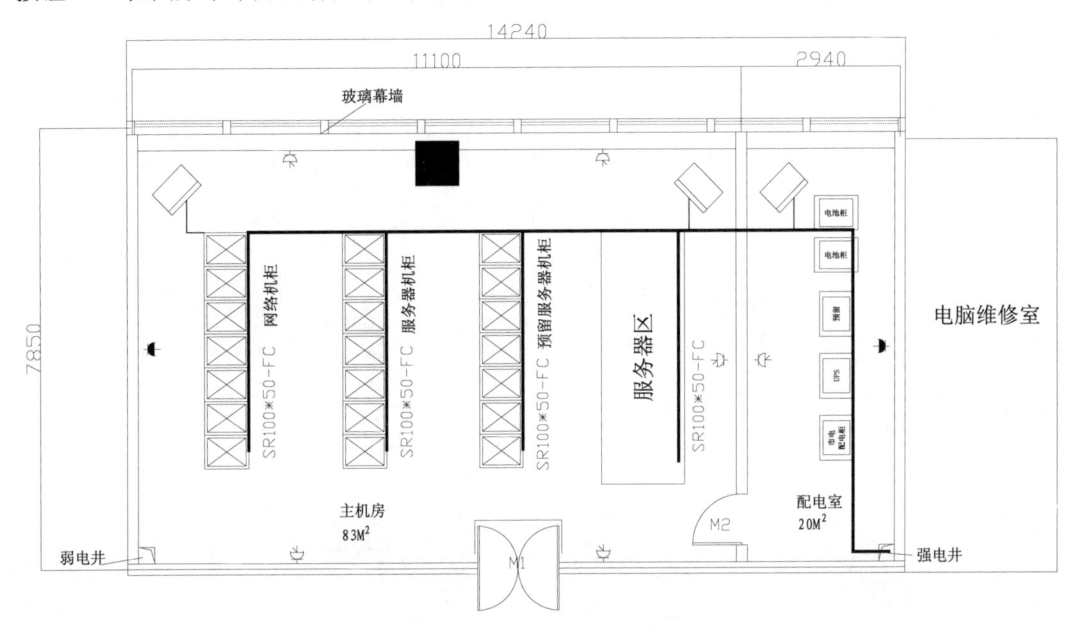

图 14-23　机房强电布置平面图

14.3　某建筑物消防安全系统图

本节绘制某建筑物消防安全系统图。首先确定图纸的大致布局，然后绘制各个元件和设备，并将元件及设备插入到结构图中，最后添加注释文字，完成某建筑物消防安全系统图的绘制。

该建筑物消防安全系统主要由以下几部分组成。

（1）火灾探测系统：主要由分布在各个区域的多个探测器网络构成。用 S 表示感烟探测器，H 表示感温探测器，手动装置主要供调试和平时检查试验时使用。

（2）火灾判断系统：主要由各楼层区域的报警器和大楼集中报警器组成。

（3）通报与疏散诱导系统：由消防紧急广播、事故照明、避难诱导灯、专用电话等组成。

（4）灭火设施：由自动喷淋系统组成。当火灾广播之后，总监控台启动消防泵，建立水压，并打开着火区域消防水管的电磁阀，使消防水进入喷淋管路进行喷淋灭火。

（5）排烟装置及监控系统：由排烟阀门、抽排烟机及其电气控制系统组成。

本例绘制流程如图 14-24 所示。

Note

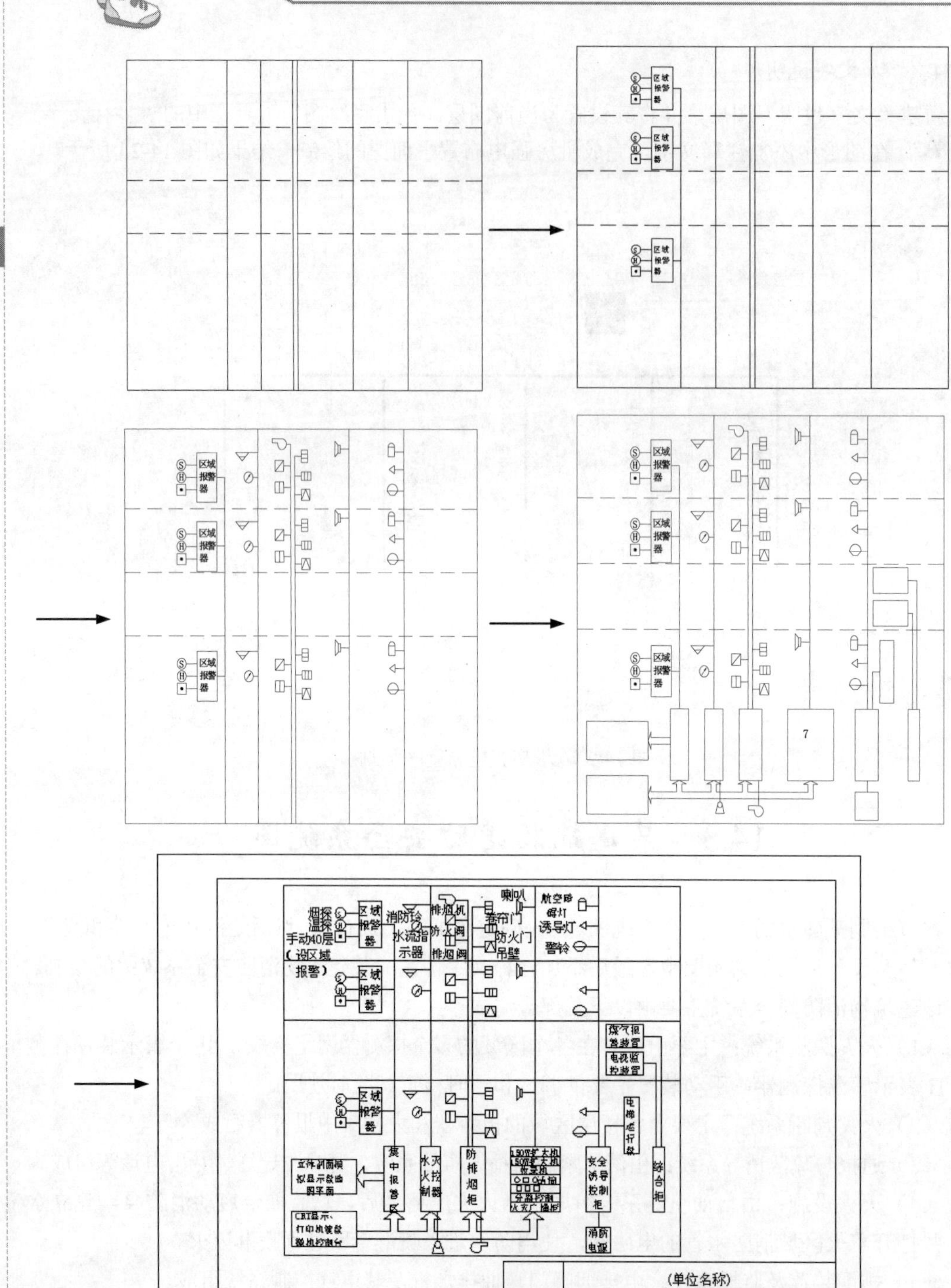

图 14-24　某建筑物消防安全系统图绘制流程

光盘\动画演示\第 14 章\某建筑物消防安全系统图.avi

14.3.1　设置绘图环境

（1）新建文件。启动 AutoCAD 2012 应用程序，以 A4.dwt 样板文件为模板新建文件，将新文件命名为“某建筑物消防安全系统图.dwt”并保存。

（2）设置图层。新建“绘图层”、“标注层”和“虚线层”3 个图层，并将各图层的属性设置为如图 14-25 所示，将“绘图层”设置为当前图层。

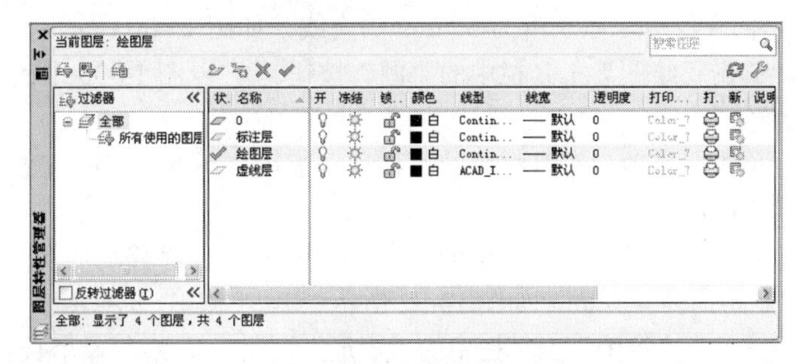

图 14-25　设置图层

14.3.2　绘制线路简图

（1）绘制辅助矩形。单击“绘图”工具栏中的“矩形”按钮，绘制一个长度为 160mm、宽度为 143mm 的矩形，如图 14-26 所示。

（2）分解矩形。单击“修改”工具栏中的“分解”按钮，将矩形分解为直线。

（3）偏移直线。单击“修改”工具栏中的“偏移”按钮，将矩形的上边框向下偏移，偏移距离分别为 29mm、52mm、75mm。选中偏移后的 3 条直线，将其移动到“虚线层”。再将矩形的左边框向右偏移，偏移距离分别为 45mm、60mm、75mm、77mm、102mm、127mm，如图 14-27 所示。

图 14-26　绘制辅助矩形

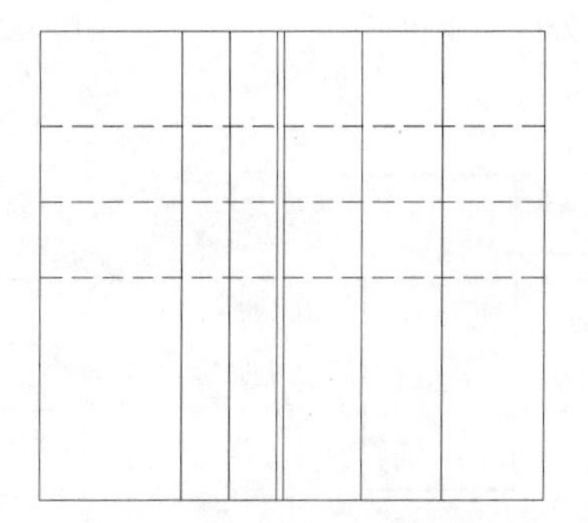

图 14-27　偏移直线

14.3.3　绘制区域报警器

（1）绘制矩形。单击“修改”工具栏中的“矩形”按钮，绘制一个长度为 9mm、宽度

为 18mm 的矩形，如图 14-28 所示。

（2）分解矩形。单击“绘图”工具栏中的“分解”按钮，将矩形分解为直线。

（3）等分矩形边。在命令行中输入 DIV，命令行中的提示与操作如下。

```
命令: DIV↙
选择要定数等分的对象:（选择矩形的一条长边）
输入线段数目或[块(B)]: 4↙
```

（4）捕捉设置。右击状态栏中的“对象捕捉”按钮，在弹出的快捷菜单中选择“设置”命令，弹出“草图设置”对话框，在“对象捕捉”选项卡的“对象捕捉模式”选项组中选中“节点”复选框。

（5）绘制短线。单击“绘图”工具栏中的“直线”按钮，在矩形边上捕捉节点，如图 14-29 所示。水平向左绘制 3 条长度为 5.5mm 的直线，如图 14-30 所示。

（6）绘制圆。单击“绘图”工具栏中的“圆”按钮，以图 14-30 中的 A 点为圆心，绘制半径为 2mm 的圆。

（7）移动圆。单击“修改”工具栏中的“移动”按钮，以圆心为基准点将圆水平向左移动 2mm，如图 14-31 所示。

（8）复制圆。单击“修改”工具栏中的“复制”按钮，将移动后的圆形竖直向下复制一份至 B 点处，复制距离为 4.5mm，如图 14-32 所示。

（9）绘制矩形。单击“绘图”工具栏中的“矩形”按钮，绘制一个长和宽均为 4mm 的矩形。单击“修改”工具栏中的“移动”按钮，捕捉矩形右边框的中点，将其移到 C 点位置，如图 14-33 所示。

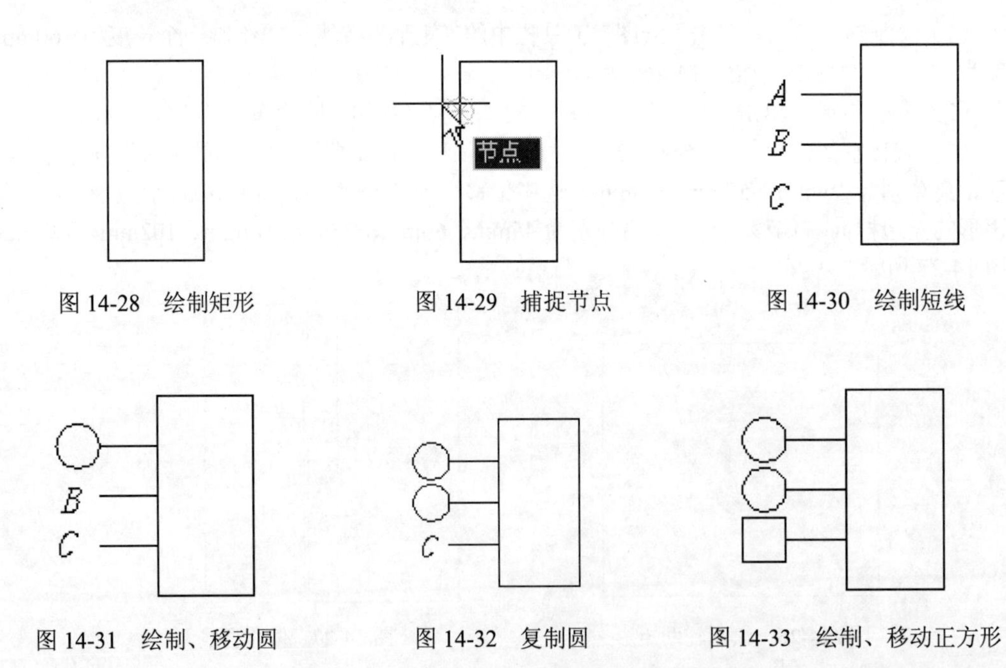

图 14-28 绘制矩形　　图 14-29 捕捉节点　　图 14-30 绘制短线

图 14-31 绘制、移动圆　　图 14-32 复制圆　　图 14-33 绘制、移动正方形

（10）绘制并填充圆。单击“绘图”工具栏中的“圆”按钮，捕捉小正方形的中心为圆心，绘制一个半径为 0.5mm 的圆。单击“绘图”工具栏中的“图案填充”按钮，用 SOLID 图案填充刚刚绘制的圆，如图 14-34 所示。

（11）添加文字。将“标注层”设置为当前图层，单击“绘图”工具栏中的“多行文字”按钮，设置样式为 Standard、字体高度为 2.5mm，添加文字后的效果如图 14-35 所示。

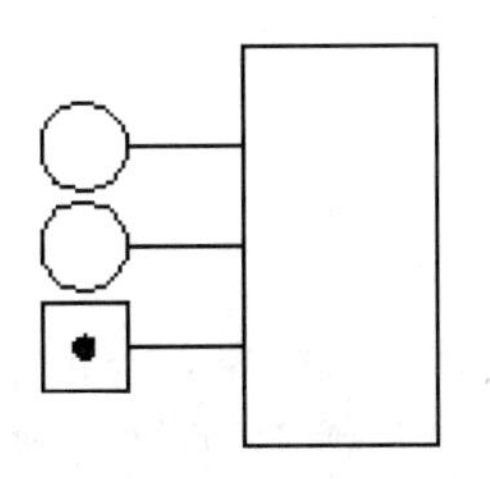

图 14-34　填充圆

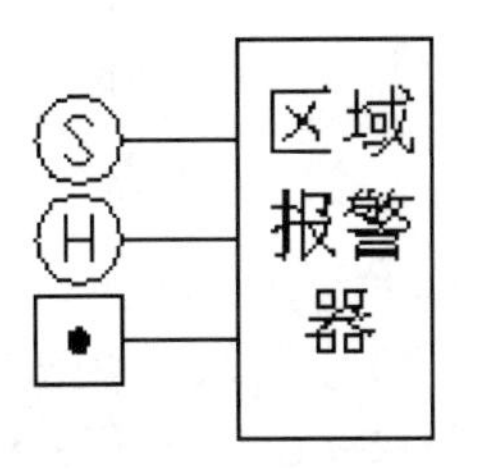

图 14-35　添加文字

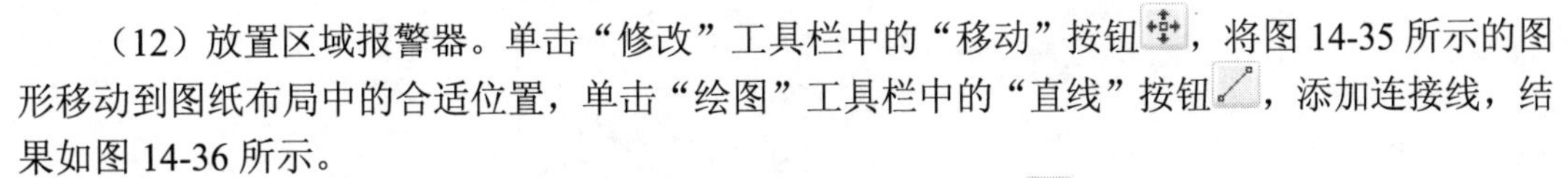

（12）放置区域报警器。单击“修改”工具栏中的“移动”按钮，将图 14-35 所示的图形移动到图纸布局中的合适位置，单击“绘图”工具栏中的“直线”按钮，添加连接线，结果如图 14-36 所示。

（13）复制图形。单击“修改”工具栏中的“复制”按钮，将区域报警器图形向下复制 2 份，复制距离分别为 25mm 和 72mm，如图 14-37 所示。

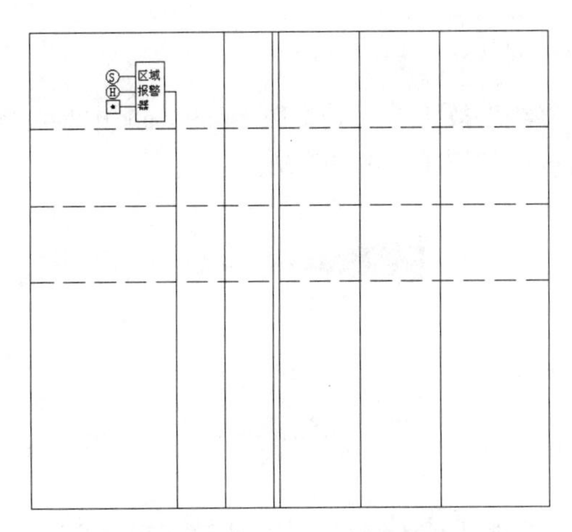

图 14-36　放置区域报警器

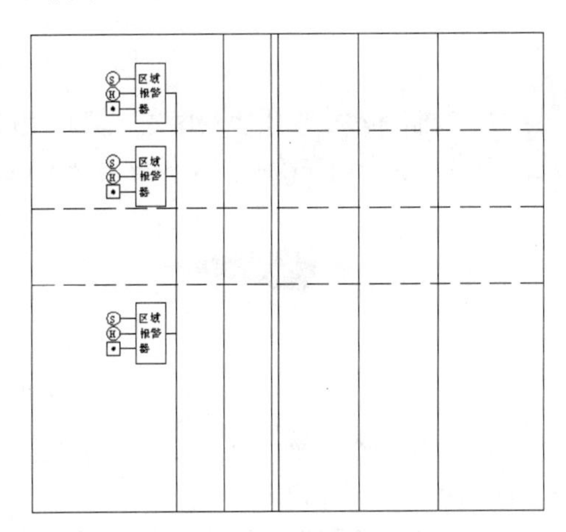

图 14-37　复制图形

14.3.4　绘制消防铃与水流指示器

（1）绘制直线。单击“绘图”工具栏中的“直线”按钮，绘制一条长度为 6mm 的水平直线；捕捉直线的中点为起点，竖直向下绘制一条长度为 3mm 的直线；然后将水平直线与竖直直线的端点相连，如图 14-38（a）所示。

（2）偏移直线。单击“修改”工具栏中的“偏移”按钮，将水平直线向下偏移，偏移距离为 1.5mm。

（3）修剪图形。单击“修改”工具栏中的“修剪”按钮，以斜线为修剪边，修剪偏移后的直线。单击“修改”工具栏中的“删除”按钮，删除竖直直线，完成消防铃的绘制，如图 14-38（b）所示。

Note

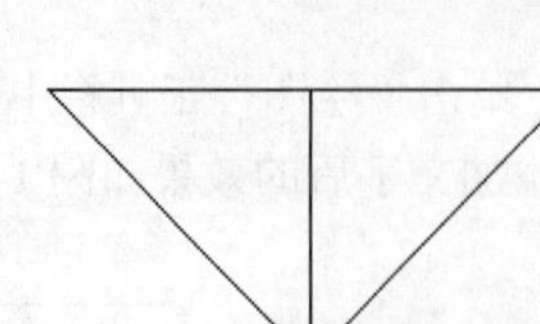
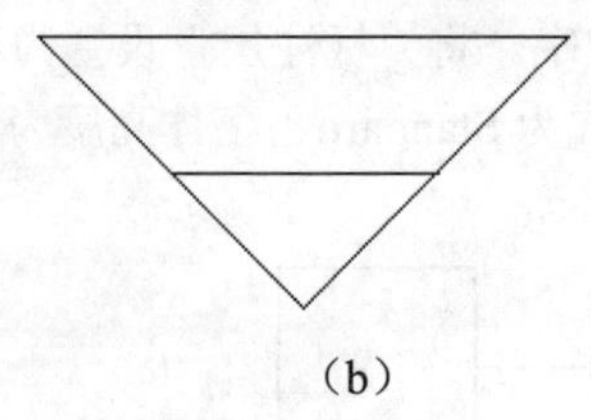

（a）　　　　　　　　　　　　　　　　（b）

图 14-38　绘制消防铃符号

（4）插入“箭头”块。单击“绘图”工具栏中的“插入块”按钮，弹出“插入”对话框，将其中的参数设置为如图 14-39 所示。单击“浏览”按钮，打开配书光盘“源文件”文件夹中的“箭头.dwg”文件，将图块插入到当前图形中，如图 14-40（a）所示。

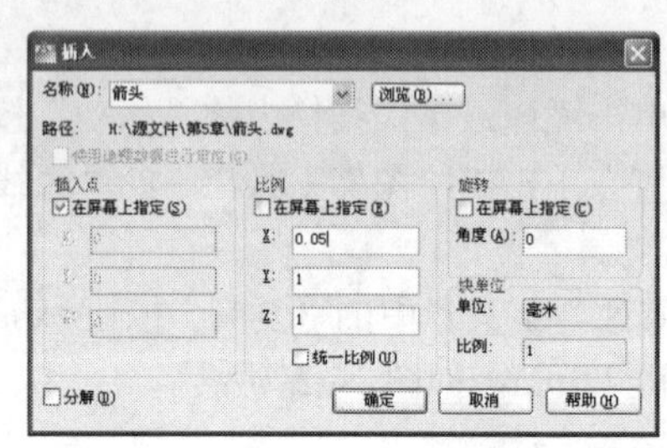

图 14-39 “插入”对话框

（5）绘制直线。单击“绘图”工具栏中的“直线”按钮，捕捉图 14-40（a）中箭头竖直线的中点，水平向左绘制一条长度为 2mm 的直线，如图 14-40（b）所示。

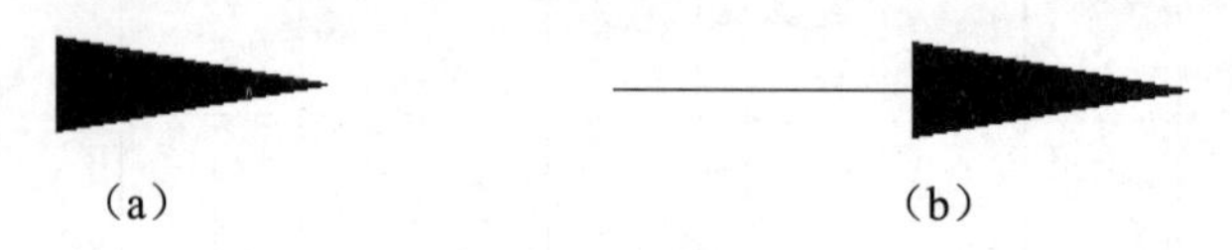

（a）　　　　　　　　　　　　　　　　（b）

图 14-40　插入箭头

（6）旋转箭头。单击“修改”工具栏中的“旋转”按钮，将图 14-40（b）中的箭头绕顶点旋转 50°，如图 14-41 所示。

（7）单击“绘图”工具栏中的“圆”按钮，在箭头外绘制圆，完成水流指示器的绘制，如图 14-42 所示。

图 14-41　旋转箭头　　　　　　　　图 14-42　水流指示器符号

（8）插入消防铃和水流指示器符号。单击“修改”工具栏中的“移动”按钮，将上面绘制的消防铃和水流指示器符号插入到图纸布局中。单击“绘图”工具栏中的“直线”按钮，添加连接线，如图 14-43 所示。

（9）复制图形。单击“修改”工具栏中的“复制”按钮，将消防铃和水流指示器符号

向下复制两份，复制距离为 25mm 和 72mm，如图 14-44 所示。

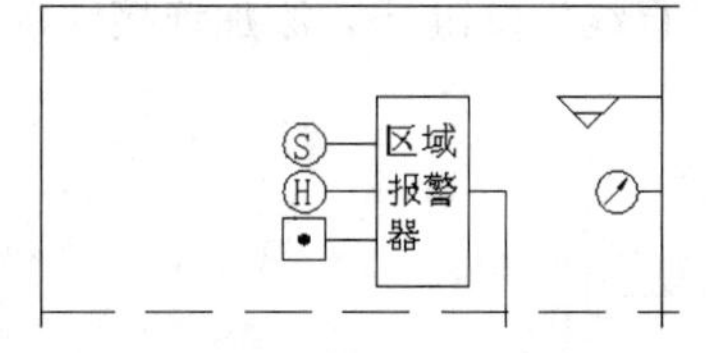

图 14-43　插入消防铃和水流指示器符号

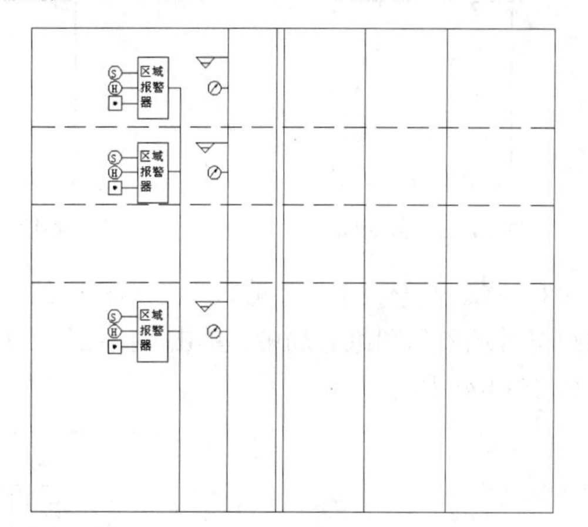

图 14-44　复制图形

14.3.5　绘制排烟机、防火阀与排烟阀

（1）绘制圆。单击“绘图”工具栏中的“圆”按钮，绘制一个半径为 2mm 的圆。

（2）绘制直线。单击“绘图”工具栏中的“直线”按钮，捕捉圆的上象限点为起点，水平向左绘制一条长度为 4.5mm 的直线。

（3）偏移直线。单击“修改”工具栏中的“偏移”按钮，将绘制的直线向下偏移，偏移距离为 1.5mm。单击“绘图”工具栏中的“直线”按钮，连接两条水平直线的左端点，如图 14-45（a）所示。

（4）修剪图形。单击“修改”工具栏中的“修剪”按钮，修剪掉多余的直线，完成排烟机的绘制，如图 14-45（b）所示。

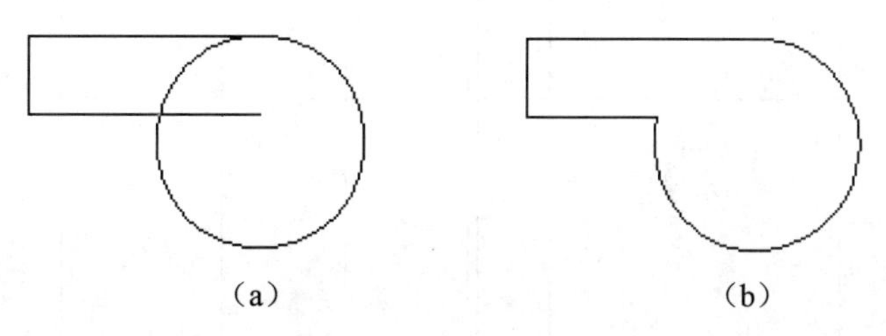

（a）　　（b）

图 14-45　绘制排烟机符号

（5）绘制矩形。单击“绘图”工具栏中的“矩形”按钮，绘制一个长和宽均为 4mm 的矩形，如图 14-46 所示。

（6）绘制斜线。单击“绘图”工具栏中的“直线”按钮，绘制一条对角线，完成防火阀的绘制，如图 14-47 所示。

（7）绘制直线。单击“修改”工具栏中的“复制”按钮，将图 14-46 所示的图形复制一份。单击“绘图”工具栏中的“直线”按钮，连接上、下两条边的中点，完成排烟阀的绘制，如图 14-48 所示。

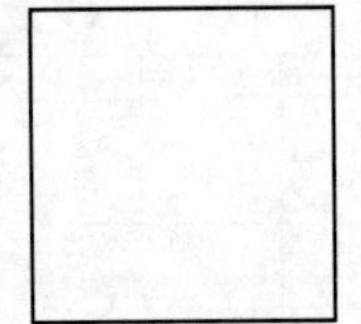

图 14-46　绘制矩形

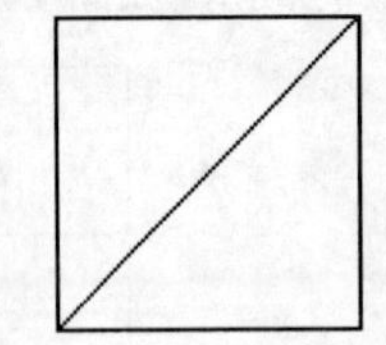

图 14-47　防火阀符号

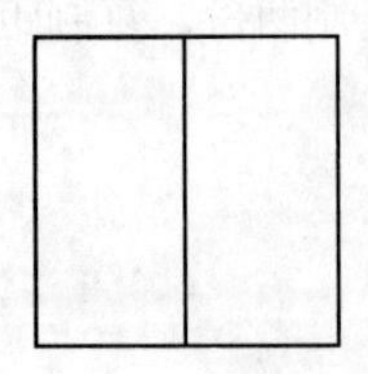

图 14-48　排烟阀符号

（8）移动图形。单击“修改”工具栏中的“移动”按钮，将绘制的排烟机、防火阀和排烟阀符号插入到图纸布局中。单击“绘图”工具栏中的“直线”按钮，添加连接线，部分图形如图 14-49 所示。

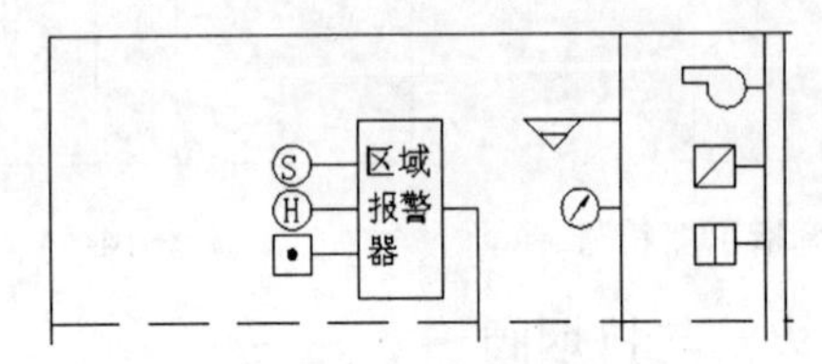

图 14-49　移动图形

（9）复制图形。单击“修改”工具栏中的“复制”按钮，将防火阀与排烟阀符号向下复制 2 份，复制距离分别为 25mm 和 72mm，如图 14-50 所示。

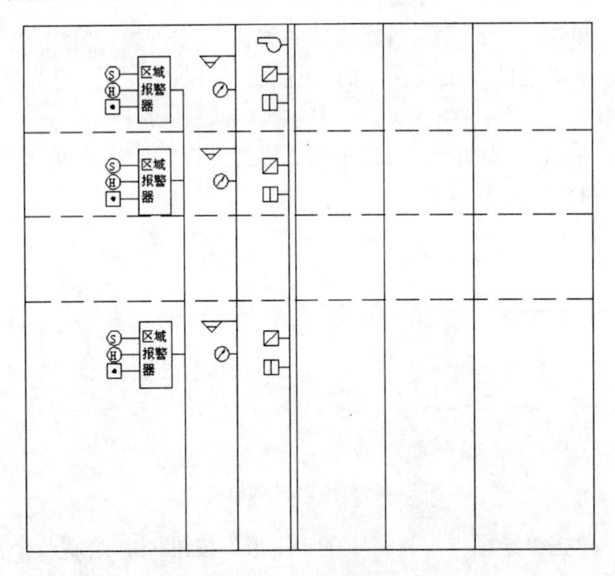

图 14-50　复制图形

14.3.6　绘制卷帘门、防火门和吊壁

（1）绘制矩形。单击“绘图”工具栏中的“矩形”按钮，绘制一个长度为 4.5mm、宽度为 3mm 的矩形，如图 14-51 所示。

（2）等分矩形边。在命令行中输入 DIV，命令行中的提示与操作如下。

```
命令: DIV↙
选择要定数等分的对象: （选择矩形的一条长边）
```

输入线段数目或[块(B)]: 3↙

（3）绘制水平直线。单击“绘图”工具栏中的“直线”按钮，捕捉矩形的等分节点，以其为起始点，水平向右绘制两条长度为3mm的直线，完成卷帘门符号的绘制，如图14-52所示。

（4）旋转图形。在卷帘门符号的基础上，单击“修改”工具栏中的“旋转”按钮，将卷帘门符号旋转90°，完成防火门符号的绘制，如图14-53所示。

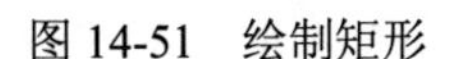

图14-51 绘制矩形

图14-52 卷帘门符号

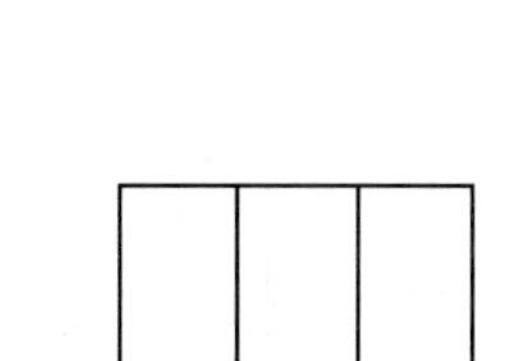

图14-53 防火门符号

（5）绘制矩形。单击“绘图”工具栏中的“矩形”按钮，绘制一个4mm×4mm的矩形，如图14-54（a）所示。

（6）绘制直线。单击“绘图”工具栏中的“直线”按钮，捕捉矩形上边框的中点和下边框的端点绘制斜线，完成吊壁符号的绘制，如图14-54（b）所示。

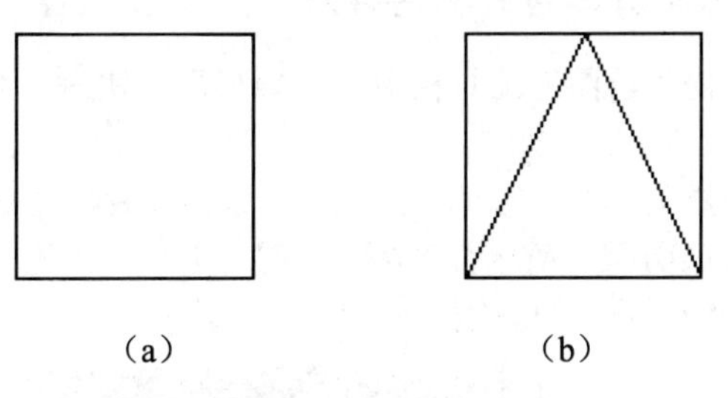

（a）（b）

图14-54 绘制吊壁符号

（7）移动图形。单击“修改”工具栏中的“移动”按钮，将绘制的卷帘门、防火门与吊壁符号插入到图纸布局中。单击“绘图”工具栏中的“直线”按钮，添加连接线，部分图形如图14-55所示。

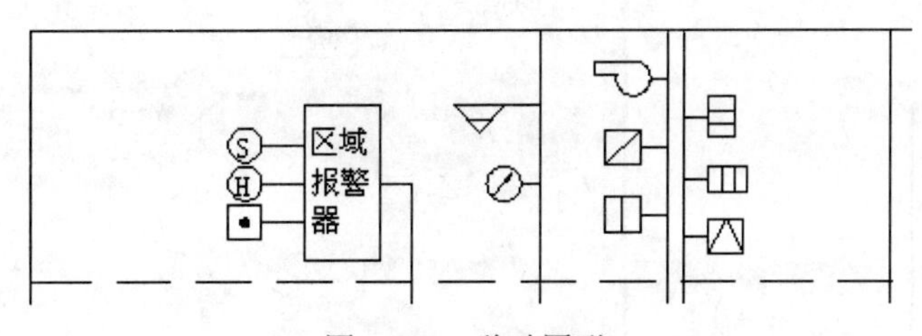

图14-55 移动图形

（8）复制图形。单击“修改”工具栏中的“复制”按钮，将图14-55中的卷帘门、防火门和吊壁符号向下复制2份，复制距离分别为25mm和72mm，如图14-56所示。

Note

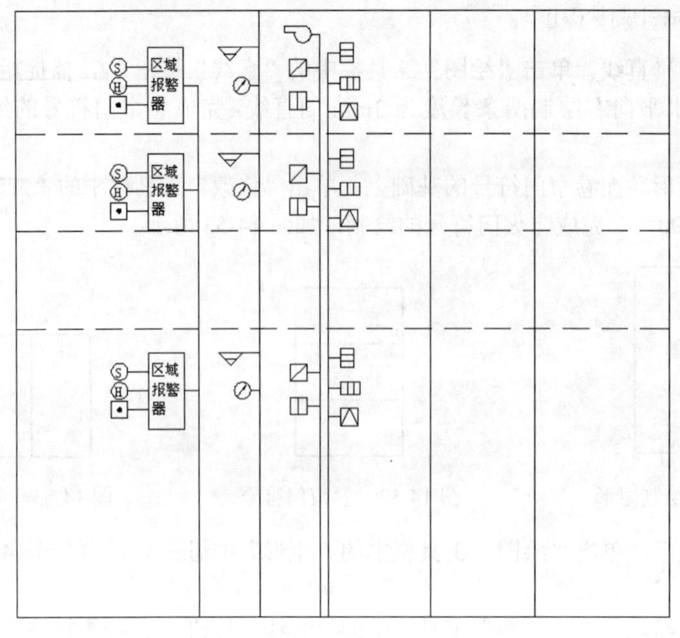

图 14-56　复制图形

14.3.7　绘制喇叭、障碍灯、警铃和诱导灯

（1）绘制矩形。单击“绘图”工具栏中的“矩形”按钮，绘制一个长为 3mm、宽为 1mm 的矩形，如图 14-57 所示。

（2）绘制斜线。选择菜单栏中的“工具”→“绘图设置”命令，在弹出的“草图设置”对话框中设置极轴角，如图 14-58 所示。单击“绘图”工具栏中的“直线”按钮，关闭“正交”模式，绘制一条长度为 2mm 的斜线，如图 14-59 所示。

图 14-57　绘制矩形

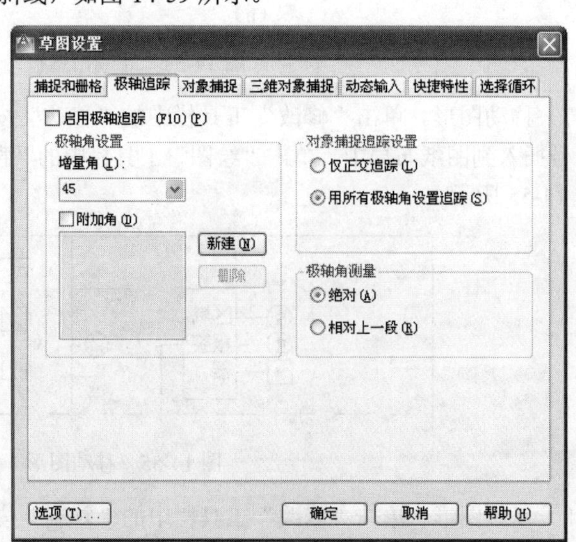

图 14-58　“草图设置”对话框

（3）镜像斜线。单击“修改”工具栏中的“镜像”按钮，将绘制的斜线以矩形两个宽

边的中点连线为镜像线进行镜像，如图 14-60 所示。

（4）绘制直线。单击“绘图”工具栏中的“直线”按钮，连接两斜线的端点，完成喇叭符号的绘制，如图 14-61 所示。

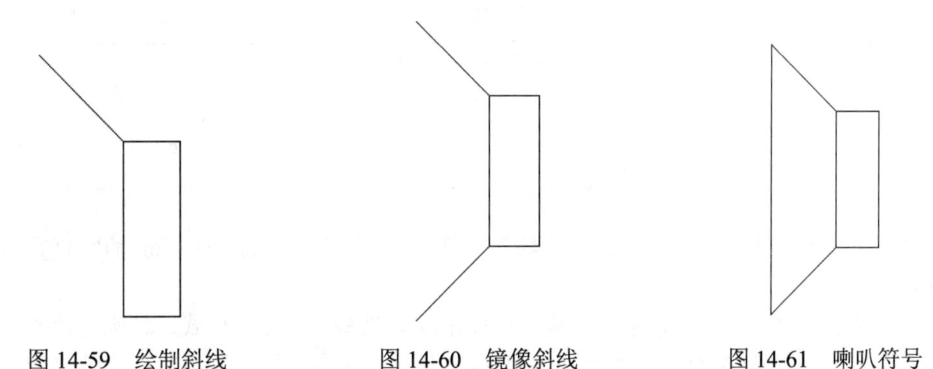

图 14-59 绘制斜线　　图 14-60 镜像斜线　　图 14-61 喇叭符号

（5）绘制矩形。单击“绘图”工具栏中的“矩形”按钮，绘制一个长度为 3.5mm、宽度为 3mm 的矩形，如图 14-62（a）所示。

（6）绘制圆。单击“绘图”工具栏中的“圆”按钮，以矩形上侧边的中点为圆心，绘制一个半径为 1.5mm 的圆。

（7）修剪圆。单击“修改”工具栏中的“修剪”按钮，修剪掉矩形内的圆弧，完成障碍灯符号的绘制，如图 14-62（b）所示。

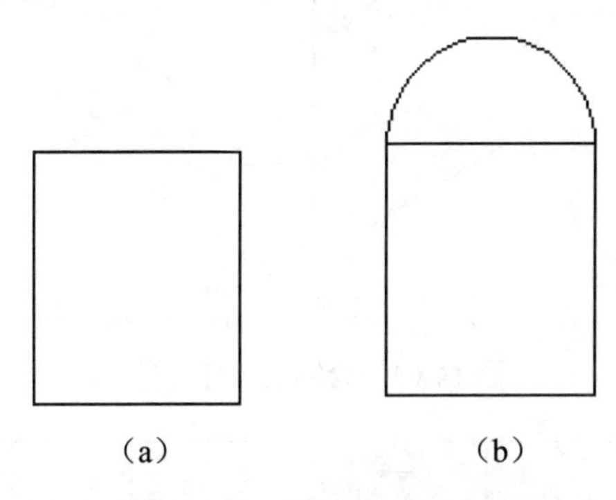

（a）　　（b）

图 14-62 绘制障碍灯符号

（8）绘制圆。单击“绘图”工具栏中的“圆”按钮，绘制一个半径为 2.5mm 的圆。

（9）绘制直径。单击“绘图”工具栏中的“直线”按钮，绘制圆的水平和竖直直径，如图 14-63（a）所示。

（10）偏移直线。单击“修改”工具栏中的“偏移”按钮，将绘制的水平直径向下偏移，偏移距离为 1.5mm；将竖直直径向左、右两侧偏移，偏移距离均为 1mm，如图 14-63（b）所示。

（11）绘制直线。单击“绘图”工具栏中的“直线”按钮，分别连接图 14-63（b）中的点 P 与点 T、点 Q 与点 S。

（12）修剪图形。单击“修改”工具栏中的“修剪”按钮，修剪掉多余的直线，完成警铃符号的绘制，如图 14-63（c）所示。

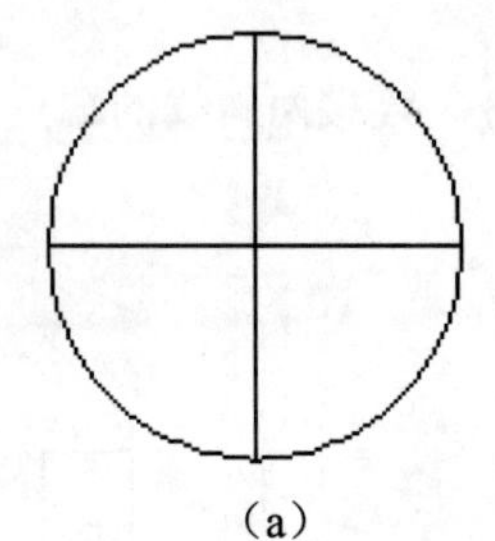

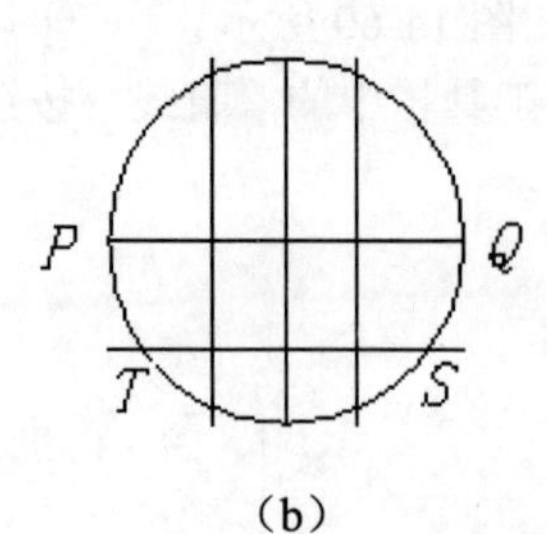

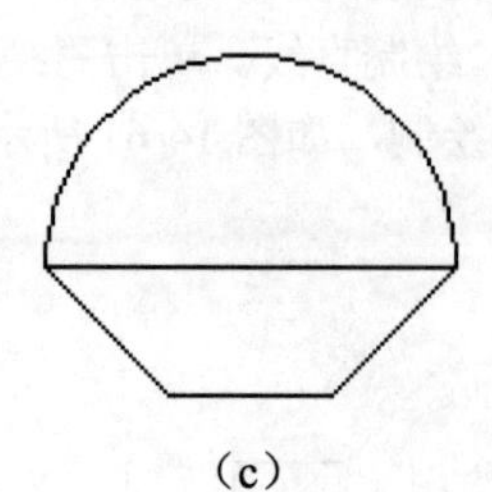

（a） （b） （c）

图 14-63　绘制警铃符号

（13）单击“绘图”工具栏中的“直线”按钮，绘制一条长度为3mm的竖直直线，如图14-64（a）所示。

（14）单击“修改”工具栏中的“旋转”按钮，选择“复制”模式，将刚刚绘制的竖直直线绕下端点逆时针旋转 60°，如图 14-64（b）所示。单击“修改”工具栏中的“旋转”按钮，选择“复制”模式，将竖直直线绕上端点顺时针旋转 60°，完成诱导灯符号的绘制，如图14-64（c）所示。

（15）移动图形。单击“修改”工具栏中的“移动”按钮，将绘制的喇叭、障碍灯、警铃和诱导灯符号插入到图纸布局中。单击“绘图”工具栏中的“直线”按钮，添加连接线，如图14-65所示。

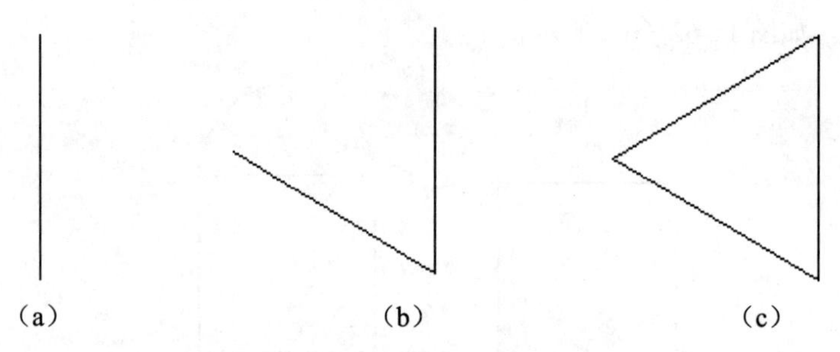

（a） （b） （c）

图 14-64　绘制诱导灯符号

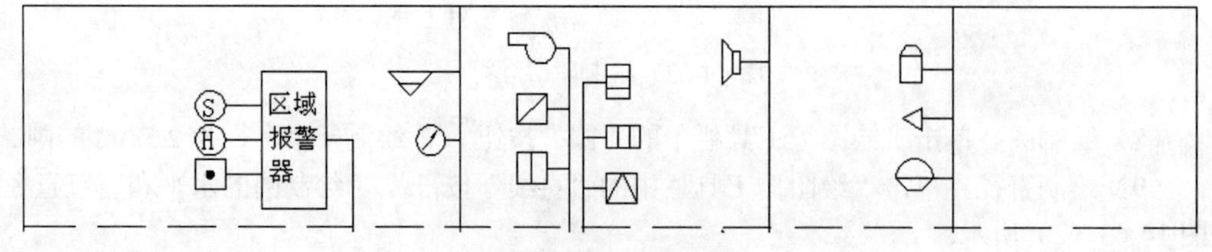

图 14-65　移动图形

（16）复制图形。单击“修改”工具栏中的“复制”按钮，将图14-65中的喇叭、障碍灯、诱导灯和警铃符号向下复制2份，复制距离分别为25mm和72mm。单击“修改”工具栏中的“修剪”按钮，修剪掉多余的曲线，如图14-66所示。

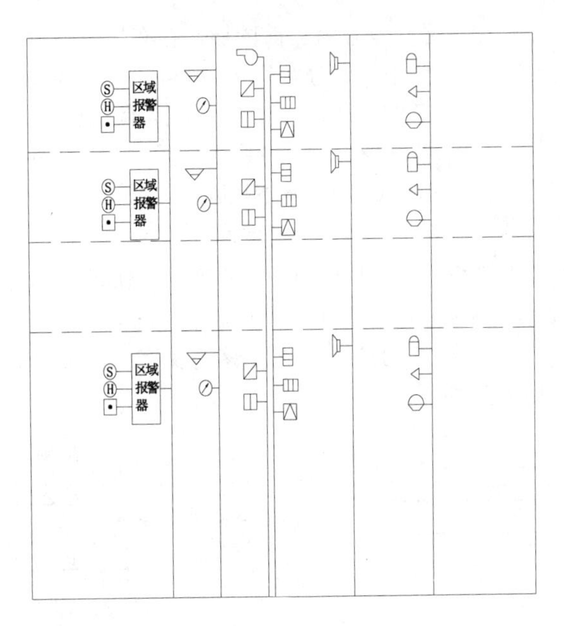

图 14-66 复制图形

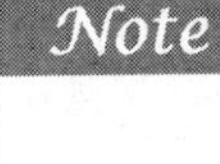

14.3.8 完善图形

（1）绘制其他设备标志框。单击“绘图”工具栏中的“矩形”按钮，绘制一系列矩形，代表各主要组成部分在图纸中的位置分布，如图 14-67 所示。

（2）添加连接线。单击“绘图”工具栏中的“直线”按钮，绘制导线，然后单击“修改”工具栏中的“移动”按钮，将各导线移动到合适的位置，效果如图 14-68 所示。

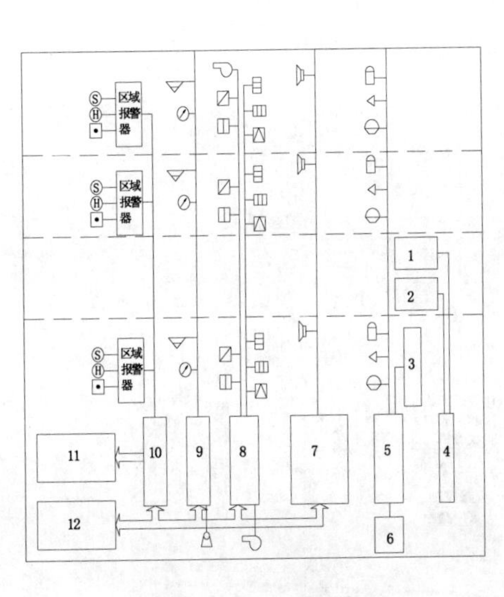

图 14-67 图纸布局

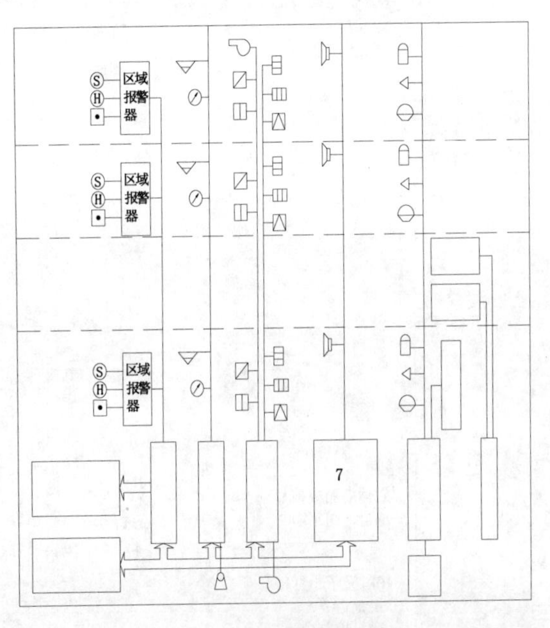

图 14-68 添加连接线

（3）添加文字。将“标注层”设置为当前图层，在布局图中对应的矩形中间和各元件旁边添加文字。单击“修改”工具栏中的“分解”按钮，将图 14-68 中的矩形 7 分解为直线。在命令行中输入 DIV，等分矩形 7 的长边，命令行中的提示与操作如下。

Note

```
命令: DIV↙
选择要定数等分的对象:（选择矩形 7 的一条长边）
输入线段数目或[块(B)]: 7↙
```

（4）绘制直线。单击“绘图”工具栏中的“直线”按钮，以各个节点为起点，水平向右绘制直线，直线的长度为 20mm，如图 14-69 所示。

（5）添加文字。单击“绘图”工具栏中的“多行文字”按钮，在矩形框中输入文字，添加文字后的效果如图 14-70 所示。

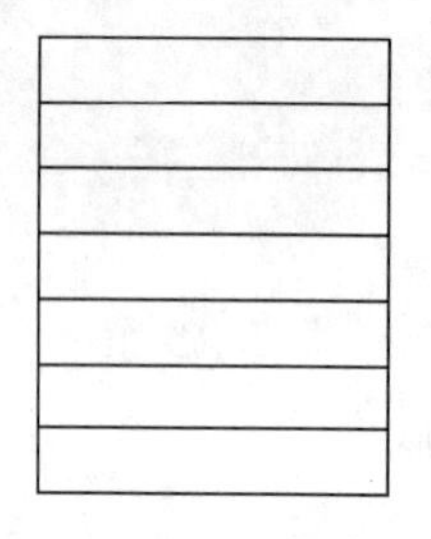

图 14-69　绘制直线

图 14-70　添加文字

（6）生成最终图形。单击“绘图”工具栏中的“多行文字”按钮，添加其他文字，效果如图 14-71 所示。仔细检查图形，补充绘制消防泵、送风机等图形，完成图形的绘制，如图 14-72 所示。

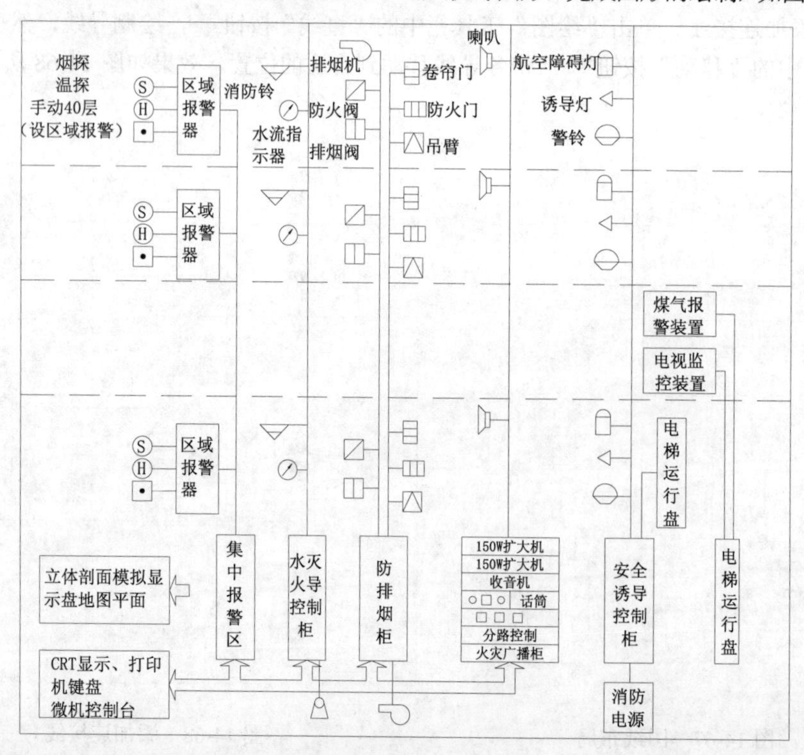

图 14-71　添加其他文字

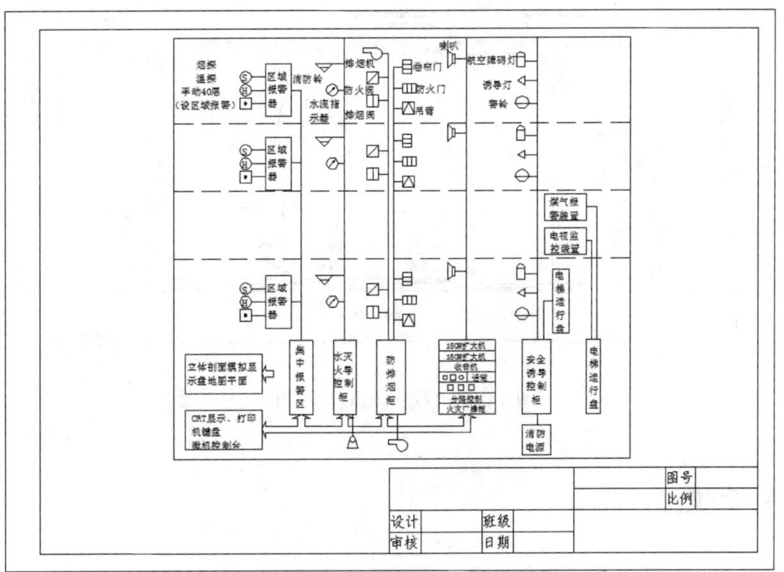

图 14-72　某建筑物消防安全系统图

14.4　车间电力平面图

如图 14-73 所示是某车间电力平面图的绘制过程，该平面图是在建筑平面图的基础上绘制的。该建筑物主要由 3 个房间组成，采用尺寸数字定位（没有绘制出定位轴线）。此图比较详细地表示了各电力配电线路（干线、支线）、配电箱、各电动机等的平面布置及其有关内容。本图的绘制思路如下：先绘制建筑平面图，然后绘制配电干线，最后添加注释文字，完成图形的绘制。

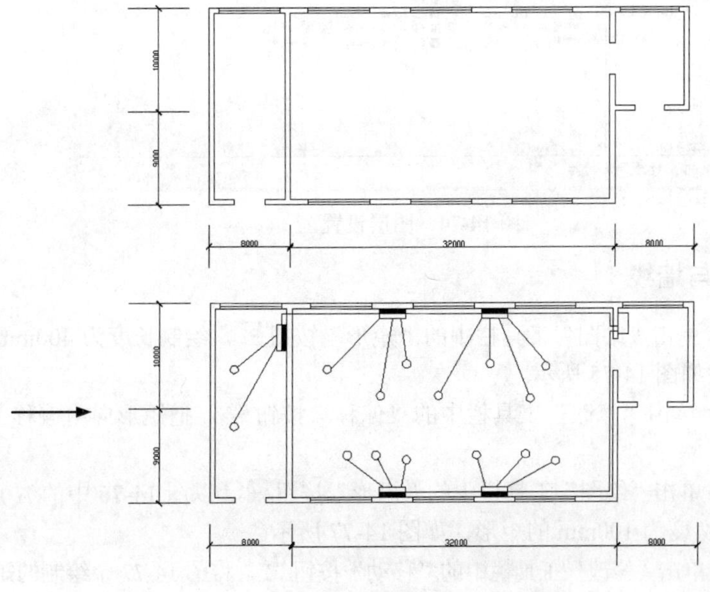

图 14-73　绘制车间电力平面图

Note

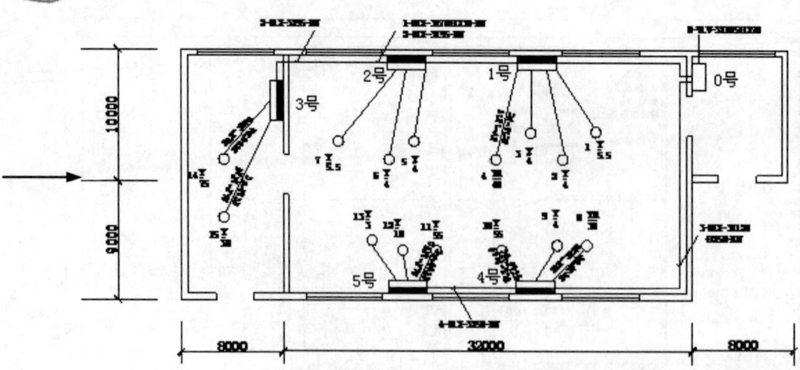

图 14-73　绘制车间电力平面图（续）

操作步骤

光盘\动画演示\第 14 章\车间电力平面图.avi

14.4.1　设置绘图环境

（1）新建文件。启动 AutoCAD 2012 应用程序，以“A4.dwt”文件为模板新建文件，将新文件命名为“车间电力平面图.dwg”并保存。

（2）设置图层。新建“电气层”和“文字层”两个图层，并设置各图层的属性。将“电气层”设置为当前图层，如图 14-74 所示。

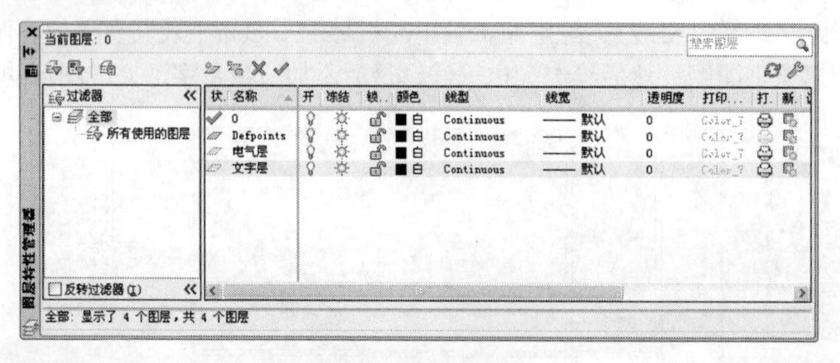

图 14-74　图层设置

14.4.2　绘制轴线与墙线

（1）绘制矩形。单击“绘图”工具栏中的“矩形”按钮，绘制长度为 400mm、宽度为 190mm 的矩形，效果如图 14-75 所示。

（2）偏移矩形。单击“修改”工具栏中的“偏移”按钮，把矩形向内偏移 5mm，如图 14-76 所示。

（3）绘制矩形。单击“绘图”工具栏中的“矩形”按钮，以图 14-76 中的 A 点为起点，绘制长度为 80mm、宽度为 100mm 的矩形，如图 14-77 所示。

（4）偏移矩形。单击“修改”工具栏中的“移动”按钮，将图 14-77 中绘制的矩形向左移动 5mm。单击“修改”工具栏中的“偏移”按钮，将矩形向内偏移 5mm，效果如图 14-78 所示。

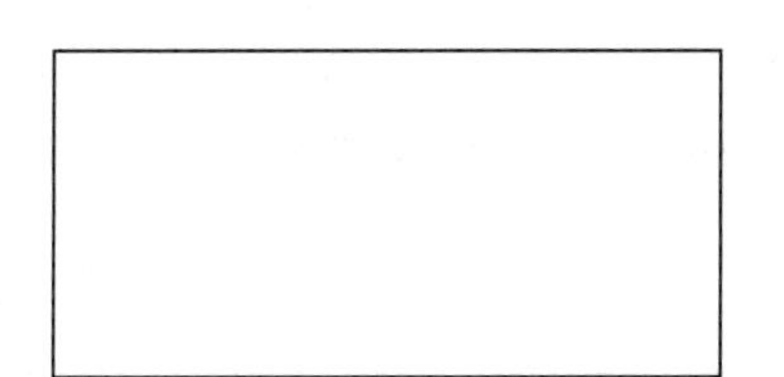

图 14-75 绘制矩形（1）

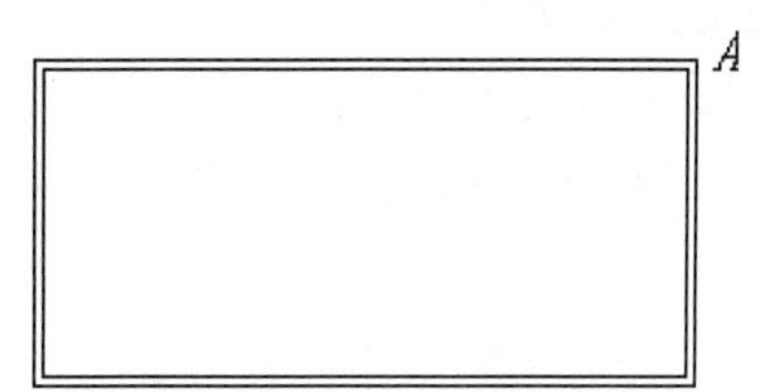

图 14-76 偏移矩形

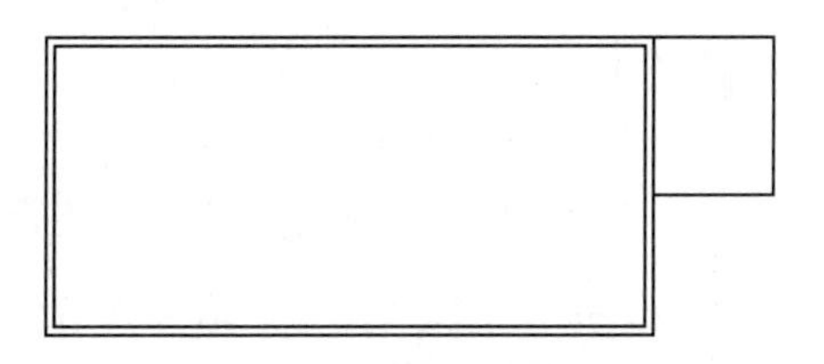

图 14-77 绘制矩形（2）

图 14-78 移动并偏移矩形

（5）绘制直线。单击“绘图”工具栏中的“直线”按钮，以图 14-78 中的 B 点为起点，竖直向下绘制一条直线。单击“修改”工具栏中的“移动”按钮，将绘制的直线向右移动 75mm，如图 14-79 所示。

（6）绘制矩形。单击“绘图”工具栏中的“矩形”按钮，以 C 点为起点，绘制长度为 5mm、宽度为 190mm 的矩形。单击“修改”工具栏中的“删除”按钮，删除直线，如图 14-80 所示。

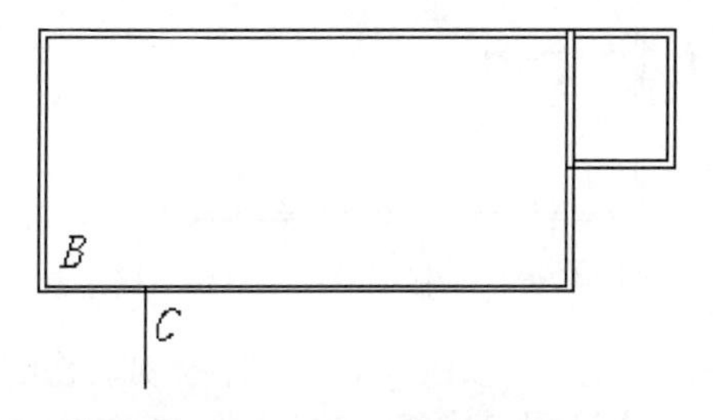

图 14-79 绘制并移动直线

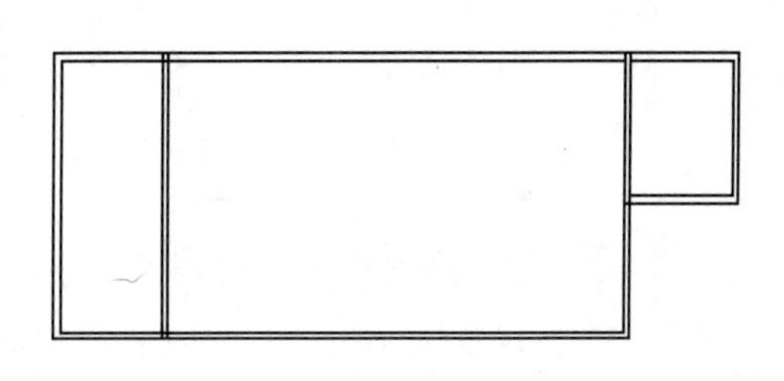

图 14-80 绘制矩形（3）

（7）绘制矩形。单击“绘图”工具栏中的“矩形”按钮，绘制长度为 30mm、宽度为 20mm 的矩形，如图 14-81 所示。

（8）复制矩形。单击“修改”工具栏中的“复制”按钮，将刚刚绘制的矩形以其底边中点为基点，以图 14-81 中直线 BD 和直线 NP 的中点为目标点复制图形，效果如图 14-82 所示。

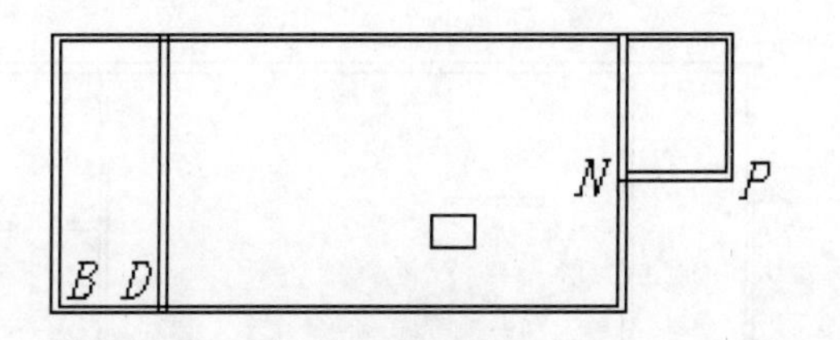

图 14-81 绘制矩形（4）

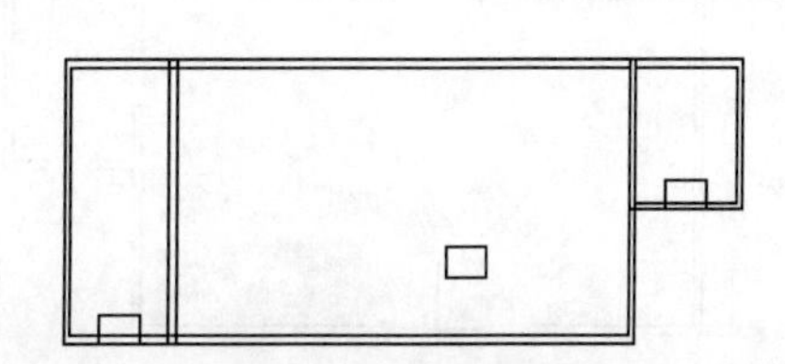

图 14-82 复制矩形

（9）旋转矩形。单击“修改”工具栏中的“旋转”按钮，将 30mm×20mm 矩形旋转

90°，如图 14-83 所示。

（10）移动矩形。单击“修改”工具栏中的“移动”按钮，以旋转后矩形左侧边的中点为基点，以图 14-83 中直线 NK 的中点为目标点进行移动，效果如图 14-84 所示。

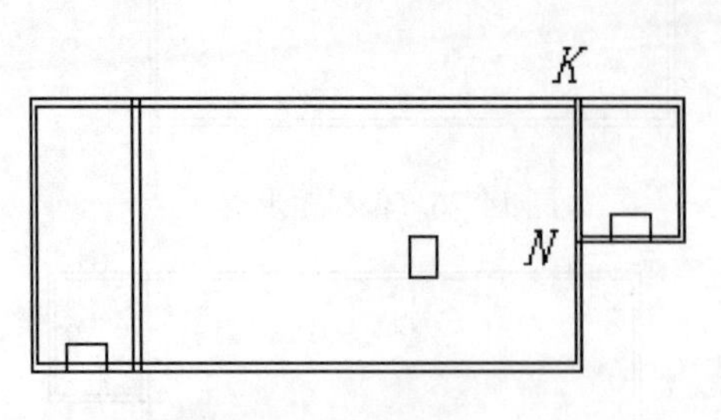

图 14-83　旋转矩形

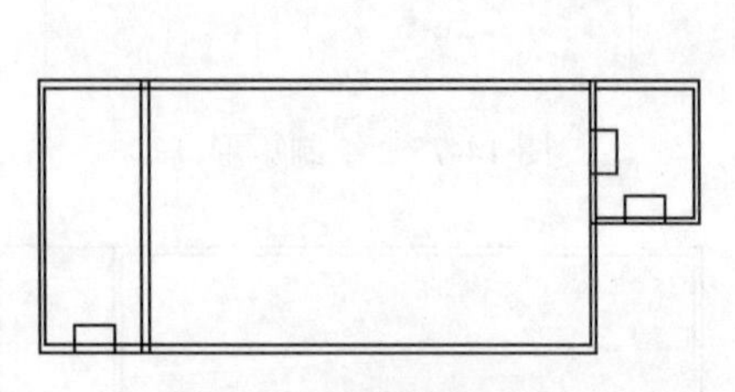
图 14-84　移动矩形

（11）修剪图形。单击“修改”工具栏中的“修剪”按钮，以 3 个小矩形为修剪边，修剪出门洞。再次单击“修改”工具栏中的“修剪”按钮，修剪掉墙线内的线头，修剪结果如图 14-85 所示。

（12）分解矩形。单击“修改”工具栏中的“分解”按钮，将墙线分解为直线。

（13）绘制矩形及中线。单击“绘图”工具栏中的“矩形”按钮，绘制长度为 60mm、宽度为 5mm 的矩形。单击“绘图”工具栏中的“直线”按钮，连接刚刚绘制的矩形两短边的中点，如图 14-86 所示。

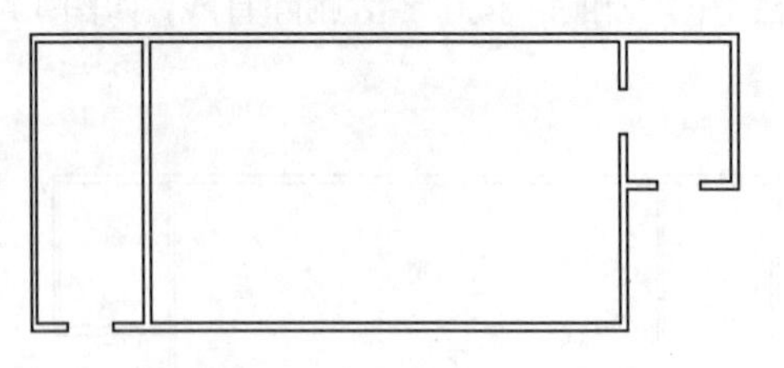
图 14-85　修剪图形

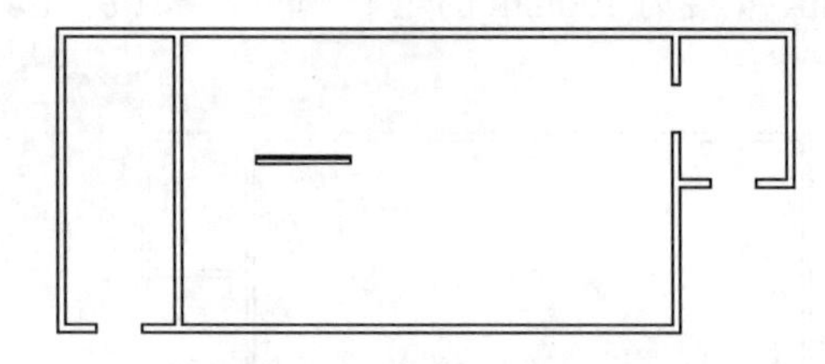
图 14-86　绘制矩形及其中线

（14）复制矩形及其中线。单击“修改”工具栏中的“复制”按钮，以刚刚绘制矩形的底边中点为基点，以如图 14-87 所示直线的中点为目标点复制矩形及其中线，效果如图 14-88 所示。

（15）复制矩形。单击“修改”工具栏中的“复制”按钮，将复制得到的矩形及其中线向左、右各复制一份，复制距离均为 100mm，效果如图 14-89 所示。再次单击“修改”工具栏中的“复制”按钮，用相同的方法将 60mm×5mm 矩形及其中线向上复制 5 份。单击“修改”工具栏中的“删除”按钮，删除多余的图形，如图 14-90 所示。

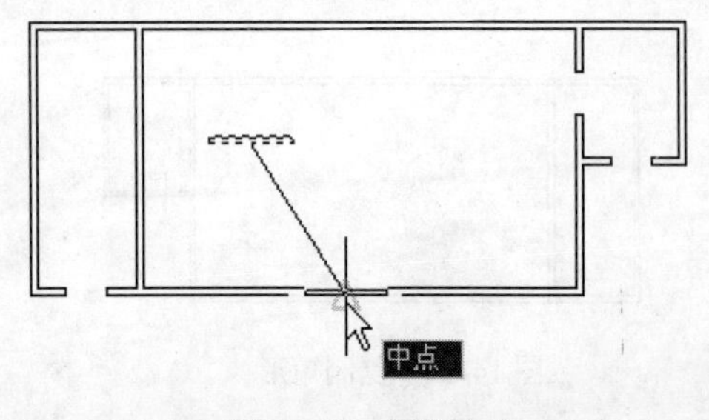

图 14-87　捕捉中点

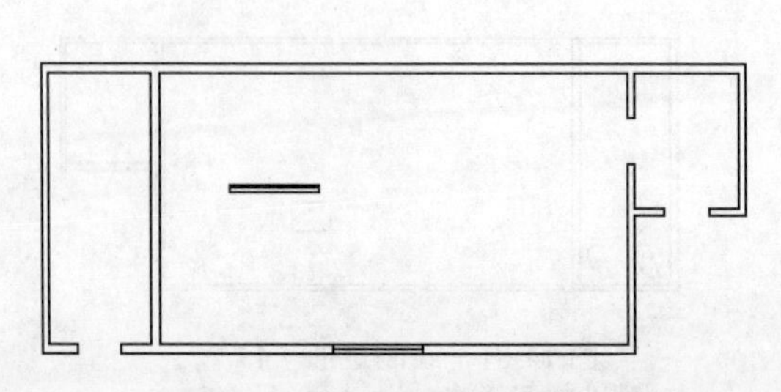
图 14-88　复制矩形及其中线

Note

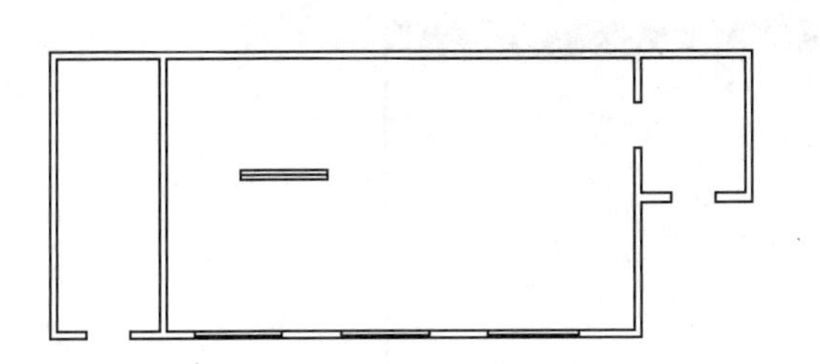

图 14-89 向两侧复制矩形

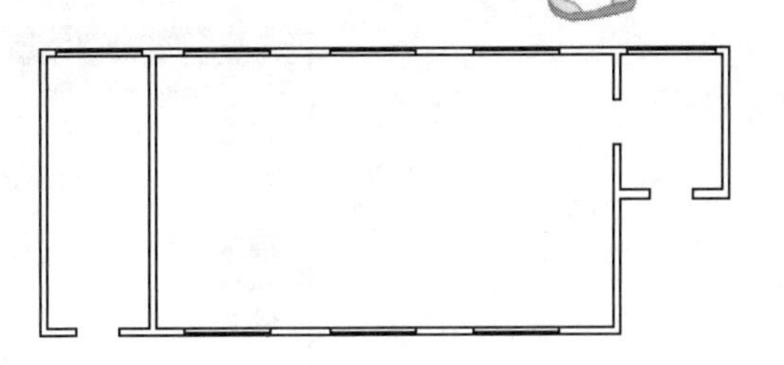

图 14-90 向上复制矩形

（16）绘制竖直直线。单击“绘图”工具栏中的“直线”按钮，竖直向下绘制长度为40mm 的直线，如图 14-91 所示。

（17）复制直线。单击“修改”工具栏中的“复制”按钮，将竖直直线向右复制 3 份，复制距离分别为 80mm、400mm 和 480mm，如图 14-92 所示。

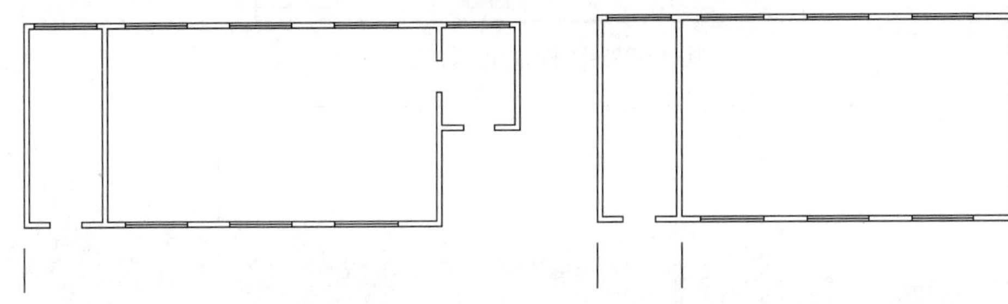

图 14-91 绘制竖直直线　　图 14-92 复制竖直直线

（18）绘制水平直线。单击“绘图”工具栏中的“直线”按钮，绘制长度为 60mm 的水平直线，效果如图 14-93 所示。

（19）复制直线。单击“修改”工具栏中的“复制”按钮，将水平直线向上复制两份，复制距离分别为 90mm 和 190mm，效果如图 14-94 所示。

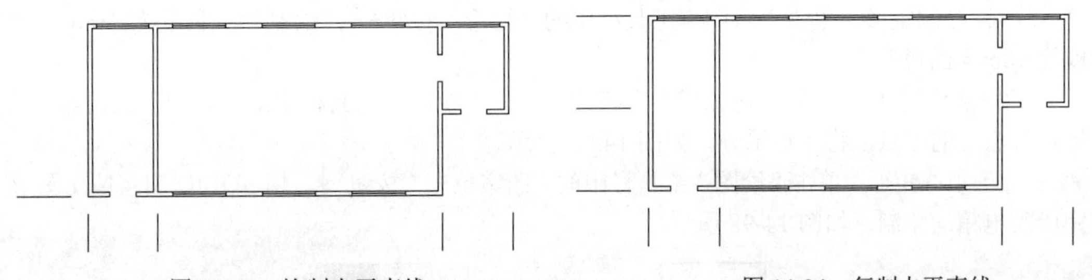

图 14-93 绘制水平直线　　图 14-94 复制水平直线

（20）修改标注比例。选择菜单栏中的“格式”→“标注样式”命令，系统弹出“标注样式管理器”对话框，默认标注样式为 ISO-25，单击“修改”按钮，弹出“修改标注样式：ISO-25”对话框，在“主单位”选项卡的“比例因子”文本框中将标注比例修改为 100，“精度”修改为 0，如图 14-95 所示。

（21）标注尺寸。单击“标注”工具栏中的“线性”按钮，标注轴线之间的距离，效果如图 14-96 所示。

Note

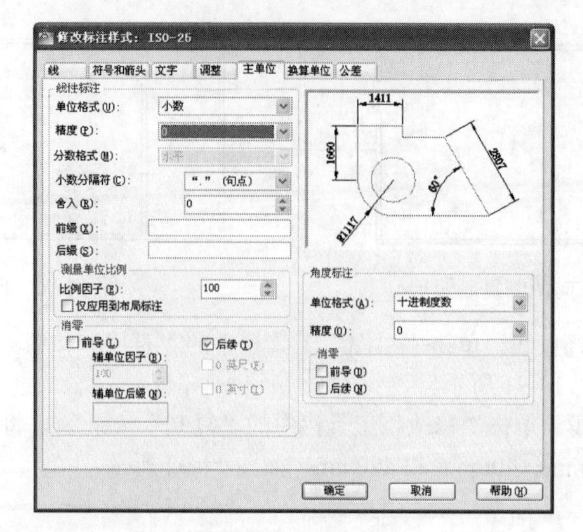

图 14-95　“修改标注样式”对话框

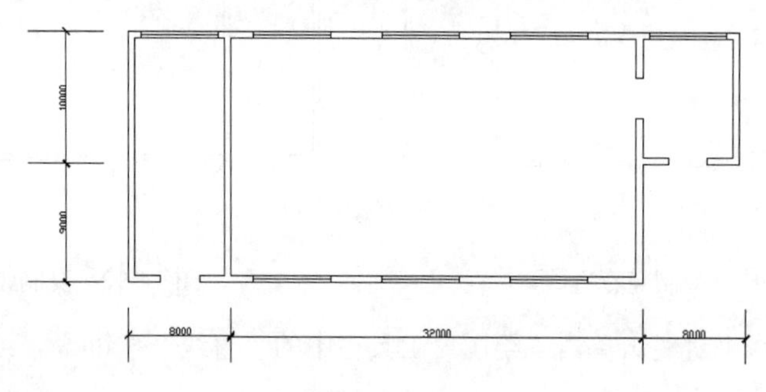

图 14-96　标注尺寸

14.4.3　绘制配电箱

（1）绘制矩形。单击“绘图”工具栏中的“矩形”按钮，绘制一个长度为 30mm、宽度为 10mm 的矩形。

（2）绘制直线。开启“对象捕捉”模式，单击“绘图”工具栏中的“直线”按钮，捕捉矩形宽边的中点，将矩形平分，如图 14-97 所示。

（3）填充矩形。单击“绘图”工具栏中的“图案填充”按钮，用 SOLID 图案填充图形，完成配电箱的绘制，如图 14-98 所示。

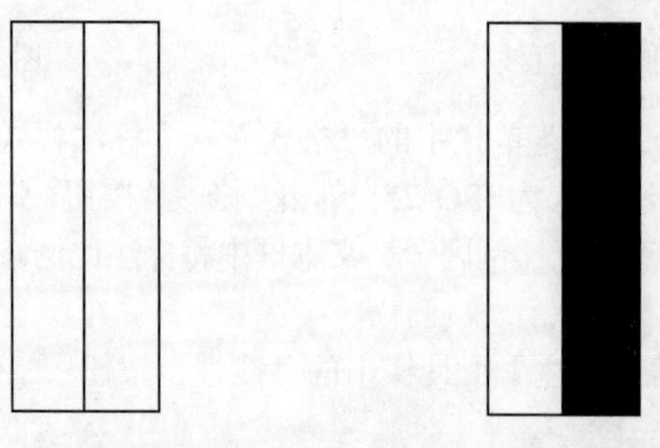

图 14-97　绘制矩形（6）　　　　图 14-98　配电箱

（4）移动配电箱。单击“修改”工具栏中的“移动”按钮，将绘制的配电箱移动到如

图 14-99 所示的位置。

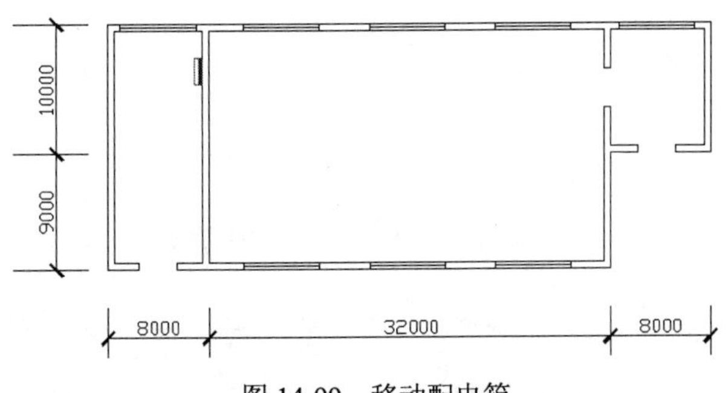

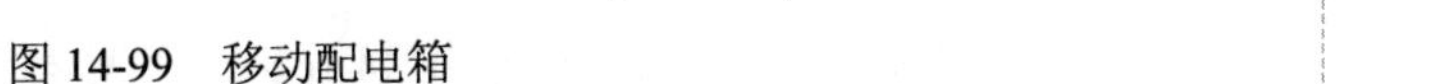

图 14-99　移动配电箱

（5）复制配电箱。单击“修改”工具栏中的“复制”按钮，将配电箱图形向右复制两份。

（6）旋转配电箱。单击“修改”工具栏中的“旋转”按钮，把复制后的配电箱进行旋转，旋转后的图形如图 14-100 所示。

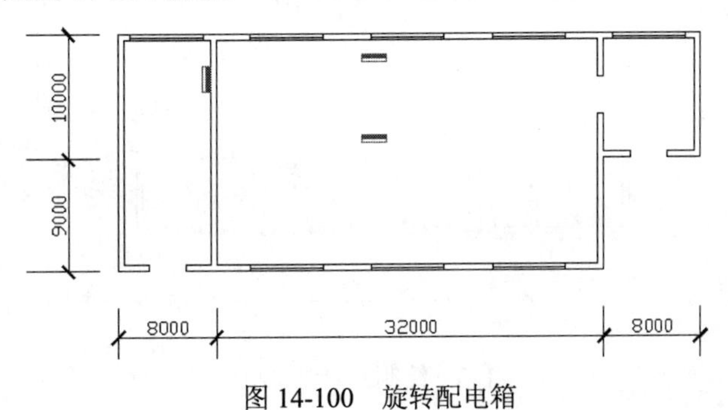

图 14-100　旋转配电箱

（7）复制配电箱。单击“修改”工具栏中的“复制”按钮，将旋转后的配电箱图形复制到上下墙边，单击“修改”工具栏中的“删除”按钮，将多余的图形删除，如图 14-101 所示。

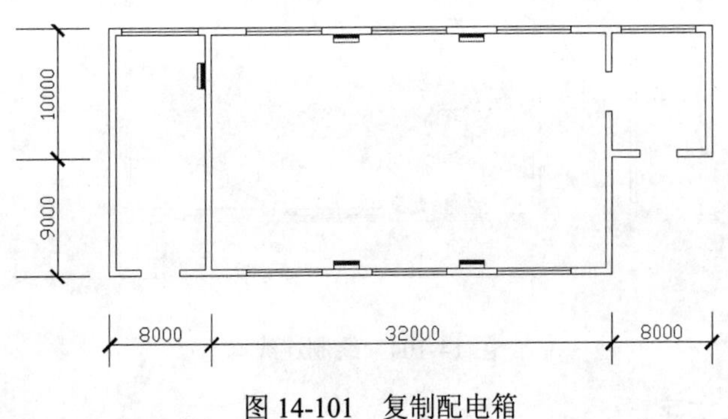

图 14-101　复制配电箱

（8）绘制配电柜。单击“绘图”工具栏中的“矩形”按钮，绘制长度为 20mm、宽度为 10mm 的矩形作为配电柜符号。然后单击“修改”工具栏中的“移动”按钮，将矩形移动到如图 14-102 所示的位置。

Note

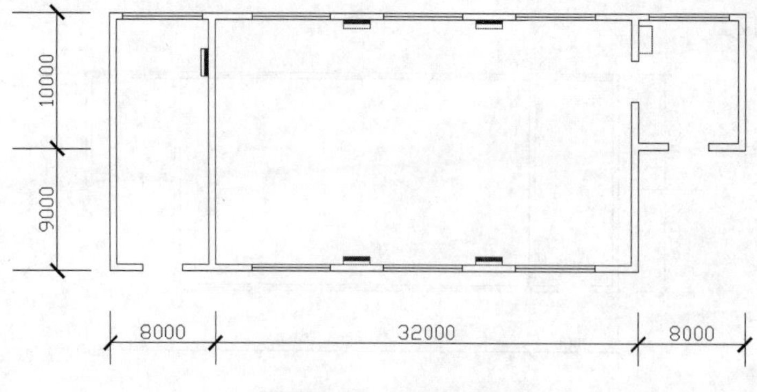

图 14-102　安装配电柜

（9）绘制电机。单击“绘图”工具栏中的“圆”按钮，绘制半径为 4mm 的圆作为电机符号，并将绘制好的电机符号复制到所需位置，如图 14-103 所示。

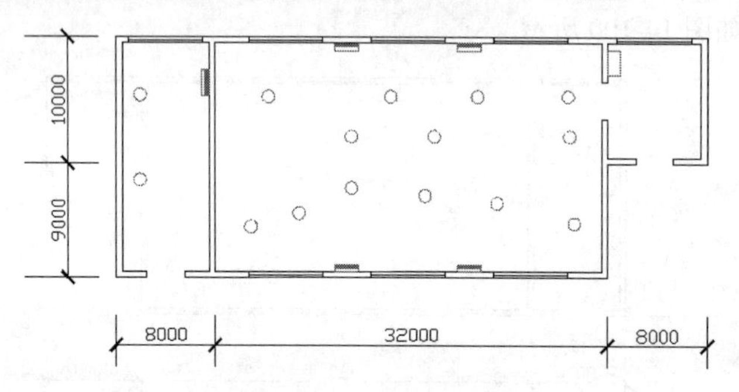

图 14-103　绘制并复制电机符号

（10）绘制连线。单击“绘图”工具栏中的“直线”按钮，绘制配电柜与配电箱之间，以及配电箱与电机之间的连线，效果如图 14-104 所示。

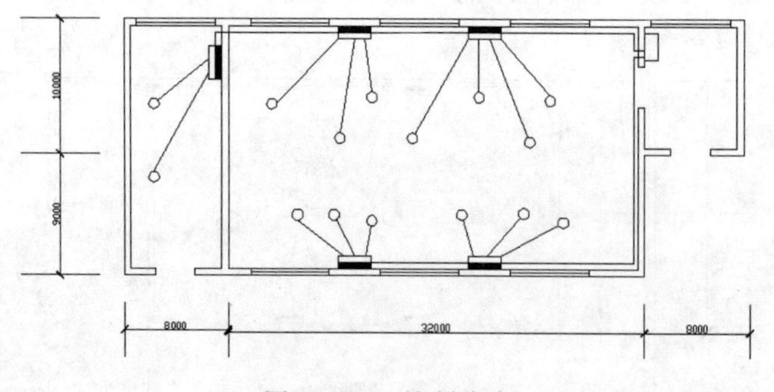

图 14-104　绘制连线

14.4.4　添加注释文字

（1）添加配电箱与配电柜编号。将“文字层”设为当前图层，单击“绘图”工具栏中的“多行文字”按钮A，添加配电箱和配电柜的编号，如图 14-105 所示。

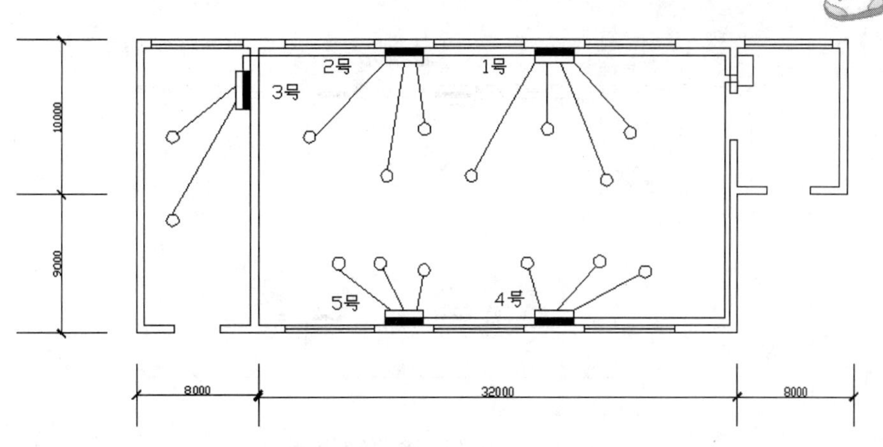

图 14-105 添加配电箱与配电柜编号

（2）添加电机编号。单击“绘图”工具栏中的“多行文字”按钮A，添加各个电机的编号，效果如图 14-106 所示。

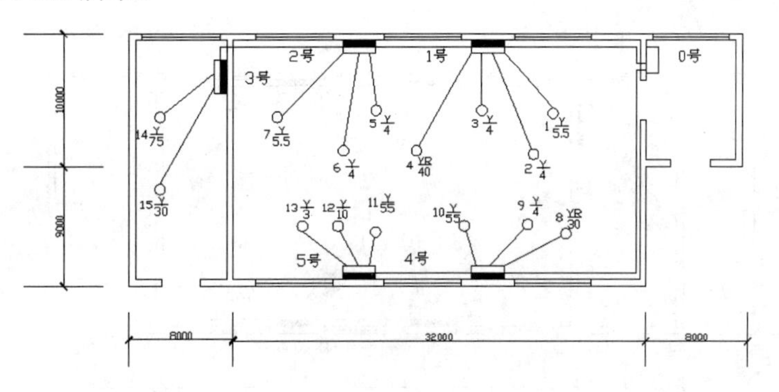

图 14-106 添加电机编号

（3）添加其他配电箱与电机连线型号。单击“绘图”工具栏中的“多行文字”按钮A，按照同样的方法，添加其他配电箱与电机连线的型号，如图 14-107 所示。

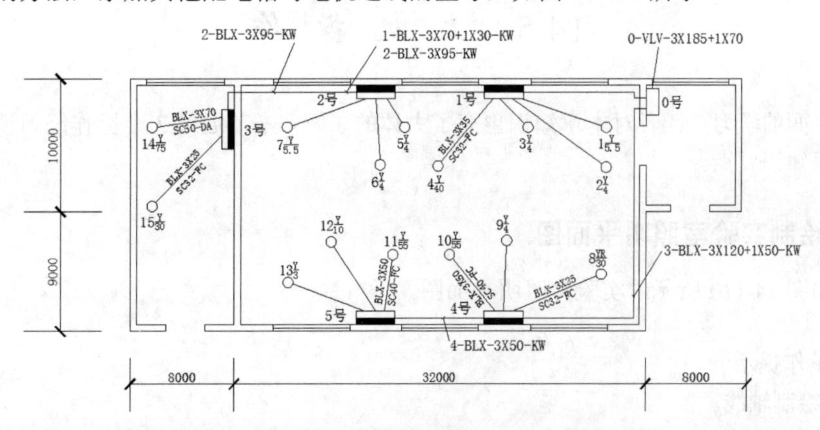

图 14-107 添加其他配电箱与电机连线型号

（4）绘制矩形。单击“绘图”工具栏中的“矩形”按钮□，绘制一个长度为 30mm、宽度为 30mm 的矩形，放置位置如图 14-108 所示。

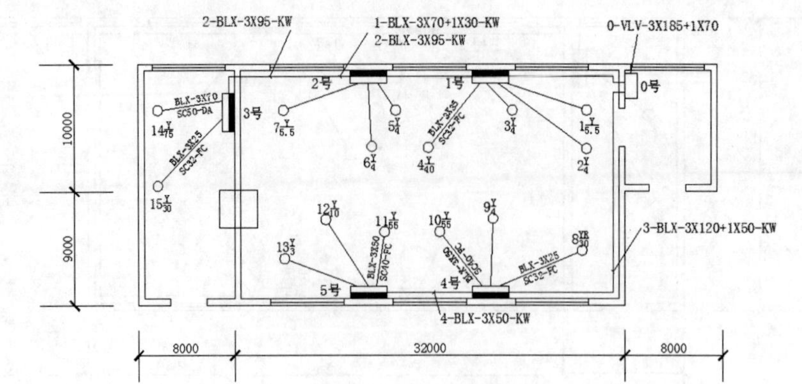

图 14-108　绘制矩形

（5）修剪图形。单击“修改”工具栏中的“修剪”按钮，使用刚刚绘制矩形修剪出里面的门洞，完成车间电力平面图的绘制，最终效果图如图 14-109 所示。

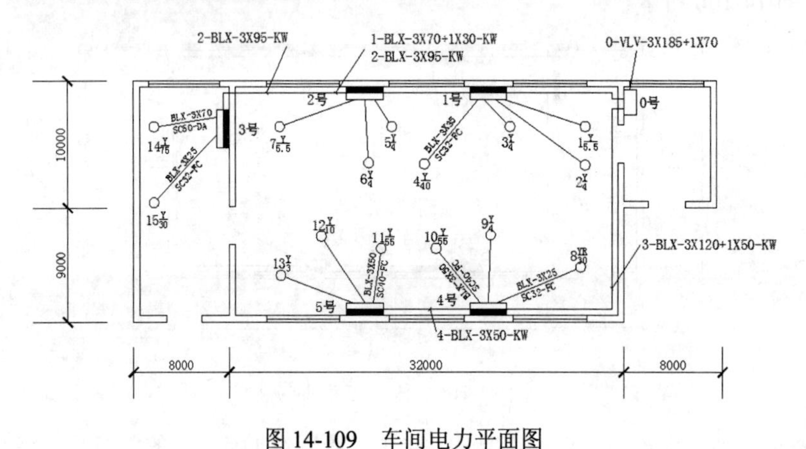

图 14-109　车间电力平面图

14.5 上 机 操 作

通过前面的学习，读者对本章知识也有了大体的了解，本节通过 3 个操作练习使读者进一步掌握本章知识要点。

实践 1　绘制实验室照明平面图

绘制如图 14-110 所示的实验室照明平面图。

操作提示

（1）绘制轴线。

（2）绘制墙线。

（3）绘制门窗洞并创建窗。

（4）绘制各种电气符号。

Note

（5）绘制连接线。

（6）标注尺寸、文字、轴号。

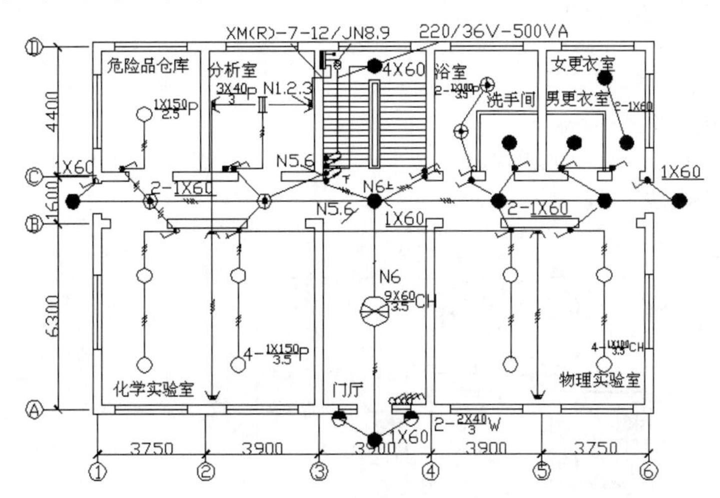

图 14-110　实验室照明平面图

实践 2　绘制住宅配电平面图

绘制如图 14-111 所示的住宅配电平面图。

操作提示

（1）绘制轴线。

（2）绘制墙线。

（3）绘制门窗洞并创建窗。

（4）绘制各种电气符号。

（5）绘制连接线。

（6）标注尺寸、文字、轴号。

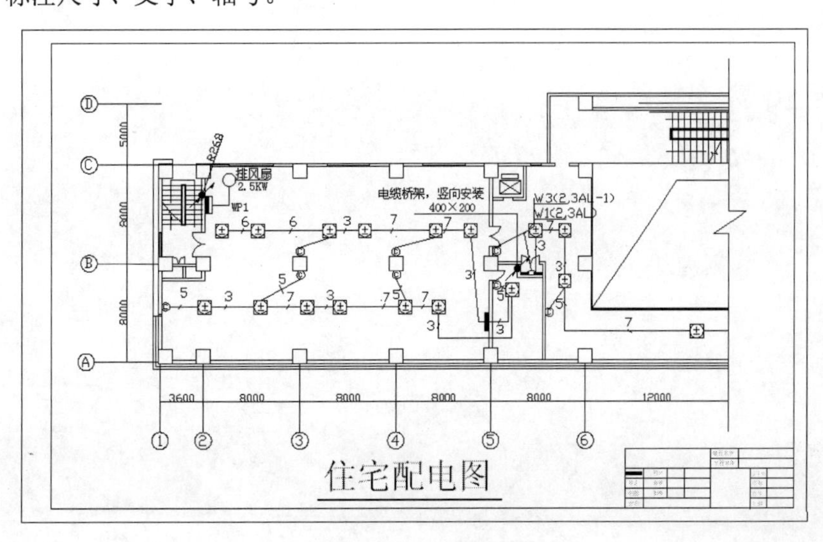

图 14-111　住宅配电平面图

实践 3　绘制门禁系统图

绘制如图 14-112 所示的门禁系统图。

操作提示

（1）绘制各个单元模块。

（2）插入和复制各个单元模块。

（3）绘制连接线。

（4）标注文字。

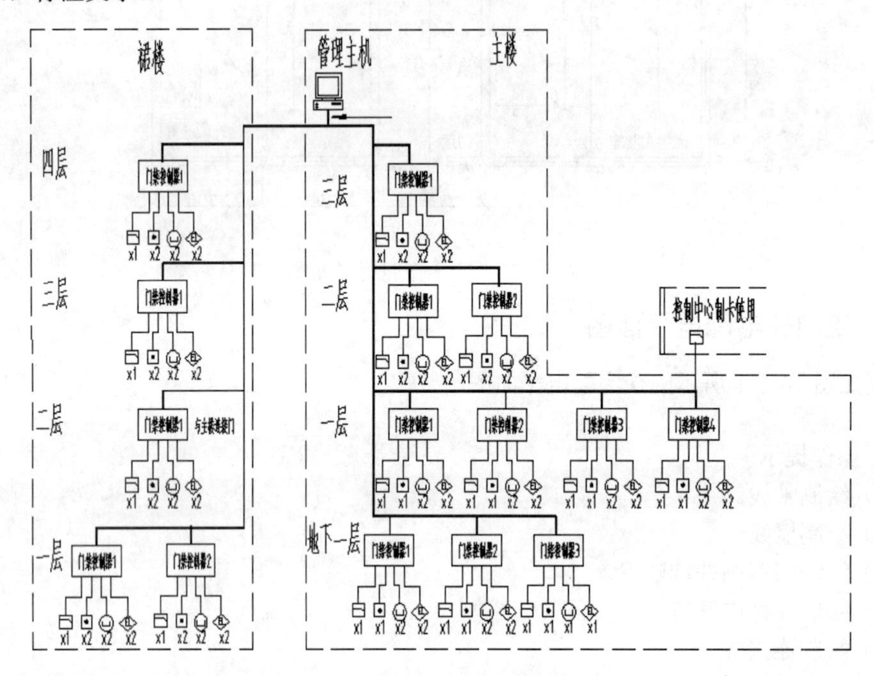

图 14-112　门禁系统图

龙门刨床电气设计综合实例

本章以大型龙门刨床的电气设计为实例，综合运用 AutoCAD 2012 的电气设计功能，提高读者的综合电气设计能力，更加熟练地掌握 AutoCAD 2012 电气设计技能。

- ☑ 主电路系统图
- ☑ 主拖动系统图
- ☑ 电机组的启动控制线路图
- ☑ 刀架控制线路图
- ☑ 横梁升降控制线路图
- ☑ 工作台的控制线路图

任务驱动&项目案例

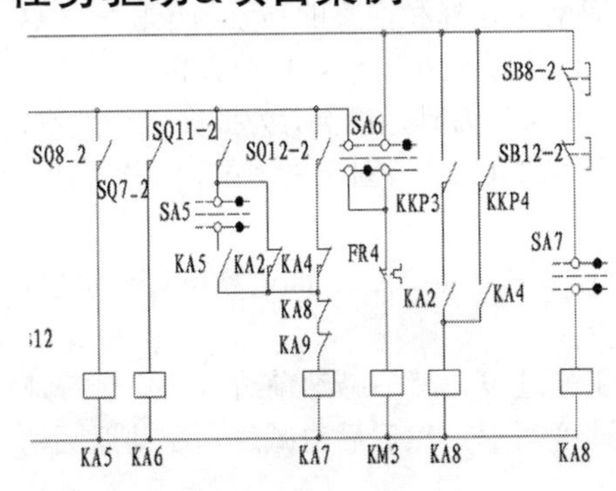

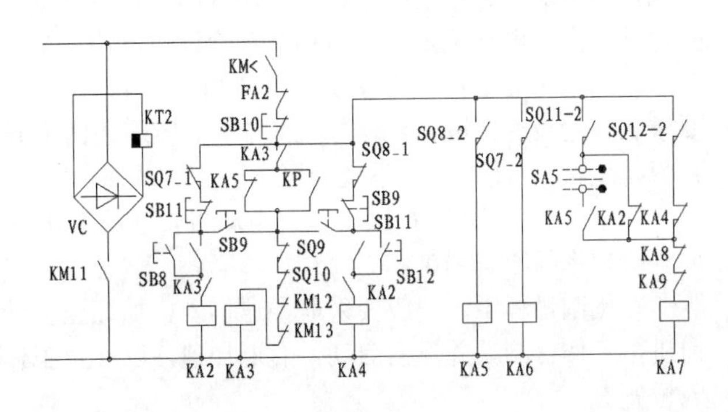

Note

15.1 龙门刨床介绍

龙门刨床是一种大型机床，如图 15-1 所示，主要用来加工有平面加工要求的大型工件，如机床、箱体、横梁、立柱和导轨等，可以在这些工件上刨削各种平面、斜面和槽等，也可以一次装夹好几个中、小型工件进行加工。如图 15-2 所示为龙门刨床的主要构造示意图，本章主要介绍 A 系列龙门刨床的电路。

图 15-1　龙门刨床

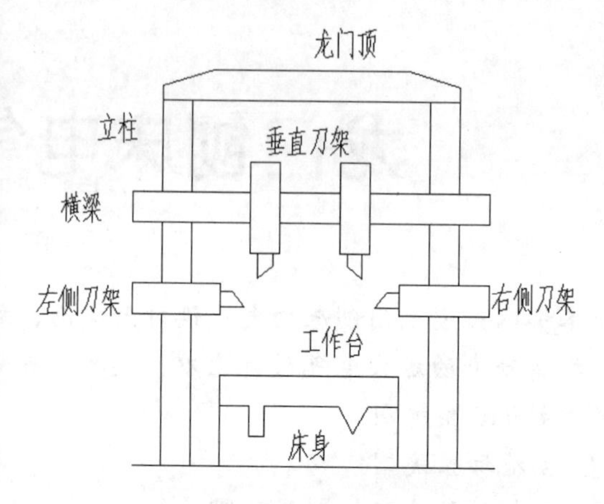

图 15-2　龙门刨床主要构造示意图

龙门刨床的主运动是工作台前进和后退的往复直线运动，进给运动是刀架的移动，辅助运动包括刀架的快速移动与抬刀、工作台的步进与步退、横梁的升降和横梁的夹紧与放松等，这些运动分别由电动机拖动，包括 9 台交流电动机、3 台直流电动机和 1 台电机放大机。

龙门刨床的工作台作往复运动，切削时刀具速度低，后退时刀具速度高，为提高工作效率，要求工作台调速范围宽，最高转速与最低转速之比不低于 10∶1。龙门刨床采用电动机放大机-直流发电机-直流电动机系统，可实现无级调速。

切削负载变化时，拖动工作台电动机转速的变化要小，以免影响加工表面的精度和光洁度，要求静差率为 5%～10%。

在刨削过程中，一般要采取慢速切入，加速至移动工作速度，然后减速前进，工作台慢速前进，工作台制动并反向启动，后退加速，以一定工作速度后退，然后后退减速，制动返回切入位置。

工作台往返一次，刀架能自动进给一次，在返回行程中，刀架应自动抬起。出于安全保护原因，应该设置急停和行程开关的装置于操作面板和床身处。

15.2 主电路系统图

拖动工作台作往复直线运动的主拖动系统包括 2 台交流电动机和 4 台直流电动机。由交流电动机 M1 拖动直流发电机 G1 和励磁机 G2，G1 为主直流电动机 M 的电枢提供直流电源，G2 为 M 提供励磁电源。交流电动机 M2 拖动电机放大机 K，K 作为励磁调节器，调节直流发电机

G1 的励磁磁通，改变直流发电机的输出电压，从而达到调节直流电动机 M 转速，即主运动速度的目的。

其他辅助运动则由 7 台交流电动机完成。交流电动机 M3 装在直流电动机 M 上面用于通风；交流电动机 M4 装在床身右侧，作润滑电动机；交流电动机 M5 装在横梁右侧，作垂直刀架水平进刀和垂直进刀用；交流电动机 M6、M7 分别装在左、右侧立柱上，作左、右侧刀架上下运动用；交流电动机 M8 装在立柱顶上，作横梁升降用；交流电动机 M9 装在横梁中间，作横梁夹紧用。主电路系统图的绘制流程如图 15-3 所示。

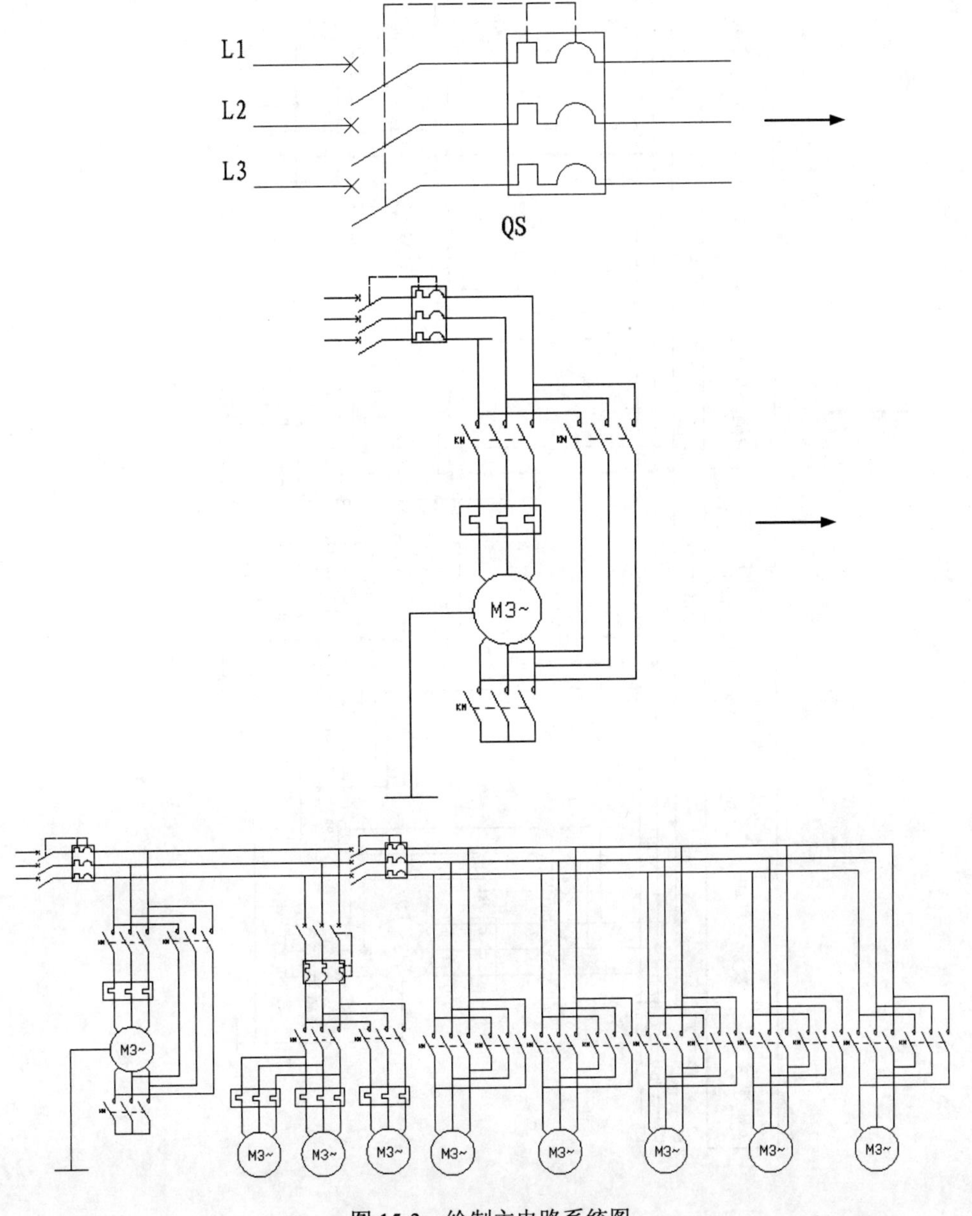

图 15-3　绘制主电路系统图

Note

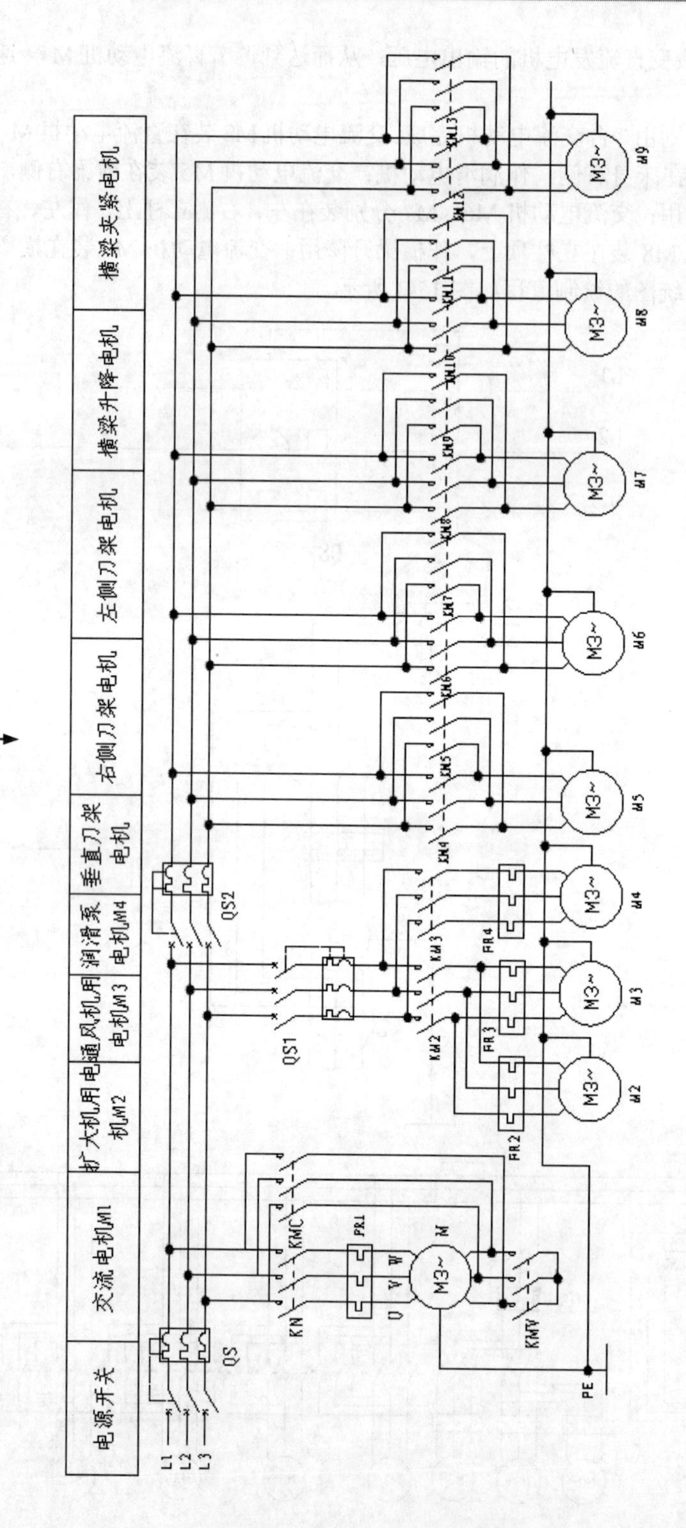

图 15-3　绘制主电路系统图（续）

光盘\动画演示\第 15 章\主电路系统图.avi

15.2.1　主供电线路设计

主供电线路由 9 个交流电动机提供电源和过流保护，其具体设计过程如下。

（1）启动 AutoCAD 2012 应用程序，单击“标准”工具栏中的“打开”按钮，弹出如图 15-4 所示的“选择样板”对话框。

图 15-4　“选择样板”对话框

（2）选择随书光盘中的“源文件/15/A0.dwt”样板文件为模板建立新文件，将新文件命名为“主电路系统图”并保存。

（3）选择菜单栏中的“格式”→“图层”命令，弹出如图 15-5 所示的“图层特性管理器”对话框，新建“主回路层”、“控制回路层”和“文字说明层”3 个图层，各图层属性设置如图 15-5 所示。

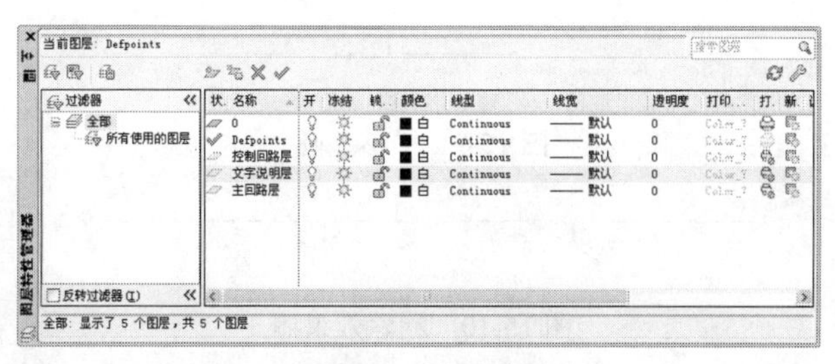

图 15-5　图层设置

（4）选择“主回路层”作为当前操作层，如图 15-6 所示。

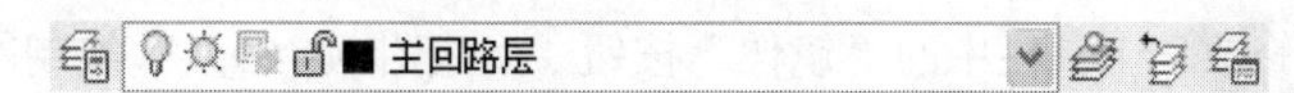

图 15-6　打开“主回路层”

（5）单击“绘图”工具栏中的“直线”按钮，绘制如图 15-7 所示的一段折线段，其命令行输入如下。

```
命令: _line
```

```
指定第一点:  <正交 开>  <对象捕捉 开>（适当指定一点）
指定下一点或 [放弃(U)]: @50,0
指定下一点或 [放弃(U)]: @0,-20
指定下一点或 [闭合(C)/放弃(U)]: @40<30
指定下一点或 [闭合(C)/放弃(U)]: @50,0
指定下一点或 [闭合(C)/放弃(U)]: @0,10
指定下一点或 [闭合(C)/放弃(U)]: @10,0
指定下一点或 [闭合(C)/放弃(U)]: @0,-10
指定下一点或 [闭合(C)/放弃(U)]: @100,0
指定下一点或 [闭合(C)/放弃(U)]: *取消*
```

（6）单击“绘图”工具栏中的“圆”按钮，绘制如图15-8所示的整圆，命令行提示如下。

```
命令: _circle 指定圆的圆心或 [三点(3P)/两点(2P)/相切、相切、半径(T)]: 2p
指定圆直径的第一个端点:
指定圆直径的第二个端点: @20,0
```

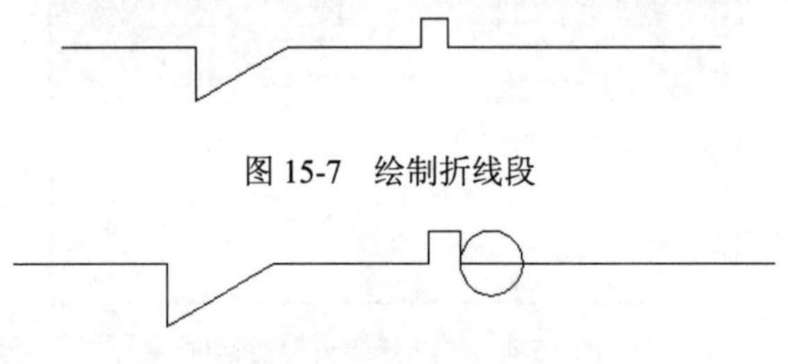

图15-7　绘制折线段

图15-8　绘制整圆

（7）单击“修改”工具栏中的“移动”按钮，把绘制的圆向X轴正方向平移10个单位，效果如图15-9所示。

（8）选中图15-9中左侧的小段竖直直线，右击并选择“删除”命令或者按Delete键将其删除，如图15-10所示。

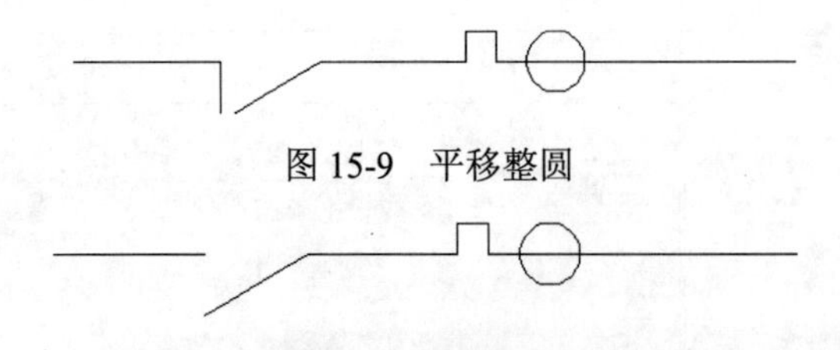

图15-9　平移整圆

图15-10　删除效果图

（9）连续两次单击“绘图”工具栏中的“直线”按钮，绘制如图15-11所示的两段与X轴成45°、长2mm的小斜线。

（10）单击“修改”工具栏中的“镜像”按钮，把步骤（9）中绘制的两段折线沿水平直线镜像，效果如图15-12所示。

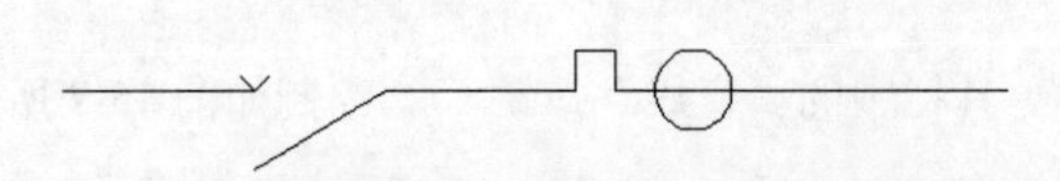

图15-11　绘制两段小斜线

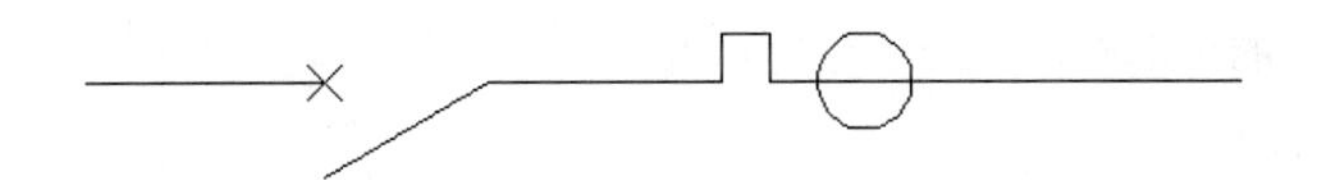

图 15-12　镜像效果图

（11）单击“修改”工具栏中的“修剪”按钮，以水平直线为边界，裁去整圆的下半部分，以半圆为边界裁去与半圆相交的直线，如图 15-13 所示。

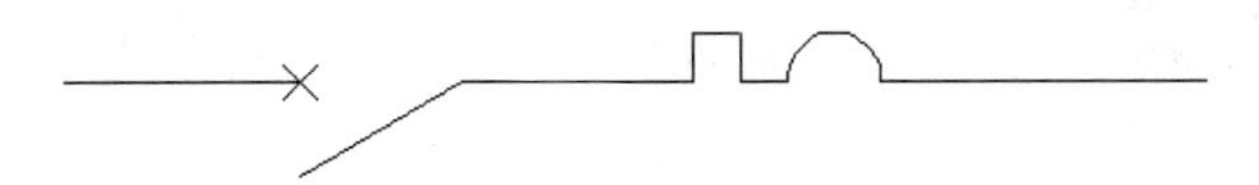

图 15-13　修剪效果

（12）选择菜单栏中的“格式”→“线型”命令，弹出“线型管理器”对话框，加载虚线于当前绘图环境，如图 15-14 所示。线型选择为虚线，单击“绘图”工具栏中的“直线”按钮，绘制如图 15-15 所示的连接虚线，其命令行输入如下。

```
命令: _line
指定第一点: _mid 于（捕捉斜线中点）
指定下一点或 [放弃(U)]: @0,40
指定下一点或 [放弃(U)]:（水平向右指定适当点）
指定下一点或 [闭合(C)/放弃(U)]:（竖直向下指定圆弧上一点）
指定下一点或 [闭合(C)/放弃(U)]: *取消*
命令: _line 指定第一点: _mid 于（捕捉突起水平线中点）
指定下一点或 [放弃(U)]: _per 到 （捕捉与水平虚线的垂足）
```

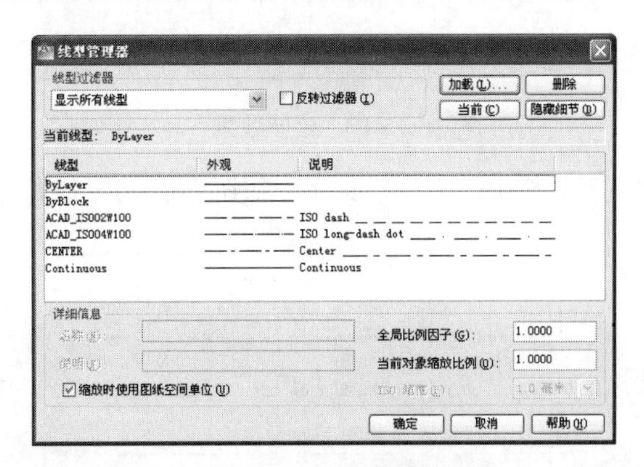

图 15-14　加载虚线

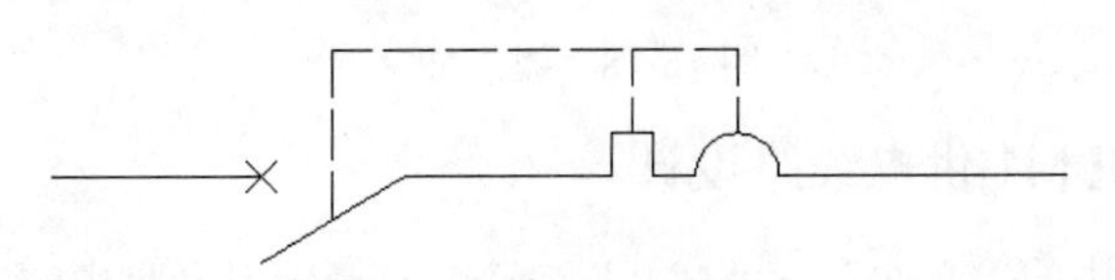

图 15-15　绘制虚线连接线

（13）单击“修改”工具栏中的“复制”按钮，将图 15-15 中绘制的图形复制两份，并向 Y 轴负方向移动，移动距离为 30mm。

（14）单击“绘图”工具栏中的“矩形”按钮和“修改”工具栏中的“移动”按钮，

Note

绘制如图 15-16 所示的矩形框，其命令行提示如下。

```
命令: _rectang
指定第一个角点或 [倒角(C)/标高(E)/圆角(F)/厚度(T)/宽度(W)]:（适当指定一点）
指定另一个角点或 [面积(A)/尺寸(D)/旋转(R)]: @50,-80
命令: _move
选择对象: 找到 1 个
选择对象:
指定基点或 [位移(D)] <位移>:
指定位移 <10.0000, 0.0000, 0.0000>: @ -5,5
```

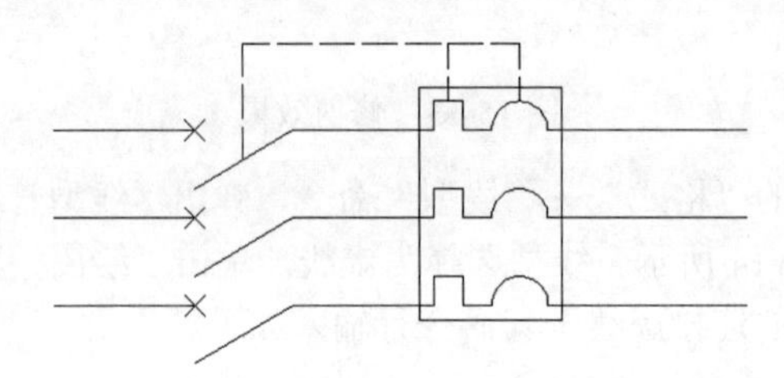
图 15-16　矩形框

（15）单击“修改”工具栏中的“延伸”按钮，延伸虚线如图 15-17 所示。

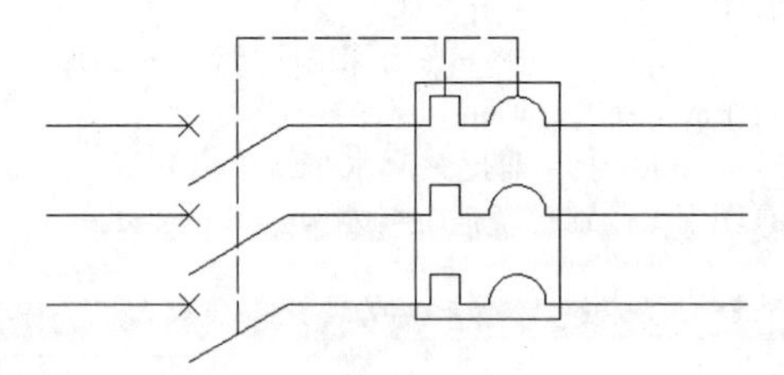
图 15-17　延伸效果

（16）单击“绘图”工具栏中的“多行文字”按钮A，为导线和开关标注文字标识，如图 15-18 所示。

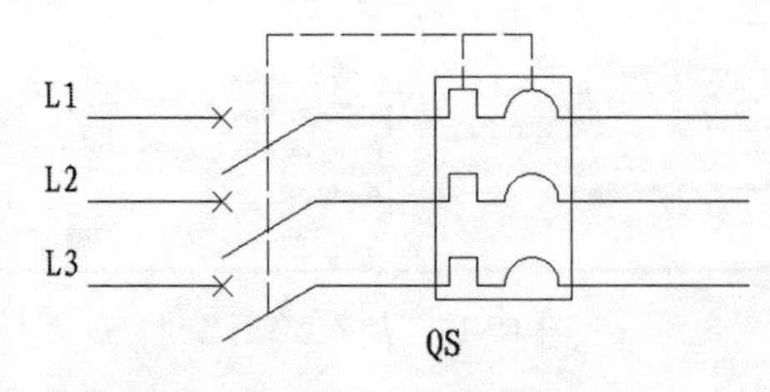

图 15-18　添加文字

15.2.2　交流电动机 M1 供电线路设计

（1）选择菜单栏中的“文件”→“打开”命令，打开随书光盘中的“源文件/13/三相异步交流电动机控制线路图.dwg”，选中电机供电线路，选择菜单栏中的“编辑”→“复制”命令。打开主电路系统图设计窗口，选择菜单栏中的“编辑”→“粘贴”命令，效果如图 15-19 所示。

（2）单击“修改”工具栏中的“删除”按钮，删除多余的导线和开关 QG，效果如图 15-20 所示。

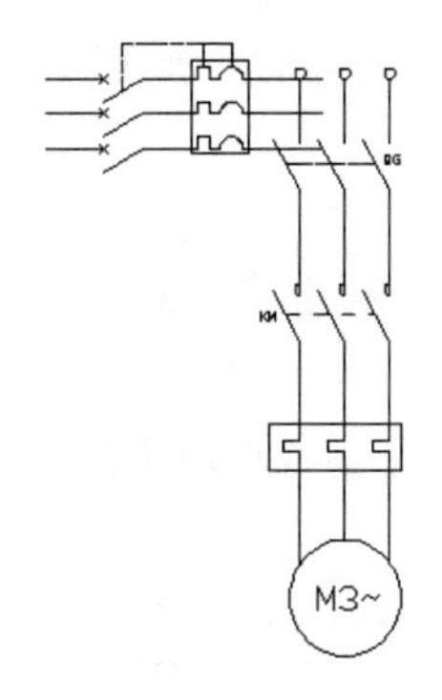

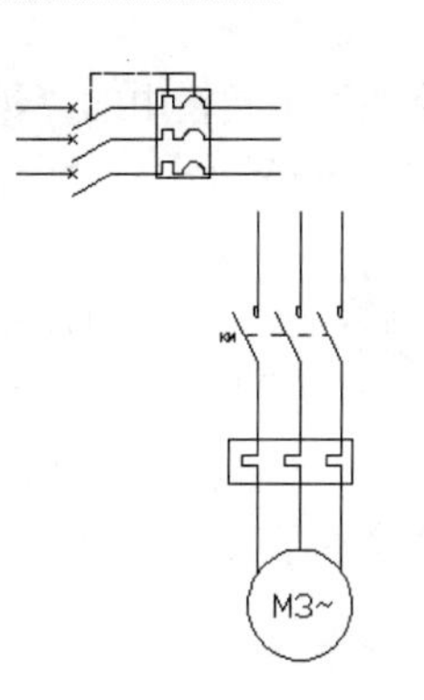

图 15-19　粘贴效果　　　　图 15-20　删除效果

（3）单击“绘图”工具栏中的“直线”按钮，在电机上方绘制一条直线，结果如图 15-21 所示。

（4）单击“修改”工具栏中的“修剪”按钮，剪切两侧直线，并将绘制的水平直线删除，再单击“绘图”工具栏中的“直线”按钮，绘制折线，结果如图 15-22 所示。

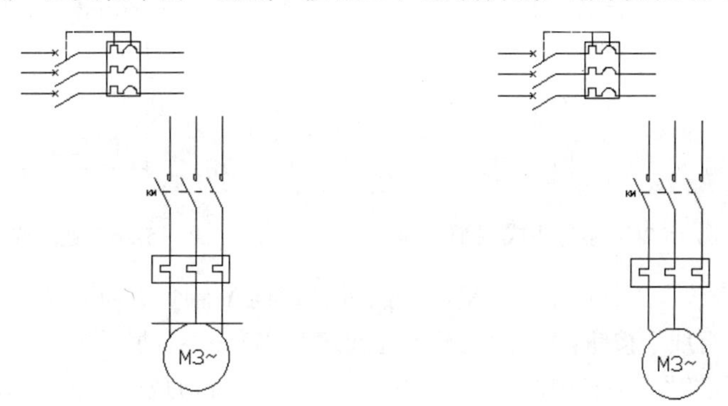

图 15-21　绘制直线　　　　图 15-22　绘制折线

（5）单击“修改”工具栏中的“延伸”按钮，把电机电源线与主电源线连通，效果如图 15-23 所示。

（6）单击“修改”工具栏中的“复制”按钮，把接触主触点向 X 轴正方向复制一份，并移动 150mm。调用“直线”命令，把主触点的一端与电机电源线连通，如图 15-24 所示。

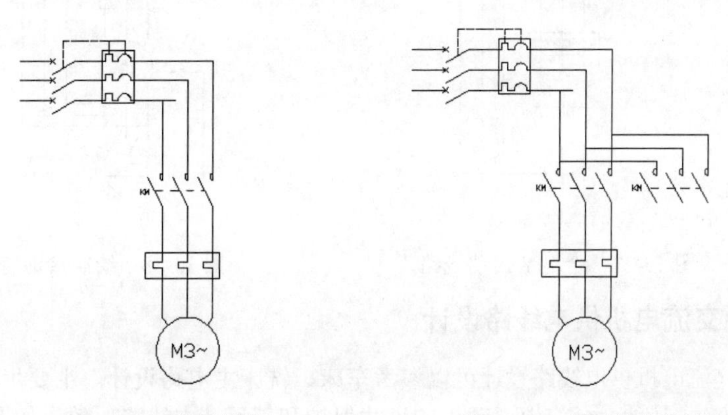

图 15-23　连通效果　　　　图 15-24　复制触点并连通

（7）单击“修改”工具栏中的“镜像”按钮，沿电机外廓线圆的水平直径镜像复制电机的 3 个端子，如图 15-25 所示。命令行提示如下。

```
命令: _mirror  找到 5 个
指定镜像线的第一点: 指定镜像线的第二点:
要删除源对象吗？[是(Y)/否(N)] <N>:
```

Note

（8）单击“绘图”工具栏中的“直线”按钮，用实线连通步骤（6）中复制的触点与步骤（7）中镜像的 3 个端子，如图 15-26 所示。

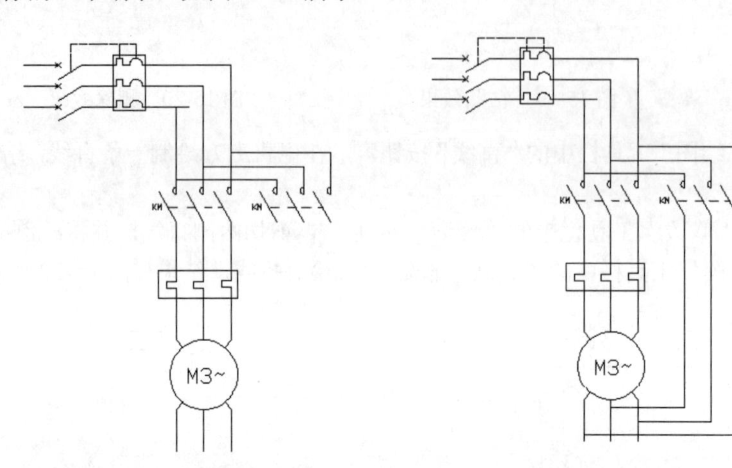

图 15-25　镜像生成端子　　　　图 15-26　连通端子和触点

（9）单击“修改”工具栏中的“复制”按钮，向 Y 轴负方向复制一份触点，单击“绘图”工具栏中的“直线”按钮，把三相连通起来，作为 Y 启动线路，效果如图 15-27 所示。

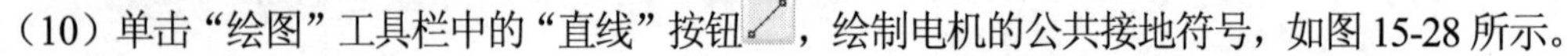

（10）单击“绘图”工具栏中的“直线”按钮，绘制电机的公共接地符号，如图 15-28 所示。

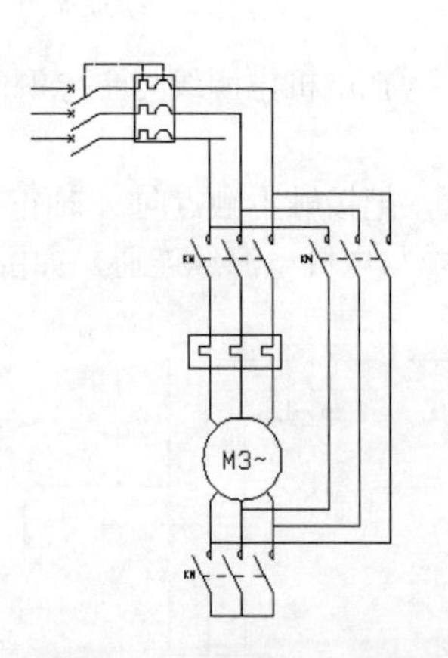

图 15-27　绘制 Y 启动线路

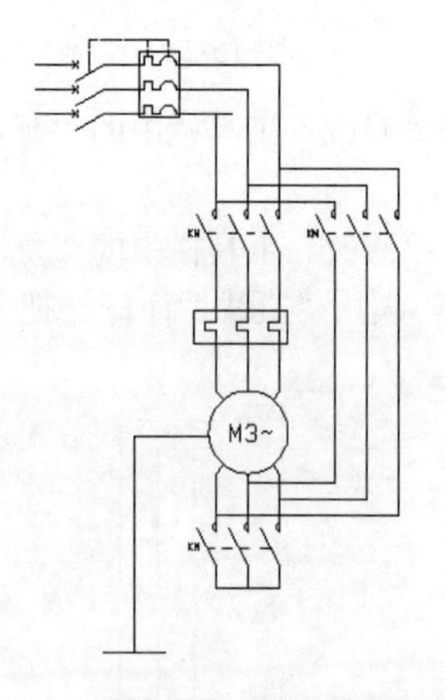

图 15-28　绘制接地符号

15.2.3　其他交流电机供电线路设计

其他 8 台交流电机供电线路设计可以参考车床、铣床主电路设计。主要步骤如下。

（1）设计完成其他 8 台交流电动机的过载保护和正反转主线路，效果如图 15-29 所示。

Note

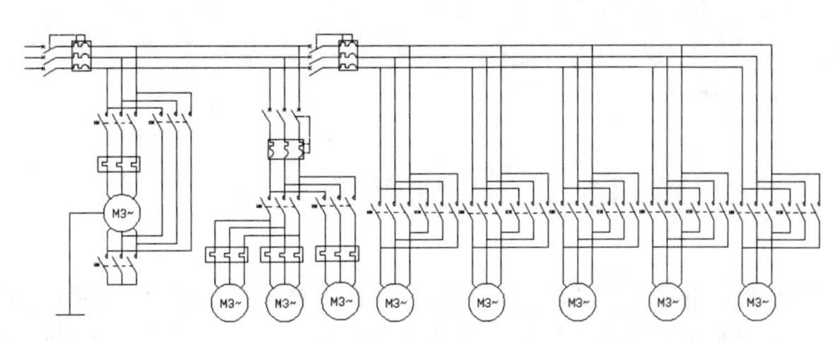

图 15-29　电机主线路

（2）单击“绘图”工具栏中的“直线”按钮，把各个交流电动机的机壳与公共地接通，效果如图 15-30 所示。

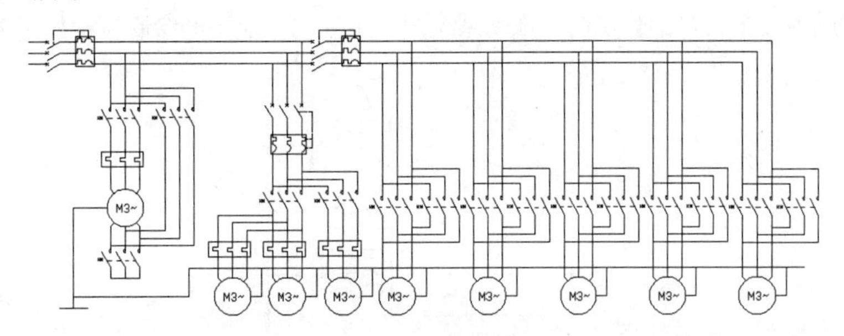

图 15-30　接地

（3）在导线导通处绘制半径为 1mm 的圆，并用 SOLID 图案填充作为导通点，如图 15-31 所示。

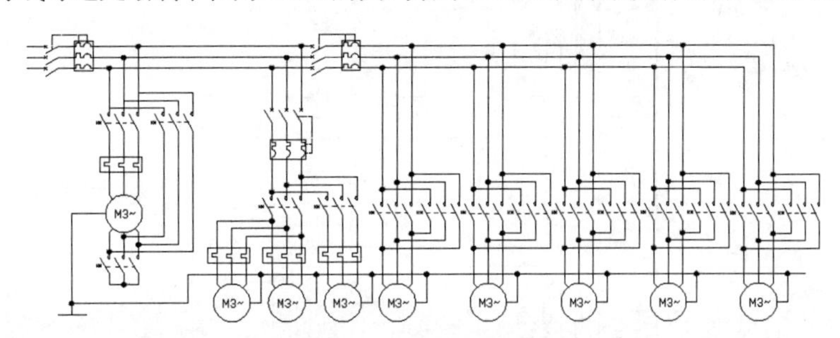

图 15-31　绘制导通点

（4）单击“绘图”工具栏中的“多行文字”按钮，为各个元件提供文字标识，如图 15-32 所示。

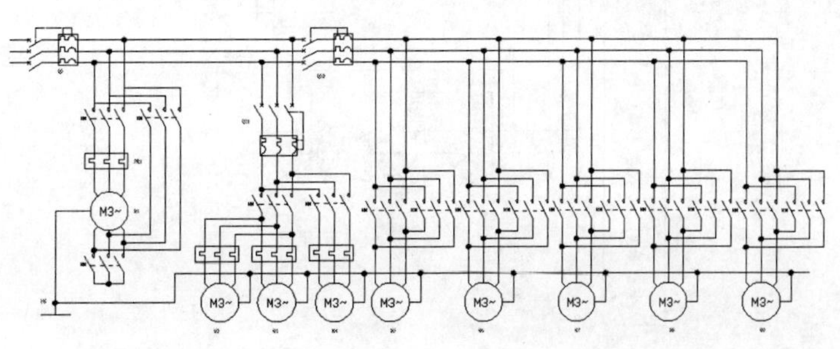

图 15-32　文字标识

（5）单击“绘图”工具栏中的“矩形”按钮▭和“多行文字”按钮A，为原理图各部分添加标识，如图 15-33 所示。

Note

15.3　主拖动系统图

主拖动系统的电气设备示意图如图 15-34 所示。在示意图中，布局矩形框作为部件符号，用文字说明来标识各个部件，箭头符号表示电流或者信号流向，而虚线连接表示两个部件之间具有机械连接关系。布局矩形框中包括交流电动机 M_A、直流发电机 G_1 和励磁机 G_2。该励磁机是一自励发电机，其电压一方面供直流电动机 M 的励磁绕组，另一方面作为直流控制电路的电源。

下面就电机放大机 K 及其励磁绕组、欠补偿环节、主回路过载保护和主回路电流及工作台速度测量、并励励磁发电机等部分说明主拖动系统图。主拖动系统图的绘制流程如图 15-35 所示。

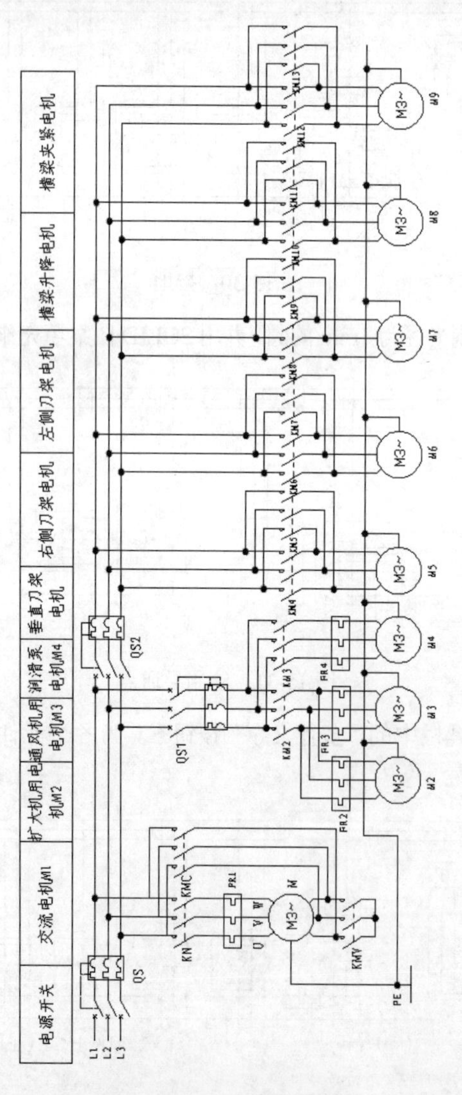

图 15-33　图形分部分标识

Note

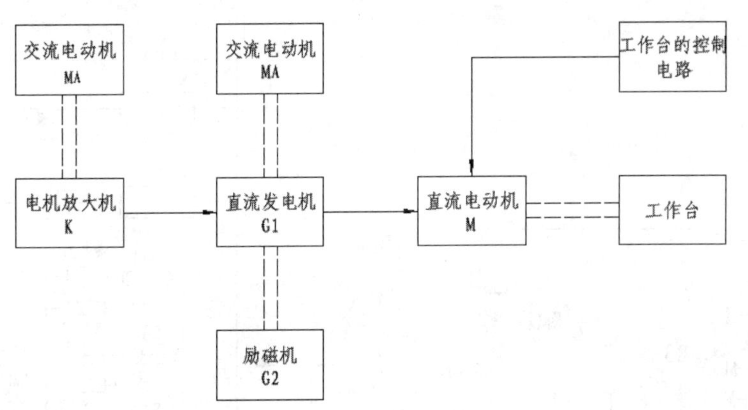

图 15-34　主拖动系统电气设备示意图

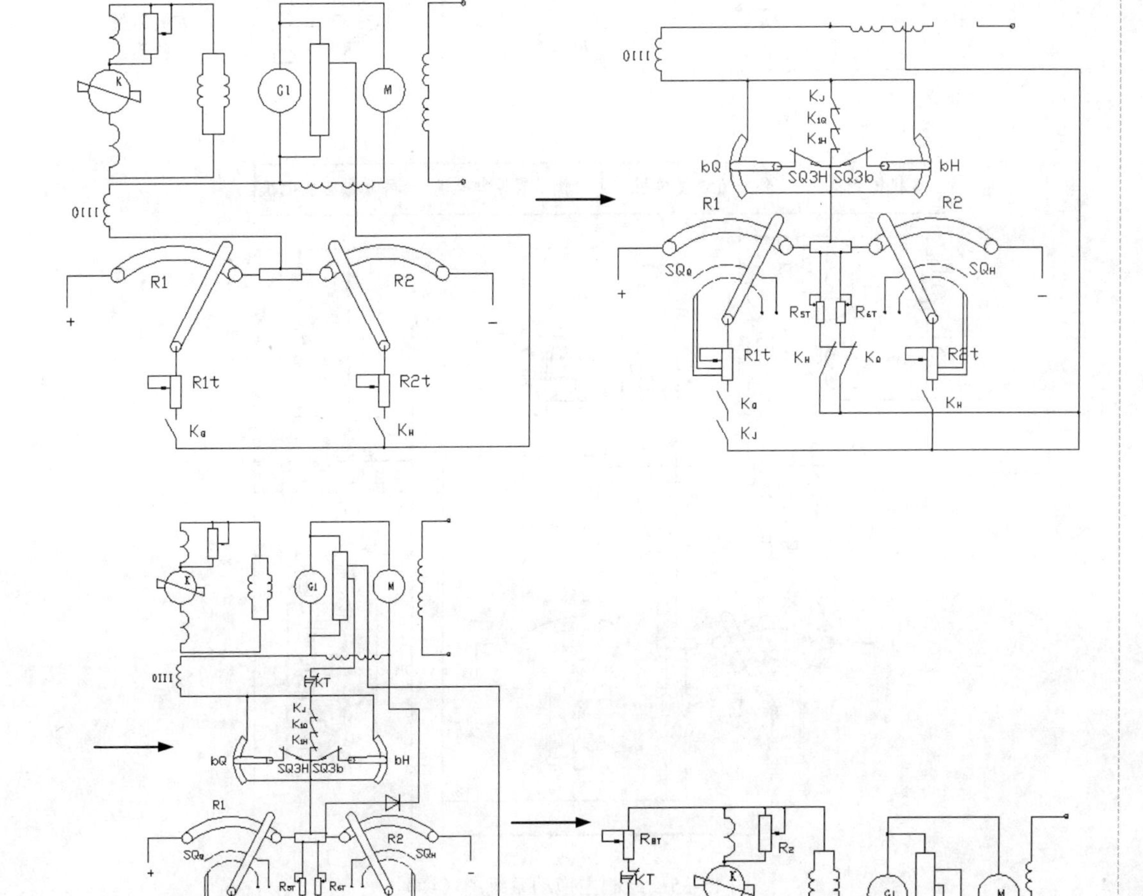

图 15-35　绘制主拖动系统图

Note

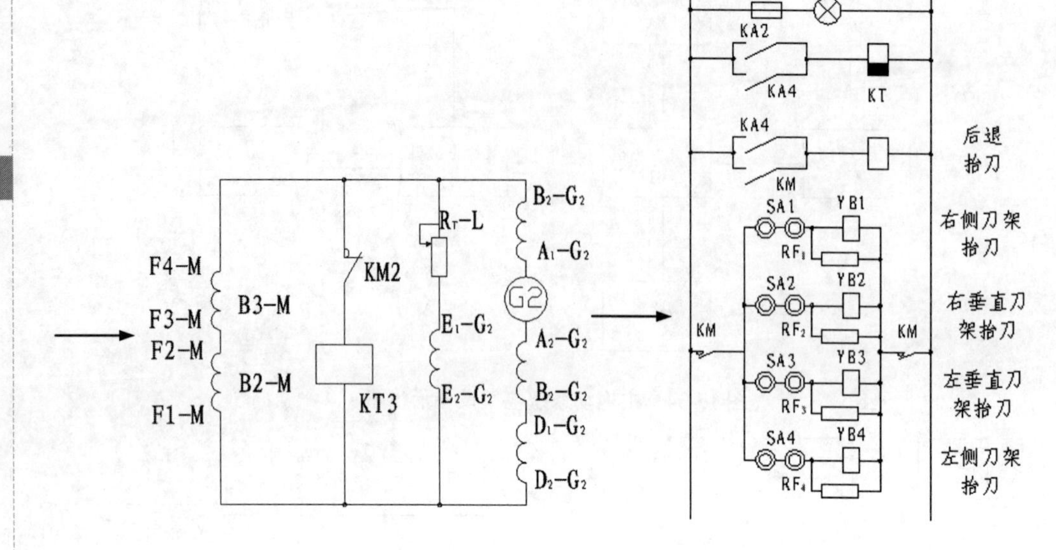

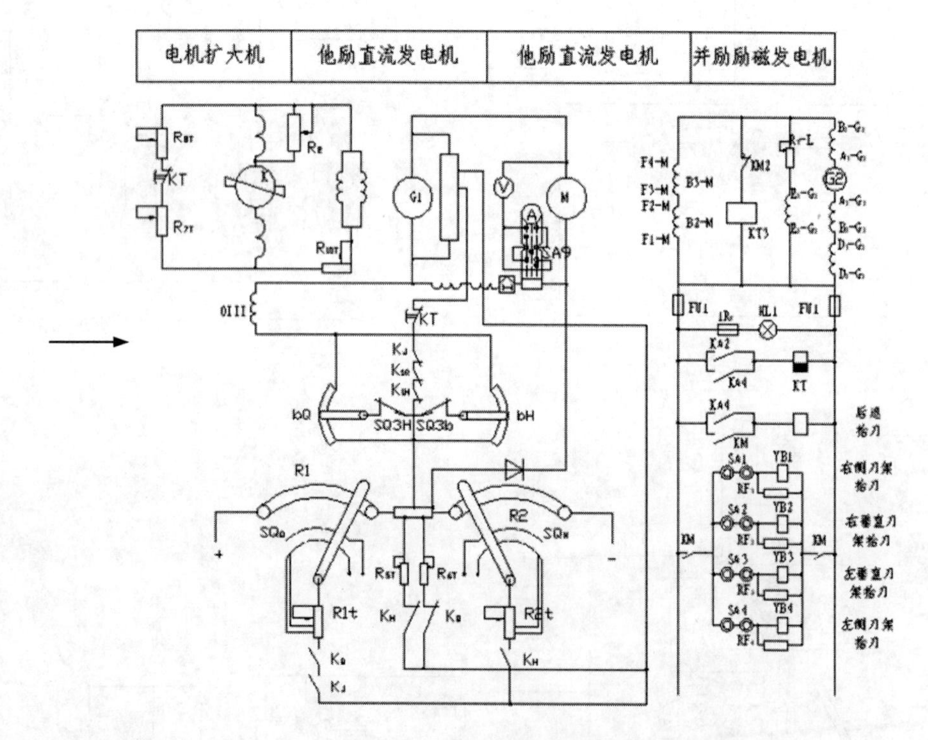

图 15-35　绘制主拖动系统图（续）

操作步骤

参见光盘

光盘\动画演示\第 15 章\主拖动系统图.avi

Note

15.3.1　工作台的前进与后退

1. 新建文件与图层

（1）新建文件做法同 15.2.1 节，将文件命名为“主拖动系统图”。

（2）新建“回路层”和“文字说明层”两个图层并将“回路层”设置为当前图层。

2. 绘制电机放大机 K 及其励磁绕组

（1）单击“绘图”工具栏中的“圆”按钮和“直线”按钮，绘制电机放大机，如图 15-36 所示。

（2）单击“绘图”工具栏中的“圆弧”按钮、“直线”按钮和“矩形”按钮，绘制电机放大机的励磁绕组，包括电感和电阻部分，如图 15-37 所示。

图 15-36　电机放大机符号

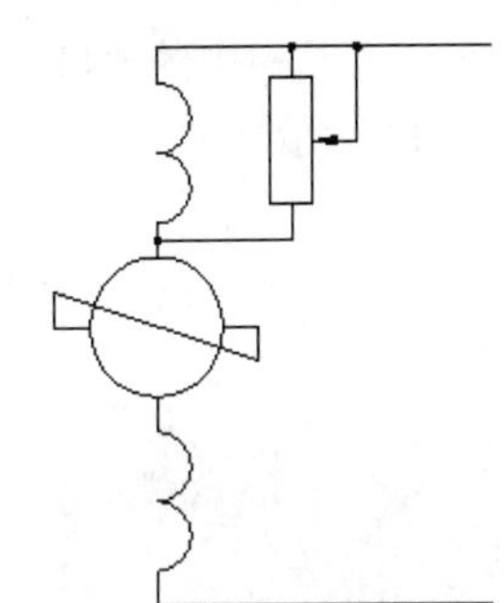

图 15-37　电机放大机的励磁绕组

（3）单击“绘图”工具栏中的“圆弧”按钮和“直线”按钮，绘制电机放大机的控制绕组，如图 15-38 所示。

（4）单击“绘图”工具栏中的“多行文字”按钮，给电机放大机及其控制绕组标识文字，如图 15-39 所示。

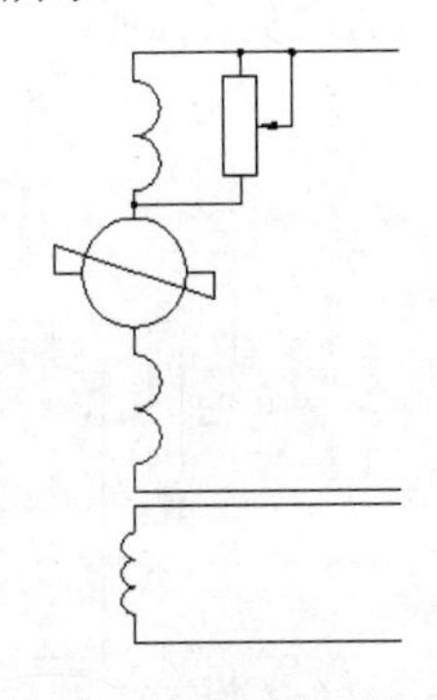

图 15-38　电机放大机的控制绕组

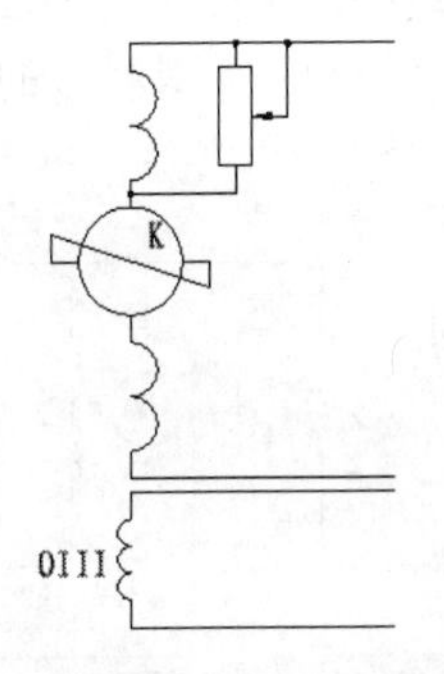

图 15-39　添加文字说明

（5）单击“绘图”工具栏中的“圆弧”按钮和“直线”按钮，绘制直流发电机 G1 及其励磁绕组，如图 15-40 所示。

（6）单击“绘图”工具栏中的“圆弧”按钮和“直线”按钮，绘制直流电动机 M 及其电枢绕组，如图 15-41 所示。

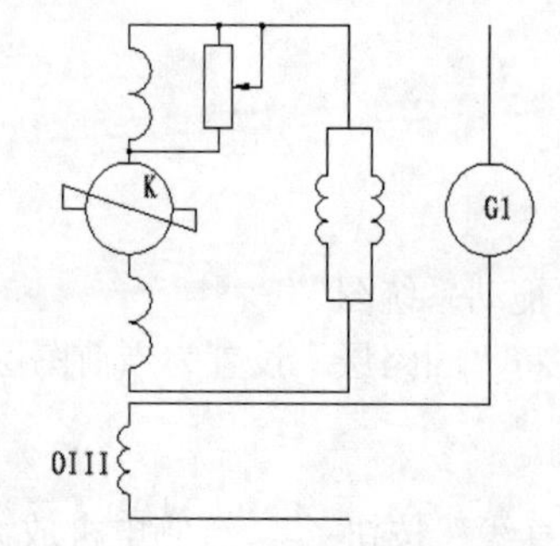

图 15-40　直流发电机及其励磁绕组

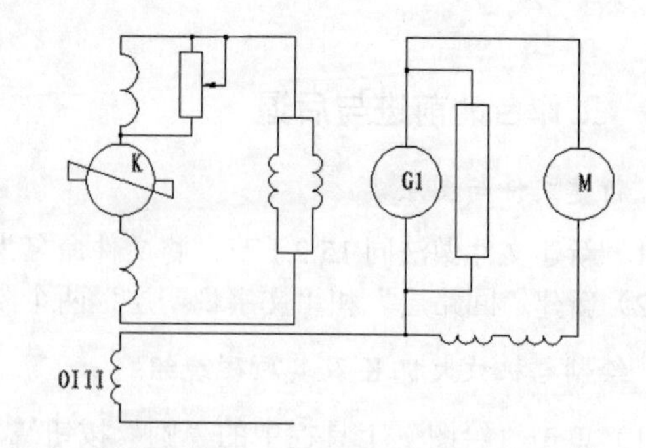

图 15-41　直流电动机及其绕组

（7）单击“绘图”工具栏中的“圆弧”按钮和“直线”按钮，绘制直流电动机 M 的励磁绕组，如图 15-42 所示。

（8）单击“绘图”工具栏中的“圆”按钮、“圆弧”按钮和“矩形”按钮，绘制调速电位器，如图 15-43 所示。

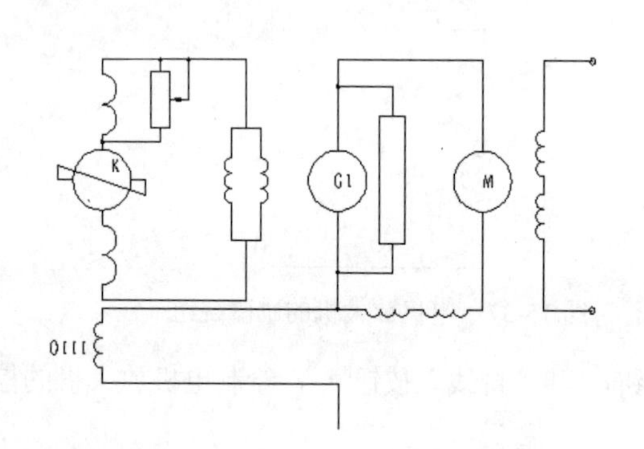

图 15-42　直流电动机 M 的励磁绕组

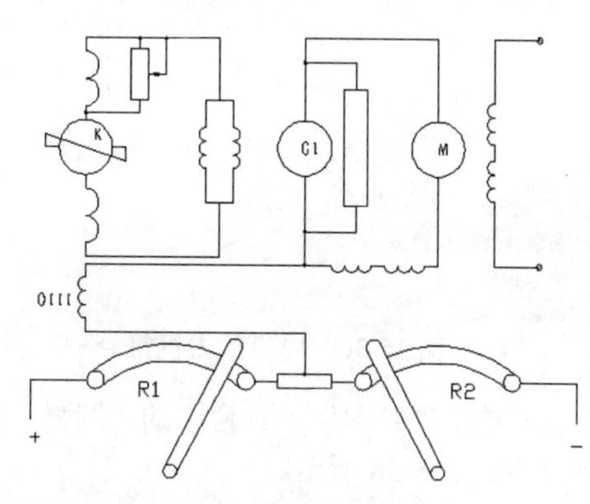

图 15-43　绘制调速电位器

（9）单击“绘图”工具栏中的“直线”按钮，绘制前进方向负反馈通道，如图 15-44 所示。

（10）单击“绘图”工具栏中的“直线”按钮和“矩形”按钮，绘制后退方向负反馈通道，如图 15-45 所示。

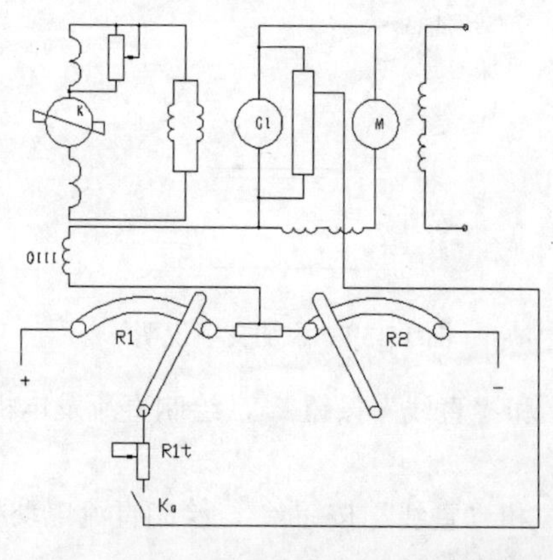

图 15-44　前进方向负反馈通道

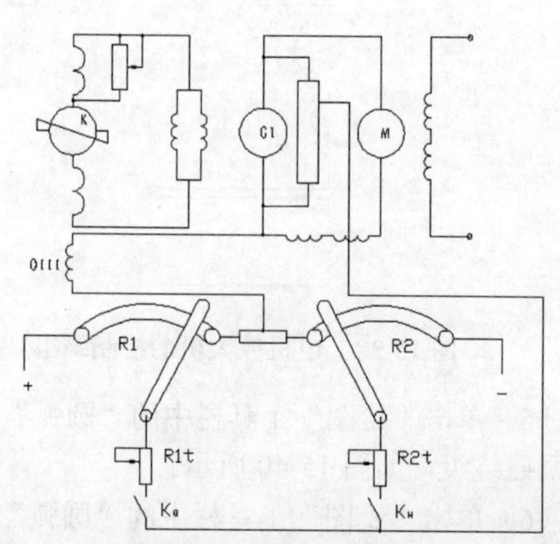

图 15-45　后退方向负反馈通道

15.3.2　工作台的慢速切入和减速

（1）单击“绘图”工具栏中的“圆弧”按钮和“直线”按钮，在前进通道串入电位器，该电位器可起到加速度调节器的作用，如图 15-46 所示。

（2）单击“绘图”工具栏中的“直线”按钮，在前进通道串联入继电器常开触点 K_J，并联入继电器常闭触点 SQ3H，如图 15-47 所示。

（3）单击“绘图”工具栏中的“圆弧”按钮和“直线”按钮，绘制多减速制动档位，如图 15-48 所示。

（4）重复步骤（1）～（3），绘制后退加速度调节器，如图 15-49 所示。

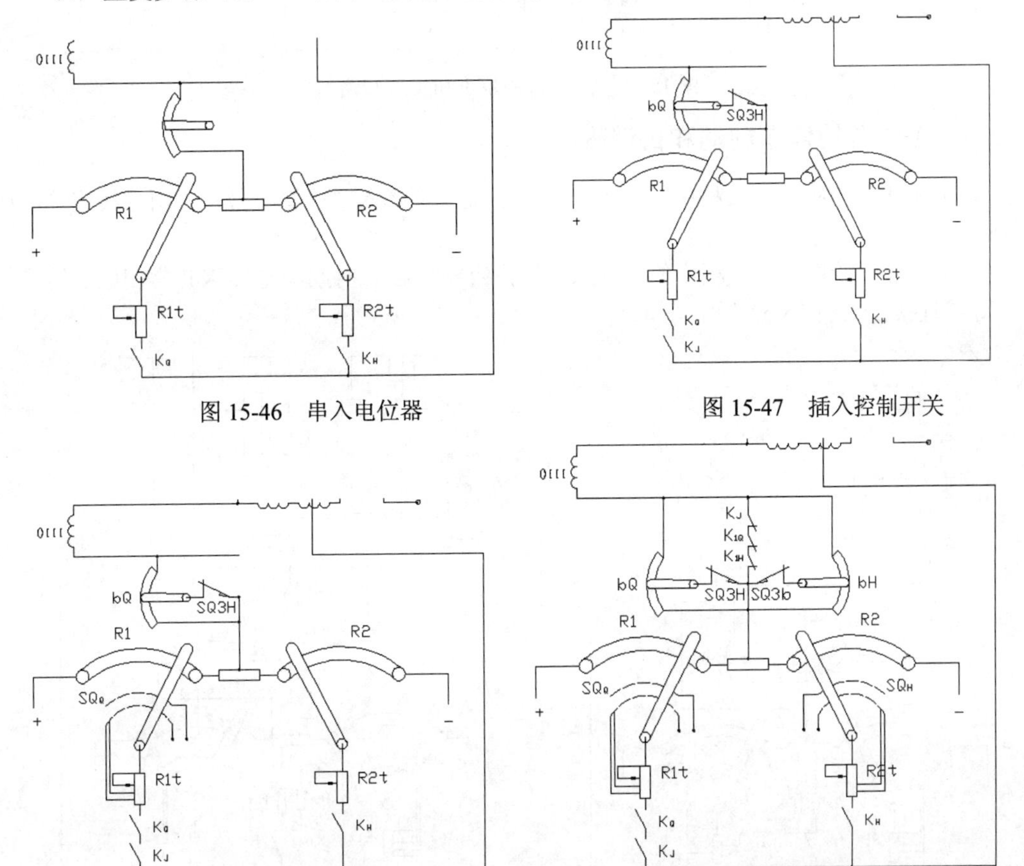

图 15-46　串入电位器　　图 15-47　插入控制开关

图 15-48　多减速制动档　　图 15-49　后退加速度调节器

15.3.3　工作台的步进和步退

单击“绘图”工具栏中的“插入块”按钮，插入两个滑动变阻器符号和两个继电器的常闭触点符号，并连接各端子，如图 15-50 所示。当工作台步进时，工作台前进继电器 K_Q 得电，图中 K_Q 常闭触点断开，给定电压较低，工作台就以较低的速度前进。

Note

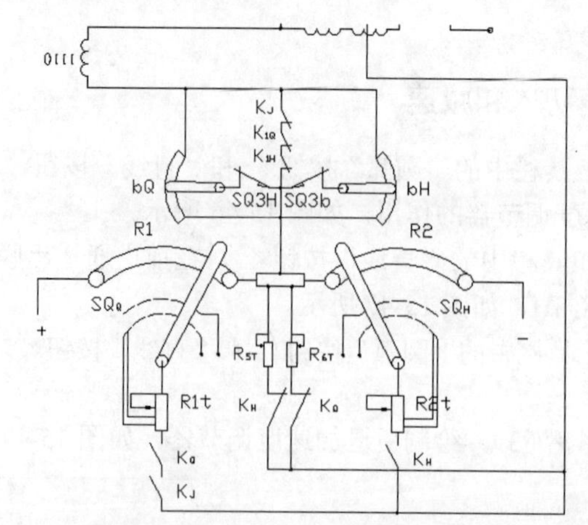

图 15-50　工作台的步进和步退回路

15.3.4　工作台的停车制动和自消磁

（1）单击“绘图”工具栏中的“插入块”按钮，插入二极管符号，并用导线连接，如图 15-51 所示。

（2）单击“绘图”工具栏中的“插入块”按钮，插入时间继电器 KT 常闭触点符号，并用导线连接，如图 15-52 所示。

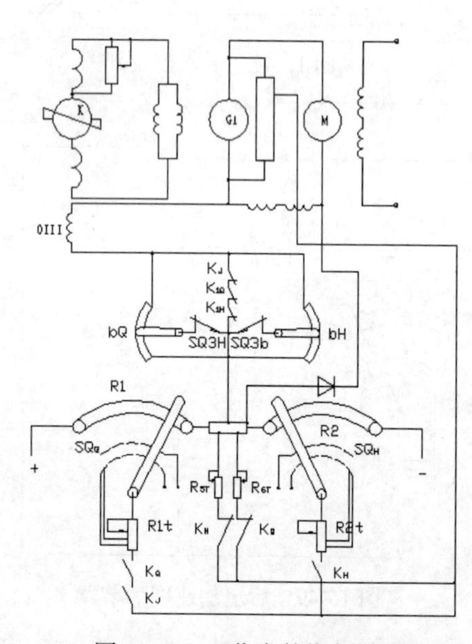

图 15-51　工作台的停车制动回路

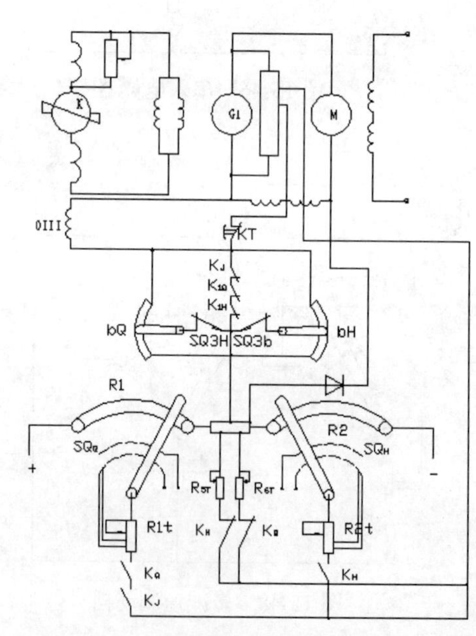

图 15-52　自消磁回路

15.3.5　欠补偿环节

在工作台停车后，为了消除电动机放大机 K 的剩磁电压，更有效地防止工作台出现爬行现象，系统中还设有欠补偿环节。

（1）单击“绘图”工具栏中的“插入块”按钮和“修改”工具栏中的“复制”按钮，在电动机放大机 K 左侧放置如图 15-53 所示的 2 个滑动变阻器符号。

（2）单击“绘图”工具栏中的“插入块”按钮，插入时间继电器 KT 常闭触点符号，并用导线连接，如图 15-54 所示。

Note

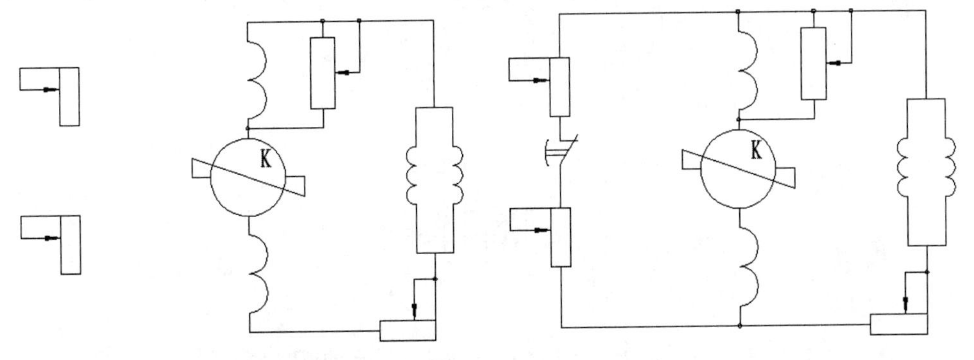

图 15-53　放置滑动变阻器符号　　　　图 15-54　连线

（3）单击“绘图”工具栏中的“多行文字”按钮A，为滑动变阻器和常闭触点添加文字标识，如图 15-55 所示。

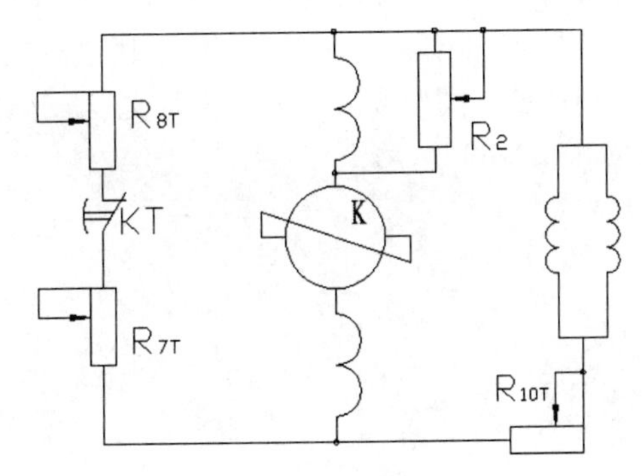

图 15-55　欠补偿环节

15.3.6　主回路过载保护和电流及工作台速度测量

（1）在主回路中串联过流继电器 KI1 的线圈，起到过载保护作用。单击“绘图”工具栏中的“插入块”按钮，在主回路中插入过流继电器线圈符号，如图 15-56 所示。

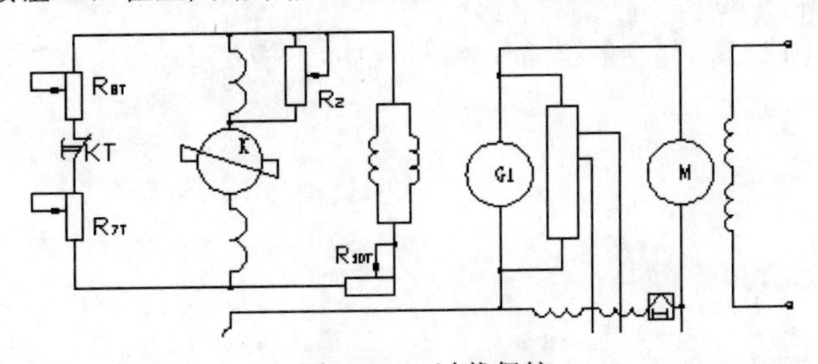

图 15-56　过载保护

（2）为了测量主回路电流和工作台的速度，主回路接了一个电流表和一个电压表，并由主令开关 SA9 控制其是否处于测量状态。单击“绘图”工具栏中的“圆”按钮和“多行文字”按钮A，绘制电流表和电压表，调用“直线”和“圆”命令绘制主令开关，导线连接如图 15-57 所示。

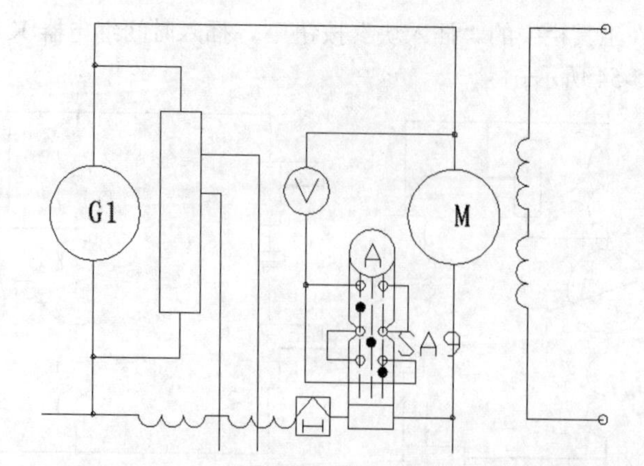

图 15-57　测量主回路电流和工作台的速度

15.3.7　并励励磁发电机

1. *并励励磁发电机绕组接线*

（1）单击“绘图”工具栏中的“圆弧”按钮，绘制 4 段电机绕组符号，如图 15-58 所示。

（2）单击“绘图”工具栏中的“圆”按钮和“多行文字”按钮A，绘制并励励磁发电机符号，并标注文字说明，如图 15-59 所示。

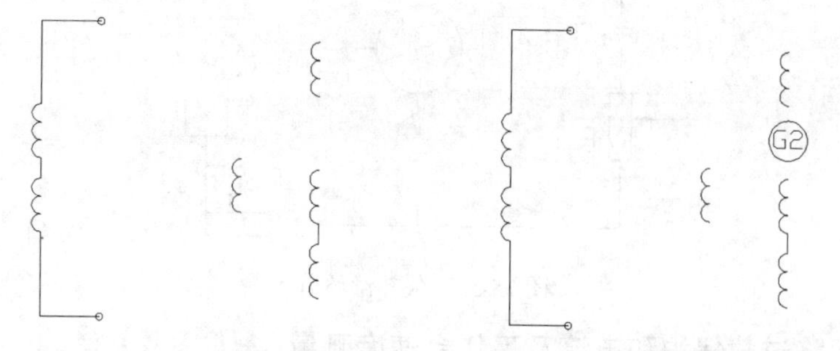

图 15-58　4 段电机绕组符号　　　　图 15-59　并励励磁发电机符号

（3）单击“绘图”工具栏中的“插入块”按钮，插入继电器常闭触点符号，放置于当前绘图环境中，如图 15-60 所示。

（4）单击“绘图”工具栏中的“插入块”按钮，插入滑动电阻器符号，放置于当前绘图环境中，如图 15-61 所示。

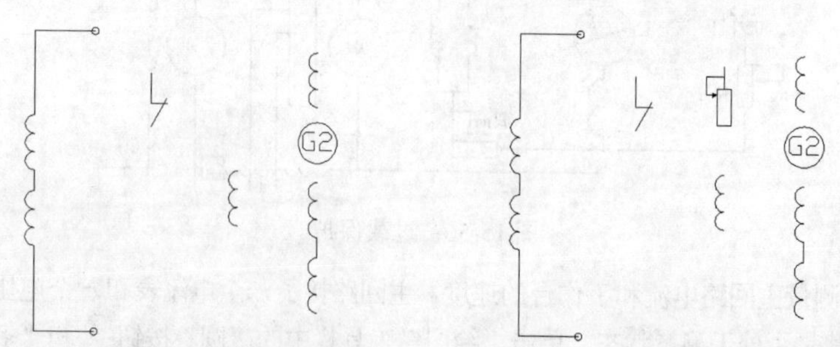

图 15-60　放置继电器常闭触点符号　　　　图 15-61　放置滑动电阻器符号

（5）单击“绘图”工具栏中的“直线”按钮，绘制继电器符号 KT3，如图 15-62 所示。

（6）单击“绘图”工具栏中的“直线”按钮，用导线连接各元件，在导线连通处绘制连通点，如图 15-63 所示。

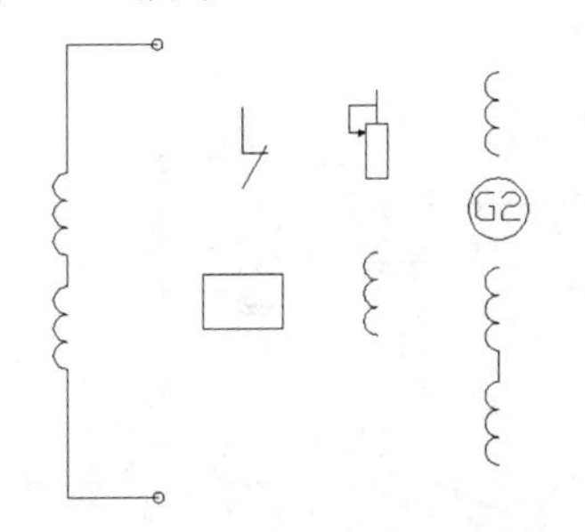

图 15-62　绘制继电器符号 KT3

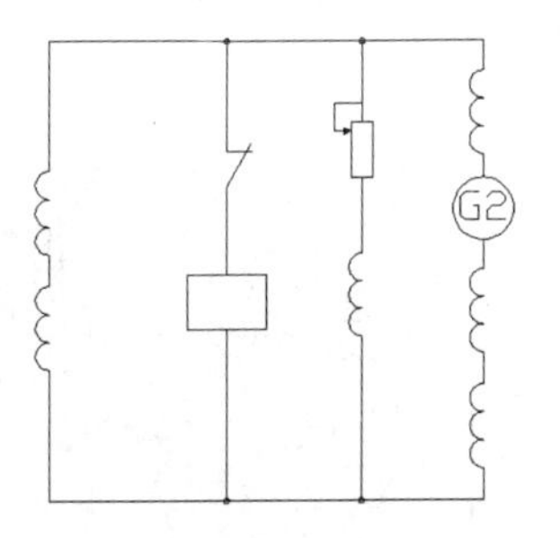

图 15-63　导线连接

（7）单击“绘图”工具栏中的“多行文字”按钮，为各元件添加文字标识，如图 15-64 所示。

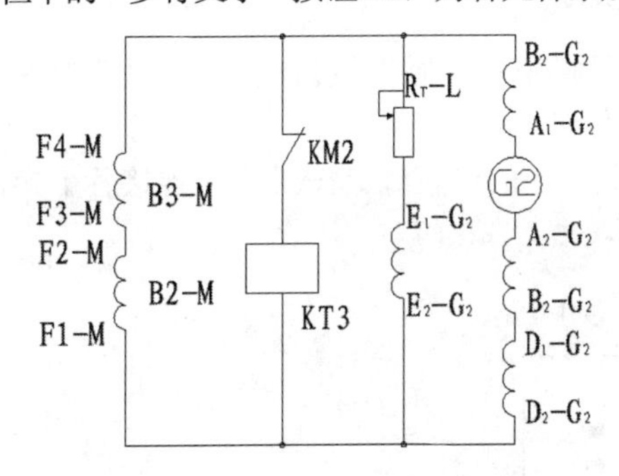

图 15-64　并励励磁发电机绕组接线

2. 并励励磁发电机输出端接线

（1）单击“绘图”工具栏中的“插入块”按钮，插入保险丝符号，在并励励磁发电机输出端两端放置保险丝，如图 15-65 所示。

（2）单击“绘图”工具栏中的“插入块”按钮，插入电阻和灯符号，用导线连接，绘制电机组的工作指示灯，如图 15-66 所示。

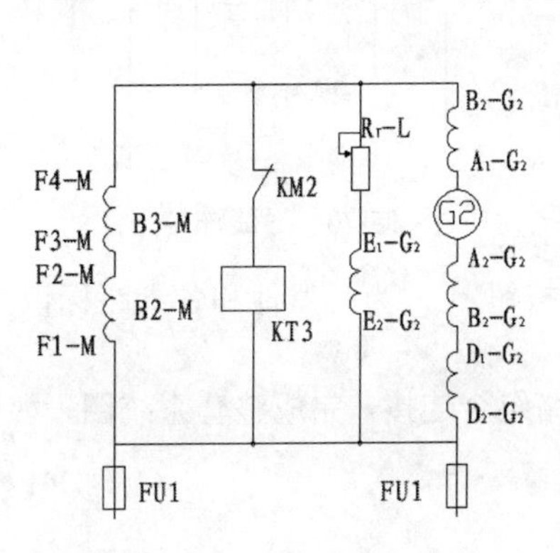

图 15-65　放置保险丝符号

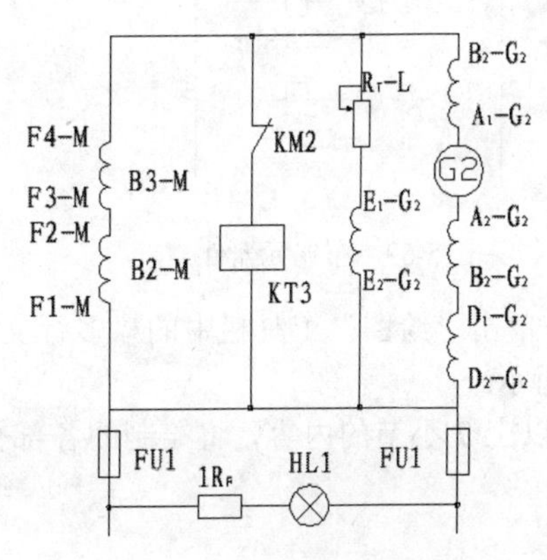

图 15-66　绘制指示灯

Note

（3）单击“绘图”工具栏中的“插入块”按钮，插入时间继电器和继电器常开触点符号，用导线连接，绘制KT控制支路，如图15-67所示。

（4）将图15-67中已有的图形采用复制加修改的方法，绘制后退行程抬刀控制，如图15-68所示。

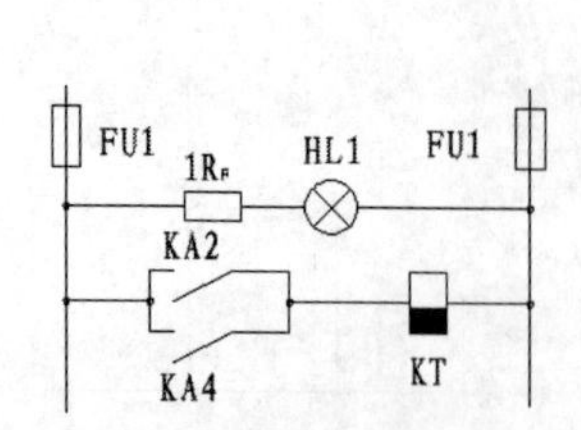

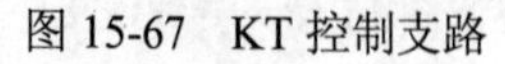
图15-67　KT控制支路

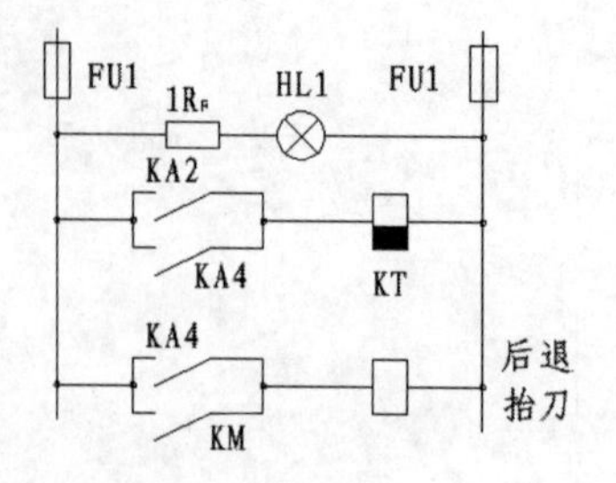

图15-68　后退行程抬刀控制

3. 抬刀电磁铁控制线路设计

（1）单击“绘图”工具栏中的“圆”按钮、“直线”按钮和“矩形”按钮，按图15-69所示布局各个元器件。

（2）单击“绘图”工具栏中的“直线”按钮，连接各个元件，并在导线连通处绘制导通点符号，如图15-70所示。

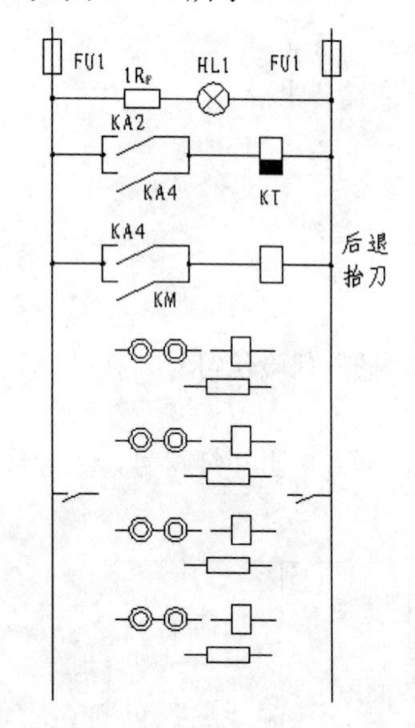

图15-69　布局元器件

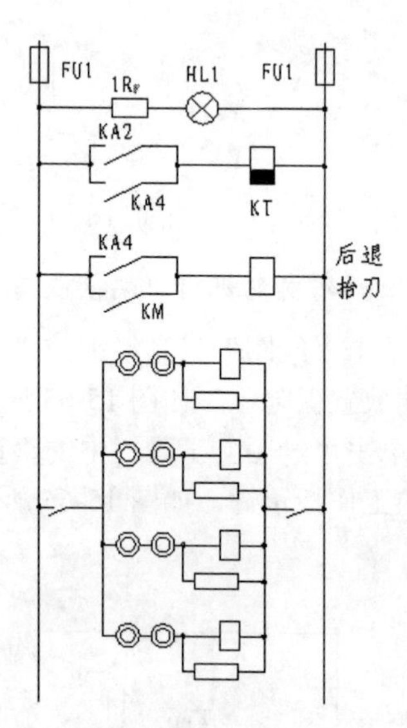

图15-70　导线连接

（3）单击“绘图”工具栏中的“多行文字”按钮，为元器件和各支路标识文字，如图15-71所示。

综合以上7小节的内容，将绘制的各部分电路组合连接，完成整套系统图，如图15-72所示。

Note

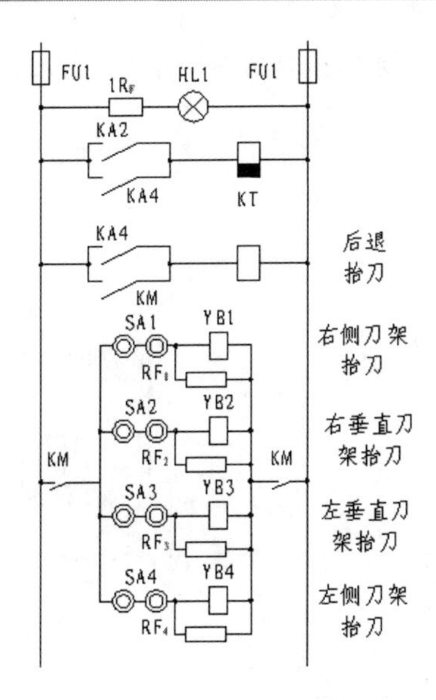

图 15-71 并励励磁发电机输出端接线

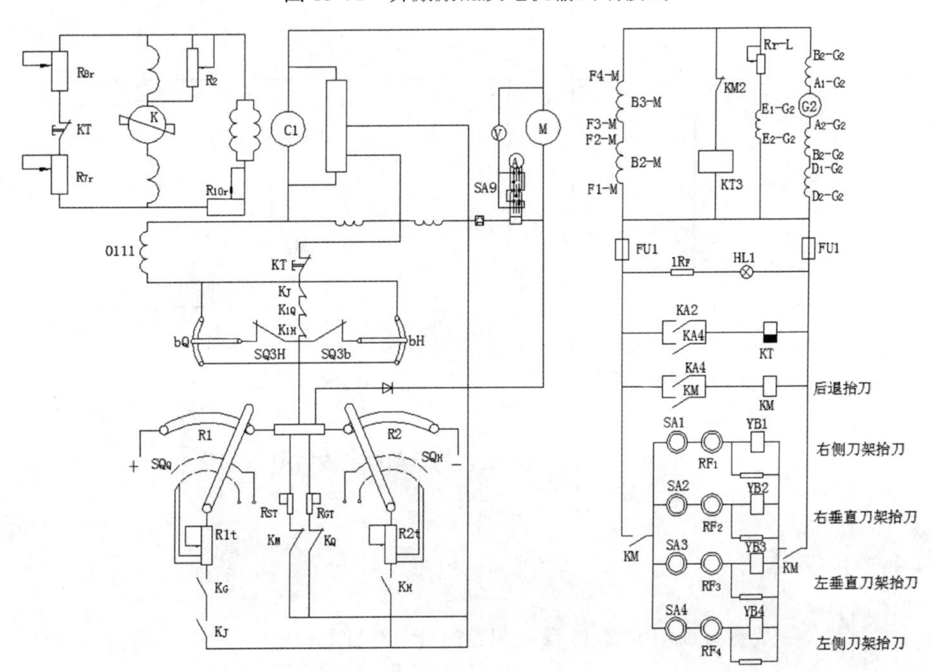

图 15-72 主拖动系统图

15.4 电机组的启动控制线路图

电动机组包括交流电动机 MA、直流发电机 G1 和励磁机 G2，它们由交流电动机 M1 拖动。M1 的容量较大，起动电流大，在实际机床上一般采用星—三角降压启动。星—三角降压启动中，星接法启动时间和星接法断开到三角接法运行的间隙时间分别由两个时间继电器控制，延

时调节分别为3～4秒和小于1秒。本节将具体介绍其设计过程。控制线路绘制的流程如图15-73所示。

Note

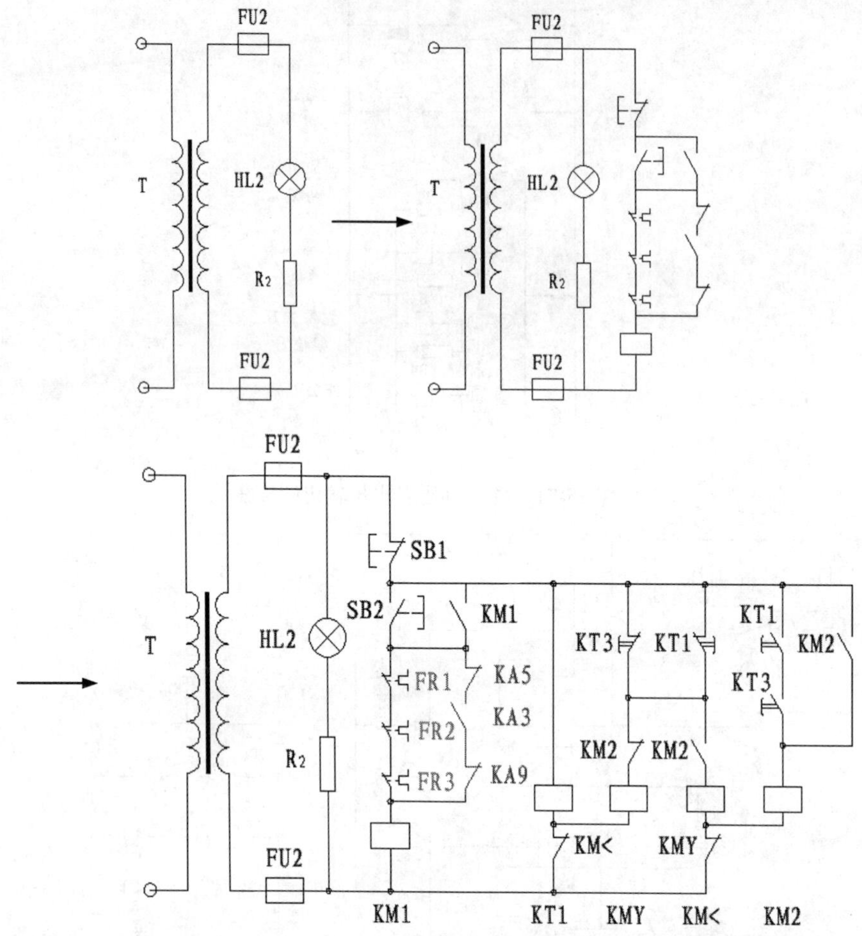

图15-73　绘制电机组的启动控制线路图

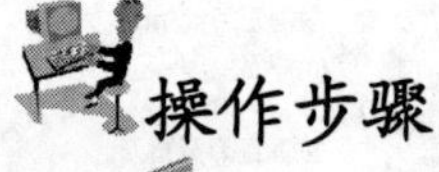
操作步骤

参见光盘

光盘\动画演示\第15章\电机组的启动控制线路图.avi

15.4.1　电路设计过程

（1）新建文件做法同15.2.1节，将文件命名为“电机组的启动控制线路图”。新建“线路层”和“文字说明层”两个图层，并将“线路层”设置为当前图层。

（2）单击“绘图”工具栏中的“直线”按钮、“圆弧”按钮、“矩形”按钮和“图案填充”按钮，绘制变压器为启动控制回路供电，效果如图15-74所示。

（3）在控制回路添加保险丝，起过流热保护作用，如图15-75所示。

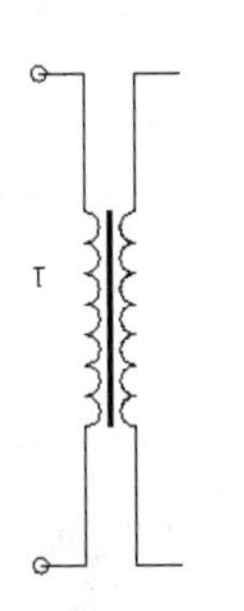

图 15-74　变压器符号

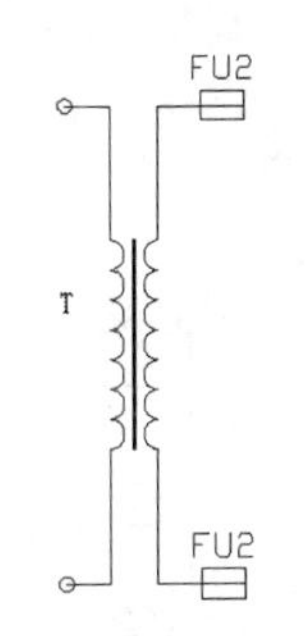

图 15-75　绘制保险丝

（4）设置通电指示灯。单击“绘图”工具栏中的“插入块”按钮，插入灯和电阻符号，用导线连接，效果如图 15-76 所示。

（5）绘制 KM1 三角接通控制支路，由继电器 KM1 控制。单击“绘图”工具栏中的“插入块”按钮，分别调入手动常开和常闭按钮，以及热继电器触点符号，用导线连接，效果如图 15-77 所示。

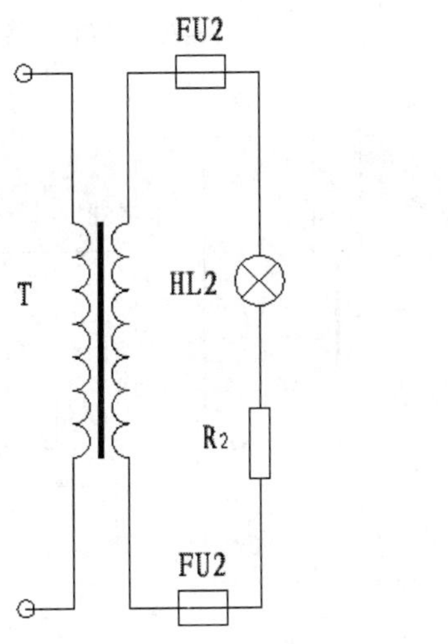

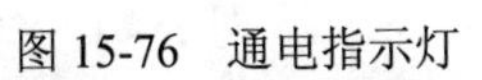

图 15-76　通电指示灯

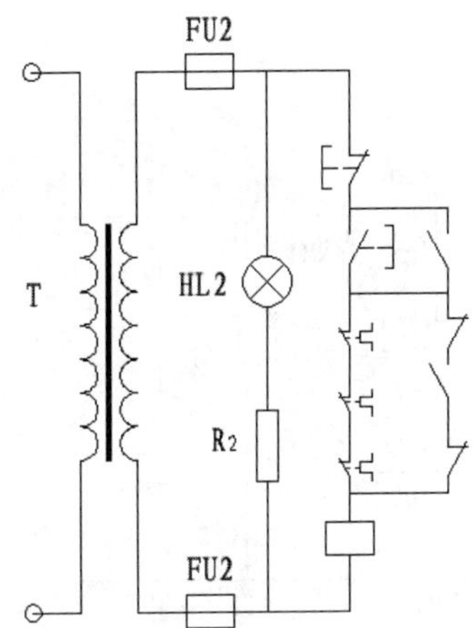

图 15-77　KM1 支路

（6）单击“绘图”工具栏中的“多行文字”按钮，为 KM1 支路添加文字标识，效果如图 15-78 所示。

（7）绘制时间继电器 KT1 一控制支路，并为 KT1 时间继电器标示文字说明，如图 15-79 所示。其中，KM<表示三角接法的一对触点。

（8）绘制 Y 接法的控制支路，由继电器 KMY 控制。调用时间继电器 KT3 常闭触点和继电器 KM2 常闭触点符号，用导线连接，并为各元件标示文字，如图 15-80 所示。

（9）绘制三角接法的控制支路，由继电器 KM<控制。调用时间继电器 KT1 常闭触点、继电器 KM2 常开触点和 KMY 常闭触点符号，用导线连接，并且标示文字符号，如图 15-81 所示。

（10）绘制 M1 的 Y 接通控制支路，由继电器 KM2 控制。绘制方法同步骤（7）和（8），添加文字标识后如图 15-82 所示。

Note

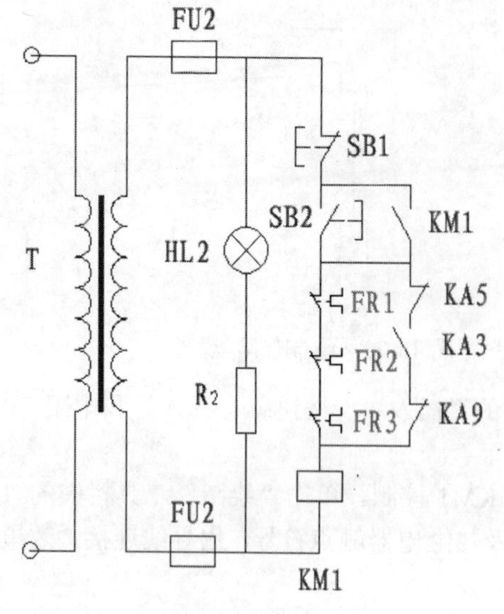

图 15-78　为 KM1 支路添加文字标识

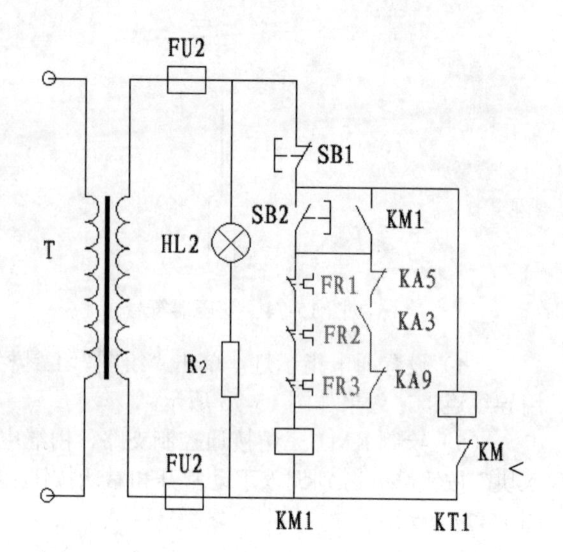

图 15-79　KT1 支路

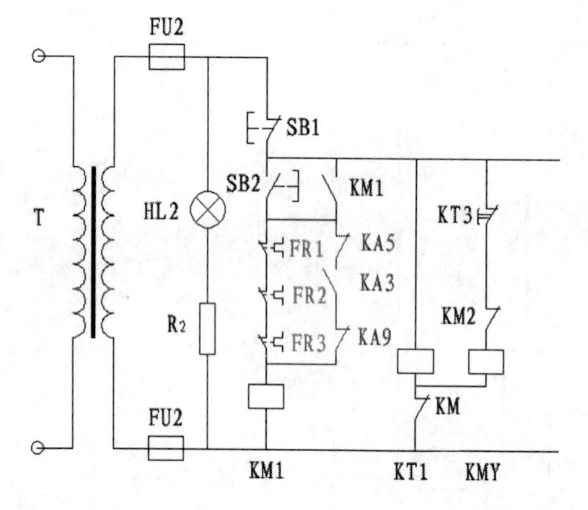

图 15-80　KMY 支路

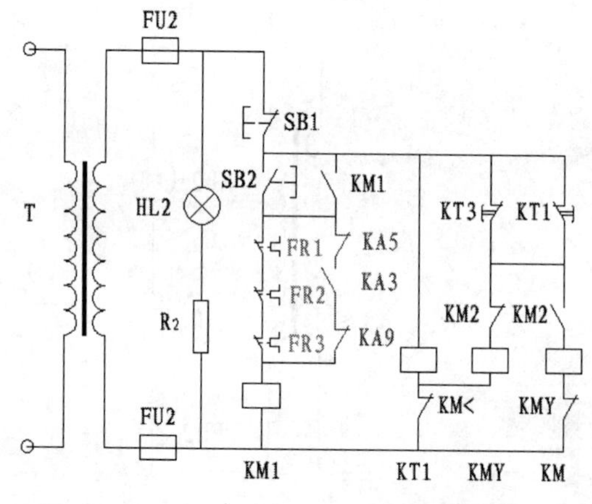

图 15-81　KM<支路

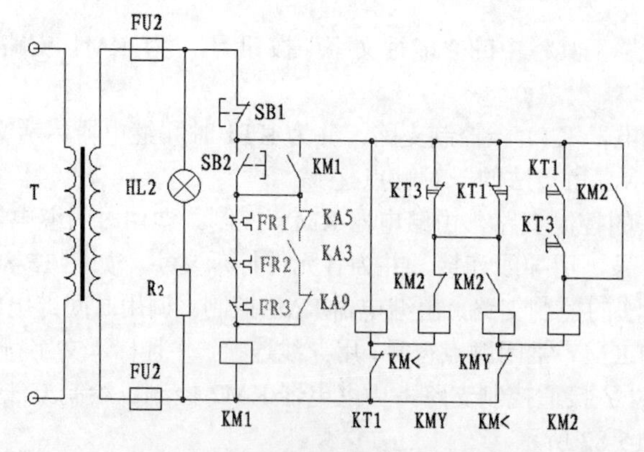

图 15-82　电动机三角-Y 启动控制

Note

15.4.2　控制原理说明

总电源接通后，变压器 T 次级得电，电动机启动控制回路通电，指示灯 HL2 亮。

当启动按钮 SB2 闭合时，接触器 KM1 通电吸合，其辅助触点 KM1 闭合，KM1 三角接通控制支路达到自锁。接触器 KMY 得电吸合。如图 15-82 所示，KM1 与 KMY 的主触点闭合，交流电动机 M1 按 Y 接法启动。同时，KT1 得电，定时开始。KMY 接触器由 KT1 和 KT3 两路常闭触点供电。随着 M1 转速的升高，M1 拖动的励磁机 G2 转速升高，当 G2 输出电压达到额定电压的 75%时，使接于 G2 输出端的时间继电器 KT3 动作，KMY 支路的 KT3 常闭触点断开，KMY 仅由 KT1 供电。当 KT1 定时到时，KM<支路的 KT1 触点断开，KMY 失点，M1 的 Y 接法启动停止。

当 KT3 开始动作时，KM2 支路的 KT3 闭合。当 KT1 延时到时，即 Y 接法结束时，其 KM2 支路的常开触点 KT1 闭合，KM2 通电并且自锁。图 15-82 中 KM2 的主触点使拖动电机放大机的交流电动机 M2 及通风机用电动机 M3 启动工作。KM<支路的 KM2 常开触点闭合，接触器 KM<得电。KM2 的动作使时间继电器 KT3 断电，KT3 断电延时开始定时。

当 KT3 断电延时结束时，其 KMY 支路常闭点延时闭合触点 KT3 闭合，接触器 KM<通电动作，其主触点闭合，使电动机 M1 开始三角接法的全压启动。KT1 支路的 KM<常闭辅助触点断开，KT1 断电，KM<支路的 KT1 常闭触点闭合，KM<也是两路供电。至此 M1 的启动结束。

15.5　刀架控制线路图

龙门刨床一般有 4 个刀架，包括两个垂直刀架、一个左侧刀架和一个右侧刀架。两个垂直刀架由交流电动机 M5 拖动，右侧刀架由交流电动机 M6 拖动，左侧刀架由交流电动机 M7 拖动。刀架的快速移动和自动进给，以及这两种状态下各种运动方向的动作都是由机械及其操作手柄实现的。刀架控制线路的绘制流程如图 15-83 所示。

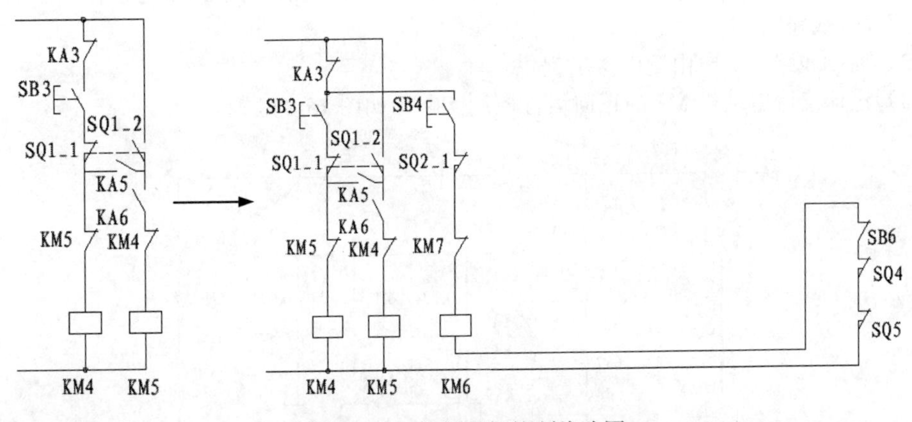

图 15-83　绘制刀架控制线路图

Note

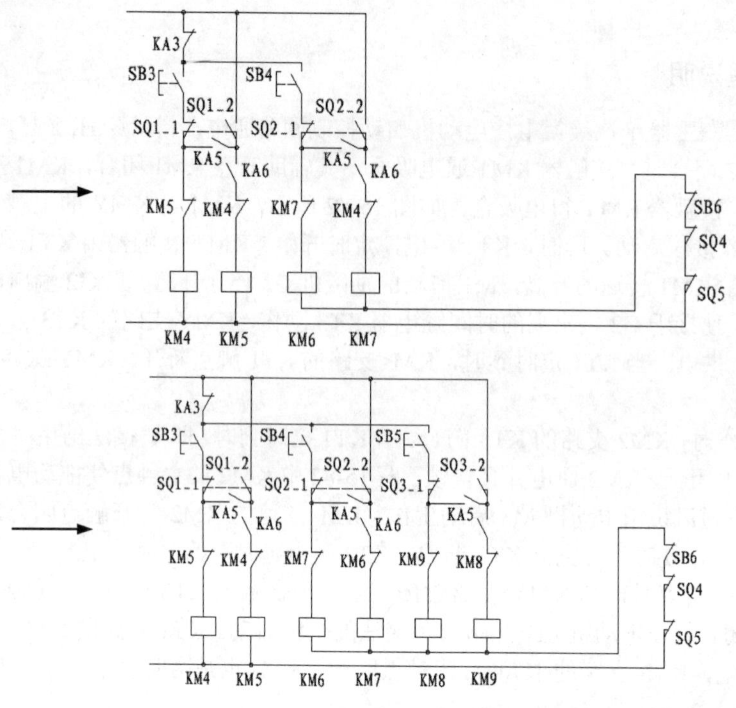

图 15-83　绘制刀架控制线路图（续）

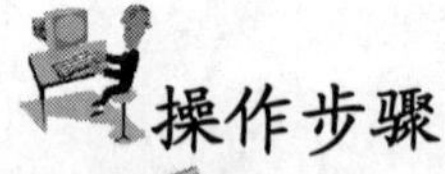

操作步骤

光盘\动画演示\第 15 章\刀架控制线路图.avi

15.5.1　刀架控制线路设计过程

（1）新建文件。打开 15.4 节绘制的“电机组的启动控制线路图.dwg”文件，将文件另存为“刀架控制线路图”。

（2）控制线路的供电由变压器 T 提供。

（3）设计交流电动机 M5 的正向运行控制支路，如图 15-84 所示。

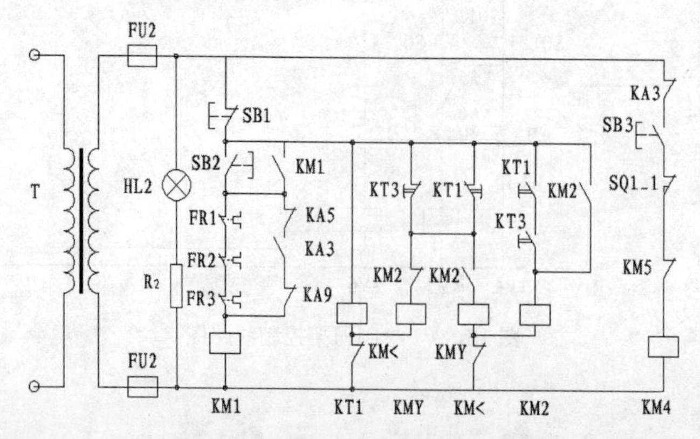

图 15-84　M5 的正向运行控制支路

Note

（4）设计交流电动机 M5 的反向运行控制支路，如图 15-85 所示。开关 SQ1 与垂直刀架进刀箱上的一个工作状态选择手柄联动。当手柄置于“快速移动”位置时，SQ1_1 断开，SQ1_2 闭合。

（5）设计 M6 的正向运行控制支路，如图 15-86 所示。

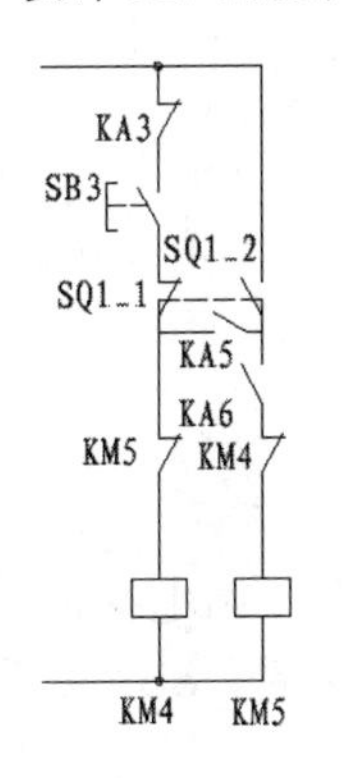

图 15-85　M5 的反向运行控制支路

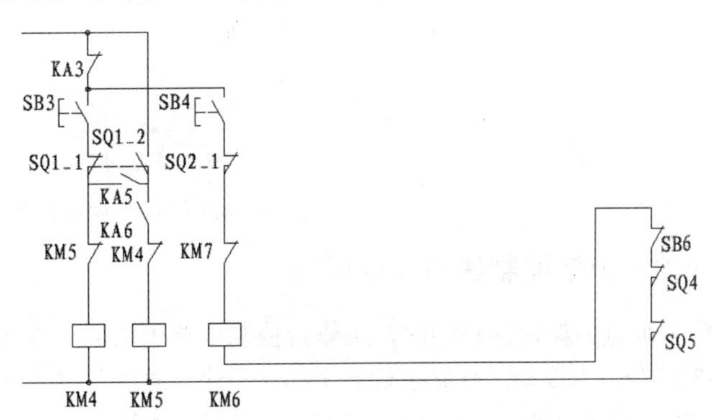

图 15-86　M6 的正向运行控制支路

（6）设计 M6 的反向运行控制支路，如图 15-87 所示。开关 SQ2 与右侧刀架进刀箱上的一个工作状态选择手柄联动。当手柄置于“快速移动”位置时，SQ2_1 断开，SQ2_2 闭合。

（7）设计 M7 的正向运行控制支路，如图 15-88 所示。

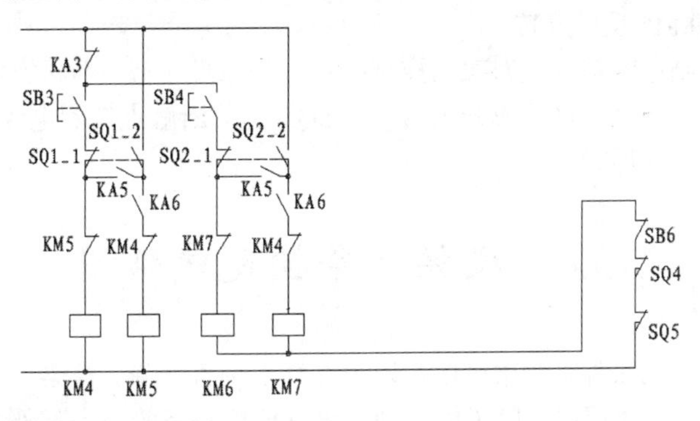

图 15-87　M6 的反向运行控制支路

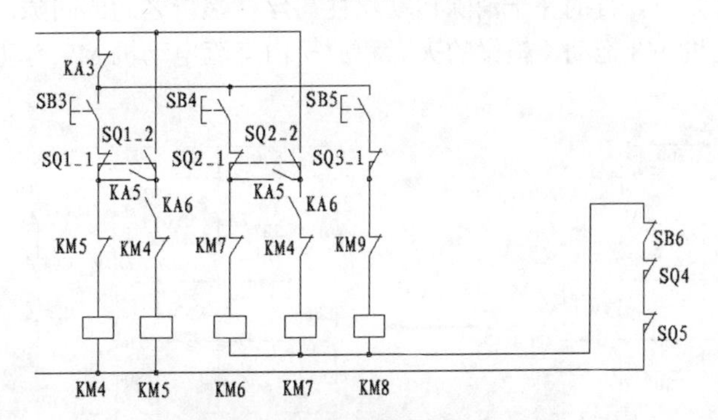

图 15-88　M7 的正向运行控制支路

（8）设计 M7 的反向运行控制支路，如图 15-89 所示。开关 SQ3 与右侧刀架进刀箱上的一个工作状态选择手柄联动。当手柄置于“快速移动”位置时，SQ3_1 断开，SQ3_2 闭合。

Note

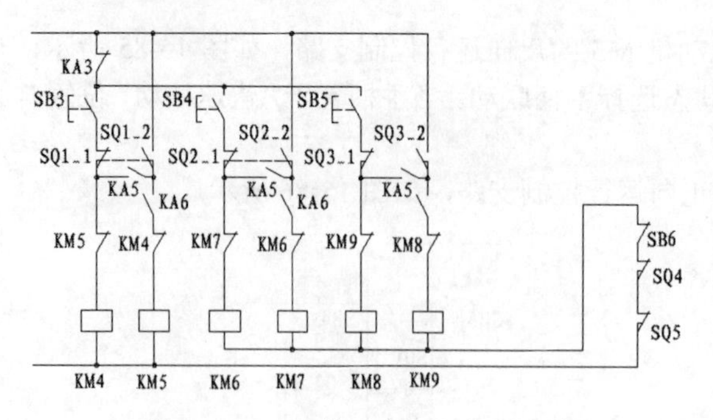

图 15-89　M7 的反向运行控制支路

15.5.2　刀架控制线路原理说明

当垂直刀架快速移动时，工作台控制电路中的联锁继电器 KA3 处于断电状态，常闭触点 KA3 闭合，当扳动工作状态选择手柄于“快速移动”位置时，SQ1_1 闭合，SB3 接通时，KM4 得电，主触点闭合，交流电动机 M5 正向启动旋转。

当选择手柄置于“自动进给”位置时，KA3 得电，常闭触点断开，此时 SB3 已不起作用，实现了自动进给与快速移动两种工作状态的互锁。刀架的自动进给是与工作台自动工作相互配合实现的，当工作台由后退换前进时，继电器 KA5 通电，触点 KA5 闭合，使 KM4 通电，垂直刀架电动机 M5 正转。当工作台前进换后退时，继电器 KA5 断电，KA6 通电，触点 KA6 闭合，KM5 通电，拖动 M5 反向旋转。

左右侧刀架的控制电路与垂直刀架的控制电路工作原理相似，不同的是接触器线圈的一端没有直接接在电源上，而是经过形成开关 SQ4、SQ5 的动断触点接到电源上。SQ4 和 SQ5 起到左右侧刀架限位保护作用。

15.6　横梁升降控制线路图

为了加工不同高度的工件，横梁可以在两个立柱上垂直升降。横梁上升时，能自动地进行放松→上升→夹紧；横梁下降时，除了能自动地进行放松→下降→夹紧外，还要求在下降到所需要位置时稍微回升一下，目的在于消除传动丝杠与丝杠螺母之间的间隙，防止横梁不平。横梁的升降由交流电动机 M8 拖动，横梁的夹紧和放松由交流电动机 M9 拖动。控制线路的绘制流程如图 15-90 所示。

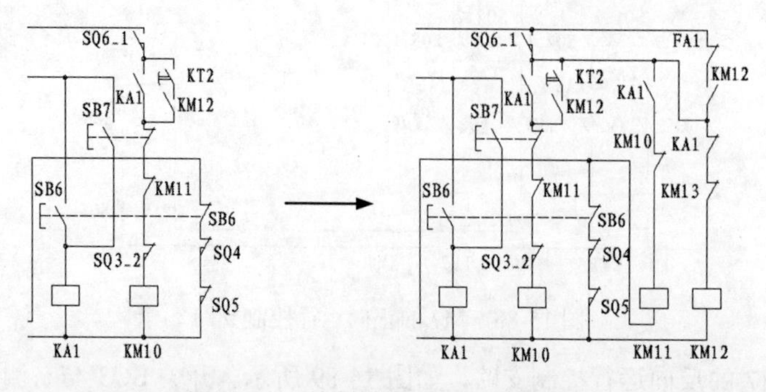

图 15-90　绘制横梁升降控制线路图

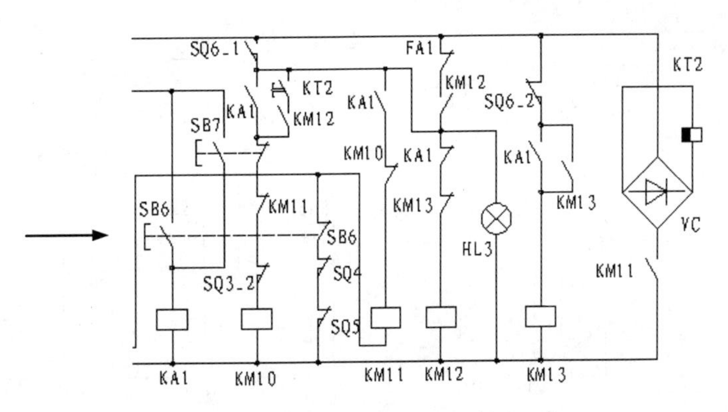

图 15-90　绘制横梁升降控制线路图（续）

光盘\动画演示\第 15 章\横梁升降控制线路图.avi

15.6.1　横梁升降控制线路的设计

（1）打开 15.5 节绘制的“刀架控制线路图.dwg”文件，将文件另存为“横梁升降控制线路图”。

（2）控制线路的供电由变压器 T 提供。

（3）横梁上升控制线路设计。横梁上升控制线路分为两个支路，一个是 KA1 继电器，一个是 KM10 继电器，效果如图 15-91 所示。

（4）横梁下降控制线路设计。调用常开行程开关、常开触点、常闭触点和接触器图块，用导线连接，如图 15-92 所示。

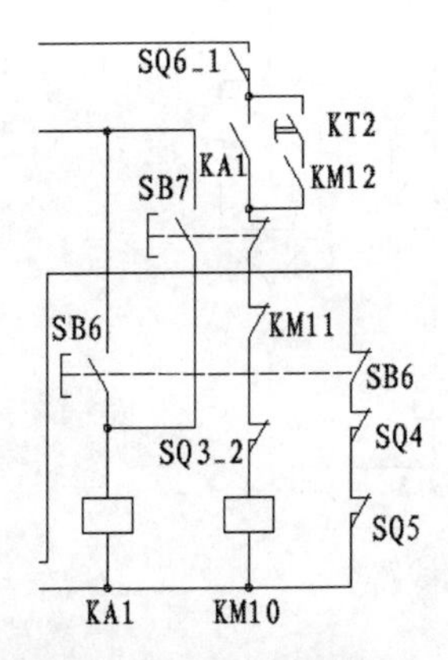

图 15-91　横梁上升控制线路

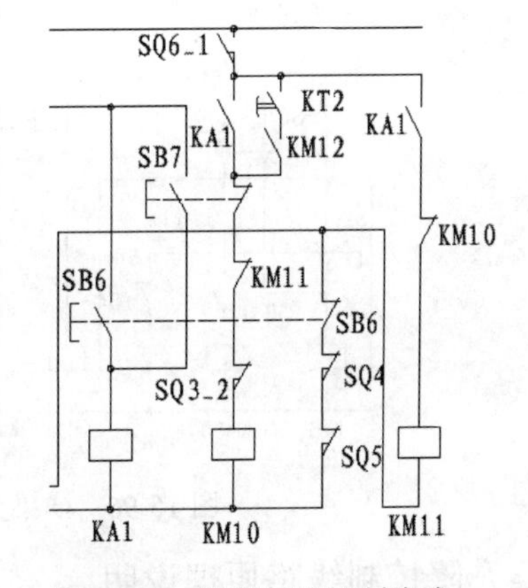

图 15-92　横梁下降控制线路

（5）横梁夹紧控制线路设计，如图 15-93 所示。

（6）横梁运行中指示灯控制线路设计，如图 15-94 所示。

Note

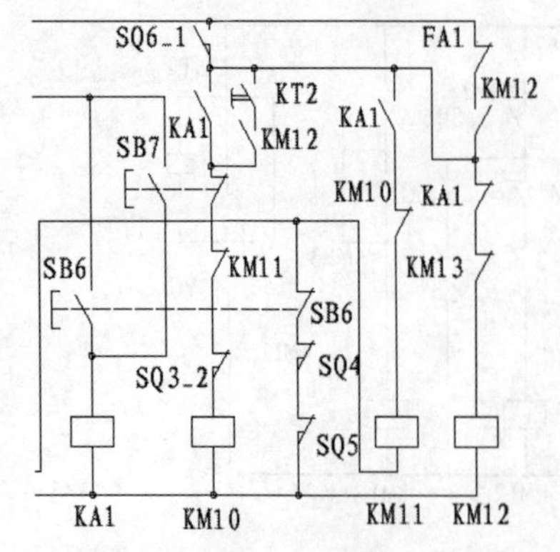

图 15-93　横梁夹紧控制线路

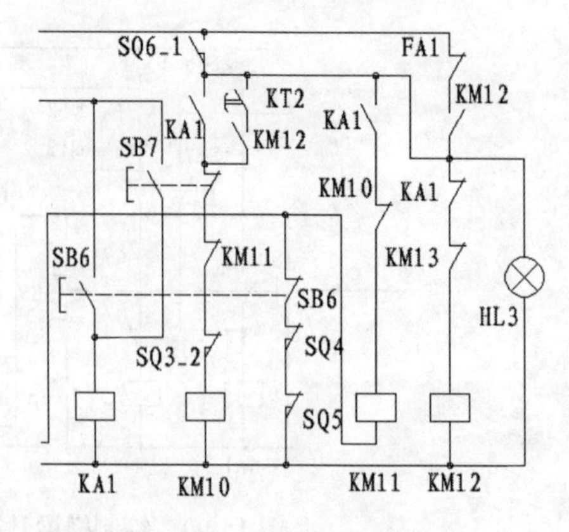

图 15-94　指示灯控制线路

（7）横梁放松控制线路设计，如图 15-95 所示。

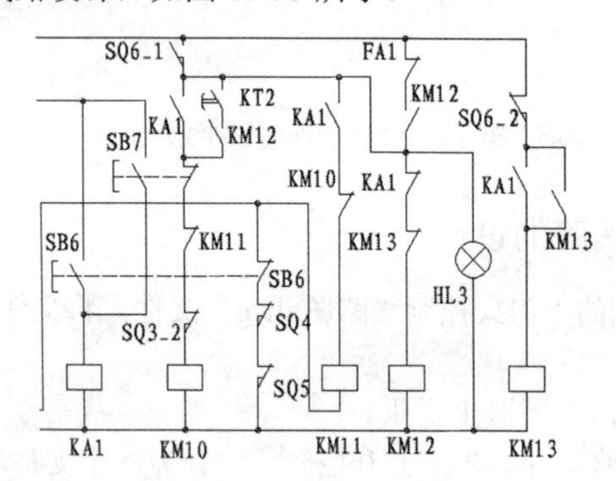

图 15-95　横梁放松控制线路

（8）横梁下降后的回升延时控制线路设计，如图 15-96 所示。

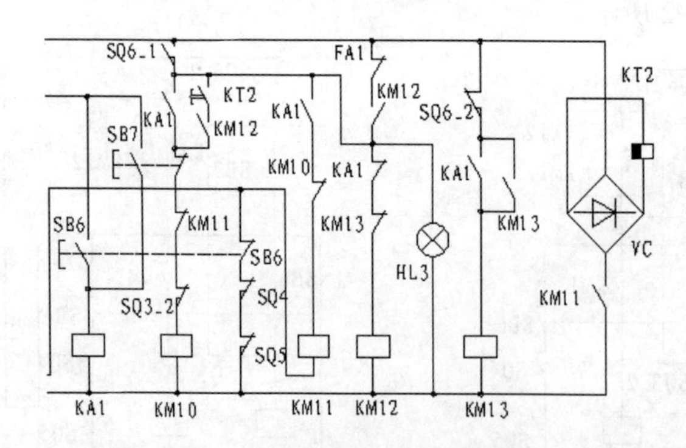

图 15-96　横梁升降控制线路

15.6.2　横梁升降控制线路原理说明

工作台停止运动时，联锁继电器 KA3 断电，其常闭触点 KA3 闭合，横梁控制线路方可操作。横梁的上升动作分为 3 个子运动，详细分析如下。

1. 自动完成横梁放松

KA3 闭合后，当 SB6 接通时，上升控制支路中的 KA1 继电器得电，KM11 支路的 KA1 常

开触点闭合，但是由于 SQ6_1 断开，KM11 并不得电，横梁升降电机仍然不能动作。KM13 支路的 KA1 常开触点闭合，KM13 得电并自锁，夹紧交流电动机 M9 向放松横梁方向运动。当横梁放松到位时，SQ6_1 闭合，SQ6_2 断开，KM13 断电，M9 断电，横梁放松完毕。

Note

2. 横梁上升

横梁放松完毕后，SQ6_1 闭合，由于 KM10 支路的 KA1 已经处于闭合状态，所以 KM10 得电，控制横梁升降的电动机 M8 作上升横梁运动。当 SB6 松开时，KA1 断电，KM10 断电，M8 停止运动，横梁上升结束。

3. 上升后横梁自动夹紧

KA1 断电后，KM12 支路的 KA1 常闭触点闭合，SQ6_1 亦处于闭合状态，KM12 得电并自锁，KM12 由两路供电，M9 启动夹紧横梁。当横梁夹紧到一定程度时，SQ6_1 断开，KM12 仅由其自锁支路供电，横梁继续夹紧。当横梁进一步夹紧时，FA1 得电，其常闭触点断开，KM12 断电，横梁夹紧完毕。

横梁下降过程与上升过程的原理类似，读者可以自行分析。要注意的是，横梁下降后有自动上抬过程，以消除丝杠螺母间隙的动作。

15.7 工作台的控制线路图

工作台在调整时可以步进和步退，在自动工作时可按所选择的速度进行自动往复循环。工作台的控制电路与主拖动电路配合作用。控制线路的绘制流程如图 15-97 所示。

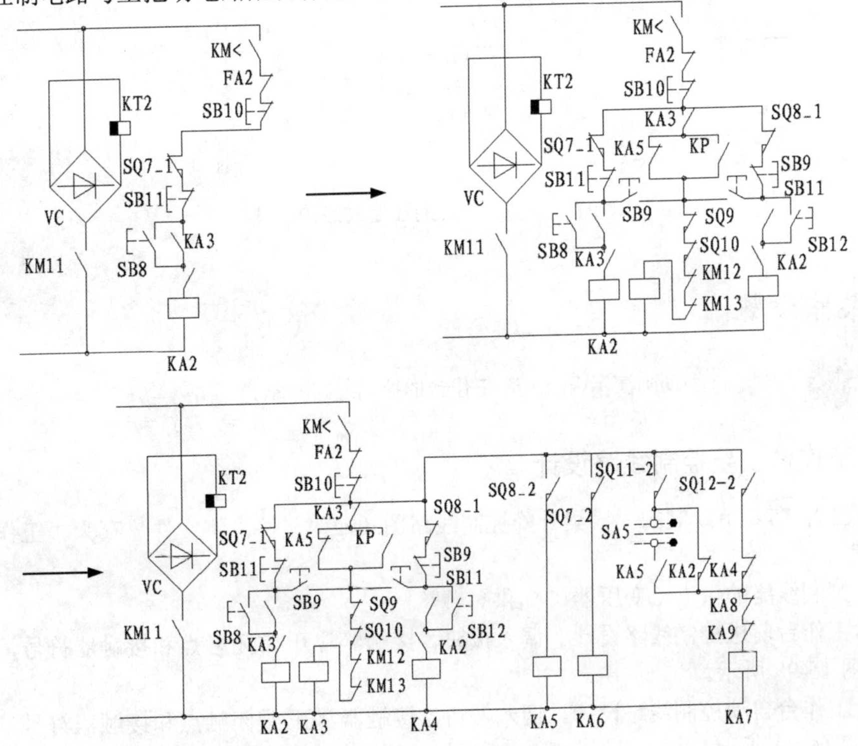

图 15-97 绘制工作台的控制线路图

Note

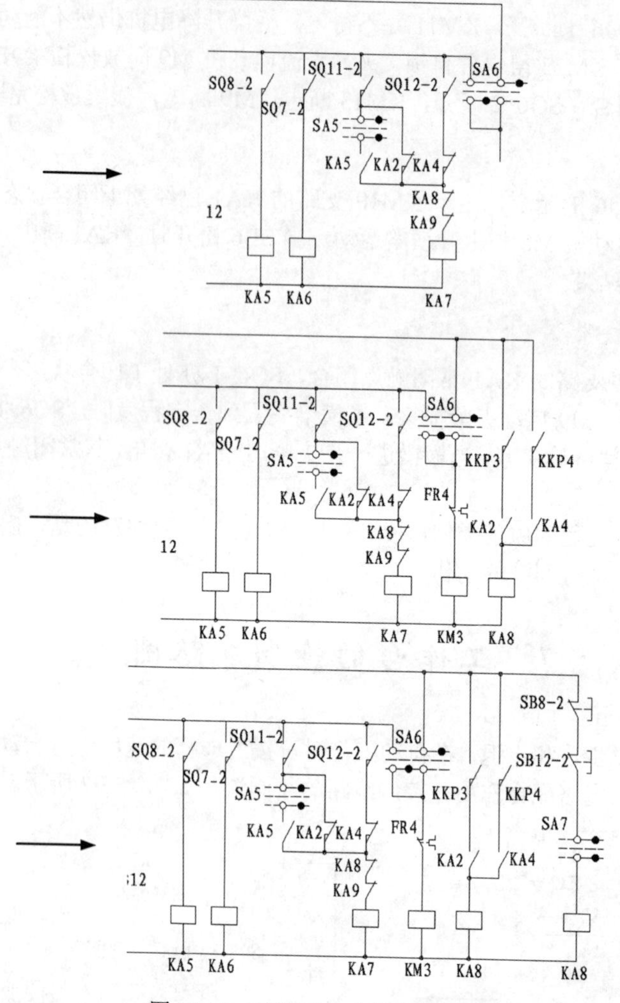

图 15-97　绘制工作台的控制线路图（续）

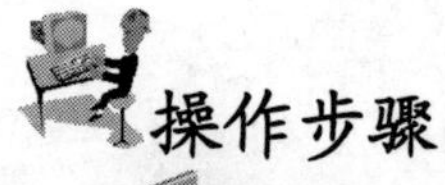

操作步骤

参见光盘

光盘\动画演示\第 15 章\工作台的控制线路图.avi

15.7.1　工作台主要控制线路设计

（1）打开 15.6 节绘制的“横梁升降控制线路图.dwg”文件，将文件另存为“工作台的控制线路图”。

（2）控制线路的供电由变压器 T 提供。

（3）工作台前进控制线路设计。调入按钮、接触器常开/常闭触点和接触器符号，用导线连接，如图 15-98 所示。

（4）工作台自动控制线路设计。调入按钮、接触器常开/常闭触点和接触器符号，用导线连接，如图 15-99 所示。

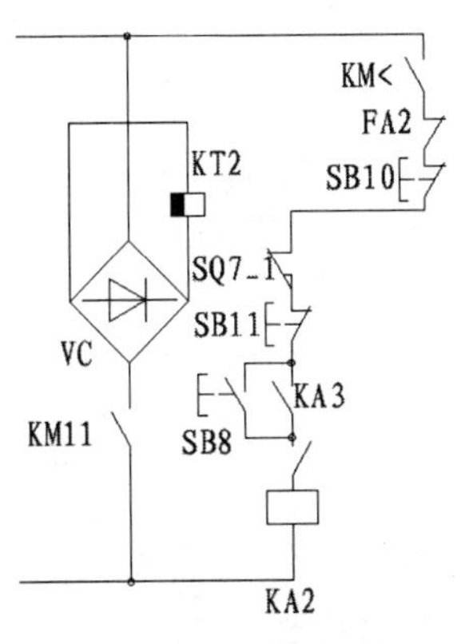

图 15-98　工作台前进控制线路

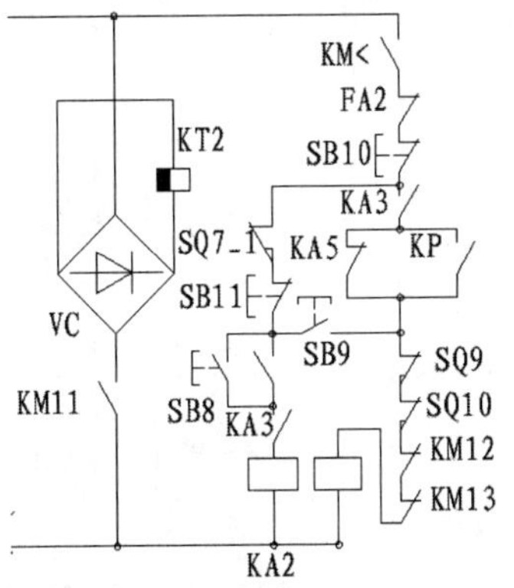

图 15-99　工作台自动控制线路

（5）工作台后退控制线路设计。调入按钮、接触器常开/常闭触点和接触器符号，用导线连接，设计与步骤（3）相同，可镜像其中已有图形，再做修改，如图 15-100 所示。

（6）工作台后退换向线路设计。调入行程开关常开触点和接触器符号，用导线连接，并在导通处绘制导通点，如图 15-101 所示。

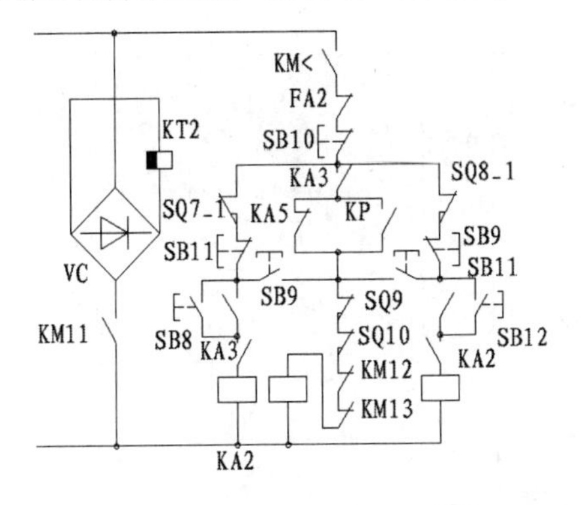

图 15-100　工作台后退控制线路

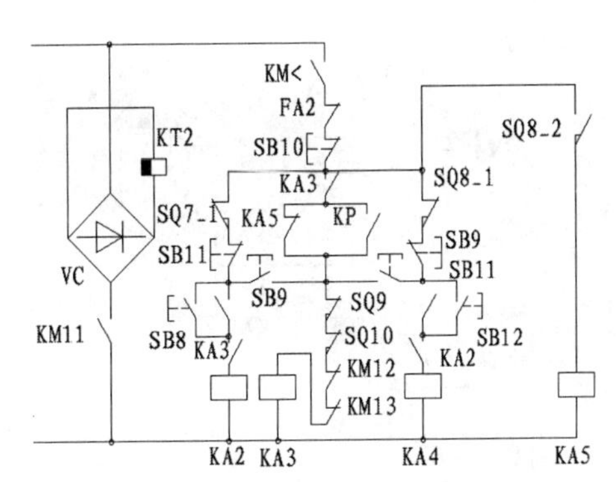

图 15-101　工作台后退换向线路

（7）工作台前进换向线路设计。调入行程开关常开触点和接触器符号，用导线连接，并在导通处绘制导通点，如图 15-102 所示。

（8）工作台后退减速慢速切入控制线路设计。调入行程开关常开触点和接触器符号，用导线连接，并在导通处绘制导通点，如图 15-103 所示。

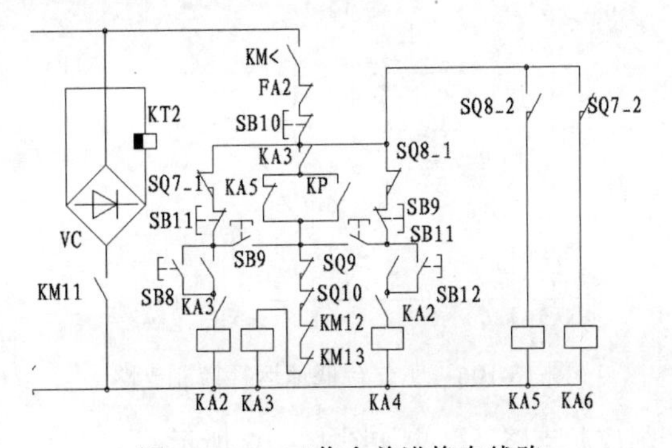

图 15-102　工作台前进换向线路

Note

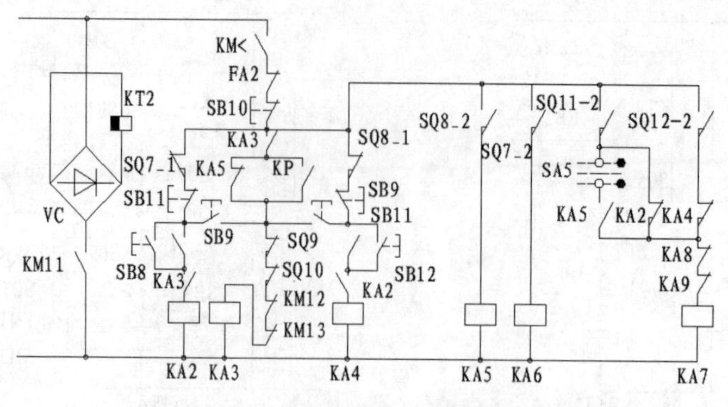

图 15-103 工作台后退减速慢速切入控制线路

15.7.2 工作台其他控制线路设计

（1）绘制转换开关 SA6，如图 15-104 所示。

（2）绘制热熔断器 FR4 和接触器 KM3，如图 15-105 所示，完成润滑泵控制支路设计。

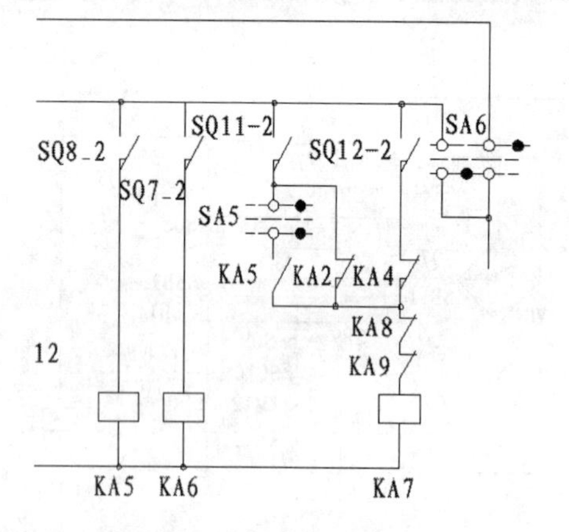

图 15-104 绘制转换开关

图 15-105 润滑泵控制支路

（3）设计工作台低速运行控制支路，如图 15-106 所示。

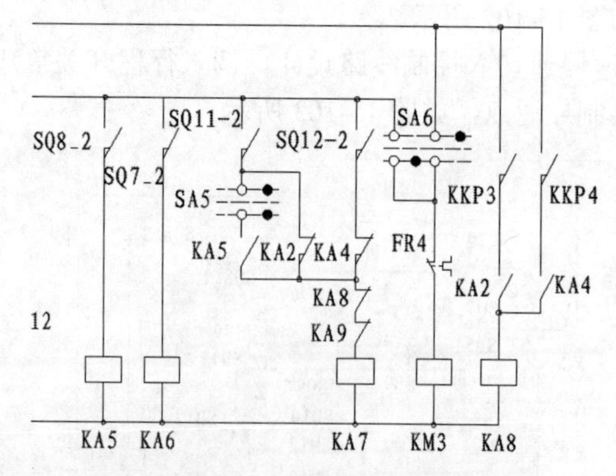

图 15-106 工作台低速运行控制支路

（4）设计工作台磨削控制支路，效果如图 15-107 所示。

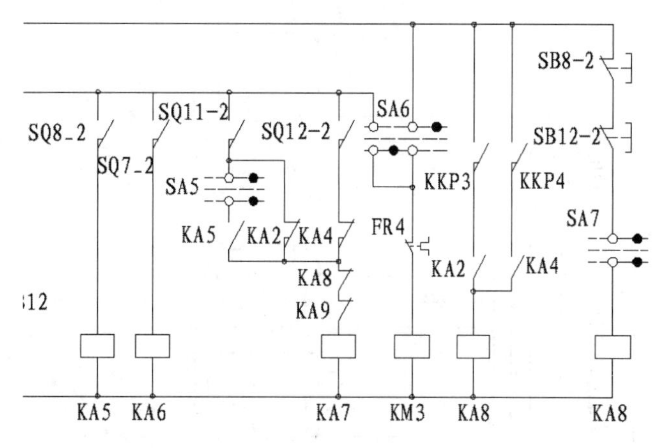

图 15-107　工作台磨削控制支路

本章以大型龙门刨床作为复杂控制系统的电气设计实例，综合运用了 AutoCAD 2012 的电气设计功能。首先介绍了龙门刨床的结构和电气布局，接着设计了龙门刨床的主电路系统、主拖动系统、电机组启动控制线路、刀架控制线路、横梁升降控制线路和工作台控制线路。这些电路原理图综合起来就得到了整个龙门刨床的电气原理图，如图 15-108 所示（局部有所删减）。

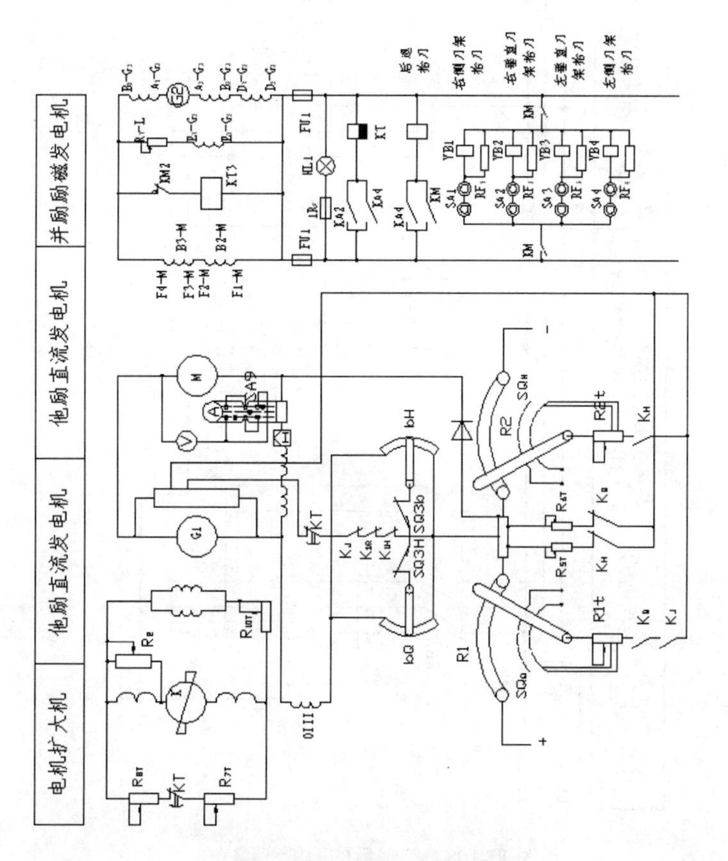

图 15-108　整理后的图纸

Note

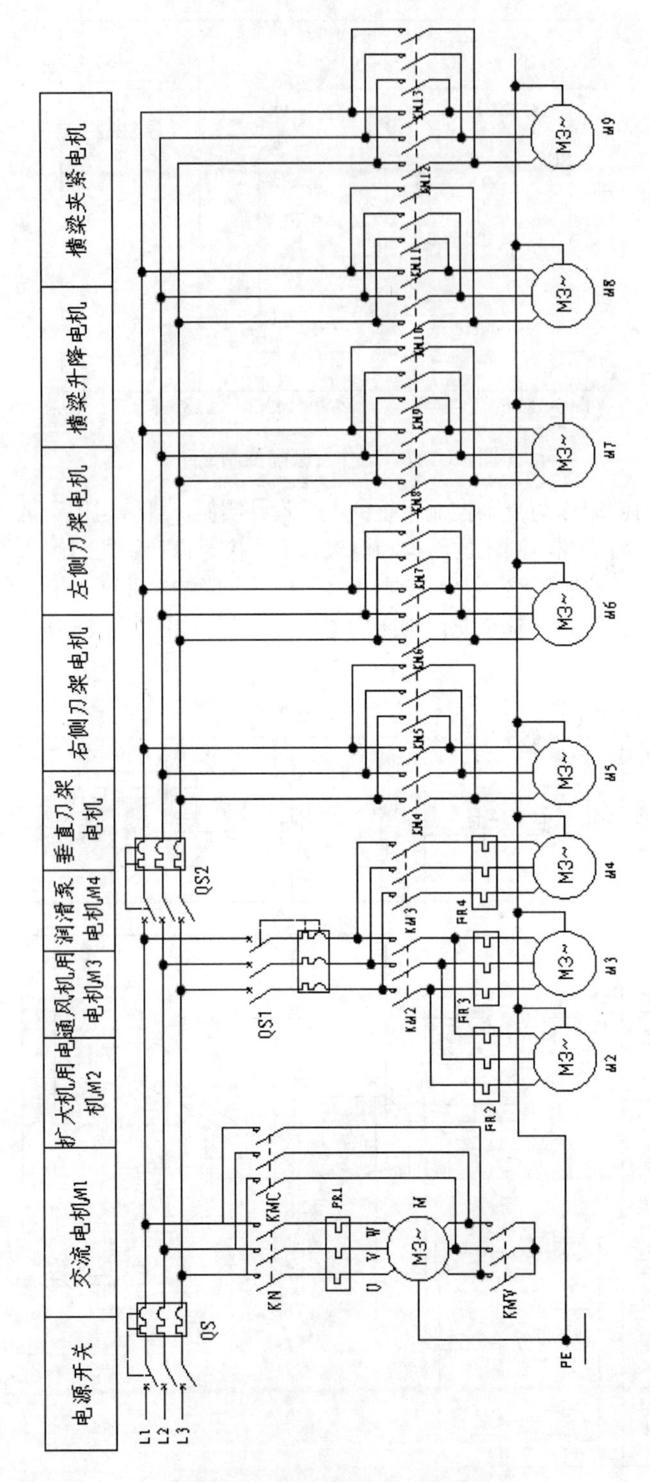

图 15-108　整理后的图纸（续）

Note

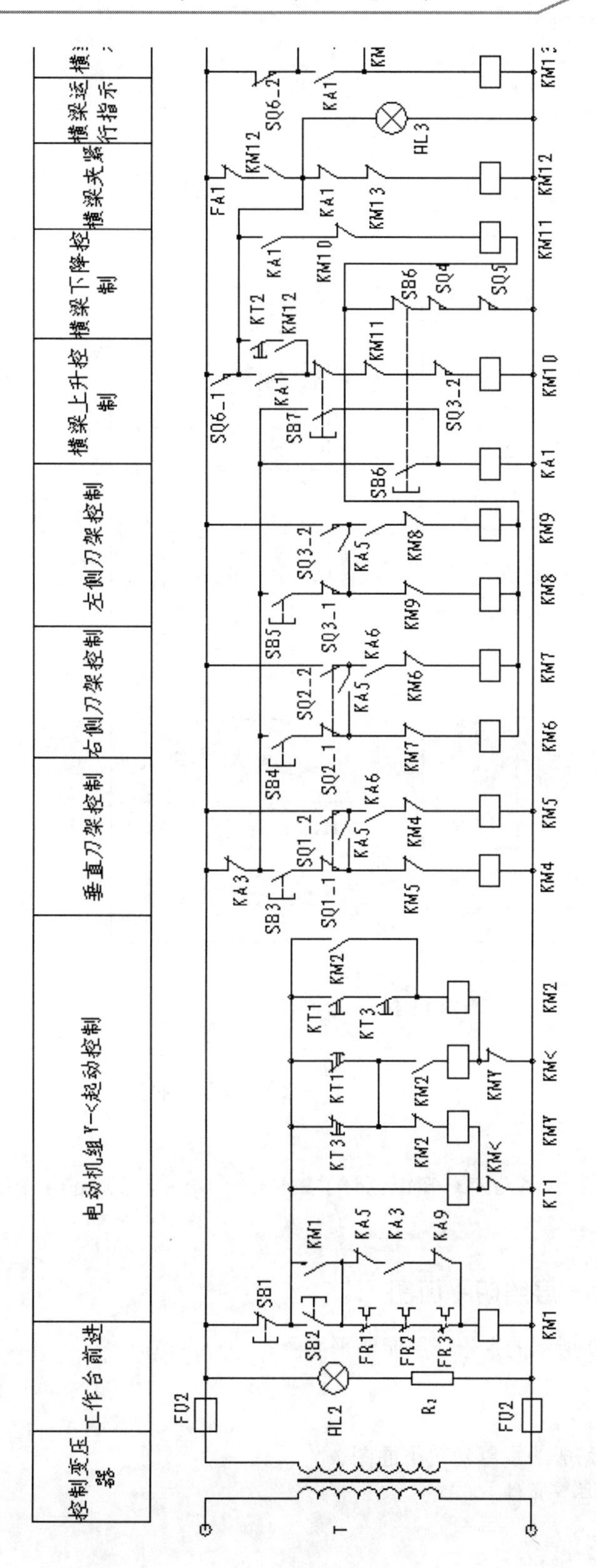

图 15-108　整理后的图纸（续）

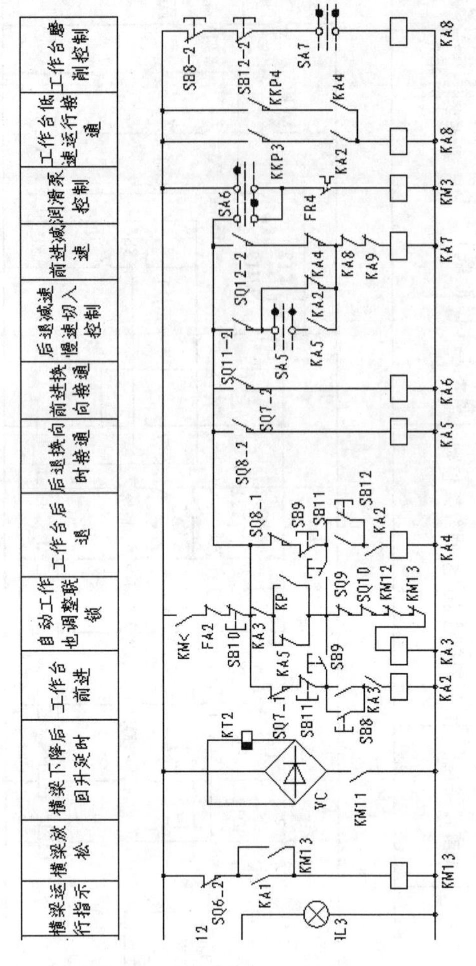

图 15-108　整理后的图纸（续）

15.8　上 机 操 作

通过前面的学习，读者对本章知识也有了大体的了解，本节通过 4 个操作练习使读者进一步掌握本章知识要点。

实践 1　绘制别墅一层照明平面图

绘制如图 15-109 所示的别墅一层照明平面图。

操作提示

（1）打开绘制完成的别墅建筑平面图。

（2）绘制照明电气元件。

（3）绘制线路。

（4）完善图形，进行标注。

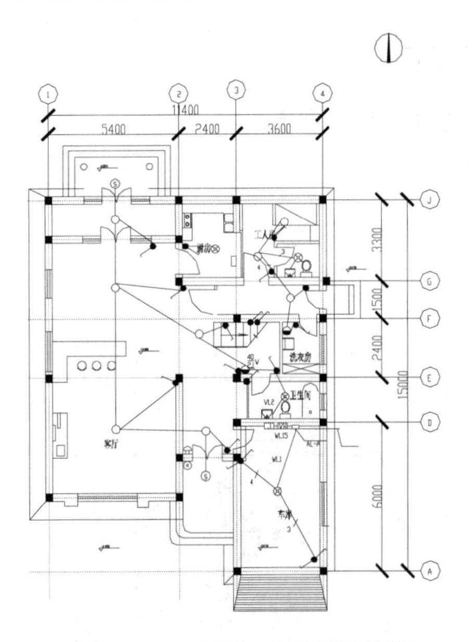

图 15-109　别墅一层照明平面图

实践 2　绘制别墅一层插座平面图

绘制如图 15-110 所示的别墅一层插座平面图。

（1）打开绘制完成的别墅建筑平面图。

（2）绘制开关、暗装三相有地线插座。

（3）绘制线路。

（4）添加文字说明和尺寸标注。

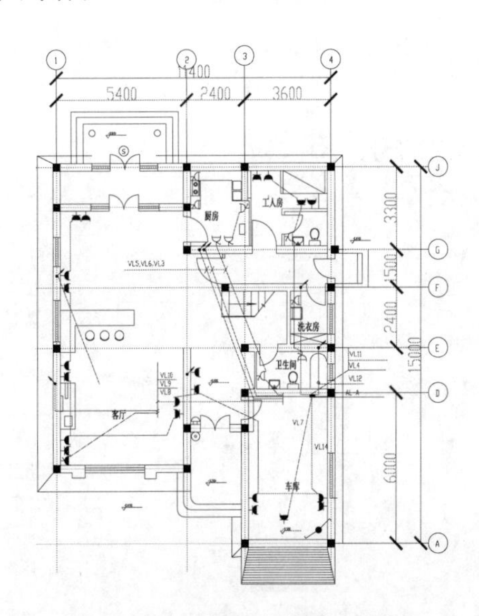

图 15-110　别墅一层插座平面图

实践 3 绘制别墅弱电平面图

绘制如图 15-111 所示的别墅弱电平面图。

操作提示

（1）绘制电视天线分配器并插入其他元件。

（2）连接线路。

（3）添加文字说明和尺寸标注。

Note

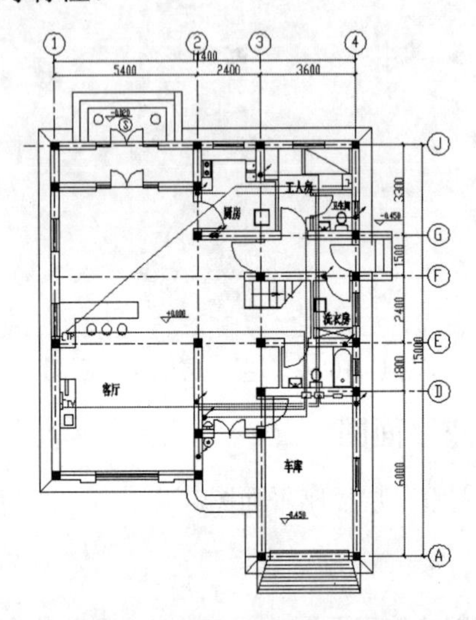

图 15-111　别墅弱电平面图

实践 4 绘制别墅有线电视系统图

绘制如图 15-112 所示的别墅有线电视系统图。

操作提示

（1）绘制进户线。

（2）绘制线路及电气元件符号。

（3）添加文字说明。

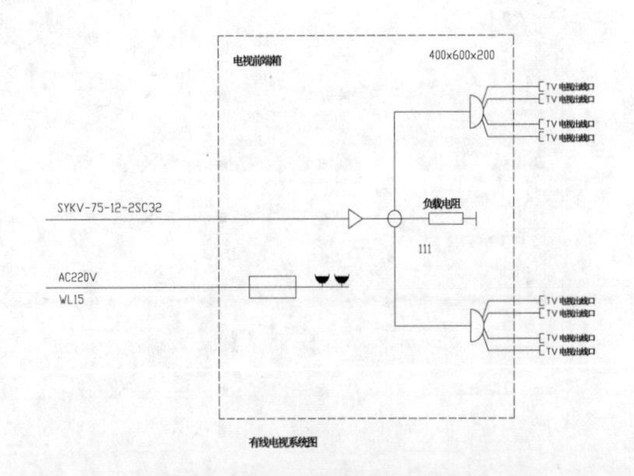

图 15-112　别墅有线电视系统图